暖通空调工程优秀设计图集

中国建筑学会暖通空调分会　主编

中国建筑工业出版社

图书在版编目(CIP)数据

暖通空调工程优秀设计图集④/中国建筑学会暖通空调分会主编. —北京：中国建筑工业出版社，2013.12

ISBN 978-7-112-15956-7

Ⅰ.①暖…　Ⅱ.①中…　Ⅲ.①房屋建筑设备-采暖设备-建筑设计-中国-图集②房屋建筑设备-通风设备-建筑设计-中国-图集③房屋建筑设备-空气调节设备-建筑设计-中国-图集　Ⅳ.①TU83-64

中国版本图书馆 CIP 数据核字(2013)第 237344 号

本书是中国建筑学会暖通空调分会组织的“中国建筑学会暖通空调工程优秀设计奖”获奖作品集锦。书中包括了 94 项获奖作品，作品包括到全国各个地区的暖通空调设计精品工程，项目涉及办公楼、医院、体育馆、公交枢纽、实验楼、机场航站楼、集成电路生产厂房等公共建筑、工业建筑及住宅建筑，具有极大的代表性。本书随书光盘中附有大量优秀工程的设计图纸，为暖通空调设计提供了良好的参考资料。

责任编辑：姚荣华　张文胜
责任设计：张　虹
责任校对：姜小莲　王雪竹

暖通空调工程优秀设计图集
④
中国建筑学会暖通空调分会　主编

*

中国建筑工业出版社出版、发行（北京西郊百万庄）
各地新华书店、建筑书店经销
北京科地亚盟排版公司制版
北京云浩印刷有限责任公司印刷

*

开本：880×1230 毫米　1/16　印张：22¾　字数：673 千字
2014 年 1 月第一版　2014 年 1 月第一次印刷
定价：**69.00** 元（含光盘）
ISBN 978-7-112-15956-7
(24746)

前　言

随着我国工业化和城市化进程的加快，资源约束趋紧、环境污染严重、生态系统退化等问题日趋明显。2013年初，国家发展改革委、住房城乡建设部联合公布的《绿色建筑行动方案》提出了新建绿色建筑和既有建筑节能改造两大目标，着力推动绿色建筑、节能建筑、可再生能源建筑的发展。建造绿色建筑的暖通空调系统，创建健康舒适人居环境，推动暖通空调行业向绿色节能方向发展，加快推进建设资源节约型和环境友好型社会，是建设生态文明，实现"绿色中国"的战略任务。

"中国建筑学会建筑设计奖（暖通空调）"（原中国建筑学会暖通空调工程优秀设计奖）是中国建筑学会继"梁思成建筑奖"、"优秀建筑结构奖"之后批准设立的又一项工程设计奖，是我国暖通空调设计领域的最高荣誉奖，每两年一届。自2006年该奖项设立以来，暖通空调分会已承办了四届暖通空调优秀设计奖的评选工作，相继出版发行了《暖通空调工程优秀设计图集①～③》共3册，内容包括工程的概况、设计参数、设计特点、空调冷热源设计及主要设备选型、区间通风系统设计、防排烟系统设计、系统智能控制等，对于暖通空调从业人员具有重要的指导作用和参考价值。

2012年7月，在全国各科研设计单位、省地方学会和两委会理事委员的积极支持下，第四届中国建筑学会建筑设计奖（暖通空调）收到参赛项目122项，其中华北区36项、华东区41项、东北区6项、华南区16项、华中区9项、西北区4项、西南区10项。8月召开评审会，代表了地区性、专业性和权威性的来自全国暖通空调学会的17位分别从事设计、研究、教学的资深专家担当评委，经过预评、初评、专业组提议、无记名投票表决和中国建筑学会审查等一系列严格程序后，评选出民用建筑类一等奖18项、二等奖25项、三等奖44项；工业建筑类一等奖2项、二等奖5项、三等奖9项。同年10月在烟台召开的第十八届全国暖通空调制冷学术年会上举行了颁奖仪式。

在获奖设计人员和学会秘书处的共同努力下，《暖通空调工程优秀设计图集④》的文稿于2013年8月完成并正式提交中国建筑工业出版社出版，面向全国发行。希望本图集对广大暖通空调设计人员有所参考和帮助。但需注意的是，暖通空调工程设计是一项涉及面广、影响因素多的复杂技术工作，因此在参阅本图集时须具体情况具体分析。此外，因本图集获奖工程项目的完成时间前后不一，其参考的相关标准规范均有不同程度修订，亦应给予注意。

徐伟

2013年8月

目　录

上海世博演艺中心①

• 建设地点 上海市
• 设计时间 2007年12月～2009年12月
• 竣工日期 2010年3月
• 设计单位 华东建筑设计研究院
[200002] 上海市汉口路151号
• 主要设计人 吴玲红 赵磊 虞霞 马伟骏
赵永凯 严军 苏夺 李传胜
• 本文执笔人 吴玲红
• 获奖等级 民用建筑类一等奖

作者简介：

吴玲红，女，1971年2月生，高级工程师，1993年毕业于同济大学，大学本科，现在华东建筑设计研究院有限公司工作。主要设计代表作品：上海平高世贸中心、杭州市钱江新城核心区波浪文化城、世博轴及地下综合体工程、青岛大剧院等。

一、工程概况

上海世博演艺中心位于上海世博会浦东园区，造型呈极具未来感的飞碟状，与西侧的世博轴和世博中心、南侧的中国馆相呼应、协调，是世博会最重要的永久性场馆之一。

工程建设用地面积67242.6m²，总建筑面积140277m²，地上为单层的18000座多功能主场馆及环绕主场馆的周边6层建筑，地下建筑为2层，建筑高度41m。

除核心功能多功能剧场外，围绕主场馆，设置了电影俱乐部、音乐俱乐部、真冰溜冰场、餐饮服务、特色商业及地下车库等配套功能，集综合文化、艺术展示、时尚娱乐等功能于一体。

建筑外观图

二、工程设计特点

演艺中心作为文化项目，其功能定位、社会效益和经济效益的长期有效的发挥，场馆的可持续利用，是设计和管理各个环节所必须关注的焦点。

工程地处黄浦江畔，结合项目的特点和地理优势，空调冷热源采用了江水源热泵系统，利用黄浦江水作为空调热泵机组的热源或热汇，实现了空调系统的节能减排和绿色环保。

演艺中心的核心功能是18000座的主场馆，可以进行篮球、冰球等比赛，还可以举行多种规模的演唱会等文艺演出。主场馆空间高大，功能多变，其空调消防等系统的设计均需结合其特点，满足使用舒适性及安全性要求。本文将在后文中着重介绍主场馆空调系统和消防排烟系统的设计。

三、设计参数及空调冷热负荷

该工程相关设计参数见表1和表2。

空调室外计算参数 表1

	干球温度	湿球温度/相对湿度
夏季	34℃	28.2℃
冬季	−4℃	75%

空调室内设计参数 表2

房间名称	夏季		冬季		新风量[m³/(h·人)]
	温度（℃）	相对湿度（%）	温度（℃）	相对湿度（%）	
观众厅	25	55	18	40	20
排练厅	25	55	20	40	20

① 编者注：该工程主要设计图纸参见随书光盘。

续表

房间名称	夏季		冬季		新风量[m³/(h·人)]
	温度(℃)	相对湿度(%)	温度(℃)	相对湿度(%)	
化妆间	25	55	22	40	30
电影院	26	50	18	40	20
商业用房	26	55	18	40	20

根据计算，该工程空调系统的冷负荷约为14950kW，热负荷约为9200kW。冷负荷指标为119W/m²；热负荷指标为74W/m²。

四、空调冷热源及设备选择

利用临江而建、取水便利的优势，经分析论证，世博演艺中心利用了黄浦江水作为空调热泵机组的热源或热汇。夏季用江水作冷却水，由于水温比冷却塔出水温度低，制冷效率提高，并省去了冷却塔补水；冬季用江水源热泵供热，能源效率较燃油燃气锅炉有很大提高，节约运营费用。

1. 夏季冷源及设备

根据空调负荷特点，该工程夏季冷源由江水源热泵机组和双工况冷水机组（冰蓄冷系统）组成。冰蓄冷系统采用分量蓄冰方式，主机与蓄冰装置串联，主机上游。共设置了3台双工况冷水机组，利用江水作为冷却水，空调工况制冷量为650RT/台，制冰工况制冷量为440RT/台。蓄冰系统提供冷量比例约为30%。江水源热泵机组共2台，单台制冷量约625RT，可作为系统基载设备。冷冻机房设在地下二层。

2. 冬季热源及设备

冬季供热由江水源热泵机组和燃气锅炉组成，其中江水源热泵机组单台制热量为2200kW，供热量约占总热量的55%。

3. 水源侧水系统

根据江水进入热泵机组的方式分类，水源侧水系统可分为直接式系统和间接式系统。

直接式系统是指江水经过简单处理后直接进入热泵机组的冷凝器或蒸发器；而间接式系统是指江水不直接进入热泵机组的冷凝器或蒸发器，而是利用板式等形式的换热器，将江水与热泵侧的冷热源水进行分隔的系统。由于设置了换热器，间接式系统使进入热泵机组的冷热源水夏季升高1～2℃，冬季降低1～2℃，运行效率有所降低，且多了一级循环水泵，增加了能耗。而直接式系统对水质有一定要求，需解决机组换热器耐腐蚀和清洗的问题。

根据相关的江水源综合试验成果分析，经过简单的过滤，黄浦江水水质基本上能满足热泵（冷水）机组的运行要求，采用合理的换热管清洗系统，可保证机组高效地运行。

综合节能、清洗方式等因素，该工程的江水源热泵系统采用直接式系统。在系统设计上，江水经过除污格网初步过滤后进入冷冻机房，通过自动反冲洗过滤器处理后由江水泵直接输送进入机组换热器。同时，在江水侧换热器上设置清洁刷系统，对换热管进行定期清洗，防止江水污垢淤积在换热管内，提高机组运行效率。

4. 空调冷热水系统

空调水系统基本为二管制，局部区域（一层的主客更衣区、贵宾区、地下一层的化妆区、各池座空调箱及地下二层冰场等）另设空调冷水系统，以满足常年供冷要求。

空调冷水供/回水温度设计为6℃/13℃，大温差有利于节省水泵输送能耗。空调热水供/回水温度为50℃/45℃。

另设置免费冷却系统，过渡季节及冬季内区可以使用该系统供冷。

五、空调系统形式

如前所述，演艺中心的核心功能是多功能主场馆，其内场演出区域和观众席面积约15000m²，最大高度约41m。一层、二层为观众厅池座和内场，约7600人；三层、四层为VIP包厢和VIP餐厅，约2500人；五层为观众厅楼座，约7900人。

为满足不同比赛和演出的需求，主场馆运用灵活分隔系统、场地缩减系统、活动看台系统等高科技手段完善多功能使用需求，实现提高空间使用效率和提高观演质量两大目的，达到场馆的后续高效利用和长期高效运营的使用目标，建设成为永不落幕的城市舞台。

当电脑控制的升降隔墙隐藏于吊顶内时，主场馆是一个360°的大型活动场馆，可容纳18000多个座位；而活动隔墙降下后，按分割方案不同，可分别转换为12000座、8000座或5000座剧场等多种模式。舞台则可以根据演出内容在大小、形态、甚至在360°空间中进行三维组合，为演出带来了无限的舞台设计空间、艺术创意和想象空间，这样的设计为国内首创。

主场馆空调室内设计参数，夏季为25℃、55%，冬季为18℃、40%。池座和楼座采用全空气系统，其中池座为二次回风置换式空调系统，座位台阶侧面下送风，回风口设置在一层和二层的侧墙上，排风经与新风热交换后排放，充分回收排风热能，降低使用能耗；楼座为一次回风系统，顶送风口，集中回风；排风口设在屋顶桁架内，可将灯光负荷直接排出。VIP包厢和VIP餐厅采用风机盘管加新风系统，室温可独立控制，并配置相应的排风系统（见图1）。

池座设置8套空调系统，空调机组设在地下一层；楼座设置14套空调系统，空调机组设在六夹层。配合主场馆不同分隔形式，可开启不同的空调系统以满足室内温湿度要求。冷冻机房水系统原理如图2所示。

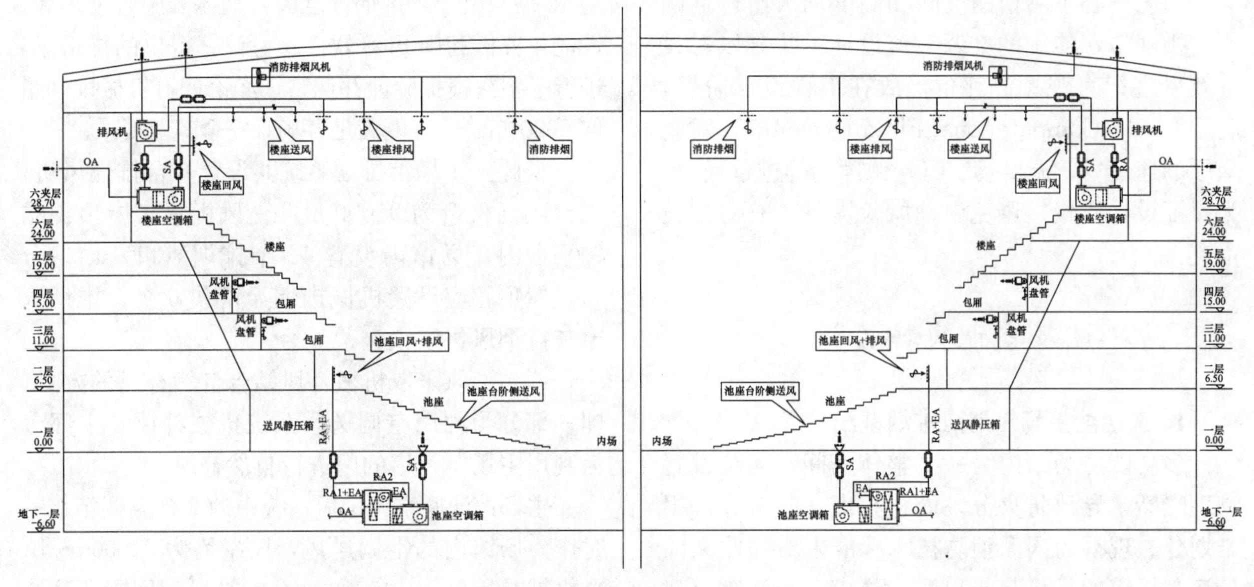

图1 主场馆空调风系统示意图

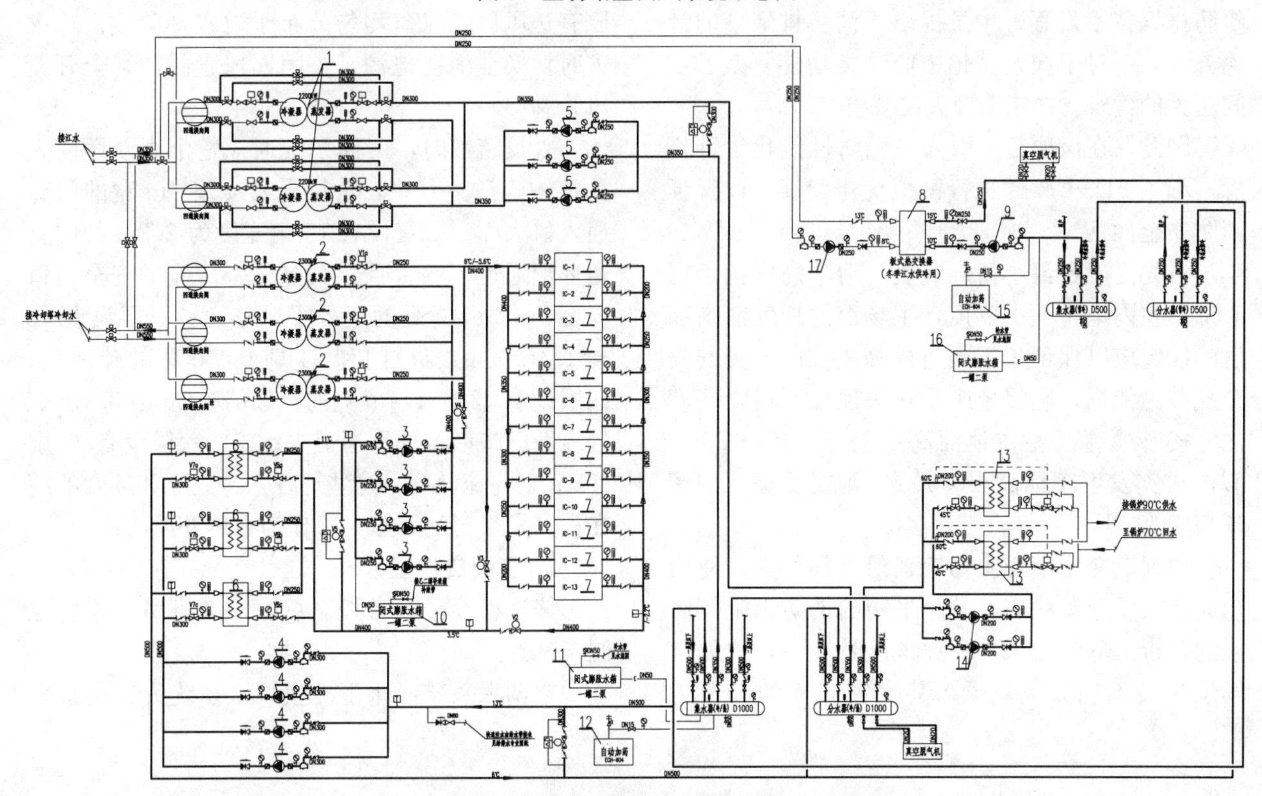

图2 空调冷冻机房水系统原理图

池座采用下送风方式，在阶梯侧面设置侧送风口，将空调风直接送入观众席及人员活动区。

为避免观众吹冷风感，夏季送风温度取20℃。对于高大空间，这种送风方式可确保人员活动区域的空调舒适性；而对于空调区域上部空间的温湿度等不作要求，相应地节省了系统运行能耗。

池座空调系统采用二次回风方式，利用回风作为再热来达到设计送风温度的要求，解决冷热抵消问题，有效地节省了再热量。

演艺中心主场馆的空间和高度均大于普通的剧院类建筑，传统的空调气流设计手法难以对设计效果进行直观预测评价，故在工程设计阶段，利用CFD（Computational Fluid Dynamics）对观众厅的速度场、温度场、CO_2浓度场等进行模拟，为保证设计质量、避免设计风险提供了有力的技术支持。

六、防排烟及空调自控设计

1. 多功能主场馆消防排烟系统

多功能主场馆内为一个整体空间，无法设置物理隔断，导致防火分区面积扩大，防烟分区很难划分。现行的国家消防技术标准未对如此大体量演艺场馆的排烟量提出明确要求。上海市《建筑防排烟技术规程》中虽提出了消防排烟量的计算方法，但对于演艺文化中心这类功能复杂、空间超大的建筑，并未明确火灾规模如何确定。

因此，在该项目中引入了消防性能化设计概念，利用FDS[①]软件进行模拟优化验证，以保证消防安全性。

首先需确定最小清晰高度。清晰高度指烟层底部至室内地平面的高度，主场馆的烟气清晰高度的确定应以保证位于楼座最高座位区人员的安全疏散为依据，确保楼座观众头顶处于清晰高度内。楼座最高区座位地面高度为±0.00＋26m，假设火灾发生于标高±0.00m，则需要保证的清晰高度为28m。

根据对文化中心主场馆建筑空间特点、使用功能、人员分布状态以及所采用的消防设施等因素的分析，舞台区域的火灾危险性较高，选取该场景为最不利火灾场景，其火灾规模的峰值为20MW。主场馆内楼座区域较高，离储烟仓位置最近，同时主场馆座椅为软座，在明火点火源下，有可能使得座椅丧失试验条件下的阻燃性能，从而成为火灾载荷，导致火灾在座椅之间的蔓延。因此，楼座区域着火时火灾危险性也比较高，此场景也作为火灾不利场景进行模拟分析，火灾规模的峰值为15MW。

根据上海市《建筑防排烟技术规程》规定的计算方法计算，舞台区域火灾场景时所需排烟风量约为154万m^3/h，排烟量巨大，具体实施难度很大。性能化分析利用FDS软件参考计算得出的排烟量，进行了多次模拟验证并调整。经论证，机械排烟量取500000m^3/h，能满足各场景安全疏散要求。

据此，主场馆排烟系统共设置6台排烟风机，每台风机风量为98000m^3/h。风机置于屋顶钢结构平台内，场馆内设置12个排烟风口，均匀分布。屋顶相应设置机械排烟天窗共6个，排烟天窗与排烟风机联锁。

消防补风采取机械补风结合自然补风的方式，即一部分为利用空调送风系统机械补风，一部分为利用主场馆开启的门进行自然补风。

主场馆池座空调送风系统中的2台空调箱，平时作为场馆内的空调送风，风量均为74000m^3/h，总机械补风量为148000m^3/h；补风利用空调系统原有送风口，风口均匀分布于池座台阶侧面，火灾时切换至消防电源，关闭回风管阀门，全开新风管阀门。

人员疏散时，广播系统通知整个观众厅内人员整体疏散。其中，首层设有4扇4m宽的门直通入口大厅；二层设有18扇宽度为2.2m的门直通环形通道，然后通过19个2.5m宽的安全出口与至＋6.5m标高的室外平台连通；三层设有13扇1.4m宽的疏散门和34扇0.9m宽的疏散门；四层设有13扇1.4m宽的疏散门和35扇0.9m宽的疏散门疏散至环形通道内；五、六层设有28扇2.2m宽的疏散门。这些通往入口大厅和环廊的门在火灾发生时均开启，可作为自然补风的途径。

2. 空调自控设计

该工程设楼宇自控系统，冷冻机房设现场控制子站。

空调水系统：冰蓄冷空调水系统为二次泵变

---

① FDS（Fire Dynamics Simulator）是美国国家标准与技术研究院（NIST）开发的一种火灾动力学场模拟软件。

流量系统，可根据用户侧压差控制流量，实现水泵变频节能运行；空调水系统设计为大温差系统（6～13℃），减小管道尺寸，降低输送能耗；空调热水系统根据热负荷变化来控制换热器及其对应水泵的变流量运行；设置江水换热供冷系统，供过渡季及冬季有需求处使用（免费供冷）；冬季江水经免费供冷系统换热升温后供江水源热泵机组制热，提高制热效率。

空调风系统：主场馆观众厅使用前，采取预冷（热）模式——无新风或最小新风运行；部分空调机组采用热回收功能，排风经与新风热交换后排放，充分回收排风能量，降低空调使用能耗；设计新风比可调，观众厅等重要场所设 CO_2 浓度监控，保证室内空气品质并节能运行；过渡季及冬季（内区）适当加大新风量，充分利用室外新风处理室内热负荷。

七、设计体会

世博演艺中心是世博会浦东园区重要的永久性建筑，包括江水源热泵系统在内的多项节能技术在该项目中得到了应用，体现了绿色、节能、环保的理念。

在经历了世博会期间大客流运行及会后两年多的商业经营，江水源热泵系统基本能正常高效地运行；夏季供冷采用冰蓄冷空调技术，减少主机总装机容量，夜间制冰蓄冷，移峰填谷，也取得了一定的经济效益。

主场馆的空调系统设计过程中，工程经验和CFD技术的有机结合，很好地提供了优化空调系统及气流组织设计的依据及方法，在实际使用中，不同规模演出及比赛时馆内基本均能达到舒适性要求。

因黄浦江水含有大量的泥沙，水源侧系统管道清洗工作量较之常规系统大大增加。如何减少工作人员此项工作量，是今后此类系统设计时应该多加考虑的一个问题，如立管增加储污段、水平管段增加清扫排污口等措施，从而便于管道及管件的清洗、减轻工作人员的劳动强度，同时也能更好地保证系统正常可靠地运行。

北京首都国际机场 3 号航站楼①

- 建设地点　北京市
- 设计时间　2003 年 12 月～2005 年 2 月
- 竣工日期　2007 年 12 月
- 设计单位　北京市建筑设计研究院有限公司
  [100045] 北京市南礼士路 62 号
- 主要设计人　夏令操　韩维平　潘旗　张建
  须陶　黄季宜　谷现良　金威
  穆阳　冯燕林　张娴　赵迪
  安欣　李大玮　王威　方勇
  孙敏生　郑小梅
- 本文执笔人　韩维平
- 获奖等级　民用建筑类一等奖

作者简介：

韩维平，男，1964 年 9 月生，大学，教授级高级工程师，注册设备工程师，北京建筑设计研究院有限公司第四设计所 4M2 工作室主任，1986 年毕业于北京建筑工程学院供热通风与空调专业，代表作品有：中宜科技发展大厦、深圳福田体育公园、新疆体育中心体育馆、首都国际机场 1 号航站楼改造工程、首都国际机场 3 号航站楼、昆明新机场航站楼等。

一、工程概况

北京首都机场 3 号航站楼是经国务院批准的国家重点工程，也是北京 2008 年奥运会重要配套建设项目之一。航站楼由 T3A、T3B 和 T3C 三个航站楼组成，其中 T3A 建筑面积 51.5 万 m^2，T3B 建筑面积 38.7 万 m^2，T3C 建筑面积 9.9 万 m^2。T3 航站楼的设计容量为 4500 万人次/年。

新航站楼是中国第一个建成的真正意义上的枢纽机场航站楼。T3 航站楼中涵盖了当今航空领域最先进的技术和理念，引领了未来枢纽航站楼的发展方向，也是理性与诗意并存的建筑经典之作，提升首都机场的枢纽功能、满足奥运需求、创造国门新形象这三大任务构成了 T3 航站楼设计及建设的主要目标。

T3A 航站楼地下二层，地上局部五层，东西长约 940m，南北宽约 765m，屋面最高约 45m。主要平面布局：地下二层为空调设备机房、热交换站、给排水机房、电气机房、行李处理机房；地下一层为热交换站、电气机房、零售仓储、装卸区、行李处理机房上空、管廊和空调机房；机坪层为 VIP、CIP、行李大厅、指廊空调机房；二层为国内到达、行李领取大厅、远机位候机厅、捷运站台、零售、办公；三层为国内出发、行李处理、办公；四层为办票大厅；五层为餐饮。

T3B 航站楼地下二层，地上三层，东西长约 940m，南北宽约 765m，屋面最高约 42.5m，主要平面布局：地下二层为热交换站、空调机房、给排水机房、捷运用房、电气机房；地下一层为管廊、电气机房、行李处理；机坪层空调机房、行李厅；二层为国际出发大厅、零售；三层为国际到达、办公、计时休息区。

T3C 航站楼地上三层，地下一层，南北长 385m，东西宽 108m，楼高 26m，由东西两侧的指廊和两指廊间的中央连接体组成。主要平面布局：地下一层为 APM 站台及设备机房等；首层为出入境大厅及机坪服务用房等，二层为国际出发大厅，商店，咖啡座等；三层为到达走廊，高舱位休息厅，餐厅等。

新航站楼的建设开创了航空建设历史上一系列的第一，逾百万平方米的建筑面积使它成为世界上一次建成的最大的单体航站楼。

---

① 编者注：该工程主要设计图纸参见随书光盘。

二、工程设计特点

T3航站楼作为国内规模最大的航站楼建筑，具有大面积的玻璃幕墙、流线型屋面和巨大挑檐、室内开放联通的高大空间等建筑特征，以及航站楼内多种功能区并存的建筑特点，给暖通专业设计带来一定难度。针对T3航站楼的特点，暖通专业采取了下列措施，在保证系统合理、可实施的基础上，达到节能的目的。

（1）采用建筑模拟软件，计算8760h空调负荷。通过分析外遮阳、建筑遮挡、围护结构传热系数与遮阳系数对负荷的影响，尤其是对复杂、不规则外围护结构及高大空间分层空调进行合理的冷热负荷计算，使计算结果和设备选型更加准确，有效降低初投资，提高运行效率。

（2）采用CFD模拟软件，对大空间采用罗盘箱分层空调进行了气流组织的计算和模拟分析，在保证人员活动区达到健康、舒适的条件下，减少空调能源消耗。

（3）公共区域采用变风量空调系统，通过风机变频等控制手段，使送风量适应负荷变化，降低风机能耗。

（4）全空气系统均满足全新风运行条件，室外气象参数适宜季节可充分利用天然冷源调节室内温度。

（5）空调和采暖水系统设置分项、分区计量，了解能耗水平和能耗结构是否合理，提高能源利用和管理水平。

（6）公共区域空调排风对行李处理机房通风后再排至室外，实现能量的再利用。

（7）内区办公房间的新风进行热回收。

（8）航站楼冷源由机场冷热源中心集中供给，能源中心设置冷水机组、一级和二级循环水泵。一级泵与冷水机组对应，各楼分设二级泵组。各航站楼内分别设置三级泵。二级、三级泵变频变流量运行，供回水温差为7℃大温差，减少水系统输送能耗。

（9）由于建筑设计难以增加疏散楼梯来缩短疏散距离，设计中运用安全走廊的概念来解决该难题。安全走廊内设置正压送风系统，是防烟楼梯间前室的扩大和延续。

（10）空气处理机组中配置活性炭过滤装置，去除空气中航空燃料的气味，为旅客提供健康、舒适、安全环境。空气过滤采用粗效过滤器＋电子空气净化过滤器＋活性炭过滤装置，提高室内空气质量。

三、设计参数及空调冷热负荷

1. 设计参数

室外设计参数见北京市气象参数。

室内设计参数如表1和表2所示。

温湿度参数　　表1

房间名称	夏季		冬季	
	温度（℃）	相对湿度（%）	温度（℃）	相对湿度（%）
各大厅	26	≤60	20	≥30
高档办公	26	≤60	20	≥30
VIP、CIP	24	≤60	24	≥30
商业	26	≤60	20	≥30
餐厅	26	≤60	20	≥30
钟点客房	24	≤60	24	≥30
商业仓库	≤36	—	≥10	—
行李处理	≤36	—	≥10	—
厨房	≤30	—	≥16	—
通讯机房	23±2 最大变化 5℃/h	45～65	20±2 最大变化 5℃/h	45～65
电梯机房	≤40	—	≥10	—
设备机房	≤36	—	≥10	—

新风、噪声参数　　表2

房间名称	新风量［$m^3/(h\cdot p)$］	允许噪声
各大厅	28	NR45
高档办公	50	NR35
VIP、CIP	50	NR35
商业	28	NR40
餐厅	28	NR45
休息室	50	NR30
通讯机房 PRC，SCR，DCR	28	NR50

2. 空调冷热负荷

该工程冷热负荷如表3～表5所示。

采暖负荷　　表3

	采暖建筑面积（m^2）	采暖热负荷（kW）
T3A航站楼	290304	8334
T3B航站楼	194738	8120
T3C航站楼	40317	2800

空调冷负荷 表4

	空调建筑面积（m^2）	空调冷负荷（kW）
T3A航站楼	279730	47297
T3B航站楼	188596	33864
T3C航站楼	59480	13700

空调热负荷 表5

	空调建筑面积（m^2）	空调热负荷（kW）
T3A航站楼	279730	23942
T3B航站楼	188596	17475
T3C航站楼	59480	6650

四、空调冷热源及设备选择

航站楼冷热源由机场能源中心集中供给，一次热水供/回水温度为120℃/70℃，在航站楼内设置板式换热器，制取二次空调热水与采暖热水。空调热水供/回水温度60℃/50℃，采暖热水供/回水温度90℃/65℃。

能源中心供应的冷水系统为复式三级泵系统，一、二级泵在能源中心，三级变频水泵在航站楼楼内，采用变速调节：由末端供回水压差控制循环水泵转速，由实际运行流量控制水泵运行台数，系统变流量运行。冷冻水供/回水温度为7℃/14℃。

航站楼内另设螺杆式冷水机组，能源中心停止供冷期间作为内区空调冷源以保证全年供应冷冻水，满足计算机房、通信机房、商业零售及内区办公等全年冷负荷需求。T3A航站楼内设置螺杆式冷水机组3台，每台制冷量1180kW；T3B航站楼内设置螺杆式冷水机组2台，每台制冷量1180kW；T3C航站楼内设置螺杆式冷水机组2台，每台制冷量400kW。楼内冷水系统为一级泵系统，机组侧定流量运行，负荷侧变流量运行，供/回水温度为7℃/14℃。因冬季需要供冷，冷却水系统采用乙二醇水溶液，冷却塔采用低噪声闭式冷却塔。空调热水系统和采暖系统补水为软化水，采用闭式气压罐定压方式。

五、空调系统形式

航站楼的特点和功能决定了不同区域或同一区域随航班时间段不同，人员密度会有较大变化。针对这些特点，部分公共区域采用全空气变风量空调系统，当各区域空调负荷发生变化时，通过风机变频等控制手段，使送风量适应负荷变化，确保区域温度在设计范围内，避免过冷或者过热现象的出现，降低风机能耗。航站楼主要的空调形式有以下几种：

（1）到达出发大厅等大空间、商业零售区及餐厅等区域采用一次回风双风机空气调节系统。

当空气处理机组负担不同区域时，采用一次回风变风量空气处理机组，以保证航站楼内不同区域室内空气设计参数；当空气处理机组负担同一区域时，采用一次回风定风量空气处理机组，如捷运站台及餐厅等区域。变风量末端装置采用单风道节流型，以室内温度信号为主控制的压力无关型设备，末端装置最小送风量取最大送风量的50%。

全空气空调系统具备全新风运行条件，可充分利用室外空气这一天然冷源进行新风供冷，具有节能意义。

（2）办公用房采用风机盘管加新风系统。

内区办公用房采用全年供冷风机盘管系统，新风机组采用带全热回收的新风处理机组；首（机坪）层办公用房采用二管制风机盘管系统。

（3）恒温恒湿空调（CCU）。

计算机房、通信机房和不间断电源间需要对环境条件进行精密控制区域设置恒温恒湿空调。在有架空地板的区域，通过架空地板向上供应冷风，在没有架空地板的区域，对房间的下部进行送风，冷风送向台架中间。恒温恒湿机组采用冷冻水型。

（4）零售单元设置风机盘管。

内区商业零售区域除采用全空气空调系统外，另设置全年供冷风机盘管系统，负担部分设备负荷（显热），及冬季和过渡季能源中心不供冷、室外温度高于送风温度时，对该区域进行辅助冷却。

（5）登机桥固定端采用风机盘管系统。

登机桥固定端空调采用二管制风机盘管，夏季供冷，冬季供热，不设独立新风系统。

（6）气流组织。

航站楼内包括不同类型的空间，主要气流组织形式如下：

1）大空间开放区域，采用分层空调方式。布置机电单元“罗盘箱”进行送风，服务面积约36m×36m。在罗盘箱侧壁约3.0m高的位置四周布置射流喷口侧送风，顶部和下部回风。

2）利用内幕墙布置侧送风口，侧送侧回。

3）行李提取大厅结合行李提取转盘布置送风口上送风，回风口设于侧幕墙。

4）值机大厅利用值机岛布置侧送喷口侧送。

5）有吊顶的封闭区域，采用散流器或条缝风口顶送风。

6）办公用房等房间采用顶部散流器或上部侧送风、上部回风方式。

六、通风、防排烟及空调自控设计

1. 通风系统

（1）卫生间通风。所有卫生间设置独立的排风系统，排风机位于站坪层的高处。公共卫生间采用每个卫生间设有排气扇和总排风机的集中排风系统。

（2）厨房通风。厨房通风系统分为局部排风和全面排风两部分，采用直流系统，并根据排风系统对应设置补风系统，补风量为总排风量的85%，补风按局部和全面排风不同时使用考虑，根据排风系统开启补风系统，保持厨房负压。

（3）热交换站通风系统。热交换站采用一次回风定风量空调通风系统，夏季送风经冷却处理送入室内，冬季采用新回风混合，维持5℃以上的送风温度，回风机兼作事故排风。

（4）变配电室通风系统。变配电室采用一次回风定风量双风机空调系统。夏季及过渡季全新风运行，夏季将室外新风冷却处理至20℃，排除室内余热。冬季通过新回风混合维持5℃以上送风温度，该系统不设置加湿。

（5）商业库房通风系统。地下一层零售储藏区设置空调送风和机械排风系统。新风和排风通过能量回收装置回收排风能量，对新风进行预冷和预热处理。商业库房区采用2次换气进行通风，以排除异味，并保持室内设计温度。

（6）行李处理区的通风。采用国际机场通用的处理方法，利用空气处理机组的排风对行李处理区进行通风，较低温度的空气能起到降温的作用，满足行李处理区的要求。

（7）行李隧道通风。由独立的机械排风、排烟合用系统对行李处理系统隧道进行通风和排烟，通风量按1～2次/h换气进行计算确定。

（8）装卸区和进出通道的通风。该区域排风系统与排烟系统合用。排风机双速运行，排风机根据通道内的CO浓度进行自动运行控制，CO浓度大于150ppm时，风机低速运行，满足3次/h换气；CO浓度大于600ppm时，风机高速运行，满足6次/h换气。CO浓度低于100ppm时，风机停止运行。火灾发生时，排风（烟）机高速运行。通过装卸区入口自然补风。

（9）气灭房间通风。变压器室、高低压配电室、不间断电源室、通信机房、监控机房等使用气体灭火系统的房间设置机械通风系统，接入房间的送风、回风和排风管都配有电动风阀。风阀控制器与气体灭火控制系统连锁，确保火灾防护区内的通风管道在气体释放前自动关闭。灭火后打开火灾区域排风系统风阀，对防护区通风换气。

2. 防烟系统

（1）每部防烟楼梯间和合用前室设置专用加压送风系统。

（2）地下一层和地下二层设置安全走廊，为安全走廊提供加压送风，维持与疏散楼梯间的合用前室相同压力，加压送风量按火灾时从火灾区域向安全走廊疏散，同时开启4扇防火门，维持门洞风速0.7m/s计算风量，同时比较按30m³/（m²·h）计算的加压送风量，按两者中的较大数值确定加压送风量。

3. 排烟系统

排烟系统包括消防性能化设计和按现行规范设计两部分。性能化设计包括封闭舱、开放舱排烟系统、大空间烟气清除系统、火灾控制区、地下安全走廊的加压送风系统、行李输送隧道和处理机房排烟系统、装卸运输区域排烟系统等。

火灾控制区也按性能化设计和规范中的防火分区进行划分，其中二层及二层以上部分公共区、零售、办公区域分成东西两翼、南北直指廊和中央五个火灾控制区；地下层部分和机坪层按防火分区确定火灾控制区。如果确认发生火灾，将启用火灾控制区的防烟楼梯间和前室的加压送风系统，地下安全疏散走廊的加压送风系统，以及着火区域的排烟系统。

按规范进行设计的排烟系统执行现行规范的规定及要求，按消防性能化进行排烟设计的区域采用以下消防策略：

（1）开放舱。开放舱为顶棚设有一定蓄烟高度，四周不需防火围墙的空间。主要包括零售，远机位候机厅，首层远机位出发等区域。

（2）封闭舱。封闭舱为四周完全封闭的空间或仅设有一个开敞面，该开敞面火灾时能自动关闭的空间。主要为与开放舱邻近的零售区域。

（3）大空间烟气清除系统。值机大厅、国内国际出发大厅、出发与到达走廊、迎送大厅等大空间区域，设置火灾后冷烟清除系统。

（4）行李通道排烟系统：

1）按消防性能化报告确定此区域的排烟量；

2）排烟口间距不大于60m，火灾时，同时开启相邻的三组排烟口排烟，其余防火排烟阀关闭；

3）通过行李处理机房和汽车坡道补风。

（5）装卸平台排烟系统：

1）按消防性能化报告确定此区域的排烟量；

2）火灾时开启排烟区域的电动排烟阀，其他区域的电动排烟阀关闭，启动排烟风机排烟；

3）通过汽车坡道自然补风。

（6）行李处理机房排烟系统：

1）按消防性能化报告确定此区域的排烟量；

2）火灾时开启防火排烟阀或排烟阀，启动排烟风机；

3）自然补风。

4. 自控设计

楼宇自动化系统依据机场运行数据库的各区域人流情况和室外气候条件，控制采暖通风及空调系统的运行，达到降低能源消耗，减少设备运行时间的目的。

（1）控制原则

1）热交换器、水泵、冷水机组、闭式定压装置、闭式冷却塔、水处理装置、空气处理机组、风机等在机房控制室集中监控，设备的监测纳入楼宇自动化管理系统。

2）风机盘管采用风机就地手动控制，盘管水路二通阀就地自动控制。

3）通信机房、控制机房等恒温恒湿机组的温湿度控制由设备集成，楼宇自动化管理系统进行监测。

4）变风量末端全开、全闭状态集中监控，末端开启度与风量集中监测；室温就地区域控制；大空间温度设定采用集中监控，VIP用房采用就地室温设定。

5）VAV末端节流阀、空气处理机组、新风、回风和排风电动风阀平时为楼宇控制系统控制，火灾时转为消防控制系统控制。

（2）热交换器和空调冷冻水、空调热水、采暖热水循环泵

1）热交换器二次热水出口水温控制能源中心一次热水水量，维持二次水所要求的供水温度。

2）根据空调热水系统的总负荷量控制板式热交换器和空调热水循环水泵运行台数。

3）根据空调水系统末端区域供回水压差调节空调热水系统循环水泵转速。

4）采暖热水系统根据室外空气温度变水温质调节运行。

（3）空调冷冻水循环水泵

1）根据空调水系统末端管网供回水压差调节空调冷冻水三级泵转速。

2）根据实际运行流量控制水泵运行台数。

（4）变风量空气处理机组

1）新风量调节：设计工况新风比为40%。夏季室外空气焓值大于室内空气焓值时采用最小新风比；室外空气焓值小于或等于夏季室内空气焓值时采用全新风；过渡季室外温度大于或等于14℃时采用全新风；室外空气温度小于14℃且大于或等于5℃时采用调新风比，小于5℃时采用最小新风比。随着负荷变小送风量变小，由回风的CO_2探测器控制新风风阀，控制回风CO_2浓度低于600ppm，保证实际需要的最小新风绝对量值。

2）室内温度湿度调节：夏季根据送风温度设定值14℃控制盘管水路电动二通阀开度；冬季新风与回风混风状态点低于14℃时使用加热盘管，通过加热盘管后焓值（或湿球温度）控制加热盘管水路电动二通阀开度，并通过加湿器后干球温度控制高压水喷雾水泵的启停，维持送风温度14～16℃。通过VAV末端装置调节送风量，控制室内温度，VAV末端风量调节范围为50%～100%，风量低于50%时关断部分VAV末端装置来提高其余VAV末端装置的送风量，并减小机组新风量，必要时再提高送风温度。

3）空气处理机组送回风机的调速运行：由室内温度调节VAV末端，由送风系统最不利环路的2/3位置的压力测点控制送风机转速，回风机同比例调节转速，保证回风量为送风量的85%，维持室内正压。

4）空气处理机组的启动：冬季室外空气温度低，空气处理机组启动时回风阀全开、新风阀全闭，加热盘管调节阀全开，加湿器关闭，末端VAV装置设定在最大流量，采用闭式循环加热模

式。各区域的室温达到要求后，切换成正常运行模式。

（5）新风处理机组

1）送风温度调节：根据送风温度控制盘管水路电动二通阀开度。

2）冬季送风湿度调节：根据送风湿度控制高压水喷雾水泵启停。

（6）冬季空气处理机组的防冻控制

1）新风阀与风机连锁。

2）加热器出口水温低于5℃时风机停止运行，新风阀关闭，水路调节阀全部打开。

3）报警后应检修查看，手动复位，重新开机。

（7）风机盘管

1）室内温度控制盘管水路二通电动阀开关。

2）就地手动控制风机启停和转速。

（8）变风量末端设备

1）变风量末端采用压力无关节流型装置，室温控制节流阀开度。

2）根据室外温度自动或手动改变室温设定值，进行季节转换。

3）末端装置全开、全闭采用集中监控，开启度和风量采用集中监测。

七、运行小结

首都国际机场3号航站楼2007年12月31日竣工，2008年3月26日正式投入使用。承担了整个首都机场56%以上的业务量，2012年年客流量达到了4400万。暖通空调各系统平稳运营了近6年。

根据实测数据整理出T3A四层F值机区北侧柜台区域2009年1月至2009年10月室温，如图1所示：

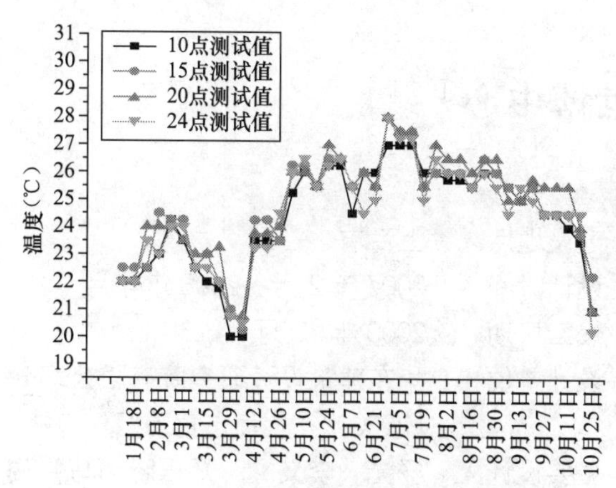

图1 实测数据

根据T3航站楼制冷站2009年实际累计制冷量，统计出2009年供冷季累计冷负荷数据，如表6所示。

2009年供冷季累计冷负荷　　　　表6

制冷量（GJ）	单位空调面积累计冷负荷（MJ/m²）	单位建筑面积累计冷负荷（MJ/m²）
305832	653	339

注：1. 制冷量为2009年供冷期间T3航站楼总供冷累计量。
2. 单位面积累计冷负荷按T3A和T3B的建筑面积和空调面积计算，T3C北京奥运会后未使用。

在2008～2009年冬季使用期中，APM站台区域出现了室温偏低的现象，经现场调查及分析，主要原因是旅客捷运系统站台屏蔽门热工参数较原设计有较大出入；还有轨道下部两侧设置了活塞风孔，但列车进出站台仍有室外冷空气直接侵入站台，导致该区域热负荷增加。针对现场实际和运行情况，本专业主要采取调整送风口角度，以及适当提高送风温度，增大送风量的措施进行解决。

世博中心①

- 建设地点　上海市
- 设计时间　2007年2月～2008年4月
- 竣工日期　2009年12月
- 设计单位　华东建筑设计研究院有限公司
  [200002] 上海市黄浦区汉口路151号
- 主要设计人　杨光　李义文　郑乐晓　马伟骏　吕宁
  左鑫　刘毅　柯宗文　常谦翔
- 本文执笔人　李义文　杨光
- 获奖等级　民用建筑类一等奖

作者简介：

杨光，男，1966年4月生，大学本科，高级工程师，华东建筑设计研究院有限公司机电所副总工程师，1987年毕业于同济大学供热通风与空调专业。主要代表性设计的工程有：国家电力调度中心工程，中央电视台新台址工程，上海南站，世博中心等。

一、工程概况

世博中心位于上海浦东滨江绿地南侧，紧邻黄浦江。基地东西长约440m，南北长约140m，总建筑面积约142000m²，地上7层，约100000m²，地下1层，约42000m²，建筑高度40m。建筑功能以会议接待、公共活动为主，包括大会堂、政务厅、宴会厅、多功能厅和入口大堂五大核心功能，以及与之相关的中小会议区、公共餐厅、贵宾区和新闻发布区等辅助配套功能。

二、工程设计特点

2010年上海世博会提出了“城市，让生活更美好”的主题，而以绿色节能建筑构造城市、让城市创造美好生活，成为诠释这一主题的最佳途径。

世博中心工程是世博园区首个新建永久性核心场馆，其引人瞩目之处不仅在于其在世博会期间和世博会后均肩负着多项重要职能，更在于在其设计和建造过程中始终贯彻着“绿色、节能、环保”的理念。该项目在建设之初即确定将按照国际上普遍认同的绿色建筑LEED™金奖标准进行建设，太阳能发电、雨水收集利用、节能建筑幕墙等节能环保技术得到大面积采用，而空调供暖系统，尤其是空调冷热源系统在节能环保方面的性能表现将对最终实现建筑整体的绿色目标起到举足轻重的作用。

世博中心以会展功能为主，空调峰值负荷较高但持续时间短，非常适合采用空调蓄能系统；该项目紧邻黄浦江，具备引入江水的条件，便于应用江水源热泵技术；该项目还有卫生热水等用热需求，需锅炉供热，而锅炉也恰能够弥补江水源热泵在供热品质上的不足。基于以上项目情况，从系统运行的可靠性、稳定性和经济性，能源利用效率、环保效应、对能源短缺价格上涨的敏感性等多方面来分析，最终确定空调冷源由冰蓄冷系统、江水源热泵机组组成，空调热源由江水源热泵机组和燃气锅炉组成。此外，该空调冷热源系统尚整合了利用现有的江水源热泵机组和消防水池而构成节能性更优的水蓄冷系统，以及利用冬季江水源热泵机组供热时江水对少量空调内区实现自然供冷的功能，成为集成多种冷热源利用技术并具备多种功能的复合系统。

该项目经历了2010年世博会期间连续184天

① 编者注：该工程主要设计图纸参见随书光盘。

的稳定运行，又成功经历了2011～2013年初上海“两会”以及世博会后多次国际性会议论坛的全面检验。基于包括空调系统在内的多项绿色技术的集成应用，世博中心实现了大型公共建筑的舒适性环境和绿色节能运营的兼顾，证明了绿色建筑系统运行的可靠性和稳定性，得到政府有关部门及技术权威机构的认可和称赞，在国内绿色建筑技术应用方面起到了典型示范作用。该项目成为国内首批获得中国绿色建筑三星级评价标识和世博会有史以来首个得到LEED金奖认证的绿色建筑。

三、设计参数及空调冷热负荷

设计参数如表1和表2所示。

1. 室外气象资料

室外气象资料　　表1

地理位置		上海市	东经：121°26′			北纬：31°10′	
夏季		空调	通风	冬季		空调	通风
大气压力	hPa	1005.3		大气压力	hPa	1025.1	
干球温度	℃	34.0	32.0	干球温度	℃	−4.0	3.0
湿球温度	℃	28.2	—	相对湿度	%	75	—
平均风速	m/s	3.2		平均风速	m/s	3.1	

2. 室内设计参数

室内设计参数　　表2

序号	房间名称	温度（℃）		相对湿度（%）		新风量	噪声值
		夏	冬	夏	冬	$m^3/(h.P)$	dB（A）
1	办公室	25	20	55	40	30	45
2	会议室	25	20	60	40	25	45
3	餐厅	25	20	60	40	25	55
4	大厅、中庭	26	18	65	35	10	55
5	多功能厅	25	20	60	40	25	50
6	大会议厅	25	20	60	40	25	45
7	中会议厅	25	20	55	40	30	45
8	宴会厅	25	20	60	40	30	45
9	贵宾室	25	20	55	40	30	40

3. 空调冷、热负荷

该建筑夏季集中空调总冷负荷为13023kW（3704RT），空调冷指标为91.7W/m²；冬季集中空调总热负荷为8860kW，空调热指标为62.4W/m²。

四、空调冷热源及设备选择

1. 空调冷源

空调冷源由冰蓄冷系统、江水源热泵机组和水蓄冷系统组成，空调冷水温度采用6/13℃。

（1）冰蓄冷系统

采用分量蓄冰方式，主机与蓄冰装置串联，主机上游。设计工况为主机优先的供冷运行策略，部分负荷时可按融冰优先甚至全量蓄冰模式运行。

蓄冰装置采用8台成品钢制蓄冰槽，内为不完全冻结式内融冰钢盘管，总蓄冰量为7104RTh。主机采用2台双工况螺杆式冷水机组，循环冷却水冷却，单台空调工况（6.5℃/11.5℃）制冷量为690RT，制冰工况（−2.3℃/−5.6℃）时为440RT。载冷剂采用容积百分比浓度为25%的乙二醇溶液。乙二醇泵变流量运行，与制冷主机一一对应。

冰蓄冷系统可按下列4种工作模式运行：1）单独制冰；2）单独融冰供冷；3）主机单独供冷；4）主机与融冰联合供冷。

蓄冰系统融冰出液温度为3.3℃，通过板式换热器向空调系统提供6℃的空调冷水，最大供冷量为2204RT。

（2）江水源热泵

采用3台500RT的螺杆式冷水机组，向空调系统提供6℃的空调冷水。机组冷凝器侧直接采用黄浦江水进行冷却，黄浦江水夏季工况设计温度为30℃/35℃。江水源热泵机组可用于：

1）与冰蓄冷系统联合向空调系统供冷；

2）夜间冰蓄冷系统制冰时向空调系统供冷；

3）夜间水蓄冷系统蓄冷主机。

（3）水蓄冷系统

利用已有的江水源热泵机组、消防水池及供冷、供热水泵等组成水蓄冷系统。蓄冷主机可由任一台江水源热泵机组承担；蓄冷槽为900m³的消防水池，蓄冷方式采用温度分层法，总蓄冷量约为2150RTh。蓄冷泵定流量运行，释冷泵变流量运行。

系统释冷温度为4℃/12℃，通过板式换热器向空调系统提供6℃的空调冷水，最大供冷量为500RT。

2. 空调热源

空调热源包括江水源热泵机组和燃气锅炉供热，空调热水温度采用50℃/40℃。

江水源热泵机组冬季供热运行时，通过阀门切换使黄浦江水接入蒸发器侧，黄浦江水冬季工况设计温度为7℃/4℃，机组供热水温度为46℃/

40℃，单台机组供热量为1780kW。

当江水源热泵不能满足空调系统供热需求时，应开启锅炉进行补充供热。锅炉一次热水为90℃/70℃，通过板式换热器可把46℃的空调热水提升至50℃。

五、空调系统形式

1. 空调系统及设备形式

(1) 大厅、中庭、大会议厅、中会议厅、多功能厅、宴会厅、公共餐厅等大空间场所采用单风道定风量全空气空调系统。上述区域均设置多台空调箱，以适应不同占用情况的使用要求。

(2) 会议室、办公室、贵宾室等采用单风道变风量全空气空调系统。空调箱一次风经过变风量末端送至房间，吊顶集中回风。必要时，空调一次风可常年供冷，适应空调内区常年的冷负荷，外区热负荷由再热装置解决。

变风量末端均采用压力无关型，并按空调内外区进行布置。内区采用单风道节流型末端；外区采用风机动力型末端，均带热水再热盘管。

全空气系统空调箱均采用组合式，置于各自区域的空调机房内。系统一般采用双风机，过渡季可采用全新风运行及冬季自然供冷。

2. 室内气流组织

多功能厅、宴会厅、中会议厅、中庭等高大空间场所采用喷口侧送、下回风的分层空调方式，顶部设置排风。喷口采用温控可调角度型。

大会议厅结合建筑空间采用座椅下送风、上部侧回风方式，顶部设置排风。

其他空间一般采用顶送顶回或侧送顶回方式。

六、通风、防排烟及空调自控设计

1. 通风系统

(1) 地下汽车库按防火分区设置机械进排风系统（兼消防排烟系统），排风量可满足房间6次/h换气，送（补）风量可满足5次/h换气。

(2) 地下各设备用房均设置独立的进排风系统。

(3) 建筑物内所有卫生间均设置机械排风系统。

(4) 餐饮厨房设置油烟排放系统，风量暂按40次/h估算。烟气通过在炉灶上方设置的油烟排气罩收集，经过垂直管路排出屋面，烟气排放前经油烟净化装置处理。

2. 防排烟系统

(1) 排烟系统

1) 地下汽车库设置机械排烟系统及其补风系统，与平时通风系统兼用，排烟量按房间6次/h换气计算，补风量大于排烟量的50%。

2) 建筑面积大于100m^{2}的无外窗房间（库房大于300m^2）、长度超过20m的内走廊以及长度超过60m的有窗走廊均设置机械排烟系统。

3) 大会议厅、中会议厅、多功能厅、宴会厅、地下餐厅、建筑中庭等均设置机械排烟系统，与平时排风系统合用，空调送风系统用于排烟时的补风系统。

(2) 防烟系统

所有防烟楼梯间、消防前室及合用前室均设置正压送风系统。楼梯间每隔2～3层设百页风口，消防电梯前室及合用前室每层设常闭送风口。

3. 自动控制

该工程设置数字化的空调自动控制系统来统一协调通风空调系统及设备的运行，以实现可靠、节能、高效、便捷的运行效果。空调自控系统可以纳入建筑设备自动控制与管理系统（BAS），实现在BA系统平台上的综合运行管理。

(1) 冷热源系统

冷（热）水机组、热交换器、水泵等的单机控制及群控运行；冰蓄冷、水蓄冷系统、江水源热泵机组工况转换及运行的控制；冷热水系统的压差旁通控制，供水温度的控制，水泵的变频运行控制；水系统的定压控制等。

(2) 空调系统

1) 空调机组的启停控制，风机的变频控制，送风（或回风）温度的控制，防冻保护，过滤报警，加湿控制，最小新风量控制，室内CO_2浓度控制，新、回、排风风阀的联动控制等。

2) 变风量末端的风量控制，房间温度的控制等。

(3) 通风系统

通风设备的启停控制，必要的联锁控制等。

七、设计体会

(1) 空调冷热源系统对建筑能耗水平及绿色建筑的等级有着至关重要的影响，应根据建筑物的负荷特点、所在地区的气候状况、能源情况及周边环境等应用条件，因地制宜地采用行之有效的节能环保技术。

（2）集成运用多种冷热源的空调系统具有较高的可靠性，同时也具有应对冷热源状况变化的灵活性及通过不同的组合和侧重获得系统运行的经济性，但系统也相对复杂，需要进行合理的系统流程组织和设备配置，设置完善的自动控制系统，制定科学合理的运行策略。

（3）利用江水源热泵供热在节能和节约运行费用方面均表现优异，在条件适合时应优先采用，但也存在供热能效和供热品质之间的矛盾，如需两者兼顾，宜采用锅炉补热方式。

（4）各种冷热源利用技术既有所长也有其短，在集成应用时相互之间应有互补性，例如空调蓄冷技术和热泵技术，在制冷和供热方面各有优势，两者结合可以取长补短，提升系统整体的运行特性。在制定运行策略时亦应充分利用各子系统的优点，发挥集成应用的整体优势，真正实现绿色、节能、环保的目的。

上海东方体育中心综合体育馆、游泳跳水馆和冷热源暖通空调设计①

- 建设地点　上海市
- 设计时间　2008 年 8 月～2010 年 12 月
- 竣工日期　2010 年 12 月
- 设计单位　上海建筑设计研究院有限公司 [200041] 石门二路 258 号
- 主要设计人　乐照林　王耀春　江漪波　毛大可　姜怡如
- 本文执笔人　乐照林
- 获奖等级　民用建筑类一等奖

作者简介：

乐照林，男，教授级高级工程师，1985 年毕业于上海城建学院暖通空调专业，同年进上海建筑设计研究院工作。主要设计项目有：上海八万人体育场、汕头游泳馆、越南国家体育场、旗忠网球中心、沈阳奥体中心等体育建筑；静安广场等商办楼；东方肝胆外科等医院；金茂三亚丽思卡尔顿等酒店；中科院上海植生所人工气候室；上海印钞厂等。

一、工程概况

东方体育中心为 2011 年第十四届国际泳联世界锦标赛而建，包括综合体育馆、游泳跳水馆、室外跳水池和新闻中心四个建筑单体（本文介绍设计范围内的综合体育馆、游泳跳水馆和冷热源内容），总体中心位置沿东西向设景观湖，游泳跳水馆位于湖南侧中部位置，综合体育馆位于湖北侧东端，新闻中心位于湖北侧中部位置，室外跳水池位于湖北侧西端。

图 1　总体平面图

综合体育馆：拥有近 18000 座观众席，其中包括预留 800 观众席的训练馆，体育馆除可进行球、操类室内体育比赛外，还考虑用于游泳比赛和冰上运动比赛，是一个名副其实的多功能综合性体育馆。训练馆可进行篮球、排球、乒乓球、羽毛球等相关训练。在 2011 年第十四届国际泳联世界锦标赛期间，体育馆内将拼装搭建临时标准泳池用于游泳比赛，训练馆内将拼装搭建标准泳池用于游泳训练。综合体育馆地下两层，地上三层，建筑面积 77243m²，建筑高度 43.2m。

游泳跳水馆：包括拥有 5234 座观众席的游泳、跳水比赛馆，其中永久固定观众席 2945 座，临时固定观众席 1469 座，活动观众席 820 座，另有游泳训练馆，戏水池厅（仅夏季用）和陆上训练房等，可进行游泳、跳水、水球、花样游泳等水上项目的比赛及训练，在 2011 年第十四届国际泳联世界锦标赛期间，游泳馆和训练馆将用于水球等水上运动项目的比赛和训练。游泳跳水馆地下一层，地上二层，建筑面积 47479m²，建筑高度 23m。

新闻中心：主要为媒体办公、会议及平时办公等，总建筑面积 28645m²，地下 1 层，地上 15 层，后增加 3 层，总建筑高度为 77.9m。

室外跳水池：拥有 5000 座观众席，建筑面积 7472m²。在 2011 年第十四届国际泳联世界锦标赛期间，主要用于跳水比赛。

冷、热源：设计综合体育馆、游泳跳水馆和新闻中心设置集中冷、热源，冷冻机房和锅炉房

① 编者注：该工程主要设计图纸参见随书光盘。

分别设于新闻中心地下一层和一层。其中，游泳跳水馆内的戏水池厅仅考虑夏季使用。室外跳水池和新闻中心由其他单位设计。其中，室外跳水池设直接蒸发式分体多联机空调系统。

二、工程设计节能创新特点

针对体育中心的使用需求和基地及建筑条件，设计因地制宜采用了相关的节能措施：

1. 可再生能源

利用景观湖，采用湖水源热泵系统，过渡季可提供生活热水和池水加热热水（也可供新闻中心空调四管制热水），属可再生能源利用，可节省一次能源消耗，有效减排，低碳环保。湖水源热泵节省一次能源分析计算如下：为便于比较，以两台螺杆机单位时间（1h）满负荷制热量为比较对象。单台螺杆式热泵机组的制热量为1652kW，两台为3304kW；热泵系统与锅炉供热系统能耗折算标煤数据如表1所示。

热泵系统与锅炉供热系统能耗折算表　表1

设备名称	电功率（kW）	总计电耗（kW）及制热量（kW）	折算标煤（t）
螺杆机	461×2（60℃） 276×2（37℃）	1122（60℃） 752（37℃）	0.399（60℃） 0.268（37℃）
湖水泵	45×2	—	—
热水泵	55×2	—	—
真空锅炉	6.5×1.5	耗电46.75 供热3304	0.468
锅炉一次热水泵	5.5×2	—	—
体育馆生活用水一次泵	4	—	—
游泳馆生活用水一次泵	11	—	—
池水加热二次泵	11	—	—

我国以火电厂为主，其每度电（1kWh）的发电煤耗（标煤），约在332～379g之间，计算取均值356g折算标煤。锅炉效率以90%来折算标煤（1吨标准煤的发热量为8140kW）。对表1计算比较可见：湖水源热泵与使用锅炉相比，当湖水离水温度为6℃，热水出水温度为60℃时，节能率为14.7%。

当湖水离水温度为6℃，热水出水温度为37℃时，节能率为42.7%。因此，根据供热需求大小，在供热需求较大时，适当调低热泵热水出水温度，由锅炉补充供热进一步提升水温，更有利于发挥湖水源热泵的节能减排效果。

该工程湖水输送距离和热水供热距离长使水泵功率偏高，对湖水源热泵的效率有一定影响。但湖水泵在取用湖水时，同时对湖水进行了过滤，若把湖水泵视作湖水机械循环过滤泵，不计入湖水源热泵系统，系统节能效率会更高。对应节能率分别提高至21.6%和49.6%。

2. 冷凝热回收

湖水源热泵系统螺杆机，设计采用双冷凝器，可热回收运行，机组可实现在供冷的同时供热水，满足空调过渡季供热，池水加热和生活用水补水预热，极大地提高螺杆机组电能利用效率，同时节省热水一次能源消耗，有效减排，低碳环保。

3. 冷热水大温差

空调用户冷水、热水分别采用6℃、15℃大温差，节省水泵和管道系统投资，并节省水泵运行费用。

4. 一、二次水泵全变流量

空调冷热水均采用二次泵系统，改变传统一次泵定流量的惯例，一、二次冷热水泵均采用变频控制，变流量运行，与二次泵同时适应系统负荷变化，更大程度节省水泵运行能耗。

5. 热水二次泵混水技术

空调一次热水，采用锅炉20℃大温差直接输送至各建筑单体机房，各单体热水二次泵采用回水混水技术，调至15℃温差，节省热水一次泵及管路投资和运行能耗。

6. 冷却水免费冷却

新闻中心的全年使用，过渡季采用冷却水免费冷却，节省空调能耗。

7. 风机变频

部分空调风机采用变频控制，适应系统负荷变化，变风量运行，可节省运行能耗。

8. 新、排风热回收

游泳跳水馆的训练馆经常使用，其池厅和更衣淋浴室的排风与池厅等的新风之间设新型热管热回收装置，回收排风余热，实现能量回收利用，节省新风加热能耗。因池厅排风含湿量大，冬季排风侧可能出现冷凝放热，热回收效率较常规要高。

9. 分层空调

比赛大厅、观众休息厅等高大空间，采用地板下送风方式，节省空调运行能耗。

10. 置换送风

观众席采用座椅下送风方式，送风效果好，并可节省空调运行能耗。

11. 新风供冷

游泳馆观众席空调系统，因观众与运动员的着衣差别，冬季观众席存在供冷需求，设计调节新风量来供冷，充分利用自然能，节省空调运行费用。

12. 自然通风

体育馆、游泳馆等高大空间，过渡季均可利用可自动开启的高位消防排烟窗进行自然通风，减少空调运行时间，节省能耗。

13. 真空锅炉

热源采用真空锅炉，生活用水与空调用水分回路加热，空调热水直接供用户使用，避免了常规热水锅炉需设的板式热交换器，节省了水泵阻力，降低了水泵能耗。

14. 环管水系统

(1) 节省水泵能耗：空调冷热水系统和地板采暖热水系统，利用体育馆和游泳馆建筑的特点，主干管采用环管形式，提高了系统水力平衡性能，降低了系统阻力，节省了水泵能耗。

(2) 节省干管所占吊顶空间：与非环管系统相比，理论上环管流量是非环管系统干管流量的1/2，减小了干管管径及其所占吊顶空间。

三、设计参数及空调冷热负荷

室外计算参数参见上海地区气象参数。

室内设计参数如表2所示。

室内设计参数　　表2

房间名称	夏季		冬季		新风[m³/(h·p)]	噪声[dB(A)]
	温度(℃)	相对湿度(%)	温度(℃)	相对湿度(%)		
体育馆观众席	26	60	20	>30	20	45
体育馆比赛大厅	26	60	>18	>30	>20	45
游泳馆观众席	26	<70	20	<60	20	45
游泳馆比赛池厅	27	<75	28	<75	>20	45
游泳馆训练池厅	27	<75	27	<75	>20	45

注：1. 比赛厅、训练馆、池厅、训练池厅室内气流速度≯0.2m/s。
2. 比赛厅用于游泳比赛时的参数同游泳馆。

计算空调总冷负荷为21395kW，建筑面积空调冷负荷指标139.5W/m²，其中，综合体育馆、游泳跳水馆、新闻中心夏季空调冷负荷分别为12356kW、6454kW，2586kW。

计算冬季空调总热负荷为9698kW，建筑面积空调热负荷指标63W/m²，其中，综合体育馆、游泳跳水馆、新闻中心冬季热负荷分别为5401kW，3209kW，1088kW。

给排水工种提供：体育馆、游泳馆生活热水热负荷分别为840kW，1020kW；游泳比赛池、游泳跳水池、游泳训练池保温加热负荷分别为450kW，450kW，430kW；游泳比赛池、游泳跳水池、游泳训练池初次加热负荷分别为2350kW，2830kW，1230kW。

四、空调冷热源设计及设备选择

体育中心冷热源的确定关系到投资和运行的经济性，冷热源设计在冰蓄冷、地源、江水源、燃气三联供、常规冷热源、集中与分散等方面进行了方案比较和专家论证，确定了以下方案。

1. 冷源

计算负荷和使用情况及节能要求，冷源以离心机为主，设三大一小4台离心式冷水机组，大离心机单台制冷量为4747kW，小离心机制冷量为2637kW。另设两台带热回收的螺杆式湖水源热泵冷热水机组，单台制冷量1334kW，制热量1652kW，夏季和过渡季需制冷时，可同时提供热回收热水，通过板式热交换器供两馆生活用水补水预热和游泳馆池水加热；过渡季制冷量需求小于制热量需求时，一台制冷运行并提供热回收热水；另一台螺杆机进入湖水源热泵工作状态，利用湖水制热提供热水，直至螺杆机湖水出水温度低至6℃时停止运行，在螺杆机制热运行期间，不足热量由锅炉提供；冷量需求过小时，则通过设过渡季免费冷却板式热交换器，用冷却水制冷，供新闻中心使用。冷水供/回水温度均为6℃/12℃，冷却水供/回水温度均为32℃/37℃；螺杆机热回收水供/回水温度最高为60℃/55℃（仅用于热量需求较小时，可免开锅炉），最低运行供/回水温度为37℃/32℃，降低温度可提高机组效率，实际运行根据需求调整。

此外，对于一些控制机房和弱电机房等，另

设局部冷源。

2. 热源

采用真空热水锅炉，共设4台真空锅炉，其中2台单回路真空热水锅炉，单台换热量3500kW，仅用于空调热水；另2台三回路真空热水锅炉，单台换热量2100kW，可供体育馆和游泳馆生活热水同时使用，也可仅供空调热水和池水加热热水（池水加热热水和空调水系统合并水系统），其中，体育馆生活用水回路换热能力为950kW，游泳馆生活用水回路换热能力为1050kW，空调热水回路换热量为2100kW，2台锅炉生活用水回路互为备用，以备锅炉检修维护，生活用水回路与空调热水回路错开使用。锅炉热水供/回水温度均为65℃/45℃。

五、空调系统形式

1. 空调水系统

空调冷水系统和热水系统均采用二次泵系统形式，适应不同单体的环路循环要求，节能运行。与传统二次泵系统控制相比，设计冷、热水一次泵亦采用变频调节，摒弃一次泵定流量的传统；其中，空调冷水系统二次泵均设于冷冻机房内，空调热水二次泵均设于各建筑单体中，以实现一次水大温差输送，节能运行，二次水经混水至要求的使用温差。

湖水源热泵热水系统主要服务于游泳跳水馆池水加热和生活用水补水预热及体育馆生活用水补水预热，设计采用一次泵变流量系统形式，以节省投资和运行费用。湖水源热泵热水：一次水最高供/回水温度为60℃/55℃，与热回收热水为同一管路系统，水温设定原则也相同，根据需要可调低设定温度运行，最低可与冷却水系统相同，为37℃/32℃；主要用于生活用水补水的预热和池水的加热，仅在热负荷需求较小时可提高水温用于生活用水加热。

生活用水补水预热专设板式热交换器；游泳馆各池水加热热水与空调热水合并水系统，共用一次泵，分设二次泵，二次泵均设于游泳馆机房内，均变流量运行，热回收热水与锅炉供空调热水对池水的加热合用板式热交换器，根据季节使用需求在游泳馆水泵房内，对一次水在热回收热水与锅炉供空调热水间进行切换运行。

两馆生活热水系统均为单独回路、一次泵变流量系统，直接加热生活用水。

综合体育馆：以冷热两用二管制为主，仅比赛场地空调为局部四管制，满足冬季场地用作冰场时不同于观众席的制冷除湿要求。

游泳馆：为冷热两用二管制。

新闻中心：全部采用四管制。各热水系统温差：

空调热水系统一次水供/回水温度65℃/45℃，经二次水泵混水提供二次水，供/回水温度60℃/45℃，不设板式热交换器，对系统直接供水；

池水加热热水系统一次水供/回水温度65℃/45℃，经二次水泵直接提供二次水，供/回水温度同为65℃/45℃，再通过板式热交换器加热池水。

游泳馆比赛厅和训练馆的池岸设地板采暖热水系统，分设地板采暖二次循环水泵，合用板式热交换器，由池水加热热水系统经合用板换提供二次热水，二次水供/回水温度均为50℃/45℃。

生活用水热水泵：供/回水温度为65℃/45℃，分别直接加热体育馆和游泳馆生活用水储水罐。生活用水一次热水系统由水工种在储水罐处设膨胀定压罐定压。

空调冷、热水系统均采用膨胀水箱定压，膨胀水箱设于新闻中心屋顶机房内。空调冷、热水系统均采用化学水处理方式进行水处理，冷却水系统采用化学水处理结合旁滤器进行水处理。

湖水系统专设沙过滤器对湖水进行过滤，在保护湖水源热泵机组湖水管路及设备系统清洁的同时，实现湖水循环过滤净化。

2. 空调风系统

根据各功能场所的特点，设计采用集中式全空气系统或空气—水系统分别适应不同类型功能场所特性。

（1）体育馆

1）较小的各比赛办公用房及贵宾包房等，各房间设风机盘管，另设集中的新风空调器处理新风，新风直接送入各房间，设集中的排风机排风或新风量较小的房间采用渗透排风，根据该工程平面范围大、排风口少的特点，一般均采用接力排风方式。

2）体育馆比赛厅、观众休息厅、观众席、消防控制室等功能场所，采用集中式低速风道空调系统，气流组织按各功能场所的特点和节能及使用要求，分别采用不同的形式。部分系统的风机设变频器，在部分负荷时，变风量节能运行。

体育馆比赛大厅，于比赛场四个通道方位设喷口侧送风，通道下部两侧集中回风。风机设变频器，在部分负荷时，变风量节能运行，喷口设电动风阀相应启闭以确保送风射程。采用方向手动可调型圆环形喷口，使送风方向水平可调。

训练馆，利用大小梁高差布置圆形长条明露彩色布袋风管送风，下部两端集中回风，确保训练馆小球训练对室内风速的要求。

体育馆固定观众席，看台静压箱椅下送风，除受结构留洞限制以外，每个座位设一个漩流侧送风口，部分为地板漩流送风口，位于一层高度和三层观众走廊下部集中回风。

体育馆活动看台观众席，于活动看台后侧墙上侧送风，比赛场四个通道两侧设集中回风。

体育馆一层观众休息厅沿外窗设地台下送风，观众休息厅内圈下部集中回风。

（2）游泳馆

1）较小的各比赛办公用房等，与体育馆相同。

2）游泳馆比赛厅等大空间功能场所，与体育馆相似，采用集中式低速风道空调系统，气流组织按各功能场所的特点和节能及使用要求，分别采用不同的形式。部分同样设有变频调节。

游泳馆比赛大厅，一部分于池厅两侧观众席前檐口下侧送风，同侧下部相对集中回风；另一部分沿端部玻璃幕墙设地板送风，相对集中回风。

训练池厅单侧喷口送风，同侧座椅下部相对集中回风。

固定观众席，采用看台静压箱椅下送风，与体育馆相似，于观众休息厅一层相对集中回风。

游泳馆一层观众休息厅沿外窗设地台下送风，观众休息厅内侧下部集中回风。

陆上训练房与两端功能用房侧墙设喷口送风，与两端管井侧面集中回风。

六、通风、防排烟及空调自控设计

1. 通风系统

体育馆、游泳馆建筑除常规通风外，对高大空间，如比赛大厅和观众休息厅、训练馆等，利用外窗或消防自动排烟窗自然通风，节省空调和通风系统耗电。游泳馆池厅设多台排风机排风，排除余湿和气味，部分变频，便于排风量调节。

2. 防排烟

该工程防、排烟设计除常规内容根据上海规程外，另根据消防性能化报告要求设计，其中比赛大厅大空间采用自然排烟方式，采用可自动开启的顶部和高侧窗排烟，排烟窗面积根据性能化报告要求确定。此外，消防性能化报告定义了包房等为防火舱、走道为隔离带等概念，排烟均按其要求设计。

3. 空调自控

除常规控制外，针对体育建筑空调和节能要求设计了一些特殊的控制。

（1）对于喷口送风系统，在风机变频调节风量时，各喷口支管设双位电动风阀，相应改变喷口个数，以确保送风射程。

（2）对于游泳池厅和训练池厅均设湿度控制，冬季和过渡季根据各池厅相对湿度，控制排风机开启台数及变频器调节排风量（台数优先）。相应联动调节池厅新风量，保证池厅负压。

（3）对于空调二次水泵的变频控制，设计不同于常规的末端压差控制，而主要采用系统温差控制，控制性能更好。末端压差仅用于调试确定变流量的底限。

其他如用户热水混水控制，一、二次泵全变频控制等，均为专项节能控制。

七、设计体会

体育建筑空调设计，有其特殊性，如冷热源的确定和机房设置，高大空间条件下的空调节能和气流组织及自然通风，室内风速控制，顶部风管隐藏，平时与赛时的不同使用需求，多功能使用需求兼顾，空调风水系统，防排烟，游泳馆通风，灯光音响控制机房空调等，需要进行针对性的分析和设计，才能满足使用要求，节省投资，同时实现运行节能。

该工程于2010年12月竣工，自2011年测试赛后，上海东方体育中心已成功举办了2011年7月16日开幕的第十四届国际泳联世界锦标赛，之后，已举办了短道速滑世界杯赛和短道速滑世锦赛等多场国际赛事，还举办了2012冰上雅姿盛典国际冰上表演等演出活动，效果良好。

中国疾病预防控制中心一期工程暖通设计①

- 建设地点　北京市
- 设计时间　2003～2009 年
- 竣工日期　2009 年
- 设计单位　中国建筑科学研究院建筑设计院
  [100013] 北京市北三环东路 30 号
- 主要设计人　嵇馨　曹源　盛晓康　牛维乐　王强
  王荣　倪歆海　周芳　刘亮　路连瑞
- 本文执笔人　嵇馨
- 获奖等级　民用建筑类一等奖

作者简介：

嵇馨，女，1972 年 1 月生，高级工程师，1998 年 4 月毕业于西安建筑科技大学，硕士研究生，在中国建筑科学研究院建筑设计院工作，主要设计代表作品有：中国疾病预防控制中心一期工程、中国人民大学西北区规划及学生公寓、北京生态建筑走廊、西安交大医学院第一附属医院门急诊综合楼、渣打银行天津办公楼、三亚凯莱度假酒店改扩建工程、成都来福士广场。

一、工程概况

中国疾病预防控制中心（CCDC）位于北京昌平区原中国预防医学科学院流行病与微生物研究所内，一期工程包括：传染病研究所实验楼、病毒病研究所实验楼、性艾中心实验楼、动物实验楼等科研建筑；综合业务楼等行政办公建筑；专家公寓楼、后勤配套楼、食堂，以及其他后勤配套设施用房；制冷站、原锅炉房改造、总配电室、应急发电机房、生活污水处理站、实验污水处理站等辅助用房。总占地面积 $17857m^2$，总建筑面积 $76848m^2$，其中地下建筑面积 $9763m^2$，地上建筑面积 $67085m^2$，建筑总高度为 39.45m。

科研建筑的工程等级为一级，使用年限为 50 年，耐火等级一级；综合业务楼的工程等级为二级，使用年限为 50 年，耐火等级一级；后勤配套设施用房及辅助用房工程等级为三级，使用年限为 50 年，耐火等级二级。

二、工程设计特点

CCDC 一期工程各单体建筑功能各异，暖通空调系统除了负担办公空调需求，同时还要满足多种不同实验室的特殊要求，包括一、二、三级生物安全实验室通风系统、恒温恒湿空调系统、洁净空调通风系统、实验室不同功能通风柜、生物安全柜在各种使用工况要求下空调通风系统的转换。既要严格控制在各种不同通风设备使用下的房间压差，同时还要根据各种通风工况下的负荷的变化，通过压差控制、温度控制、焓值控制、洁净度控制等多种不同手段满足房间温度、湿度和洁净度的要求。

（1）空调供暖方案的确定：科研建筑功能的特殊性决定空调供暖方案的特殊性。

（2）负荷计算：实验设备的使用要求、生物安全压力梯度控制要求形成较大的通风负荷，大功率实验设备散热造成的冷负荷也较大，以及设备使用的不确定性，从而导致整体负荷计算的特殊性。

（3）整体及局部气流组织：整栋科研建筑中，各类实验室复杂的局部排风系统及全面排风系统，相应的新风补风系统，所形成的整体气流组织；

① 编者注：该工程主要设计图纸参见随书光盘。

生物安全要求所形成的实验室内部特殊的气流组织。

(4) 实验室通风空调系统控制：实验室温、湿度以及洁净度控制；为了分别保护环境和工作人员所必需压力梯度及负压控制。

(5) 特殊功能实验室的暖通方案：恒温恒湿洁净负压实验室的方案确定。

(6) 暖通系统的特殊性对建筑方案的影响：实验科研的工艺要求导致暖通系统的特殊性，对建筑方案也有较大影响。

(7) 冷热源方案：集中制冷站、风冷热泵机组、空调 VRV 多联机供冷；锅炉房、换热站供暖。

(8) 节能与环保：在保证使用功能和生物安全的前提下，考虑节能与环保措施。

三、设计参数及空调冷热负荷

1. 室外设计参数

该工程位于北京市昌平区。

夏季室外空调计算干球温度：33.2℃；

夏季室外空调计算湿球温度：26.4℃；

夏季室外通风计算干球温度：30.0℃；

冬季室外空调计算干球温度：－12.0℃；

冬季室外通风计算干球温度：－5.0℃；

冬季室外供暖计算干球温度：－9.0℃；

冬季室外计算相对湿度：45%。

2. 室内设计参数

各科研楼实验室等功能用房众多，以下为一栋科研楼的室内设计参数。没有生物安全防护要求的各主要功能房间室内设计参数见表 1，有生物安全防护要求的各主要功能房间室内设计参数见表 2。

空调冷、热负荷如表 3 所示。

没有生物安全防护要求的各主要功能房间室内设计参数　　表 1

房间名称	夏季		冬季		新风量 [m³/(h·p)]	噪声级 [dB(A)]
	温度(℃)	相对湿度(%)	温度(℃)	相对湿度(%)		
大堂	25～27	≤60	17～19	≥30	12	55
办公室	24～26	≤60	20～22	≥30	35	50
会议室	24～26	≤60	20～22	≥30	30	45
档案室	25～27	≤60	20～22	≥30	15	45
走廊	25～27	—	17～19	—	15	55
公共卫生间	25～27	—	17～19	—	8 次/h	—
设备机房	35	—	10	—	3～12 次/h	—
毒种库	30	—	10	—	5～6 次/h	—
库房	35	—	10	—	1～2 次/h	—
电镜实验室	23～25	≤60	20～22	≥30	40	≤55
普通实验室	23～25	≤60	20～22	≥30	40	≤55

四、空调冷热源及设备选择

冷热源方案：集中制冷站离心式冷水机组供冷，为适应科研楼负荷变化设置两大一小 3 台冷水机组；风冷热泵机组供冷；空调 VRV 多联机供冷；锅炉房、集中换热站、单体换热站供暖。

根据各建筑的不同功能和使用性质，有针对性地设置不同的空调冷源，综合业务楼主要为办公性质，在地下室独立设置制冷机房；三大科研楼因为使用工况的不确定性导致通风负荷变化显著，同时使用系数不确定，故集中设置独立制冷站，并采用制冷机组和水泵变频技术以适应总冷负荷的变化；动物实验楼需 24h 开启空调系统，所以独立设置风冷热泵冷水机组。职工餐厅的空调 VRV 多联机系统和专家公寓、后勤配套楼的分体空调等不同的空调冷源形式。

通过对既有旧锅炉房的改造，延长锅炉房及其设备的使用年限，满足采暖和空调的用热需求。新增蒸汽锅炉满足实验室工艺的空调加湿要求。

设置集中换热站、业务楼、动物楼换热站，以及锅炉房热交换系统，由锅炉房供给的一次热媒经热交换器制备 60℃/50℃的低温热水供各单体建筑的空调热水及地板辐射供暖热水。同时锅炉房供给各单体 90℃/70℃的散热器供暖热水。

五、空调系统形式

1. 科研建筑

每栋科研建筑内，都包含生物安全防护实验室、特殊功能实验室以及附属功能房间和办公、会议区域。生物安全防护实验室根据所处理的微生物及病毒的危害程度分为 BSL-1、BSL-2、

有生物安全防护要求的各主要功能房间室内设计参数 **表 2**

房间名称	夏季		冬季		生物安全防护等级	对环境的特殊要求	主要排风设备	噪声级[dB (A)]
	温度（℃）	相对湿度（%）	温度（℃）	相对湿度（%）				
PCR 实验室	23～25	30～60	20～22	30～60	二级	全新风；环境弱负压（≤−5Pa）及弱正压（≥+5Pa）	BSL-Ⅱ-B2级生物安全柜，100%外排风	≤55
病源污染实验室 2	23～25	30～60	20～22	30～60	二级	全新风；环境弱负压（≤−5Pa）及缓冲间弱正压（≥+5Pa）	BSL-Ⅱ-B2级生物安全柜，100%外排风	≤55
病源污染实验室 1	23～25	30～60	20～22	30～60	二级	环境弱负压（≤−5Pa）及缓冲间弱正压（≥+5Pa）	BSL-Ⅱ-B1级生物安全柜，30%外排风	≤55
血清学实验室	23～25	30～60	20～22	30～60	二级	环境弱负压（≤−5Pa）及缓冲间弱正压（≥+5Pa）	BSL-Ⅱ-A2 级生物安全柜，100%内循环	≤55
细胞实验室	23～25	30～60	20～22	30～60	二级	环境弱负压（≤−5Pa）及缓冲间弱正压（≥+5Pa）	BSL-Ⅱ-A2 级生物安全柜，100%内循环	≤55
通用（理化）实验室	23～25	30～60	20～22	30～60	一级	—	通风柜，100%外排风	≤55
生物安全三级实验室	23～25	30～60	20～22	30～60	三级	根据工艺要求的环境压力梯度；万级及十万级洁净度的净化要求	BSL-Ⅱ-B2 级生物安全柜，100%外排风	≤55

空调冷、热负荷 **表 3**

建筑单体名称	总冷负荷供/回水温度	冷源	总热负荷及供/回水温度	热源
三栋科研实验楼	8250kW，7℃/12℃	集中制冷站	7500kW，60℃/50℃	集中换热站
动物实验楼	1356kW；7℃/12℃	动物楼风冷热泵机组	150kW，90℃/70℃	锅炉房
			1319kW，60℃/50℃	动物楼换热站
综合业务楼	1700kW；7℃/12℃	业务楼地下制冷站	640kW，90℃/70℃	锅炉房
			620kW，60℃/50℃	业务楼换热站
专家公寓楼、后勤配套楼、食堂、后勤配套设施用房	食堂 250kW	空调多联机	480kW，90℃/70℃	锅炉房
	其余单体业主自配	分体空调	332kW，60℃/50℃	锅炉房

BSL-3 级，每级实验室的结构、设备设施及安全操作程序保护了实验人员与环境，保证其相应级别的生物实验的危害限定在最低水平。每栋建筑都包含了若干个实验单元，每个实验单元都有 BSL-1 级实验室（理化实验室）以及多个 BSL-2 级实验室，此外每栋科研楼还包含一个 BSL-3 级实验单元。

除了有生物安全等特殊要求的实验室外，办公区域冬季采用散热器热水集中供暖，但散热器仅负担围护结构的冬季传热负荷，新风负荷由空调系统负担；夏季则采用风机盘管加新风的集中空调系统。实验室空调通风系统的全年冷热负荷由集中空调系统负担。对于 BSL-2 级实验室，按照不同功能实验室分别设置小型化一次回风全空气空调系统、全新风直流变风量空调系统，控制灵活可在一定程度上达到节能效果。除通用实验室外，BSL-2级实验室均保证相对洁净及弱负压环境要求，使实验室内的异味、化学有害气体、生物气溶胶等处于负压控制。空调加湿采用干蒸汽加湿系统。

生物安全三级实验室和动物房的空调系统采用全新风直流变风量系统，通过对每个房间的送风量和排风量进行详细准确的计算，并且为各个房间设置风量控制装置，确保房间的送风量和排风量达到动态的平衡，确保每个房间的压力状况，保持各房间之间的压力梯度。

动物楼的空调系统形式还包括：实验区的全空气净化空调系统，辅助办公区冬、夏季采用风机盘管加新风的集中空调系统；办公区采用冬季散热器供暖系统、夏季风机盘管加新风的集中空调系统。另外，动物房的全新风空调系统风量大、全年运行时间长，从减少能量耗费和节省运行费用的角度出发，设置了板式显热回收机组，有效地利用了动物房排风的冷量或热量预冷或预热动物房的新风，实现空调系统的节能目的。

生物安全二级实验室如PCR实验室、病原污染实验室、血清学实验室及细胞实验室，均采用上送侧下回（排）的送回（排）风方式，回（排）风口设置在放置生物安全柜一侧的夹壁墙下部，可以使实验室的送风首先经过实验人员的主要活动区域后再到实验操作区域（安全柜所在的区域）。生物安全三级实验室的主实验室的气流需要设计成定向流，通过送风口和排风口的合理布局使实验室的送风首先经过实验人员的主要活动区域后再到实验操作区域（安全柜所在的区域）。这种气流组织方式能有效降低实验人员的感染风险。

2. 行政办公建筑

综合业务楼为地下1层，地上5层的办公楼，包括办公、会议、报告厅等功能用房以及车库、设备用房等辅助用房，承担传染病和突发公共卫生事件网络直报工作的信息中心、疾控应急中心等业务部分也设立在综合业务楼内。

暖通设计形式包括散热器供暖、大堂地板辐射供暖，夏季风机盘管加新风的集中空调系统以及大空间的全空气空调系统。

3. 后勤配套工程以及专家公寓楼

专家公寓楼、后勤服务楼、食堂冬季采用散热器集中供暖，夏季采用多联机空调系统或分体空调。

六、通风、防排烟及空调自控设计

1. 通风设计

除了常规的通风系统设计，如各类设备用房、车库、库房、公共卫生间、餐厨用房，CCDC一期工程包含了大量科研实验功能用房较为特殊的通风系统设计，如一、二、三级生物安全实验室的通风系统设计，动物房的通风系统设计，毒种库及清洗消毒室的通风系统设计。

生物安全三级实验室（BSL-3级）和动物房通风系统目的是保持实验室和动物房时刻处于负压洁净状态，主要是由全新风直流系统来维持的，空调通风系统在实验进行的过程中需要24h连续运行，对空调系统的稳定性提出了很高的要求。生物安全三级实验室的排风机均设置备份风机，动物房的送风机和排风机均需要备份。

生物安全二级实验室（BSL-2级）、理化实验室（BSL-1级）根据实验室的生物安全柜、通风柜的使用情况等各种不同工况下控制送、排风设备的转速和频率，保证温、湿度要求及环境弱负压的要求。送风系统设置粗、中效过滤以保证实验室的相对洁净。对于某些有特殊要求的生物安全二级实验室，为保证实验结果的准确性和防止污染，需采用全新风直流变风量空调系统，且利用风量平衡保证PCR实验室内各区域的压力梯度和室内弱负压要求。

理化实验室的新风系统除了满足人员卫生要求以外，还需满足实验室内通风柜开启时的补风要求，通风柜的柜面风速需严格控制，如果完全采用风量平衡控制装置，造价不菲且系统控制复杂，在设计过程中与业主沟通后提出了通风柜习惯使用高度范围的概念，将新（补）风机组确定为双速风机，排风机组确定为变频风机，有效地满足了业主的使用要求。通风柜实验可能排出腐蚀性有异味气体，采用独立排风系统，且排风管道和排风机均采用耐腐蚀材料制作。

各科研楼内数量较大的局部排风设备，以及利用局部排风设备所进行的各类实验内容的巨大差异，形成了众多的独立的局部排风系统，而且通过生物安全柜、通风柜等排出的气体均高空排放，独立的小型化的空调系统，将新风机组、空调机组等送风设备设置在技术吊顶内，新风均由侧墙取入。整栋建筑形成了侧进上排的气流组织方式。设备机房、消毒洗消室、毒种库等功能用房，其排风系统包括腐蚀性有异味的洗消排风，水处理机房排风，消除余热的毒种库排风，这些排风均经由竖井至屋面高空排放。

2. 空调自控设计

一期工程考虑了常规的冷、热源系统的各项自控措施，以及空调系统末端，根据室内温、湿度对各类电控风阀、水路阀门的自动控制。较为特殊的是，关于形成室内压力梯度要求的空调通风系统的自控，以及净化系统、部分实验排风设备如生物安全柜、通风柜的自控系统。

为了保护环境及工作人员，生物安全实验室压力梯度及负压控制的实现：生物安全二级实验室根据实验对象的毒害性，设置A级内循环风或部分排风的生物安全柜和B级全排风的生物安全柜，根据实验对象的类别，单台或两台生物安全柜设置一个排风系统，每个BSL-2级实验单元均设置全面排风系统，通过在送、排风系统设置定风量阀、变风量阀，以及全面风量平衡设计保证室内弱负压，使实验室内的异味、化学有害气体、生物气溶胶等处于负压控制以保护环境。另外，在B级生物安全柜停止实验时，保持低风量的排风状态，维持生物安全柜内的弱负压，防止空气由排风口倒灌造成柜内毒害物质外溢，同时控制空调通风设备的起停次序以及通过送、排风设备和风阀的联控，以保证有毒害物质不扩散至外部环境。

生物安全三级实验室和动物房沿实验室人员进入的方向房间的绝对压力依次降低，房间之间需要维持稳定的压力梯度。生物安全三级实验室和动物房的空调系统设计需要通过对每个房间的送风量和排风量进行详细准确的计算，并且为各个房间设置风量控制装置，确保房间的送风量和排风量达到动态的平衡，确保每个房间的压力状况，保持各房间之间的压力梯度。生物安全三级实验室和动物房要通过各类设备阀门的切换维持各工况下的负压状态。生物安全三级实验室和动物房在遇到停电、排风机故障、排风设备启停切换等状况时需要启动备用电源、备用排风机、调整房间的送风量和排风量，在做上述切换时，利用空调通风系统维持实验室处于负压状态。

3. 防排烟设计

各栋单体建筑根据建筑布局和功能，分别设置了防、排烟系统，保障了火警时工作人员的有效疏散。较为特殊的情况是对于有生物安全防护要求的实验区域的消防系统的设置：对于BSL-2级实验室区域，排风管道在穿越竖井等防火分隔处时设置了电动防火阀，火警时应先由实验人员确认没有生物安全问题之后，由消防控制中心控制关闭电动防火阀及送、排风设备；对于BSL-3级生物安全实验室区域，生物安全的危险性远大于火灾的危险性，在火警时应先保证实验人员可尽快安全结束实验给出安全信号至消防控制中心后，才可关闭通风设备，避免先行启动排烟设备造成生物安全危害。

七、设计体会

CCDC一期工程历时6年，改版及局部修改数次。于2009年竣工后经过一段时间的系统调试及试运行，整个一期工程现已投入使用，运行良好。

对于这样规模较大的疾控类工程，在前期做好和业主的沟通，以及尽可能全面地收集工艺设备资料，了解确认工艺条件对于暖通专业的要求非常重要，前期准备工作越齐备，修改反复工作就会越少。总结下来有如下心得体会：应重视了解各类局部排风实验设备、大功率散热实验设备的数量、位置、工艺要求，对整体空调通风、气流组织方案影响巨大，在设计过程中除了保证环境温、湿度要求、压力梯度要求以外，还应注意保护环境，如有毒害气体应经过滤后高空排放；应重视毒种库的通风降温措施，了解数量众多的低温冰箱、超低温冰箱的散热量，进行热平衡计算后方可确定通风、空调方案；应重视各类送、排风设备的消声降噪措施，由于部分排风实验设备如生物安全柜都配备有高效过滤器，以及一些净化空调机组，均为高扬程高转速送、排风机，应注意在适当位置设置消声设备；这类建筑通常暖通空调设备众多，在设计过程中应充分考虑到安装检修空间，空调通风系统复杂，在调试过程中及时与业主沟通，应经过至少一个供冷季、供暖季的试运行，发现问题，解决问题，帮助业主积累运行维护管理经验。

北京朝阳医院改扩建一期工程门急诊及病房楼暖通空调设计①

作者简介：

赵文成，男，1963年2月生，大学，高级工程师，注册设备工程师，民用院三所副总工，1985年毕业于湖南大学暖通空调专业。代表工程：北京万通新世界广场、北京海淀新技术大厦、北京稻香湖湖景大酒店、中国农业科学院农产品质量标准与检测中心、北京朝阳医院、第七届花卉博览会展馆、苏州大学附属第二医院、福建医科大学附属第二医院等。

- 建设地点　北京市
- 设计时间　2005年8月～2006年12月
- 竣工日期　2008年1月
- 设计单位　中国中元国际工程公司
  [100089] 北京市海淀区西三环北路5号
- 主要设计人　赵文成　李玉梅　姜山
  郭剑　陈婷
- 本文执笔人　赵文成
- 获奖等级　民用建筑类一等奖

一、工程概况

北京朝阳医院坐落于CBD商务区西北侧，是集医疗、教学、科研、预防为一体的三级甲等医院。该工程为新建门急诊及病房楼，是北京奥运会唯一奥运示范医院，承担了奥运期间的医疗救治工作。

该工程新建建筑面积83937m²，地上13层，地下3层，建筑高度59.80m。地下三层为停车库（战时六级人防物资库）、放疗科、设备用房；地下二层为停车库及设备用房；地下一层为急诊部、药库及病案库等；首层为门诊大厅、住院大厅及门急诊治疗室等；二层为放射影像室、CT室、儿科等；三层为检验科、功能检查、超声影像及门诊用房；四层为中心供应室及门诊用房；五层为中心洁净手术部、门诊手术部及门诊用房；六层为血库、生殖中心及门诊用房；病房楼七～十二层为标准护理单元，十三层为呼吸重症监护病房（RICU）；门急诊楼六～九层为门诊用房，十层为行政办公区、报告厅及计算机中心。

工程建成后，医院病床总数达1410床（其中新建病床数为285床），日门急诊量已超过10000人次，连续5年为北京市门诊量最大的医院。

二、建筑特点

1. 设计了化学中毒紧急救治中心

作为北京市全国职业病及化学中毒救治基地，该工程急诊部一直承担着北京市（包括奥运会期间）化学中毒紧急救治任务。化学中毒紧急救治中心紧密结合现有急救流线，分设了平灾结合的热区、温区、冷区，设置了急救车自动清洗、中毒患者自动清洗及重症患者自动清洗等设施。

2. 设计了急救中心A，B，C三区接诊及救治机制

急救中心位于地下一层，A区（抢救）、B区（复苏留观）、C区（普通诊区）围绕医技检查展开，分区明确，流线先进清晰，高效快捷。地下

① 编者注：该工程主要设计图纸参见随书光盘。

一层利用天井及下沉花园，实现了与地上建筑相同的采光通风效果。该急救中心是卫生部急诊医学教育合作项目培训基地和北京市急诊住院医师规范化培训基地。

3. 建立了国内首家净化的RICU

RICU的整体设计着重体现了护理工作的高效率与便捷性，同时从病人角度出发，创造了舒适、积极的治疗环境。

4. 门诊科室布置摒弃了传统的内外科设置

采用内外科集成、以中心（脑病中心、心脏中心等）为单元的集约型布局方式，大大提高了工作效率，弱化了就诊流程。

三、暖通空调系统设置

1. 通风空调系统

门急诊及病房楼功能较多，根据各功能设置不同的通风空调系统。该项目共设：

（1）送排风系统100个；

（2）风机盘管加新风空调系统33个（主要服务区域为门诊、病房）；

（3）全空气舒适性空调系统25个（主要服务区域为医疗主街、大厅等）；

（4）生物净化空调系统31个［主要服务区域为洁净手术部、急诊重症监护病房（EICU）、RICU、心脏监护病房（CCU）、中心供应室、抢救室］；

（5）恒温恒湿空调系统2个（主要服务区域为核磁共振磁体间、计算中心机房）；

（6）多联机空调系统4个（主要服务区域为放疗科直线加速器治疗室、核磁共振辅房、变配电辅房、计算中心辅房）。

2. 冷源

在该工程新建建筑中地下三层设计了供应全院区15万m^2建筑的集中制冷站。选用2台3869kW（1100RT）的离心式冷水机组与2台1336kW（380RT）的螺杆式冷水机组，使得在高、低负荷下都能高效率运行，同时机组之间也能形成相互备用。其中螺杆机在冬季运行。

3. 热源

采用市政热源，经换热后用于该工程的空调和供暖，同时设置蒸汽锅炉房提供蒸汽用于消毒、冬季舒适性空调加湿并作为空调、供暖备用热源。净化空调系统的加湿采用电极式加湿器。

4. 空调水系统

病房楼、地下一层各空调房间及所有净化空调系统的水系统为四管制，其余均为二管制。

四、通风空调设计

在医院暖通空调设计中，防止医院内以空气源传播方式造成的交叉感染尤其重要。该工程的设计特点是：

（1）与医学专家一起总结防控经验，结合先进的医疗流程，合理配置通风空调系统。地下一层的医疗用房设计了下沉式花园，实现了与地上建筑相同的通风效果，保证在疫情发生时能正常运行。

（2）将医护人员的休息区、办公区设计成正压区域，使气流由医护人员休息区、办公区流向公共区域，再由负压区排至室外。图1给出了病房的气流流向示意，医生办公室、值班室、示教室采用风机盘管＋新风系统，保持房间正压；公共区域的气流由病房、卫生间、污物间排出，这些房间保持负压。图2给出了放射科的气流流向示意，医生停留的区域设计为正压区，病人停留的区域设计为负压区，以保护医务人员。

（3）在医护人员与病人共同存在的各医疗场所（诊室、检查室等）均设置新风和排风系统，提高空气的流动性，减小房间空气龄，降低有害物浓度。图3给出了妇产科门诊的气流流向示意，诊室、检查室采用风机盘管＋新风系统＋排风系统；公共区域的气流由诊室、卫生间、污物间排出，使空气流通，避免出现死角，降低有害物的浓度。

（4）各层医疗主街、门诊大厅、急诊抢救大厅、急诊留观大厅、急诊各交通廊、报告厅等公共空间采用全空气双风机空调系统。在疫情（如SARS、流感）发生时或在过渡季，空调系统以全新风工况运行。急诊抢救大厅、急诊留观大厅的平时排风量均比新风量大10%，使室内保持负压。医疗主街采用条线形送风口，使送风均匀，降低了风速，减少了病人的吹风感。

（5）在医疗净化区域设置压力梯度，采用新风集中处理、分散独立送风的空调方式。在净化空调机组不工作时，由新风系统维持各区域的压力梯度，避免净化房间受到污染。

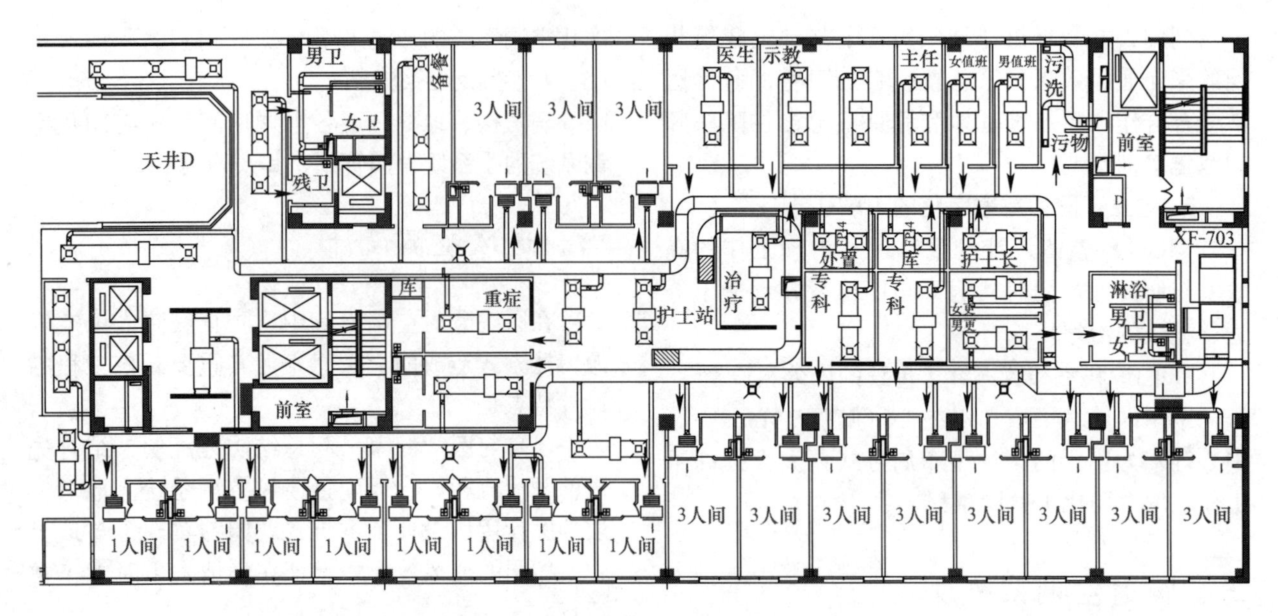

图1 病房的气流流向示意

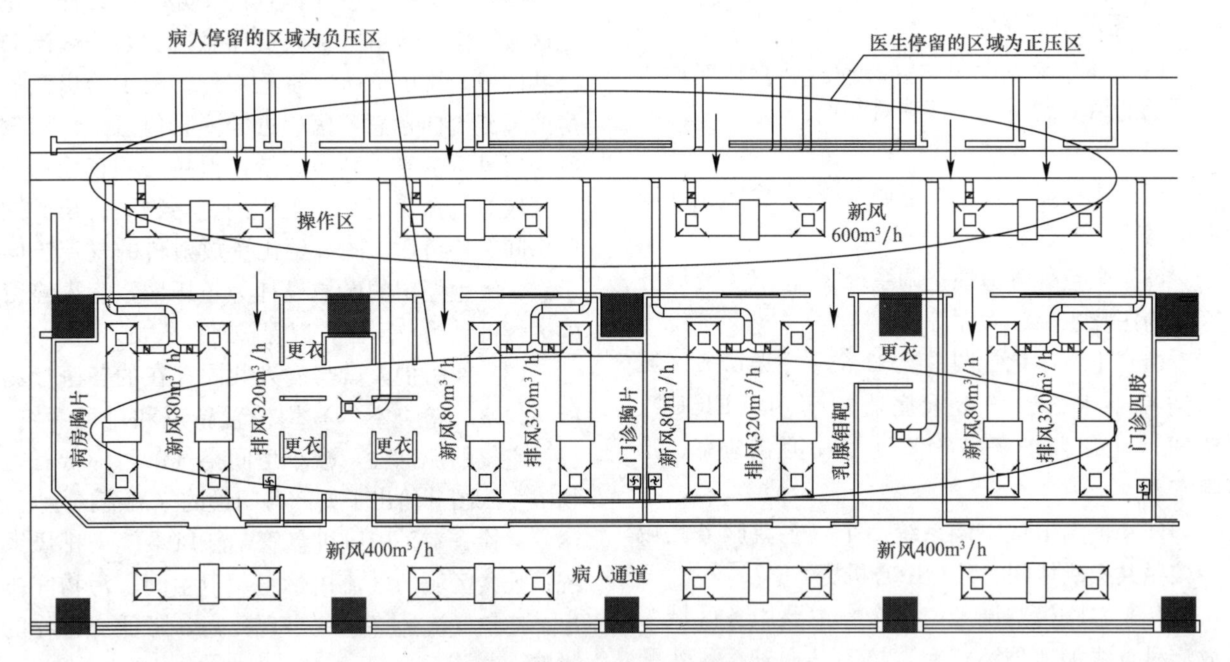

图2 放射科的气流流向示意

以手术部为例：手术部设计了净化空调系统。共有Ⅰ级（100级）手术室3间，其中1间用于心脏外科手术，2间用于关节置换、器官移植及脑外科手术；Ⅱ级（1000级）手术室1间，用于胸外科、泌尿外科、肝胆胰外科手术；Ⅲ级（10000级）手术室4间，用于普通外科手术。

每间手术室对应一个空调系统。手术室采用集中高效过滤顶棚送风、双侧下回风，每间手术室设独立的排风系统来排除溢出的麻醉气体和异味，并控制手术室的压力。

Ⅰ级手术室的洁净走廊和体外循环机间按Ⅱ级辅助用房设计，Ⅲ级手术室的洁净走廊按Ⅲ级辅助用房设计，器械药品库、无菌品库按Ⅲ级辅助用房设计，清洁走廊按Ⅳ级辅助用房设计。在洁净走廊刷手处设置排风系统来控制洁净走廊的压力，在快速灭菌清洗处设置排风系统来控制清洁走廊的压力。

根据洁净度级别设计压力梯度。各洁净走廊设独立的排风系统以调节压力。净化区域压力比非净化区域高15Pa，高级别的净化区域（房间）压力比低级别净化区域（房间）高8～10Pa。图4给出了洁净手术部的净化空调系统图。

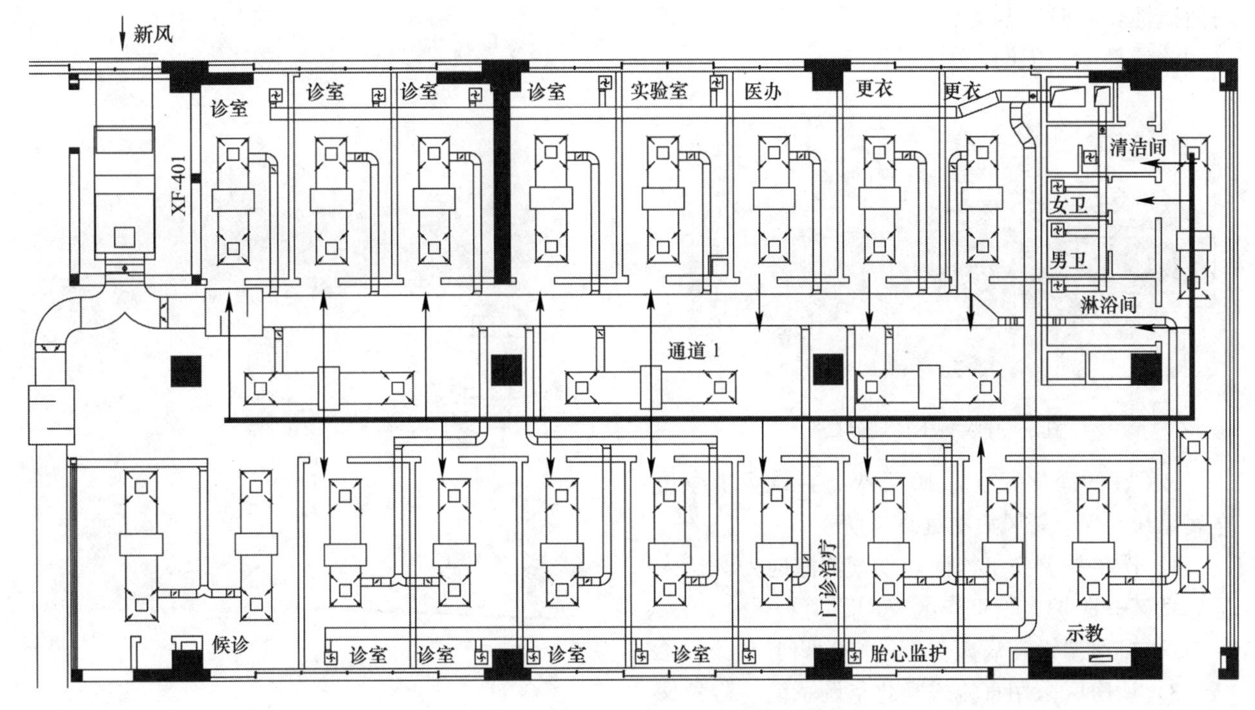

图 3 妇产科门诊的气流流向示意

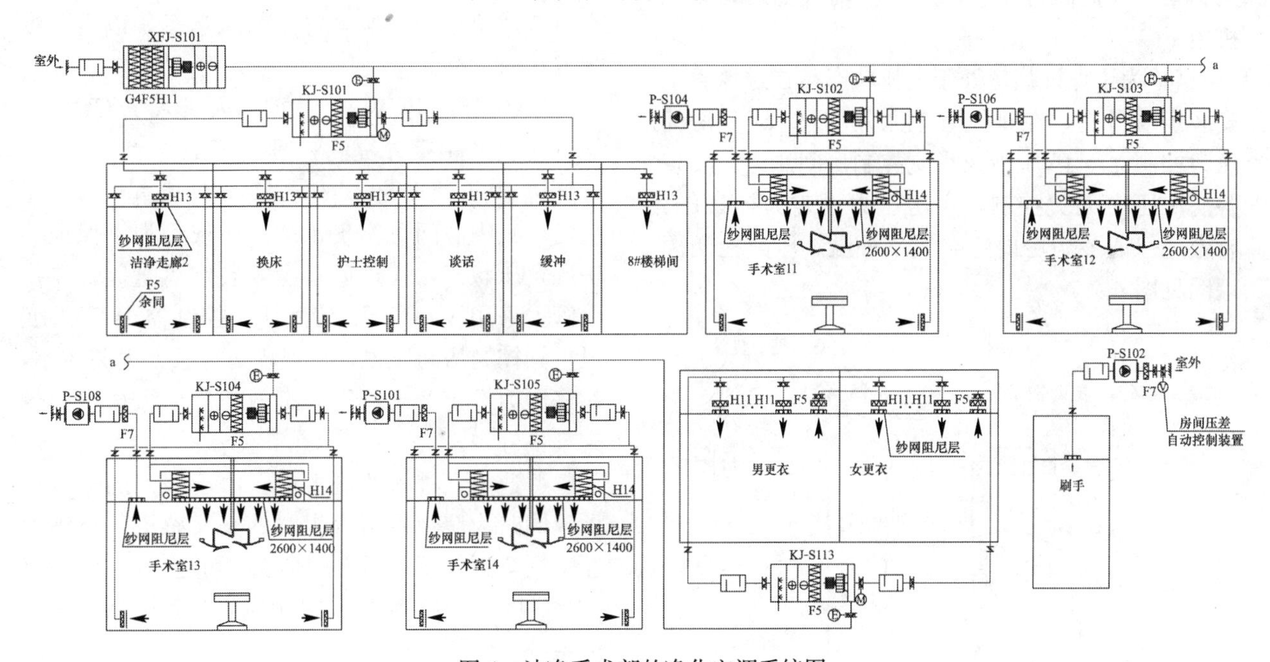

图 4 洁净手术部的净化空调系统图

（6）中心供应室分区域设置不同的空调系统。

中心供应室是全院的消毒供应分发中心，无菌品及手术室的器械、敷料均在此消毒后分发给各部门，是清洁与污染并存的部门。在平面布置上污染区、清洁区、无菌存放区三区分立。流程包括接受回收、清洗、打包、消毒灭菌、无菌存放。对应三个区域设置不同的空调系统。污染区：风机盘管＋新风＋排风系统（负压）；清洁区：30万级净化空调系统；无菌存放区：10万级净化空调系统。

（7）通过总结SARS时期的救治经验，结合呼吸系统疾病的特点，建立了国内首家净化的RICU，从流线上严格控制空调房间的压力梯度，设立独立的患者通道，严格医患分流。护理模式采用开放中心岛式，病床围绕护士站呈放射状布置，护士可直接观察到每位病人，抢救距离最短。RICU的整体设计着重体现了护理工作的高效率与便捷性，同时从病人角度出发，创造舒适、积极的治疗环境。RICU 分区见图 5。

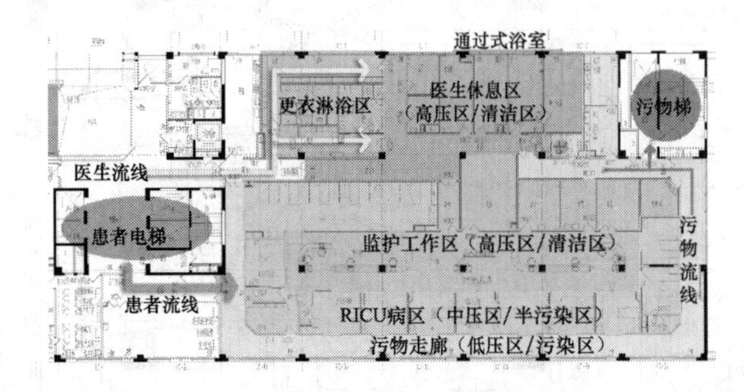

图 5 呼吸科 RICU 分区

RICU 的净化等级为 10 万级，共设 7 个净化空调系统，2 个新风集中处理系统。

1）严格控制空气流向，使气流流向为医护人员休息区→医护人员工作区→RICU 病房区。

2）排风口设在病人头部区域的侧下方。

3）病房区采用直流式净化空调系统，避免交叉感染。为提高可靠性，病房空调系统设置备用机组。

4）为了保证病房处于负压状态，在送风管上安装定风量阀，在排风管上采用 VRP-STP 房间压力控制器＋TVT 变风量阀控制房间压力，实现各病房压力无关控制，病房压力设定为－15Pa，有效地保证了病房内的空气不外溢。压力控制原理图见图 6。

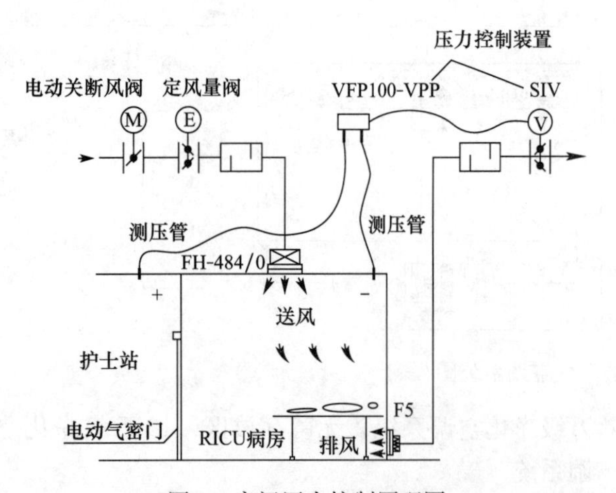

图 6 房间压力控制原理图

5）设计 2 间正负压转换 RICU，室内为肺移植病人时调至正压状态，室内为普通病人时调至负压状态。

(8) 急救中心对应 3 个不同的区域，采用不同的通风空调系统实现其功能，见图 7。

A 区（抢救）：两间抢救室按Ⅲ级净化手术室设计，用于紧急情况下的手术。抢救大厅采用全空气双风机空调系统，可全新风运行，以避免疫情发生时的交叉感染。

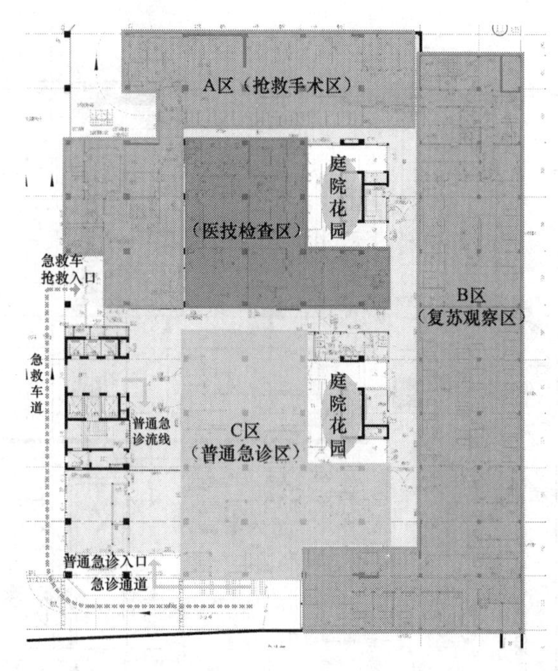

图 7 急救中心分区示意

B 区（复苏留观）：危重病人进入 EICU。为了防止交叉感染并提高护理的可靠性，将 EICU 设计成 10 万级净化区域，病房设计成直流式负压病房，其中 2 间可实现正负压转换。为了保证病房的负压状态，在送风管上安装定风量阀，在排风管上采用 VRP-STP 房间压力控制器＋TVT 变风量阀控制房间压力，实现各病房压力无关控制，病房压力设定为－15Pa，有效地保证了病房内的空气不外溢。

普通病人进入留观大厅。由于病人的气味较大，同时为避免疫情发生时的交叉感染，留观大厅采用全空气双风机空调系统，可全新风运行。

C 区（普通诊区）：采用风机盘管＋新风＋排风系统。

(9) 净化空调机组采用正压无涡壳直联变频组合式机组。

机组根据过滤器的阻力变化调整风量，实现稳定、节能运行。采用直联式风机，避免了皮带脱落的碎屑对高效过滤器造成污染。空调机组采用正压机组，即风机段在过滤段和表冷段之前，避免了机组漏风对空调系统造成污染。图 8 为净化空调机组功能段组合及控制点示意图。

(10) 防止交叉感染的液体循环式热回收系统。

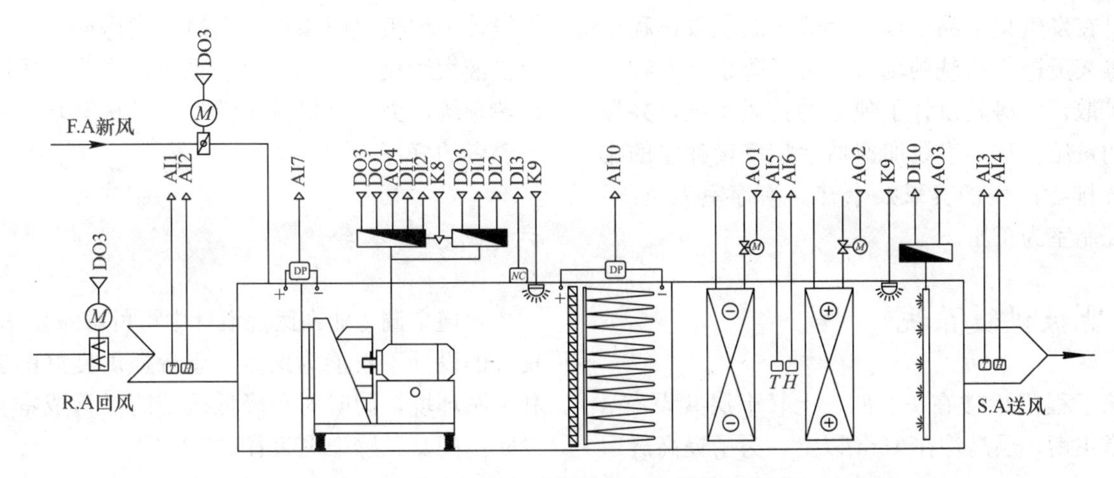

图 8 净化空调机组功能段组合及控制点示意图

在排风与进风完全隔离的情况下，回收排风中的冷热量来预热或预冷新风。在地下二层的EICU机房和十四层的RICU机房设置2套乙二醇热回收系统。以RICU机房为例，其乙二醇质量分数为30%，水汽比为0.25，换热器迎风面风速为2m/s；冬季房间排风温度23℃、含湿量9g/kg，室外新风温度−12℃、相对湿度45%。图9为RICU机房液体循环式热回收系统原理图。表1给出了根据空调设备公司软件计算得出的换热设备参数。

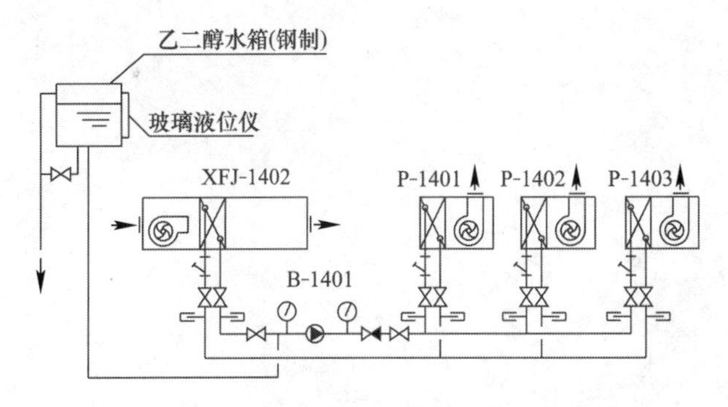

图 9 RICU机房液体循环式热回收系统原理图

换热设备参数 **表 1**

设备型号	风量 (m^3/h)	换热盘管排数	循环水量 (kg/h)	盘管阻力 (kPa)	盘管水容量 (L)	显热效率 (%)	平均效率 (%)
XFJ-1402	10500	8	3150	47.0	32.8	46.5	46.5
P-1401	2400	8	720	14.3	6.8	45.5	46.1
P-1402	6000	8	1800	17.4	16.6	46.0	
P-1403	4200	8	1260	13.9	14.9	46.5	

系统热回收显热效率 η 为：

$$\eta = 0.5(\eta_x + \eta_p) + \Delta\eta_1 + \Delta\eta_2 \quad (1)$$

式中 η_x——新风换热器的显热效率；

η_p——排风换热器的显热效率；

$\Delta\eta_1$，$\Delta\eta_2$——显热效率修正，由《实用供热空调设计手册》查得 $\Delta\eta_1 = 0.04$，$\Delta\eta_2 = 0.02$。

代入数据计算得 $\eta = 52\%$。

（11）各污染区域设计成负压，防止有害物溢出。医疗场所的废气全部高空排放，避免采用侧墙排风的方式，以免出现气流短路的现象。

1）病房、诊室、检查室、扫描室等采用排气扇与离心排风机串联运行的排风系统，保证房间的换气次数和系统平衡，并保持房间负压。2）污物间、污洗间设独立的排风系统，以排除有害气体和异味，并使房间保持负压。3）卫生间采用排气扇与离心排风机串联运行的排风系统，保证房间的换气次数和系统平衡，卫生间始终为负压状态。4）中心供应室的污车清洗和污染区设独立的排风系统，以排除生产过程中产生的有害气体，并使房间保持负压。5）在中心供应室高温蒸汽灭菌器上方设独立的排风系统，以排除灭菌过程中产生的废热，并使蒸汽灭菌器间相对于两侧的净化区域保持负压。6）低温环氧乙烷灭菌室设独立的排风系统，以排除灭菌过程中产生的强致癌物质，同时接独立的排气管排至屋面，并使房间保持负压。7）二层放射科胃肠造影扫描室、乳腺CAD室、门诊四肢放射室、乳腺钼靶室、门诊、病房胸片室、CT室设独立的排风系统，换气次数为3次/h。扫描室为负压，控制室为正压。8）二层检验中心、门诊化验室设独立的排风系统，以排除检查过程中产生的有害气体和检验试剂的异味，换气次数为10次/h，并保持负压状态。各通风柜设独立的排风系统。9）地下一层滤过间是在发生化学品爆炸中毒等事故急救过程中对中毒人员进行清洗的场所，为了防止有害物溢出、扩散，该房间设计了独立的排风系统，并保持房间负压。10）直线加速器治疗室设独立的排风系统排除产生的臭氧及余热。治疗室为负压，医生控制室为正压。

五、地板供暖系统

该工程门诊楼在一、四、七、十层共设有 4 个大堂主街，层高均在 13m 以上，为了提高舒适性设计了地板供暖系统。同时在病房楼入口大厅及输液大厅设计了地板供暖系统，作为冬季辅助加热系统，为患者提供了舒适的就医环境，受到了患者的好评。

六、设计体会

暖通空调专业在医院设计中担负着重要角色，良好的设计不仅能为医生、患者提供良好的工作和就医环境，同时对于降低医院的运营成本和减少院内的交叉感染也起着重要作用。

新建铁路福厦线引入福州枢纽福州南站通风空调系统设计①

作者简介：

蔡珊瑜，女，1972 年 12 月生，高级工程师，1994 年 7 月毕业于同济大学机械学院供热通风与制冷专业，工程硕士，同济大学建筑设计研究院（集团）有限公司工作。主要设计代表作品：上海市正大广场、宁波鄞州商会、常州水无大厦、宁波总商会、哈大客专大连北站站房工程、兰州西客站站房工程、上海市轨道交通四号，七号，十号，十二号线、苏州市轨道交通 1，2，4 号线等地铁站点设计。

- 建设地点　福州市
- 设计时间　2007 年 4 月～2009 年 4 月
- 竣工日期　2010 年 6 月
- 设计单位　同济大学建筑设计研究院（集团）有限公司/中铁第四勘察设计院集团有限公司
[200092] 上海市四平路 1230 号
- 主要设计人　蔡珊瑜　高文佳　郭旭辉　毕庆换　陆仁德
- 本文执笔人　蔡珊瑜
- 获奖等级　民用建筑类一等奖

一、工程概况

福厦线引入福州枢纽福州南站是一座集铁路、城市轨道交通、城市道路等多种交通功能于一体的现代化大型交通枢纽。车站位于福州市闽江和乌龙江围合的南台岛东端，南临环岛路，北接螺城路，东靠站后路，西有站前路。

福州南站为线侧下式车站，设计旅客最高聚集人数为 6000 人。整个工程由东西两侧站房、出站厅及换乘广场、无站台柱雨棚、高架车道及落客平台组成。工程总建筑面积 171649m^2，其中东西两侧站房建筑面积为 49986m^2，出站厅及换乘广场面积 31907m^2，无站台柱雨棚覆盖面积 75590m^2，高架车道及落客平台投影面积 9442m^2。

地上 3 层，局部夹层，建筑高度为 31.9m，一层（+0.00m）为连接东西站房的南北换乘通道，二层（+6.60m）为进站广厅及母婴、软席等候车区，三层（+14.6m）为基本站台候车区。本文以西站房北侧+14.6m 基本站台候车区作为具体研究对象，其候车区剖面图如图 1 所示。

二、工程设计特点

（1）该工程为大型铁路客站，站房候车区室内空间高度达 20m 以上，而候车区仅占用地面 2m 左右的高度，属于典型的高大空间建筑特点，在空调气流组织形式上如何合理采用分层空调形式，以最大限度地达到节能效果，是设计中需要着重考虑的一个问题。在设计过程中采用计算流体软件 Fluent 进行辅助计算分析，以得到候车区内较为合理的温度场和速度场。

在设计中主要分析了高架候车区喷口设置高度及非空调区设置不同排风换气次数对候车区的温度场影响。

1）当喷口设置高度不同时，对候车区的平均温度有着明显变化，如图 2 所示。

① 编者注：该工程主要设计图纸参见随书光盘。

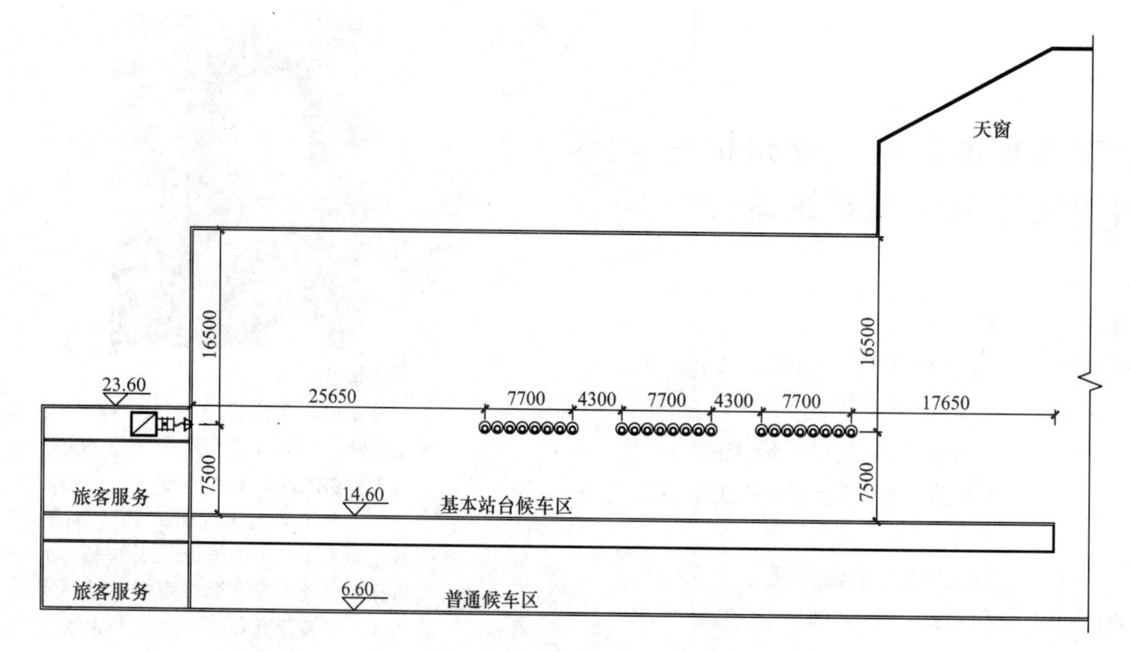

图 1 基本站台候车区剖面图

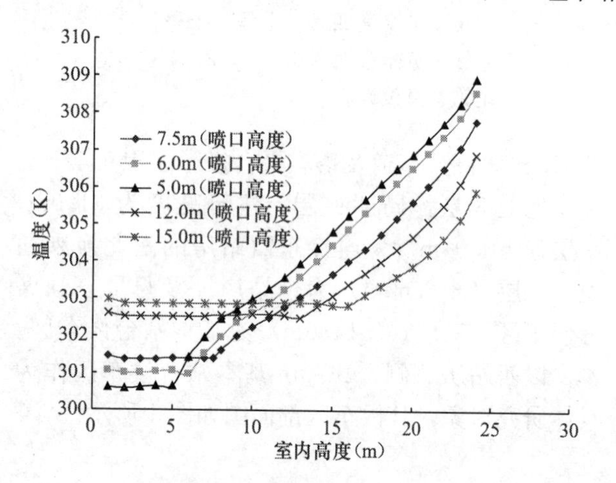

图 2 对应不同喷口设置高度的候车区平均温度曲线

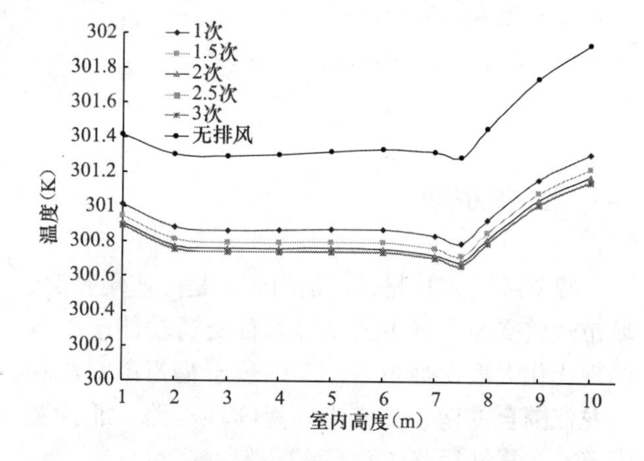

图 3 对应非空调区不同换气次数的候车区平均温度曲线

在气流分析模拟的基础上，结合候车区室内空间的条件，工程设计中将为高架候车区的南北侧送风喷口设在距地高度 7.5m 处，并在东西侧局部结合候车厅门厅上方设置送风喷口，高度约 3.7m 处。

2）候车区的上部为非空调区域，夏季候车厅高位积聚了大量热量，温度从分层面向屋顶迅速增加，因此在非空调区增加一套排风系统，有助于降低上部空气温度以及屋顶内表面温度，从而减少了非空调区向空调区通过对流和辐射方式转移的负荷。通过软件计算，得到了图 3 所示非空调区不同换气次数的候车区垂直方向上的温度变化规律。

随着上部排风的换气次数的提高，候车大厅空调区的平均温度下降。上部不设排风时与设置排风且换气次数为 1 次/h 时，空调区的平均温度变化较大，而当换气次数从 1 次/h 加大成 3 次/h 时，空调区的平均温度变化较小，可见在上部非空调区设置排风，可有效改善候车区温度，但加大换气次数对候车大厅的温度改变作用就相对较小，最终在工程设计中在每个高架候车高位屋顶处设置 8 套机械的排风系统，换气次数按 2 次/h 设计。

（2）消防设计是高大空间设计的另一大难点。站房在交通方面有与福州轨道交通地铁 1 号线福州南站的换乘大厅，起到交通枢纽作用，且为高大空间，在消防设计上的消防设备设置由于受高大空间的限制，所以需要在设计中从消防性能化角度对整个工程进行消防性能化的论证分析研究，性能化设计中主要针对＋0.0m 的 96m 换乘通廊及＋6.6m、＋14.6m的候车厅两个部位进行着重分析模拟各个场所的火灾燃烧级别，确定相应的防排烟模式。

（3）由于室内空间跨度大，送风风管长度较长，且喷口为高速送风口，为使送风均匀，每个喷口的风速相近相等，在工程设计中对安装喷口的风管采用了变截面等静压送风方式，最大限度地保证候车区的温度和速度均匀性。

三、设计参数及空调冷热负荷

室外设计参数参见福州当地气象参数，室内设计参数见表1。

室内设计参数　　　　表1

房间名称		夏季室内温度（℃）	夏季相对湿度（%）	新风量[m^3/(h·P)]
站房	广厅	28	<65	8
	普通候车厅　进站集散厅	26		
	母婴候车室	25	<65	15
	软席候车厅	25		20
	贵宾候车室	24	<60	20
	售票厅	26	<65	10
	售票室	26	<65	25
	办公	26	<65	30
工艺用房	客运电源、售票机房、客运主机房、总控、电源室机械等	26	50～70	—
	通信机械室、联合机房等	26	50～70	—

在设计过程中设计人员为分析分层空调的节能效果，在计算工程空调负荷时，单独对站房内西区高架候车区（＋14.4m标高）、分别对全室空调和分层空调所需的不同负荷进行计算分析。当分层空调的分层高度为7.5m时，其分层空调负荷为643kW，而若按全室空调设计，其全室空调负荷为885.0kW，相对于全室空调系统，分层空调系统占全室空调负荷72.7%，其分层空调负荷可达节能率为27.3%。

该工程空调设计冷负荷：采用华电源负荷计算软件计算，夏季空调逐时冷负荷综合最大值为8185kW，峰值负荷出现在17：00，单位建筑面积设计冷负荷为172W/m^2。

四、空调冷源及设备选择

由于工程地处冬暖夏热的气象分区，从工程项目成本控制上考虑，空调系统只考虑提供冷源。

站房东西跨度长达273m，为节约输配能耗，且考虑到东西站房的建成时间有所不同，在东西站房地面层分别设置独立的两套冷源系统。每个站房均选用两台离心式冷水机组及一台螺杆式冷水机组（两大一小）供冷。

东站房选用两台额定制冷量为1758.5kW/台的离心式冷水机组及一台额定制冷量为753.2kW/台的螺杆式冷水机组；西站房选用两台额定制冷量为1933kW/台的离心式冷水机组及一台额定制冷量为970.9kW/台的螺杆式冷水机组。空调冷冻水系统采用二管制一次泵系统，冷源侧定流量，负荷侧变流量运行，冷水设计供/回水温度为7℃/12℃。东西站房根据不同的使用区域分别设置四个分区，由分集水器根据不同的使用情况进行分配调节（见图4）。

五、空调系统形式

（1）＋6.6m标高处的普通候车区、母婴候车区及无障碍候车区采用旋流风口顶部送风，集中回风。

（2）＋14.6m标高处的基本候车大厅、软席候车区等高大空间区域采用分层空气调节，大厅两侧设置球形喷口送风，大厅顶部设置排风机排除顶部热空气，减少由于对流辐射从顶部非空调区传递到底部空调区的热量。

（3）该工程考虑到部分机电工艺用房及贵宾候车区的工艺用房使用时间要求，采用的独立的变制冷剂流量系统。贵宾候车区新风系统采用全热换热新风机进行新风与排风的热量交换，回收部分热量达到节能的目的。

（4）站房两侧的附属用房如旅客服务、办公室区、宿舍区等采用风机盘管加新风系统，新风采用全热换热新风机或新风空调器，将新风送入室内处理。

六、防排烟及空调自控设计

1. 防排烟系统

（1）站房东西长96m的与轨道交通换乘的换乘通道，根据性能化分析，此处的火灾荷载仅为乘客的行李荷载，最大热释放速率为1MW，设计

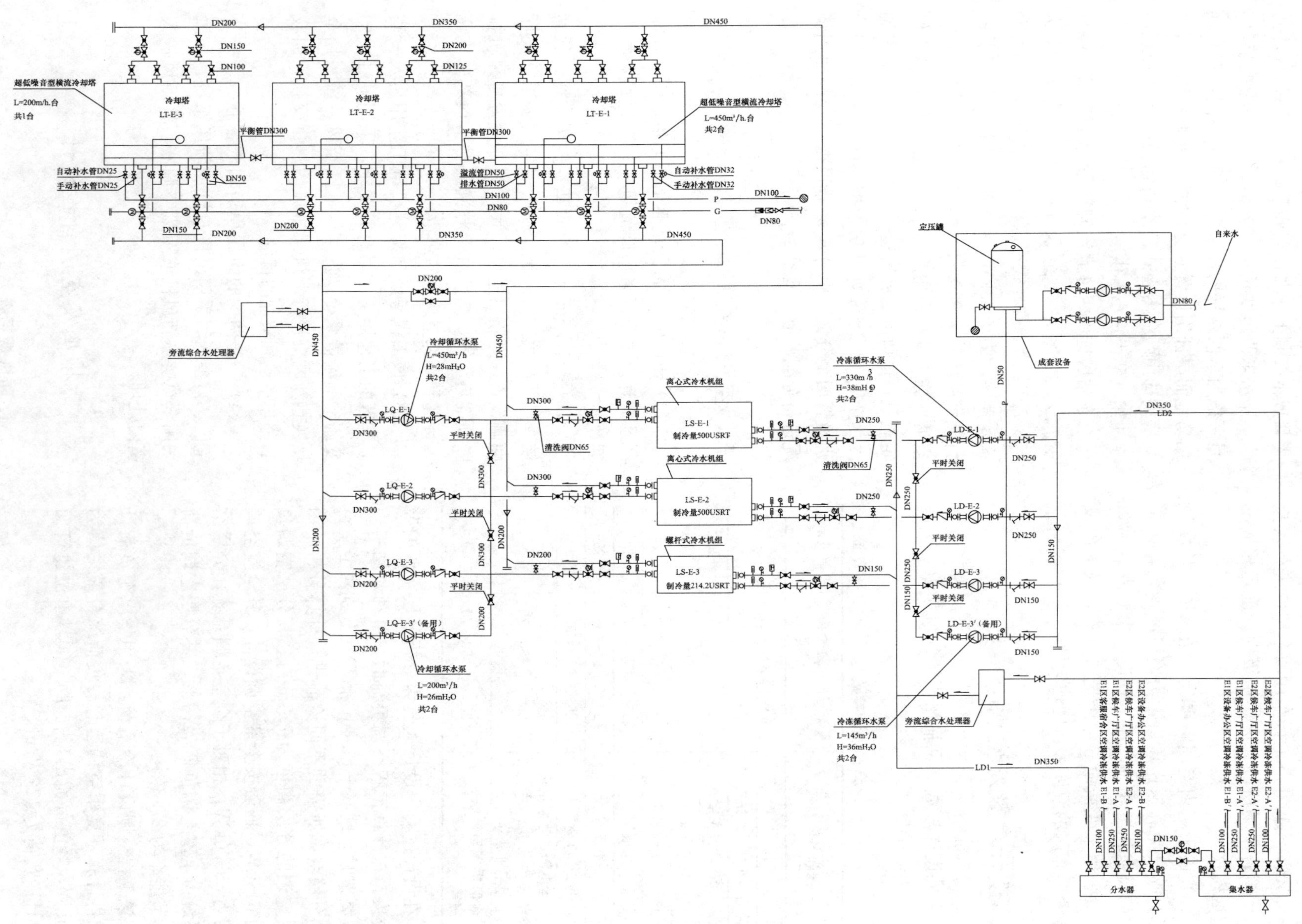

图4 站房空调水系统原理图

排烟量为 40000m³/(h·分区)，并由通向站台的出站楼扶梯开口进行补风，此区域设置机械排烟系统，自然补风。

(2) +6.6m、+14.6m 的候车厅为同一联通空间，其防火分区，根据消防性能化分析，此部分区域的火灾荷载为 2MW，火源直径 2.3m，火焰限制高度为 3.0m，室内顶棚高度为 34m，清晰高度 12.2m，经计算每 2000m² 的自然排烟口面积不小于 28.7m²，最小补风面积不小于 14.4m²。此区域采用自然防烟措施，在建筑外侧墙 1/2 高度以上设计与消防控制中心联动的自动排烟窗，其有效排烟窗面积按不小于地面面积的 1.5％设置，为防止+6.6m 处的烟气向+14.6m 蔓延，在+14.6m 处的楼板处设置 1.1m 高的挡烟隔断。

2. 自控系统

工程中采用直接数字式监控系统（DDC 系统），它由中央电脑及终端设备加上若干个 DDC 控制盘组成。空调水路采用变流量系统，由压差调节器控制供、回水干管上的旁通阀开启程度，以恒定通过冷水机组的流量，保证冷负荷侧压差维持在一定范围，通过冷热水供回水总管之间的压差旁通阀控制冷热水系统供回总管之间的压差，保证冷水机组流量恒定；要求旁通阀的理想特性为直线特性，常闭型；其压差传感器应设于压力平稳处。空调机组和新风机组冷水回水管上设电动双通调节阀，以室内回风温度或新风送风温度为控制点来调节表冷器的过水量。风机盘管设三速开关，且由室温控制器控制冷水回水管上的双通阀开关，以调节进入风机盘管水量。

七、运行效果

在站房建筑后的第一个运行季 2010 年 9 月份，设计人员实地对站房+14.6m 的高架候车区进行了温度场数据采集，并与之前的设计计算值进行比对。

该实测区域为高架候车厅，属于大空间测试结果如图 5 所示。

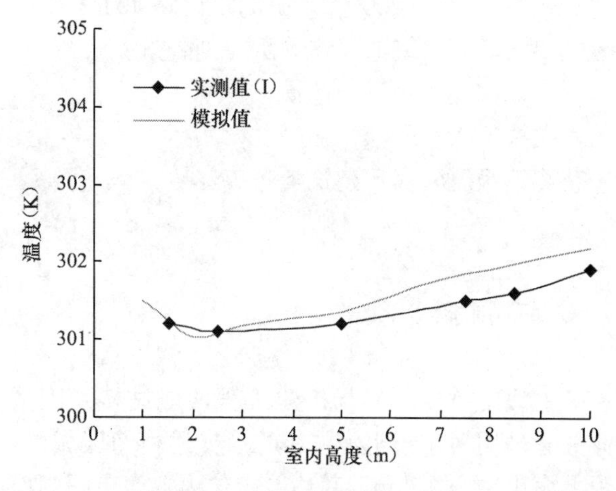

图 5 实测值与模拟值对比

实测结果表明，候车区分层空调的空调效果基本达到设计要求，在图表中设计温度均高于实测值，是由于车站刚投入使用，客流为达到设计峰值。

虹桥国际机场扩建工程西航站楼及附属业务管理用房①

作者简介：

陆燕，女，教授级高工，1984 年毕业于上海城建学院暖通空调专业，现在华东建筑设计研究院有限公司工作。主要代表性工程有：浦东国际机场 T2 航站楼、虹桥综合交通枢纽工程、重庆国际会展中心、南京禄口机场 T2 航站楼、复旦大学附属中山医院门急诊医疗综合楼、上海商务中心、重庆保利国际广场等。

- 建设地点　上海市
- 设计时间　2007 年 1 月～2008 年 12 月
- 竣工日期　2010 年 3 月
- 设计单位　华东建筑设计研究院有限公司 [200002] 上海汉口路 151 号
- 主要设计人　陆燕　沈列丞　刘晓丹　孙静　薛磊　夏琳
- 本文执笔人　陆燕
- 获奖等级　民用建筑类一等奖

一、工程概况

上海虹桥国际机场扩建工程西航站楼及附属业务管理用房位于上海虹桥综合交通枢纽区域内，距上海市中心 10km，其功能定位为上海市国内航站楼。西航站楼总建筑面积 362596m²，其设计年旅客吞吐量为 2000 万人次，航站楼分主楼及候机长廊两部分，其主要功能为国内旅客的出发与到达服务。

建筑特点：作为主要功能为国内航班的航站楼建筑，从经济性角度出发，空间高度比浦东国际机场稍低且部分采用了混凝土屋面，但从旅客视觉及心理的要求出发，西航站楼还是采用了大跨度、高空间的建筑形式，大空间跨度柱距为 15～18m，主楼出发层最高点处达到 27m。同时空间相互穿插，外墙围护与应用面积的比例达到将近 40%。出发区域外围护结构采用了大面积的玻璃幕墙。由于建筑条件许可，设备用房布置在主楼及长廊的各区域内，与服务空间相对靠近。西航站楼内设有地下共同沟。

二、工程设计特点

作为大型综合交通枢纽的国内航站楼建筑，该工程设计具有以下特点：

（1）在总结浦东 T2 航站楼节能研究和应用的基础上，结合该项目建筑特点及使用功能，西航站楼的节能研究涵盖了自然通风、自然采光、遮阳、围护结构节能分析、全年能耗分析等各个方面，通过节能研究，对设计进行指导。

（2）对在大型枢纽航站楼建筑中采用空调冷水直供系统进行科研立项与研究，通过冷水直供系统的系统组成、与板换系统一次初投资和运行费用比较、控制系统的分析与确定、控制系统的设备选型、直供系统的调试与运行等方面进行了认真的分析与研究，对该系统的设计及调试进行指导。同时，进行水力模拟分析，对研究成果进行进一步的论证，水力模拟分析同时对调试工作进行指导。

① 编者注：该工程主要设计图纸参见随书光盘。

（3）目前的消防规范还无法涵盖航站楼建筑的消防设计，通过消防性能化分析，引入了“防火仓”、“燃料岛”等概念，对火灾可能性大的重点区域（如商业等）进行重点保护，为合理设计西航站楼的消防系统和保障旅客安全提供了依据。

（4）该工程除了进行节能与直供系统的研究外，对系统的节能设计也处处关注，大空间分层空调、自然通风、过渡季节复合通风、空调冷、热水泵实现变水量运行、新风机实现变风量运行、空调水系统实现大温差运行等节能手段，在该项目中得到了充分体现。

（5）与能源中心控制系统的合理界面及控制方式、完善的楼宇控制系统，为航站楼的安全、节能运行提供了保障。

三、设计参数及空调冷热负荷

室外计算参数参见上海地区气象参数。

室内设计参数如表 1 所示。

室内设计参数 表 1

房间名称	夏季		冬季		新风 [m³/(h·p)]	噪声 [dB(A)]
	温度（℃）	相对湿度（%）	温度（℃）	相对湿度（%）		
出发办票厅	25	60	20	30	25	＜50
到达厅	25	55	20	30	25	＜50
候机厅	25	60	20	30	25	＜50
公共区域	25	60	20	30	25	＜50

空调冷热负荷：采用华电源软件进行 24 小时负荷计算（见图 1 和图 2)。夏季空调逐时冷负荷综合最大值 61255kW，单位建筑面积指标 169W/m²。冬季空调热负荷 32208kW，单位建筑面积指标 89W/m²，冷热源选型考虑 0.8 的同时使用系数。

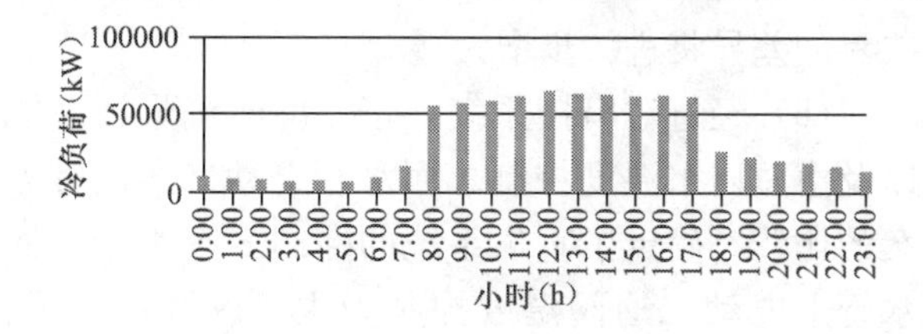

图 1 西航站楼设计日逐时冷负荷图

四、空调冷热源及设备选择

西航站楼的空调冷、热源由扩建工程能源中心提供（能源中心不属于该项目设计范围），能源

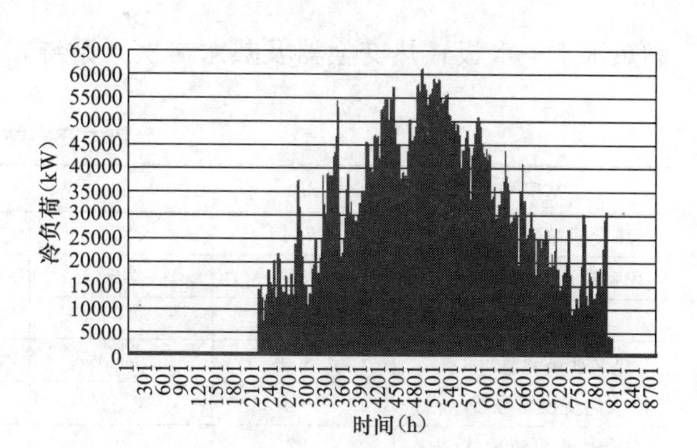

图 2 西航站楼全年冷负荷图

中心距离西航站楼 300m，除为西航站楼服务外，还服务于南、北旅客过夜用房，并预留了西航站楼北侧指廊的供冷和供热能力。空调冷源采用水蓄冷系统，移峰填谷，选用离心式冷水机组 6682kW（1900RT）×8 台（另预留 2 台），机组进/出水温度 13℃/5℃；水蓄冷罐 2 个，其直径为 33m，高度 31m，公称容积 20000m³，蓄冷量 53355RTH；热源采用热水锅炉，单台容量 11200kW，共 3 台（另预留 1 台锅炉位置供远期使用）；能源中心内空调冷、热水系统采用一次定流量、二次变流量系统。

西航站楼内共设有 10 个热力交换站房（8 个主站房和 2 个分站房），从能源中心提供的空调用冷、热水通过地下共同沟接至各热力交换站房，能源中心的二次水泵资用压头至最不利端热力交换站房。

空调冷源：由于利用水蓄冷罐作为主系统的定压，西航站楼＋24.650m 以下层采用冷水直供系统，＋24.650m 及以上采用板换系统。能源中心冷水供/回水温度为 5.0℃/13.0℃，考虑沿途水温升，至航站楼的冷水供/回水温度为 5.2℃/12.8℃。航站楼用户侧三级泵为变频水泵，由设在系统最不利环路区域的压差传感器和设在热力交换站房内的流量计控制水泵的流量。每个热力交换站房的总冷水管上设有能量计量装置。

空调热源：从能源中心提供的空调用热水为 110℃/70℃，在各热力交换站房通过热水水—水板式热交换器产生 60℃/50℃ 的空调用热水。二次侧空调热水泵采用变频水泵，由设在系统最不利环路区域的压差传感器和设在热力交换站房内的流量计控制水泵的流量。各热力交换站房一次热水系统的总回水上设有差压阀以平衡各站房之间的阻力。

各热力交换站房内设有冷水直供三次泵系统

和热水水—水板式热交换器及热水二次泵系统，主要技术参数如表 2 所示。

热力交换站主要技术参数　　　　**表 2**

站房号	1	2	3	4	5	6
热交换站冷量（kW）	4734	3976	9226	12724	12659	4734
单台冷水泵流量（t/h）	335	245	407	378	378	335
台数（备用）	2+1	2+1	3+1	4+1	4+1	2+1
热交换站热量（kW）	2800	1950	4532	6846	6798	2800
热水热交换器数量（台）	2+1	2+1	2+1	2	2	2+1
单台热水泵流量（t/h）	127	88	250	206	206	127
台数（备用）	2+1	2+1	2+1	3+1	3+1	2+1
站房号	7	8	9（分站）	10（分站）		
热交换站冷量（kW）	3976	9226	2255	2182		
单台冷水泵流量（t/h）	245	407	140	140		
台数（备用）	2+1	3+1	2+1	2+1		
热交换站热量（kW）	1950	4532	—	—		
热水热交换器数量（台）	2+1	2+1	—	—		
单台热水泵流量（t/h）	88	250	—	—		
台数（备用）	2+1	2+1	—	—		
总冷量（kW） 总热量（kW）	61255 32208					

西航站楼＋24.650m 以下层空调冷、热水系统采用四管制，＋24.650m 及以上空调冷、热水系统采用二管制。

一般在大型交通枢纽建筑的设计中，冷源设置常采用能源中心＋热力交换站房的形式，水系统以板交分隔为主，这样的设计系统运行简单、可靠性好。但由于板交的温升、阻力和投资，使得该系统的一次投资及运行费用高，节能性及经济性差。在浦东 T2 航站楼设计的基础上，西航站楼的设计采用了空调冷水直供系统并进行科研立项，对空调冷水直供系统进行了重点研究（见图 3）。课题研究从冷水直供系统的组成、与板换系统一次初投资和运行费用比较、控制系统的分析与确定、控制系统的设备选型、直供系统的调试与运行几个方面进行了认真的分析与研究。主要研究成果如下：

（1）与板换系统相比，直供系统全年供冷期能源中心离心式冷水机组运行能耗减少 375303kWh/年，节能率达 2.16%。

（2）在直供系统形式下，冷水二次泵在全年供冷期内的运行能耗为 1379923.4kWh；板换系统形式下，全年供冷期内的运行能耗为 1517293.4kWh。因此，能源中心冷水二次泵节约运行能耗为 137370kWh/年，节能率约为 9%。

（3）在西航站楼 1～8 号热力交换站房内冷水三次泵运行能耗方面，直供系统比板交系统节约运行能耗为 111821kWh/a，节能率约为 7.5%。

（4）通过两种系统形式下对能源中心离心式冷水机组、冷水二次水泵以及西航站楼各热力交换站房冷水三次水泵的运行能耗分析比较，可以得到直供系统比板换系统减少运行能耗约 624494kWh/a，从能源中心冷水机组、冷水二次泵及冷水三次泵 3 项主要耗能设备的用电量来看，系统综合节能率为 3.1%（以上分析仅针对现阶段项目实施，远期北指廊及北酒店项目建设后，二者的差异将进一步增大）。

（5）经过对串接系统、正、反向流量计系统以及由总回水温度控制总回水管电动二通阀等方案的比较，确定了直供系统的控制方案为以总回水管上电动二通阀温度控制为主，盈亏管上正、反向流量计流量控制为辅的控制方法。

（6）研究确定了冷水直供控制系统采用工业型 PLC 控制以提高控制的精确性，并通过对厂家的调研，确定了各类仪表的选用参数及精度。

（7）研究对冷水直供系统的调试进行了分析和研究，确定了系统调试方案。

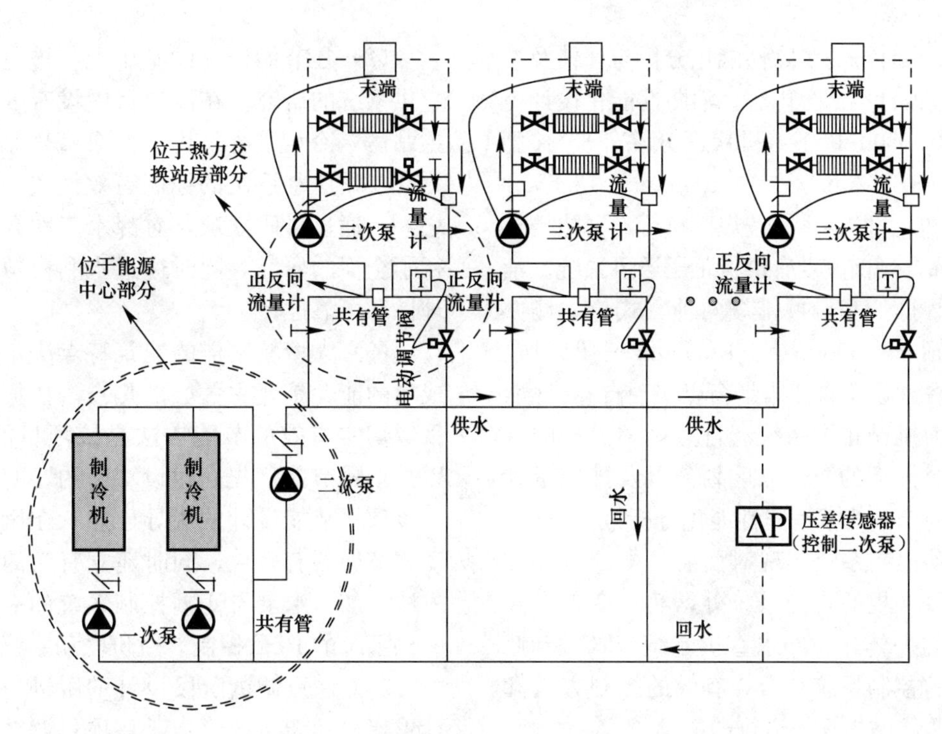

图 3　直供冷冻水系统控制原理图

五、空调系统形式

空调风系统的设计充分考虑了功能性、舒适性、节能性及运行管理上的可靠性。由于西航站楼大空间、大跨度的建筑特点，办票厅、候机厅等大空间区域的空调系统采用全空气系统，送风方式为分层空调，条形喷口送风，上送下回，气流组织的有效性采用 CFD 模拟论证，使室内温度场、速度场达到设计要求。候机区域配合单风机空调机组设有单独的机械排风系统，以实现过渡季的全新风运行，主楼大空间在满足正压要求下，考虑适量排风也可以在过渡季节实现全新风运行。行李提取大厅、迎客厅等高空间吊顶区域采用上送下回，条形风口送风方式。办公与商业以风机盘管加新风系统为主，VVIP 区域采用全空气变风量系统以提高室内空气品质。

弱电联合设备机房设有水冷型恒温恒湿机组，24h 运行的 TOC 等弱电机房设有多联式变制冷剂冷媒系统。

六、通风、防排烟及空调自控设计

各设备机房设有机械送、排风系统，主要设备用房的通风配置如表 3 所示。

目前的消防规范不能涵盖西航站楼所有的消

主要设备用房的通风配置　　表 3

编号	部　位	通风方式
1	水泵房、热力交换站房	机械送、排风系统，换气次数 6～8 次/h
2	低压配电间及高压配电间	机械送、排风系统、低压配电间设有空调系统
3	UPS、EPS 电源室	机械送、排风系统、并设有空调系统
4	柴油发电机房	风冷型，机械送风，柴油发电机带排风，油箱间等设有独立机械送、排风系统，机房设有全室送、排风
5	弱电机房（汇聚、移动、FA∝BA、综合布线）	机械排风系统、空调新风系统、一拖一分体空调，设有灾后气体清除系统
6	应急配电室、站坪配电间	机械送、排风系统，换气次数 8～10 次/h
7	湿式报警阀间、强、弱电间	机械排风系统、自然进风
8	隔油间、垃圾处理间	机械送、排风系统，排风系统设有空气过滤装置
9	公共卫生间	机械排风系统 20 次/h
10	厨房	局部排风＋全室排风；大厨房 50 次/h，操作间 20 次/h
11	共同沟	机械送、排风系统，换气次数 6 次/h

防内容，消防设计分为消防性能化分析与评估及按消防设计规范设计两部分内容。消防性能化设计范围：主楼＋20.650m 以下（机房部分除外），长廊＋4.200m、＋8.550m、＋13.150m、＋13.550m（办公区域除外）。防烟系统按规范执行，消防楼梯间和消防电梯合用前室设有机械正压送风系统。消防排烟分自然排烟和机械排烟两种方式。主楼办票大厅、长廊＋8.550m 及＋13.550m 三角区域、＋20.650m 餐厅设置自然排烟窗以实现自然排烟，其他区域均为机械排烟系统。自然排烟天窗的开启面积和机械排烟的防烟分区划分以及排烟量计算、排烟口的个数均按消防性能化分析报告执行。

楼宇自动控制系统实现对西航站楼的自动控制和监测，除常规的自控系统外，实现变频水泵设备与自控的一体化、冷水直供系统 PLC 控制、与能源中心的控制系统结合，有效的控制方法和界面是实现西航站楼高效运行的关键。

七、设计体会

西航站楼的设计吸取了浦东 T2 航站楼的成功经验，同时进行了空调冷水直供系统的研究与运用，主要设计体会有以下几个方面：

（1）继续沿用浦东 T2 航站楼以科研为平台解决设计中出现的问题的方法，对西航站楼的节能进行研究。研究涵盖了自然通风、自然采光、围护结构节能分析、全年能耗分析等各个方面。使航站楼建成后达到以被动式节能优先，主动式节能有效的高效航站楼目标。

（2）在节能研究的基础上，进行了空调冷水直供系统的研究。在该项目中设有 8 个热力交换主站房，冷水系统采用三次泵直供系统后，各热力交换站房水系统的控制有效性成为设计的难点之一，通过科研立项，对冷水三次泵直供系统进行了全面的研究，同时通过水利模拟来论证其合理性和可靠性。

（3）大型航站楼的建筑特点决定了航站楼建成后的能耗是业主关心的焦点。根据该项目特点采取切实有效的节能方法是该项目的亮点之一，以被动式节能优先，建设“简约”的航站楼建筑是该项目节能设计的主导思想。在设计中注重主动式节能的有效性，同时建立有效的控制系统和方法，如：水泵与变频控制系统的一体化、冷水直供系统的 PLC 控制、航班联动系统等。

（4）注重调试阶段设计的跟进与指导，使设计思想得到切实的落实。在项目调试前，设计与安装单位一起制定调试方案，确定调试目标，在调试的过程中通过例会的方式及时解决调试过程中出现的问题，获得了很好的效果。

（5）空调运行效果：工程自 2010 年 3 月竣工验收后，经过了 3 个夏天和 3 个冬天的运行，运行效果良好。通过科研指导设计的节能措施在航站楼的节能运行中起到了很好的作用。冷水直供系统在当年调试一次成功，2010 年的夏天自控系统就开始投入使用。该系统的使用大大降低了水系统输送的能耗。水蓄冷系统的运行，降低了运行费用，提高了系统小负荷时的运行稳定性，2011 年的运行就达到了之前确定的节能目标。

作者简介：

梁韬，男，高级工程师，1995年毕业于同济大学供热通风与空调工程专业，现在华东建筑设计研究院工作。主要代表作品有：京西宾馆改建工程、华为杭州二期生产基地、高宝金融大厦等。

世博轴及地下综合体工程①

- 建设地点　上海市
- 设计时间　2006年12月～2010年3月
- 竣工日期　2010年4月
- 设计单位　华东建筑设计研究院有限公司
  ［200002］上海市汉口路151号
  上海市政工程设计研究总院
  ［200092］上海市中山北二路901号
- 主要设计人　叶大法　梁韬　吴玲红　王玮
  胡仰耆　倪丹
- 本文执笔人　梁韬
- 获奖等级　民用建筑类一等奖

一、工程概况

世博轴及地下综合体工程（简称世博轴）位于浦东世博园核心区，南北长1045m，东西宽约100m，地下2层、地上2层，屋面由6个标志性的阳光谷和巨大的膜结构顶棚组成，基地面积130699m²，总建筑面积248702m²。

世博轴是世博园区空间景观和人流交通的综合体。在世博会中承担引导人流出入世博园区的交通作用，是具有在特定时段担当特定功能作用的特殊工程。

作为世博园区内永久性建设项目，在世博会结束后，世博轴将二次开发为具有交通集散、商业旅游等功能的商业建筑。

二、工程设计特点

该工程在空调通风系统设计中采用了多项节能技术，如江水源热泵、土壤源热泵、自然通风、高压喷雾降温和地道风系统等，并且对这些技术进行了深入的分析和研究，将科研与实际工程很好地结合起来。在世博会期间该工程各系统运行正常，达到设计预期。

三、设计参数及空调冷热负荷

室外设计参数如表1所示。

室外设计参数　表1

	空调	通风温度	主导风向、风速	大气压力
夏季	干球温度34℃	32℃	东南3.2m/s	100530Pa
	湿球温度28.2℃			
冬季	干球温度−4℃	3℃	西北3.1m/s	102510Pa
	相对湿度75%			

室内设计参数如表2和表3所示。

室内设计参数（世博会中）　表2

房间名称	夏季		人员密度	新风量	允许噪声
	温度（℃）	相对湿度（%）	（m²/人）	[m³/(h·p)]	[dB（A）]
餐饮	26	55	2	20	55
商业	26	55	2	20	55
服务设施	26	55	2	20	55
办公	25	50	6	30	45

空调冷、热负荷如表4和表5所示。

① 编者注：该工程主要设计图纸参见随书光盘。

室内设计参数（世博会后） 表3

房间名称	夏季		冬季		人员密度	新风量[m^3/(h·p)]	允许噪声[dB(A)]
	温度（℃）	相对湿度（%）	温度（℃）	相对湿度（%）	(m^2/人)		
餐饮	26	55	20	40	2	20	55
商业	26	55	18	40	2	20	55
影院	25	60	18	40	1	20	40
办公	25	50	20	30	6	30	45

空调冷、热负荷（世博会中） 表4

	北区	中区	南区
空调冷负荷（kW）	6936	4994	6029
单位面积空调冷负荷（kW）	245	204	182

空调冷、热负荷[世博会后（估算）] 表5

	北区	中区	南区
空调冷负荷（kW）	10527	6921	7013
空调热负荷（kW）	6977	4284	5174

四、空调冷热源及设备选择

空调冷热源采用江水源热泵和地源热泵相结合的系统。江水源热泵机房设在建筑最北端，以减小江水输送距离。根据冬夏季负荷情况及地源热泵所能提供的热量，合理配置热泵机组，供冷量不足部分配置单冷型离心式冷水机组，以提高制冷效率。为使地埋管换热器就近接至热泵机组，整个世博轴按北区、中区、南区共设3个地源热泵系统，沿南北方向均布3个机房，每个机房内按照区域内地埋管换热器所能提供的换热能力配置热泵机组等设备。各机房设备配置如表6～表9所示。

江水源机房设备配置 表6

名称	主要规格与参数	台数
江水源螺杆式热泵机组	制冷量1200kW，冷冻水12℃/6℃，江水30℃/35℃ 制热量1100kW，空调热水40℃/45℃，江水7℃/4℃	5
江水源离心式冷水机组	制冷量3800kW，冷冻水12℃/6℃，江水30℃/35℃	3
热泵机组一次水泵	流量208m^3/h，扬程26m	6
冷水机组一次水泵	流量600m^3/h，扬程26m	4
北区二次水泵	流量665m^3/h，扬程38m	3
中区二次水泵	流量372m^3/h，扬程41m	3
南区二次水泵	流量308m^3/h，扬程41m	3

北区地源热泵机房设备配置 表7

名称	主要规格与参数	台数
地源螺杆式热泵机组	制冷量1100kW，冷冻水12℃/6℃，地源水30℃/35℃ 制热量1200kW，空调热水40℃/45℃，地源水10℃/5℃	3
地源热泵机组空调侧水泵	流量227m^3/h，扬程33m	4
地源热泵机组地源侧水泵	流量254m^3/h，扬程36.5m	4

中区地源热泵机房设备配置 表8

名称	主要规格与参数	台数
地源螺杆式热泵机组	制冷量1100kW，冷冻水12℃/6℃，地源水30℃/35℃ 制热量1200kW，空调热水40℃/45℃，地源水10℃/5℃	3
地源热泵机组空调侧水泵	流量227m^3/h，扬程33m	4
地源热泵机组地源侧水泵	流量254m^3/h，扬程36.5m	4

南区地源热泵机房设备配置 表9

名称	主要规格与参数	台数
地源螺杆式热泵机组	制冷量1200kW，冷冻水12℃/6℃，地源水30℃/35℃ 制热量1250kW，空调热水40℃/45℃，地源水10℃/5℃	4
地源热泵机组空调侧水泵	流量237m^3/h，扬程33m	5
地源热泵机组地源侧水泵	流量278m^3/h，扬程36.5m	5

为确保土壤换热器的安全高效运行，该工程将埋设热电阻对埋管区域土壤温度进行实时监测，根据土壤温度变化及时调整地源热泵系统（土壤换热器）和江水源热泵系统之间的运行份额，制定合理的运行策略，确保土壤的合理温升。

五、空调系统形式

该工程空调用户侧水系统采用二管制异程式系统，用平衡阀调节各支路水力平衡。江水源空调水系统设计为二级泵变流量系统，分北区、中区、南区三套二级泵变流量水系统；江水源机房内设置一套定压补水闭式膨胀水箱。三组地源热泵系统设计为一级泵定流量水系统，供回水管就近接入北区、中区、南区的总供回水管，使地源、江水源空调用户侧水系统合二为一。

大空间如地下二层商业、餐饮，采用低风速全空气系统，合理设计气流组织。地下一层、地面层、10m 平台层商业、餐饮等空调区域采用风机盘管加独立新风系统。

除餐饮外，地下一层、地面层及 10m 平台层新风空调系统均采用全热回收技术，排风经与新风全热交换后排放。

地下二层安检区域等半开敞区域，人员密集。根据 CFD 模拟，若采用机械通风，室温很高，区域内温度将不能满足人员的基本舒适性要求，从考虑世博会期间人员防中暑等和基本舒适性角度出发，应该有一定的降温措施。现考虑采用低速全空气送回风降温系统和吊装空调箱降温加独立送新风系统，排风由开敞区域自然排出。由于该区域开敞面积很大，根据 CFD 模拟提示，即使采用这种送回风降温系统，离开敞部位较远的区域内温度可接近室内设计温度，开敞部位附近的温度仍然接近室外温度。因此，系统只能改善室内环境，且能耗有所增加。

10.0m 平台安检区域约 22000m^2 的范围内根据需要设置喷雾降温系统，当温度大于 30℃，相对湿度小于 70%时，喷雾系统可以达到的降温效果。根据对上海典型气象年的数据分析，世博会 5～10 月期间，气温大于 30℃以上，相对湿度小于 70%的小时数，约占气温 30℃以上的总小时数 60%以上。喷雾可以使有效作用范围内环境温度降低 1～2℃。

世博轴的地下蓄热体新风降温系统采用新风风机将室外新风抽入深三层地下室，新风在地下室预冷降温后再进入空调系统。

六、通风、防排烟及空调自控设计

1. 通风系统

（1）设备用房设置机械通风系统。

（2）各公共厕所设机械排风，换气量为 10 次/h；并设空气净化机，去除室内异味。

（3）各公共场所结合空调系统设机械排风系统。

（4）地下二层安检区和入园通道，过渡季节通过阳光谷和开敞区域，可采用自然通风或机械送风自然排风系统，满足人员舒适要求。

（5）厨房设送风及排风系统，排风系统又分炉罩排风及厨房全室排风。排风量按 40 次/h 估算，其中 65%由炉罩排出，35%由厨房全面换气排出。为使油烟气达到环保排放标准，炉罩排风须设置静电型油雾净化器。送风系统夏季冷却到 28℃，冬季加热至 10℃。总送风量为排风量的 90%，保持房间负压。

2. 防排烟系统

（1）地下二层封闭空间按照规范要求设置机械排烟系统，经开敞区域自然补风。

（2）地下二层入园通道和安检区等半开敞空间根据消防性能化分析及评审结果，消防排烟采取如下方式能满足消防疏散要求：

1）安检区域设置机械排烟系统，经开敞区域自然补风；

2）入园通道北端区域设置机械排烟系统，经开敞区域自然补风；

3）除北端外的入园通道和南端下沉式广场采取自然排烟方式。

（3）地下一层、地面层、10m 平台层的封闭空间自然排烟。

（4）封闭楼梯间：建筑自然通风。

3. 空调自控系统

（1）空调和通风全面采用楼宇设备自动控制系统（BAS），所有空调设备（一般房间的风机盘管、排气扇除外）均配以必要的自动控制，实现中央监控智能化管理。

（2）江水源机房、地源热泵机房设独立的机房控制系统，并留 BAS 通信接口。

（3）喷雾降温系统根据室外温湿度、风速、晴雨等状况，控制启停。

七、设计体会

世博轴项目的空调冷热源系统采用了江水源热泵加地源热泵系统，结合项目的特点和地理优势，实现了空调系统的节能减排绿色环保，很好地融入了建筑景观，体现了世博会“城市让生活更美好”的理念。

江水源热泵系统根据江水进入热泵机组的方

式分类，水源侧水系统可分为直接式系统和间接式系统。根据对黄浦江的水质的分析结果，该工程江水源热泵采用了直接式系统，即指江水经过简单处理后直接进入热泵机组的冷凝器或蒸发器。由于不设板式换热器，无换热温度能级损失，运行效率较高，且少一级循环水泵，节能性大大提高。江水侧系统对江水进行适当的过滤，并采用了适合机组换热器的自动清洗系统，确保机组高效运行。江水源热泵机房设在建筑物近江的最北端，以减小江水输送距离。根据冬夏季负荷情况及地源热泵所能提供的热量，合理配置热泵机组，供冷量不足部分由另配置的能效比更高的单冷型离心式冷水机组承担，共配置了 3 台离心式冷水机组（3800kW/台）和 5 台螺杆式热泵机组（1200kW/台）。

该工程地源热泵系统埋管散热器埋设在结构钻孔灌注桩内，埋管的形式采取双 U 串联型（即 W 形）。埋管换热器分散穿越底板，穿出底板后的水平管道相对合并（3 个桩基埋管散热器并联为一路水平管），敷设于底板上的建筑面层内，进出水管分别接至位于地下二层东西两侧的分、集水器，管路同程布置；在分、集水器的每一路支管上均设有球阀，便于检查坏管并予以隔离；系统各集水器接出管上均设置平衡阀，以均匀流量分配。根据埋管区域特点，沿南北方向均布 3 个地源热泵机房，以使地埋管换热器就近接至机房，北区和中区机房内各设 3 台热泵机组（1100kW/台）、南区机房设 4 台热泵机组（1200kW/台）。

江水源热泵系统与地源热泵系统是两种不同形式的可再生能源系统，通过热泵利用地表水及土壤中的未利用能量，达到节能运行的目的。由于该项目所在地区上海冬季空调热负荷小于夏季空调冷负荷，单用地源热泵可能存在着土壤冬夏季热平衡问题，而江水源热泵在冬季江水温度低时存在供热效率低的问题。因此，该工程冷热源系统有机地将这两种系统结合起来，采用联合运行方式，巧妙地利用江水和土壤中的温度差及冬夏季的不同特性，在初夏早秋江水温度较低时和夏季部分负荷时多用江水源机组，冬季江水温度低时供热尽可能多用地源热泵，形成优势互补，互为备用，不仅弥补了各自的不足，解决了土壤热积聚问题，而且大大提高了系统整体运行的效率。据初步计算，与常规系统（冷却塔，燃气锅炉）的全年能耗进行比较，全年运行可节省标准煤 737t，约 26%。

地道风技术是利用土壤中自然积蓄的“冷”量作为冷源对空气作降温处理，是一种有效的节能技术。该工程深三层区域为会中不使用空间，整个区域的体积约为 99000m^3，可利用的换热面积（与土壤接触的面积）约为 13790m^2。该工程采用新风风机将室外新风抽入深三层地下室，新风在地下室预冷降温后再进入空调系统，达到节省空调系统能耗的目的。

该工程 10.0m 平台为有顶棚的开敞空间，顶棚材料为膜。由于该平台为入园主要通道，尤其在安检排队等候区域，大量的人员将会长时间滞留，世博会期间 5～10 月将渡过夏季高温季节，平台上环境温度很高。为适当改善人员的舒适性，在 10.0m 平台安检区域约 22000m^2 的范围内设置喷雾降温系统。根据平面布置及系统流量计算，共设置 3 个喷雾降温系统，水泵设置在地下一层的喷雾机房内。系统设置了完整的自动控制，温湿度传感器、日射计、雨水传感器以及风速传感器等，当气温低于 30℃、湿度高于 70%、晚间、下雨或风速过大，可自动关闭喷雾降温系统。

大连国际金融中心 A 座（大连期货大厦）①

作者简介：

魏炜，男，1970 年 2 月生，高级工程师，副主任工程师。1998 年 3 月毕业于同济大学，研究生学历，工学硕士，现在华东建筑设计研究总院工作。主要设计代表作品：大连国际金融中心、天津环球金融中心 & 瑞吉酒店、大连绿地中心、中国博览会会展综合体、上海虹桥机场扩建工程能源中心、上海浦东国际机场二期能源中心、上海虹桥商务核心区（一期）能源中心等。

- 建设地点　大连市
- 设计时间　2006 年 6 月～2009 年 6 月
- 竣工日期　2009 年 9 月
- 设计单位　华东建筑设计研究总院
  [200002] 上海市黄浦区
  江西中路 246 号 10 楼
- 主要设计人　马伟骏　魏炜　张琳　杨国荣
  方伟　郑颖　杨裕敏　吕宁
- 本文执笔人　魏炜　张琳
- 获奖等级　民用建筑类一等奖

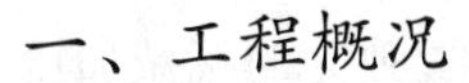

一、工程概况

大连期货大厦（大连国际金融中心 A 座）坐落于亚洲第一的大连星海广场中轴线上，朝南面海，地上约 11.5 万 m^2，地下约 10.2 万 m^2，高度达 241m，是集数据交换和办公的现代化超高层建筑，项目与另一座建筑（大连国际金融中心 B 座）共同组成气势恢宏的双子塔大厦。

大连期货大厦努力打造国内交易量最大的商品交易所——按照美国期货业协会的排名，大连商品交易所排名亚洲第二，全球第九，已成为国内交易量最大的期货市场。同时，作为大连市重点项目，经过数年精心建设，工程设计水准及建设规模位列东北亚建筑前列，工程的竣工使“大连价格”在国际上日益“叫响”，并得到了上级领导和社会各界一致好评。

二、工程设计特点

（1）冷、热水泵分别设置，冷水二次泵和热水循环泵变频控制，实现变水量运行。

（2）大温差供冷、供热。冷水设计温差达 7℃，空调热水设计温差达 15℃，比常规系统循环水量分别减少 29%和 33%。

（3）标准层按内、外区分别设置变风量系统，杜绝冷、热抵消的情况出现。

（4）该项目塔楼采用钢结构，为尽量提高吊顶高度，主要风管全部穿梁设计，吊顶与梁底留有 200mm 用于回风。

（5）标准层部分空气处理机组配置全热回收装置，回收排风的能量。

（6）高大空间采用分层空调方式，保证工作区的室内温湿度，气流组织下送上回，冬季辅之以低温热水地面辐射供暖系统。

（7）过渡季节增加新风量和排风量，尽可能地利用室外新风自然供冷，减少冷水机组的运行时间。

（8）空调及通风系统全部纳入楼宇自控系统（BAS），实现中央监控、智能化管理。

（9）冷水机组采用 HFC-134a 制冷剂。

（10）空调、通风系统中的各设备均选择效率高、能耗小的产品。

（11）冷水机组、水泵等能耗大的设备配置，既满足设计负荷的要求，又能在部分负荷时节能运行。

① 编者注：该工程主要设计图纸参见随书光盘。

三、设计参数及空调冷热负荷

大连期货广场A座为大连商品交易所自用甲级办公楼，高度242m，53层。总建筑面积为211359m²。

夏季空调室外设计干球温度28.4℃，夏季空调室外设计湿球温度25℃；冬季空调室外设计干球温度－14℃，冬季空调室外设计相对湿度58%，冬季采暖室外设计干球温度－11℃。

夏季计算冷负荷16500kW（4692RT），冬季计算热负荷21950kW。单位建筑面积冷负荷指标为78W/m²，单位建筑面积热负荷指标为104W/m²。

四、空调冷热源及设备选择

冷源选用4台1200RT离心式冷水机组；热源利用星海湾污水源＋海水源热泵集中供能提供的65℃热水换热后制得。

大楼冷水供/回水温度设计为5℃/12℃，热水供/回水温度设计为60℃/45℃。

五、空调系统形式

1. 空调水系统

空调水系统分成高、低两个区，低区为B3～二十五层，高区为二十七～五十三层，高、低区之间采用板式热交换器隔断，板式热交换器设在二十六层。高区冷水供/回水温度7℃/14℃，热水供/回水温度为55℃/40℃。

冷水系统为变频二次泵系统，热水系统为变频一次泵系统，根据系统末端压差信号变频控制。

空调水系统采用二管制、异程式，为保证各环路的阻力基本一致，各层空调机房的回水支管上设平衡阀。

冷、热水系统均采用化学加药的水处理方式。

2. 空调风系统

标准层采用变风量空调系统，每层分东、西两个域区，各区域按内、外区分别设置变风量系统。

标准层采用单风道型变风量末端装置，外区末端装置带热水再热盘管。房间气流组织采用上送上回方式。每层4台组合式空气处理机组设于当层空调机房内，风机变频控制。

新风由当层外墙百叶风口采集。为充分节约能源，内区的2台空气处理机组设全热交换转轮。

过渡季节为充分利用室外新风，设计时考虑增加新风量和排风量的可能性，过渡季节可增加新风量至不少于机组额定风量的50%。其他大空间公共区域采用全空气定风量系统。大堂采用下送上回的气流组织方式，冬季辅之以低温热水地面辐射供暖系统。

六、通风、防排烟及空调自控设计

1. 通风系统

设备房间的通风系统按规定的换气次数或按全面通风计算；厨房排油烟系统设置油烟净化装置；公共场所如餐厅、会议室等设平衡排风系统，排风量与新风量平衡，并使室内保持微正压。卫生间、茶水间等的排风按避难层分段设计。

2. 防排烟系统

地下室各防烟楼梯间均设置独立的机械加压送风系统，地上防烟楼梯间的机械加压送风系统分段设置，消防电梯合用前室的机械加压送风系统分段设置。为防止楼梯间和前室压力过大，送风管路上设置超压旁通。

避难区设置机械加压送风系统。

地下车库每个防火分区划分2个防烟分区，排烟系统按防烟分区设置，有直通室外的车道入口的防火分区按自然补风考虑，其他的防火分区设置机械补风系统，补风量不小于排烟量的50%。

地下室库房、餐厅、办公、健身房等按防火分区分别设置机械排烟和机械补风系统。

主楼部分机械排烟系统分段设置，排烟风机分别位于各技术层排烟机房内。除主楼一、二层不划分防烟分区外，其他各层防烟分区的面积最大不超过500m²。一、二层由系统负担的排烟风量不足部分分别另设2台排烟风机，直接由当层排至室外。

3. 空调自控设计

楼宇自控系统（BMS）的制冷机房监控盘可实现冷水机组、冷热水一次泵、冷水二次泵、冷却水泵和冷却塔风机的指令顺序启停以及运行状态检测、故障报警等功能，还可以实现系统进、出水温、流量、热量和累计热量的检测。

冷水二次泵根据最不利环路末端压差进行变频控制和小流量工况压差旁通比例控制。

热水循环泵根据供回水压差进行压差旁通比例控制。通过热交换器二次侧供水温度，比例控制一次侧热水供水量。

冷水二次泵根据最不利环路末端压差进行变频控制和小流量工况压差旁通比例控制。热水循环泵根据供回水压差进行压差旁通比例控制。通过热交换器二次侧供水温度，比例控制一次侧热水供水量。

风机盘管安装电动二通阀，空调箱安装

动态平衡电动二通调节阀，单风道变风量末端根据室内温度对风阀进行比例调节。

除风机盘管采用就地控制外，其他各项均纳入大楼自控系统（BMS）。

七、设计体会

（1）该项目设计方案曾由四管制改为二管制，由于办公各层过渡季节可加大新风量至送风量的50%，使用下来基本可满足过渡季节内区的供冷需求。

（2）变风量末端的数量与办公的布局有关，如果确定是大开间办公，可减少变风量末端的数量，以节省自控方面的投资。如果是小隔间，则宜分跨按内外区布置末端。本项目由于层高限制，梁底只有200mm，末端基本上是依轴跨设置的。

中国平安金融大厦①

作者简介：

刘览，女，1960年8月生，华东建筑设计研究院有限公司机电二所副总工程师，1983年毕业于同济大学暖通专业，学士。主要设计代表作品有：成都大魔方、南京国际博览中心、上海大酒店、武汉花山希尔顿酒店、江苏省电力调度大楼、上海凯宾斯基酒店等。

- 建设地点　上海市
- 设计时间　2006年10月～2010年5月
- 竣工日期　2010年4月
- 设计单位　华东建筑设计研究院有限公司 [200002] 上海市江西中路246号
- 主要设计人　刘览　董涛　周铭铭　叶大法　胡仰耆　马伟骏　任国均
- 本文执笔人　刘览
- 获奖等级　民用建筑类一等奖

一、工程概况

中国平安金融大厦为甲级智能化办公楼，是坐落于上海浦东陆家嘴金融区的超高层建筑。总建筑面积168000m²（地上118124m²，地下49876m²），高度为200m（地上40层，地下3层）。办公层为自用。

大厦地下部分共3层，地下二层、地下三层为汽车库，地下一层为商业、管理及设备机房，冷热源机房集中设置在地下三层的后区；裙房共4层，一层、二层为商场，三层、四层为餐饮；五～三十七层为标准办公层，三十八～四十层为景观餐饮。

二、工程设计特点

1. 双能源

为保证空调运行的可靠性和使用的灵活性，最大限度地降低运行费用，采用电力与天然气两种能源。运行时根据负荷与能源价格等因素，确定机组的匹配和何型机组优先，达到经济、节能的效果。

2. 用户冷却水系统

为适应今后发展的需要，满足有可能设置水冷式专用空调机组的要求，设置用户冷却水系统，每层预留2对DN70的接管。考虑到超高层建筑的高静压，用户冷却水系统也分设高中低三个区域。

3. 窗际循环风机设计应用研究

办公标准层空调及通风系统的设计，采用变风量空调系统，首次采用窗边风机的形式，以理论分析和CFD模拟等手段，对办公周边区的气流状况、室内温度等进行了分析和总结，对夏季和冬季的室内环境进行调节和改善，同时在项目建成的使用中，有针对性地对室内环境进行了实测，为同类项目的设计积累了设计经验。通过建成后几年的使用，达到了设计的预期。

① 编者注：该工程主要设计图纸参见随书光盘。

三、设计参数及空调冷热负荷

1. 室外设计参数（见表1）

室外设计参数 表1

	夏季		冬季	
	温度	湿球温度	温度	湿度
室外	34.4℃	27.9℃	−2.2℃	75%

2. 室内设计参数（见表2）

3. 冷热负荷

夏季冷负荷为15200kW，冷指标为90.47W/m²。

冬季的热负荷为8060kW，热指标为48.00W/m²。

4. 水系统分区温度（见表3）

5. 水系统分区承压（见表4）

室内设计参数 表2

房间名称	夏季		冬季		人员密度 (m²/p)	照明插座 (W/m²)	新风量 [m³/(h·p)]	允许噪声值 [dB (A)]
	干球温度（℃）	相对湿度（%）	干球温度（℃）	相对湿度（%）				
办公	24	55	22	≥35	6	27+45	30	45
餐饮	25	55	22	40	3	40	20	50
商场	25	55	22	40	2~3	60	25	50
多功能厅	24	55	20	40	1.5	—	20	40
休息厅	25	55	20	40	2	—	20	45
门厅、中庭	26	55	20	40	10	—	30	45
宴会厅	24	55	22	40	1.2	—	30	40
会议室	24	60	22	40	2	—	15	40
管理、员工办公室	25	50	22	40	5	—	30	45
更衣室及浴室	26	60	24	—	2.5	—	20	—

水系统分区温度 表3

	一次侧		二次侧	
	供水温度	回水温度	供水温度	回水温度
冷水	6℃	12℃	7℃	13℃
热水	56℃	50℃	54℃	48℃

水系统分区承压 表4

	服务区域	系统承压（MPa）	末端承压（MPa）
1区	B3~五层	<1.0	<1.0
2区	六~十六层	<1.6	<1.0
3区	十七~二十七层	<1.6	<1.0
4区	二十八~PH2层	<2.0	<1.0

四、空调冷热源及设备选择

1. 冷热源组成

为了保证大厦空调系统运行的可靠性，同时又具有使用的灵活性，最大限度地降低空调运行费用。该工程空调采用电力与天然气双能源策略，以大楼的冬季热负荷选用直燃型吸收式冷水机组，夏季冷负荷除由直燃型吸收式冷水机组承担一部分外，不足部分另由离心式冷水机组承担。运行时根据负荷与能源价格等因素，确定机组的匹配和何型机组优先，达到经济、节能的效果。

2. 冷热源容量与机组配置

根据计算，大楼的选用直燃型吸收式冷（热）水机组制冷量为3870kW（1100USRT）3台，离心式冷水机组2810kW（800USRT）3台。根据计算，大楼的选用直燃型吸收式冷（热）水机组制冷量为3870kW（1100USRT）3台；离心式冷水机组2810kW（800USRT）2台。冷热源容量与机组配置时考虑了金融办公发展需要的因素，预留1台800URST离心式冷水机组。冬季空调供热由3台直燃型吸收式机组承担，每台产热量为3256kW。冷热源流程图如图1和图2所示。

3. 空调水系统

该工程为商场、餐饮及办公等大型综合楼，全年有供冷需要，空调水系统设计为四管制二次泵系统。大楼的主体高度为200m，为了避免空调水系统的静压过高，设计对空调冷热水系统均进行分区。共有4个区，其中1区为地下室及裙房；2区为六~十六层；3区为十七~二十七层；4区为高区即二十八~四十层。1区为2个用户，地下室和裙房，1区的空调水直接由B3层冷冻机房的二次泵供给；2区、3区的空调水是经过设置在B3层的热交换机房内的热交换器，经由二次侧的板换泵供给；高区的空调水是经由设置在五层的板式换热器送至，如图3所示。

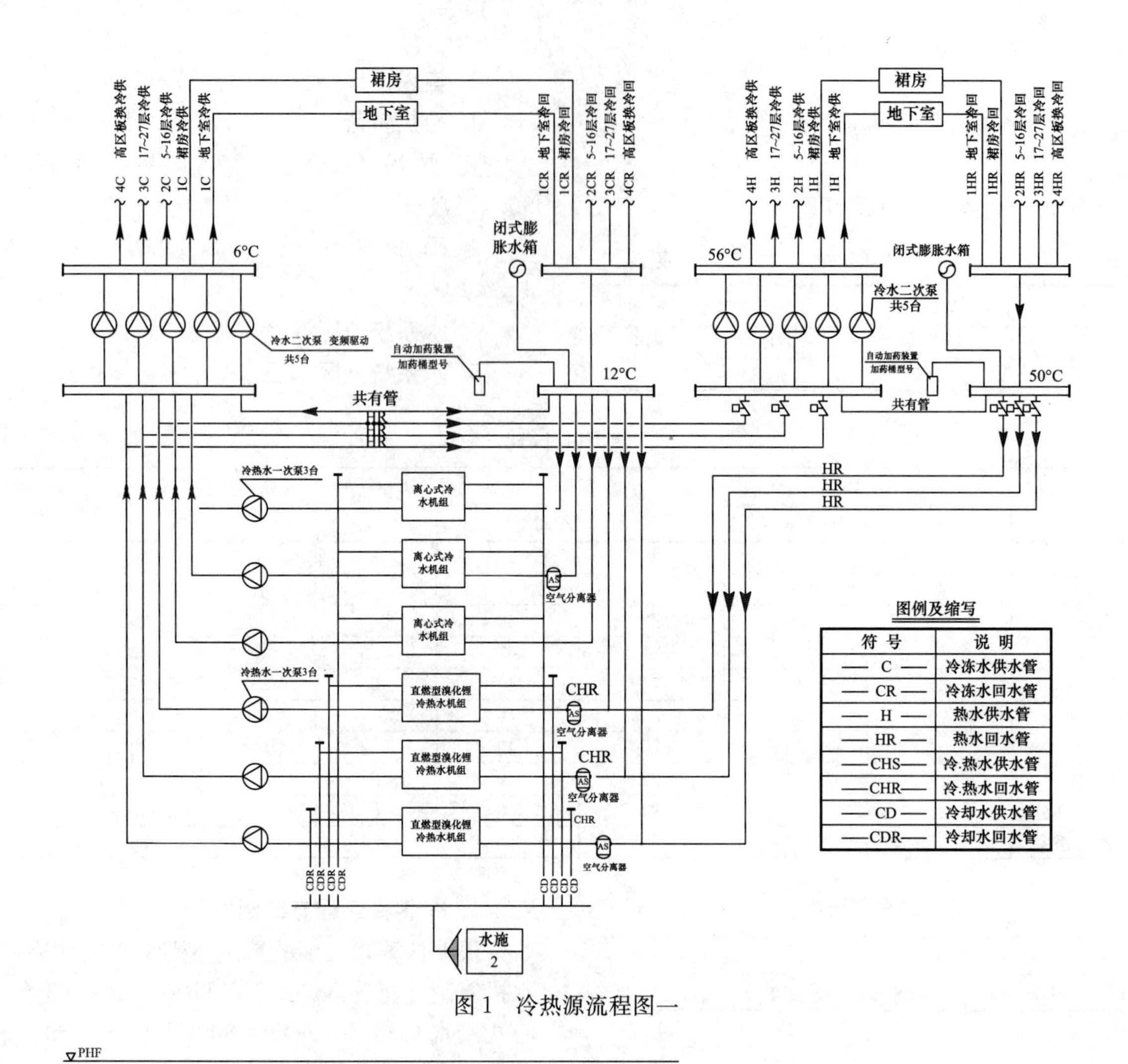

符号	说明
— C —	冷冻水供水管
— CR —	冷冻水回水管
— H —	热水供水管
— HR —	热水回水管
—CHS—	冷.热水供水管
—CHR—	冷.热水回水管
— CD —	冷却水供水管
—CDR—	冷却水回水管

图1 冷热源流程图一

图2 冷热源流程图二

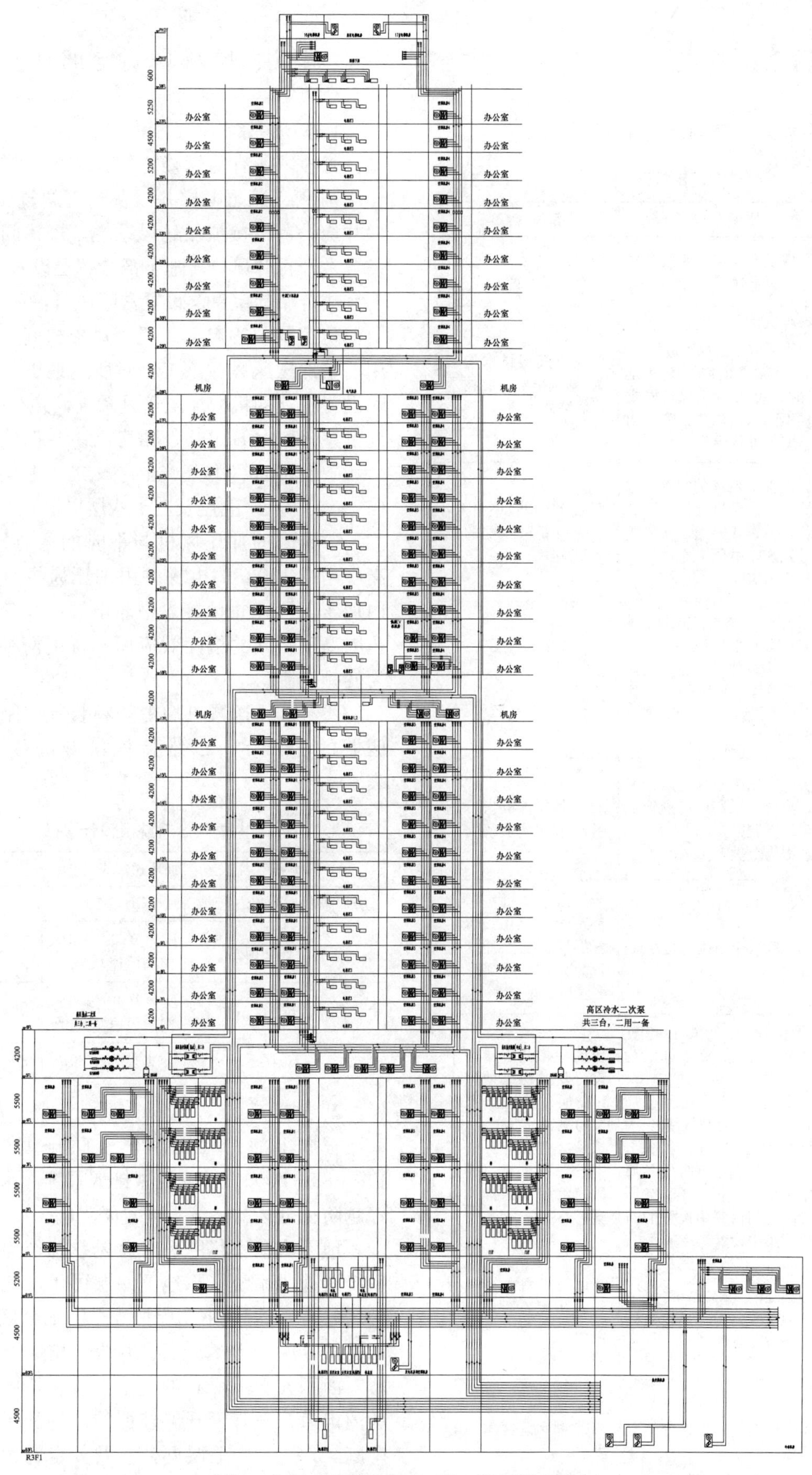

图 3　空调水系统流程图（注：该图详见光盘）

五、空调系统形式

主要空调系统空调方式如表 5 所示。

空调系统形式　　表 5

用途	空调方式	新风/排风
商场	分区域设置全空气系统。气流方式为上送上侧回	新风进口及排风出口均在本层设置
底层中庭	全空气系统，空调器设在五层技术层内，送风管道配建筑沿着穹顶向下至离地 4.5m 处设喷口送风，根据冬夏不同送风温度，喷口射流角度可进行调节	新风由五层技术层引入/排风排至五层技术层侧墙外
管理用房	风机盘管加新风的空气—水系统方式，风机盘管为卧式暗装，顶送或侧送，新风则经过处理，由风道通过吊顶送入空调房间	新风分区域集中引入，设置与新风匹配的排风系统
商场门厅	分区域设置全空气定风量低速风道系统，并考虑冬季因高度引起的冷风渗透，加大送风量，其中紧邻主楼两侧门厅区域送风方式为下送下回，其他商场门厅为上送上回	新风由设在各区域的空调房引入/排风本层解决
餐厅	大餐厅采用全空气定风量系统，小餐厅采用风机盘管加新风的空调方式。流组织为上送上回	新风由各自机房就近引入/排风本层解决
厨房	采用全空气全新风空调方式	新风由空调机房就近引入/排风经由设置在五层屋面的除油烟装置的处理，达到环保要求后，排至大气
办公室	空调机组＋变风量装置（VAV）方式。每层可划为 2～4 个办公区域，并在外窗周边设置循环风机和电加热，以改善窗际热环境。空调加湿方式采用汽化式，冬季空调供热运行时由各层的空调机组承担，冬季空调供冷时，则由集中设置的新风机组集中设置	新风：在设备层集中设置新风初级处理机组，通过风道送至各层的空调机组。排风：在设备层中集中设置排风机，通过风道将各层的排风排至室外
消防控制中心	采用独立的 VRV 系统。室外温度≤27℃通风，室外温度>27℃空调	新风就近引入排风与新风相配。新风、排风均由设备机房的对外百叶窗接入
电梯机房	采用通风换气＋单冷分体空调机组	新风/排风均在本层解决

六、通风、防排烟及空调自控设计

1. 防烟系统

大楼内所有防烟楼梯间、防烟楼梯间前室或合用前室、消防电梯井以及高度超过 100m 的电梯井均设置机械加压送风系统。楼梯间每隔 2 层设置常开百叶风口；地下部分每层设置一个风口。前室或合用前室每层设置常闭风口，火灾发生时，由消防控制中心启动风机，对楼梯间、前室或合用前室加压送风。该工程对所有地下室防烟楼梯间设置独立的机械加压送风系统，共有 4 个系统：地下室（B3～B1 层）、裙房（一～四层）和低区（六～十六层）、中区（十七～二十七层）和高区（二十八～三十七层及三十八层以上）。

避难区的加压风机与平时的通风换气兼用。高度超过 100m 的电梯井由加压风机直接向其井内加压送风，并且接入平时电源。在冬季，为防止因高度引起的烟囱效应而进行平衡补风，风机为变频控制。

所有加压送风机均由变频装置控制送入不同区域的送风量，以维持该区域的压差值（见表 6）。

主要防烟系统及设计参数　　表 6

系统	加压送风设计参数	送风量
防烟楼梯间（前室送风）	压力差 50Pa	
防烟楼梯间前室	压力差 25～30Pa、门洞风速 0.7m/s	根据计算
电梯井（高度 100m 以上）	压力差 40～50Pa、门洞风速 0.7m/s	根据计算
避难区	压力差 25～30Pa	$30m^3/(h \cdot m^2)$

2. 排烟系统

根据上海市《民用建筑防排烟规程》DG J08—88—2000，设置机械排烟系统，水平及垂直穿越防火分区的风管上设置防火阀。

地下汽车库利用平时通风系统作为火灾排烟系统及补风系统（除地下一层可用车道进行自然补风外），每层地下车库按 3 个防烟分区设置。排烟量按 6 次/h 计算，补风量大于排烟量的 50%。

面积大于 $100m^2$ 的地下仓库、长度超过 20m 的内走道、没有可开启外窗的商场和餐厅、底层中庭、六～三十七层办公室及其走廊、六～三十七层中庭迴廊和三十八层以上区域均设置机械排烟系统。标准层的办公室在排烟时，设置在储烟仓以下的 7m² 电动窗由消防控制中心控制打开，作为补风之用。各系统的排烟量按下表计算，选用排烟风机时，考虑风道及风阀的漏风量（见表 7）。

主要排烟系统及设计参数　　表 7

系统	方式	排风量
办公室（～2000m²）	机械排烟	6 次/h，30000m³/h 以上
房间（100～500m²）	机械排烟	60m³/(h·m²) 以上
地下房间（50～500m²）	机械排烟	60m³/(h·m²)、7200m³/h 以上
内走道	机械排烟	60m³/(h·m²)、13000m³/h 以上
地下汽车库	机械排烟	6 次/h 以上

3. 消防控制

所有防、排烟系统均纳入消防控制系统（CACF）进行控制。

七、设计体会

本设计中最有意义的是结合工程实际对标准办公层进行窗际热环境分析研究，并成立专项课题（见图 4），在设计同时获得研究分析数据，提高了设计能力，为空调设计提供了另一类方法。

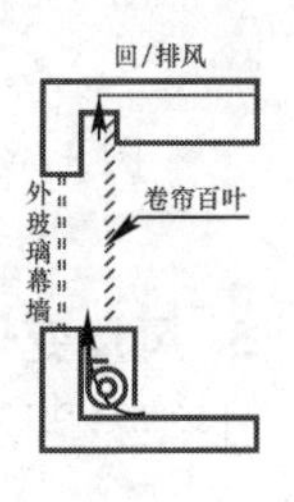

图 4　窗际热环境分析

研究思路为收集窗边循环风机设计研究的应用实例和相关研究、实测报告，将其数据进行分析整理。结合“中国平安金融大厦”的空调设计，运用计算流体力学（CFD）技术，对窗边循环风机的应用作定性、定量分析，完善设计方法。

以标准层办公区为研究对象，面积 2300m²。空调系统（AHU）按朝向和区域划分为 4 个系统，采用单风道变风量末端装置（VAV）内外分区。空气加湿由集中设置在技术层的空调新风处理机组（PAU）承担；冬季空调热负荷由设在每层的空调系统（AHU）负担，而办公区域的内热负荷形成后，窗际循环风机则依据朝向根据需要通过区域温度检测确定通风还是供热模式。

办公层的外区下部设置窗际循环风机将空调区吸入的气流压出，上方吊顶设置的排风机将此气流抽出，部分被排出室外部分则作为空调的回风。

窗际循环风机的控制自成系统，供应商完成内部控制后对外提供 BA 通信接口，并开放相关通信协议，BAS 系统对其只作监视不作控制。

设计人员主要研究采用窗际循环风机系统时建筑周边区的温度场和舒适度改善情况，以及其对房间空调能耗的影响。运用 CFD 技术，分析窗际循环风机系统设置，对以下几方面进行比较分析，目的是得到结论，优化设计。

1. 系统设置对夏季周边区环境的影响

小结：气流对带走幕墙内侧放散到室内的对流换热，改善外环境对室内周边区人员舒适度的影响（见图 5）。如果面临选择窗边送风系统或排风系统之一来进行工程设计，建议优先考虑设置排风系统而不是设置送风系统来改善窗际环境。

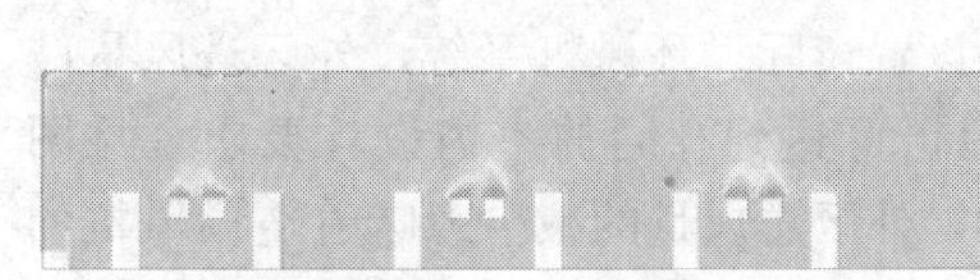

Temperature C 32.0000 29.8750 27.7500 25.6250 23.5000 21.3750 19.2500 17.1250 15.0000

夏季室内典型截面一（x=0.6）模拟温度云图

Temperature C 32.0000 29.8750 27.7500 25.6250 23.5000 21.3750 19.2500 17.1250 15.0000

夏季室内典型截面二（x=1.5）模拟温度云图

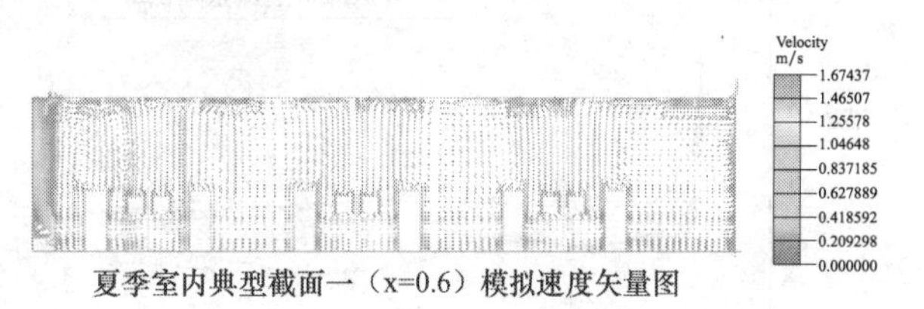

夏季室内典型截面一（x=0.6）模拟速度矢量图

PMV 3.00000 2.25000 1.50000 0.750000 0.000000 −0.750000 −1.50000 −2.25000 −3.00000

夏季室内典型截面一（x=0.6）模拟舒适度（PMV）云图

图 5　模拟图

2. 风量变化对夏季周边区环境的影响

小结：距离幕墙超过 0.5m 距离，风量从 60m³/(h·m) 增大到 200m³/(h·m) 时，温度降幅的变化基本控制在 0.5℃以内。近玻璃幕墙室内侧 0.1m 范围内温降可达到 5～8℃。距离玻璃幕墙 0.5～2m 范围内温降约为 1.5～2℃，而风量的变化影响明显减小，在各送排风量情况下，温度降幅基本接近（见图 6）。

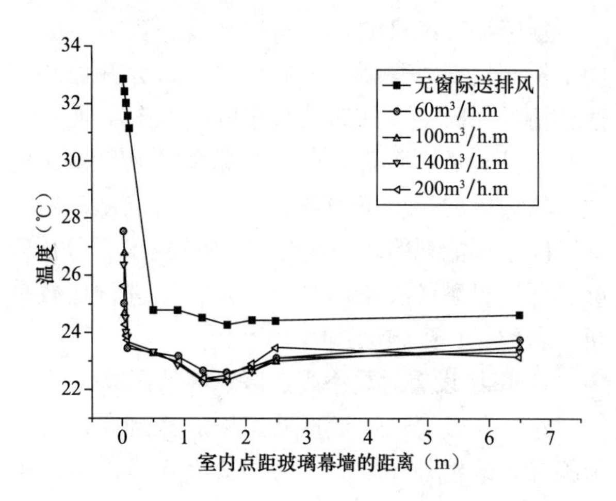

图 6　外区送风量变化对室内温度的影响比较

3. 夏季节能性能研究

小结：根据模拟结果，要达到相同的室内设计要求，设置窗际循环风机系统，外区送风量减少 45%后仍可达到相同的室内设计要求（见图 7）。因此，外区送风量的减少意味着空调风机的送风量可相应减少，体现了窗际循环风机系统的节能性。

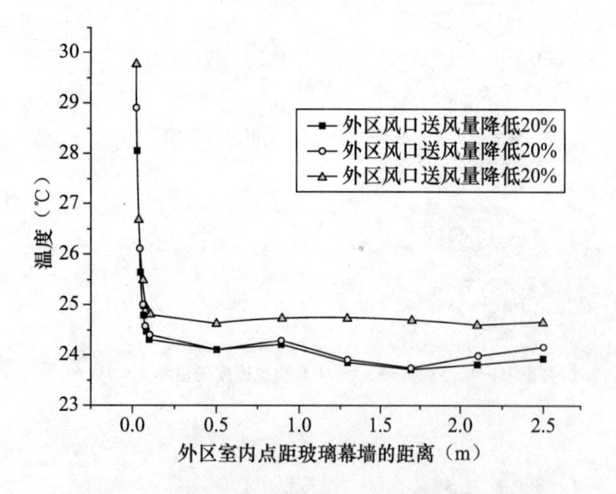

图 7　外区送风量减少对室内温度的影响比较

4. 系统设置对冬季周边区环境的影响

小结：设置窗际循环送排风机系统能够提高冬季幕墙内侧和外区空气温度，有效改善外区的人体舒适度。在冬季工况下，其运行策略应为开启加热器和送风机，同时关闭排风机，窗际循环风机系统运行工况为只送不排（见图 8 和图 9）。

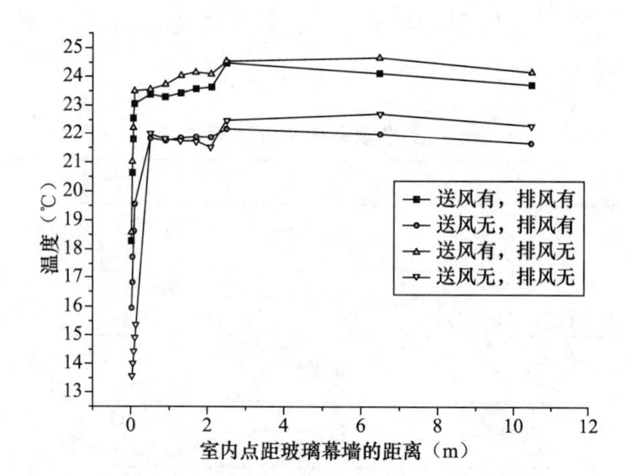

图 8　冬季窗际循环风机系统的设置对室内温度影响比较曲线

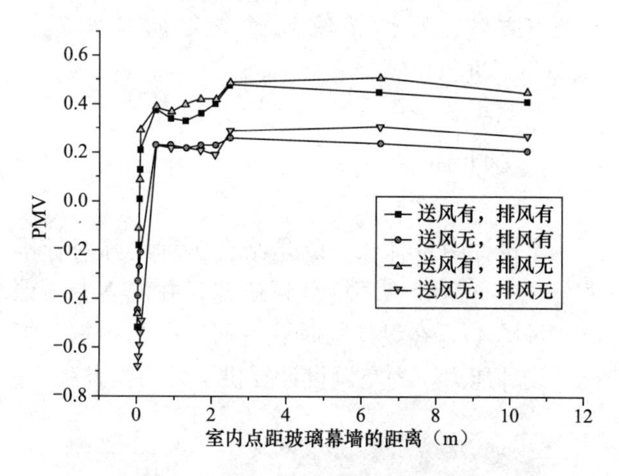

图 9　冬季窗际循环风机系统的设置对室内舒适度影响比较曲线

5. 风量变化对冬季周边区环境的影响

小结：当风量从 80m³/(h·m) 增大到 160m³/(h·m) 时，周边区平均温度下降约 1℃。内区当风量增加时，呈有规律下降状态，当风量从 80m³/(h·m) 增大到 160m³/(h·m) 时，内区各点温度下降约 0.5℃。但当风量超过 100m³/(h·m) 时，易造成外区局部区域人体产生冷感（见图 10）。

6. 加热量变化对冬季周边区环境的影响

小结：要保持冬季外区平均温度在 22℃±0.5℃的设计范围内，窗际送风系统的加热量需要 70～220W/m。因此，建议工程设计在配置窗际送风的加热器容量时，可考虑按照外墙负荷计算指标的 40%～80%来确定。

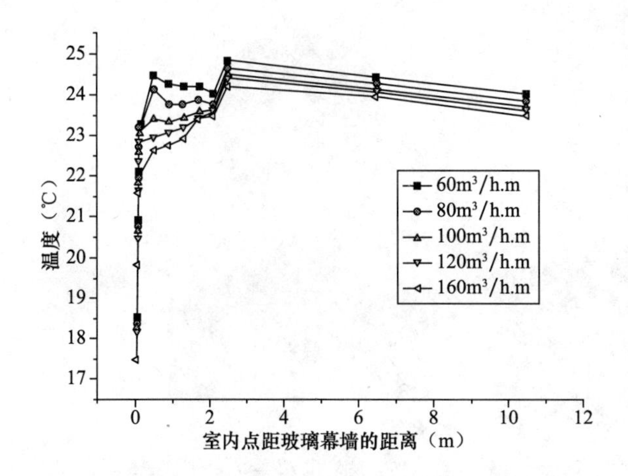

图10 冬季窗际送排风风量变化对室内温度的影响比较曲线

7. 冬季节能性能研究

小结：窗际循环风机系统可较一般外区上送风供热节能能耗约29%。经模拟分析，通过窗际循环风机的送排风系统，能够将内区部分的热量转移至外区，使内外区产生自身得益的现象，即将内区的热量用于加热受室外影响而温度较低的周边区。只有当内热负荷小于55%设计值时，需要对窗际循环送风进行加热。

8. 结论

中国平安金融大厦空调设计中，运用改善窗际热环境的措施，提高了室内环境尤其是建筑周边区的舒适度，还得到了业主的肯定。窗际循环风机系统，夏季可在幕墙内侧形成空气屏障，将幕墙内侧的对流放热直接排除，节省空调能量；冬季又可通过加热后的气流形成温度较高的气流屏障，极大地改善了周边区的舒适度。目前国内在建的不少顶级办公建筑业主对窗机循环风机系统的应用表示极大关注。

新武汉火车站通风空调系统设计①

作者简介：

毕庆焕，男，1972年7月生，高级工程师，1994年毕业于西南交通大学机械工程系供热通风与空调工程专业，大学本科学历，现在中铁第四勘察设计院集团有限公司工作。主要设计项目有：新武汉火车站通风空调系统设计、武汉南洋印务有限公司包装印刷厂房改扩建恒温恒湿空调系统设计、福州站、南昌站改、福州南站等火车站通风空调系统设计等。

- 建设地点　武汉市
- 设计时间　2004年6月～2008年10月
- 竣工日期　2009年12月
- 设计单位　中铁第四勘察设计院集团有限公司 [430063] 武汉市和平大道745号
- 主要设计人　梅宁　郭旭晖　胡世强　毕庆焕　冯广昌　郭辉　于燕菊　程婷婷　方进
- 本文执笔人　毕庆焕
- 获奖等级　民用建筑类一等奖

一、工程概况

武汉铁路枢纽是全国铁路四大路网客运中心之一，武汉站作为武汉枢纽内的主要客站，是一个集高速铁路、城际铁路、市郊铁路和地铁、公交、长途汽车、出租车、社会车等市政交通设施为一体的大型综合交通枢纽，承担京广高速铁路、城际铁路客车始发终到和通过作业、兼顾东西向车流及市郊列车作业。武汉站开辟了武汉市“九省通衢”的新门户，有贯通全国、辐射周边的重要交通地位。

武汉站车站建筑由客运站房（包括车站进出站大厅、旅客候车室、售票室及配套设备管理等用房）、站场客运建筑（包括站台雨棚、铁路车场高架桥及站台）、车站广场（包括室外高架人行平台、站前高架公路桥、地面架空层人行广场和停车场及铁路用地范围内的旅客广场）几部分组成整体。武汉站车站建筑工程总用地31.37hm^2，站房建筑面积112641m^2，无站台柱雨棚132594m^2，建筑总高度59.3m。

二、工程设计特点

1. 地源热泵地埋管系统

武汉站空调冷热源采用地源热泵技术，利用了可再生能源，冬季供热不依赖锅炉，无污染物排放，且供热效率高，属于绿色环保节能技术。在地面层南北区停车场地面下设置了垂直埋管，共1517孔，每孔钻孔深度104m，钻孔直径170mm，孔内设De32双U换热管，管内采用膨润土加黄沙二次回填。由于埋管场地面积大，水平埋管长度不一，为保证每个管井流量一致，设计采用了分区流量控制。

2. 空调风机及水泵采用变流量变频智能节电装置

武汉站站房冷冻水采用二次泵变流量系统，即一次泵采用定流量系统，二次泵根据负荷变化采用变流量系统。为保证系统的正常流量和节能运行，二次泵设置了具有软启动、变频控制等功能的变流量智能节电装置，该装置对冷冻水系统采用最佳输出能量控制，当环境温度、空调末端

① 编者注：该工程主要设计图纸参见随书光盘。

负荷发生变化时，各路冷冻水供回水温度、温差、压差和流量亦随之变化，控制系统将检测到的这些参数送至计算机，计算机依据所采集的实时数据及系统的历史运行数据，实时计算出末端空调负荷所需的制冷量，以及各路冷冻水供回水温度、温差、压差和流量的最佳值，并以此调节各变频器输出频率，控制冷冻水泵的转速，改变其流量使冷冻水系统的供回水温度、温差、压差和流量运行在控制器给出的最优值。由于冷冻水系统采用了输出能量的动态控制，实现空调主机冷媒流量跟随末端负荷的需求供应，使空调系统在各种负荷情况下，都能既保证末端用户的舒适性，又最大限度地节省了系统的能量消耗。

末端空调机房的组合式空调机组配套风系统智能节电装置，智能节电装置通过灵活方便的人工智能界面，根据检测到的回风、出风温度的变化，与系统设定值进行比较，对空调器风机实行动态变频调速以调节空调风机系统送风量，可有效降低空调风机耗电量。

3. 末端空调机组采用全热回收技术

在建筑物的空调负荷中，新风负荷所占比例比较大，一般约占空调负荷的20%～40%。在空调系统中加设能量回收装置，用排风中的能量来处理新风，就可减少处理新风的能量，降低机组负荷，提高系统的经济性。

武汉站公共区域的组合空调机组均配置了板式全热回收装置。板式全热回收装置用于回收空调排风中的能量，具有良好的效果，一般理想情况下显热回收效率可达70%左右。

4. 大空间分层空调气流组织

站房18.8m层高架候车室和地面层出站厅均为高大开阔空间，建筑对这种空间内装修美观要求较高，周围不允许有凸出物和附属小房屋。因此，结合建筑内装修，高大空间设计侧壁式单元送风柱，采用送风射程较远的球型喷口，实现分层空调，为2m以下的人员活动区提供较为舒适的候车环境，外挑连廊候车区域设地面送风口，解决局部喷口射程不足的问题。大空间空调气流组织侧送侧回，站台层候车室顶送侧回。

通过对计算结果的分析，表明推荐的分层空调系统符合设计要求，满足热舒适度需要。对于武汉火车站候车厅这类高大空间建筑实现分层空调，候车厅空调负荷可减少约30%。

5. 自然通风利用

自然通风是指利用自然的手段（热压、风压等）来促使空气流动而进行的通风换气方式。它的特点是不消耗动力或与机械通风相比消耗很少的动力，该方式不仅节能，而且占投资少，运行费用低，可以用充足的新鲜空气保证室内的空气品质。

武汉站候车厅是架空形式，室外风引起的自然通风量较大，人员长时间滞留，得热量除人员散热外还有辐射得热，热压通风量较大。应充分利用自然通风改善室内空气品质，缩短空调运行时间，通过计算机仿真和360°风压模型试验计算，候车厅面向室外的外墙窗墙比约16%，面向中庭的外墙窗墙比约8%，可以达到良好的自然通风效果。

三、设计参数及空调冷热负荷

1. 设计计算参数

根据《公共建筑节能设计标准》GB 50189—2005、《铁路旅客车站建筑设计规范》GB 50226—2007及相关规范和实际工程调查，室内设计参数确定为如表1所示。

室内计算参数表 表1

房间名称	温度（℃）		相对湿度（%）		人员密度	新风量	照明负荷	设备负荷
	夏季	冬季	夏季	冬季	p/m²	m³/(p·h)	W/m²	W/m²
办公用房	26～28	18～20	50～65	—	0.25	17	11	20
商业服务	26～28	18～20	50～65	—	0.33	20	12	13
售票厅	26～28	14～16	40～65	—	0.91	10	11	5
普速候车厅	26～28	18～20	50～65	—	0.91	8	11	5
专线候车室	26～28	18～20	50～65	—	0.67	10	11	5
贵宾候车室	24～26	20～22	50～65	>40	0.25	20	11	5
出站厅	<30	—	—	—	0.5	8	5	5
出站广场	<30	—	—	—	0.5	8	5	5
餐厅	26～28	18～20	50～65	—	0.4	20	13	13

2. 冷热负荷计算的主要数据

武汉站夏季空调面积 87122m²，冬季采暖面积 43932m²，经动态负荷计算，站房夏季空调冷负荷为 16566kW，冬季高架候车室部分（不含地面层出站厅）采暖热负荷为 6381.2kW。其通风空调系统各类指标如表 2 所示。

武汉站通风空调各类指标　　表 2

总建筑面积（m²）	热负荷指标（W/m²）	冷负荷指标（W/m²）	风量指标[m³/(h·m²)]	空调能耗指标（W/m²）	通风能耗指标（W/m²）
112641	57	147	15.3	5.85	3.5

四、空调冷热源及设备选择

中央空调主机房共有两处，分别设置地面层南北两侧，每个主机房的设备配置相同。空调冷热源为地源热泵复合冷水机组加冷却塔系统，地埋管系统埋管数量按冬季热负荷确定，夏季不足部分辅以水冷冷水机组加冷却塔。站房地面层南北侧分别设置动力机房，其内分别设置离心式冷水机组各两台（夏季供冷主要冷源，单台制冷量 2640kW）、螺杆式地源热泵机组各两台（冬季供热热源、夏季供冷辅助冷源，单台制冷量 1480kW，制热量 1630kW）。离心式冷水机组配套设置冷却塔。冬季供暖时，开启地源热泵机组，夏季供冷时，开启全部制冷机。空调主机的运行数量是根据空调负荷的变化由自控系统完成。

五、空调系统形式

站房的候车室、出站厅等公共空间设全空气送风系统，其中高架候车室在 25.0m 夹层设 4 座空调末端机房，内设 4 台 12×10⁴m³/h 热回收组合式空调机组，另外根据建筑平面布置了吊顶空调机组 44 台、立式空调机组 4 台，高架候车室总的送风量约 92.6×10⁴m³/h，夏季制冷，冬季供热；0.00m 层出站厅在地下－8.40m 管廊层设 8 座空调末端机房，内设 8 台 8×10⁴m³/h 热回收组合式空调机组，总送风量 64×10⁴m³/h，夏季制冷，冬季不供热。站房附属办公用房为水-空气系统，采用风机盘管＋全热新风换气机。

武汉站主体结构为钢结构，根据铁路站房旅客区域空间吊顶尽可能高及受到站台接触网限界的影响，在 18.80m 层高架层及 25.0m 夹层楼板下装修吊顶基本贴近结构梁底部，为暖通专业通风空调风管布置带来很大困难。在设计过程中，本专业与结构及建筑专业密切配合，在结构梁上预留好空调通风管道的孔洞，实现了结构空间的最优化利用（见图 1）。

图 1　站房高架候车室夹层结构钢梁为空调喷口送风预留的孔洞

高架候车室为开敞大空间，面积大，空间高。空调送风采用在侧壁设喷口侧送风，喷口设计射程 25m，通过调节喷口的出风角度达到设计要求，大空间空调气流组织为侧送侧回。高大候车空间采用分层空调系统（喷口远程送风），为 2m 以下的人员活动区提供较为舒适的候车环境，有效降低了空调能耗。为解决受结构梁预留孔洞不足导致送风量不足的限制，同时为改善候车室外侧玻璃幕墙的窗际热环境，在靠近候车室喷口对侧的外侧玻璃幕墙下地面处设置了地板送风口辅助送风。

空调末端系统因地制宜地采用集中与分散结合设计的方式，既满足了空调系统运行的灵活性，又减少了空调机房的占地面积，将尽量多的站房面积留给了旅客。高大空间采用分层空调，在满足热舒适度需要的同时较大幅度地降低了空调系统能耗。

六、空调自控设计

空调自控系统实现集中管理、分散控制的目标，结合车站 BA 系统统筹考虑。车站机电监控室实现集中空调末端机房远程控制和冷水机房就地控制，并监测空调通风系统的主要设备，如空调冷热源主机、水泵、水处理设备、组合式空调器等的运行状态和故障报警，以及记录监测冷水机房空调的供回水温度、流量等。

空调制冷主机、循环水泵、冷却塔等空调冷源系统设备采用变流量智能节电装置实现对其集中控制管理。末端空调机房的风系统智能节电装置整合了组合式空调机、新风机、回风机、动态流量平衡调节阀、新风阀、回风阀、送风阀的控制。末端空调器的新、回风管上均加设比例积分调节风阀，根据室内的温湿度及二氧化碳浓度自动控制新回风比及送风状态参数。空调末端风机优先采用变频调速控制其转速，当风机转速低于最小设定范围时，为了保证送风量和室温，末端机组转为定风量、变水量控制。

智能节电装置与BAS接口关系如下：智能节电装置接受来自BAS上位机的每台启、停信号和模式信号（制冷、制热），响应后变频软启动相应空调设备，并反馈给上位机运行、故障等信号；节能装置都有一套自控从站装置，并能通过MODBUS RTU通信协议实行通讯功能，通信接口为RS-485接口；智能节电装置接受来自主站的命令，实时发送数据给主站。

七、防排烟设计

出站层车库区采用机械排烟与自然排烟结合使用的烟气控制策略。东西向两侧最外的三个波浪形顶棚底部区域及南北向外侧60m底部区域采用自然排烟方式，其余部位采用机械排烟方式。核心区的顶棚与车库相同，采用机械排烟方式，为了节省吊顶内空间，排烟管布置在桥梁箱梁内，风管安装和桥梁施工同步配合。排烟管安装示意详见图2。

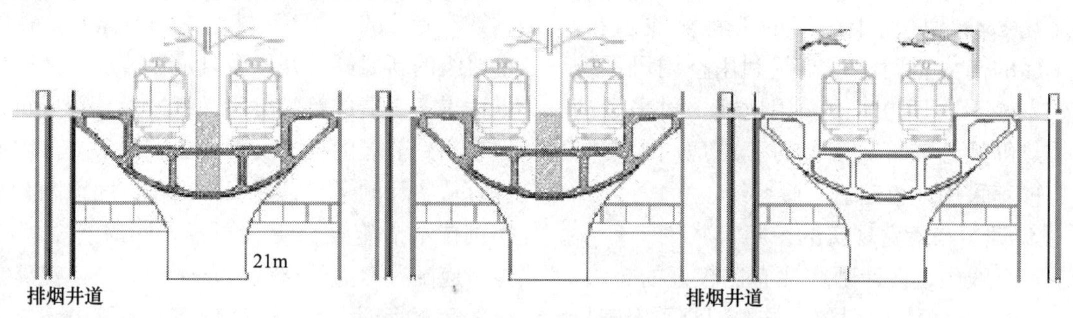

图2 ±0.00m出站层顶部排烟管安装示意图

出站层停车场与核心区之间的人行通道按防火“隔离带”设计，由于在波形顶棚之间使用挡烟垂壁或挡烟垂帘对于设计和施工均较为困难，因此在该区域设置机械烟气导流措施阻止和延缓烟气蔓延，采用节推式排烟器（底部进风，前端射流向前推进型式）阻止和延缓烟气蔓延入隔离带。

站台层为高大顶棚区，最大净高约46m，顶棚区具有很大的储烟能力，该区域采用自然排烟方式，在屋顶上方及东西向两侧设置自动排烟窗，火灾确认后联动打开。

八、设计体会

武汉站房投入使用后，经过运行实践，有以下几点经验教训供大家参考：

1. 站房机电设备及管线的布置和维护

铁路站房配套的设备专业共涉及空调通风、给水排水、电力、通信、信号、信息、接触网等多个专业，众多设备及管线的综合布置及维护殊为不易。特别是特大型高架站房的主体候车空间架空于铁路车场正上方，其自身结构体系和设备系统相对复杂，加之股道上列车的不间断运行，站房高架层的结构、设备、管线的维护、检修、更换等受到天窗时段的限制，处理不好会对车站的正常运营带来不便，甚至会对列车运行带来安全隐患。

鉴于此，设计人员必须充分熟悉铁路系统尤其是高速铁路客运专线系统运营的特点及要求，树立极强的安全意识，将安全措施始终贯穿于设计过程之中并逐一落实。注重客站在运营期间的维护保养、维修、设备更换等要求，并采取相应的综合技术措施。设计必须解决好在满足铁路限界条件下的设备安装、管线敷设以及在尽量不影响车站运行条件下的日常维护、检修、设备更换等诸多问题。首先，各类管线尽量避免跨越车场上空，以免对列车运行造成影响；其次，各类设备及管线均应充分考虑日常运营维护的空间和条件，同时增加各管线的耐久性、可靠性，保障维护人员的安全等也是在设计中需要重点考虑的因素。

2. 站房高大空间冬季制热问题

武汉站房投入使用后，夏季空调制冷效果较

好，但经现场调查反映高架候车室冬季制热效果不佳。铁路站房候车室空间高大，一般具有空间高大、通透性要求高和各种空间的连通性强等特点。铁路站房大门经常开启甚至无法关闭是又一个非常重要的使用特点，各车次间隔时间短、人员进出站持续时间长，尤其是两侧正对门同时开启，侵入负荷大，甚至可能形成过堂风；候车厅到站台的检票门的使用特点决定了无法设置门斗，即使设置了门斗也无法起到作用，因此渗透风对室内热负荷的影响就更为突出。

同时，武汉站房冬季制热热源利用地源热泵机组制备热水，和夏季空调系统共用末端及送风系统。受到建筑条件的制约，回风口设于25.00m标高夹层的空调机房，导致冬季热风送不下来。

从夏热冬冷地区若干站房的工程实践来看，站房候车厅的高大空间冬季制热利用空调风系统送热风效果均不太理想，而采用地板辐射采暖的站房冬季热舒适性较好，因此对于站房高大空间冬季制热推荐采用地板辐射采暖系统。

3. 设计理想与运营现实的差距

在工程实践中，设计师往往有比较好的想法，也能够在具体工程项目中付诸实施，但是受限于目前运营管理水平的制约或者设计措施的不完善，这些好的想法往往不一定能达到预期的目的，甚至有些还带来负面的效果。比如说，武汉站房为了改善候车室外侧玻璃幕墙的窗际热环境，在靠外侧幕墙地面设置了一排地面送风的地板风口，在实际运行中，这些地板风口积灰堵塞严重，甚至有倒进去的茶叶渣等，送风效果轻微。而在另外一些站房的设计项目中，全空气送风系统的组空机组都考虑了过渡季节全新风节能运行的措施，新风管径按全新风风量口径设置，但是在控制上又没有专门针对性的措施，新风管道上设置的亦不是带比例积分调节功能的风阀，而是手动风阀或者只具有开关功能的电动风阀，在实际运行过程中，过渡季节车站从节约运营电费考虑，一般很少开空调机组通风（因此全新风设置显得没有意义），而空调工况下，由于车站缺乏专业的空调专业人才来管理维护，往往是组空机组的新风阀全开，新风量显著加大甚至比回风量大得多，造成新风负荷远超过设计新风负荷，不仅达不到节能的目的反而造成能源浪费。因此，设计宜从实际的运行管理水平出发，因地制宜地选择空调技术措施显得更为可靠；同时各空调使用单位，应配置专业的空调运营管理人员，提高空调系统的运营管理水平，对降低空调系统电力能耗有非常现实的意义。

国家电网公司上海世博会企业馆①

- 建设地点 上海世博园区
- 设计时间 2008年6月～2009年5月
- 竣工日期 2010年4月15日
- 设计单位 悉地国际设计顾问（深圳）有限公司
  [518048] 深圳市南山区科技中二路19号劲嘉科技大厦
- 主要设计人 彭洲 毛红卫 孙燕 朱宛中 王孝恭 周浩 阎立新 张旭 周翔 高军 苏醒 李魁山 黄晓庆
- 本文执笔人 彭洲
- 获奖等级 民用建筑类一等奖

作者简介：

彭洲，男，1964年3月生，高级工程师。1980年7月毕业于西北建筑工程学院供热与通风专业，本科，现在悉地国际设计顾问（深圳）有限公司工作。主要设计代表作品有：国家游泳中心、上海中建大厦、深圳绿景纪元大厦、江阴黄嘉喜来登酒店、四川美术新馆、江门万达广场等。

一、工程概况

国家电网公司上海世博会企业馆展馆是国家电网公司参展2010年世界博览会的企业场馆。项目设计起止时间为2008年6月至2009年5月，竣工时间为2010年4月15日，交付使用时间为2010年5月1日。

国家电网馆项目位于上海世博会浦西企业馆园区（D11片区），北侧紧邻龙华东路，西侧靠近局门路，东侧与航天馆相邻，南侧为园区内主通道。用地总面积为4000m²。项目的地下三层空间为110kV自变电站，由上海市电力院另行设计。企业馆建造在变电站上方，地上2层，每层层高为10m，局部设夹层为4层，层高为5m。企业馆总建筑面积为6228m²（不含地下部分），建筑高度20.40m（自室外地面到屋面），局部高度23.95m（自室外地面到屋面）。

我司设计范围是国家电网公司上海世博会企业馆的地上部分，暖通专业设计内容包括：空调系统、通风系统、防排烟系统。

二、工程设计特点

为参观者提供一个舒适、健康、环保的参观空间是展馆设计的一大特色。展馆由一个悬空的魔盒和周围的附属建筑构成，在魔盒的下方形成一个半室外空间，在展会期间提供人员排队等候的场所，在展会结束后则作为市民休闲的活动空间。

1. 馆内环境设计

国家电网公司上海世博会企业馆展馆运营时间为2010年5月1日至10月31日，整个期间为供冷季节。项目地上建筑面积约6228m²，空调面积3747m²，冷负荷约1502kW，冷负荷指标400.85W/m²（空调面积）。国家电网公司上海世博会企业馆展馆运营期间，区域管网提供6.5℃/

① 编者注：该工程主要设计图纸参见随书光盘。

注：原“中建国际（深圳）设计顾问有限公司”现更名为：“悉地国际设计顾问（深圳）有限公司”。

13℃的冷冻水，工作压力 0.6MPa，可资用压头为 0.14MPa。

（1）一层、二层大空间展览等公共区域采用全空气纤维织物空气分布系统，喷射渗透式的出风模式。

（2）二层魔盒出口层高较低的公共空间，采用全空气系统，上送上回。

（3）二层魔盒内检修空间、魔盒内展示通廊采用全空气系统，展示通廊采用侧送条型风口送风。

（4）二层魔盒出口区、一层等候展示厅、二层等候展示厅、魔盒展示厅等公共区域不设排风系统，排风由展区通过设置卷帘门的观众出入口排向观众室外等候区。

2. 馆外半室外空间环境考虑

上海世博会场馆内部通过各场馆内部空调系统较好地实现舒适的目标，但上海最酷热的 184 天，另一人员密集区域——室外排队等候区如何达到舒适的要求？

项目设计期间，悉地国际设计顾问（深圳）有限公司（原建国际（深圳）设计顾问有限公司）与同济大学暖通空调及燃气研究院成立了专题研究团队，就“世博园区国家电网馆半室外空间的环境舒适度改善设计研究”为研究课题，通过文献调研、数据分析，提出半室外空间人员舒适度的评价模型；通过模型分析、数值模拟、经济性计算等技术手段，设计世博园区国家电网馆半室外空间的环境控制方案（见图 1 和图 2），包括建筑自遮阳、太阳烟囱热压自然通风、风压强化自然通风、细水雾降温等方案，以改善参观人流的舒适度，并分析方案的使用效果和经济性：

（1）半室外空间人员舒适度研究；

（2）根据上海地区全年主导风向和风速，使用 CFD 模拟不同来流风速工况风压通风的效果，为设计方提供优化建筑各立面开口强化风压通风的设计依据；

（3）太阳烟囱技术在半室外空间的应用及优化设计；

（4）细水雾蒸发冷却降温技术的应用和模拟优化设计；

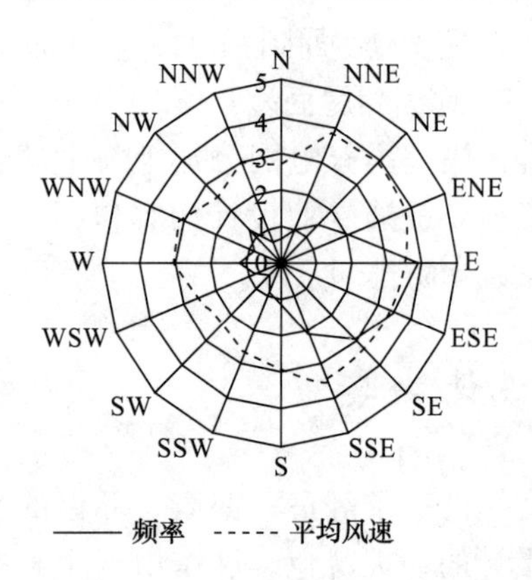

图 1　从郊区到市区的风速衰减图

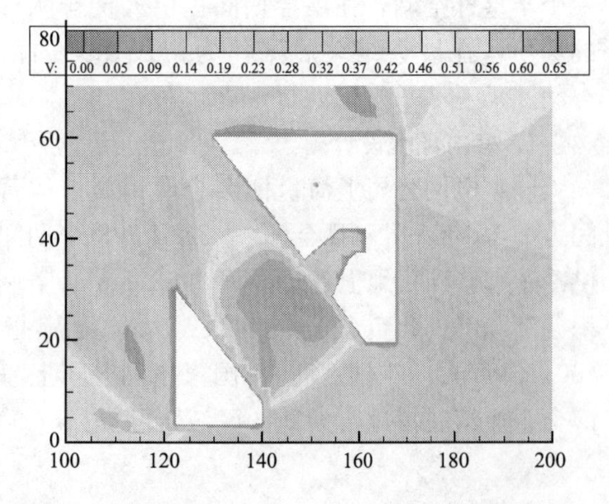

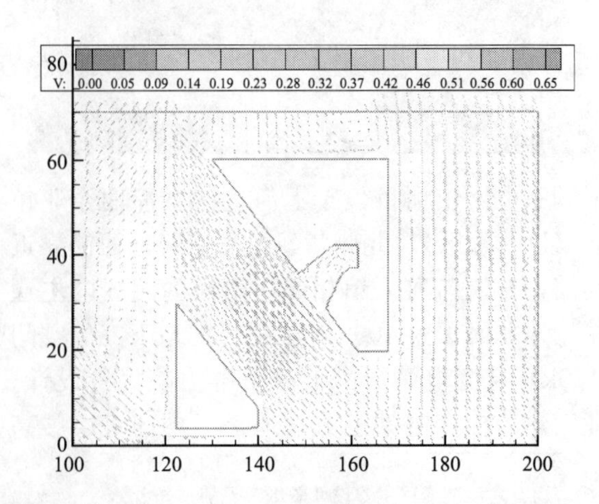

图 2　1m/s 风速速度分布

（5）对系统的经济性、技术的先进性进行分析，判断使用该设计手段后的节能和对舒适性的改善效果。

根据课题研究，国家电网公司上海世博会企业馆设计最终通过四重手段来保证室外排队等候区的舒适要求：

（1）建筑自遮阳

利用魔盒及建筑的架空，形成建筑自有的总面积达 1100m² 的遮阳区，为室外排队参观者提供遮阳避雨的场所。

（2）顺应主导风向的人员通道

参观人员排队等候的通道方向顺应夏季主导风向，在避免阳光直射的同时为等候区的人员引来夏季的凉风，提高人员等候区域的舒适度。

（3）增强型通风系统

考虑到无风期等候区的通风问题，项目采用了在国外曾采用过的增强型通风系统，也就是太阳能集热器加热天井内空气，利用热压形成自然的太阳烟囱拔风效果（见图 3）。设置在等候区中部的天井上方设置明装钢制散热器，通过安装在屋顶的太阳能集热器为钢制散热器提供 80～55℃的热水加热天井内的空气，强化烟囱效应的热压通风效果，改善世博期间参观人流排队等候区半室外空间舒适条件。

在太阳烟囱的作用下，静风期人员等候区域的风速会达到 0.12m/s 左右，始终保持微风习习，让参观者不必为在闷热的高温环境下排队而担忧。

（4）细水雾降温系统

国家电网馆还采用了细水雾降温系统降温，使人员等候区空间的温度能够进一步下降，特别是相对湿度较低而气温较高的天气，阳光辐射强烈的正午，喷雾降温所起到的作用更为明显，可降温 1～2℃。细水雾降温加大了通道与天井上部空气的温度差，增强了通风效果。

3. 馆外半室外空间环境改善系统经济分析

该项目中的初投资和运行费用都按照实际情况进行计算。对比方案是将人员排队区和走廊部分的设置成假想的封闭空间，按照夏季常规空调方式进行负荷、能耗计算，设备选型，然后进行比较。

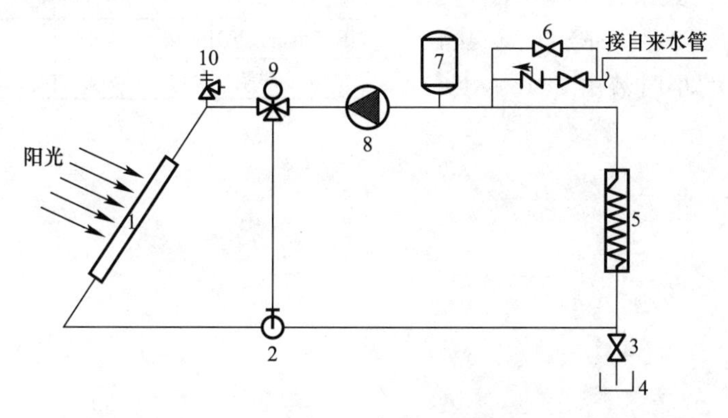

1—集热器；2—温度传感器；3—紧急泄水阀；4—室外排水沟；5—太阳能加热器；
6—补水阀组；7—膨胀罐；8—循环泵；9—电动三通阀；10—排气安全阀

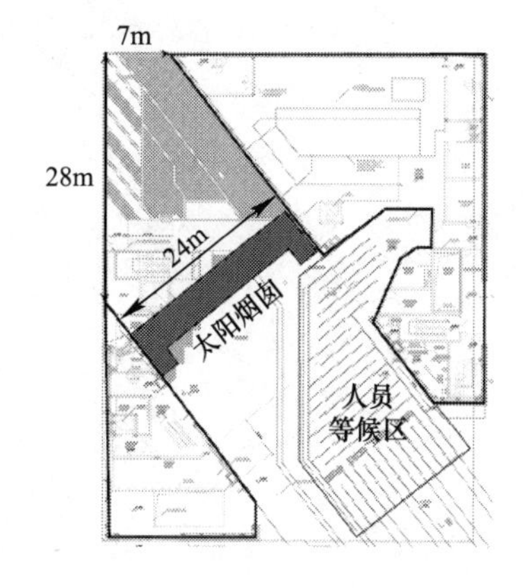

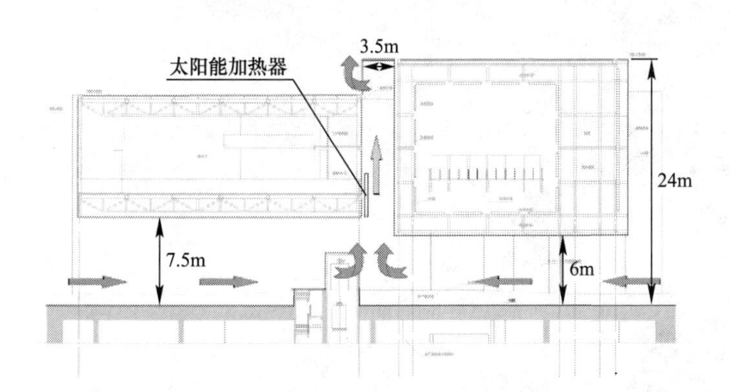

图 3　增强型通风系统

经过计算比较，四个系统65万元的初投资高出常规空调方式7%，但年运行费用只有356元，远低于常规空调方式需要用电189000kWh、共计运行费用15.1万元；从低碳减排角度考虑，本项目设备每年运行耗电所引起的CO_2当量排放为0.413t，仅为常规空调方式CO_2当量排放量178t的0.2%，从而大大节约了能源、减少了碳排放。

三、设计体会

国家电网公司上海世博会企业馆设计最终通过采用最终方案“遮阳＋自然通风＋太阳烟囱＋喷雾降温”的设计来保证室外排队等候区的舒适要求，场馆半室外空间舒适度改善的设计，能够给观众提供一个安全和舒适的排队等候和休闲场所。

(1) 在典型气象年气候条件下，不满足舒适度的小时数由901h（20%）降低至154h（3%），不满足安全标准的小时数由203h（5%）降低至10h（0%）如表1和表2所示。

(2) 在气温极高年的气象条件下，不满足舒适度的小时数由1079h（24%）降低至444h（10%），不满足安全标准的小时数由334h（8%）降低至68h（2%），如表3和表4所示。

典型年世博会期间SET指标不满足舒适度标准的小时数　　表1

	太阳直射	半室外空间	太阳烟囱	喷雾降温
不满足舒适度小时数	901	381	249	154
占总小时数百分比	20%	9%	6%	3%

典型年世博会期间WBGT指标不满足安全标准的小时数　　表2

	太阳直射	半室外空间	太阳烟囱	喷雾降温
不满足舒适度小时数	203	48	14	10
占总小时数百分比	5%	1%	0%	0%

气温极高年世博会期间SET指标不满足舒适度标准的小时数　　表3

	太阳直射	半室外空间	太阳烟囱	喷雾降温
不满足舒适度小时数	1079	685	582	444
占总小时数百分比	24%	16%	13%	10%

气温极高年世博会期间WBGT指标不满足安全标准的小时数　　表4

	太阳直射	半室外空间	太阳烟囱	喷雾降温
不满足舒适度小时数	334	146	94	68
占总小时数百分比	8%	3%	2%	2%

苏州工业园区物流保税区综合服务大厦①

- 建设地点　江苏省苏州市
- 设计时间　2008 年 5 月～2010 年 5 月
- 设计单位　悉地国际设计顾问（深圳）有限公司
  [518048] 深圳市南山区科技中二路
  19 号劲嘉科技大厦
- 主要设计人　张亚　叶青　窦玉　朱莬中　徐理民
- 本文执笔人　窦玉
- 获奖等级　民用建筑类一等奖

作者简介：

窦玉，女，1979 年 4 月生，工程师。2002 年 7 月毕业于天津大学供热通风与空调工程专业，本科，现在悉地国际设计顾问（深圳）有限公司工作。主要设计代表作品有：常州交银大厦、上海张江集电港 B 区 4-11 地块项目、福建海西金融大厦、厦门集美万达商业广场、阿里巴巴总部大厦、上海万科铜山街等。

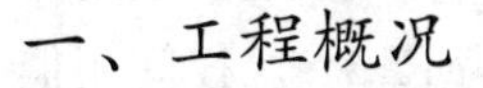

一、工程概况

苏州工业园区物流保税区综合服务大厦，项目位于苏州工业园综合保税区，总建筑面积为 74763m²，基地占地面积 10525m²，地下 1 层，建筑面积 17060m²，为地下车库和设备用房，地上 23 层，建筑面积 57703m²，其中一～三层裙房为综合服务大厅，中部为 3 层挑空大厅，外围一层为海关、保管、商检、物流展厅等，二层为商务办公、多功能厅等，三层为办公会议室，塔楼四～二十二层为标准办公层，其中八、九层为高级办公层。主楼高度 99.45m。

项目的设计目标是三星级绿色建筑，结合当地能源政策与项目实际情况以及相关国家规范、标准的要求，冷热源设计采用冰蓄冷系统与水蓄热电锅炉系统，充分利用自然通风与排风全热回收，末端设计裙房根据不同功能分别设计全空气系统和风机盘管加新风系统，阶梯多功能厅设计座椅送风全空气空调系统。办公标准层采用单风道 VAV＋外区再热盘管系统，个别楼层设计采用 VAV 地板送风系统。

二、工程设计特点

项目设计目标为三星级绿色建筑，但业主最终采用的是全玻璃幕墙设计方案（外方建筑方案），这对整个办公楼的“低能耗”提出了挑战，暖通空调系统设计具体采用了以下 12 项节能措施。

（1）源头能耗控制：围护结构传热系数选定。

按照《公共建筑节能设计标准》GB 50189—2005，围护结构传热系数 2.5W/(m²·K) 和遮阳系数小于等于 0.4 限值进行设计，围护结构的负荷值占全负荷的 58%。为此，与建筑专业共同从造价、美观、热工性能等方面进行多方案对比权衡计算，最后，玻璃幕墙选用采用 6＋15A＋6 遮阳型断热铝合金低辐射中空玻璃幕墙，其遮阳

① 编者注：该工程主要设计图纸参见随书光盘。

注：原“中建国际（深圳）设计顾问有限公司”现更名为：“悉地国际设计顾问（深圳）有限公司”。

系数为 0.35，幕墙综合热传导系数为 2.2 W/(m²·K)，气密性为5级。裙房中庭玻璃顶棚采用6+0.76+6+15A+6 断热铝合金夹胶低辐射中空玻璃窗，其遮阳系数为 0.3，传热系数为 2.2W/(m²·K)，气密性为5级，使围护结构冷负荷占总冷负荷的 47.6%，从源头上降低空调能耗。

(2) 冷热源设计冰蓄冷系统、水蓄热系统，削峰填谷，减少运行费，提高能源利用效率。

(3) 主机选型中扣除余热回收的能量，双工况螺杆机的制冷性能系数（COP）为 4.83/3.35（空调工况/制冰工况）。

(4) 空气调节风系统采用变风量 VAV 系统，风机的单位风量耗功率不大于 0.48W/(m³·h)；机械通风系统的风机的单位风量耗功率不大于 0.32W/(m³·h)；空调冷水系统一、二级水泵的输送比（ER）不大于 0.0241；空调热水系统一、二级水泵的输送比（ER）不大于 0.00673。

(5) 所有新风全部采用全热热回收技术，将排放废能转为有效能利用。

(6) 根据室内 CO_2 浓度控制新风量，采用送排风机连锁变频，确保风系统在节能工况下合理运行。

(7) 冷热源中心乙二醇循环泵、空调冷水泵、空调一二级侧的热水循环泵均采用变流量系统，让能源中心的水力输送系统运行随负荷变化进行变频调节。

(8) 空调冷水系统采用大温差（7℃温差），减小循环水泵装机容量。

(9) 办公标准层空调系统为 VAV 变风量系统，AHU 设计低温送风，采用防结露风口，夏季送风温度 11.3℃，送风温差 13.7℃，较常规空调系统减少送风量约 28%，降低 AHU 风机输送能耗。

(10) 裙房部分及中庭采用电动遮阳系统，积极减少空调系统的辐射热的能耗，同时降低初投资及运行费用。

(11) 裙房高位设有电动百叶，办公室设有可开启外窗，过渡季节采用自然通风，充分利用自然能。

(12) 标准层每层冷热水管的供水管上设置冷热计量表，实现能量监控和行为节能。

三、设计参数及空调冷热负荷

苏州工业园区物流保税区综合服务大厦夏季空调冷负荷（已扣除新风热回收）共 6002kW（1707RT）。全天（10 小时）累计冷负荷 56844kWh（16163RT）。空调面积冷负荷指标 104W/m²。

冬季空调热负荷（已扣除新风热回收）共 2972kW。全天累计（10h）热负荷 28169kWh。空调面积热负荷指标 51.5W/m²。

四、空调冷热源及设备选择

1. 冷源

空调供冷采用部分负荷冰蓄冷系统，机房内设有双工况螺杆制冷主机 2 台，592RT/386RT（空调工况/制冰工况），冷媒为 R134a。夜间用低谷电蓄冷 8h，设计蓄冷量 6080RTH，约占空调设计全日制冷总负荷的 37.6%。蓄冰槽释冷温度 3.5℃/10.5℃；通过板式换热器产生的冷水温度为 5℃/12℃。

制冰系统采用钢盘管内融冰系统；载冷剂采用质量浓度为 25%的乙二醇溶液；双工况主机与蓄冰装置串联布置，主机位于蓄冰设备上游，制冷机处于高温端，提高制冷效率。系统最大负荷时制冷机与蓄冰槽联合供冷，部分负荷时合理采用蓄冰槽供冷，充分利用苏州市的夜间冰蓄冷的优惠电价来降低空调的运行费用，对调控城市电网平衡起了积极作用。

相应配置 2 台 5508×1619×2045 蓄冰槽，空调冷水泵 3 台（2 用 1 备），变频运行，乙二醇泵 3 台（2 用 1 备），变频运行，空调冷却水泵 3 台（2 用 1 备），超低噪声双速风机冷却塔 4 台 $L=280t/h$，每 2 台对应 1 台制冷机组；冷却水温度为 37℃/32℃，均设于大楼裙房三层。每台制冷机组的进水管道上设置远传流量表及温度计；冷却塔的进水管道上设置远传流量表及温度计，进入冷冻机房群控系统。空调冷水系统采用膨胀水箱补水定压（膨胀水箱设于屋顶层）。

2. 热源

空调供热采用电锅炉低谷电全蓄热方式，夜间利用 8h 的蓄热能量供给次日末端系统所需的全部热量。机房内设有 1800kW 承压电锅炉 2 台，最高出水温度 96℃。设计采用 2 个蓄热槽，每个容积为 337.5m³ 的温度分层式钢制蓄热水槽，总有效容积为 675m³。蓄热水箱按 95℃/55℃设计。供热采用串联循环系统，全蓄热过程由 55～65℃，65～75℃，75～85℃，85～95℃四个循环蓄热完成。通过 2 台换热量为 1780kW 的板式换热器，获得 60℃/50℃的空调热水。相应配置：一级热水循环泵 3 台（2 用 1 备），变频运行；二次热水循环泵 3 台（2 用 1 备），变频运行。

3. 空调水系统

塔楼标准层空调机房内的空气处理机（AHU）仅接冷水管，各层外区再热盘管接热水管，二十三层的新风处理机组（FAU）采用四管制的形式；裙楼内的风机盘管及空调机组（AHU）、新风机组（FAU）均采用二管制的形式，水系统采用垂直异程，水平同程。空调水系统采用二级泵变流量系统，水泵设置在能源中心内。一级泵为变流量泵：GP-1～3、HWP-1～3（2 用 1 备），与两台制冷机（两台电锅炉）及两台冷冻水板式换热器和两台空调热水板式换热器一一对应；二级泵为变流量泵：CP-1～3、HWP-4～6（2 用 1 备），通过二级泵变频及运行台数的控制实现用户环路的变流量要求，为大楼提供空调用水。

五、空调系统形式

（1）塔楼入口大厅两层通高，采用上送下回的气流组织形式，送风采用旋流风口从二层吊顶下送，回风为下侧回。

（2）中庭三层通高，为圆弧形的区域，为了便于送回风管道系统的设置，在一层和二层的圆弧区域周边设置了喷口送风，一层 46 个喷口，二层 32 个喷口，每个喷口风量 2000m³/h，共计 156000m³/h 的风量。回风设置于一层吊顶。总体采用一层、二层侧喷，顶回的气流组织形式，中庭在顶部侧墙设有电动百叶，过渡季节开启电动百叶自然通风。

（3）裙房部分大空间采用全空气一次回风系统，周围的小房间采用风机盘管＋新风系统（新风采用热回收）。风机盘管为无刷直流电机式。新风量根据回风管内的 CO_2 浓度进行控制，新风量设计值可在零到设计值范围内调节。

（4）塔楼办公区采用单风道变风量低温送风空调系统，每层的变风量空调机组 AHU（夏季送风温度为 11.3℃，冬季送风温度为 18℃），经送风管、变风量末端、低温送风口送至空调区域，回风通过吊顶回到空调机组。变风量末端内外分区设置，内区采用节流型变风量末端，外区则利用热水加热盘管的并联式风机动力型变风量末端。低温送风口外区采用高分子材料防结露风口，内区采用诱导型防结露风口，确保办公区空气及环境品质。

（5）八层、九层高级办公室采用地板送风空调系统，AHU 送风温度为 16℃，空调区域采用架空地板，地板下的空间被用作为送风静压箱（同时也用于设置电力线、数据线及通信电缆）。空调末端内区设单风道节流型变风量末端，风口采用地板旋流风口（风量可调），外区采用带有加热盘管的串联风机动力型末端，风口采用垂直上吹的条缝风口。空调回风设于房间上部。

（6）标准层新风由设在设备层的新风机组（FAU）通过风管及每层空调机房内的定风量末端（CAV）送至本层的空调机组（AHU）。新风机组风机根据出租率可变频运行，并带有转轮热回收装置，根据出租率调节新风量。

夏季，新风经转轮热回收装置进行冷量回收，再经过表冷器冷却处理。处理后新风干球温度为 17.5℃，相对湿度 95%，送至各层。

冬季，新风经转轮热回收装置进行热量回收，再经过加热器加热处理。处理后新风干球温度为 16℃，送至各层 AHU；经过加湿后送至空调房间。

过渡季节，办公区可开窗自然通风。

六、设计体会

苏州工业园区物流保税区综合服务大厦建筑设计为全玻璃幕墙高层办公建筑，在整个暖通设计过程中从能耗源头、设备合理选型、各种节能措施的综合应用、配合各种节能模式的运行，确保了空调运行能耗指标达到了绿色建筑三星级的要求。

根据《公共建筑节能设计标准》进行建筑节能计算，能耗分析如图 1 和表 1 所示。

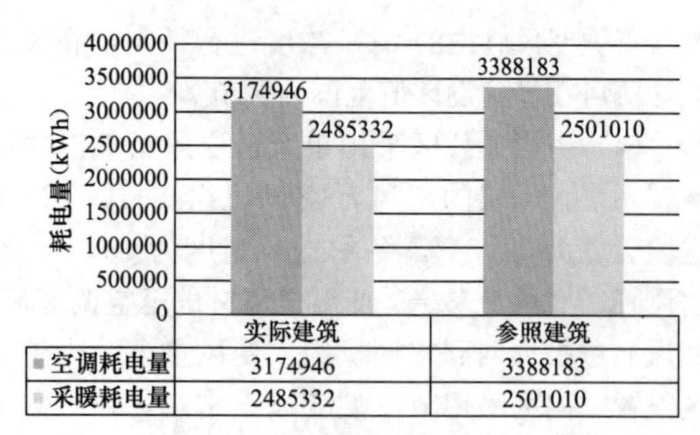

图1 能耗分析

建筑节能评估结果　　表1

计算结果	设计建筑	参照建筑
全年能耗	75.06kWh/m^2	78.10kWh/m^2

同时，建筑本体先天不足，由于建筑方案设计为全玻璃幕墙围护结构，且有大面积玻璃采光顶棚，不仅仅给空调系统节能设计带来了巨大的挑战，同时围护结构初次投资较高。

世博沪上生态家暖通设计①

作者简介：

吴国华，男，1971年7月生，1994年本科毕业于同济大学暖通专业，高级工程师，注册公用设备工程师，华东建筑设计研究院有限公司暖通专业副主任。主要作品有：国家图书馆二期工程暨国家数字图书馆工程、奉浦CBD、中浩云花园、中洋豪生大酒店、世博洲际酒店、南昌绿地中央广场、南昌绿地紫峰大厦等。

- 建设地点　上海市
- 设计时间　2006年7月～2009年12月
- 竣工日期　2010年4月
- 设计单位　华东建筑设计研究院有限公司
  [200002] 上海市黄浦区汉口路151号
- 主要设计人　吴国华　杨国荣　王峻强
- 本文执笔人　吴国华
- 获奖等级　民用建筑类一等奖

一、工程概况

上海世界博览会城市最佳实践区上海案例，即世博沪上生态家，简称：沪上生态家。它位于中国2010年上海世博会园区浦西片区城市最佳实践区北部区块内，东侧紧邻住宅案例门户入口，南侧遥望成都活水公园案例，与奥登赛案例相邻。北侧、西侧均有案例相邻。西北侧有区域消防中心、公共服务设施。沪上生态家总建筑面积3000.52m²。本展馆通过“风、光、影、绿、废”五种元素的演绎，展示“家”的“乐活人生”。

1. 沪上

“沪上·生态家”，从环境和谐、历史传承的角度，实现生态技术与本土文化价值信息的双重引导，展示地处夏热冬冷地区的上海城市，对于未来都市绿色住宅发展趋势的思考。建筑物以灰、青、白为主色调，兼以绿墙、旧砖墙和景观水池等构造点缀，结合风力、光伏等现代科技设备，形成独具特色的建筑外观。融合里弄、山墙、老虎窗、石库门、花窗等这些代表着老上海的传统建筑元素，以及穿堂风、自遮阳、天然光、天井绿等本土生态语汇，反映“大都市”等高密度城市描绘与夏热冬冷、梅雨季等气候特征，绘就“沪上”映像。

2. 生态

（1）风

通过“生态核”、“双层窗”、“导风墙”等策略，实现取“风”于自然。

建筑面南朝北条状布置，迎合上海主导风向。内部设置多路水平贯穿风道，强化穿堂风效果。底层挑空等候区抽象于传统弄堂空间，并有角度地形成导风墙。建筑北侧嵌入“生态核”，形成竖向拔风道，周边布置的单元式种植模块，起到过滤净化空气的作用。

（2）光

引“光”于自然，控“光”于智能，借“光”于LED照明，变“光”为电力和热水。

天井——采光中庭，老虎窗——屋顶天窗，借鉴了上海传统民居的手法，用现代建筑语言改良再现。通过智能化控制系统，统筹遮阳系统和人工照明，最大限度地利用免费的太阳光提供室内照明。南北两侧的下沉边庭，辅以景观水池面的反射光，改善地下区域的采光效果。建筑外部

① 编者注：该工程主要设计图纸参见随书光盘。

泛光照明和室内公共照明均采用LED新型照明技术，高效节能环保长效。南向坡屋顶设置BIPV非晶硅薄膜光伏发电系统和平板集热太阳能热水系统，兼做屋顶花园遮阳棚，提供建筑照明用电和生活热水。

（3）影

建筑自体造“影”，植物荫“影”，遮阳系统如“影”随形。

南立面花格窗和凹阳台错落有致，建筑自遮阳效果明显。底层入口等候区挑空，形成较大面积阴影区，解决等候期间人群日晒问题。西墙设种植槽爬藤绿化，辅以聚碳酸酯遮阳板，构成双层遮阳体系。南向外窗设中置遮阳帘，屋顶安装追光百叶，可灵活变化角度，遮阳的同时维持室内合理照度。

（4）绿

选取多种类型乡土植物实现模块拼装，具有环境净化、遮阳隔热等特点。

依托“生态核”结构空间网架，设计单元式模块绿化，可对空气中的灰尘和有害气体进行吸附过滤，同时也具有降温效果。屋面雨水收集后汇入景观水池，经水面种植的生态浮床系统过滤净化，水质得到改善。南立面挂壁模块、西立面种植爬藤、屋顶功能性花园等，在美化环境的同时，也提升了建筑隔热保温性能。

（5）废

通过对旧房拆迁材料、城市固废再生材料的综合利用，实现变“废”为宝。

约15万块石库门老砖砌筑建筑外立面和楼梯踏步，旧厂房拆迁回收的型钢重新焊接加工成“生态核”、钢楼梯。建筑主体结构采用高性能再生骨料混凝土，墙体材料采用长江淤泥空心砖和粉煤灰砌块，并采用无机保温砂浆和脱硫石膏保温砂浆复合的保温系统，内隔墙更是全部采用废弃材料再生建材，如蒸压灰砂砖、脱硫石膏板轻质隔墙、混凝土砌块等。

3. 家

按“住宅科技时空之旅”的策展思路，通过“过去”、“现在”、“未来”，以贯穿人生全过程的“青年公寓、两代天地、三世同堂、乐龄之家”等四个年龄的“家”的主题单元，展示全寿命周期都市绿色住宅理念，深层次地探索普适型的绿色宜居模式，通过科技发展提升“屋里厢”生活的温馨与舒适，倡导并引领绿色健康生活方式。

二、工程设计特点

1. 江水源热泵技术

“沪上生态家”示范楼中冷源及热源由园区集中能源站设置的江水源热泵提供（见图1）。水源热泵一般是用江河湖海等地表水资源作为热泵机组的冷热源，即利用地表水体所储藏的温差进行供冷、供热的空调系统。由于地表水体温度与空气之间的温差天然存在且可更新，这种温差的利用在适宜的条件下可以获得较好的效率。利用江水源热泵技术一方面可获得免费的冷量，减少中央空调冷热源系统的综合能耗，另一方面通过江水源热泵的合理利用，大幅降低了冷却塔的使用量，缓解城市局部区域的“热岛”效应，避免或减少温室气体的排放。通过水源热泵技术，直接从黄浦江取水，经加药以控制微生物和藻类生长后，作为冷却用水供水源热泵机组使用，使用后的温热水排入黄浦江。整个过程清洁环保，对黄浦江水质无污染。

图1 江水源热泵机房

2. 热泵式溶液调湿新风机组

“沪上生态家”示范楼中部分区域的新风机组采用热泵式溶液调湿新风机组（见图2）。

热湿独立控制空调系统集冷热源、全热回收段、空气加/除湿段、过滤段、再生器、溶液泵、风机等一体的新风处理设备，室内的排风经过热回收单元，以溶液为介质，与室外新风进行热交换，从而回收部分排风冷量。经过预除湿冷却的新风进入除湿单元被低温浓溶液降温除湿，并送入室内末端，承担室内潜热负荷。低温浓溶液吸湿后变成高温稀溶液，该稀溶液送入再生单元浓缩。热泵产生的冷量，用于降低溶液的温度从而提高溶液的吸湿能力和对新风的降温能力。经过热回收的排风进入再生单元，与加热后的溶液进

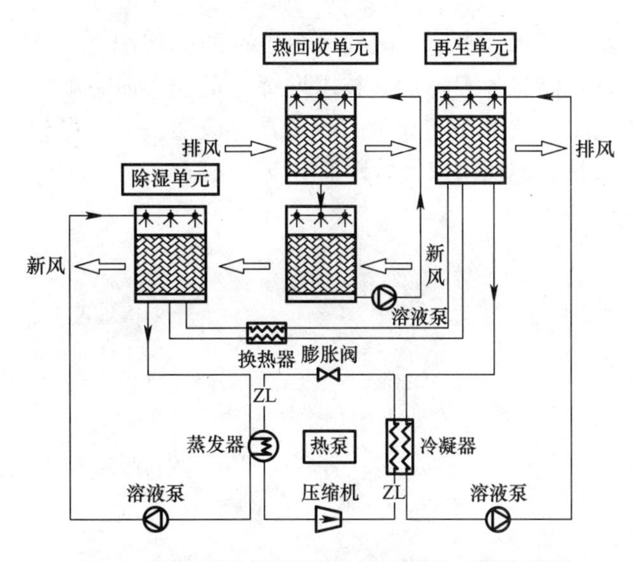

图 2 热泵型溶液调湿新风机组夏季工况原理图

行热质交换，蒸发掉溶液中的水分。其中，冷凝器的热量用于溶液的加热浓缩，高温溶液表面的水蒸气压力大于再生空气的水蒸气分压力，则溶液中的水分蒸发。冬季工况只需切换四通阀来改变制冷剂循环方向，以便实现空气的加热加湿处理。

3. 按不同需求设置的气流组织型式

青年人家庭的展示区的空调送风口采用岗位送风口。

老年人家庭的展示区夏季采用吊顶孔板送风方式，冬季采用地板辐射供暖方式。

4. 采用直流无刷电机的风机盘管

整个项目中所使用的风机盘管采用无刷直流电机（见图 3），其性价比良好，中低档风量时节能率分别达到 50%和 70%。

图 3 采用直流无刷电机的风机盘管

5. 自然通风

最后值得一提的是整栋楼的自然通风系统（见图 4）。从建筑形体到中庭的设置，从地下室

图 4 “沪上生态家”自然通风示意图

南侧的可开启玻璃幕墙到中庭透空。每层的南立面和北立面均设置了自然通风的进风通道。屋顶设置电动可开启天窗，使得整栋楼成为一个自然通风的体系。

三、设计体会

一个好的工程实施案例，需要建筑、结构、给水排水、暖通、电气等各工种的密切配合。这样才能将各工种优秀技术发挥到最佳。而一项新的工程技术在实践中的应用，应该谨慎，在得到大量实测使用数据后再推广较为适宜。

中国（泰州）科学发展观展示馆（原泰州民俗文化展示中心）①

- 建设地点　泰州市
- 设计时间　2009 年 9 月
- 竣工日期　2011 年 6 月
- 设计单位　华南理工大学建筑设计研究院 ［510641］广州市天河区五山
- 主要设计人　黄璞洁　郭宇　何耀炳
- 本文执笔人　黄璞洁
- 获奖等级　民用建筑类一等奖

作者简介：
黄璞洁，男，高级工程师，1986 年毕业于西安建筑科技大学（原西安冶金建筑学院）暖通空调专业，现在华南理工大学建筑设计研究院工作。主要代表性工程有：侵华日军南京大屠杀遇难同胞纪念馆扩建工程、中国出口商品交易会琶州展馆二期工程、安徽省博物馆、浙江大学紫金港校区、广东奥林匹克体育场、增城博物馆、汶川大地震纪念馆、铜陵博物馆、解放军总医院海南分院、澳门大学横琴校区等。

一、工程概况

中国（泰州）科学发展观展示馆（原泰州民俗文化展示中心）位于江苏省泰州市区五巷传统街区南侧，西到青年路，东到海陵北路，南到东进西路。

用地总面积约 6 公顷，总共 3 层，地上一层为办公、纪念品商店和展厅，地上二层为展厅，地下一层为办公、报告厅、设备间及库房，南北侧展示空间之间的地上部分为展示馆入口。展示馆总建筑面积为 10518m²，其中地下一层面积为 4178m²，首层面积为 4322m²，二层面积为 2018m²。建筑高度小于 24m，为多层建筑。

二、工程设计特点

该工程暖通空调系统设计遵循可持续发展的原则，以低碳环保为目标，按照绿色建筑三星级标准设计，打造绿色建筑典范。在设计中，结合泰州地区的气候特点，综合考虑项目周边环境可利用的地热资源情况，利用可再生能源系统——土壤源热泵系统，采用变频调速、多元通风、空气热回收、置换通风和淋水降温等多项先进实用和低成本的创新技术，使建筑总能耗低于国家批准的节能标准规定值的 80%，实现展示馆低碳节能运行，为人们提供健康、舒适、安全的工作和活动场所，充分体现以人为本、低碳节能的设计理念。项目于 2012 年 3 月通过国家绿色建筑三星级评审，获得由住房和城乡建设部颁发的标识和证书。以该项目为背景撰写了论文《绿色建筑理念在中国（泰州）科学发展观展示馆暖通设计中的体现》，并在《暖通空调》2012 年第 8 期发表。下面从可再生能源、多元通风技术和淋水降温技术等三个方面阐述该工程的特色和创新之处。

1. 可再生能源的利用

空调冷热源采用了土壤源热泵系统。土壤源热泵是一种利用土壤的蓄热能力来实现夏季灌热、冬季取热目的的热泵系统，充分利用温度相对空气温度更加温和稳定的土壤，在提高效率的同时又降低了运行能耗。与采用冷水机组＋燃气热水锅炉的传统冷热源供应方式相比，土壤源热泵系统优势巨大：

（1）能效比（COP）高。制冷时，COP 为

① 编者注：该工程主要设计图纸参见随书光盘。

5.6，明显高于相同容量的传统的水冷（或风冷）冷水机组；制热时，COP为4.8，明显高于风冷热泵机组，折算成一次能耗，COP也达到2.4，远远高于燃料锅炉0.8～0.9的能效比（COP）。

（2）无环境污染，零排放。土壤源热泵机组制热时，不需要燃烧煤或石化等矿物燃料，因此，不存在碳化物和硫化物等有害气体的排放，对环境保护起到有利的作用。

（3）节地节材。土壤源热泵机组夏季供冷，冬季制热，一机二用，省去锅炉和冷却塔占用的建筑空间，产生附加的经济效益和社会效益，并美化了建筑的外部形象。

2. 多元通风技术的应用（见图1）

该项目采用了多元通风技术，这是一种以自然通风、机械通风和空气调节交互使用来保持满意的室内环境的空调技术。在全空气系统的新风入口及其通路均按全新风配置，通过调节新、回风阀门的开度，实现空调季节按最小新风运行；过渡季节利用机械通风的方式引入室外新风，消除室内的余热和不洁空气；在室外空气舒适宜人的季节，通过开启外窗进行自然通风，消除室内的余热和异味，最大限度地减少空调机组的运行时间，节省系统运营成本。

首次运用多元通风技术理论，基于室内热环境与建筑运行能耗耦合模拟结论，建立自然通风、机械通风和空调联动的控制方法，确保室内环境处于人体舒适区和能耗最低。

3. 淋水降温技术的应用（见图2）

展示馆的南北展厅之间采用阳光玻璃廊道连接，引入自然光线进行采光和冬季采暖，以营造一种通透的庭院空间，强化人与自然的亲近，减少了室内照明和冬季采暖能耗。但是在夏季，阳光廊道吸收大量的太阳辐射热，形成高额的冷负荷，消耗大量的能源。针对这个情况，夏季采用水喷雾淋水降温技术，在天窗形成一层薄薄的水膜，吸收部分太阳辐射热，把玻璃表面温度降至28～30℃，有利于改善室内热环境，明显地减少玻璃廊道的空调冷负荷，既实现了建筑创作意图，又降低了建筑综合能耗。

室外实景图

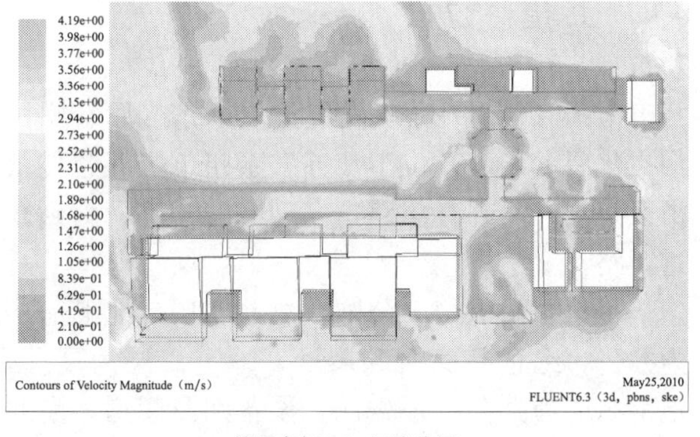

首层房间1.5m风速位图

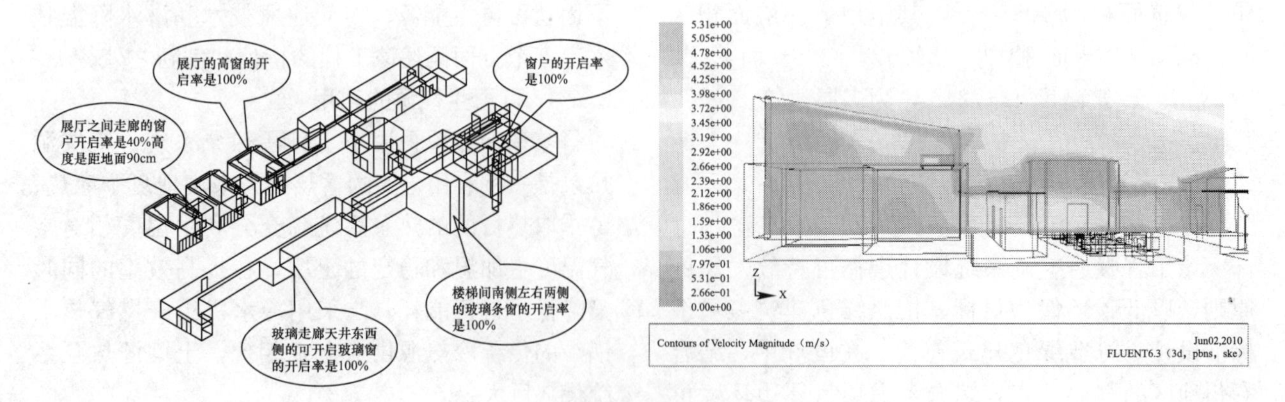

图1　多元通风分析图

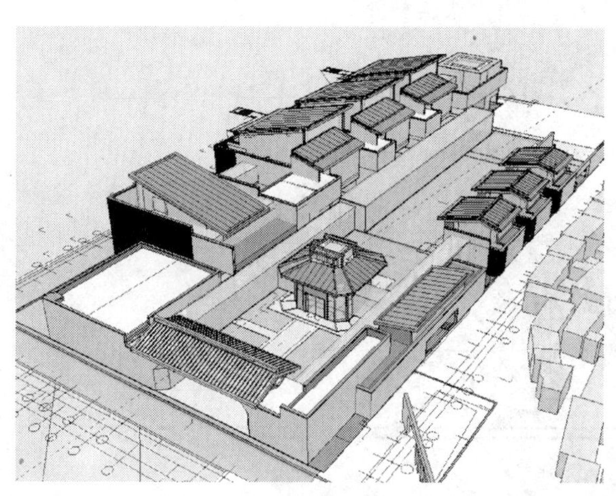
科学发展观展示馆玻璃廊道效果示意图

玻璃廊道实景图

玻璃廊道水喷雾实景放大图

图 2 淋水降温技术图

三、设计参数及空调冷热负荷

室外计算参数参照南京地区气象参数。

室内设计参数见表 1。

空调室内设计参数 表 1

功能	干球温度（℃）		相对湿度（%）		新风量 [m³/(h·p)]	允许噪声
	夏季	冬季	夏季	冬季		标准 [dB (A)]
展览厅	26	20	⩽65	—	20	⩽50
报告厅	26	20	⩽65	—	30	⩽45
办公室	26	20	⩽65	—	30	⩽45
会议室	26	20	⩽65	—	30	⩽45
公共活动空间	26	20	⩽65	—	20	⩽50
文物库房	24±2	20±2	40～60	40～60	30	⩽45
弱电机房	22～28	18～24	40～65	40～65	20	⩽55
门厅、大堂	26	18	⩽65	—	20	⩽50
休息厅	25	20	⩽65	—	20	⩽50

空调冷热负荷：采用鸿业暖通负荷计算软件。计算之后，得到空调计算逐时冷负荷为 1356kW，冷负荷指标为 133W/m²；空调计算热负荷为 1085kW，热负荷指标为 103W/m²。

四、空调冷热源及设备选择

空调冷热源采用土壤源热泵系统（见图 3），选用 2 台螺杆式热泵机组，供冷和供暖一体化，供冷单机容量为 700kW，提供 7℃/12℃的冷水，供热单机容量为 770kW，提供 45℃/40℃的热水。土壤源热泵是一种利用地球表面浅层土壤蓄热能力进行能量转换的热泵技术，通过将延伸至土壤地下的热交换器与热泵相连，使其与浅层岩土进行热交换，冬季从土壤里提取热量，转移到建筑物室内供暖，同时储存冷能，以备夏用；夏季又从土壤里提取冷量，转移到建筑物室内供冷，同时储存热能，以备冬季使用。设置两组闭式冷却塔作为辅助冷源，平衡土壤侧的灌热和取热的季节波动，稳定土壤温度，避免土壤出现“热堆积”现象而影响系统效率，实现空调冷热源系统高效和稳定运行。

五、空调系统形式

1. 空调水路系统

空调冷热水路采用一次泵变流量系统。空调冷热循环水泵配置变频调速电机，当空调实时负荷低于峰值负荷时，通过调节变频器调节水泵的转速，减少水泵循环流量，使空调水泵的运转适应空调负荷的变化规律，明显地节省空调水系统的输送能耗。

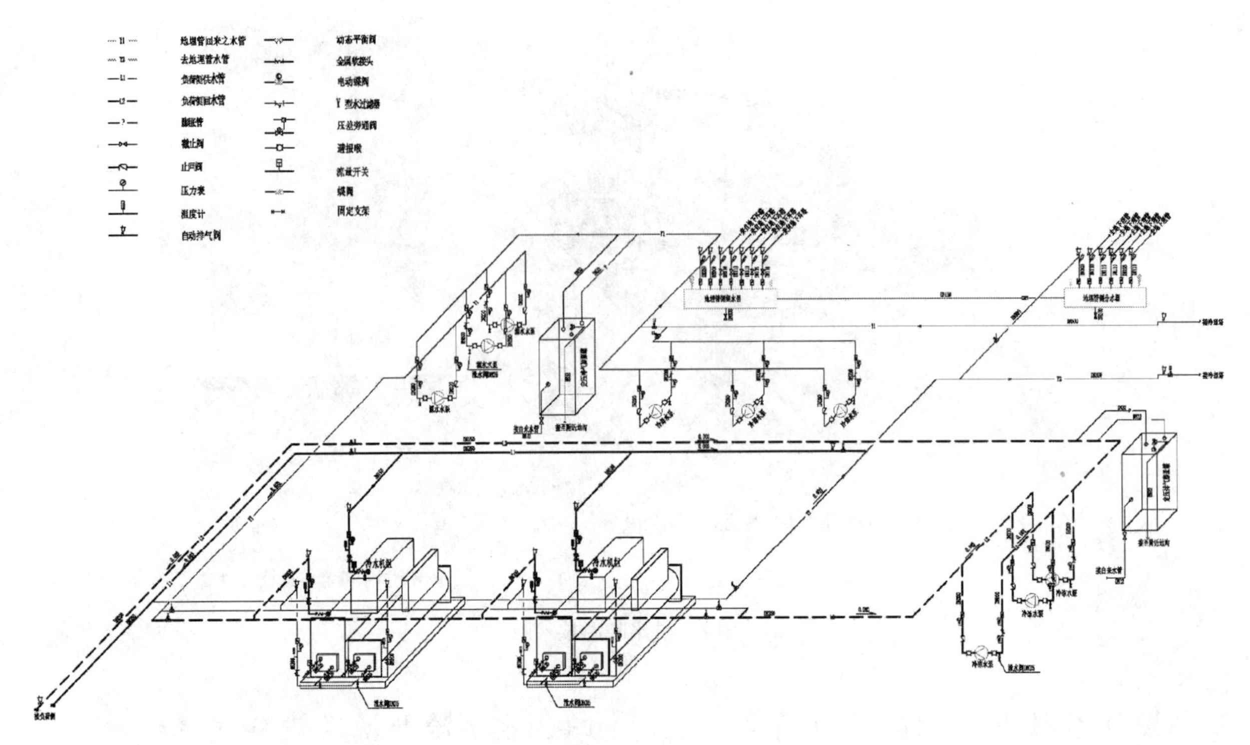

图3　地源热泵水系统原理图

空调冷却水系统采用闭式循环水系统，避免空调冷却循环水蒸发浓缩和被污染，为空调冷凝器提供了良好的工作环境，提高了换热性能，延长了空调主机的使用寿命。

2. 空调风路系统

办公室、会议室和贵宾接待室等面积较小的场所采用风机盘管加独立新风系统，可个别调节，满足不同房间的个性化要求。大空间展厅、报告厅、门厅大堂、公共游廊以及和谐厅等面积较大的场所采用全空气系统。在空调风系统设计中，应用变频调速、空气热回收、置换通风、多元通风等多项先进、低成本和实用技术，实现展示馆空调系统低碳节能运行。

（1）变频调速技术的应用。充分考虑了空调负荷的动态特性，在空气处理机组配置变频调速电机当空调负荷低于峰值负荷时，通过变频器调节风机的转速，减少送风量，使得风柜可以适应空调负荷的变化规律，明显地节省风系统的输送能耗。

（2）空气热回收技术的应用。展示馆人员密度大，所需新风量大，新风能耗非常高，在设计中采用了切实可靠的空气热回收措施，在部分空气处理机组中设置了新、排风全热交换装置，利用室内空调排风，在夏季对室外高热高湿新风进行预冷除湿，在冬季对室外低温干燥新风进行预热加湿，减少新风能源消耗，降低空调冷热源机组的装机容量，解决了室内空气质量与建筑节能之间的矛盾。

（3）置换通风技术的应用。绿色建筑设计鼓励采用新型节能的空气调节方式，本设计在首层和二层展厅、公共游廊、和谐厅等场所因地制宜地采用了置换式送风方式，将略低于室内人员活动区温度的新鲜空气以很低的速度直接送入人员活动区，在地板上形成一层的空气湖，当送风遇到室内的热源（人员及设备等）时被加热，密度减小，产生向上的对流气流，形成室内空气运动的主导气流。排风口设置在房间的顶部，将室内的污染物 CO_2 和 VOC 一起带走排出。其能耗仅为传统全室性混合通风系统的 57%～59%，并且提高了室内空气品质和热舒适度。

（4）多元通风技术的应用。首次运用多元通风技术理论，基于室内热环境与建筑运行能耗耦合模拟结论，建立自然通风、机械通风和空调联动的控制方法，确保室内环境处于人体舒适区和能耗最低。

六、空调自控设计

（1）冷热源系统。监测记录空调热泵机组、水泵和冷却塔的输入功率、供回水温度、压力和流量，热泵机组的输出容量和能效比；能够根据冷热负荷变化，自动调节热泵机组输出容量、运行台数，自动调节冷热水、冷却水流量和水泵的输出容量，实现冷热源的系统化节能运行。

（2）地下埋管换热器土壤温度监测。设置3个岩土温度监测井，以监测地下土壤温度，当夏季土壤温度超过设定值时，空调冷凝热通过冷却塔排放。岩土温度监测井深度和大小与换热井相同，每个监测井内设置4组温度传感器。

（3）空调末端设备。风机盘管设温控三速开关，由室温控制器控制回水管上的电动二通阀关停；空气处理机组设置DDC控制器，根据房间空调负荷的变化，改变空气处理机组的过水量和风机风量；根据室内空气品质（CO_2浓度）的调节新风量，系统化地实现空调系统的节能运行。

（4）多元通风技术的控制策略。耦合模拟不同通风工况下室内热舒适水平及运行能耗，根据不同时段下，开窗自然通风、机械通风和空调运行的控制策略，建立自然通风、机械通风和空调联动的控制方法，确保室内处于人体舒适区和能耗最低。

七、设计体会

中国（泰州）科学发展观展示馆是一座很有影响力的建筑，业主提出了很高的要求，期望能打造绿色建筑典范。设计团队则以更高的目标对自身提出了要求：做精品设计，出优秀作品。最终该项目的设计得到了业内专家的普遍认可和好评，于2013年3月通过了国家绿色建筑三星级评审，获得了由住房和城乡建设部颁发的标识和证书；以项目为依托撰写的论文《绿色建筑理念在中国（泰州）科学发展观展示馆暖通设计中的体现》发表在《暖通空调》2012年第8期；于2012年10月获得了第四届中国建筑学会暖通空调工程优秀设计一等奖。

在得到这些荣誉的背后，我们深深地体会到，一个低碳节能的优秀工程，并非都是运用高成本、大投入和非常复杂的新技术。只要遵循可持续发展、亲近自然的原则，结合当地的气候特点，考虑项目周边环境可利用资源的情况，采用合适、低成本和简约的技术——如地埋管地源热泵系统，变频调速、多元通风、空气热回收、置换通风和淋水降温等技术，也可明显地减少建筑能耗，营造健康和舒适的室内环境，创作出一个优秀的设计。

漕河泾现代服务集聚区二期（一）工程①

- 建设地点　上海市
- 设计时间　2006年7月
- 竣工日期　2009年12月
- 设计单位　上海建筑设计研究院有限公司
  ［200041］石门二路258号
- 主要设计人　高志强　寿炜炜　何焰　朱学锦
  谷伟新　朱南军　边志美
- 本文执笔人　高志强
- 获奖等级　民用建筑类一等奖

作者简介：

高志强，女，1965年4月生，1987年7月毕业于同济大学供热通风与空调工程专业，大学本科，上海建筑设计研究院有限公司主任工程师。主要代表作品：威海国际商品交易中心、金鸡湖商务酒店（凯宾斯基大酒店）、昆山阳澄湖酒店、宁波东部新城A2-22地块、中国潍坊文化产业总部基地项目等。

一、工程概况

漕河泾现代服务业集聚区W19地块二期（一）工程位于上海市闵行区漕河泾开发区，其区域范围西至古美路，南起漕宝路，总占地面积291亩。该地块共包括五个区，其中二区和四区由同一业主开发，具备统一规划的条件。二区主要功能为国际性企业公司总部办公楼，由6栋8～16层的高层办公建筑和2层会所组成，地下室仅1层，为汽车库和设备用房，总建筑面积为16万m^2，其中地上建筑面积11.5万m^2，地下4.5万m^2。四区由2栋高层和2栋超高层办公大楼组成，设有功能为餐饮和商业中心的裙房，地下共3层，主要为汽车库、商铺和设备用房，总建筑面积约32万m^2，其中地上20.5万m^2，地下11.5万m^2。

二、工程设计特点

（1）该地块设置集中的区域供冷中心（二区和四区各自独立设置空调热源），冷源采用冰蓄冷外融冰部分蓄冰方式，冷冻机与蓄冰槽采用串联式连接，提供1.5～12.5℃的冷冻水。采用集中供冷可以均衡多个建筑的负荷差异，实现移峰填谷，节省用户运行费用；还可以降低设备总容量和台数，节省设备投资；大型设备运行效率高，利于节能及环保；设备集中设置便于运行管理，利于综合调度，提高可靠性。

（2）区域供冷可采用大温差低温冷水：可降低冷冻水流量，即减少冷水泵运行能耗；也可使冷水管径减小，降低输送管网系统投资；可实现大温差低温送风空调系统。

（3）办公区域采用全空气单风道变风量低温送风空调系统。各栋楼（除一层大堂外）不论内、外区均采用全空气单风道变风量低温送风空调系统，大温差低温送风可获得更低的相对湿度，提高舒适度，改善室内空气品质；可减小空调系统

① 编者注：该工程主要设计图纸参见随书光盘。

送风量和系统输送能耗；减少末端空调箱容量和空调机房面积、风管尺寸，降低空调风系统输送费用和投资。

（4）办公部分内、外区分别设 AHU 空调箱，其优点：全部采用单风道末端，热水盘管不进入空调区域，消除“水患”和“霉菌”问题；单风道末端体积小，价格便宜、运行噪声低；消除了系统中的再热损失现象；内、外区可采用各自的新风比。

（5）新风自然供冷：办公内区 AHU 均采用双风机空调系统，新、排风在空调机房两个不同方向的外百叶获取，因内区长期存在冷负荷，需长期供冷，尤其在上海属夏热冬冷地区，过渡季时间较长，在过渡季时可适当提高送风温度，增加利用室外新风的时间，减少全年运行冷水机组的时间，节约能源。办公楼一层大堂及二层会所大空间区域，如：餐厅、会议室、多功能厅均采用全空气单风道定风量双风机空调系统，过渡季采用全新风，并根据室内外焓差实现室外低温新风免费冷却。

（6）新、排风热回收：办公外区 AHU 均采用单风机空调箱，外区负荷随室外气候变化，新、排风量稳定，新、排风系统集中设置，全热交换器设于屋顶，回收部分排风的能量。

（7）空调水系统采用两级泵系统：能源中心一次冷冻水系统采用定流量运行，变台数调节；融冰泵均根据负荷情况采用变频调速的变流量运行；各栋楼的冷、热水泵根据设在最不利环路干管靠近末端处的供回水压差控制次级泵的转数和运行台数，来适应空调负荷的变化。

（8）冷却塔风机采用变频调速控制：虽然冷却塔风机的电功率相对于其他空调设备较小，但由于该能源中心为整个 W19 地块使用，冷却塔容量相对大和集中设置，采用风机变频调速控制，部分负荷时即节能又可降低环境噪声。

（9）AHU 的冷凝水和加湿的排水集中收集利用：办公层 AHU 机房的冷凝水及加湿的排水集中收集，排至地下室雨水收集池，和收集的雨水一起再利用，节约水资源。

（10）经综合比较，AHU 采用高压微雾加湿方式，每栋楼采用两台一带多高压微雾加湿器，设置于当中楼层位置。高压微雾加湿效率高；卫生洁净性好；节省水资源；用电省，最大可做到 1kg 水耗电 0.006kW。

（11）汽车库送排风机根据 CO 浓度设置启停控制，在保持车库内空气质量的前提下节约能源。

三、设计参数及空调冷热负荷

1. 室内设计参数（见表 1）

室内设计参数 **表 1**

序号	房间名称	温度（℃）		相对湿度（%）		新风量［m^3（h·p）］	人均使用面积（人/m^2）	噪声［dB（A）］
		夏季	冬季	夏季	冬季			
1	办公室	24	21	45	≥30	30	0.2	40
2	健身娱乐	24	21	60	—	30	0.3	50
3	会议室	24	21	60	—	25	0.3	40
4	商场	25	20	60	—	20	0.3	50
5	餐厅	24	21	60	—	25	0.3	50

2. 室外设计参数

空调计算干球温度：冬季 －4℃，

夏季 34℃；

夏季空调计算湿球温度：28.2℃；

冬季空调计算相对湿度：75%；

夏季通风计算干球温度：32℃；

冬季采暖室外计算干球温度－2℃；

冬季室外平均风速：3.1m/s。

3. 空调冷热负荷

按能源中心服务范围内的各用户分别计算逐时空调冷负荷，其综合最大值经用户负荷系数修正后作为用户点的负荷值；对各用户逐时负荷再进行逐时累加获得能源中心的逐时负荷分配表，经能源中心负荷系数修正后的逐时负荷表即作为选择能源中心系统和设备的依据。

由于负荷系数的取值无法准确获得，参照国内外同行的设计经验，该工程用户负荷系数取值为 0.9，能源中心负荷系数取值为 0.8～0.9，能源中心综合负荷系数（两系数相乘）约为 0.75。计算结果如下：能源中心范围内设计日总冷负荷为 493200kWh（126200RTh），空调峰值负荷 39889kW（11342RT）；二区和四区冬季空调热负荷分别为 8400kW 和 12125kW。平均空调冷热负荷指标分别为 83W/m² 和 45W/m²。

四、空调冷热源及主要设备选择

1. 冷源

冷源采用钢盘管外融冰系统，部分蓄冰方式。冷冻机与蓄冰槽串联连接，主机上游，蓄冰槽下游。系统设置 2 台 2814kW（800RT）离心式冷水机组作为基载主机；4 台双工况主机亦采用离心式，单台机组空调工况和制冰工况制冷量分别为 5627kW（1600RT）和 3681kW（1046RT），系统总蓄冰量 33000RTh。所有系统设备置于地下一层能源中心机房内，相应冷却塔放置于通风良好的会所二层屋面。能源中心向各用户换热站提供 1.5～12.5℃的冷冻水。

2. 热源

二区和四区各自独立设置空调热源，二区采用 3 台 2800kW 燃气热水锅炉，向各用户换热站提供 90℃/70℃一次热水。

3. 水系统

各用户空调水系统均为四管制，空调冷、热水二级泵均为变流量运行，系统定压均采用开式膨胀水箱。

集中供冷系统的各用户通过板式换热器与能源中心主系统连接，并根据自身末端空调系统情况制定用户空调水温度，空调末端采用全空气系统的用户采用 2.5℃/13.5℃，少量的风机盘管用户采用 6.5℃/13.5℃。空调热水系统通过与 90℃/70℃一次热水换热获得 60℃/48℃ 的空调热水。

五、空调系统形式

（1）办公均采用全空气单风道变风量空调系统、低温送风方式，内、外区各单设一台空调箱在每层的空调机房内，通过风管及单风道变风量末端送至房间，吊顶内集中回风。内区空调箱一次风常年供冷，采用冷冻水时设计送风温度为 8℃，过渡季和冬季可适当提供送风温度，解决了建筑内区常年的空调冷负荷；而外区可根据负荷情况调节送风量的大小和送冷风或热风。内区的空调箱均采用双风机方式，过渡季和冬季可根据室内外焓差实现可变新风比。变风量末端均采用压力无关单风道节流型。并按空调内、外区进行布置，末端送风口均采用低温风口，在灯槽两边设条缝回风口。外区新风、排风经屋顶全热回收集中处理后，由竖井送至各层空调机房内，新风经过滤、冷却或加热加湿（冬季）等处理后通过竖井送入每层室内，风机变频控制。每幢办公楼的内区新风口、排风口设在各自机房不同外墙上。

（2）每幢办公楼的大堂均采用全空气单风道定风量空调系统，气流组织采用上送上回或下送上回，回风集中设置。过渡季双风机空调机组通过设置在排风和回风、新风管路上的电动调节阀根据室内外焓差实现室外低温新风进行免费冷却，以利于节能。

（3）会所按各功能不同划分空调系统，大堂等采用全空气单风道定风量双风机空调系统，气流组织采用上送上回；羽毛球馆等高大空间的送风采用纤维织物风管送风，下部回风。会所的办公、会议室等小型房间采用风机盘管加新风系统。

（4）地下各商铺及值班用房均采用风机盘管加新风系统，风机盘管采用卧式暗装方式设置于吊顶内，新风空调箱设置在空调机房内。

（5）需要单独空调的房间，如消控中心另设变制冷剂流量系统；电梯机房设分体系统；变配电房设置组合式空调机组加通风系统，当室外通风计算干球温度高于 27℃时开启空调系统。

六、通风、防排烟及空调自控系统

1. 通风系统

（1）汽车库及自行车库：地下一层汽车库的排风系统兼火灾排烟，排风量均按 6 次/h 的换气次数计算。有车道采用自然进风，其余机械进风，按 5 次/h 的换气次数计算送风量。

（2）地下设备用房：地下一层冷冻机房设置机械通风系统，且换气次数为 6 次/h，燃气锅炉房按发热量设置夏、冬季机械送排风系统，事故通风时为 12 次/h，柴油发电机房设有机械排风系统，自然进风；其余所有设备机房均设有送排风系统。油箱间、油泵房设机械通风，燃油泵房通风装置采用防爆型。

（3）卫生间：所有卫生间均设置机械排风系统，且换气次数为10次/h。

（4）厨房：会所厨房设置排油烟系统，炉灶上方设置油烟过滤器，通过垂直管路排出屋面，排风机置于三层屋面上。油烟排放前经油烟净化装置处理。使其排放浓度不大于2.0mg/m^3；厨房设置机械进风系统进行补风，现厨房按满足50次/h估算排风量，待厨房工艺设计确定后再定。

（5）空调排风：办公、商铺等设有排风系统，以保证新风的送入。大堂等全空气单风道定风量系统均设双风机空调系统，以保证平时排风和过渡季全新风。

2. 防排烟系统

（1）通风空调系统的送回风管穿越机房隔墙和楼板处、防火分区处、变形缝的两侧、垂直和每层水平风管交接处的水平管段上均设置70℃熔断的防火阀。

（2）厨房排油烟系统的排风管穿越机房隔墙处、垂直风管与水平风管交接处均设置150℃熔断的防火阀。

（3）地下一层的设备机房内走廊设置机械排烟系统，由多叶排烟口接高温排烟专用风机经竖井排至室外。所有排烟口均平时关闭，并设置有手动和自动开启装置。

（4）采用自然排烟的房间，可开启外窗面积不小于室内面积的2%。排烟窗宜设置在上方，并应有方便开启的装置。

（5）每栋各层办公、会所活动室等均采用机械排烟，排烟风机置于屋面。面积大于500m^2，同时设置补风系统，且补风量大于排烟量的50%。

（6）地下一层汽车库的排风兼火灾排烟系统，按6次/h的换气次数计算排烟量（排风量），烟气由竖井排至地上绿化处。按5次/h的换气量作为火灾时的补风量。

（7）各栋的地上防烟楼梯间和消防电梯合用前室、D栋地下防烟楼梯间均采用正压送风系统，风机分别置于屋顶或单独机房内。会议中心的封闭梯间及其前室均采用自然排烟的防烟方式。除D栋外其余各栋的地下防烟楼梯间均满足不小于1.2m^{2}的开窗面积或直接对外的门。

3. 自动控制

该工程设置楼宇自动控制系统，对能源中心冷热源、整个空调系统、通风设备等运行状况、事故报警及启停进行自动控制，其中主要包括：

（1）能源中心的蓄冷控制系统通过对制冷机组、蓄冰装置、板式换热器、冷却塔及水泵、管路阀门按程序控制，调整蓄冰系统各应用工况的运行模式和系统优化控制；能源中心设有对外显示大屏幕，可及时将各栋大楼及能源中心的能耗情况、供回水参数等数据显示。

（2）能源中心冷冻水融冰泵的变频调速和台数控制。

（3）各栋空调冷、热水系统的冷、热水泵根据末端压差信号变频控制冷、热水泵流量。

（4）冷却塔风机变频控制，并通过调节冷却塔风机台数和供、回水总管之间的二通电动阀来保证供水温度。并定期检测冷却塔回水钙、镁等离子浓度，当其大于200mg/L时，打开放水阀放水以降低水的浓度。

（5）变风量系统的控制：各房间温度控制、送风量控制、（双风机）新排风量控制、送风温度的控制等。

（6）组合空调和新风机组：组合空调和新风机组均设置过滤报警装置，新风阀与风机开关联锁，并设防冻保护装置；通过送风管或回风管上的温度传感器和回水管上的电动二通调节阀，实现PID调节；通过设置在某房间内的湿度控制器控制加湿器的电动二通阀；双风机系统通过设置在排风和回风、新风管路上的电动调节阀根据室内外焓差实现室外低温新风进行免费冷却。

（7）风机盘管通过设在各房间内的感应式温度控制器和设在各自回水管上的电动二通阀实现双位调节。和通过设在各房间内的三速开关控制送风速度及风机停时回水管上的两通电动阀关闭。

（8）所有空调通风设备的就地启停控制及状态监测等。事故通风的通风机，分别在室内及走廊便于操作的地点设置电器开关。

（9）厨房等处空调系统及排风系统的联锁运行。

（10）采用双风机的空调系统采用变新风比焓值控制方式。

（11）热水锅炉采用定流量控制，根据板式换热器出水温度采用三通阀控制热水系统供水温度。

（12）汽车库送排风机均采用启停控制，以保证车库内CO浓度不大于（3～5）$\times 10^6$ m^3/m^3。

七、设计体会

(1) 对于双工况制冷机的选择还存在另一技术方案，即采用双蒸发器主机。该类主机具有两个蒸发器：一个连接至乙二醇回路用于夜间制冰，另一个连接至空调水回路用于白天空调制冷，可替代单蒸发器需经板式换热器向空调水供冷的情况，减少了系统换热环节和水泵运行能耗而使系统整体能效提高，从技术上可以说是完美的方案。但由于该类机组属工业机型及非标设计，目前可获得的产品除机组占用空间很大外，其售价也高出普通双工况主机一倍以上，即使可省去板式换热器的投资，以及提高系统能效所带来的经济利益，其投资仍然高出许多。另外，该类设备生产厂家寥寥，无法进行招标。故在设备招标阶段该方案被排除。

(2) 外融冰是空调水与冰层直接接触融冰，融冰基本不受冰层厚度的影响，从经济的角度考虑可以使盘管结冰层厚些，以节省蓄冰盘管的投资。但采用厚冰层也带来对系统充冷温度的影响，冰层越厚需要主机出水温度越低。设计时对系统充冷温度比较了三种情况：－5.6℃、－6.5℃和－8℃，在8h制冰的时间内，与此相应的结冰厚度是27.8mm、28.2mm和31.2mm，所需盘管数量也逐次减少。但普通的单级离心机只能满足低至－6.5℃的出水，若想达到－8℃出水只能采用价格偏高的双机双级离心机。经技术经济比较，最终确定系统最低充冷温度为－6.5℃，与此相应，系统载冷剂采用质量比25%的乙二醇溶液。

(3) 由于所有用户换热站均位于地下室，使集中供冷系统处于高度较低的位置，为开式的外融冰系统应用提供了有利的条件。最理想的情况是能够使蓄冰槽水面处于系统最高点，系统成为实际上的闭式系统。但在实际工程应用中却不易实现，多数情况往往是管道的安装高度需要高出冰槽水面，这就需要在设计时考虑解决系统停泵时水管倒空问题，可在蓄冰槽进出口水管设置电动阀并在停泵时关闭。另外需要注意的问题是要保证系统水泵吸入段的管道位于冰槽水面以下，水泵也应尽量靠近蓄冰槽，以保证水泵运行时所需的汽蚀余量。

(4) 蓄冰系统冰槽的保温及防水不容忽视。该工程蓄冰槽占地近800m^2，采用了内保温和内防水，冰槽结构体、保温及防水均由土建完成，利于保证工程效果。冰槽设计为封闭结构，通过检修门与冷冻机房相通，冰槽的六个结构面均需进行严格保温，包括检修门和观测窗。

(5) 为使融冰快速均匀，在冰槽内设有鼓气装置，对水体鼓入压缩空气产生气泡，加强水流扰动，增强换热。由于空压机运行时噪声很大，有必要置其于独立房间，房间墙壁均作吸声处理，以减小对冷站整体噪声环境的影响。

(6) 外融冰系统的水泵对冰槽为吸入式，所以水泵温升和管网温升也应在设计阶段予以重视。该工程由于输送距离不远，距最远用户点距离为400m，管网阻力不会因此而显著增高。目前水泵设计扬程41mH_2O，水泵效率0.82，经计算水泵温升为0.115℃，管网温升小于0.0105℃，温升合计不超过0.13℃。系统设计时应计入该能量损失以保障提供给用户的冷源品质。

(7) 在空调负荷密度较高的区域范围内适当设置集中供冷系统可发挥规模优势，提高运行能效，降低系统投资及运行成本，节省设备的空间占用，取得社会、经济和环保方面的积极效果。

(8) 在区域供冷系统中应用外融冰蓄冷技术有利于降低输送能耗，同时也匹配了外融冰系统应用在高层建筑中必需水力隔绝换热设备的需求，而且为用户实施低温送风空调系统创造了条件，两者优势互补，相得益彰，可以说外融冰蓄冷系统是应用区域供冷的首选技术之一。

(9) 外融冰系统既能实现蓄能空调系统的基本作用，还具备出水温度低、释冷速度快的优势，但因其为开式系统，系统控制、运行管理和维护也相对复杂。

天津塘沽区农村城市化西部新城社区服务中心①

作者简介：
张晓鸥，男，1963年8月生，高级工程师，1990年毕业于北京科技大学热能工程专业，硕士研究生毕业，现任北京清城华筑建筑设计研究院设备一所所长。主要设计代表作品：奥林匹克森林公园附属建筑、总参院校招待所、北京王府国际商城、江南文化中心、乐清体育中心、洛阳天堂明堂、鄂尔多斯迎宾馆等。

- 建设地点　天津市
- 设计时间　2009年3～4月
- 竣工日期　2009年7月
- 设计单位　北京清城华筑建筑设计研究院有限公司［100085］北京市海淀区清河中街清河嘉园东区甲1号楼7层
- 主要设计人　张晓鸥　刘红芹　王司空　郭庆沅　林波荣　聂金哲　刘加根
- 本文执笔人　张晓鸥
- 获奖等级　民用建筑类一等奖

一、工程概况

该工程项目建设单位为天津市塘沽区政府胡家园街道办事处，工程名称为天津塘沽区农村城市化西部新城社区服务中心，位于天津市塘沽区西部新城起步区，地处腾飞路、津塘二线及海兴路之间，主要功能为办公。该工程建筑用地6200m²，地上4层，底层层高为4.5m，二～四层层高为4.2m，建筑高度为18.75m（四层女儿墙顶），建筑面积为6997.07m²。

在设计任务书中，委托方明确提出了生态绿色可持续发展目标、节能减排目标、节能展示目标等。根据委托方要求，项目组经过多方面计算、分析、对比研究，整合了适用于该工程先进的绿色技术，使之成为整个滨海新区超低能耗、低碳排放、低污染的典型工程。

二、工程设计特点

在设计过程中，北京清城华筑建筑设计研究院与清华大学建筑学院绿色建筑咨询团队共同协作，组成了涵盖各方专家的项目组，进行了全方位的模拟分析与对比优化，在经济合理的基础上，采取了多种手段做到“节地、节能、节水、节材、环保”，满足并高于《绿色建筑评价标准》中绿色三星指标要求。

该工程所采取的绿色生态策略包括被动式策略及主动式策略，项目组特别强调被动式策略的重要性，从技术的采用到资金的投入，被动式措施都占据了首位。

被动式及主动式策略的框架见图1和图2。

在该框架的指导下，设计中采用绿色技术20多项，设计节能目标超过70%，污水达到“零排放”。下面就重点技术措施做简要介绍：

1. 计算机模拟辅助绿色建筑设计：

借助计算机软件PHOENICS、DeST、ECO-

① 编者注：该工程主要设计图纸参见随书光盘。

TECT、CONTAM 等，对建筑周边地区气候特征及对场地风、光、热环境进行了模拟分析；对围护结构、自然通风、立面外遮阳、空调系统、照明系统等进行设计优化。设计成果可总结为以下几点：

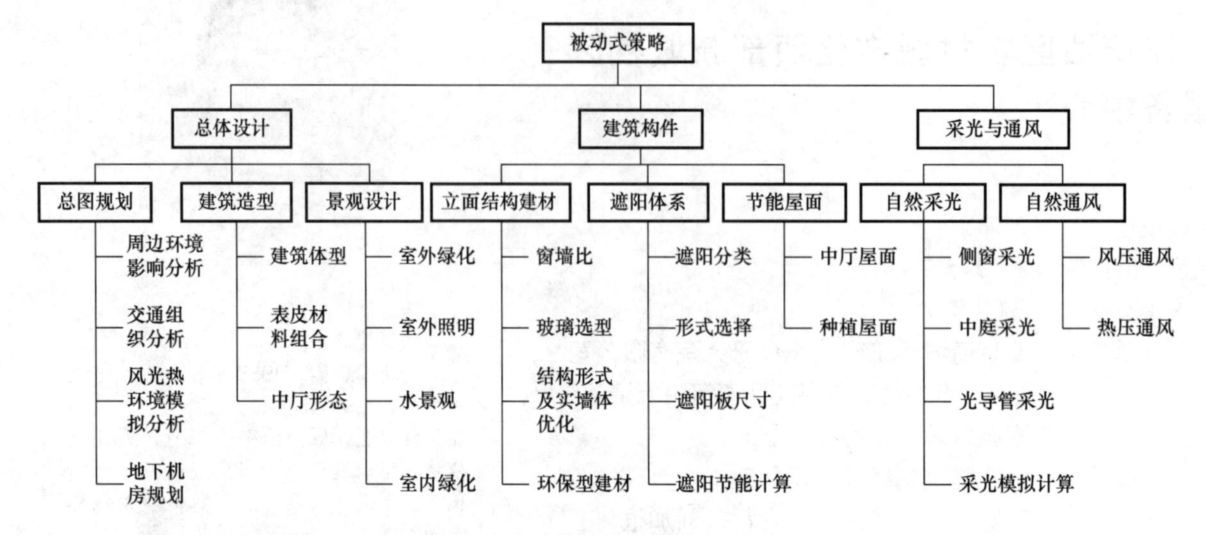

图 1　绿色生态建筑被动式策略框架

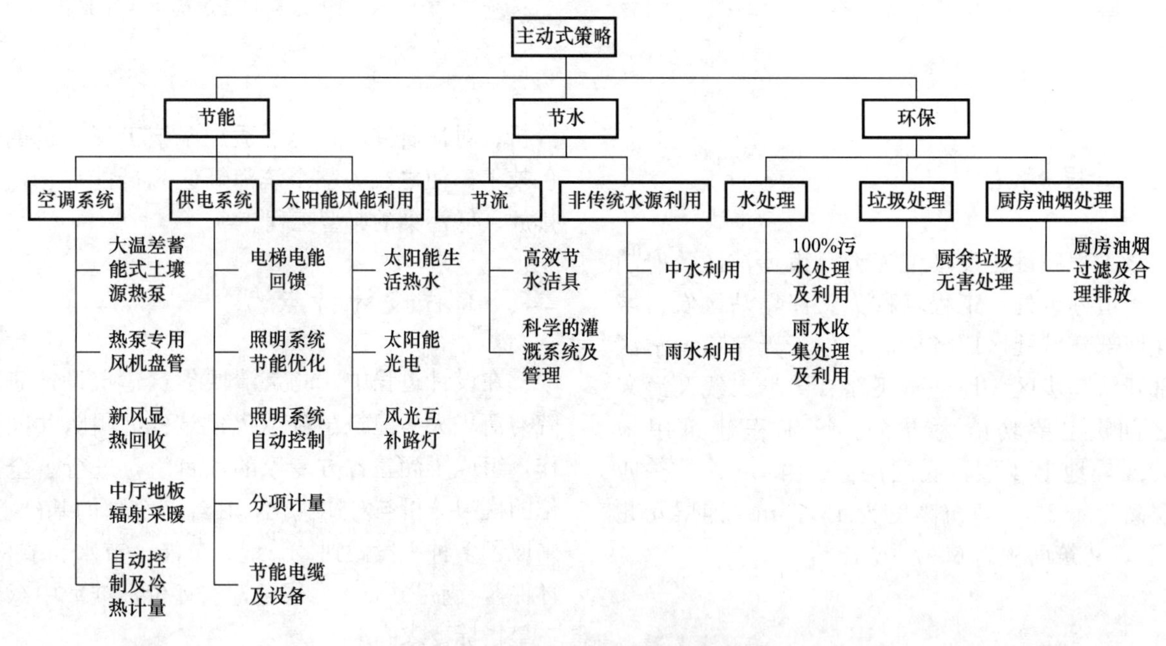

图 2　绿色生态建筑主动式策略框架

（1）对建筑周边风、光、热环境进行了模拟计算，得出其周边环境符合《绿色建筑评价标准》的规定。

（2）对建筑围护结构优化，实际建筑与参照建筑（按《公共建筑节能设计标准》相应围护结构热工参数要求的建筑）相比节能 5.6%，相对传统建筑节能 53%（详见下文）。

（3）对采用排风热回收后的系统节能率进行了比较计算，建议采用显热回收形式。在优化围护结构的基础上采用显热回收，比参照建筑节省采暖空调运行能耗 34.5%，比传统建筑节能 67.2%（详见下文）。

（4）建议建筑室内照明采用 T5 型节能灯，可比传统照明方式节省建筑照明电耗 30%。

（5）对建筑外遮阳系统进行了优化设计计算，得出采用外遮阳方式，可较好地实现遮阳与自然采光的平衡。

（6）对建筑的自然通风进行了优化设计（详见下文）。

（7）对风光互补夜景照明路灯布置位置进行了综合计算和分析，得出了接受太阳辐射及风能的最佳位置。

通过上述节能优化，可实现实际建筑相对参照建筑节能40%，从而达到相对传统建筑节能70%的目标。

2. 钢结构设计

优化方案采用钢结构系统作为主体结构形式，其工厂化加工、现场吊装模式大大减少施工周期，适应项目快速建设的需求。另外，作为可再生利用的绿色建材，钢结构材料将可以在建筑寿命周期后重新回收、处理加工、再利用。

3. 植被屋面

该工程利用西侧坡道和大面积屋顶，建设了2036.49m² 的植被屋面（见图3），种植了多年生、低矮、抗性强、低成本、低养护的地被植物，分为景天类、小灌木类、宿根花卉类、时令花卉类、禾本类等五大类，共62种。植被屋面增加了生物多样性、降低了城市热岛效应、扩大了绿化面积、拓展了城市绿肺，还可以截留部分降水，减轻高强度降水对城市防洪排灌系统的压力和冲击，并在建筑节能上实现有效的保温隔热，同时也为建筑创造了独特的立体景观，成为人们交流远观的驻足首选空间。

图3 植被屋面

该植被屋面系统建设伊始即被专家选定，纳入了国家级科研课题中。

4. 土壤源热泵系统+蓄能+节能末端

（见后文）

5. 生态水环境系统设计

天津塘沽滨海地区属于缺水地区，遵照天津市《污水综合排放标准》DB 12/356—2008，设计选择运行年限长、运行成本低、又无二次污染的生物膜法污水处理技术，利用建筑主体东侧停车场地下空间，建设了“水环境系统中心”，实现了生活污水处理、雨水回收、中水回用、景观水体补水、绿化灌溉供应等循环利用综合节水功能。节水率达到了100%，实现了污水零排放。

6. 可再生能源综合利用

包括：太阳能热水系统、太阳能光电系统、风光互补路灯、光导照明系统、有机厨余垃圾处理系统等（见图4）。

图4 太阳能利用

三、设计参数、空调冷热负荷及空调系统概述

1. 室内设计参数（见表1）

室内设计参数　　表1

房间功能	设计温度夏季/冬季（℃）	相对湿度夏季/冬季（%）	人员密度（人/m²）	新风量[m³/(h·p)]	允许噪声值[dB（A）]
办公	26/20	～60/≮40	0.15～0.25	30	40
会议室	26/20	～60/≮40	0.3～0.5	30	40
包间	26/20	～60/≮40	10人/间	30	40
餐厅	26/20	～60/≮40	0.6	20	50
厨房	32/16			40次/h	
活动用房	26/20	～60/≮40	0.33	20	40
大厅	26/18	～60/≮40	0.1～0.2	20	40
卫生间	/18			10次/h	

2. 外围护结构优化

天津地区属寒冷地区，在设计过程中应首先保证建筑运行能耗符合节能设计标准的要求，在此基础上对建筑进一步优化，使其相对参照建筑进一步节能。采用了DeST模拟分析软件对外墙、外窗及透明幕墙的保温、隔热以及遮阳性能进行提升，并对性能提升后的建筑的运行能耗进行计算和分析，结果见表2。

通过上述计算，确定外围护结构采用保温、隔热性能提升后的方案：在展厅西向的全玻璃幕墙处采用VISION玻璃，其传热系数为1.16W/(m²·K)，遮阳系数为0.32，在其余部分采用圣

围护结构的传热系数的遮阳系数对照　表 2

<table>
<tr><td colspan="3"></td><td colspan="2">参照建筑</td><td colspan="2">实际建筑</td></tr>
<tr><td colspan="3">围护结构部位</td><td colspan="2">传热系数［W/(m²·K)］</td><td colspan="2">传热系数［W/(m²·K)］</td></tr>
<tr><td colspan="3">屋面</td><td colspan="2">≤0.55</td><td colspan="2">0.45</td></tr>
<tr><td colspan="3">外墙（包括非透明幕墙）</td><td colspan="2">≤0.60</td><td colspan="2">0.45</td></tr>
<tr><td colspan="3">底面接触室外空气的架空或外挑楼板</td><td colspan="2">≤0.60</td><td colspan="2">0.60</td></tr>
<tr><td colspan="3">非采暖空调房间与采暖空调房间之间隔墙或楼板</td><td colspan="2">≤1.50</td><td colspan="2">1.50</td></tr>
<tr><td colspan="3">外窗（包括透明幕墙）</td><td>传热系数［W/(m².K)］</td><td>综合遮阳系数</td><td>传热系数［W/(m².K)］</td><td>综合遮阳系数</td></tr>
<tr><td rowspan="9">不同朝向外窗墙比（包括透明幕墙）</td><td rowspan="2">东</td><td>一层全玻璃幕墙</td><td>≤2.0</td><td>≤0.50</td><td>1.7</td><td>0.60</td></tr>
<tr><td>二三层窗墙比 0.50</td><td>≤2.3</td><td>≤0.60</td><td>1.7</td><td>0.41</td></tr>
<tr><td rowspan="2">南</td><td>一二层全玻璃幕墙</td><td>≤2.0</td><td>≤0.50</td><td>1.7</td><td>0.60</td></tr>
<tr><td>三四层窗墙比 0.45</td><td>≤2.3</td><td>≤0.60</td><td>1.7</td><td>0.39</td></tr>
<tr><td rowspan="3">西</td><td>展厅部分全玻璃幕墙</td><td>≤2.0</td><td>≤0.50</td><td>1.16</td><td>0.32</td></tr>
<tr><td>其余部分一层全玻璃幕墙</td><td>≤2.0</td><td>≤0.50</td><td>1.7</td><td>0.60</td></tr>
<tr><td>其余部分二三层窗墙比 0.40</td><td>≤2.7</td><td>≤0.70</td><td>1.7</td><td>0.42</td></tr>
<tr><td rowspan="2">北</td><td>一层全玻璃幕墙</td><td>≤2.0</td><td>—</td><td>1.7</td><td>0.60</td></tr>
<tr><td>二三层窗墙比 0.50</td><td>≤2.3</td><td>≤0.60</td><td>1.7</td><td>0.35</td></tr>
<tr><td colspan="3">屋面透明部分（占屋顶总面积的 20%）</td><td>≤2.7</td><td>≤0.50</td><td>1.7</td><td>0.48</td></tr>
</table>

戈班中空 Low-E 镀膜玻璃，其传热系数为 1.7W/(m²·K)，遮阳系数为 0.60；采用垂直外遮阳板进行遮阳，垂直外遮阳板的遮阳系数随朝向不同而变化，在 0.58～0.70 之间；外墙和屋顶非透明区域的传热系数控制在 0.45W/(m²·K)。

通过上述围护结构优化，可实现实际建筑比《公共建筑节能设计标准》中的参照建筑节能 5.6%，相对传统建筑节能 53%。

3. 空调冷热负荷及供回水温度

设计冷负荷 450kW，冷负荷指标 64.3W/m²。

设计热负荷 378kW，热负荷指标 54.0W/m²。

冷冻水供/回水温度 8℃/16℃（大温差）。

空调热水供/回水温度 43℃/35℃。

4. 空调系统

（1）空调水系统

冷热水系统采用闭式机械循环，二管制异程式或同程式系统。

（2）空调风系统

办公、包间、会议室及餐厅等为风机盘管加新风系统；厨房为直流系统；中庭采用全空气系统。除厨房及卫生间外，排风系统全部热回收，新风机组及空调机组均采用转轮式显热热回收空调机组。冬季加湿采用湿膜加湿器。

（3）中庭地板辐射采暖

作为辅助采暖系统，地板辐射采暖即可作为值班采暖，又可提高舒适性。

（4）节能末端的采用

节能末端包括热回收机组及热泵专用风机盘管等。

四、空调冷热源及设备选择

1. 系统概述

该工程采用的冷热源系统为部分负荷蓄冷蓄热、热泵主机和蓄能水罐并联的“大温差蓄能式土壤源热泵系统”，所有空调负荷均由土壤源热泵主机、蓄能罐提供。

采用大温差蓄能式土壤源热泵系统，除满足利用地热能技术和蓄冷蓄热技术外，还有如下特点：

（1）由于采用大温差冷热水输送方式，因此冷热水系统的输送能效比符合《公共建筑节能设计标准》相关规定。采用 8℃的大温差系统，较 5℃常规系统的 ER 值可以降低 30%左右。

（2）当部分负荷时，热泵主机可不卸载满负荷运行，将多余的冷（热）量储存在蓄能罐中，因此在建筑部分负荷和部分空间利用时不降低能源利用效率。

（3）空调末端采用高效热泵专用风机盘管系统，夏季冬季末端供回水温度可分别为 8～16℃、35～43℃，与传统系统相比提高了系统能效比。

（4）蓄能罐夏季可利用温差为 12℃（4～16℃），单位体积蓄冷量可高达 14kWh/m³。

（5）蓄能罐冬季可利用温差为 15℃（35～50℃），单位体积蓄冷量可高达 17.5kWh/m³。

2. 主要设备选型（见表3）

冷热源主要设备表　表3

设备名称	设备型号及性能	单位	数量	备注
地源热泵机组	GSHP500B 制冷量 460kW 制热 490kW N_r=113kW N_l=88kW	台	1	贝莱特双压机双回路
二次循环泵	Q=87m³/h，H=40m，N=22kW	台	2	一用一备
地源水循环泵	Q=100m³/h，H=32m，N=15kW	台	2	一用一备
一次循环泵	Q=56.3m³/h，H=21m，N=5.5kW	台	3	二用一备
蓄能罐	V=130m³	台	1	

3. 运行模式

（1）夏季模式

23:00～05:00夜间电力低谷时段，开启热泵机组，以蓄冷工况运行（额定制冷量为348kW），工作6h，蓄存能量2054kWh。

07:00～17:00日间，根据负荷情况开启热泵机组，以制冷工况运行并调节制冷量，与蓄能设备联合供冷，可保证瞬时制冷量达到650kW以上。

（2）冬季模式

23:00～07:00夜间电力低谷时段，开启热泵机组以供热+蓄热工况运行，工作6h，蓄存能量2564kWh。

07:00～23:00平高峰时段，根据负荷情况开启热泵机组，以制热工况运行并调节制热量，与蓄能设备联合供热，可保证制热量达到520kW。

4. 热泵结合蓄能系统经济性分析

（1）电价政策（本地区峰谷电价）（见表4）

地区峰谷电价　表4

	时间范围	电价（元/kWh）
平段	7：00～8：00、11：00～18：00	0.7503
低谷段	23：00～7：00	0.3718
高峰段	8：00～11：00；18：00～23：00	1.1488

（2）运行费用（见表5）

全年运行费用统计　表5

负荷	夏季制冷	冬季采暖	全年合计
100%负荷运行	11115元	6969元	—
80%负荷运行	38675元	20764元	—
60%负荷运行	27628元	12201元	—
40%负荷运行	3233元	1059元	—
总计	8.07万元	4.10万元	12.16万元
折合单位面积的能耗指标	12.4元/m²	6.3元/m²	18.7元/m²
按照单位负荷的能耗指标	123.9元/kW	78.8元/kW	—

五、自然通风、排风热回收及空调自控设计

1. 热压自然通风系统设计

室内环境控制系统优先考虑被动方式，用自然手段维持室内热舒适环境。根据天津地区的气候特点，春秋两季可通过大换气量的自然通风来带走余热，保证室内较为舒适的热环境，缩短空调系统运行时间。在此设计原则的指引下对建筑的自然通风进行了研究。

自然通风从其通风机理可分为风压通风和热压通风两种。从天津地区多年的气象参数来看，其夏季风速较低，很难实现风压通风；从该建筑的建筑特点来看，中庭区域有较大的通高区域。因此，通过顶部开窗可以有效利用热压通风带走室内的部分负荷（见图5）。

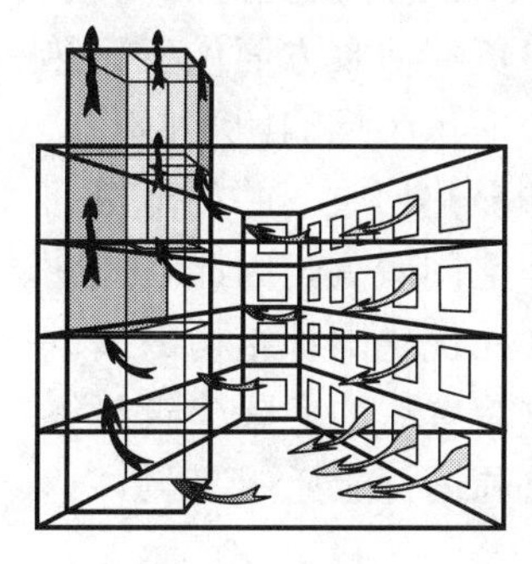

图5　自然通风

根据建筑结构形式及周围环境的特点，在电梯间旁边设置通风竖井，通风竖井采用全玻璃材料，并在井壁上设电动开启扇。此外，在建筑外立面合适部位设置开启扇，使得室外空气在热压及风压的作用下可顺畅地贯穿流过建筑。

通过流体网络法和热平衡模型，利用 CONTAMW 软件对建筑自然通风井进行了优化计算，得出建筑自然通风井尺寸及开窗面积，见表 6。

自然通风井及外立面开口面积　　表 6

	开口面积（m^2）
南立面开口面积（一～四层）	20
西立面开口面积（一～三层）	8
东立面开口面积（一～三层）	10
北立面开口面积（一～三层）	20
通风井开口面积	30

2. 排风热回收优化设计

主体建筑采用排风热回收技术对新风预处理，总预处理新风量 4 万 m^3/h。通过对两种不同热回收方案进行全年逐时负荷和能耗统计计算，得出最优的热回收方案，见表 7。

热回收两种方案节能率计算　　表 7

方案	全年最大热负荷指标（W/m^2）	全年最大冷负荷指标（W/m^2）	全年累计热负荷指标（kWh/m^2）	全年累计冷负荷指标（kWh/m^2）	系统全年累计耗电量指标（kWh/m^2）
参考建筑	115.13	103.57	59.40	76.99	39.05
显热回收	72.94	93.47	21.72	73.42	25.59
全热回收	82.62	76.58	30.73	69.89	27.72

对两种热回收方案进行比较可以发现，在全年节能效果上，全热回收方案反而不如显热回收方案，这是由于全热回收兼顾到湿负荷的回收，效率相对较低，且只在湿负荷回收方面优于显热回收。而在该建筑中，除湿负荷所占比例并不高，因此全年节能率反而不如显热回收，并且全热回收设备初投资较高，占用空间较大，因此在此建筑中采用显热回收装置。在优化围护结构的基础上，经计算采用显热回收装置后的实际建筑最终可比参照建筑减少采暖空调运行能耗 34.5%，达到节能 67.2%的标准。

在上述方案下，全年可比参考建筑节省采暖空调运行费用 34.5%，若取当地电价 0.95 元/kWh，则采取热回收后的实际建筑相对参考建筑每年可节省采暖空调运行费用为 86300 元。

3. 空调自控设计

由于采用了多项主动式绿色节能技术，该工程各系统的运行管理较常规系统复杂得多，因此对自动控制也提出了较高要求。特别是为保证空调通风系统的安全高效运转，必须合理配备楼宇自控系统，其主要控制内容如下：

(1) 中庭自然通风控制：根据作业时间及室外气象条件，适时开启通风窗，同时关闭新风机组。

(2) 制冷机房控制包括：冬夏季转换控制、日间运行模式转换控制、变频泵控制、备用泵切换、动力设备运行状态监测、供回水温度压力监测、冷热计量、系统定压补水、安全报警等。

(3) 空调机组及新风机组控制包括：新风机组送风温度控制、空调机组回风温度及新回风比控制、冬季加湿控制、启停控制、防冻保护报警、过滤器清洗报警、送风回风温湿度监测、水阀风阀开度监测、风机状态监测等。

(4) 风机盘管配电动两通阀及温控器。

六、设计体会

工程自 2009 年 7 月启用至今已有 4 年时间，各系统运行正常，使用效果良好。经过多次调研总结，有以下几点体会：

(1) 投资方与建设方对绿色建筑的建设起着决定性作用。目前，设计师对绿色建筑理念认同度较高，设计方案中往往提出或采用较多的绿色节能环保技术措施。但是，在施工阶段真正实施的措施较少或基本取消，真正达到《绿色建筑评价标准》的建筑更少，其根本原因是投资建设方的积极性不高，有时更与他们的利益出发点相违背（如资金投入问题，施工周期问题，维护管理问题等）。笔者认为这方面的问题已成为绿色建筑推广的瓶颈，需从国家政策层面及《绿色建筑评价标准》的合理性、可实施性等方面加以解决。《绿色建筑评价标准》正在修订过程中，望能在绿色建筑推广方面起到更大作用。

(2) 绿色建筑设计已远远超出了传统建筑设计范畴，除承担传统的建筑、结构、水、暖、电及经济等六专业的工作外，设计团队还需完成环境模拟、建筑能耗模拟、结构优化、空调采暖系统优化、照明系统优化等任务。另外，根据建筑及系统形式，进行建筑遮阳、自然通风、非传统能源利用、非传统水源利用等设计。因此，绿色建筑设计要靠以建筑设计院为主导，整合各专业化团队共同完成。该工程的成功，也正体现了项目组在这方面的优势，是北京清城华筑建筑设计研究院与清华大学建筑学院密切合作的典型案例。

（3）由于工程建于2009年，当时我国绿色建筑的建设还处于起步阶段，大多承担着示范性的功能，而今后更应强调建筑本身的实用性，从建设、使用、运行、维护等各个方面评估各项技术措施的可行性，使绿色建筑真正做到“全生命周期内”的“四节一环保”。通过回访调研了解到：该工程中所采取的被动式技术措施都发挥了很好的作用，特别是自然通风系统，得到了使用方的高度认可；主动式技术措施中，大部分系统运行效果良好，但同时也存在选型不合理及运行管理达不到要求等问题。据调查，管理人员对某些新节能技术及措施不甚了解，不仅未制定出全面的节能运行方案，而且造成节能设备的闲置及浪费，甚至错误的利用节能设施。因此，在制定绿色建筑实施方案时，设计人应把对物业管理的评估作为重要的影响因素加以考虑。

中国农业科学院哈尔滨兽医研究所SPF鸡胚生产厂房空调设计①

作者简介：
李侃，女，高级工程师，注册公用设备工程师。1988年毕业于包头钢铁学院暖通空调专业，学士，现在中国中元国际工程公司工作。主要代表性工程有：国家口蹄疫参考实验室、武汉国家生物安全实验室、北京市医疗器械检验所综合性医疗器械检验基地、大厂首钢机电有限公司建设项目等。

- 建设地点　哈尔滨市
- 设计时间　2006年9月～2007年9月
- 竣工日期　2009年3月
- 设计单位　中国中元国际工程公司
  [100089] 北京市海淀区西三环北路5号
- 主要设计人　李侃　刘培源　周权　李著萱
- 本文执笔人　李侃
- 获奖等级　工业建筑类一等奖

一、工程概况

SPF鸡胚生产设施建设项目坐落于哈尔滨市南郊中国农业科学院哈尔滨兽医研究所新址场地内。总建筑面积8591m²。其中SPF鸡胚生产厂房约6000m²，地上二层，局部地下一层。年生产合格的SPF鸡胚333万枚。

SPF鸡胚是作为新型禽流感疫苗生产的主要原材料，对防控禽流感疫情具有重要的意义。该项目就是筹建新型禽流感疫苗生产线的前期配套项目。

二、工程设计特点

SPF鸡胚生产厂房共3个工作区域，分别是：二层的保种区域、一层的生产区域和地下一层的除粪区域等。

保种区域包括种蛋库、孵化器室、育雏室、保种室等；生产区域包括SPF种蛋保存运输、孵化器室、育雏育成室、蛋鸡室等；除粪区域是半机械化除粪。

上述保种区域和生产区域的环境洁净度等级除隔离器环境为6级以外，其他区域均为7级正压环境；室内温度要求22～34℃定时调节；室内相对湿度要求控制在40%～70%。在一个生产周期内必须保证连续稳定的环境参数。具体环境参数节选如表1～表3所示。

一层蛋鸡室室内空调设计参数　表1

房间名称	洁净度	最小换气次数（次/h）	相对于大气的最小压差（Pa）	干球温度（℃）	相对湿度（%）
蛋库	7	17	+50	16±2	40～70
隔离观察	7	17	+20	18～27	40～70
三更	7	17	+50	18～27	40～70
缓冲	7	17	+40	18～27	40～70
蛋鸡室	7	17	+50	18～24	40～70
清洗间	7	17	+35	18～27	40～70
后室	7	15	+35	18～27	40～70
缓冲	7	17	+20	18～27	40～70

一层育雏育成室内空调设计参数　表2

房间名称	洁净度	最小换气次数（次/h）	相对于大气的最小压差（Pa）	干球温度（℃）	相对湿度（%）
饲料暂存	7	15	+50	18～34	40～70
前室	7	17	+40	18～34	40～70
育雏育成室	7	17	+50	18～34可调	40～70
清洗间	7	17	+40	18～34	40～70
后室	7	17	+50	18～34	40～70

① 编者注：该工程主要设计图纸参见随书光盘。

二层孵化室室内空调设计参数　表3

房间名称	洁净度	最小换气次数（次/h）	相对于大气的最小压差（Pa）	干球温度（℃）	相对湿度（%）
走廊	7	15	+40	18～27	40～70
清洗室	7	17	+30	18～27	40～70
拣雏室	7	17	+25	22～34	40～70
出雏室	7	17	+25	22～34	40～70
孵化落盘室	7	17	+40	20～26	40～70
码蛋室	7	17	+30	18～27	40～70
储蛋室	7	15	+15	16±2	40～70
熏蛋室	7	17	+15	18～27	40～70
后室	7	17	+20	18～27	40～70

该厂房的净化空调面积约5520m²。在如此大的净化区域内大规模饲养SPF鸡，生产SPF级鸡胚，国内尚无先例，并且项目的资金紧张，对空调设计提出了更高的要求。本设计主要通过空调系统的合理划分、布置与净化环境匹配的气流组织形式、最佳的空调设备的配置、以热源适应特殊需求空调末端为先导等方面进行了合理的设计并取得了显著效果。

三、空调系统的划分

空调系统均采用全空气系统，动物房主要以全新风直流空调方式为主。总处理风量255630m³/h。

结合工艺生产特点，考虑房间使用功能、洁净度等级、同时使用时间、压差防护分区要求、避免交叉感染等因素来划分空调控制区域。在划分空调分区过程中，需要分析空调控制区域内的使用特点，尽量将能够回风的环境区域与必须需要全新风直流系统的环境区域剥离开来，以便能够最大限度地低能耗运行。该厂房共划分18套空调系统，其中包括13套全新风直流净化空调系统；2套全空气净化（新风比≥15%新风）空调系统；3套全新风直流非净化空调系统，空调系统划分参见表4。

工艺性空调系统的划分表　表4

系统划分编号	被控房间名称或区域	空调送风量（m³/h）	空调方式	气流组织	设备备用
XJK-1～8	育雏育成室	12364	全新风直流净化空调（配显热回收）	上送下回	5用3备
XJK-9～16	蛋鸡室	29120	全新风直流净化空调（配显热回收）	上送下回	4用2备
JK-15～JK-17	保种室内隔离器	7290	全新风直流净化空调（配显热回收）	接保种室隔离器	2用1备
JK-18	一层孵化间	10850	全新风直流净化空调（配显热回收）	上送上回	不备用
JK-19	二层孵化间	7900	全新风直流净化空调（配显热回收）	上送上回	不备用
JK-1	一层育雏育成室	18600	全空气净化空调	上送上回	不备用
JK-2	一层蛋鸡室入口	10000	全空气净化空调	上送上回	不备用
K-1	二层保种室入口	4300	全新风直流非净化空调	上送上回	不备用
K-2～3	二层保种室	18800	全新风直流非净化空调	上送上回	不备用

四、净化区域气流组织设计

空调设计气流组织采用上送下回（排）方式。高效送风口布置在饲养空间的鸡头上方，排风口设在笼架后方污染较严重的部位，并与建筑结构柱结合成一体，配置成侧壁下排风口。经测试，房间换气次数控制在15～17次/h之间时，房间的洁净度能够达到7级，说明此气流组织设计是非常有效的。风口布置见图1～图3。

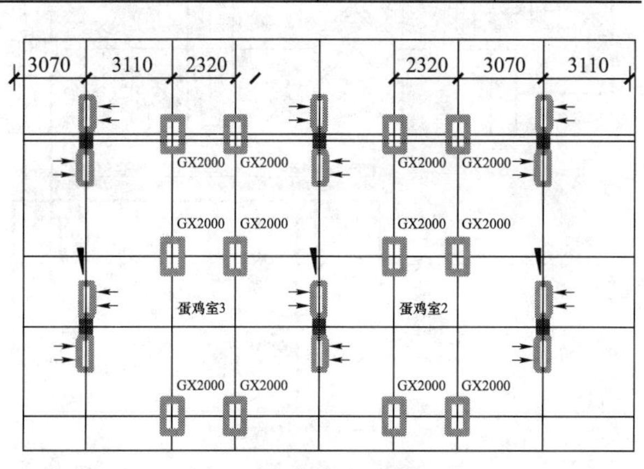

图1　蛋鸡室风口布置图

图 2　蛋鸡室送风口现场照片

图 3　蛋鸡室排风口现场照片

五、采用一机双备的空调机组备用方案

从种蛋到成鸡再到鸡胚的生产过程中，每一个生产环节严格要求恒温恒湿的净化空调稳定运行，故对应服务的空调机组必须作备用。

为了节约空调机房的有限空间，减少投资成本，本设计结合生产工艺各个环节的特点及生产程序，采用一机双备空调机组的方案。

一机双备空调机组的方案是一套机组为两个区域备用，针对的这两个区域生产环境参数相当，同时使用情况不定，控制风量相当，空调系统同时故障停机可能性小。采用一套机组为两套系统备用，虽然不是100%的可靠，但综合稳定性合理安全，且大大降低了投资成本。

为了提高系统可靠性，自控配置了可靠的备用切换模式，运行中得到了可靠认证。系统配置见图 4。

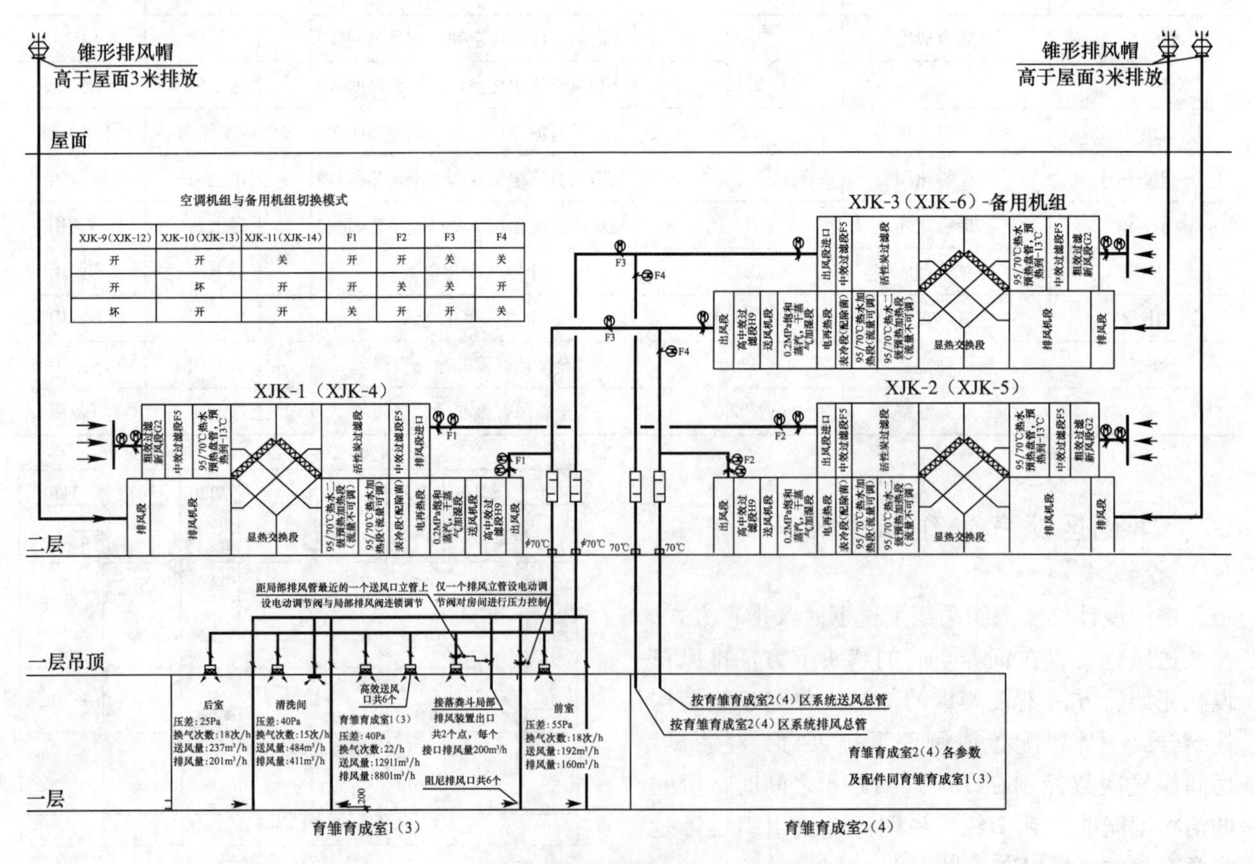

空调机组与备用机组切换模式

XJK-9（XJK-12）	XJK-10（XJK-13）	XJK-11（XJK-14）	F1	F2	F3	F4
开	开	关	开	开	关	关
开	坏	开	开	关	关	开
坏	开	开	关	开	开	关

图 4　一机双备空调机组原理图

六、采用能量回收装置的空调机组设备选型

为了合理降低运行成本，本设计首次在动物房大量采用板式能量回收装置。

该项目全新风直流空调系统的总处理风量211630m³/h，经初步计算，如果将－13℃的新风加热到10℃，加热负荷1640kW，而采用了该能量回收装置后，则能将－13℃的新风提高到2.7℃，上述风量下的回收能量达1120kW。

能安全稳定地回收大量的空调排风，板式能量回收机组是显热能量回收机组中回收效率最高的产品，且系统设计中配置了对应的安全防冻措施，达到了很好的回收效果。

七、全新风直流净化空调系统的防冻措施

哈尔滨地区空调室外设计温度－29℃，全新风直流系统的加热盘管防冻是一个很大问题，尤其是对于如此大面积、大风量（新风量29120～7290m³/h）的空调设备，瞬间对加热盘管冷冲击很大，如果出现盘管内水流瞬间停滞，－29℃的极低室外风马上就会将盘管冻结，相应的净化空调机组漏水停机，影响鸡胚生产，甚至会影响整个生产链，造成重大损失。

该项目空调热源来自本建筑内的换热站，供/回水温度95℃/70℃。为了解决防冻问题，要求热源提供两路：一路为冬季室外温度低于－13℃时提供不间断定流量热水，此路供水温度根据室外温度调节；第二路提供全年可调流量的热水，保证空调房间内的温度精度要求，并且要求在夏季和过渡季时也能及时提供。

第一路定流量不间断流是保证加热盘管处于长流水、定流量、不间断流。设计计算是以－29℃作为室外设计温度基数，当室外温度高于此温度时，可以根据盘管出风温度调节供回水温度，保证送风温度的稳定；如果遇到极端过冷天气，室外温度低于－29℃时，减少新风量，开启备用机组，采用双机组共同承担措施。

第二路全年可调流量的热水是保证送风温度的稳定，可以通过质调节和量调节共同完成。

在全新风空调机组选配上，采用三级加热盘管：第一级为定流量宽排管，将室外新风加热到－13℃，配合热媒为第一路系统；第二级为定流量宽排管，将能量回收后的2.7℃新风加热到10℃的盘管，盘管配置为定流量系统，该盘管也是保证能量回收装置效率降低后的防冻措施保证，热媒为第二路系统；第三级为变流量可调温盘管，是对送风温度的精调配置，也是保证某些生产区（如保种区、育雏区、孵化区等）全年性恒温供热环境的需要，热媒为第二路系统。

八、消防排烟设计

大空间的鸡胚生产厂房为丙类火灾危险性厂房，该厂房既需稳定的温湿度、洁净度要求，还需保证厂房的消防排烟措施。设计根据空调系统划分防烟分区，采用密闭常闭型消防排烟风口，且风口设置在不影响生产且满足消防要求的位置。消防联动措施为：当火灾发生时，70℃防火阀动作联锁对应空调送排风机停止。消防控制中心根据着火区域开启排烟风口及排烟风机，待确认人员完全撤离后或280℃防火阀熔断后关闭排烟风机。

成都生物制品研究所乙脑减毒活疫苗生产线技术改造项目乙脑疫苗生产车间①

- 建设地点 成都市
- 设计时间 2006年10月～2007年3月
- 竣工日期 2009年9月
- 设计单位 信息产业电子第十一设计研究院科技工程股份有限公司
  [610021] 成都市双林路251号
- 主要设计人 李波 刘嘉
- 本文执笔人 李波
- 获奖等级 工业建筑类一等奖

作者简介：

李波，男，1972年5月生，高级工程师，生物工程院副院长，现在信息产业电子第十一设计研究院科技工程股份有限公司工作。主要设计代表作品：IBM上海东方项目、拜耳（四川）动物保健品有限公司、南京梅里亚动物保健品有限公司、贝朗医疗（苏州）有限公司大输液项目、勃林格英格翰动物江苏疫苗项目、深圳北大生物谷、哈尔滨派斯菲科生物制品有限公司等。

一、工程概况

该项目是成都生物制品研究所与PATH（美国适宜卫生科技组织）合作，采用成都生物制品研究所拥有自主知识产权的乙脑减毒活疫苗生产技术，对现有年产1000万人份的乙脑减毒活疫苗生产线进行技术改造，建设年产5000万人份、符合WHO cGMP标准的乙脑减毒活疫苗生产线，产品全部由美国盖茨基金会收购，用于世界各地的慈善事业。生产车间共3层，总建筑面积12303m²。一层用于地鼠处理、包装及成品库、原料库，二层用于配苗、分装、冻干及质检，三层用于细胞培养、病毒培养及抗原纯化。在车间的一、二层分别设有空调机房，放置组合式空调机组。空调冷热源接自成都生物所现有的集中冷冻站和锅炉房。

二、设计参数要求

1. 温湿度

常规生产区：夏季24±2℃，冬季20±2℃，相对湿度55±10%；

温室：36.5±1℃；

无菌试验孵化室：30～35℃。

2. 洁净度

清洗等辅助区：D级（相当于静态ISO8级）；

产品密闭操作区：C级（相当于静态ISO7级，动态ISO8级）；

产品暴露操作区：B级（相当于静态ISO5级）背景下的A级（相当于动态ISO5级）。

3. 压力

产品密闭操作区及辅助区：正压，压力梯度10～15Pa；

产品暴露操作区：相对负压（即该区域相对于室外是正压，但相对于连通的非产品操作区为负压），压力梯度－10～－15Pa；

4. 菌落数

在A级区内，浮游菌和沉降菌均要求0检出；

在B级区内，浮游菌＜10cfu/m³，沉降菌＜5cfu/4h；

在C级区内，浮游菌＜100cfu/m³，沉降

① 编者注：该工程主要设计图纸参见随书光盘。

菌<50cfu/4h；

在D级区内，浮游菌<200cfu/m³，沉降菌<100cfu/4h。

5. 生物安全

除了防止产品受到外界的污染，也要防止生产过程中使用的乙脑病毒对操作人员和外界环境造成感染。

生产各工序之间要防止交叉污染，空调系统要严格分开，并要定期对生产房间和空调系统风管进行消毒处理。

综上可以看出，该项目对温湿度的要求不算很高，除了温室要求±1℃的温度精度外，其他区域的温度精度可达±2℃，湿度精度可达±10%。但是该项目对洁净度、菌落数以及生物安全的要求非常高。

三、项目设计特点

1. 项目本身的等级很高

该项目属于医药工程的生物疫苗类。医药工程有专门的GMP规范（药品生产质量管理规范），对洁净室的要求与常规洁净室相比，有很大的不同。疫苗产品由于是直接注射入人体的静脉里，因此对产品的安全性要求很高，不能有任何的细菌及杂质的污染。同时，疫苗产品本身就是活的病毒或者细菌，不能通过对产品最终杀菌的方式来达到无菌，因此要求整个生产过程完全受控，每一个环节都不能受细菌污染。在GMP上，疫苗产品归类为“非最终灭菌的无菌制品”，是医药工程中类别最高，要求最严的级别。

2. 项目要满足WHO的认证要求

该项目的产品全部出口，因此要求达到世界卫生组织（WHO）的标准。由于第1条的原因，发达国家对生物制品的GMP要求是非常严格的。

3. 项目建筑规模不大，但布局复杂

对于生物制品来讲，由于其产品本身的特性（产品本身体积很小；产品非日常用品，而是具有特殊用途的物品），因此其生产车间的总体建筑规模不可能像其他行业那么大。但是，由于GMP的要求，房间的数量非常多，布局非常复杂。这直接导致了空调管道的布置非常繁杂。

4. 项目有生物安全的要求

该项目生产过程中需采用乙脑病毒作为生产用毒种，虽然这些病毒都是经过特殊的减毒处理，对人员的致病危险性得以大大降低，但是仍然需要对其进行控制，防止病毒对操作人员造成伤害，也要防止其扩散到外部环境中去。

四、设计技术措施

该项目除了A级洁净区外，其余区域全部采用全空气集中空调系统。A级洁净区采用集中空调大循环系统加FFU（高效过滤风机单元）小循环系统组合的方式，在A级区设置满布FFU，其优点是能够在处理温湿度、洁净度的同时，节省机房面积和运行能耗，缺点是设备较多，控制较为复杂。

为防止交叉污染，每一个工艺操作区域均设置完全独立的空调净化系统，共有11套洁净空调系统和4套舒适性空调系统。各系统的风量、冷热量等参数详见计算表。

在各层空调机房内集中设置组合式空气处理机组。对于洁净室系统，空调机组的功能段包括：粗效过滤器（G4）、中效过滤器（F8）、冷盘管、热盘管、干蒸汽加湿器、送风机、高效过滤器（H13）。舒适性空调系统的处理机组不设高效过滤器和干蒸汽加湿器。这里对洁净空调系统采用H13级别的高效过滤器作为预过滤器，可以大大延长末级高效过滤器的使用寿命，减少项目运行过程中由于更换高效过滤器而进行的认证时间和费用，缺点是增加了投资成本和运行电耗。考虑到本项目需要国际认证，这样做是完全值得的。

（1）C级以上洁净空调系统的送风末端采用U15超高效过滤器。

（2）洁净室换气次数：D级区≥20次/h，C级区≥30次/h，B级区≥60次/h，A级区层流风速≥0.45m/s。

（3）所有活病毒的操作均设置生物安全柜。所有从活病毒操作区排出来的空气都要经过H14级别的高效过滤器过滤之后再排出室外，以保证操作人员和环境的生物安全。排风高效过滤器设置更换消毒装置，在更换过滤器之前需先对其进行消毒处理。

（4）所有洁净室送回风均采用压力无关型定风量阀，在风管内压力波动时，能保证送入和排出房间的风量保持恒定，以保证房间内的压差稳定。

(5) 舒适性空调区气流组织采用上送上回。洁净区的气流组织均采用上送下侧回。对于A级洁净区，要求是层流的气流方式，按理应该采用地板下设回风技术夹层的方式，在地面设孔板透风，才能保证垂直层流。但这样一来，下夹层及地面孔板内容易积尘并繁殖细菌，又不易清理，这与GMP的理念相违背。综合考虑，仍采用下侧面回风的方式，满足GMP要求。缺点就是气流流线会有偏斜，破坏层流效果。经过实践测试，尘埃粒子及菌落数仍然完全满足工艺要求。

(6) 为了避免交叉污染，不采用新风集中处理再分配给各循环系统的方式，而是各循环系统单独处理新风。这样的缺点是新风温湿度处理起来相对复杂，而且过渡季节温度不高而湿度较高时需要再热。设计中采用二次回风的处理方式，通过计算，将一部分回风接至表冷盘管之后，尽可能避免再热导致的能源浪费。

(7) 各个净化空调系统均设置气体消毒模式，以定期对房间及风管系统内进行消毒灭菌。消毒剂采用臭氧。消毒时，关闭空调系统所有新风阀、排风阀，由臭氧发生器向空调风系统内鼓入臭氧，送风机循环进行消毒。消毒完毕后开启新、排风阀门和送、排风机，关闭回风电动风阀，待室内异味消除完毕后，恢复正常工作。

(8) 夏季空调冷负荷1766kW，冷源采用7～12℃冷水，由公司已建成的集中空调冷冻站供应。

(9) 冬季空调热负荷793kW，加湿量336kg/h。空调加热及加湿采用蒸汽，由公司现有锅炉房提供。温室及孵化室的热源采用电热，并带可控硅无级调节，以便精确控制房间温度。

净化系统原理如图1所示。

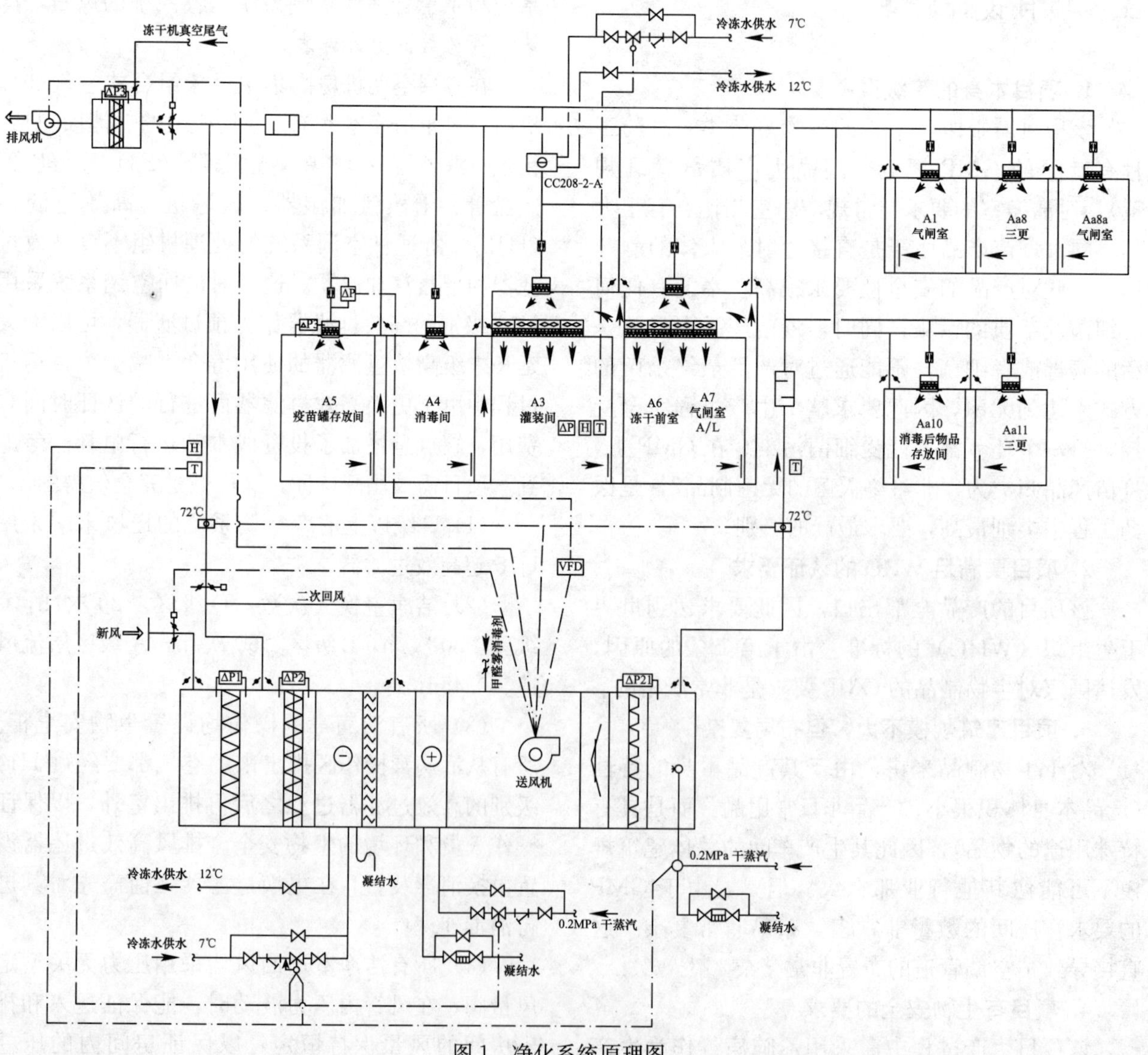

图1　净化系统原理图

五、自动控制

1. 温湿度控制

夏季：调节表冷盘管电动双通阀的开度以控制室内温、湿度。湿度优先。

冬季：调节热水盘管电动二通阀的开度以控制室内温度；控制电动干蒸汽加湿器的开度以控制室内湿度。

过渡季节：调节表冷盘管电动二通阀的开度以控制室内温、湿度。湿度优先。如果因为控制湿度而使室内温度过低，调节蒸汽加热器电动二通阀的开度以控制室内温度。

2. 压力控制

在送风管上设置压力无关型定风量阀，从而恒定房间的风量以控制房间压力。

3. 过滤器设压差报警

各级过滤器的报警压力值为：

粗效过滤器：120Pa，中效过滤器：250Pa，高效过滤器：500Pa，超高效过滤器：500Pa。

4. 防火阀关闭时系统停止运行

5. 根据送风管上的定风量阀前后的压差调节送风机变频器，保持压差稳定在80Pa

6. 排风机EXH208-1-A7作为系统排风机，与送风机连锁

7. 正常运行时新风电动阀与送风机连锁，排风电动阀与排风机连锁

8. 检测并显示送风管和重要房间的温湿度

9. 开关机顺序

开机：新风、系统排风电动风阀—送风机—系统排风机。

关机顺序相反。

10. 系统消毒控制

正常运行时，新、回风电动风阀、送风机、排风电动风阀和排风机均开启。

消毒时，关闭新、排风电动风阀和排风机，回风电动风阀保持开启，在空调器回风段内放置消毒剂，送风机循环并进行消毒；消毒完毕后，开启新风电动风阀、送风机、排风机及排风电动风阀，关闭回风电动风阀，排出残余消毒气体后，系统恢复正常运行。

六、心得体会

（1）该项目是国内按照WHO的认证标准，首家设计建造的生物制品厂房，具有优秀的产业背景和技术的先进性，是国家“十二五”规划重点倡导发展的产业。

（2）该项目在洁净室方面具有特别的要求，除了常规洁净室的微粒的限制外，还具有细菌限制要求和生物安全要求。

（3）在空调系统设计方面表现有突出的技术功底和成绩。

润华环球大厦①

作者简介：

李传胜，男，高级工程师，1992年毕业于上海城市建设学院暖通空调专业，大学本科，现在华东建筑设计研究院有限公司工作。主要设计代表作品有：苏州润华环球大厦、无锡红豆国际广场、天山世纪广场、太仓国际大酒店、青岛海信田家宅住宅小区、长发大厦、河南广播大厦、南汇电信大楼、京银大厦、上海新金桥大厦等。

- 建设地点　苏州市
- 设计时间　2007年1月～2009年9月
- 竣工日期　2010年9月8日

- 设计单位　华东建筑设计研究院有限公司
  [200002] 上海市汉口路151号
- 主要设计人　李传胜　蒋小易　苏夺
- 本文执笔人　李传胜

- 获奖等级　民用建筑类二等奖

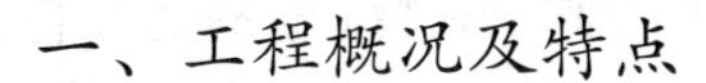

一、工程概况及特点

项目位于苏州工业园区商务商业文化区，南临苏惠路，北临相门塘，东临星海街，西临星桂街，周围交通便利。基地占地面积14896m²。超高层主楼为两栋。办公主楼44层高188.50m，水平分隔为办公和酒店式公寓。公寓主楼49层高175.08m。商场裙房4层高22.5m。地下3层14.1m为停车库及设备机房。该项目是集购物、饮食的大型商厦和甲级办公楼及酒店式公寓为一体的综合房产开发项目。

二、设计参数及空调冷热负荷

1. 室外设计参数（见表1）

室外设计参数　　表1

夏季空调计算干球温度	34℃
夏季空调计算湿球温度	28.2℃
冬季空调计算干球温度	−4℃
冬季空调计算相对湿度	75%
冬季采暖计算干球温度	−2℃
夏季通风计算干球温度	32℃
冬季通风计算干球温度	3℃
夏季计算平均风速	3.2m/s
冬季计算平均风速	3.1m/s

2. 室内设计参数（见表2）

室内设计参数　　表2

参数 区域	夏季		冬季		噪声[dB(A)]	新风量[m³/(h·p)]
	干球温度（℃）	相对湿度RH	干球温度（℃）	相对湿度RH		
一般房间	25	65%	20	30%	55	30
大堂、过厅	28	65%	18	30%	55	30

① 编者注：该工程主要设计图纸参见随书光盘。

3. 室内通风换气次数（见表3）

室内通风换气次数　　表3

配电间	8次/h
变压器室	按发热量计算
水泵房	6次/h
库房等	6次/h
地下汽车库	6次/h（兼排烟系统）
自行车库	4次/h

4. 空调冷、热负荷

该工程由商场、产权式酒店、办公、公共部分等及其辅助用房组成。根据计算，空调冷、热负荷汇总如表4所示。

空调冷、热负荷　　表4

房间	夏季空调冷负荷（kW）	冬季空调热负荷（kW）
商场部分	4616	3250
产权式酒店下部	1094	737
产权式酒店中部	1134	767
产权式酒店上部	1410	1011
A楼下部	2392	1689
办公中部	3044	2150
A楼上部	1776	1222

三、空调冷热源及设备选择

根据业主要求，商场采用集中空调系统。办公和产权式酒店部分采用分体式水环热泵空调系统。

商场部分：空调冷源选择制冷量1934kW离心式冷水机组2台，相应冷冻水泵为二用一备，870kW螺杆机组一台，相应冷冻水泵为一用一备，制得6～12℃的冷水，这些设备设置在大楼的地下机房。1744kW热水锅炉2台用于商场。设置在大楼的地下机房。

冬季由热水锅炉提供50～60℃的空调用热水、夏季由冷水机组向大厦提供6～12℃的冷水进行空调。

热交换器和冷水机组根据空调系统内外分区，空调水系统设置一次泵的四管制系统，空调末端装置用四管制供冷、供热。

办公和产权式酒店部分采用分体式水环热泵空调系统。以技术层为界冷却水系统上下分区。商场冷水一次泵定频、商场热水泵变频。

四、空调系统形式

商场等部分：商场、大堂等公共部分大空间的区域冬、夏季采用一次送、回风低速全空气双风机空调系统和空气—空气全热交换器，送回风口形式可结合装修二次进行设计，需要排风的区域结合卫生间排风或独立设置机械排风系统。

办公部分：办公等采用分体式水环热泵空调系统，新风采用新风工况的水环热泵空调系统。可结合卫生间排风或空调系统进行设置机械排风系统。

产权式酒店部分：产权式酒店客房采用分体式水环热泵空调系统，新风采用新风工况的水环热泵空调系统。可结合卫生间排风或空调系统进行设置机械排风系统。

五、通风、防排烟及空调自控设计

地下汽车库设置机械送、排风系统。地下室变配电间、水泵房等机电设备用房设机械送、排风系统。其他需要通风的区域按照要求设置机械送、排风系统。根据大楼实际状况结合国家消防规范进行防排烟设计。防烟楼梯间、前室、消防电梯前室采用机械加压送风系统或利用可开启外窗的方式进行自然防排烟。长度超过20m的内走道设置机械排烟系统。地下室停车库设置机械排烟系统。

高度超过12m的中庭设置机械排烟系统。根据该工程的特点和功能，结合大楼自动化管理系统，各区域的空调系统采用就地和远程监控相结合的方式。

设置空调自控主要是为了达到节省能源，减少运行费用，方便监管，优化空调效果的目的。大楼自动化控制采用就地和集中控制相结合的方案，空调自控总监控室可以集中设置，便于监控和管理。

六、设计体会

（1）绿色、节能技术措施；一次送、回风低速全空气双风机空调系统和空气—空气全热交换器。

（2）新材料、新技术的应用；采用分体式水环热泵空调系统利用房间余热，分体机减少机组噪声。

（3）屋顶冷却塔防止进排风短路。

河南三门峡市中心医院新住院大楼①

- 建设地点　三门峡市
- 设计时间　2008年8月～2009年1月
- 竣工日期　2010年12月
- 设计单位　悉地国际设计顾问（深圳）有限公司
  [518048] 深圳市南山区科技中二路
  19号劲嘉科技大厦
- 主要设计人　陈萍　赵丽英　曹原　丁瑞星　付络莎
- 本文执笔人　陈萍
- 获奖等级　民用建筑类二等奖

作者简介：

陈萍，女，1964年11月生，教授级高级工程师，总工程师，1987年7月毕业于上海同济大学供热通风与空调工程专业，本科。现在悉地国际设计顾问（深圳）有限公司工作。主要设计代表作有：深圳市卓越时代广场、深圳市委党校新校园、深圳市公安局指挥中心大楼、滁州市第二人民医院新院、广医附院新楼、广东省人民医院、郑州大学附院、深圳福田医院外科大楼等。

一、工程概况

河南省三门峡市中心医院位于湖滨区崤山路中段，是一所集医疗、教学、科研等多种功能为一体的“二级甲等”医院。该工程为中心医院新住院大楼，总建筑面积47622.68m²，其中空调面积约43186m²，包括手术室及辅助用房面积4146m²，总建筑高度99.75m，共计地下2层，地上26层。总床位数800床。使用功能包括：大堂、办公、中心供应、ICU病房、中心手术室、病房及各设备用房等。

该项目投入使用已经两年多时间，运行状况良好。

二、工程设计特点

采用可再生能源进行能源整合：因地制宜利用项目所在地域资源优势（地下水丰富，且回灌条件较好），采用水源热泵系统，同时空调主机采用全热回收，在空调制冷的同时提供卫生热水热源。取消了原有锅炉房，整个院区变得干净没有污染。

新技术的应用：采用温湿度独立控制空调系统，温、湿分控实现了末端干工况运行，通过溶液除尘灭菌，使医院室内空气品质得到提升。同时，该系统可单独作为过渡季节的冷、热源和新风系统，医院可以根据科室需求灵活启停。为医

① 编者注：该工程主要设计图纸参见随书光盘。

注：原“中建国际（深圳）设计顾问有限公司”现更名为：“悉地国际设计顾问（深圳）有限公司”。

院实现行为节能管理提供了条件。

综合造价较低：通过合理的系统整合，为医院量身打造了一个既节能又满足医院特殊卫生要求的空调系统。而该系统的综合造价并不像大家想象的很高。经过经济技术比较，造价比常规电制冷系统高8%～10%，但每年节约50%电费及燃油费，多的投资不到3年就可以回收。

节能、系统使用灵活、空调及卫生热水系统有效整合、减少设备环节、综合能效比提高是该项目的主要特点。

三、设计参数及空调冷热负荷

1. 设计参数

(1) 室外计算参数（见表1）

室外计算参数　　表1

计算参数	夏季	冬季	计算参数	夏季	冬季
大气压力(hPa)	958.3	976.9	空调计算湿球温度(℃)	25.9	—
空调计算干球温度(℃)	35.2	−7.0	室外风速(m/s)	2.9	2.8
相对湿度(%)	59	53	主导风向	ESE	C/ES
通风计算温度(℃)	30.3	−1.0	—	—	—

(2) 室内设计参数（见表2）

室内设计参数　　表2

场所	夏季室内温度(℃)	夏季相对湿度(%)	冬季室内温度(℃)	冬季相对湿度(%)	新风量[m³/(h·p)]	噪声水平(NC)
办公室	24～27	55	18～20	—	30	45
等候区	26～28	55	16～20	—	40	45
检查、诊室	25～27	55	18～22	≤60	40	45
治疗	25～27	55	18～22	≤60	40	45
更衣	25～27	55	22	—	30	45
大堂、门厅	25～27	55	16～20	—	15	45
病房	25～27	55	18～22	≤55	60	35
VIP病房	25～27	55	18～22	≤55	70	35
ICU	24.5±1.5	55±10	24.5±1.5	55±10	60～80	40
手术室	24.5±1.5	55±10	24.5±1.5	55±10	60～80	40
药房	25～27	55	18～20	≤60	40	45

(3) 人员计算密度（见表3）

人员计算密度　　表3

场所	密度(m²/人)	场所	密度(m²/人)
办公室	5.0	病房	2人/间
等候区	3.0	VIP病房	1人/间
检查、诊室	5.0	ICU	15
治疗	4.0	手术室	8人/间
更衣	3.0	药房	15
大堂、门厅	10	—	—

(4) 通风要求（见表4）

通风要求　　表4

房间名称	排风换气次数(次/h)	送风换气次数(次/h)	房间名称	排风换气次数(次/h)	送风换气次数(次/h)
地下停车场	6	5	电梯机房	15	—
制冷机房、水泵房	6	85%排风	发电机房	平时通风5	5
配电室	按计算量	85%排风	公共卫生间	10～15	—
变压器室	按计算量	85%排风	正压制氧站房	60	自然进风
库房、工具间	6	5	负压站房	15	85%排风

2. 冷热负荷统计

通过逐时逐项负荷计算，病房楼总冷负荷为5213kW，其中室内显热负荷为3850kW，新风及潜热负荷为1358kW。总热负荷为3117kW，其中室内热负荷为1050kW，新风热负荷为2067kW。卫生热水要求1500kW（出水温度60℃）。

四、空调冷热源及设备选择

1. 冷热源及设备选择

经过多方案比选后确定，选择利用当地有丰富的地下水资源的优势，采用了环保节能、系统稳定可靠、运行费用低的带热回收水源热泵机组作为空调系统的主要冷热源。选用3台水源热泵机组，其中两台为全部热回收机组，夏季制冷的同时回收冷凝热量制取卫生热水（60℃）。冬季为纯制热工况，用于采暖并制取卫生热水，两台热回收机组作为卫生热水热源可互为备用，每台制冷量 3481kW，制热量 1510kW，热回收量 1949kW。另外设一台无热回收的普通水源热泵机组，夏天供冷，冬天供暖，机组制冷量 866kW，制热量 872kW。夏季选用三台 400m^3/h 卧式端吸离心泵（二用一备），两台 165m^3/h 卧式端吸离心泵（一用一备），冬季选用两台 300m^3/h 卧式端吸离心泵（一用一备），两台 165m^3/h 卧式端吸离心泵（一用一备）。主机房设于地下二层，空调水系统设计详见系系统原理流程图。建筑负荷及主机配置见表 5。

建筑负荷及主机配置　　　　表 5

季节	负荷内容	负荷量（kW）	主机运行情况
夏季	夏季机组总制冷量	3828（3481×2＋866）	两台热回收工况主机，一台制冷工况主机共同提供（进/出水温度 15℃/20℃）
	夏季机组供热回收量	3898（1949×2）	两台热回收工况主机供卫生热水，互为备用，出水温度 60℃
	夏季室内空调最大需冷量	3850（不含新风）	三台主机都开
	夏季新风负荷	1358	溶液热泵新风热交换机提供
	卫生热水负荷	1500	两台热回收工况主机供卫生热水，互为备用
冬季	冬季机组总制热量	3892（1510×2＋872）	两台热回收工况主机，一台制冷工况主机提供，互为备用。空调供热进/出水温度 45℃/55℃，卫生热水出水温度 60℃
	冬季空调热负荷（不含新风）	1050	
	卫生热水负荷	1500	

2. 水源热泵系统的设计

该项目水源热泵系统需要的井水总流量为：夏季 333.2m^3/h，其中井水的进/出水温度为 15℃/30℃；冬季 253.2m^3/h，其中井水的进/出水温度为 15℃/6℃。采用大温差井水系统可减少系统水流量，从而减少水井的数量、减少水泵功耗、节省管道材料。水井管材采用钢管制作。根据当地提供的项目用地实地勘察数据，每口井出水 50m^3/h，回水 25m^3/h，共计打 21 口井，其中 7 口出水井、14 口回水井，并且出水井与回水井可交换使用。每口井深 100m，直径 300mm。井间距最小 25m，依用地场地布局。井水进入主机前设置了全程水处理器进行去除沙石等杂质、防垢以及杀菌灭藻等水处理装置，并且结合水源热泵主机的特点，在电气控制中对水井潜水泵采用变频控制，继续加大温差减低水流量，同时可根据实际使用负荷对地下水量进行调节，进一步节约运行费用。

3. 卫生热水保证情况

水源热泵热回收机组的使用模式有三种：

（1）制冷＋热回收模式（夏天）；（2）纯热水模式（过渡季节）；（3）制热＋热回收（热水优先）模式（冬季）。

模式 1：夏季，室内空调制冷，余热回收，热回收量 1976kW。在室内空调使用率很低的情况下，如果热回收量不能满足热水量的使用，机组变为热水模式，由机房操作人员切换机房阀门来实现生产热水的目的。

模式 2：过渡季节采用纯热水模式，且有两台机组可供使用，制热量足以满足生活热水的需要。

模式 3：冬季为热水优先模式，该模式在保证热水水温的情况下，自动切换为制热（空调）模式，单台（共两台）机组制热量为 1510kW（见技术参数表），而冬季热水热负荷为 1500kW，足以满足热水的使用要求。

五、空调系统形式

1. 空调末端系统形式及水系统设计

末端系统采用温湿度独立控制的热泵式溶液调湿全热交换新风机组＋室内干式风机盘管的形式，由热泵式溶液调湿新风热交换机组对新风进行独立除湿、降温，新风机承担室内湿负荷及部分室内显热负荷，同时承担去除室内 CO_2 和异味的任务，以保证室内空气质量。新风机过渡季节可以在需要的场所灵活开启使用，达到节能的目的。

由于采用了溶液调湿新风系统，房间的湿负荷全部由新风机组处理后的干燥新风负担，室内风机盘管仅需处理室内显热负荷。采用干式风机盘管（简称“干盘管”），水系统供/回水温度为 15℃/20℃。由于室内设计参数为 25℃、相对湿度为 55%，对应的空气露点温度为 15.3℃，经计算冷水输送过程的沿程温升和水泵的温升约为0.35℃，采用15℃/20℃的高温冷冻水，风机盘管应为干工况运行，这就杜绝了因潮湿环境（表冷器表面）引起的细菌滋生问题，不会产生二次污染。末端设计流程图如图1所示。

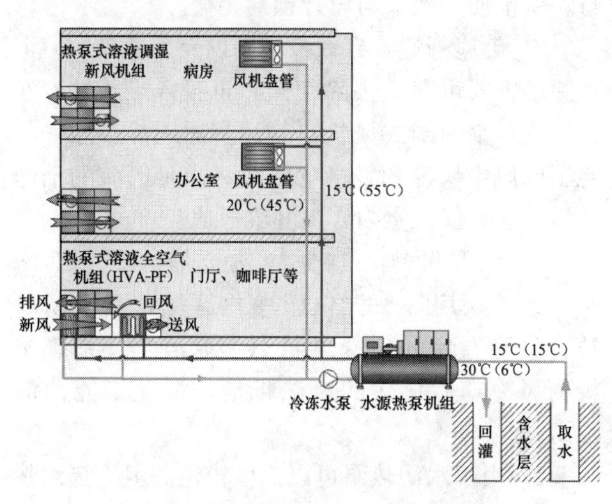

图1 空调制冷供热系统流程简图

空调水系统采用二管制，冷、热水共用一套管路系统。由于建筑高度小于100m，竖向不分区，总立管采用异程式设置，在每层水平回水干管总管上设置动态平衡阀，进行流量控制。每层水平干管采用同程式布置。在风机盘管的回水管上设定流量阀、在新风机和空调机的回水管上设动态平衡式比例积分调节阀。

冷/热水系统采用旁流水处理设备稳定水质和防腐除锈除垢、杀菌灭藻。井水采用全程水处理设备进行过滤、防垢、杀菌灭藻。空调补充水采用全自动软水器对自来水进行软化处理后送入补水箱。

2. 空调风系统设计

小型诊室、办公、病房、门厅、候诊、药房等采用干式风机盘管加新风、排风系统。采用集中的新风系统，溶液式全热交换新风机组置于各层新风机房内，新风经机组集中处理后经新风管送至各空调区域。每个空调区域的新风和排风各设一个二位制电动阀门和一个机械式定风量阀，当该房间人员离开时，即自动关闭而停止供应空调新风和排风。空调新风和排风在进行热交换预冷后再经盘管冷却、除湿处理后送至各房间。新风系统带走所有的室内余湿负荷，风机盘管干工况运行。新风机和排风机均采用变频控制。对于每个房间为定风量、对于新风机组则是变风量系统。新风均通过风口直接送入使用场所。

较大空间区域采用表冷器型溶液调湿型空调柜机，送、排风采取上送下排方式。ICU、烧伤室、中心供应室洁净区采用Ⅲ级（十万级）净化空调系统，采用热泵式溶液调湿型全空气机组。

六、通风、防排烟及空调自控系统设计

1. 通风系统设计

各地下设备房根据功能按防火分区设置机械通风系统；病房浴厕、公共厕所均设置机械排风系统，该部分排风经竖向排风井道排至裙楼屋面、高空排放；太平间、药房等有异味产生的房间设有机械排风系统，该部分排风机吸入端均设电子消毒净化器，过滤后经竖向排风井道排至裙楼屋面、高空排放。

各空调区域均设置集中的机械排风系统，排风与新风通过溶液机组进行热交换，以保证新风的送入。

2. 防、排烟系统设计

地下室设备房部分，除制冷机房、水泵房由于无可燃物、人员不经常停留外，其他凡是面积超过50m² 的房间和长度超过20m的内走道均按防火分区设置机械排烟系统和消防补风系统；地上长度超过20m的内走道或单面端头有外窗但长度超过30m走道或双面端头有外窗但长度超过50m的走道，均设置独立的机械排烟系统，排烟方式以竖向为主；无自然排烟条件的防烟楼梯间及其前室、合用前室均分别设置正压送风系统；凡是面积超过100m² 的无窗房间（或区域）、可燃物较多且多人停留的房间均设置独立的机械排烟系统；排烟方式以横向为主；上述防、排烟风机均设于排烟风机房内。

3. 空调自控设计

空调通风采用ATC集散分布式控制系统，ATC系统组成包括：执行机构、现场控制器（DDC）、网络控制器（NCU）、网络交换机（标准以太网平台）、ATC系统主机等。ATC系统通过与CCMS系统连接实现互通互连。本系统

所有的监控点均在 ATC 独立的网络内实现，并可以通过标准的以太网平台接入监控中心内的 ATC 和 BAS 系统主机。ATC 系统架构如图 2 所示。

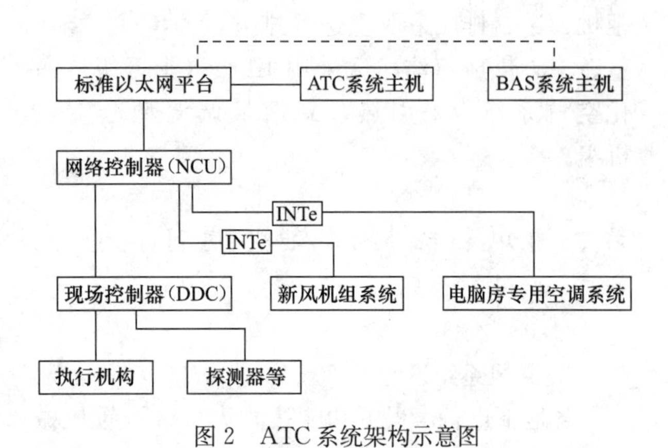

图 2　ATC 系统架构示意图

七、设计体会

(1) 医院建筑新风量大，由于经常消毒等因素，室内湿度也大。同时，院内污脏场所较多，人员交叉感染严重，需要的排风量很大。如果不采用热回收，将会浪费大量能源，但采用普通的热回收设备，又存在交叉感染的风险。本设计采用温湿度独立控制空调系统，可以灵活、准确地实现湿度控制。同时，利用盐溶液（如 LiBr 或者 LiCl）在排风与新风之间传递能量，可回收排风的能量，克服了交叉感染的问题，省去了大量消毒风口的使用，降低了工程造价及后期的运营维护保养成本。

(2) 采用的基于水源热泵的温湿度独立控制空调系统，与常规空调系统（即 7℃/12℃冷水机组＋冷却塔＋普通新风机＋普通风机盘管系统）相比较，有以下可取之处：

1) 节能效果显著：该项目设计采用的基于水源热泵系统的温湿度独立控制空调系统，冷冻水温度由常规的 7℃/12℃提高到 15℃/20℃，该工况的水源热泵冷水机组 COP 为 7.74，较之常规电制冷机组（COP 一般在 5.0 左右）提高 50%以上。同时，溶液调湿新风机组采用了溶液式的新、排风全热交换技术，机组综合 COP 为 4.32。因此，整个空调系统的综合 COP 约为 4.8，远高于常规空调系统 3.2 左右的综合 COP，运行费用相比常规空调系统最少可降低 30%～40%，具有较好的经济性。

由于水源热泵的应用，医院拆除了原有的一个锅炉房，改由地源热泵系统为院区冬季供热。该项目 2010 年 12 月竣工投入使用，通过一年（一个供热季、一个供冷季、两个过渡季）的运行，基本使用效果与设计预期相符。

2) 健康舒适，有效控制院内交叉感染。溶液式除湿方式可有效去除细菌和可吸入颗粒物、净化空气，室内干式风机盘管运行时无冷凝水，杜绝了回风中病毒和霉菌的滋生，满足医院的洁净环境要求，保证室内人员健康舒适。

3) 无需再热，避免冷热抵消。对于手术室、ICU 病房等恒温恒湿净化区域，夏季新风被直接降温除湿到送风状态，取消常规系统中将新风冷却后再热的冷热抵消，避免了能源的浪费。

4) 由于水源热泵可以提供稳定的卫生热水热源，给水排水专业在选择空气源热泵时只考虑负荷不足时的补充，全年大多数时间是优先使用水源热泵主机回收热和地源热。大大节约了卫生热水的制取费用。

5) 地下水能量属于可再生能源，取消了传统的锅炉房，不再使用燃气、煤等不可再生能源，符合国家的节能的政策导向。

(3) 设计中还存在许多不足以及应该注意的问题：

1) 溶液调湿新风机组体积较大，且必须落地安装，需要一定面积的机房，在设计时要充分考虑机房位置及机组重量荷载的问题。

2) 该项目设计的基于水源热泵的温湿度独立控制空调系统总的初投资较常规空调系统大约高出 8%～10%，根据各地的电价及空调系统运行时间的情况不同需要 1～3 年收回增量投资，根据三门峡市的电价，该项目核算的回收期约为 2.3 年。关于造价增加的问题，设计之前应该与甲方进行充分沟通，获得认可。

3) 溶液调湿新风机组运行时需要补充软化水，特别是冬季溶液调湿机组的加湿过程，对于自来水水质较硬的地区，设计时要增加的软化水设备及管路，不能直接采用自来水作为溶液相同的补水。

4) 计算负荷时要分别计算室内的显热负荷和湿负荷，以便于准确选用新风机和末端盘管型号；

确定冷热源容量时是以室内总显热负荷为依据，而非常规空调系统以室内全热负荷为依据。暖通设计人员的计算工作量增加。

5）由于医院新风量指标较高，新风负荷大，因此在诊室、普通病房等舒适性区域应尽可能地设置对排风的全热回收，以降低新风处理能耗。对于病房等人员相对稳定的房间按照人员新风量计算，但要考虑人员数量的适当增加，对于大空间和诊室等人员不确定的场所，宜按照换气次数控制新风量。

6）干式风机盘管仍应设置冷凝水管路系统，以提高系统的运行可靠性。

太仓市图博中心博物馆①

- 建设地点　太仓市
- 设计时间　2008年10月～2009年4月
- 竣工日期　2010年11月
- 设计单位　北京市建筑设计研究院有限公司
  ［100045］北京市西城区南礼士路62号
- 主要设计人　王新　孙成雷　郭超　李树强　于永明
- 本文执笔人　王新　孙成雷
- 获奖等级　民用建筑类二等奖

作者简介：

王新，男，高级工程师，1992年毕业于北京建筑工程学院暖通空调专业，现在北京市建筑设计研究院有限公司工作。主要代表工程：国家环保总局履约中心，中国2010年上海世博会世博村E地块等。

一、工程概况

太仓市图博中心位于江苏省太仓市经济开发区东亭南路，总建筑面积为36617m²，总高度为24.4m，地上5层，地下1层，地下1层为车库和设备用房，地上由图书馆和博物馆两部分组成。（下图右侧圆形建筑为博物馆，左侧为图书馆。）

太仓市图博中心为新城区市民广场标志性建筑之一。位于广场东侧，与西侧对称位置的文化艺术中心、北侧的百米高政府大楼共同形成新太仓的政治文化中心。

该项目暖通空调设计严格遵守国家和江苏省公共建筑节能设计规范，根据当地的气候特点、项目的市政条件和建筑的功能布局，合理确定冷热源形式和空调系统形式，精心完成设计。目前该项目已经投入正常使用，各系统均运行正常，完全符合设计要求。

二、工程设计特点

该项目设计优点是，能够根据当地的气候特点、项目的市政条件和建筑的功能布局，合理确定冷、热源形式和空调系统形式，并通过实际运行得以验证。

图博中心博物馆中部是一圆柱形中庭（中庭直径32m；高度24.3m），该中庭是博物馆的核心部分，内有螺旋形走廊与周围各层展示厅连通，中庭空调系统设置是本项目空调设计中的难点，设计过程中运用CFD模拟软件对不同工况下中庭的温度场和速度场进行模拟分析，最终确定了风机盘管送风加屋顶机械排风作为中庭空调系统的实施方案。

选用方案的CFD模拟结果如图1所示。

从以上温度和速度分布图中可以看出，一层人行高度处温度大部分区域在22～24℃之间，二层人行高度处温度大部分区域在25～26℃之间，三层人行高度处温度大部分在26℃左右，四层人行高度处大部分温度在26～27℃之间，其中屋面下部温度在33℃左右。除风口正下方送风速度除外，其他区域风速均保持在0.1～0.29m/s之间，满足规范要求。

通过模拟所得结论为空调设备选择提供了较为可靠的依据，避免了因设计过程凭借经验选择而出现不满足要求的现象，工程实际运行过程中，中庭内热环境满足人员的舒适度要求，很好地验证了模拟的可靠性。

① 编者注：该工程主要设计图纸参见随书光盘。

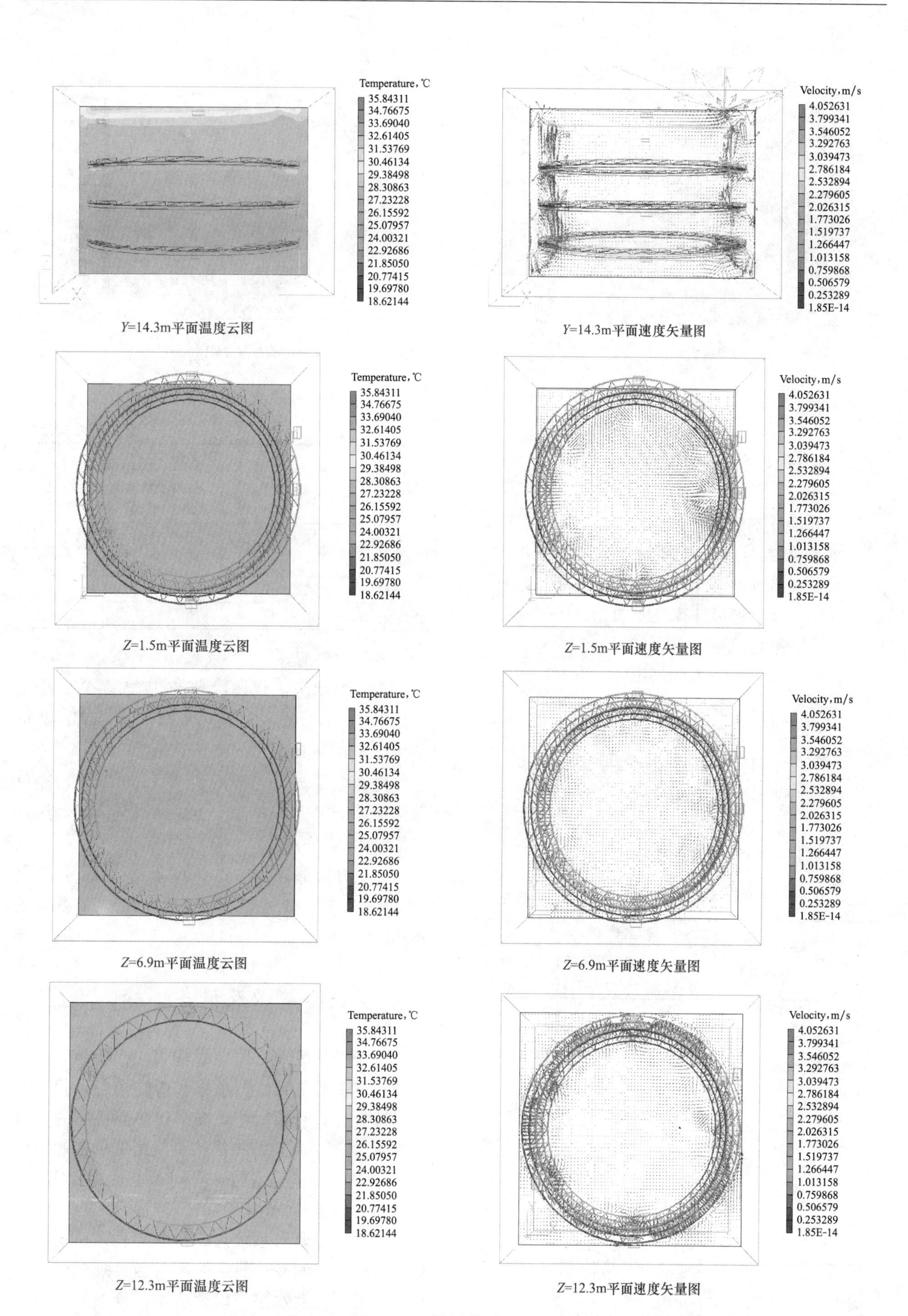
Temperature,℃
35.84311
34.76675
33.69040
32.61405
31.53769
30.46134
29.38498
28.30863
27.23228
26.15592
25.07957
24.00321
22.92686
21.85050
20.77415
19.69780
18.62144
Velocity,m/s
4.052631
3.799341
3.546052
3.292763
3.039473
2.786184
2.532894
2.279605
2.026315
1.773026
1.519737
1.266447
1.013158
0.759868
0.506579
0.253289
1.85E-14
Y=14.3m平面温度云图
Y=14.3m平面速度矢量图
Z=1.5m平面温度云图
Z=1.5m平面速度矢量图
Z=6.9m平面温度云图
Z=6.9m平面速度矢量图
Z=12.3m平面温度云图
Z=12.3m平面速度矢量图

图1 CFD模拟结果（一）

Z=17.7m平面温度云图

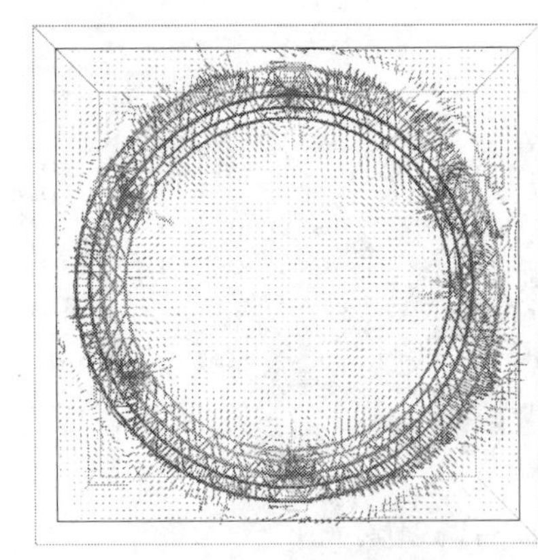

Z=17.7m平面速度矢量图

图 1　CFD 模拟结果（二）

三、设计参数及空调冷热负荷

室外设计参数：

夏季：室外空调计算干球温度 33.5℃；

室外空调计算湿球温度 28.7℃；

室外通风计算温度 31℃；

平均风速 3.7m/s；

大气压力 1004.9hPa。

冬季：室外空调计算干球温度－4℃；

室外通风计算温度 2℃；

室外空调计算相对湿度 75%；

平均风速 3.9m/s；

大气压力 1025.9hPa。

室内设计参数如表 1 所示。

室内设计参数　　表 1

房间名称	夏　季			
	室内温度	相对湿度	最小新风量 (m³/h)	噪声值 [dB (A)]
办公室	26℃	≤55%	30	40
阅览室	26℃	≤55%	20	35
普通书库	28℃	≤60%	—	—
特殊藏品书库	24℃	50%	—	—
展厅	26℃	≤55%	20	—
公共卫生间	28℃	—	—	—

房间名称	冬季			
	室内温度	相对湿度	最小新风量 (m³/h)	噪声值 [dB (A)]
办公室	18℃	≥30%	30	40
阅览室	18℃	≥30%	20	35
普通书库	18℃	≥40%	—	—
特殊藏品书库	24℃	50%	—	—
展厅	20℃	≥30%	20	—
公共卫生间	18℃	—	—	—

各部位负荷：

图书馆部分：空调冷负荷 1705.0kW，冷负荷指标 81.0W/m²；空调热负荷 957.5kW，热负荷指标 45.4W/m²。

博物馆部分：空调冷负荷 1366.3kW，冷负荷指标 95.6W/m²；空调热负荷 686.0kW，热负荷指标 48.0W/m²。

五层办公部分：空调冷负荷 127.8kW，冷负荷指标 98.3W/m²；空调热负荷 71.0kW，热负荷指标 54.6W/m²。

四、空调冷热源及设备选择

空调冷热源采用风冷螺杆式热泵机组，机组设置在图书馆屋顶。图书馆和博物馆各设置了两台风冷螺杆式热泵机组，图书馆热泵机组的单台制冷量为 928kW，博物馆热泵机组的单台制冷量为 693kW。空调冷水的供/回水温度为 7℃/12℃，空调热水的供/回水温度为 45℃/40℃。

该工程空调水系统为二管制异程式系统，竖向不分区。空调冷、热水循环泵与热泵机组一一对应，采用变频水泵，以适应冬、夏季不同循环水量的要求。

空调冷、热水系统采用膨胀水箱定压。空调分、集水器之间设置压差式旁通阀，空调末端风机盘管设置电动两通阀，空调机组设置带比例调节功能的电动调节阀。

五、空调系统形式

博物馆休息厅、中庭、贵宾接待室，图书馆首层办公区、二层纪念品商店、书店以及休息厅等区域采用风机盘管加新风系统。

博物馆的展示厅、图书馆的阅览室、检索大厅、少儿活动厅、书库、放映厅和中庭设置全空气定风量空调系统。所有空调机组的新风比均可调并设置了排风机可满足过渡季节全新风运行的要求。

图书馆五层办公室部分应业主要求设置了独立的多联机空调系统。

地下室特殊藏品库房设置恒温恒湿空调系统。

六、通风、防排烟及空调自控设计

地下车库、地下设备机房、变配电室、库房、卫生间等设置了机械通风系统。

地下车库按防烟分区设置了两套机械排烟系统。排烟系统和排风系统风道分别设置但风机合用（采用双速风机），按换气次数 6 次/h 计算排烟量，排烟采用常闭排烟阀带普通排烟风口的排烟方式，排烟补风与车库平时排风补风机合用。

图书馆书库设置了机械排烟系统。博物馆地下室库房和内走道设置了机械排烟系统。图书馆和博物馆之间的连接体按苏州市消防局要求设置了机械排烟系统。图书馆的 4 号、5 号楼梯间和博物馆的 3 号楼梯间设置了机械加压送风系统。

空调水系统可根据负荷变化实现变水量运行，空调风系统在过渡季可实现全新风运行，均有利于空调系统节能。冷水机组及空调末端设备和空调水系统均设有能量调节的自控装置。空调系统自控采用 DDC 控制方式并纳入楼宇自动控制系统。各空调设备和自控阀门均要求就地手动控制和中央控制室自动控制，并在中控室监测其工作状态。

七、设计体会

笔者认为，对高大空间空调系统设计如仅凭经验设计，极有可能造成室内参数不满足要求或者造成选取的空调设备过大，需应用先进的设计手段来优化设计方案。该工程即通过采用 CFD 模拟技术手段，解决博物馆中部直径达 32m 的仓形巨大中庭空调系统设计难题。

作者简介：

范强，男，1976年7月生，高级工程师，2000年毕业于哈尔滨工业大学暖通空调专业，本科，现在中国中元国际工程公司工作。主要设计代表作品有：北京CEC电子大厦、长安中心、北京饭店二期改扩建工程、北京新华空港配餐中心、中国常驻联合国馆舍改造、中国人民银行清算中心等。

中国银行信息中心①

- 建设地点　北京市
- 设计时间　2005年5～12月
- 竣工日期　2008年3月
- 设计单位　中国中元国际工程公司
[100089] 北京市海淀区
西三环北路5号
- 主要设计人　范强　徐伟　项卫中　田国强　张莉
- 本文执笔人　范强
- 获奖等级　民用建筑类二等奖

一、工程概况

中国银行信息中心（北京）项目属于银行业数据处理中心系统工程技术领域，为北京市重点工程及北京奥运会配套工程，总建筑面积61220m²。中国银行信息中心项目由北京中国银行大厦有限公司负责开发建设，中国银行信息中心作为中国银行国内唯一的集中式数据处理中心，为全球业务提供每周7×24h不间断的数据信息服务，其基础设施建设必须体现高可用性、高可靠性、高安全性、高可扩展性、技术先进，全面实现科学化管理的总体目标。

中国银行信息中心（北京）工程在机房工艺设计上引进国际先进设计理念，实现了的模块化的数据机房设计；有效地解决了高安全等级下数据中心的火灾及安全问题；并在国内首次实现了对计算机主机的供电可用性高达99.99999%的国际先进水平；采用先进的DLP大屏、KVM系统以及机房专用的网络布线等技术，实现了对数据的自动化的远程值守及监控和管理，为银行信息化管理搭建了先进的平台，极大地提高了应对各类突发事件的能力，保障了信息中心高速、快捷、安全的通信。

中国银行信息中心（北京）的建立进一步巩固了北京市作为全国金融中心的地位，不仅实现了中国银行整个业务系统数据的统一处理，而且对完善北京的金融运行环境将起到积极作用。该信息中心的建成及良好的运行，对北京乃至全国现代化数据中心的建设起到了示范和推动的作用，成了目前全国新一轮现代化数据中心建设的排头兵。

二、工程设计特点

数据中心的建立具有一定的标准，国际正常运行时间协会（The uptime institute，以下简称UI）将数据中心分为四个等级：第一级数据中心（T1级）为基础级、第二级数据中心（T2级）为具冗余部件级、第三级数据中心（T3级）为可并行维护级、第四级数据中心（T4级）为容错级，第四级数据中心为最高等级，其场地可用性为99.995%。

中国银行信息中心设计主要有以下几个特点：

（1）根据数据设备容量，分析计算空调负荷，确定机房精密空调的装机容量。

（2）分析计算数据机房内的压力分布，确定合理的新风和排风系统。

（3）根据机房的布置，可实现数据机房的模块化管理。

① 编者注：该工程主要设计图纸参见随书光盘。

（4）根据数据机房的安全等级和无水要求，分析比较各种机房空调系统，以安全性为主要依据，同时兼顾节能、模块化和增容要求，最终采取计算机专用恒温恒湿风冷精密空调系统。

（5）冬季最大限度地增加新风量，利用室外天然冷源实现对数据机房的部分自然冷却。

（6）生产控制楼对数据机房的控制中心，要求7×24h不间断运行，大部分区域以舒适性空调为主，基于以上特点结合园区的集中冷冻水系统，空调采用变风量空调和变频多联结合的空调系统。

三、设计参数及空调冷热负荷

数据机房内的温湿度和洁净度要求高，均达到国内最高标准。数据机房内空调负荷概况：围护结构的传热（墙体、窗）、人体散热、灯光等负荷。新风负荷：维持室内正压和人员卫生要求，需要将新风送入机房，处理这部风新风所需要的负荷。设备负荷：数据设备的发热量产生的负荷，此部分负荷较大，占空调负荷比重最高；此部分负荷计算可按照数据设备的设计电流来计算。湿负荷：新风和人员散湿导致的除湿负荷。通过各类机房的计算和分析，机房空调系统具有以下主要特点：新风量小、显热负荷大、湿负荷小、空调送风量大、全年制冷运行、设备负荷占比重非常大等。

根据数据机房面积和设计用电量，再结合其他方面负荷计算。空调负荷指标约800～900W/m^2。主机及网络机房按不低于800kW/m^{2}配置，并预留充分的冗余量，最大冗余可达到120%，保证环境工作温度21±1℃，此机房属于中密度数据机房。

湿度控制：相对湿度50%±5%，温度变化率<5℃/h不得结露。

数据中心不同于一般民用建筑，要求全年制冷，制冷量不足可能直接影响计算机设备的运行。因此，数据中心的空调规划设计应考虑极端气象条件，确保空调系统在极端气象条件下，可靠性不降低，仍然可以满负荷运行。北京极端温度暂按夏季DB41.9℃，冬季DB－18.3℃，极端湿球温度WB31℃考虑。负荷计算均应以此为计算参数（见表1）。

该项目数据机房空调室内设计参数表　表1

序　号	功能区域	温　度	相对湿度（RH）	最小新风量	房间压力（Pa）
1	数据机房（冷通道）	18±2℃	40%～55%	1次/h	5～10
2	数据机房（热通道）	28±2℃	—	1次/h	5～10

目前，数据机房内计算机设备及机架多采用“冷热通道”的安装方式。采用冷热通道布置的方式，使整个机房气流、能量流流动通畅，提高了机房精密空调的利用率，进一步提高制冷效果，但同时由于采用冷热通道的设计，单纯采用国标机房设计温度的标准，无法真实体现数据机房内冷热环境，从而导致空调自控逻辑无法实现。

四、空调冷热源及设备选择

该项目的数据机房一般有四种可行的解决方案：传统的风冷型恒温恒湿机房专用空调系统、冷水机组＋冷冻水型机房专用空调系统、冷却水系统＋冷却水型机房专用空调系统、水冷冷水机组＋双冷源机房专用空调系统。

1. 风冷型恒温恒湿机房专用空调系统

此系统的优点和缺点很鲜明。优点：容易进行分散设置，随着数据设备的增加，能够容易做到逐渐增加空调设备；当任意空调出现故障时，损失极小，安全性很高，运行维护简单。缺点：空调数量多时，连接管路和电气繁杂，空调配管长度、室内机和室外机安装高度差受限制；室外机安装空间较大，若没有足够大的安装空间，室外机散热受影响，空调效率下降，甚至无法正常工作；机组COP值较低（一般在2.8～3.3之间，计算时包含室外机风机、室内机风机和压缩机），系统节能性差；室外机噪声较大，噪声不好控制。根据空调负荷，结合机房平面图，按照N＋X的配置原则。

风冷直接蒸发式机房专用空调系统有多种节能方式，下面重点以增加节能模块方式说明（见图1）。增加节能模块的风冷直接蒸发式机房专用空调系统是在风冷系统的基础上增加自然冷却循环模块。压缩机和节能模块自动切换，通过室外换热利用室外低温自然冷源，达到节能效果。运行时间为室外温度10℃以下的春秋冬季，北京地区这种运行时间约3800h，占全年运行时间约

40%，节能率约28%。

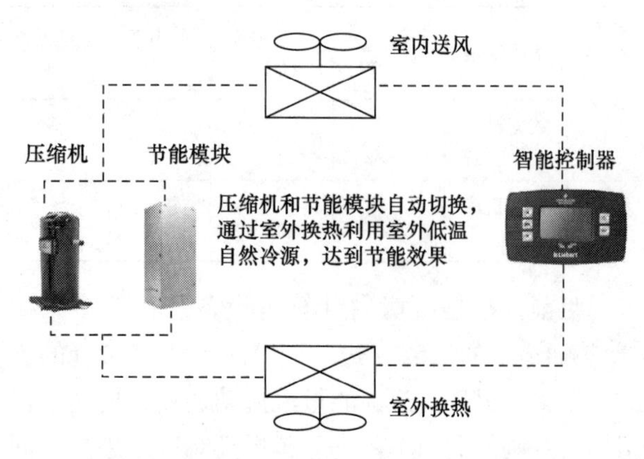

图1 风冷直接蒸发式机房专用空调系统

2. 冷水机组+冷冻水型机房专用空调系统

冷水机组分为水冷和风冷两种。下面分别说明。

(1) 水冷冷水系统

冷冻水供/回水温度为12℃/18℃。此系统所需室外设备空间小，能够有效利用屋顶空间；空调系统配管距离、高低差方面比较自由；即使室外气温高的情况下，冷却塔的散热效果不会下降很多，空调效率较高。冷却塔、冷水机组和水泵的设备需要备份；空调水系统最好设备用管线，提高水系统的可靠性；空调机房需要与数据机房分开设置，减少进入机房内的水管。

在室外气温高的情况下，冷却塔的散热效果比风冷直接蒸发式机房空调的散热效果好，冷却塔的散热效果不会下降很多，选型时适当加大冷却水塔，避免散热效果下降造成制冷不足；当数据机房负荷较大时，空调效率较高。为了保证系统的安全性，冷却塔、冷水机组和水泵的设备需要备份（$n+1$）；空调水系统设备用管线（双环路），提高水系统的可靠性；空调机房需要与数据机房分开设置，减少进入机房内的水管。空调系统冷源示意图见图2。

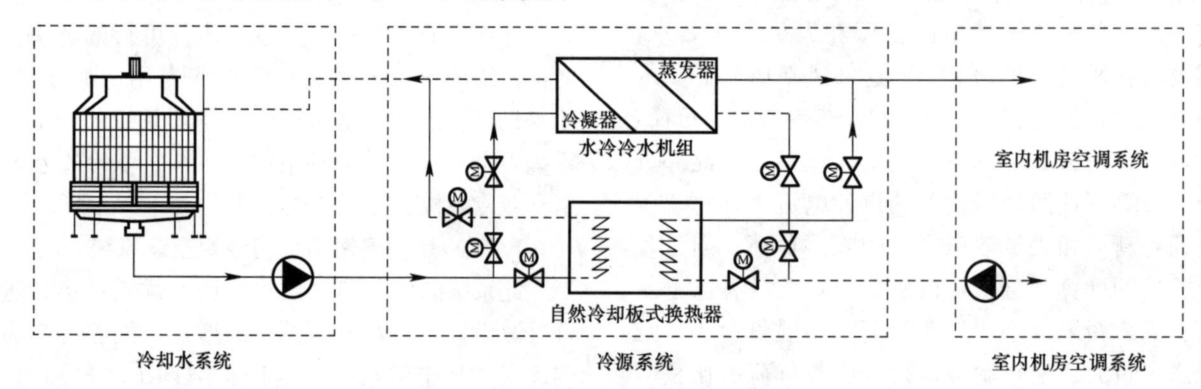

图2 空调系统冷源示意图

此系统中冷水机组的COP值高，可以达到6.0以上。一台投入使用的冷水机组只有很短的时间工作在满负荷状态，大部分的时间都运行在50%～75%的负荷；冷水机组采用变频技术时部分负荷时综合能效指标非常高，冷水机组的IPLV可达到9.0以上，节能效果显著。

系统工作模式：

夏季：利用水冷冷水机组制冷运行；充分利用水冷机组夏天运行高能效性特点。

冬季：充分利用室外自然冷源，通过自然冷却换热器供冷；充分利用室外自然冷源，无压缩机运行供冷，系统能效成倍提高。

过渡季节：利用水冷冷水机组和自然冷却换热器联合供冷。

(2) 风冷冷水系统

对于一些常年需要制冷的数据中心、生产工艺等需要常年制冷的系统来说，室外温度即使是低于或远低于其循环冷冻水温的情况下冷水机组运行也需要照常运行。当室外温度较低时，完全可以利用冷空气直接冷却循环冷冻水，而减少或完全不需要开启压缩机制冷即可为空调室内机提供冷量，这种方法即为自然冷却方法，有此功能的机组叫自然冷却机组。与常规风冷冷水机组最大的区别在于它带有独特的风冷自然冷却换热器，其运行优先利用天然环境的低温空气冷却循环冷冻水，可以实现无压缩机运行制冷，显著节省压缩机的电耗。风冷冷水系统可以采用这种自然冷却方式。

夏天：开启制冷机（和常规一样）。

过渡季节及晚上：春秋和晚上，当环境温度达到比冷冻水回水温度低两度以上时，开启自然冷却预冷冷冻水（无压缩机功耗部分），自然冷却不够的部分，再由常规压缩制冷接力（有压缩功耗部分）。

冬季和春秋的晚上：当环境温度达到比冷冻水回水温度低10℃或以上时，完全自然冷却冷却冷冻水，完全无压缩机功耗部分，仅有少量风扇电耗。

现阶段，为了提高数据机房的安全性和节能性，空调冷冻水供/回水温度由7℃/12℃提高到12℃/18℃。通过这种调整，主要是为了使机房内的机房空调室内精密空调机组产生冷凝水很少，提高数据机房的安全性。同时冷冻水温度提高，冷水机组的COP值可以更高，保守估算可以达到7.0以上，冷水机组采用变频技术时部分负荷时综合能效指标非常高，冷水机组的IPLV可达到13.0以上，系统节能性更好。

冷冻水空调系统，空调水管要进入数据机房的空调走廊，不能实现无水机房的要求。

（3）冷却水系统＋冷却水型机房专用空调系统

具有第二种空调系统冷却水系统的优点，同时制冷设备分散后，当任意空调出现故障时损失极小，安全性很高；随着数据设备的增加，能够容易做到逐渐增加空调设备；冷却塔和水泵的设备需要备份；空调冷却水系统最好设备用管线，提高水系统的可靠性。

（4）水冷冷水机组＋双冷源机房专用空调系统

第一种和第二种系统的合用，投资较高，但是十分安全可靠。

对于该项目，从节能和环保方面出发，选择设置集中冷源的冷冻水型恒温恒湿精密空调更合理。同时，可以利用机房制冷的冷凝热量为办公楼等房间冬季提供热量，或冬季利用自然冷却。此系统的优点是节能效果显著；缺点选用冷冻水型恒温恒湿精密空调需要在冷源和输送系统设置备份，数据机房内有大量的水管，存在漏水的概率比风冷系统高，存在单点故障。此系统对施工安装质量要求很高。从银行系统对数据机房要求高可靠性、高安全性、高可扩展性方面考虑，同时要求无水，空调系统选择恒温恒湿风冷精密空调系统。

结合该项目特点（安全性第一），根据使用方提供的数据，先期机房使用密度比较低，随着业务量的增加机房使用密度逐步递增。数据机房采用专用恒温恒湿风冷精密空调系统，随着业务量的增加机房使用密度逐步递增后，再增加机柜顶空调（冰帽），详见图3。

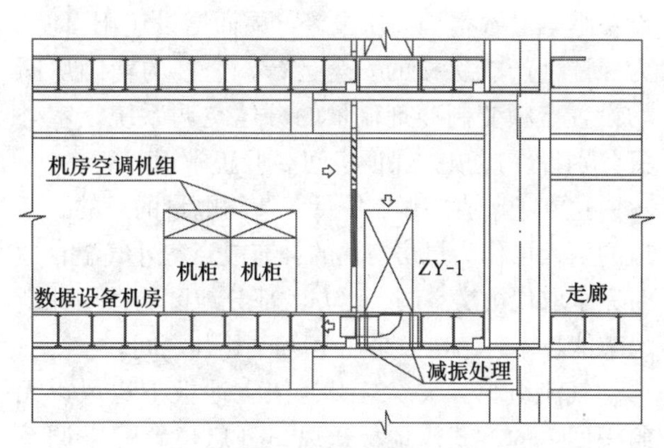

图3　恒温恒湿风冷精密空调系统

五、空调系统形式

空调方式：采取计算机专用恒温恒湿风冷精密空调系统。

空调机配置：按照机房防火分区进行设备分组配置，每组设置台数为（N＋1）。同时预留增容的可能性。数据机房没有空调时，机房温度会迅速上升，导致数据设备停机或损坏；高密度机房设备发热量巨大，当断电没有空调时，机房温度在30～120s内上升到使数据设备停机温度。鉴于这种情况，空调机组的配电实现交叉供电，当一个供电回路故障时，还能保证一半空调机组正常运行，提高年机房的安全性。空调机设置于计算机房隔离的空调走廊。

新风系统：采用新风处理专用空调机（带有空气净化功能），引入新风直接送入数据机房，使机房内保持正压。当室外大气温湿度低于机房环境标准要求的温湿度时，

通过将室外新风过滤到符合机房空气质量要求的室外自然新风直接引到机房内，可以降低机房内环境温度以满足机房环境标准要求，进而达到了节省空调制冷量、节约电量的目的。新风的引入可作为机房空调的补充或当室外气温合适时完全取代机房空调。北方大部分地区均适用此新风节能技术，节电效果在10％～15％之间。

采用计算机专用恒温恒湿风冷精密空调系统，屋面的风冷冷凝器数量非常多，必需合理布置风

冷冷凝器，使每个设备的散热量不受影响。设计中充分考虑各种不利因素（如：高温、高湿、阳光曝晒等），分析计算空气和温度变化，选择合理的风冷设备以满足设备的需求。为避免夏季屋面设备曝晒导致空调高压报警，屋面增设遮阳百叶。为保证生产机房楼的安全运行，全楼的辅助房间均设置变频变制冷剂流量的分体空调系统，室外机分别设在屋顶，保证房间 24h 正常运行。

达到了节省空调制冷量、节约电量的目的。新风的引入可作为机房空调的补充或当室外气温合适时完全取代机房空调。北方大部分地区均适用此新风节能技术，节电效果在 10%～15%之间。

气流组织：气流组织为架空地板下送风、无组织回风的方式。地板送风口开启位置使空调系统形成明显的冷热通道，有效保证高密度的数据机房运行环境。设计时需要使机房内温度梯度比较均匀，由于机房的面积较大，地板送风距离有限，需要合理分布送风量和送风口位置，使机房内出现明显的冷热通道，温度达到使用要求，不能出现气流的死角，详见图 4。

送风口可安装在高架活动地板上，也可用高架地板配套的风口板送风，地板下的空间可作为空调送风静压箱。静压箱可以减少送风系统动压、增加静压、稳定气流和减少气流振动，可使送风效果更加理想。空气经过地板上安装的风口板向设备和机柜送风。下送上回风具有以下显著优点：有效利用冷源，减少能耗；机房内整齐、美观，所有线槽都可暗敷；便于设备扩容和移位。

地板送风口数量应能够保障每个服务器机架有足够的冷却风量，送风口位置应设置在服务器机架进风处，地板送风口风速应达到 1.5～3.0m/s。

设计过程中，对数据机房设置双侧送风和单侧送风都经过了模拟计算，最后根据计算结果和功能布局选用了单侧送风。

六、节能措施及噪声控制

数据中心电力消耗量巨大，节能降耗减排显得格外重要。空调能耗在数据中心能耗中占据 30～45 的比例，因此在空调规划中采取节能措施对整个数据中心的节能有着十分重要的意义。该项目中，采用的节能措施主要有设计冷热通道；采用新风自然冷却以节能降耗；增加节能模块降耗等。

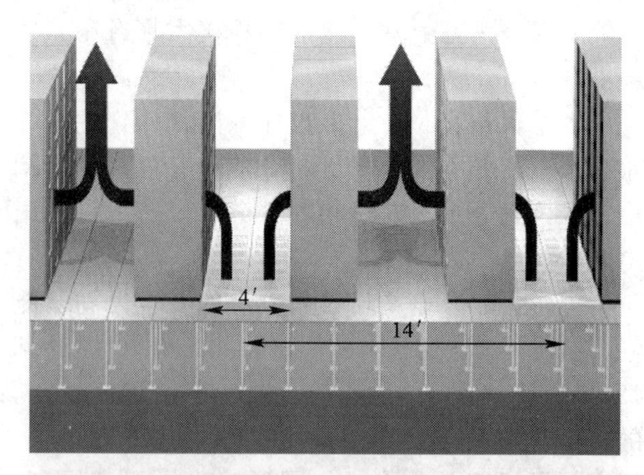

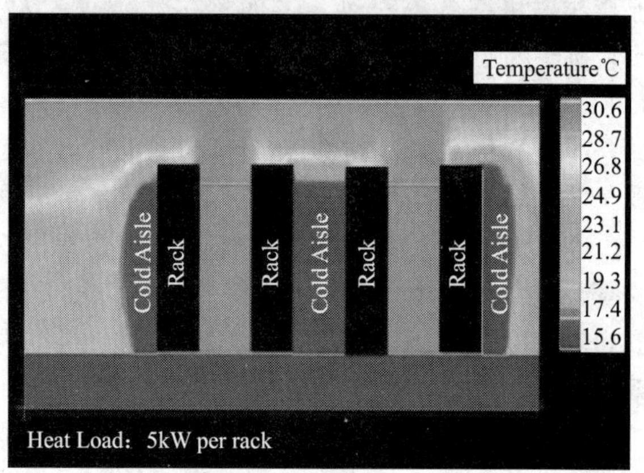

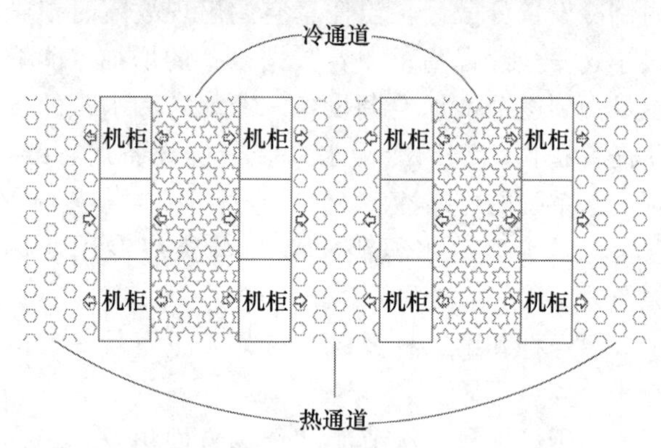

图 4　气流组织示意图

噪声控制是此项目非常难控制的特点之一。首先，屋面的风冷冷凝器运行时的噪声非常大。设计时发现风冷冷凝器启动瞬间噪声最大，当正常运行时噪声比较低。由于 200 多台风冷冷凝器频繁启动，噪声非常大，所以设计时要求风冷冷凝器增加变频启动装置，使设备的启动噪声降至最低。

七、设计体会

设计、施工和实际使用过程中存在一些难点问题、体会和遗憾，简要概况如下：

（1）机房面积大，设计时需要使机房内温度均匀，气流组织非常重要。设计初期对数据机房地板下送风做了各种模拟计算，但是实际安装使用过程中，局部地板下气流组织并不理想。

（2）屋面的风冷冷凝器数量非常多，需合理布置风冷冷凝器，使每个设备的散热量不受影响。采用了分区域，分楼层布置的方式，同时屋面设置了遮阳百叶减少阳光对室外机的直接辐射；室外机散热处理比较好，满足了使用要求。数据机房距周边的住宅很近，室外机噪声控制是此项目非常难控制的特点之一。室外机风扇采用了变频启动方式，较好的控制了噪声对周边的影响。

（3）数据机房空调系统选择面临严峻的问题。该项目使用方对于数据机房采用集中冷源的冷冻水型恒温恒湿精密空调系统不能接受。主要原因是水系统进入数据机房后，增加了漏水概率和单点故障。同时，2005 年时国内还没有一家银行集中处理的数据中心采用冷冻水型的精密空调。随着国内数据机房的发展方向是越来越大、越来越集中，机房密度也是越来越高，甚至有些数据机房密度达到 20kW/m^2 以上。如果单靠恒温恒湿风冷精密空调根本无法解决数据机房空调制冷问题，空调水管是必要进入核心的数据机房，这就要求设计、施工安装和使用方深入研究，在空调水系统进入数据机房后，确保数据机房的使用安全性不降低。通过设置双冷源、环路供水等措施保证数据中心空调系统的安全运行。近几年的项目已近采用冷冻水机房空调，结合高温冷冻水和自然冷却，空调系统保证安全运行前提下，节能效果显著。该项目没能采用集中冷冻水机房空调是较大的遗憾。

（4）数据机房分层分区投入使用，设计时要考虑上层或下层数据机房投入使用后，本层地面或顶面的防结露问题。

（5）数据机房地板下送风实际情况与模拟计算相差巨大，地板下线槽布置错综复杂，个别部位空调送风根本无法到达，建议大型数据机房的地板高度 600mm 以上。

首都医科大学科研楼①

作者简介：
吴宇红，女，1967年生，教授级高级工程师，北京市建筑设计研究院有限公司6M2工作室室总工、室主任。1989年7月毕业于北京工业大学，大学本科。主要代表工程有北京市燃气集团办公楼、北京在中奥马哥孛罗酒店、北京世茂奥临花园、沈阳世茂五里河超高层住宅小区及酒店、北京市药品检验所等。

- 建设地点　北京市
- 设计时间　2006～2008年
- 竣工日期　2010年11月
- 设计单位　北京市建筑设计研究院有限公司［100045］南礼士路62号
- 主要设计人　吴宇红　梁江　田新朝
- 本文执笔人　吴宇红　梁江
- 获奖等级　民用建筑类二等奖

一、工程概况

该工程总建筑面积42129m²，建筑高度（檐口）60.0m。地下二层建筑面积3678m²，层高5.1m，设有污水处理设备用房、消防泵房及大、小动物实验室。地下一层建筑面积2925m²，层高5.1m，设有给水泵房、热力站、配电间、实验辅助设备房及药品库房等。地上14层，首层层高5.1m，二～四层高4.2m，标准层（五～十四层）层高3.9m，标准层每层建筑面积均为2658m²。地上部分的房间基本以各类医药科研实验室为主，有少量办公室及公共卫生间等附属用房。此外，首层门厅局部高13.5m，门厅东北侧设有350m²的大报告厅，报告厅层高9m。

二、工程设计特点

该工程为高层科研实验楼，各类实验室与功能房间较多，部分房间有全天或全年运行的使用需求；各层实验室均配备通风柜，全楼共218个；与多层实验建筑相比，标准层的层高条件不够充裕。根据以上建筑特性与校园热力条件，科研楼的冷热源设计了风冷螺杆冷水机组＋多联机热泵系统＋板式换热机组，并设置了散热器采暖系统，既能满足大风量大负荷的实验室通风系统运行要求，也能适应实验室灵活管理与使用的需求，同时兼顾了冬季系统运行的舒适性与节能性。按照实验室性质与使用要求的不同，分区域设置集中送排风系统并采用变风量措施，在满足实验通风换气要求的前提下，减少运行能耗。

三、设计参数及空调冷热负荷

设计参数及冷热负荷如表1～表3所示。

室内设计参数表　　表1

房间名称	夏季		冬季		新风量［m³/(h·p)］	排风量或新风小时换气次数
	温度（℃）	相对湿度（%）	温度（℃）	相对湿度（%）		
办公室	26	＜60	20	≥30	30	—
实验室	26	＜55	20	≥50	30	根据工艺要求

① 编者注：该工程主要设计图纸参见随书光盘。

续表

房间名称	夏季		冬季		新风量[m³/(h·p)]	排风量或新风小时换气次数
	温度(℃)	相对湿度(%)	温度(℃)	相对湿度(%)		
休息厅	24	<60	20	≥40	25	—
会议室	25	<60	18	≥30	30	—
大堂	24	<65	23	≥30	10	—
公共卫生间	—	—	16	—	—	10次
热交换站	—	—	10	—	—	6次
水泵房	—	—	10	—	—	6次
变配电室	45	—	10	—	—	根据热平衡
水处理机房	—	—	10	—	—	15次

冷负荷统计表　　表2

空调制冷系统	动物房新风机组	报告厅空调机组	实验室新风机组	实验室多联机	合计	冷负荷指标
冷负荷(kW)	991	104	632	2917	4644	110W/m²

热负荷统计表　　表3

空调采暖系统	散热器系统	报告厅空调机组	标准层新风机组	实验室新风机组	地下机房新风机组	动物房新风机组	合计	热负荷指标
热负荷(kW)	1730	184	1143	2867	615	823	7362	175W/m²

四、空调冷热源及设备选择

该工程在屋顶设置3台风冷螺杆冷水机组(2×632kW+461kW)提供7℃/12℃冷水，只承担动物房、理化实验室及报告厅的全空气空调系统冷负荷。其中，一台632kW+一台461kW的机组作为动物房的常用机组，另外一台632kW的机组作为动物房备用机组。当常用机组出现紧急故障时，则将备用机组切换至为动物房使用，并关闭其他冷水环路以保证动物房的环境参数安全；当两台大机组同出现故障的情况下，461kW机组也能保证小动物区及感染动物区的空调环境。此外，在后期建设过程中，三台机组调整安装于室外地坪，已预留出今后扩容及增设新备用机组的条件，从而更好地保障实验室环境。

在地下设备机房按照冷水机组容量对应配置3台冷冻水泵，水泵与冷水机组接管采用共用集管形式，并实现水泵与机组的联锁启停。系统冷源侧为定流量运行，负荷侧为变流量运行，供回水主管间设置压差旁通调节阀，采用闭式膨胀罐+补水泵+软化水箱补水定压。

地下一层至十四层的办公及实验室均采用工质为R410A的风冷热泵型数码涡旋多联机系统，系统环路及室外机分层设置，总制冷量为2917kW。此外，科研实验室中人数较少，各房间的人员平时所需新风量不多，所以夏季新风不做冷却处理直接送入房间，由多联机的室内机负担新风的热湿负荷。数码涡旋多联机系统在部分负荷工况下有较强的除湿能力，为这种新风处理方式提供了保证。考虑到科研实验室中的精密仪器较多，采用数码涡旋式压缩机的多联机可以减少谐波干扰，避免对精密仪器使用效果产生不良影响。

热源采用校区锅炉房集中供热所提供的高温热水，一次侧供/回水温度为90℃/70℃，总热负荷7408kW，热交换站设在地下一层。该工程选用两套水—水板式换热机组，分别提供空调热媒及采暖水系统二次水。其中空调热媒水供/回水温度为60℃/50℃，热负荷为5632kW；采暖供/回水温度为85℃/60℃，热负荷为1730kW；生活热水热负荷46kW。每套板式换热机组均设置两台板式换热器及3台热水循环泵，水泵两用一备，并与板式换热器对应启停运行（见图1)。另外，由校区锅炉房提供0.2MPa饱和蒸汽热源，供动物房洁净空调系统加湿。

五、空调系统形式

标准层在平面上可划分为周边外区和核心筒内区两部分，采用了内外区风冷热泵型数码涡旋多联机制冷+外区散热器供暖+新风的系统形式。

(1) 夏季采用风冷热泵多联机系统制冷。在标准层的东侧及西侧室外平台上分设室外机组(室外机设导风帽以避免气流短路)，各机组负担所在层或下一层对应东西两个防火分区的多联机系统。

(2) 冬季采用散热器供暖，供/回水温度为85℃/60℃。采暖系统采用双管下供下回或单层上供上回异程系统形式，其中水平干管分别设于地下一层、二层及五层。每组散热器供水支管上设带预设定的高阻两通自动恒温阀，立管根部安装压差控制阀，干管分环处安装静态平衡阀。通过管径计算及阀门调节，保证各层散热器之间及立管之间水力平衡。

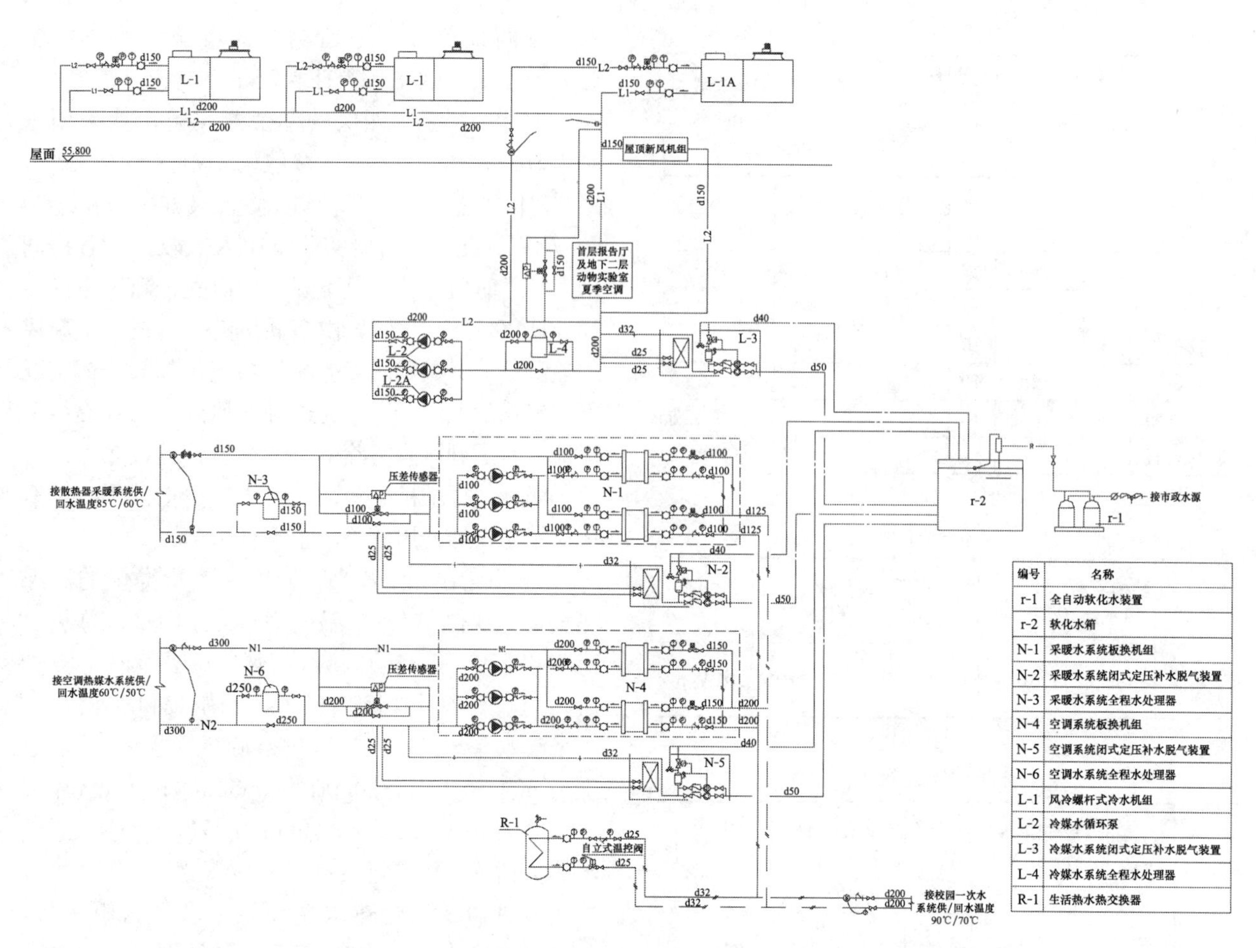

编号	名称
r-1	全自动软化水装置
r-2	软化水箱
N-1	采暖水系统板换机组
N-2	采暖水系统闭式定压补水脱气装置
N-3	采暖水系统全程水处理器
N-4	空调系统板换机组
N-5	空调系统闭式定压补水脱气装置
N-6	空调水系统全程水处理器
L-1	风冷螺杆式冷水机组
L-2	冷媒水循环泵
L-3	冷媒水系统闭式定压补水脱气装置
L-4	冷媒水系统全程水处理器
R-1	生活热水热交换器

图1　冷热源系统原理图

（3）标准层分层在东西两侧新风机房设置非实验工艺用新风机组及排风机，各机房的新风机组及排风机负担本层对应防火分区内实验室的平时人员新风及日常（非实验工艺）排风，可以满足平时及夜间不做实验时的卫生要求，避免无实验时也开启实验通风设备排风，造成能源浪费。新风机组夏季将室外新风过滤后直接送入室内；冬季由空调热水立管提供60℃/50℃热水，对室外新风加热并进行加湿处理后送入室内。置日常排风系统。

首层报告厅冬夏均采用全空气一次回风系统供热制冷。空调机组设于地下一层空调机房，采用双风机系统，送回风采用旋流风口顶送＋侧面百页口回风方式，过渡季可按全新风节能运行。

首层门厅夏季采用多联机＋新风系统，多联机采用高静压型风管机，首层大空间侧送风口为旋流喷口，保证气流射程能覆盖至玻璃外幕墙。同时，在二、三层与门厅空间相通的走廊上设置上送上回的风管机，与首层侧送室内机共同负担门厅负荷。冬季采用地板辐射热水采暖系统，分、集水器处设置混水泵将采暖系统提供的85℃/60℃热水转换为60℃/50℃地暖热水。

首层电镜试验室及二层网络机房设置恒温恒湿空调。四层局部洁净试验室独立设置自带冷源的净化处理机组，用于满足此部分实验室房间净化要求。地下设备机房设置新风机组满足通风要求，冬季新风经盘管预热后送至室内。

六、实验室通风系统设计

该工程为高层建筑，标准层层高有限，除了在标准层水平方向设置小风量的非实验工艺用新风机组及排风机之外，地上实验室通风系统均采用了竖向一对一的送排风系统形式，即每跨成对布置送排风竖向风道（每跨竖向风道分为两组，十二层及以下为一组，十三～十四层为另外一组），该风道在每层接出支管提供实验室通风柜的排风及补风，减少水平支风管的覆盖范围及尺寸，从而满足建筑层高的要求，详见图2。水平支管处除了按消防规范要求设置防火阀之外，在送排风支管上均设置了 VAV 变风量调节阀，该阀与通风柜面风速传感器联动控制，保证通风柜面风速恒定在 0.5m/s。结合实验室的使用功能并考虑标准层试验室通风柜每次操作时间较短，对于十二层及以下的楼层的实验室送风系统只提供冬季加热，夏季不进行冷却处理，负荷可由多联机室内机负担。

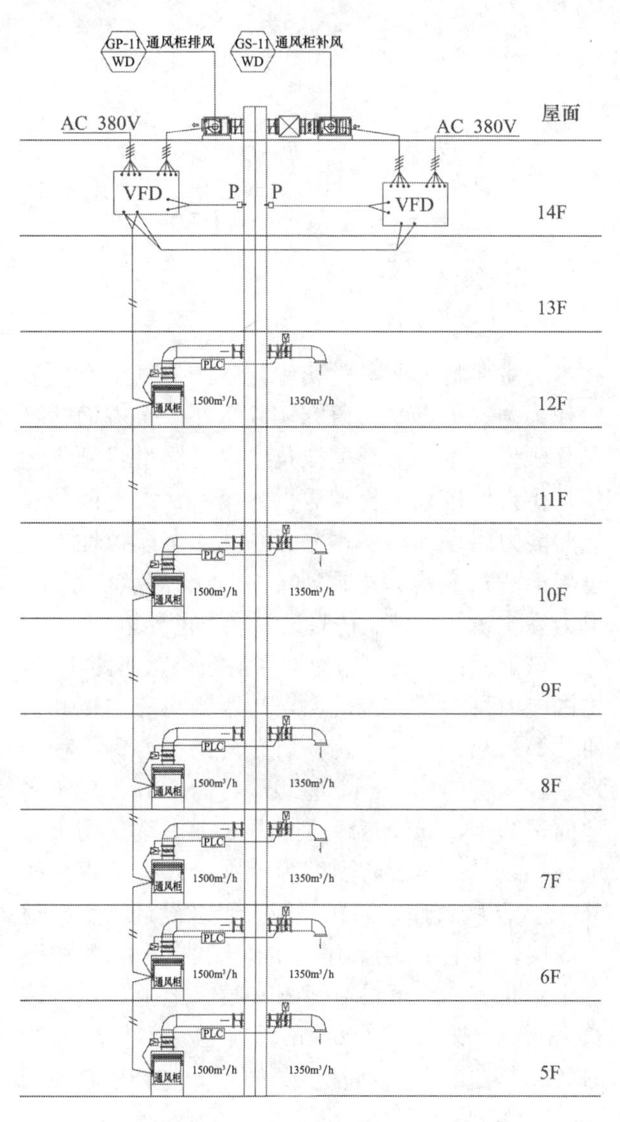

图 2 标准层实验室通风系统原理图

十三～十四层以理化实验室为主，此类实验室的日常通风要求较标准层的要求更高，本次设计按最低 8 次/h 考虑；日常采用全空气直流运行方式，通风量较大，因此其实验室通风系统单独设置。送风系统除了冬季加热加湿外，夏季还进行冷却除湿处理，以满足室内环境舒适度的要求。由于十三～十四层各实验室内的通风柜数量较多，全部开启时的通风柜排风量远大于最低换气次数要求，因此将通风柜作为房间排风末端，并设置限位措施，以保证通风柜在最小风量状态下能满足房间的换气次数要求。十三～十四层竖向实验室通风系统示意图见图 3。

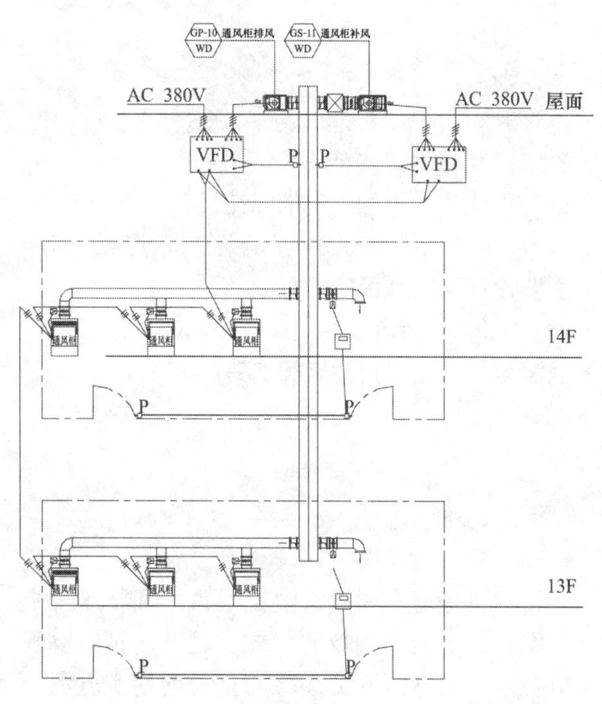

图 3 十三、十四层实验室通风系统原理图

因层高及楼高限制，本楼未能在屋顶增加设备夹层，因此标准层及十三层、十四层的实验室送排风机均设置于屋顶。

实验室通风柜排、补风均采用变风量控制系统，末端均采用压力无关的变风量调节阀。通风柜平均面风速有人操作时为 0.5m/s，无人操作时为 0.3m/s，系统响应时间≤3s，通风柜面风速控制精度达到 0.5m/s（±15%）。

一～十二层每间实验室大多只有 1 台风柜，换气量小，对房间负压影响小，所以补风系统采用启停信号联动和控制信号联动，保证房间始终维持负压状态。

十三～十四层每间实验室风柜数量较多，风柜使用时换气量大，对房间负压影响较大。如果采用简单的对房间排、补风量按比例进行控制，当房间开启风柜数量不一样时排、补风量的差值将相差很大，为了避免上述困难，对房间维持固定负压即采用房间恒负压控制，即根据实验室与走廊之间的压差传感器所设定的压差信号调节补风阀的开度。

中国电力科学研究院仿真实验综合楼①

- 建设地点　北京市
- 设计时间　2006年3月～2008年3月
- 竣工日期　2009年9月
- 设计单位　中国中元国际工程公司
  ［100089］北京西三环北路5号
- 主要设计人　魏民赞　赵立辉
- 本文执笔人　魏民赞
- 获奖等级　民用建筑类二等奖

作者简介：

魏民赞，男，1956年4月生，高级工程师，所副总工程师。1981年湖南大学供热与通风专业毕业，工学士，现在中国中元国际工程公司工作。主要设计代表作品：北京远洋大厦、新白云国际机场货运站、中国电力科学研究院仿真实验综合楼、甘肃省人民医院、唐山东方广场一期、北京观唐别墅、紫檀博物馆综合楼等。

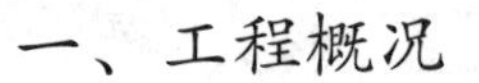

一、工程概况

该项目是落实《国家中长期科学和技术发展规划纲要》中能源领域的优先主题，承担特高压输电技术、大电网安全运行等重大前期实验科研任务，以大规模电力系统并行计算技术、大容量物理设备动态模拟技术和超大规模电网分析仿真技术为主要特点的科学实验建筑。仿真中心实验室作为国家重点学科研究实验室在5个方面达到国际领先水平：仿真模拟技术水平居世界领先地位；仿真模拟系统规模居世界第一；大电网仿真试验能力居世界第一；电力系统动态模拟性能居世界第一；实现大电网动态安全预警示范系统，电力系统运行和控制仿真试验能力世界第一。

该工程位于北京市海淀区清河小营东路15号中国电力科学研究院院内，与西侧现有主楼和科研楼等一起，组成该院科研办公的中心。工程用地东西宽度约为86m，南北深约为90m，建筑占地面积约7520m^2，为一类高层建筑。建筑耐火等级为一级，抗震设防烈度为8度，人防工程为核6B级人防物资库，防化等级按丁级设计。主楼地下3层，地上16层，建筑主体高度70m；配楼贴临主楼北侧，地下设有设备夹层，地上3层，建筑外沿构架高度20.4m。项目总建筑面积61470m^2，供暖建筑面积12593m^2，空调建筑面积48877m^2，总投资2.3亿元。

主楼地下为汽车库、设备用房；一层为会议、动模实验室大厅；二层为办公、动模控制；三层为仿真中心实验室、实验办公；四层为仿真安全控制机房；五层为国家电网运行控制中心；六层为国家电网规划数据中心；七层为院信息中心机房；八层为环境性能试验室；九层为最高电学计量实验室；十层为网络信息安全实验室、配用电自动化设备实验室；十一～十六层为远动终端实

① 编者注：该工程主要设计图纸参见随书光盘。

验室、EMC实验室及相关新技术研发中心。全年同时存在为世界级“高、精、尖”的电力系统仿真动态模拟实验提供工艺性空调、研究办公的舒适性空调以及供暖、通风、消防、人防等方面的要求。

二、工程设计特点

(1) 集中空调冷源系统兼顾电力仿真动态模拟实验系统白天和夜晚的不同需求，采用了双工况制冷主机和基载主机相匹配、内溶冰蓄冷式部分蓄冰系统，提供九种运行模式，利用夜间低谷电制冰蓄冷，安全可靠地适应了该楼全年不同时期工艺性空调和舒适性空调的冷量需求。

(2) 鉴于该工程无城市热网及燃气应用条件并要与原有电蓄热热水系统兼容，空调热源采用具有无污染、极低噪声、占地面积小、全自动、安装使用方便、安全可靠、热效率高达98%以上的分量常压电蓄热热水锅炉技术、避峰运行策略和谷电+部分平电的运行模式，利用谷电和部分平电等廉价电蓄热供暖，同时满足老建筑和该工程供暖、实验室工艺性空调和研究办公舒适性空调的不同要求。

(3) 将性价比高的“冰蓄冷、大温差供冷、低温送风”相组合，对高大空间及实验温湿度要求高的场所配置了变风量机组+高诱导比低温风口送风的全空气空调系统，节能经济、安全舒适地提供了该类场所高品质的空气温湿度优良环境。

(4) 对要求24h值守、关键要害的电力系统最高电学计量标准实验室采用风、水双冷源的恒温恒湿系统结合PID现场控制技术，避免了实验室的温湿度波动，平时在白天可采用节能经济的冷冻水盘管供冷，夜间和非正常状态下也可采用风冷冷源供冷，为实现±0.5℃，φ=±5%的精密空调环境提供了多重“双保险”的技术和设备保障措施；信息中心设置了冷冻水盘管+热水盘管的恒温恒湿系统，冬季可利用室外天然冷源，送入用热水进行防冻处理后的冷风进行降温，节能节电。作为备用冷源配置了风冷柜式空调系统。一些常规要求的机房则配置了独立运行、方便经济的风冷柜式空调系统。

(5) 屋顶和地下二层新风机组采用全热回收措施（焓回收率63%），达到预热新风、回收排风能量的目的，回收新风系统占全楼风机盘管加新风系统总新风量的57.9%。

(6) 地下车库、冷冻机房、水泵房、锅炉房均设双速送、排风机，可根据现场情况改变送、排风量，减少风力输送动力消耗，节电节能。

三、设计参数及空调冷热负荷

1. 室内设计参数（见表1）

室内设计参数 表1

序号	房间	夏季		冬季		最小新风量 (m^3/h)	人均面积 (m^2/P)	噪声值 [dB(A)]
		t (℃)	φ (%)	t (℃)	φ (%)			
1	个人办公	25	60	20	—	60	15	40
2	一般办公	25	60	18	—	30	7	40
3	会议	25	≤65	18	—	30	2.5	40
4	接待厅洽谈室	25	≤65	20	—	30	8	40
5	贵宾室	25	60	20	—	60	15	40
6	展示	25	≤65	18	—	20	4	40
7	大堂门厅	26	≤65	16	—	10	8	45
8	实验室	25	60	18	—	30	—	40
9	开水休息管理	26	≤65	18	—	30	8	45
10	最高电学计量标准实验	20±0.5	55±5	20±0.5	55±5	30	—	45
11	电能计量仪表实验室	23±2	55±10	23±2	55±10	30	—	45
12	信息中心四层机房	23±2	55±10	23±2	55±10	30	—	45
13	国家电网规划数据运行控制中心	25	60	20	—	30	15	45
14	消防控制室	25	60	20	—	50	5	45

2. 室内供暖设计参数（见表2）

室内供暖设计参数 表2

序号	服务区域	设计温度（℃）
1	给水泵房、消防水泵房、中水备用间	5~8
2	卫生间	5~8
3	冷冻机房	15
4	锅炉房值班室	18

3. 室内通风设计参数（见表3）

室内通风设计参数　　表3

序　号	服务区域	排风量（次/h）	进风量（次/h）
1	公共卫生间	10	新风渗透
2	实验室	1	1.3
3	环境性能实验室	1/5	0.8/4
4	老化实验室	5	新风渗透
5	气瓶间	5	新风渗透
6	开水间，休息室	3	2.4
7	办公，管理室	1	1.6
8	一层发电机房	10	9
9	实验变配电	8	新风渗透
10	汽车库（B3人防物资库）	6（1.1）	5（1.1）
11	库房	2	自然渗透
12	设备间	3	自然渗透
13	电缆分界小室	10	自然渗透
14	电蓄热锅炉房	10	5
15	给水泵房/中水备用间	4/10	自然渗透
16	变配电	5（换气）	4
17	冷冻机房	8	4
18	消防监控，地下管理	1	1

4. 空调冷热负荷

计算冷负荷：4143kW；

回收冷量：335kW；

设计冷负荷：3808kW；

计算热负荷：3812kW；

回收热量：568kW；

设计热负荷：3245kW。

四、空调冷热源及设备选择

(1) 冷源为部分蓄冰系统提供的供/回水温度为5℃/12℃的冷冻水。冷源设备选择如下：

1）冷水机组：水冷双工况螺杆压缩式2台，制冷量1058kW/台及基载螺杆压缩式1台，制冷量573kW；

2）蓄冷槽：导热塑料盘管4台，蓄冷量2961kWh/台；

3）板式换热器：对角流式2台，换热量1615kW/台；

4）乙二醇水泵：端吸卧式3台（两用一备），流量198m³/h，扬程32mH$_2$O，功率30kW；

5）冷冻水泵：端吸卧式3台（两用一备），流量250m³/h，扬程38mH$_2$O，功率55kW；

6）基载冷冻水泵：端吸卧式2台（一用一备），流量80m³/h，扬程38mH$_2$O，功率22kW；

7）乙二醇补水泵：端吸式2台（一用一备），流量5.6m³/h，扬程16mH$_2$O，功率0.75kW；

8）定压装置：1台，流量2m³/h，功率1.1kW；

9）全程水处理器：全自动式，单台流量280～440m³/h，功率0.23kW，2台；流量158～280m³/h，功率0.23kW，1台；

10）真空脱气机：2台，流量10L/min，功率5kW；

11）冷却塔：超低噪声逆流式，流量276m³/h，功率11kW，2台；流量150m³/h，功率5.5kW，1台；

12）冷却水泵：端吸卧式3台（两用一备），流量240m³/h，扬程28.6mH$_2$O，功率30kW；

13）基载冷却水泵：端吸卧式2台（一用一备），流量129m³/h，扬程28.6mH$_2$O，功率18.5kW；

14）循环水旁流处理器：SCII-0800F型1台；

15）冷却塔补水装置：HLS-13-0.95恒压变量变频供水设备1套。

冷却水系统由给排水专业设计。

(2) 热源由分量常压电蓄热热水锅炉分别提供的供/回水温度为60℃/50℃的空调系统热水和78℃/58℃供暖系统热水。热源设备选择如下：

1）电蓄热锅炉：常压式3台，热量1.8MW；

2）蓄热水箱：容积260m³，3台；166m³，1台；

3）空调板式换热器：1台，换热量1938kW；

4）空调循环泵：屏蔽立式G125-32-22NY，3台（两用一备），流量125m³/h，扬程32.6mH$_2$O，功率22kW；

5）空调补水泵：BDL16-60，2台（一用一备），流量8m³/h，扬程83.4mH$_2$O，功率5.5kW；

6）供暖板式换热器：1台，换热量294kW；

7）供暖循环泵：屏蔽立式G40-10-2.2NY，2台（一用一备），流量40m³/h，扬程10mH$_2$O，功率2.2kW；

8）供暖补水泵：BDL1-15，02台（一用一备），流量1m³/h，扬程83.4mH$_2$O，功率0.75kW。

(3) 空调末端设备：

1）空气处理机组和机房系统新风机组均采用立式变频组合机组；屋顶新风机组采用卧式变频转轮全热回收机组；地下管理新风机组采用吊顶式板翅全热回收机。组合机组均采用两级过滤方式：数据控制中心类房间（电网运行仿真控制室、国家电网运行控制中心和国家电网规划数据中心）设置板式粗效、袋式亚高效过滤；其他空气、新风处理机组设置板式粗效、袋式中效过滤。机房系统的空气处理机及所有的组合式新风机组均采用7℃温差冷盘管＋热盘管的双盘管配置，其他空气处理机组为7℃温差单盘管配置。根据工艺要求不设冬季加湿。

2）电力系统最高电学计量标准实验室恒温恒湿机组采取冷冻水盘管＋冷媒盘管＋电加热的双冷源盘管配置。信息中心采用标准配置的水冷盘管＋热水盘管的恒温恒湿机组和风冷柜式空调机组。水冷、风冷恒温恒湿机组均采用粗效、亚高效过滤及电热加湿器。

3）风机盘管为7℃温差卧式暗装高静压两管制低噪声风机盘管。

4）首层大门设置卧式暗装水热风幕。

五、空调系统形式

（1）有工艺性空调需求的动模实验室、动模控制中心、仿真实验室、电网运行仿真控制室、国家电网运行控制中心、国家电网规划数据中心、电能计量仪表及电量变送器实验室以及舒适性空调需求的大堂、门厅、候梯厅、大会议室等采用全空气低温送风空调方式，气流组织均为上送上回；变配电所采用全空气常温送风空调方式，气流组织为侧送上回。

（2）舒适性空调需求的实验办公室、研发中心和行政管理办公等采用风机盘管加新风的方式，气流组织均为上送上回。地上新风由设在屋顶的转轮全热回收新风机组提供，新风热回收占全楼风机盘管加新风系统总新风量的57.9％。

（3）属于工艺性空调的电力系统最高电学计量标准实验室采用风、水双冷源恒温恒湿空调系统，气流组织为上送上回；信息中心机房采用水冷恒温恒湿空调系统和风冷柜式空调系统，冬季能够利用室外天然冷源降温。气流组织水冷式为下送上回地板送风方式、风冷式为上送侧回。

（4）属于工艺性空调的仿真与动态安全监控开发机房、自动化机房、设备机房采用风冷柜式空调系统，气流组织均为上送上回。

（5）为大厦提供服务保障的消防控制室采用柜式空调机；电梯机房采用分体式空调机。

（6）空调水系统分为机房系统（包括服务机房的空气、新风机组、电网运行仿真控制室、信息中心机房和电力系统最高电学计量标准实验室）、空气新风处理机和风机盘管系统三个环路。

机房系统立管采用四管制异程式；其他系统采用二管制异程式；风机盘管采用立管异程、水平支干管同程的异同程结合式的两管制。

冷冻水和冷凝水的立管均设于管井内，水平管敷设于本层吊顶内。空调冷凝水排至地漏。空气、新风机组采用动态压差平衡电动调节阀来自动平衡管道阻力，防止互相干扰，以保证供水流量和设计精度。

六、通风、防排烟及空调自控设计

（1）冷冻机房采取以机房就地控制为主、以楼宇监控为辅的双重控制模式。采用集散式直接数字控制系统（DDC），制冷机房内设备及蓄冰系统控制均纳入DDC控制系统中，微机控制中心设在冷冻机房内。采用智能系统进行优化控制：根据测定的气象条件及负荷侧回水温度、流量，计算预测全天逐时冷负荷，然后再制定双工况主机、基载主机和蓄冰设备的逐时负荷分配（运行控制）工况，控制双工况主机、基载主机的冷量输出，最大限度地挖掘蓄冰设备融冰供冷量，更好地达到节省运行费用的目的。自控内容包括：

1）开停机的自动动作程序；

2）通过负荷冷量计算来确定双工况主机、基载主机和蓄冰设备的最佳冷量输出；

3）实现各种运行工况的转换控制，即：双工况主机制冰；基载主机供冷工况；蓄冰设备融冰单独供冷工况；主机单独供冷工况；主机和蓄冰设备联合供冷工况；

4）部分负荷季节双工况主机和基载主机的轮时启动程序；

5）旁通环路的自动开启和关闭。

（2）空气、新风机组采取双重控制模式，以楼宇自控为主，机房就地控制为辅，两种控制模式可互相切换。

1）空气处理机控制内容包括：根据回风温度控制其表冷（或冬季加热）器的水阀开度、调节新回风混合比、过滤器压差监控、风机状态监控、冬季防冻保护及设备停机时自动关闭新风阀。

2）新风处理机组控制包括：根据室外空气焓值设定送风温度，根据送风温度控制其表冷器或冬季加热器的水阀开度、过滤器压差监控、风机状态监视、冬季防冻保护及设备停机时自动关闭新风阀。

3）带能量回收器的新风处理机组控制包括：根据室外空气焓值设定送风温度，根据送风温度控制其表冷器或冬季加热器的水阀开度、过滤器及能量回收器压差监控、送排风机状态监视、冬季防冻保护及设备停机时自动关闭新风阀。

4）风冷式机房空调机组、恒温恒湿空调机组采取就地控制方式，由机组自带的标准配置控制系统独立控制。

水冷恒温恒湿空调机组控制内容包括：根据回风温度控制其表冷器的水阀开度和电加热器的供电量；根据回风湿度控制电热加湿器的加湿量；过滤器压差监控；风机状态监控；冬季防冻保护及设备停机时自动关闭新风阀。

风冷恒温恒湿空调机组控制内容包括：根据回风温度控制其制冷压缩机的冷量输出和电加热器的供电量；根据回风湿度控制电热加湿器的加湿量；过滤器压差监控；风机状态监控；自动除霜；冬季防冻保护及设备停机时自动关闭新风阀。

电力系统最高电学计量标准实验室恒温恒湿空调机组控制内容在以上内容基础上再加上通过室内温湿度的反馈信号比例调节送风口电加热器电量的PID现场微观调节内容。

5）柜式空调机、新风换气机和分体式空调机采取就地控制方式。

6）公共区域的风机盘管采取楼宇控制方式，办公室等非公共区域的风机盘管采取就地控制方式通过三速开关手动控制风机盘管风机的启停和三速运转、根据室温通过温控器自动控制盘管水阀的开关。

7）空气、新风处理机、电动水阀和电动新风阀进行电气联锁，启动顺序为：电动水阀—电动新风阀—风机；停机时顺序相反。控制送风温度的电动调节阀的理想流量特性为等百分比特性。

8）变频空气处理机组根据室内空气温度信号（在保证最小新风量、换气量及气流组织的最低要求的前提下）通过变频器自动调整其风机转速改变风量，实现节能运行。

（3）通风系统控制包括：中央监控系统对所控通风机的控制及显示；送、排风机启/停及状态显示；风机故障报警；各部位的通风机皆可设置定时开关程序，并且根据实际运行效果不断调整使运行更经济合理。

1）楼上卫生间、休息室排风机的启停采取以楼宇控制为主的方式，并就地设置检修开关；

2）实验室、机房的通风机采取以就地控制为主的方式，联锁启、闭电动风阀和通风器；

3）地下车库射流风机按楼层分区联锁，其通风机的启停均采取楼宇控制方式，并就地设置检修开关。

（4）防烟楼梯间及其前室、合用的前室按地下地上分别设置加压送风系统。地下楼梯间设一个常开送风口，地上楼梯间每隔两层设一个常开送风口，前室和合用前室每层设一个具有手动和自动开启装置的常闭送风口，并与加压送风机的启动装置联锁，加压风机分别设在首层和顶层。在加压送风机的压出管上设调节阀和止回阀。防烟楼梯间余压值为50Pa；前室或合用前室余压值为25Pa。按防火分区及防烟分区分别设机械排烟及补风系统。

1）当发生火灾时，立即停止与消防无关的通风、空调设备，手动或自动启动防烟楼梯间、前室和合用前室的加压风机，并联锁开启着火层及其上层前室和合用前室的常闭送风口；手动或自动启动排烟风机和系统，无自然进风的区域连动开启补风机或相关联的空气、新风处理机组，当排烟风机入口总管上的排烟防火阀因烟气温度达到280℃自动关闭时，联锁关闭排烟风机。

2）当地下汽车库发生火灾时，立即停止与消防无关的通风、空调设备，手动或自动启动相关联的防烟楼梯间、前室和合用前室的加压风机，并联锁开启着火层及其上层前室和合用前室的常闭送风口；手动或自动将排烟风机和补风机转换成消防排烟速度，进行排烟。当排烟风机入口总管上的排烟防火阀因烟气温度达到280℃自动关闭时，联锁关闭排烟风机和补风机。

3）当设有气体灭火的房间发生火灾时，电信号立即关闭其通风系统和风管的风阀进行气体灭火，灭火完毕再开启通风系统和风管的风阀进行通风换气，排除灭火气体。

七、设计体会

（1）“冰蓄冷和电蓄热锅炉”大大提高了空调系统的经济适用性及安全可靠性。实现了“削峰填谷、节能节电、安全可靠、减少初投资和运行费用”的目标，并使能源得到合理有效的利用、避免了常规中小型燃煤锅炉带来的烟尘、噪声、CO_2 及 NO_x 气体排放等污染及燃煤堆场占地面积大的弊端，实现了绿色环保，节能减排，为建设绿色经济做出了贡献，获得了可观的经济效益和社会效益。

（2）“大温差供冷和低温送风”减少了冷冻水和风机的输配电耗，使水管井、水管尺寸、水泵等的规格相应缩小一号，节电节能，节省工程投资及运行费用。

（3）新风采用“全热回收技术”，回收了冷、热量，节省了能源初投资和运行费用。

（4）针对工艺性空调与舒适性空调要求并存的特点，分别采用合理的系统和应对措施，使系统和设备充分发挥了优势，满足了功能需求，达到了节能降耗的目的。

（5）由于业主的反对，一层大堂没有采用地板辐射采暖系统，冬季大堂温度偏低。

（6）“冰蓄冷和电蓄热锅炉”系统的应用，造成系统运行管理较常规系统复杂，给日常维护带来了一定的困难。

解放军总医院海南分院医疗区暖通设计[①]

作者简介：

史晋明，男，高级工程师，1999年毕业于湖南大学暖通空调专业，现在中国中元国际工程公司工作。主要代表作品有：北京大学第三医院门诊楼、北京大学第一医院门急诊楼、财富中心二期工程、海口火车站、天域度假酒店二期工程、河南省人民医院住院楼、洛阳东方医院等。

- 建设地点 海南省三亚市
- 设计时间 2009年6～11月
- 竣工日期 2011年6月
- 设计单位 中国中元国际工程公司
  [100089] 北京市西三环北路5号
- 主要设计人 袁白妹 史晋明 李永祥 孙苗 王伟
- 本文执笔人 史晋明
- 获奖等级 民用建筑类二等奖

一、工程概况

解放军总医院海南分院是解放军总医院设于海南省三亚市的干部疗养康复基地和综合性医院。医疗区是海南分院的三个组成部分之一（其他两个区分别为疗养区、服务保障区），除了承担中央首长及省市领导的医疗保健任务之外，同时也提供了海棠湾国家海岸酒店度假村的健康护理以及普惠三亚民众的民生医疗服务。

医疗区是一座病床数为570床规模、完整的综合性三级甲等医院，由门诊医技楼、住院楼、VIP专属住院楼、行政办公楼、发热门诊楼、员工宿舍及其他配套用房组成，总建筑面积18.4万m^2。建筑高度38.6m，建筑地上8层（不含设备夹层）、地下1层。

医疗区各功能的主要分布为：

地下一层：核医学科、门诊药房、输血科、药库、营养厨房、餐厅、太平间、变配电室、冷冻机房等。

门急诊医技楼：急诊/急救、输液中心、门诊挂号收费、功能检查（超声科/心脑电室）、眼科、门诊手术、检验中心、外科、妇产科、耳鼻喉、内科等。

住院楼：中心供应、出入院办理、病理科、手术部、DSA、ICU综合监护室、各科室护理单元。

VIP住院楼：VIP住院门厅、首长病房等。

行政办公楼：计算机房、通信机房、护理部、医务部、院办等。

二、工程设计特点

1. 新风系统采用冷却水的废热作为夏季除湿再热的热源

针对三亚高温高湿的气候特点及医疗建筑中地下室大型医疗设备检查室、药房、VIP住院楼、净化区域等对相对湿度敏感的区域，新风系统采用冷冻除湿＋再热的方式进行除湿。这种除湿方式虽然满足了该区域的空气相对湿度的要求，但因为先冷却再加热存在着冷热抵消系统耗能高的

① 编者注：该工程主要设计图纸参见随书光盘。

缺点。为解决能耗高的问题，该工程的除湿再热热源采用冷却水的废热，32℃/37℃的冷却水经过板式热交换器产生30℃/35℃的再热热水送至新风机组的再热盘管进行除湿后的再热。

根据三亚市气候条件及建筑使用功能，夏季供冷季按300d计；空调运行时间取为：24h/d；空调季平均负荷按设计负荷的30%计；三亚市商用电价按1.2元/kWh计。

采用电再热系统全年运行费用　　表1

比较项目	单位	电再热空调系统
制冷量	kW	2700
再热量	kW	750
全年总电耗量	MWh	1620
全年运行费用	万元	194.4

根据表1统计，采用废热进行电再热，不仅可以满足医院内特殊房间（如病案库、药品库等）对温湿度的要求，同时每年可节约运行费用约194万元。

2. 手术室及层流病房采用一对一系统

手术室及层流病房等净化区域的净化空调设计采用手术室一对一的分区空调系统设计，净化空调系统经新回风混合后，空气经过风机段、中效过滤段、表冷段、加热段及电再热段进行空气的热、湿及过滤处理后送入室内的带高效过滤的手术室专用送风装置内；同时所有设净化空调系统的房间均设排风以保证要求的压力梯度。

3. 部分科室设置智能通风系统保证室内空气品质

在透析和烧伤病房区域设置智能通风系统来严格控制室内的空气品质、病房与周围所有空间的压差梯度，根据控制区域的污染物浓度或者房间的压力梯度实时控制送排风量调节。采用平层送风平层排风布置方式，严格按功能性质进行分区设置独立的送排风系统，并做到送排风系统所管辖区域相对应；严格根据建筑特点和功能要求确定新风量和梯度压差；房间内送排风口布置位置合理，能提高通风效率。

4. 采用CFD计算机模拟技术

为了有效落实国家的节能减排政策，同时能更好地实现绿色医院的设计意图，该项目对医技楼门诊大厅和医疗主街作通风和温度模拟，通过有效的措施使用自然通风手段来满足人群对环境舒适度的要求。在模拟工况下，CFD初次模拟计算所得到的结果表明，在一～六层的门诊大厅及医疗主街处的实际空气温度略高于室外温度1～2℃。而在增加了部分改进通风措施后，各楼层通风状况得到了较为明显的改善，大部分区域均可维持略低于30℃（室外温度）的水平，并可保有一定的空气流动速度，不会使人感觉过热。

三、设计参数及空调冷热负荷

1. 室外空气计算参数（见表2）

室外空气计算参数　　表2

室外气象参数	夏季	冬季
大气压力（kPa）	100.5	101.4
空调日平均温度（℃）	30	—
空调温度（℃）	32	19
采暖温度（℃）	—	21
通风温度（℃）	30	23
计算湿球温度（℃）	28.3	—
月平均相对湿度（%）	最热月82%	最冷月78%
室外平均风速（m/s）	5.6	5.7
最多风向及频率	SWW　26%	NE　42%
全年最多风向及频率	NE　21%	
台站位置	北纬25　01	东经102　41

2. 空调房间室内设计参数（见表3）

室内设计参数　　表3

房间名称	夏季		冬季		新风量	噪声
	干球温度（℃）	相对湿度（%）	干球温度（℃）	相对湿度（%）	m³/（h·床）（次/h）	dB（A）
普通病房	25	60	19	60	70	≤37
一二类病房	20	60	28	50	（4）	≤34
一二类病房客厅	20	60	28	50	（6）	≤34
三四类病房	22	60	28	50	（4）	≤37
诊室	25	60	19	60	（3）	≤45
VIP诊室	25	60	19	60	（4）	≤45
候诊室	25	60	19	50	（4）	≤50
手术室	22	60	22	50	（12）	≤52
ICU	24	60	22	50	（7）	≤37
配液	24	60	20	50	（6）	≤52

续表

房间名称	夏季		冬季		新风量	噪声
	干球温度（℃）	相对湿度（%）	干球温度（℃）	相对湿度（%）	m^3/（h·床）（次/h）	dB（A）
洁净辅助区	24	60	20	50	（3）	≤52
恢复室	24	60	19	60	（3）	≤37
各种试验室	25	60	19	60	（4）	≤47
药房	24	60	19	60	（2）	≤47
CT等检查室	25	60	19	60	（8）	≤47
放射线室	24	60	19	60	（6）	≤37
中心供应	25	60	19	60	（3）	≤52

3. 空调计算负荷

该工程空调计算冷负荷18618kW，空调计算热负荷1997kW，总新风量665632m^3/h。

四、空调冷热源及设备选择

1. 冷热源设计

冷冻机房设在地下一层，设置离心式冷水机组6台，4台制冷量为4571kW的10kV高压冷冻机离心式冷水机组，2台制冷量为2462kW的变频离心式冷水机组，配置8台冷冻和冷却水循环水泵，6用2备，同时在病房楼屋面设置冷却塔，为机组提供32℃/37℃的空调冷却水。

冬季为VIP住院楼和净化空调设置空调热源，在锅炉房设置3台燃气燃油两用直燃机产生50℃/45℃的空调热水。2台制热量为1791kW，1台制热量为179kW。空调热媒为50℃/45℃热水。

三亚城市基础设施相对薄弱，当台风登陆期间，城市电网停电3～4d，为保证医院重点区域的空调供给，3台直燃机作为空调备用冷源提供VIP病房楼、手术室、ICU和急诊区域的风机盘管的空调冷冻水。

进入冬季以后，三亚的相对湿度很大，新风需要除湿。新风系统除湿采用冷冻除湿＋再热的方式，再热热源为冷却水的废热，32℃/37℃的冷却水经过板式热交换器产生30℃/35℃的再热热水送至除VIP病房楼和手术室等洁净空调外的新风机组的再热盘管进行除湿后的再热。

2. 空调水系统设计

为提高手术部等净化空调系统可靠性要求，设计专用立管供空调用水，为满足净化空调对冷热时间要求的特殊性，净化空调系统采用四管制异程系统。

VIP住院楼设置四管制的风机盘管，其他区域设置二管制风机盘管。VIP住院楼和住院楼的病房部分的风机盘管采用竖向系统。

新风机组采用竖向异程式，立管敷设在机房内。

3. 空调系统设计

净化空调系统：住院楼中手术部共10间手术室，1间为Ⅰ级洁净手术室，9间为Ⅲ级洁净手术室（其中1间为负压手术室），每间手术室设一个净化空调系统；洁净走廊、中心供应、ICU按Ⅲ级洁净辅助用房设计。

CT、SPECT、PET等有大发热量设备的房间和回旋加速器室、消防控制中心设变冷媒流量制冷系统空调降温。信息中心、MRI等有特殊要求的房间设置专用空调系统。

其余部分采用风机盘管＋新风系统。

舒适性空调新风处理方式：室外空气经过自动清扫的粗效过滤、中效过滤、表冷器段、再热段、风机加压后送入室内新风口。

五、通风、防排烟及空调自控设计

1. 通风系统设计

地下一层的厨房的主副食加工间灶台设置机械排风系统，排风量按排烟罩口吸入风速0.5m/s计算，油烟经过静电脱排油烟器处理后排至大气。

所有区域的公共卫生间、污洗间、消毒间设计排风机进行机械排风系统，排风量按10次/h计算。

门诊医技楼病理科取材室、标本室等有强烈异味的房间设计机械排风系统，排风量按10次/h计算，并另设通风柜和取材台排风局部系统，排风经活性炭吸附后排放。

地下一层各设备用房按功能设置排风系统。

2. 自动控制

冷冻机除本身自动调节控制外，根据负荷的变化进行台数和冷冻机群体控制；根据供回水温度及旁通水量确定冷冻机开启的台数，冷冻机与冷冻水泵连锁，并设冷却塔、冷却水泵、冷冻水泵、冷水机组顺序启停控制。

净化空气处理机在其回水管上设置动态平衡阀和比例积分电动三通调节阀，按回风温度和湿度优先原则调节阀的开度。

舒适性新风机组（空调机组）在回水管上设置电动平衡比例积分电动两通调节阀，按送风温度（回风温度）和湿度优先原则调节水量。

六、设计体会

随着社会的发展，人们对生活环境越来越高的要求与日益紧张的能源不可避免地会出现相互冲突的问题，而空调的能耗在建筑中所占比重是最大的，这对暖通设计工程师的要求也越来越高。我们不仅需要考虑各类房间对室内空气环境的要求，还要尽可能地利用可再生能源，这样就会使系统变得非常复杂，增加了初始投资，如何解决这两方面的矛盾是设计中需要仔细斟酌的问题。

该工程中有很多区域使用了自然通风代替空调降温的方案，实际的使用中这部分区域内的空调温度大部分低于30℃的水平，并可保有一定的空气流动速度，不会使人感觉过热，达到了最初的设计目标。希望我们以后的设计中可以越来越多地合理利用可再生的能源，让绿色建筑真正成为主流。

中国2010年上海世博会主题馆暖通空调工程①

- 建设地点　上海市
- 设计时间　2007～2009年
- 竣工日期　2010年3月
- 设计单位　同济大学建筑设计研究院（集团）有限公司
  ［200092］上海市四平路1230号
- 主要设计人　刘毅　周谨　朱伟昌　张心刚　王健
- 本文执笔人　周谨
- 获奖等级　民用建筑类二等奖

作者简介：

刘毅，男，1964年10月生，教授级高级工程师，现任同济大学建筑设计研究院（集团）有限公司建筑设计一院副院长，副总工程师，1986年毕业于同济大学供热通风与空调专业，大学学历。主要设计作品有：上海中心、中国银联数据处理中心、交通银行数据处理中心等。

一、工程概况

世博会主题馆位于上海市浦东世博园区的核心区域，是2010年上海世博会的永久场馆之一，同时也是上海世博会一轴四馆的核心建筑之一。主题馆用地面积为11.5hm^2（约172亩）。主题馆东西总长约300m，南北总宽约200m，地面2层，地下1层，总建筑面积152318.5m^2，其中地上部分为98694.6m^2，地下部分为53623.9m^2。建筑主结构高度23.5m。主要满足展览的功能需求。

二、工程设计特点

该工程属于展览建筑，最大的特点是其中的展厅单厅面积大，进深大。主题馆占地面积约55000m^2，东西跨度288m，南北跨度180m。整幢建筑西侧是一个180m×144m的大展厅，也可以根据用途划分成2个展厅，整个展厅内不设一根柱子（包括不设置送风柱），是一个非常完整的大空间，这也是业主特别强调并要求设计的，目的是保证以后在使用上能够适应各种需求。因此在设计中，设置合理的气流组织满足大空间展厅的空调效果就成为设计中的一个重点。同时，大空间展厅的消防系统设计也是重点研究的内容之一，如何确保发生火灾时的人员安全疏散也成为设计中着重解决的问题。

三、设计参数及空调冷热负荷

该工程室外设计参数参照上海市的气象参数：

夏季空调计算干球温度：34.0℃；

夏季空调计算湿球温度：28.2℃；

夏季通风计算干球温度：32.0℃；

冬季空调计算干球温度：−4.0℃；

① 编者注：该工程主要设计图纸参见随书光盘。

冬季空调计算相对湿度：75%；

冬季通风计算干球温度：3.0℃。

室内设计参数主要参考现行国家规范的要求选取，主要包括：

主要展厅的夏季室内设计温度为26℃，相对湿度≤65%；冬季室内设计温度为18℃，相对湿度≥40%，新风量标准为每人20m³/h。

门厅、休息厅的夏季室内设计温度为26℃，相对湿度≤65%；冬季室内设计温度为18℃，相对湿度≥40%，新风量标准为每人10m³/h。

会议室的夏季室内设计温度为25℃，相对湿度≤65%；冬季室内设计温度为20℃，相对湿度≥40%，新风量标准为每人25m³/h。

办公室的夏季室内设计温度为26℃，相对湿度≤65%；冬季室内设计温度为20℃，相对湿度≥40%，新风量标准为每人30m³/h。

整幢建筑的夏季最大冷负荷为23000kW，单位建筑面积的冷耗指标为151W/m²，冬季最大热负荷为8000kW，单位建筑面积的冷耗指标为53W/m²。

四、空调冷热源及设备选择

在设计之初，我院对主题馆的全年负荷进行了工况模拟，通过对各个季节的冷、热负荷情况分析可以看出，主题馆的空调负荷特点是夏季冷负荷非常大，制冷主机的配置必须满足世博会期间最大冷负荷的需求。而冬季的热负荷相对会非常小，在设计热源时应充分考虑这种因素。而过渡季是使用比较频繁的季节，虽然室内冷负荷依然比较大，但新风冷负荷已大大减少。在经过全年的能耗模拟后，我们发现，在全年供冷系统运行的时间内，达到90%以上负荷率运行的时间是非常短的，仅仅占总运行时间的1.28%，而系统在多达77%的运行时间内的负荷率不超过50%，在空调运行时间内，系统负荷率为0～20%的时间是最长的。

针对这一特点，在选用系统冷源时，更加注重所选设备的部分负荷性能系数。而这一情况下的能耗对以后业主使用时的影响也将是最大的。

在经过技术经济分析后，设置3台制冷量为378kW、7台制冷量为1097kW的螺杆式风冷热泵机组同时满足供冷和供热的需求，其运行以供热为主，可以在供热时达到较高的系统效率。而在供冷时仅仅作为离心机的补充，仅在高峰负荷时开启。而供冷主要采用变频离心式冷水机组，离心式冷水机组共选用了4台制冷量为3516kW(1000RT)的机组。风冷热泵机组均设置在西展厅西侧的屋顶上，离心式冷水机组设置在地下室冷冻机房内。为了充分发挥变频离心式冷水机组在部分负荷下的超高效率，经过细致的分析、计算和比较后，确定所有4台机组全部采用变频机型，其在部分负荷情况下，机组的COP可以高达10.0以上。这也使得全年大部分时间机组均可以处在负荷率为40%～70%的高效区运行，提高系统整体的运行效率。

五、空调系统形式

(1) 空调冷温水系统采用机械循环二管制异程式系统。冷源侧采用定流量系统，负荷侧采用变流量系统。冷冻水供回水总管上设置压差旁通，以满足负荷侧流量变化的要求。末端空调箱回水管上设置动态平衡电动调节阀，末端风机盘管回水管上设置动态平衡电动两通阀。以保证空调系统运行时的水力工况平衡。

(2) 主题馆主要展馆、门厅、休息厅均采用了全空气系统，其中大部分机组设置了全热回收段，可以充分回收排风中的能量，利用其来预冷或预热室外新风，从而节省新风冷热负荷，达到节能的目的。

(3) 在所有展馆的全空气系统中，均考虑了过渡季利用室外自然能的措施，系统新风比可以达到最大风量的50%。并且其中所有空气处理机的送排风机均为变频风机，可以在适当的条件下减少送风量，进行全新风运行。从而节省能耗。

(4) 该工程的主要展厅均为超大空间场所，尤其二、三号展厅为25000m²左右的超大无柱空间，而业主对该空间内的无障碍要求也对空调风系统气流组织带来了较大的难度。经过反复研究、比较，并经过CFD模拟，最终采用了双排远程喷口对送风的方案，最远送风距离达到了54m。而实际运行的效果基本达到了设计要求，取得了较好的空调效果。

(5) 对场馆内的办公、洽谈、贵宾休息室、辅助用房等房间，均采用风机盘管加新风的空气—水系统，新风机组根据就近的原则分别设置。新风机组采用组合式新风箱。局部房间采用小型全热交换器满足新风、排风的需求。

（6）35kV变电室采用直接蒸发式空调系统，为便于检修和维护，并且不影响电力设备，专门设置了一个设备夹层，空调室内机组设置在设备夹层内。室外机组则安装在屋顶设备平台。

六、通风、防排烟及空调自控设计

（1）主题馆机械通风系统设计主要满足通风换气的需要，在地下车库、设备用房、卫生间等场所均设置送排风系统，解决换气、散热的需求。

（2）由于主要场馆均为大空间场所，对大展厅均结合自然排烟系统，设置了大量的排烟窗，在过渡季可以进行自然通风，减少风机、空调机组的开启时间。充分利用自然能，达到节能环保的目的。

（3）该工程为大型展览建筑，展馆面积、人员疏散距离等大量因素均已超出现行国家规范的范畴。因此，在进行防排烟系统设计中，均结合实际情况进行了消防性能化分析，并在此基础上，结合规范，从严落实防排烟措施。

七、设计体会

（1）主题馆所有防烟楼梯间均设置正压送风系统，其中部分楼梯间采用直灌式送风。

（2）在没有自然排烟条件的展厅设置机械排烟系统，对可以设置排烟窗的展厅则采用自然排烟的方式，排烟量和排烟窗开启面积均按国家相关规范的要求设计。

（3）为了满足人员安全疏散的需要，在地下展厅、二、三号展厅的安全通道内均增加了防烟措施，保障发生意外后的人员疏散安全。

（4）对其他房间、走道，均按相关规范设置机械排烟系统，确保消防安全。

（5）主题馆采用BMS系统实现对空调系统集中监控、能量统计、台数控制、自动调节、实现节能运行管理。主题馆在设计过程中，着重考虑几个重点：第一是节能环保，考虑了全热回收、风系统免费供冷、热泵系统供热、变频离心主机等多种措施，较好地贯彻了绿色节能的特点；第二是气流组织，对超大场馆进行了气流模拟分析，较好地解决了大空间气流组织的问题，并且在实际使用中，达到了预期的效果，业主也对最终的使用效果非常满意；第三是消防安全，与建筑师配合，在设计中设置多种措施确保人员疏散的安全。

南京紫峰大厦①

- 建设地点　南京市
- 设计时间　2006 年 10 月～2007 年 10 月
- 竣工日期　2009 年 12 月
- 设计单位　华东建筑设计研究院有限公司
　[200002] 上海市江西中路 246 号 5 楼
- 主要设计人　苏夺　李萌　肖暾　蒋小易　胡仰耆
- 本文执笔人　苏夺
- 获奖等级　民用建筑类二等奖

作者简介：

苏夺，男，高级工程师，1995 年毕业于同济大学供热、供燃气、通风及空调专业。现在华东建筑设计研究院有限公司工作。主要代表性工程有：上海海湾大厦、三亚万豪酒店、上海铁路南站、上海由由国际广场等。

一、工程概况

南京紫峰大厦项目用地位于南京市鼓楼广场西北角，东至中央路，西至北京西路。鼓楼周边区域有玄武湖、北极阁、鼓楼、明城墙等历史文物古迹；该地段是南京城区的中心点及城市的制高点，周边远景尽收眼底：东可眺望紫金山、西可望长江、南有雨花台、北有慕府山。也是全国著名高等学府南京大学、东南大学名校集聚之地；该地段交通便利，地铁一号线重要站点设置在其中；项目的周边区域，中山路及中山北路沿线高楼林立，但也不乏鼓楼、鼓楼广场、北极阁风貌区等优美景观，另外各类公众机构、学校遍布其间，反映出行政、文化、商务中心的特征，是南京行政中轴线和商业中轴线的交界之处。

该项目总建筑面积 261057m^2，基地内设一高一低 2 栋塔楼（主楼和副楼），用商业裙房将 2 栋塔楼联成一个整体建筑群；主楼地上 66 层，地上建筑有效高度 339m，主要功能设有五星级酒店、甲级办公楼；副楼地上 24 层，地上建筑有效高度 99.75m，主要功能甲级办公楼；裙房地上 6 层，地上有效高度 37m，地下 4 层，主要功能为商场、停车库及设备机房。

二、工程设计特点

该项目建筑高度达 450m，是高度排名世界前列的超高层建筑。在功能上，包含了五星级酒店、商业、甲级写字楼等多种功能和业态，属于大型的综合体建筑。在该项目中应用了多项节能技术，具体如下：

① 编者注：该工程主要设计图纸参见随书光盘。

(1) 针对超高层建筑体量大、输送距离远的特点，空调冷水采用大温差系统（$\Delta t=9$℃），相对于传统的5℃的水系统，大大节省了水泵输送能耗。

(2) 空调水系统采用高承压设备，空调冷水在三十五层设板式换热器断压，一次冷水直接送至三十五层，二次冷水直接送至六十六层，避免了多级热交换，降低了输送能耗，保留了冷冻水品质。

(3) 主楼空调系统采用二次泵变流量系统，通过不同分区合理设置二次泵系统，二次泵根据末端负荷需求变频运行，节省了输送能耗。

(4) 设计采用冷却塔免费冷却系统，在室外气候条件满足的情况下，利用冷却水供冷，可以有效利用室外的免费冷量，减少冷水机组的开机时间，节省机械制冷能耗。

(5) 空调末端全部采用动态平衡措施，根据末端的实际需求调节水量供应，可以有效改善空调水系统“大流量、小温差”的现象，节省系统能耗。

(6) 空调系统末端的冷凝水回收，用作冷却塔补水，不仅节省了冷却塔的补水损耗，还在一定程度上改善了冷却塔的水温品质。

(7) 办公等区域采用变风量空调系统，内区采用单风道末端，外区采用并联风机动力型末端，在提高室内舒适度、室内环境品质的同时，节省了空调箱风机的输送能耗。

(8) 大空间区域采用双风机空调机组，满足可以调节新风比运行的要求。可以根据室外气候条件的变化调节新风比，在气候适宜时，可以全新风运行，既节省了制冷能耗，也改善了室内空气品质。

(9) 办公、酒店、商业的空调系统的新风和排风全部设置高效全热回收装置，充分回收排风中的冷（热）量，节省系统制冷能耗。

(10) 办公区域采用二氧化碳浓度监测的手段调节系统新风供应量，在保证室内空气品质的前提下，最大限度地减少新风能耗。

(11) 空调箱采用静电中效过滤器，终阻力相比传统袋式过滤器要小很多，可以减低风机全压，在一定程度上减少风机输送能耗。

三、设计参数及空调冷热负荷

1. 室外设计参数（见表1）

室外设计参数 **表1**

参数	数值	参数	数值
夏季空调计算干球温度	35.0℃	冬季空调计算干球温度	−6.0℃
夏季空调计算湿球温度	28.3℃	冬季空调计算相对湿度	73%
夏季通风计算干球温度	32.0℃	冬季通风计算干球温度	2.0℃

2. 室内设计参数（见表2）

室内设计参数 **表2**

房间名称	温度（℃）		相对湿度（%）		新风量	人员密度	噪声值
	冬	夏	冬	夏	m³/(h·p)	m²/p	dB (A)
商场	20	26	40	65	20	3	≤50
电影院	22	24	40	60	30	1.5	≤40
办公	22	24	40	50	30	8	≤45
客房	24	22	40	50	60	间/2人	≤40
宴会厅	22	23	40	65	30	1.5	≤45
前厅	21	23	40	65	30	1.5	≤45
餐厅	21	24	40	65	30	1.5	≤45
会议室	22	23	40	65	30	1.5	≤45
健身中心	21	24	40	65	80	3	≤45
室内游泳池	27	27	—	—	30		≤50
大堂	21	25	40	65	30	6	≤50
厨房	18	24	—	—	—	—	≤55

3. 空调负荷

冷负荷为34281kW；热负荷为14414kW。

四、空调冷热源及设备选择

空调冷源按主楼及副楼分别设置、各自独立，主楼空调冷源采用4台2000RT及1台750RT的离心式冷水机组，副楼空调冷源采用2台500RT的离心式冷水机组，空调冷源系统另设两台空调冷却水—空调冷水板式换热器以实现免费冷却。空调热源采用2台10t/h及2台4t/h的蒸汽锅炉。

五、空调系统形式

该工程采用集中式空调系统，根据各功能分区的不同特点采用不同的空调形式。

(1) 办公等场所采用变风量全空气空调系统，内区采用单风道变风量末端，外区采用并联风机驱动式带加热盘管变风量末端。办公区域新风集中处理，新风、排风系统之间设置全热热交换器；宴会厅、会议室等采用双风机系统，满足全新风运行的可能。

(2) 商场、餐厅、大堂、电影院等场所采用定风量全空气系统。商场、餐厅、大堂、电影院等场所采用双风机系统，满足全新风运行的可能。

(3) 客房、分散小房间等场所采用四管制风机盘管加新风系统，新风、排风系统之间设置全热热交换器。

空调水系统设计主要为以下几方面：

(1) 空调水系统采用四管制异程系统，末端设备设置动态平衡装置。

(2) 主楼空调冷热水系统通过设置换热器进行上下分区，以满足水系统断压需要。空调冷水用水—水换热器设置于十层及三十五层，一次水供/回水温度为5℃/14℃，二次水供/回水温度为6℃/15℃。空调热水用汽—水管壳式换热器分别设置于地下一层、十层、三十五层及六十层，空调热水供/回水温度为60℃/50℃。

(3) 副楼空调冷水系统采用一次泵系统，主楼空调冷水一次水系统采用二次泵系统。空调冷水一次泵定频运行，其余空调水泵均变频运行。

六、通风、防排烟及空调自控设计

1. 防烟系统

(1) 防烟楼梯间、前室、合用前室、避难区设置机械加压送风系统或设置可开启外窗。

(2) 封闭楼梯间采用自然通风方式，在外墙上设置可开启外窗或百叶窗。

2. 排烟及补风系统

(1) 地下商场、办公、车库等场所设置机械排烟系统及消防补风系统。

(2) 裙房区域商场、宴会厅、餐厅、电影院等场所设置机械排烟系统。

(3) 塔楼及副楼区域办公、客房、避难区等场所采用自然排烟方式，

(4) 走道、裙房中庭等场所设置机械排烟系统。

(5) 各区域具体排烟量根据该工程的《消防性能化设计》及相关规范要求设置，其中塔楼走道排烟量不小于35000m^3/h，裙房中庭排烟量不小于216000m^3/h，裙房商场各防烟分区排烟量不小于60000m^3/h，塔楼小中庭不设排烟设施；地下车库区域按照《汽车库、修车库、停车场设计防火规范》执行，排烟量按换气次数不小于6次/h设计，防烟分区面积均小于2000m^2；其他区域按照《高层民用建筑设计防火规范》执行，排烟量均按不小于60m^3/(m^2·h) 设计，防烟分区面积均小于500m^2。

(6) 自然排烟区域可开启外窗面积不小于房间面积的2%，并设有方便开启的装置，具体详见建筑专业设计说明及图纸。

3. 自动控制

(1) 空调冷热源及水系统

1) 设备的启停控制、运行状态监测、故障报警等；

2) 冷水机组、热交换器等空调冷热源设备的单机运行控制、运行台数控制等；

3) 空调热水泵、空调冷水一次水系统二次泵及空调冷水二次水系统水泵变流量运行控制等；

4) 空调冷热水系统的供水温度控制、压差旁通控制等；

5) 冷水机组、空调冷水泵、冷却塔、冷却水泵等设备的联锁运行控制等。

（2）空调末端

1）设备启停控制、运行状态监测、故障报警等；

2）定风量全空气空调系统回风温度控制、回风湿度控制、防冻控制、变新风比运行控制等；

3）变风量全空气空调系统送风温度控制、回风湿度控制、防冻控制、变风量运行控制、变新风比运行控制等；

4）新风空调系统送风温度控制、湿度控制、防冻控制、运行控制等；

5）风机盘管室内温度控制、风机转速控制、供冷供热工况转换控制等；

6）变风量末端室内温度控制、变风量运行控制、供冷供热工况转换控制等；

7）双风机系统、设置热交换器系统的风机联锁运行控制等。

（3）通风设备

空调通风设备的启停控制、运行时间预设、运行状态监测、故障报警等。

七、设计体会

该项目为典型的超高层项目，合理设置系统的垂直水力分区十分关键，本设计在保证各区域设备承压的条件下，减少了系统换热次数，在很大程度上节省了系统造价和运行能耗。该项目低区为甲级办公，高区为五星级酒店还包含餐饮、会所等众多功能，如何在超高层建筑中，在非常局促的空间条件下，使系统设置合理地满足各功能区的不同需求，并对各区域的系统进行很好的衔接和转换，是该项目的一个难点。此外，在该项目中还灵活应用了多项节能技术，如热回收、冷冻水大温差、新风比可调空调机组等，最大限度地达到节能减排的目的。

浦东图书馆（新馆）①

- 建设地点　上海市
- 设计时间　2007 年 3～10 月
- 竣工日期　2009 年 2 月
- 设计单位　华东建筑设计研究院有限公司
  [200002] 上海汉口路 151 号
- 主要设计人　江苹　刘览
- 本文执笔人　江苹
- 获奖等级　民用建筑类二等奖

作者简介：

江苹，女，1965 年 10 月生，注册公用设备工程师、高级工程师，副主任工程师，1988 年毕业于中国纺织大学（现东华大学），现在华东建筑设计研究院有限公司工作。主要设计代表作品有：交银金融大厦、中国浦东干部学院、宁波大剧院、无锡凯宾斯基酒店、浦东图书馆（新馆）、宜兴东□大厦、长兴大酒店、上海阳光滨江中心办公楼等。

一、工程概况

浦东图书馆（新馆），作为现代化、国际化和智能化的大型综合性公共图书馆，是新区及上海市文化事业发展的又一重要标志。总建筑面积 60885m²，地上 6 层、地下 1 层及一夹层，建筑高度 36m，总投资约 8.5 亿元，基地北临中国浦东干部学院，西侧紧临严茂塘河道，南侧和东侧接邻新区文化公园。馆藏书容量 200 万册，设读者座位 3000 个，日接待读者能力 8000 人次。

二、工程设计特点

（1）冷源采用冰蓄冷系统，减少冷水机组装机容量，总用电负荷少，减少变压器配电容量与配电设施费；利用峰谷荷电价差，大大减少空调年运行费；空调负荷情况下或过渡季节，空调可全部由融冰提供，节能效果明显；并可以为较小的负荷融冰定量供冷，而无需开主机；且具有应急功能，提高空调系统的可靠性，在停电、限电的情况下利用自备发电机带动融冰泵融冰供冷。

（2）使用 5.5℃/13℃的大温差供回水空调系统，降低空调冷水系统循环水泵的能耗，减小了设备规格及管道占用空间。

（3）过渡季节利用高大中庭产生“烟囱效应”，实现自然通风，充分利用自然资源。

（4）空调新风系统设置新、排风转轮式全热交换器，回收部分排风能量。

（5）三层、五层高大空间的阅览区分内、外区设计。外区根据 4 个不同朝向分设 4 台空调箱并采用地板送风上回风的气流组织形式，内区采用顶送下回气流组织形式，风机配变频调速装置，充分节约能源。

（6）部分空调箱粗、中效过滤器采用电子空

① 编者注：该工程主要设计图纸参见随书光盘。

气净化机，减少风机的耗电量。

(7) 三层、四层藏阅合一的阅览室（书山）经热烟控制及人员疏散专题评估，排烟量减少1/3，降低了排烟风机的耗电量，提高了吊平顶的高度。

(8) 噪声与振动较大的离心式冷水机组与大功率水泵，均设在地下一层的制冷机房中。水泵的机座下分别加设了减振垫与减振器并设浮筑地坪以消除固体传声；在机房四周墙壁的内侧加贴吸声板；并为其控制室设置了隔声观察窗与隔声门。

(9) 所有设在阅览区的空调机房均设浮筑地坪，四周墙壁的内侧加贴吸声板并设置隔声门。

三、设计参数

1. 室外空气设计计算参数（见表1）

室外空气设计计算参数 表1

项 目	夏 季	冬 季
大气压力（hPa）	1005.3	1025.1
空气调节室外计算（干球）温度（℃）	34.0	−4
通风室外计算（干球）温度（℃）	32	3
室外计算相对湿度（%）	67	75
室外平均风速（m/s）	3.2	3.1
主导风向	SE、ESE	NW、NNW

2. 室内空调设计参数（见表2）

室内空调设计参数 表2

房间名称	夏 季		冬 季		人均使用空调面积 (m^2/p)	最小新风量 [m^3/(h·p)]	噪声 [dB (A)]
	温度（℃）	相对湿度（%）	温度（℃）	相对湿度（%）			
报告厅	24	55	20	≥40	1	20	40
普通阅览室	24	55	20	≥40	10	30	40
少儿阅览区	24	55	20	≥40	8	30	40
数字化阅览室	24	55	20	≥40	10	30	40
音像阅览部室	24	55	20	≥40	8	30	40
公共活动场所	24	55	20	≥40	8～10	30	40
展览厅	25	55	18	≥40	10	20	50
餐厅	25	60	18	≥40	2.5	≥25	55
内部业务办公	25	60	20	≥40	8	≥25	50
文献存储库	24	50	18	40	—	2次/h	60
过期报刊库	24	50	18	≥40	—	2次/h	60
珍善本书库	23±2	50	23±2	40	—	2次/h	60

四、空调冷源

1. 冷源

(1) 根据目前的能源情况及日益优惠的电价政策，经过负荷计算和负荷特性分析后，该工程采用部分蓄冰的空调系统，由于串联系统结构紧凑、管路简单、控制相对简便，所以采用主机上游、蓄冰装置下游的串联系统，运行策略为冰优先。系统晚间谷电时制冰蓄冷，白天主机和蓄冰装置共同承担空调供冷负荷。融冰量通过改变进入蓄冰设备流量的控制，各工况转换通过电动阀门切换。主要的运行工况有：主机蓄冰工况；联合供冷；蓄冷装置供冷；主机单独供冷。

(2) 该工程夏季空调冷负荷约6150kW（约1750RT）。空调系统的供/回水温度为5.5℃/13℃，蓄冰部分的冷媒采用质量百分比为26%的工业抑制性的乙烯乙二醇溶液。空调设计日负荷和蓄冰量分别为75275kWh（21403RTh）和6635RTh，蓄冰量与设计空调日负荷之比约为31%。冷冻机房设在地下一层。

(3) 冷源主要设备配置如表3所示。

冷源主要设备配置表 表3

名称	规格及型号	数量（台）	备注
双工况螺杆冷水机组	1494kW（425RT）	3	—
乙二醇泵	356m^3/h	4	三用一备
冷冻水泵	258m^3/h	4	变频，三用一备
乙二醇板式换热器	2050kW	3	蓄冰系统
蓄冰槽	2672kWh（760RTh）	9	—

2. 热源

(1) 冬季热负荷约3500kW。热源由动力专业制备的95～70℃高温热水提供。

空调系统热水供/回水温度为60℃/50℃。

(2) 热源主要设备配置如表4所示。

热源主要设备配置表　　表4

名称	规格及型号	数量（台）	备注
热水泵	$165m^3/h$	3	变频，二用一备
热水板式换热器	1750kW	2	

五、空调水系统

(1) 该工程空调水管路为四管制、一次泵、异程闭式机械循环系统。夏季供5.5～13℃的空调冷冻水，制冷机组冷却水的供/回水温度为32℃/37℃。

(2) 空调冷水冷冻水泵为变频变流量泵，随着各空调房间负荷的变化，冷冻水泵作相应的台数和变频调节。

(3) 空调热水由热水锅炉的高温热水经水—水板式热交换器交换后提供，空调系统热水供/回水温度为60℃/50℃，热水循环泵为变频变流量泵。

六、通风、防排烟及空调自控设计

1. 空调通风设计

(1) 高大空间如门厅、中庭、展厅、报告厅、阅览室、书库等采用定风量全空气空调形式；小空间如办公、老年人大学及其他业务用房采用风机盘管加新风系统的水—空气的空调形式；珍善本书库采用恒温恒湿机组；计算机房网络中心采用机房专用空调设备；电话机房、消防控制室则采用独立冷、热源的分体空调机组。

(2) 一层的大厅、展厅、自修室的挑空处，五层阅览区的挑空处以及中庭采用定风量全空气空调系统，采用温控双工况条缝形风口侧送与同侧上回的气流组织形式，通过调节条缝形风口向上或向下的倾斜角，以分别适应供冷与供热工况的需要。

(3) 对于三层、五层高大空间的阅览区设计以距外墙4m左右为外区，其余为内区。外区根据四个不同朝向分设四台空调箱负担围护结构负荷，采用顶送顶回气流组织形式。风机配变频调速装置。内区采用定风量全空气空调形式。

2. 防排烟设计

(1) 防烟设计

1) 楼内的防烟楼梯间设独立的机械加压送风系统；合用前室设独立的机械加压送风系统；防烟楼梯间前室不设机械加压送风系统。防烟楼梯间在疏散门未开启时保持40～50Pa的正压值，合用前室在疏散门未开启时保持25～30Pa的正压值。

2) 防烟楼梯间加压风口采用带调节阀的常开型风口，其加压风机设电动泄压旁通，当楼梯间内的正压值超过50Pa时自动打开电动泄压旁通阀，使楼梯间的压力维持设定值，或采用变频风机。

3) 合用前室加压风口采用常闭型多叶送风口，或用配有常闭型防烟防火阀的单层百叶风口。火灾时消防中心控制（或就地手动）打开设定层次的送风口或防烟防火阀及与其联锁的加压风机。合用前室与走道的隔墙上设重力式泄压阀（该阀的前室一侧设防火阀）。当前室正压值超过25Pa时泄压阀就自动开启泄压。

(2) 排烟设计

1) 地下室的文献储存库、珍善本储藏库防烟分区按不大于$600m^2$划界。地上部分的过期报刊库、藏阅合一的阅览室防烟分区按不大于$1400m^2$划界。其余部分防烟分区按不大于$2000m^2$划界，且防烟分区的长边不大于60m。各防烟分区最远点至排烟口或排烟窗的距离小于30m。

2) 过期报刊库、文献储存库、珍善本储藏库、设计为细水喷雾系统，在进出室内的空调、通风风管上加设电动常开防烟防火阀，在排烟及其补风管上分别设电动常闭防烟防火阀。火灾细水喷雾系统开启前，打开排烟及其补风管上的电动常闭防烟防火阀；细水喷雾系统开启时由消防中心控制关断所有进出室内的风管上风阀，当细水喷雾系统停用后方可启用室内的其他系统。

3. 自动控制

按照《智能建筑设计标准》GB/T 50314—2000的甲级标准进行设计。

(1) 自动控制监视系统

该工程采用分散控制、集中监视方式（中央

可启停、设定重置等操作）。

（2）主要控制项目

蓄冷空调系统群控；水泵台数控制；水泵变频控制；旁通阀控制；空调器相关参数控制；风机盘管的电动阀控制；热交换机组的相关参数控制。

（3）蓄冷系统的自控

在满足用户需求的前提下，充分利用峰谷时段的电价差，通过优化控制，按需取用蓄冰槽的融冰供冷量，达到运行费用最省的目的。冰蓄冷系统的自控必须满足四种模式的可靠正常运行。

七、设计体会

（1）通过对呼吸幕墙的热工性能、通风效果的模拟计算分析可知：围护结构的热工性能的提高可以降低建筑物的能耗，提高空调区域的舒适度。

（2）该工程采用冰蓄冷系统，虽然初投资较常规系统高，但由于图书馆的使用特性及上海市的峰谷电价，使得冰蓄冷系统运行费用较常规系统低。冰蓄冷系统较常规系统的投资回收期约为5～6年，因此该方案是可行的。

（3）借用CFD数值模拟软件，对高大空间室内温度场和速度场进行模拟计算，能够有效分析室内温度和气流组织分布规律，很好地为实际工程服务。

（4）通过对中庭自然通风模拟计算分析可知：当室外温度在14～17℃内，采用自然通风方式室内环境的温度场、速度场均能较好满足人体舒适度的要求。

（5）浦东图书馆已投入运行两个供暖季，两个制冷季。实际运行中，冰蓄冷系统蓄冰、融冰运行稳定，出水温度达到设计要求，很好地起到了削峰填谷的作用，大幅度地降低空调的运行费用。“书山”区域室内空气参数夏季稳定在25℃，55％，冬季稳定在20℃，40％，为广大读者提供了舒适的学习环境，受到了广泛的好评。

南方报业传媒产业基地建设工程 1号厂房 2号厂房①

- 建设地点　广东省佛山市
- 设计时间　2007年2月～2009年5月
- 竣工日期　2008年8月～2011年7月
- 设计单位　同济大学建筑设计研究院（集团）有限公司
  [200093] 上海市四平路1230号
- 主要设计人　邵喆　李伟江　潘涛　王彩霞　郭苹
- 本文执笔人　邵喆
- 获奖等级　民用建筑类二等奖

作者简介：
邵喆，男，1976年1月27日生，中级职称，2001年毕业于同济大学暖通专业，硕士，现在同济大学建筑设计研究院（集团）有限公司工作。主要设计代表作品：上海烟草集团科教中心、秦皇岛文化广场、湖南烟草公司科研中心、松江新城社区文化中心、寿光文化中心、东方航空公司浦东食品厂、唐山供电公司生产办公大楼等。

一、工程概况

该工程为南方报业传媒产业基地建设工程，位于广东省佛山市，规划总规划用地212816m²，总建筑面为257769m²，其中地上建筑面积222371m²，地下建筑面积35398m²。

一期工程为1号报业印刷厂房，建筑面积为14932m²。二期工程为2号报业印刷厂房，地上建筑面积26961m²，地下建筑面积3387m²。2个车间均为报业印刷厂房，主要区域包括印刷车间、纸架层、制版车间、办公区、参观廊、门厅及发行区域。

1号厂房设计始于2007年初，建成于2008年8月；2号厂房设计始于2009年5月，建成于2011年7月。在两个厂房设计中，设置水系统集中中央空调系统，由于基地内各个建筑没有建设时间表，至今也仅建造了2个生产厂房。在冷源设置方面，1号厂房的冷源供1号厂房和办公楼使用，2号厂房冷源单独设置。

① 编者注：该工程主要设计图纸参见随书光盘。

二、工程设计特点

1. 印刷车间空调形式的确定

印刷车间和纸架层按工艺性空调来设计，有相对特殊的温湿度控制要求，车间内相对湿度过高或过低都会严重影响到印刷质量。报纸印刷的工艺特点是印刷速度快、无套印。因此，其车间内的温湿度要求，相对于杂志等胶板套印来说，宽松许多。该项目的室内设计参数设定如表1所示。

室内设计参数　表1

房间名称	夏　季	
	温度（℃）	相对湿度（%）
门厅	26	<65
印刷间及纸架层	22～28	50～75
操作廊	25	<65
制版间	25	<65
办公	26	<65

但是报纸印刷车间有下列不利因素：由于印

刷速度快，有油墨飞溅；纸张质量等级比较低，在高速运动的时候有纸毛飞出。因此，报纸印刷车间的室内环境要解决以下问题：

（1）控制室内温湿度，车间内相对湿度过高或过低都会严重影响到印刷质量；

（2）车间内印刷油墨以及印刷设备的清洗剂散发出的味道会严重影响到室内的空气品质，对人体健康构成很大的威胁；

（3）印刷过程中会产生大量的纸沫粉尘，同样会威胁到人体健康。

这就意味着，报纸印刷车间的空调系统面临着两大难题：一是为了去除异味，排风量大，因此新风量大、能耗高；二是室内有纸毛、油墨等污染物，回风过滤比较重要。甲方的老生产厂房，采用普通盘管式空调系统，传统粗、中效过滤器，车间内的污染物很快堵塞过滤器，粘上盘管，造成空调机失效。

因此，在1号厂房设计中，引入了基于溶液调湿空调系统的温湿度独立控制空调系统，利用溶液除湿来控制湿度，并去除室内污染物及异味；利用冷水盘管来控制室内温度。其工作原理如图1所示，机组包括除湿段、混合段、除油段、表冷段、全热回收段、再生器6个部分，冷源为冷机提供7℃的冷水，热源为热泵提供60℃的热水。

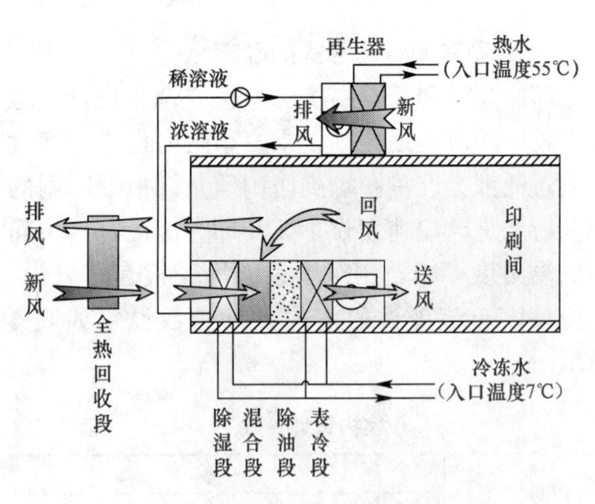

图1　机组运行原理图

夏季，空气侧处理过程为：高温高湿的新风在全热回收段以溶液为媒介和排风进行全热交换，新风被初步降温除湿，然后进入除湿段中进一步降温、除湿；在混合段，室内回风与处理后的新风混合，接着进入除油段，经过喷淋处理，对空气的油墨进行湿式过滤；被除油段净化的空气最后经过表冷段，经过降温处理后，最终送入室内。

夏季，溶液侧处理过程为：在除湿段，低温浓溶液与空气通过喷淋接触，吸收了空气中的水分变为稀溶液；变稀后的溶液通过溶液泵输送至再生器，通过60℃的热水加热后排出水分，稀溶液被浓缩为浓溶液并恢复吸水能力，浓溶液流回除湿段以进行再一次循环。

2. 溶液调湿空调系统再生热源的确定

1号厂房附近有职工淋浴热水热源需求，1号厂房热源的设置条件为：印刷车间运行为半夜，运行时间与生活热水热源运行时间完全错开；该工程周围没有燃气管线，采用燃油系统投资和运行费用高，宜采用热泵热水机组。

基于以上一些因素，溶液调湿空调系统的再生热源与生活热水的热源一并设置，设计中采用了冷回收热泵热水机组，提供热源的同时，提供冷水，大幅度提高机组能效比。

由于2号厂房不再有其他的供热需求，同时为了方便控制，2号厂房的溶液调湿空调系统，选用内置热泵技术提供热量对溶液进行再生，无需外置其他设备，内置热泵运行模式与整台机组统一由机组中央处理系统控制，控制过程简单，维护方便。同时，内置热泵在提供热量再生时，亦同时将冷量回收使用，对新风、回风进行降温、除湿处理，减小了冷水机组负担，节约了能量。

三、空调冷负荷和冷源设计

1号厂房空调面积约7300m²。空调系统夏季冷负荷1794kW。设计指标（空调面积）：冷负荷246W/m²。1号厂房内设一个冷冻机房供1号厂房和办公楼的空调服务。冷源设置两台制冷量为2110kW的离心式冷水机组，一台制冷量为879kW的螺杆式冷水机组，采用闭式常压膨胀水箱定压，配套冷却塔置于厂房——冷冻机房上方屋顶。由于其他大楼建设时间未定，先安装一台离心机组和螺杆机组，及相应泵组及冷却塔。

溶液调湿空调系统的再生热源，采用了3台制热量为449kW、制冷量为309kW的冷回收热泵热水机组，机组能效比达到5.9。印刷车间该同时亦采用热泵循环系统作为空调系统的冷热源。

为节省投资，除了印刷区域和纸架层外，依然选用了传统的空调形式。所以冷水机组承担印刷区域室内显热负荷（即消除房间得热量，包括印刷机发热、灯光、围护结构得热等），末端空调箱冷水均由冷水机组提供，印刷区域的新风负荷及除湿负荷由溶液调湿机组承担。非印刷区域的所有负荷均由冷水机组承担。

空调冷冻水供/回水温度为7℃/12℃，空调热水供/回水温度为60℃/50℃。冷却水供/回水温度为37℃/32℃。

2号厂房的印刷生产线不同，显热负荷有大量增幅，设计总冷负荷为4518kW。2号厂房空调冷源选择为两台制冷量为2110kW的离心式冷水机组和一台制冷量为1055kW的螺杆式冷水机组，冷冻水、冷却水供回水水温与定压方式均同1号厂房。

另外，2号厂房印刷机有冷却水要求，冷却水供水温度为22～25℃，总流量为$221m^3/h$，夏季采用冷冻水换热制得，冬季冷冻机组不运行时采用冷却塔制冷制得。冷却水与冷冻水换热板换分别设置。二次水泵为一用一备，亦采用闭式定压装置定压。

四、末端风系统的设计

办公室等小空间采用风机盘管加新风系统；门厅、印刷间、纸架层和制版间等大空间采用定风量空调机组进行空气处理。

纸架层、控制台和印刷层均采用侧送风，顶回风的气流组织形式。制版间采用顶送顶回的气流组织形式。门厅采用侧送下侧回的气流组织形式。

全空气系统采用变频空调机组并设置变频排风机，空调季节满足最小新风量要求；过渡季节全新风运行。

印刷车间新风与排风经溶液全热回收后再除湿，与回风混合后经过表冷器冷却降温后送入室内，冬季由溶液处理段加湿处理。纸架层的空调系统为侧送上回的气流组织形式，印刷区域采用高侧边侧送与下送相结合，上回的气流组织形式。

2号厂房的办公新风机组，采用排风热回收的全新风机组，节省能源和运行费用。

五、末端水系统

1号厂房空调水系统采用二管制二次泵系统，二次泵变频。2号厂房空调水系统采用二管制一次泵系统，空调供回水总管设压差旁通控制，通过压差控制器监测供回水压差，根据室内总负荷变化，空调水系统作变流量运行和调节。2个厂房的水系统均为异程布置。每个水平支路的回水管上设置自力式压差平衡阀和静态平衡阀。

空调器的回水管路上设比例调节电动二通调节阀，根据回风温度（新风空调器根据送风温度）作比例调节。风机盘管回水支管上设电热双位二通阀，由室内恒温器控制，风机设三速调节。

六、通风和防排烟系统设计

卫生间、储藏室、发行平台、纸库、墨库、污水处理站等单独设排风系统。污水处理站的排风引至屋顶高空排放。

车间内均采用机械排烟，排烟量按照$60m^3/(m^2 \cdot h)$计算确定。印刷车间补风为自然补风，从纸架层外窗通过二层楼板处孔洞补入。

疏散楼梯间均采用可开启外窗的自然防烟方式。每5层开窗面积大于$2m^2$。

2号厂房地下室走道为避难走道，因此按人民防空地下室防火设计规范要求，对各个前室设置机械加压送风系统，并对避难走道进行加压送风，维持安全区域的压力梯度。

七、设计体会

该工程中，印刷车间采用了基于溶液调湿空调的温湿度独立控制系统，节省了新风处理能耗，解决了印刷车间污染物的控制问题。有以下几个优点：

（1）采用温湿度独立控制后，除湿任务由溶液处理，表冷器为干工况运行模式，同时由溶液去尘，没有表冷器，不会发生灰尘、粉尘、纸屑粘附在表冷器上，避免了潮湿表面对送风的二次污染，避免了空调器失效，提高了室内品质。

（2）溶液除湿空调机组具有高效的全热回收功能，节约能源，并能迅速的降低室内温度。

（3）自带热泵再生的溶液除湿空调机组自动控制系统简便可靠，可实现中央控制。

（4）溶液除湿空调可精确控制室内温湿度参数。如采用常规机组可能需要再热，再热热源配置麻烦。

（5）过渡季节溶液除湿空调可独立开启，运行全新风模式，无需开启冷机，节约能源。

（6）由于溶液调湿机组综合性能系数COP为5.5以上，远高于常规处理机组，可显著降低新风处理能耗。配上自控系统后，在夜间仅有印刷区域工作时，即可以自动调高冷水机组供水温度，节省运行费用。

（7）1号厂房和2号厂房的溶液调湿空调系统都有水洗喷淋段。

水洗喷淋是历史比较悠久的除尘技术，特别是对报业这种回风中含大颗粒尘、含油墨的场合效果比较明显。但缺点也很明显，它会造成等焓加湿，这样的话回风本身湿度上升，然后新风湿度也很大，这样对空调系统的除湿能力提出了很高的要求。

溶液调湿空调机组可以将新风处理得比较干，因此水洗喷淋的上述缺点就不是问题了，却可以发挥除尘去油墨的功效。另外，水洗喷淋（直接用喷嘴，无填料）主要针对较大颗粒才有除尘效果，类似于粗效过滤；而溶液除湿是有填料结构的更精细的处理，类似于中效过滤。

至于溶液除湿的除尘效果，清华大学环境检测中心对2号厂房的系统进行过测试，结果是溶液喷淋有接近于F6的过滤效果。

下面以2号厂房为例，说明印刷车间采用溶液调湿空调系统的节能性。

2号厂房总冷负荷5882kW，印刷车间采用溶液调湿空调系统时，主机选用两台制冷量为2110kW的离心式冷水机组和一台制冷量为1055kW的螺杆式冷水机组，溶液除湿空调机组按房间所需要的送风量选型，溶液除湿空调机组总装机压缩机负荷为762.3kW。

如果采用传统空调系统，则需要增加2台制冷量为3517kW的机组，包括相应的冷却水泵和冷冻水泵，设备配置总耗电量为1681kW。两者相差很大，采用目前的方案，除了耗电量大幅度节省，减少的设备投资（包括变压器等供电设备）与设备所需要的机房面积也是相当可观的。同时也减少了施工量和施工难度，节省设备安装费用。

从该工程的经验看，基于溶液调湿空调的温湿度独立控制空调系统，对于新风量大的工业建筑，节能效益比较显著。

目前，1号厂房已建成运行3年，2号厂房建成运行1年，效果良好。车间内温度也经过实测，一直比较平稳，并且达到了温度设计要求。

申能能源中心暖通及动力设计①

- 建设地点　上海市
- 设计时间　2006年6月～2010年3月
- 竣工日期　2010年12月
- 设计单位　华东建筑设计研究院有限公司
  [200002] 上海市黄浦区汉口路151号
- 主要设计人　吴国华　崔岚　杨裕敏　吕宁　任怡旻
- 本文执笔人　吴国华
- 获奖等级　民用建筑类二等奖

作者简介：
吴国华，男，1971年7月生，1994年毕业于同济大学暖通专业，学士，高级工程师、注册公用设备工程师，现任华东建筑设计研究院有限公司暖通专业副主任。主要作品有：绿地南昌紫峰大厦、滨海圣·乔治酒店项目、天津滨海金融街二期、古北新区一、二商务分区9-4A地块商办楼、中国科学院上海交叉前沿科学中心、蛋白质科学研究（上海）设施、生物芯片上海国家工程研究中心等。

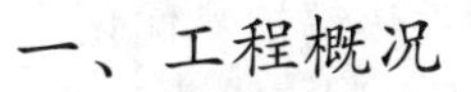

一、工程概况

申能能源中心位于闵行区虹井路159号，东至虹井路，西至老虹井路，南侧为宝信汽车销售服务公司，北侧为虹淞大厦，占地面积14449.9m²，建筑面积46400m²。申能能源中心主要用作全市燃气调度中心、申能集团系统突发事件应急指挥中心、电力生产管理信息中心、能源研究中心及其他配套用房和市政公用设施工程。

建筑东侧晨景

建筑西南侧日景

地下一层主要设置机动车停车库、供大楼使用的档案室、健身房等服务空间。地下二层为平战结合使用的机动车停车库，以及服务于整栋大楼的设备机房。裙房主要设有职工餐厅、报告厅、会议厅、贵宾厅等。其中一层为调度中心主控室和附属用房。主楼主要是展示大厅及各指挥中心办公室，标准层为各部门办公室。

二、工程设计特点

（1）该工程冷源采用两台双工况冰蓄冷机组加一台基载机组，总蓄冷量为4200RTh。配有一套小型热电三联供机组。裙房部分末端采用定风量全空气系统，主楼部分末端采用全空气变风量系统。数据中心采用风冷恒温恒湿机组。

（2）空调冷源采用冰蓄冷系统，充分利用晚间低谷电价，节省空调系统运行费用（见图1和图2）。末端采用全空气变风量系统，既提高了室内空气的品质，又节约空调系统的运行能耗。

（3）空调系统的自动控制系统，对室内温度、湿度自动控制、变风量系统的送风量控制。空调

① 编者注：该工程主要设计图纸参见随书光盘。

箱和排风机均设置有电能分项计量，以便进行数据统计和运行能耗分析。

图1　机房内冷水机组

图2　机房内蓄冰槽及板换

(4) 空调水系统按照楼层和立管管井设置能量计，可以对不同使用区域进行能量使用情况的统计和分析。

(5) 该项目热源为分布式供能系统，设有余热烟气溴化锂机组和燃气热水锅炉。分布式供能系统由一套微型燃气轮机和两套烟气补燃型溴化锂冷温水机组组成，微型燃气轮机发出的电力并入大楼电网，高温烟气供溴化锂机组用以制冷或供热，该系统提供6℃/12℃的冷水或55℃/48℃的温水并入大楼空调冷热水系统。燃气热水锅炉作为大楼采暖主要热源，提供95℃/70℃的热水，经板式换热器供大楼空调热水系统（见图3）。

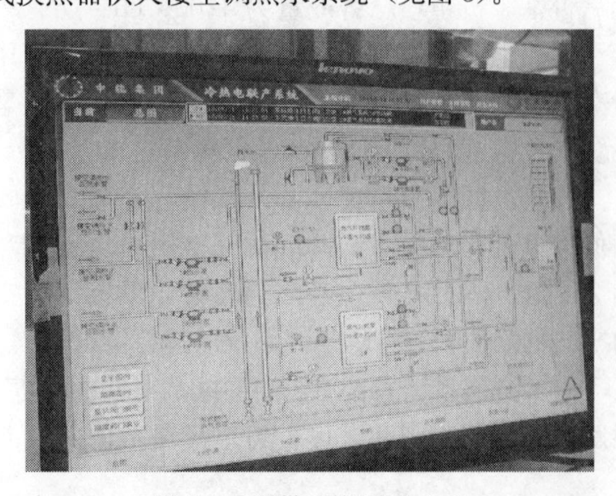

图3　三联供监控画面（一）

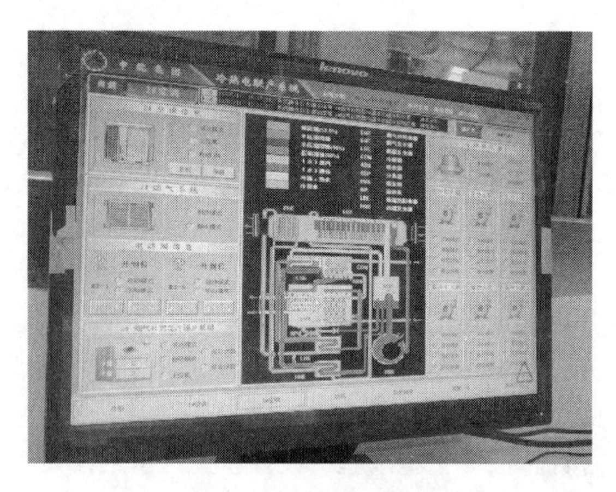

图3　三联供监控画面（二）

(6) 该项目分布式供能系统是申能集团为积极响应市政府“申能能源服务公司勇于承担节能环保的社会责任”的号召，在自身办公大楼内所做的示范项目。考虑三联供方案时，原大楼施工图设计已完成且地下室已经开始施工，为不影响工程进度及控制投资，并考虑三联供系统在办公建筑中能得到最大技术经济综合效益，最终将原冷热源（电制冷＋冰蓄冷＋电蓄热锅炉）优化为分布式三联供系统＋燃气锅炉＋电制冷＋冰蓄冷。

(7) 根据该项目办公建筑的特点，对大楼的电、热、冷负荷进行逐时负荷的预测，限于现有机房条件，分布式供能系统采用燃气微型燃机加补燃型烟气溴化锂冷热水机组。

考虑连续运行和负荷的匹配，选用一套发电功率为200kW的微型燃机。其原动机发电功率选择原则是：低于大楼电力的基本负荷，承担大楼日常运行的部分基本负荷，确保一定的年运行时间。根据发电机容量，其发出的电力接入大楼电压等级为400V的电网，与市电并网运行。

(8) 根据大楼的冷热负荷、适合微型燃机排烟温度的溴化锂机组类型及溴化锂机组定型产品规格，选用2台制冷量为141kW（制热量179kW）的补燃型烟气溴化锂冷温水机组。微燃机排烟分两路进入烟气溴化锂冷温水机组，其产生的冷水（或热水）并入空调水系统，烟气经两台溴化锂机组后合并，接烟囱后排烟。

三、空调冷热源及末端形式

(1) 空调冷源采用两台400RT双工况电制冷冷水机组，辅以一台160RT基载电制冷冷水机组。双工况机组晚间蓄冰，白天由冰槽和冷水机组联合供冷，部分负荷时由冰槽单独供冷。基载电制冷冷水机组提供夜间大楼的空调用冷源。

(2) 大楼日间供冷采用主机优先的控制策略。供冷时乙二醇换热器一次侧的供/回水温度设定为4.0℃/10.0℃，二次侧的供/回水温度设定为5.5℃/12.5℃。夜间双工况主机制冰时，蓄冷用的乙二醇溶液的供/回水温度为－5.6℃/－2.2℃。基载电制冷冷水机组的空调供/回水温度为5.5℃/12.5℃。双工况电制冷冷水机组的载冷剂为质量比为26%的乙烯乙二醇溶液。

(3) 该工程采用分布式三联供系统。选用一套发电功率为200kW的微型燃机，配套选用2台制冷量为141kW（制热量179kW）的补燃型烟气溴化锂冷温水机组。

(4) 空调热源采用燃气型热水锅炉，提供95℃/70℃的热水，经板式换热器后供大楼空调热水系统。

(5) 裙房及地下室采用定风量全空气系统末端，局部小隔间采用风机盘管加新风的方式。

(6) 塔楼办公层采用变风量全空气系统，变风量末端采用串联型风机动力型的形式。

四、设计体会

从物业使用的情况反馈来看，大楼BA所提供的夏季空调自动控制策略和现场实测的数据有误差。双工况主机和冰槽联合供冷工况实施起来有困难。物业更喜欢冰槽直接供冷和电制冷主机直接供冷的简单模式。另外，三联供系统所提供的电力由于不能上网，只能内部消化，给三联供系统的推广使用带来限制。目前“申能能源服务公司”在物业的配合下，正在收集整理本大楼三联供系统运行的第一手数据，为以后其他项目的设计及运行提供基础依据。

安高广场暖通空调设计①

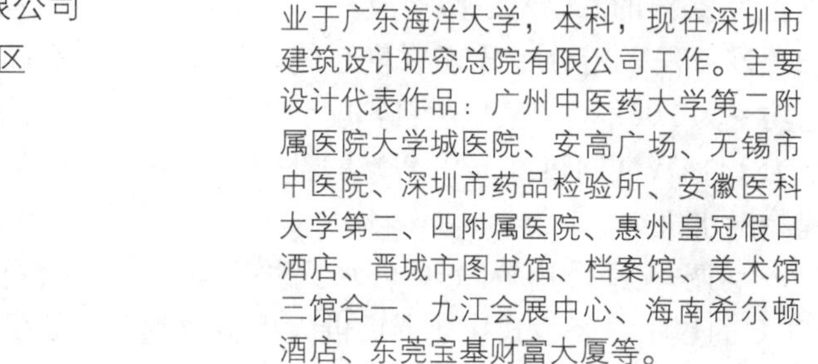

作者简介：
李乐，男，高级工程师，2002年毕业于广东海洋大学，本科，现在深圳市建筑设计研究总院有限公司工作。主要设计代表作品：广州中医药大学第二附属医院大学城医院、安高广场、无锡市中医院、深圳市药品检验所、安徽医科大学第二、四附属医院、惠州皇冠假日酒店、晋城市图书馆、档案馆、美术馆三馆合一、九江会展中心、海南希尔顿酒店、东莞宝基财富大厦等。

- 建设地点　合肥市
- 设计时间　2007～2009年
- 竣工日期　2011年
- 设计单位　深圳市建筑设计研究总院有限公司
  [518001] 广东省深圳市福田区
  振华路8号设计大厦1905室
- 主要设计人　罗军　李乐　吴大农
- 本文执笔人　李乐
- 获奖等级　民用建筑类二等奖

一、工程概况

该工程位于安徽省合肥市，项目名称为安高广场，内设沃尔玛大型超市、高级中西餐厅、酒吧、KTV、宴会厅、多功能厅、游泳池、健身按摩区、停车场、甲级写字楼及四星级宾馆客房等。总用地面积约21111.11m²，总建筑面积约137160.41m²，空调面积93887m²。

安高大厦地面主体建筑由南北两座塔楼及裙房组成，其中北塔楼共24层，高102.9m，为超高层建筑，六～二十四层为甲级写字楼，南塔楼共23层，高93.7m，六层为健身按摩、游泳池，七～二十三层为五星级酒店客房；裙房共5层，一层为酒店、办公入口大堂、商场、西餐厅及仓库，二～三层为沃尔玛超市，四层为中餐厅、特色餐厅、职工餐厅、茶吧、中餐厨房，五层为多功能宴会厅，会议室，KTV区。地上部分建筑面积约10万m²。

地下室共3层，主要用途为汽车停车库、机电设备房等。地下二层、地下三层设有6级战时人员掩蔽所。

设计范围：建筑物全年舒适性中央空调系统；冬季供热系统和换热站设计；建筑物通风及防排烟系统。

二、工程设计特点

（1）该工程冷源采用蒸汽溴化锂吸收式冷水机组。

优点为：

1）以热能为动力（该工程采用市政蒸汽），勿需耗用大量电能；

2）整个制冷装置除功率很小的屏蔽泵外，没有其他运动部件，振动少，噪声低；

① 编者注：该工程主要设计图纸参见随书光盘。

3）以溴化锂溶液为工质，制冷机又在真空状态下运行，无臭、无毒、无爆炸危险，安全可靠；

4）冷量调节范围宽，随着外界负荷的变化，机组可在10%～100%的范围内进行冷量无级调节；

5）安装方便，对安装基础要求低；

6）制造简单，操作、维修保养方便。

缺点为：

1）在有空气的情况下，溴化锂溶液对普通碳钢有较强烈的腐蚀性；

2）制冷机在真空状态下运行，空气容易漏入；

3）由于直接利用热能，机组的排热负荷较大，因为冷剂蒸汽的冷凝和吸收过程，均需冷却；

4）机组体积较大，占用较大机房空间。

（2）裙房部分大空间区域采用组合式空气处理机组（带全热回收转轮）低风速单风道全空气系统。北塔楼办公六～二十四层，办公楼新风较大，集中处理，采用全热回收新风空调机组，回收全热效率均达70%，各层新风及排风支管均安装定风量阀。

（3）裙房大空间商场空调区域排风由该区域的组合式空气处理机的排风机承担。过渡季节时，关闭回风管路风阀，完全开启新风风阀，全新风运行，排风量为送风量的80%，组合式空气处理机组的送、排风机均为变频风机，风量可调。

（4）厨房、洗衣房的通风设计。

（5）蒸汽凝结水的利用。由于热电厂不回收凝结水，若将其直接排放，既不能满足水温不高于40℃的排放条件，又造成凝结水资源的巨大浪费。该工程设置了对这些蒸汽凝结水的利用系统，达到节能的目的。该工程蒸汽凝结水的来源主要有：夏季采用蒸汽溴化锂机组制冷产生的85℃凝结水。冬季利用汽水热交换器采暖产生的85℃凝结水和全年制备生活热水所产生的凝结水。高峰期凝结水量夏季约为16.3m³/h，冬季约13.7m³/h。设计中采用水—水换热的方式对酒店的生活热水水源进行预热，对游泳池地板采暖系统进行加热，还可以提供高温水给洗衣房使用，控制降温后凝结水温在40℃以下（见图1）。这样既降低了凝结水温度，又提高了生活热水水源水温，节约了制备生活热水的蒸汽耗量，减少日常运行费用，同时又为凝结水的再利用创造了条件。降温后凝结水经统一收集后，一方面供给小区内温水洗车、道路浇洒用水，另一方面可直接排放至小区内的人工湖。

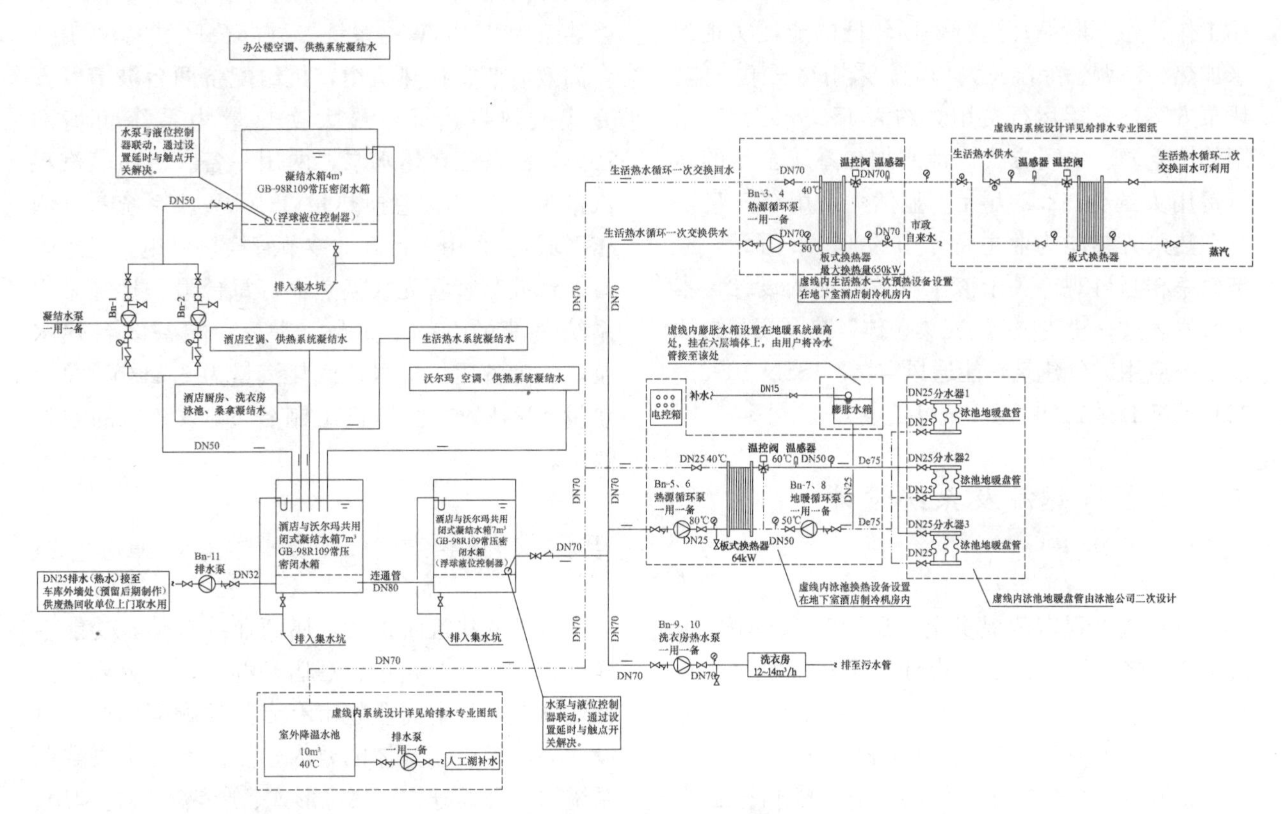

图1 蒸汽凝结水热回收水系统图

(6)“三集一体”热泵在游泳池中的应用。“三集一体”室内泳池热泵是集池水加热、除湿和空调于一体，大量回收并综合利用能量，保持泳池恒温恒湿，并克服高湿、高氯环境等诸多问题，通过春夏秋冬季节运行模式的改变，达到高效节能的运行，其工作原理即是将池水表面蒸发热损回收利用，转移入池水和空气中，弥补池水和空气热损，同时实现空气调节除湿功能，并补入一部分新风，送入室内，保证室内空气品质和不结露。其工作程序大致可分为两步：

第一步，室内热湿空气首先经过热交换器与室外新风进行热交换，变成暖湿空气，然后暖湿空气流经蒸发器，温度下降，水汽凝结成冷水滴从空气中分离出来，使空气干爽，实现空气除湿功能；同时，空气冷却、水汽凝结及冷却过程中释放出的热能（潜热和显热）被冷媒吸收。

第二步，冷媒吸收的热能，首先（潜热）经热交换器加热池水，实现池水加热功能：余热（显热）经空气冷凝器，加热冷却的室内空气，实现空气保温功能。

当冬季热泵回收的热能不足以满足要求时，由辅助空气加热器补充提供室内热空气所需的热能。热泵只需提供其本身的运行电能，即能按上述工作程序不断循环运行，以较低的能耗实现池水加热、空调、除湿三大功能。采用“三集一体”热泵方案，全年运行费用大约为 15.58 万元，采用传统空调、采暖方式＋池水加热系统全年的运行费用大约为 32.2 万元。显然，采用“三集一体”热泵方案能为业主每年节约 16.62 万元，经济效率相当可观。关于该工程游泳池的设计，本人曾发表过一篇论文《“三集一体”热泵在某游泳池中的应用》（《建筑热能通风空调》ISSN 1003—0344 CN 42—1439/TU)，可供参考。

三、工程冷热源及系统设计

1. 冷源

(1) 该工程市政提供全年压力为 0.6MPa 市政蒸汽，经与甲方商定，设计采用蒸汽溴化锂吸收式冷水机组。

(2) 该工程分三个独立的制冷系统。

系统一（沃尔玛区域）：选用制冷量为 1454kW（413 USRT）的蒸汽溴化锂机组 2 台，单台蒸汽耗量为 1.56t/h；系统二（办公区域）：选用制冷量为 1745kW（496.2 USRT）的蒸汽溴化锂机组 2 台，单台蒸汽耗量为 1.9t/h；系统三（酒店区域）：选用制冷量为 2908kW（826 USRT）的蒸汽溴化锂机组 1 台，单台蒸汽耗量为 3.13t/h，选用制冷量为 2326kW（661 USRT）的蒸汽溴化锂机组 2 台，单台蒸汽耗量为 2.5t/h，应酒店管理公司要求，酒店主机搭配需考虑备用，经负荷分析，酒店主机搭配方式为一大两小，占酒店总冷负荷的 60%、40%、40%，可根据负荷的变化，灵活组合机组优化运行。制冷机组制备 7℃冷水，回水温度 12℃。制冷系统所需总耗汽量为 15t/h。

2. 热源

(1) 本设计范围为室内换热站部分，地下室制冷机房与室外连通的管道夹层预留与城市蒸汽连接的蒸汽管。

(2) 该工程分三个独立的供热系统，供热水管路与供冷系统水管路合用，冬夏季通过阀门切换。系统一（沃尔玛区域）：采用 1 台高效波节管换热机组，机组配备两台波节管管壳式换热器，每台最大换热量为系统负荷的 70%，配备 3 台热水泵，两用一备。机组蒸汽耗汽量为 3.6t/h，总换热量为 2510kW。系统二（办公区域）：采用 1 台高效波节管换热机组，机组配备两台波节管管壳式换热器，每台最大换热量为系统负荷的 70%，配备三台热水泵，两用一备。机组蒸汽耗汽量为 4.7t/h，总换热量 3310kW。系统三（酒店区域）：采用 1 台高效波节管换热机组，机组配备 3 台波节管管壳式换热器，每台最大换热量为系统负荷的 50%、50%、50%，配备 3 台热水泵，互为备用。机组蒸汽耗汽量为 6.1t/h，总换热量 4224kW。换热机组制备 60℃/50℃的空调热水。

四、设计体会

该工程建筑面积大，属商业综合体，功能多样化，包含商业超市、酒店及办公，且分属不同物业管理，其中商业超市有专门的顾问团队，对设计提出了很多具体的要求。如何考虑中央空调系统的合理划分、冷热源形式、废热回收再利用、节能减排等问题是该工程的重点也是难点。设计之初，本专业向甲方提供了几种空调系统的对比及经济性分析，经过双方充分沟通并结合合肥当地市政蒸汽的供应政策，最终甲方确定采用蒸汽溴化锂机组供冷+壳式换热机组供热的方案形式，为后续设计定下基调。另外，泳池“三集一体”热泵系统、蒸汽凝结水热回收系统的运用是该工程的节能亮点，为使设计更加可靠完善，笔者进行了严谨的理论计算，请教了多位前辈，考察了相关设备厂家，收集了不少经验数据。整个系统在设计过程中也同样经历了多次反复的修改，出了三版施工图。作为项目的主要设计人，其中的设计过程让笔者学习到了不少新的技术及节能系统的整合、应用的经验和知识。项目于 2011 年初竣工，目前已稳定运行两年时间，当初的设计理念在实际运行中经受住了考验，节能经济效应有所体现，获得了业主的好评。

长春龙嘉国际机场航站楼改、扩建工程中央空气预处理（预冷）系统①

• 建设地点　吉林省长春市
• 设计时间　2009 年 1～5 月
• 竣工日期　2010 年 9 月
• 设计单位　吉林省建筑设计院有限责任公司
　　　　　　[130011] 长春市正阳街 4326 号
• 主要设计人　赵伟　惠群
• 本文执笔人　赵伟
• 获奖等级　民用建筑类二等奖

作者简介：

赵伟，男，1969 年 8 月生，水暖专业室主任，1992 年毕业于吉林省建筑工程学院供热通风与空调专业，大学本科学历。工作单位：吉林省建筑设计院有限责任公司。主要设计代表作品有长春龙嘉国际机场航站楼改、扩建工程、吉林网通大厦、吉林省心脏病医院医疗综合楼、兴安盟人民医院、航空航天大学综合体能训练馆、吉林省白山市人民检察院办公及技术用房等。

一、工程概况

长春龙嘉国际机场改、扩建工程新增设两个 E 类登机桥，扩建后共有四个 C 类（窄体飞机）登机桥、两个 D 类（宽体飞机）登机桥、三个 E 类（超大型飞机）登机桥。中央空气预处理系统主要为各类登机廊桥和停靠廊桥的各类型飞机机舱提供供冷（夏季）、供暖（冬季）的新鲜空气。保证在满载乘客和机组人员的情况下，为每架飞机的机舱和登机桥提供 24℃（夏季）/20℃（冬季）的环境温度。系统主要特点：冷、热水（乙二醇—水溶液）由中央机房制取分别送至各类廊桥末端低温机组，为各类飞机机舱提供超低温、高压新鲜空气，保证机舱内舒适环境。

二、工程设计特点

该工程设计特点为区别于现在国内主要机场空气预处理系统点对点的方式，该工程采用中央空调系统（乙二醇—水溶液系统），系统能够满足长春冬季严寒地区气候特点，可以短时间制热同时防冻。

目前国内只有几个主要机场（浦东、新白云、北京 T3）设置了空气预处理系统但均采用点对点的方式（即各登机桥为独立的风冷系统）。该工程采用中央空气处理系统并 2010 年 11 月安装调试完成，已经历两个冬、夏季运行。系统运行稳定达到设计参数要求。

中央空气预处理系统交付使用后降低了机场空侧噪声同时减少了飞机 APU（飞机辅助发动机）的简单制冷、热对机场环境的影响，提高了空调效率，减少了能源消耗，为航空公司带来巨大的效益同时保护了机场环境。从乘客步入机舱那一刻起，就开始享受舒适服务。

三、设计参数及空调冷热负荷

（1）室外温度设计参数：夏季 30.5℃(DB)，

① 编者注：该工程主要设计图纸参见随书光盘。

24.2℃(WB)，冬季－26℃(DB)。

(2) 室内温度设计参数：夏季 24℃，冬季 20℃(机舱和登机桥)。

(3) 机舱冷热负荷值均为参照国外各类飞机机型提供数据，廊桥为建筑实际计算数据。

(4) 三个 E 类（超大型飞机）登机桥（含为机舱提供的冷量）总制冷量为 949kW；四个 C 类（窄体飞机）和两个 D 类（宽体飞机）登机桥（含为机舱提供的冷量）总制冷量为 1160kW。

四、空调冷热源及设备选择

该系统夏季空调冷源采用超低温冷水机组(双工况)，冷冻水为乙二醇—水溶液，进/出水温度为－6.5℃/7℃。冬季热源为龙嘉国际机场厂区内锅炉房提供 80℃/60℃一次网热水经换热机组换热为末端设备提供 70℃/55℃乙二醇—水溶液。制冷机采用国外进口专用超低温制冷机组，换热器为国内高效板式换热机组，各类廊桥匹配的末端低温空气处理机组为进口专用机组。

五、空调系统形式

该工程项目空调系统形式采用中央空气与处理系统。三个 E 类（超大型飞机）登机桥为一个系统设置一个中央机房；四个 C 类（窄体飞机）和两个 D 类（宽体飞机）登机桥为一个系统设置一个中央机房。水系统为异程式系统，每个登机桥支管路处设置压差控制阀平衡系统阻力。

六、通风、防排烟及空调自控设计

系统中各登机桥部分的通风、防排烟均与出发、到达区为同一个防火分区，采用自然排烟。空调自控设计水系统采用一次变流量变频控制，末端控制均由设备厂家匹配控制系统。

七、设计体会

经多方面论证，该系统是国内首次在此气候条件下的应用。优点是绿色环保、节省能源、便于管理、提升服务质量。缺点是由于该系统中有 7 个登机廊桥属于现有改造施工受到局限，为了保障不停航状态下施工，管道只能敷设于廊桥固定端下面，与蒂森登机桥连接处采用胶管连接，增加了造价。而且需要改造蒂森登机桥下面托盘及一些监控设备位置。如果为新建项目可以考虑埋地敷设降低成本便于施工。

作者简介：

吴大农，女，1961年12月生，高级工程师，1983年毕业于华中科技大学制冷专业，大学学历，深圳市建筑科学研究院有限公司暖通专业总工程师。主要设计代表作品有：深圳市市民中心、邮电信息枢纽大厦、2010年亚运场馆网球中心、建科大楼等。

建科大楼①

- 建设地点　深圳市
- 设计时间　2006年1月～2008年2月
- 竣工日期　2009年3月
- 设计单位　深圳市建筑科学研究院有限公司
　[518049] 深圳市上梅林梅坳三路29号建科大楼
- 主要设计人　刘俊跃　吴大农　周俊杰　黄建强　罗春燕　赵伟
- 本文执笔人　吴大农
- 获奖等级　民用建筑类二等奖

一、工程概况

建科大楼是由深圳市建筑科学研究院有限公司自行设计的自住办公科研大楼。该项目位于深圳市福田区中轴线北侧上梅林地块，该地块地势平整，周边道路、水、电等市政配套设施完善；

工程用地面积3000m²，总建筑面积18170m²，建筑高度57.9m，地下2层，地上12层，其功能涵盖设计、办公、研发、实验、学术会议、展示、专家公寓、文娱健身及餐饮等。工程于2006年11月动工建设，2009年3月开始投入使用。

大楼从设计到建造充分采用绿色建筑技术，包括节能技术、节水技术、节材技术、室内空气品质控制技术和可再生能源利用等一系列技术。大楼除了满足自身办公应用外还向社会开放，免费让市民参观，向市民展示宣传绿色建筑知识。

大楼于2009年3月通过国家民用建筑能效测评标识验收，并获得民用建筑能效测评标识三星级的称号；作为国家第一批可再生能源建筑应用示范项目，于2009年7月通过国家财政部和住房和城乡建设部可再生能源建筑应用示范项目验收；于2009年12月获得国家绿色建筑设计评价标识三星级称号（证书编号 NO. PD31903）；并于2010年6月首个通过国家绿色建筑和低能耗建筑“双百”示范工程验收。此外，该工程还是国家“十一五”科技支撑计划的“华南地区绿色办公建筑室内外综合环境改善示范工程”，联合国开发计划署（UNDP）低能耗和绿色建筑集成技术示范与展示平台，也是深圳市循环经济示范工程。

① 编者注：该工程主要设计图纸参见随书光盘。

二、工程设计特点

该工程空调系统设计能耗低，通过实际监测数据分析，节能率明显。公共建筑节能设计标准虚拟设置的参照建筑空调系统综合能效比为2.88，该项目设计综合能效比为3.45。

设计中采用CO_2浓度传感器控制室内新风量措施，经检测，实际新风负荷可比设计值节省25.2%，总建筑空调能耗约可以降低10.8%。综合考虑围护结构、空调系统能效后节能率为61.8%，考虑CO_2监测控制系统后节能率达到65.9%。

该项目与典型办公楼的空调运行时间基本一致。通过7～9月的空调能耗监测数据显示，采用温湿度独立控制系统的8楼及10楼月累计空调能耗平均值为3.45kWh/(m^2·a)，而典型办公建筑月累计空调能耗平均值为4.77kWh/(m^2·a)，该工程办公区域年空调能耗较典型办公建筑年空调能耗低27.7%。按典型办公楼空调年能耗35kWh/(m^2·a)计算，则该大楼每年空调系统节省能耗约20万度电。

三、设计参数及空调冷负荷

1. 室外气象参数（深圳市/夏季）

大气压力101.8kPa，干球温度33℃，湿球温度27.9℃。

空调日平均干球温度29.6℃，通风计算温度31℃，室外平均风速2.1m/s。

2. 室内设计参数

室内设计参数如表1所示。

室内设计参数 **表1**

房间名称	夏季温度(℃)/相对湿度(%)	人员密度(m^2/p)	新风量1[m^3/(h·p)]	每人新风量R_p[m^3/(h·p)]	每平方米新风量R_a[m^3/(h·m^2)]	噪声[dB(A)]
办公	25/≤65	6	30	11.7	1.404	45
会议	25/≤65	3	21	11.7	1.404	45
报告厅	25/≤65	1.2	20	11.7	1.404	45
实验室	25/≤65	10～20	85～140	23.4	4.212	45
展厅	25/≤65	6	35	17.8	1.404	45

注：1. 新风量1是按《公共建筑节能设计标准》GB 50189—2005的表3.0.2计算。
2. 新风量R_p和R_a是按ASHRAE 62.1—2004—ventilation中表6-1计算，并将人员呼吸区的室外通风率增加到最小换气率的30%以上。
3. 计算时取以上两种算法之中大值。

3. 冷负荷值

该工程空调总面积约9300m^2，夏季冷负荷为1100kW，冷负荷指标约为118W/m^2。

四、空调冷热源及设备选择

该工程按绿色建筑示范项目进行设计，兼有绿色建筑技术的展示和实验功能。针对本大楼不同功能房间使用时间差异较大，不同功能区域采用了不同的冷源设备形式，包括水源热泵式中央空调系统、水环式中央空调系统、水—水式水源冷水机组、风冷变频多联中央空调系统等。

1. 水源热泵式中央空调系统、水环式中央空调系统

采用区域：地下二层、地下一层、一层。

空调面积为280m^2，冷负荷为25kW。各水源热泵机组的散热通过在雨水池敷设盘管换热的闭式冷却水循环系统完成。

2. 水—水式水源冷水机组

采用区域：二～五层、七～八层、九层北部、十层、十一层北部、十二层。

冷源位于各层空调机房，配合楼层空调末端分别制取供/回水温度7℃/12℃、16℃/19℃的冷水。在屋顶设置闭式冷却塔统一为各冷水机组提供冷却水。

3. 风冷变频多联中央空调系统

采用区域：九层南部（院部）、十一层南部（专家公寓）。

院部空调面积为345m^2，冷负荷为52kW。专家公寓空调面积为250m^2，冷负荷为20kW。

五、空调系统形式

该工程末端采用了多种空调系统形式。

1. 二次回风置换式空调送风系统

采用区域：五层报告厅。

风管送至报告厅座椅下保温空腔（空腔由保温壁板制作并严密封堵）内，以较低的风速从地板送出，地板送风温度18℃。房间顶部设回风及排风系统。

2. 独立新风柜+普通风机盘管系统

采用区域：五层北部、十一层北部。办公室、小会议室等小面积房间。

3. 全热回收集中新风系统+高温风机盘管系统、被动式冷梁（干式盘管）系统

采用区域：二～四层、七～八层、九层北部。

室内潜热主要由新风系统承担。新风机组供/回水温度7℃/12℃。采用热回收组合式新风机组，主要包括板式全热交换段、表冷段、风机段，室外新风与室内排风进行全热交换后经表冷段降温后由风机送入室内。新风机组及冷源设置于屋顶。室内显热负荷主要由高温风机盘管、被动式冷梁（干式盘管）承担，供/回水温度为16℃/19℃。冷源位于各层空调机房。

4. 热泵驱动溶液除湿新风系统+冷却吊顶系统

采用区域：十层。

室内潜热及新风负荷由新风系统承担，新风系统采用集成式热泵驱动型溶液除湿新风机组，主要包括全热交换段、溶液除湿段、冷却段、风机段，室外新风与室内排风进行全热交换后经浓溶液除湿、消毒冷却段冷却降温后由风机送入室内。溶液的再生由机组本身自动完成。室内侧末端采用冷却吊顶系统，通过辐射和对流对室内空气进行冷却，主要承担室内显热负荷。冷源位于十层空调机房，采用水—水式水源冷水机组，供/回水温度为16℃/19℃。

六、通风、防排烟及空调自控设计

(1) 地下汽车库：设与平时通风相结合的排烟系统及补风系统。与车道直接相连的防火分区补风由直通室外的车道进入。其余防火分区设机械排风及机械补风系统。排烟量按6次/h及补风量按3次/h计算。

(2) 除地下一层楼梯间采用自然排烟外，其余防烟楼梯间前室、消防电梯前室设正压送风系统，每个前室设一个常闭式电动多叶送风口，风机设在六层架空层。火灾时，消防控制室自动（也可手动）打开着火层及其上下各一层的送风口和加压风机，向前室加压送风。

(3) 五层报告厅设机械排烟系统，排烟风机设置于机房内，排烟量按60m^3/(h·m^2)计算。

火灾时，消防控制室自动（也可手动）打开着火层排烟风口和相应排烟风机，进行机械排烟。

(4) 本设计需通风的房间及其通风换气量列于表2。

通风换气量 **表2**

房间名称	换气次数（次/h）		备注
	补风	排风	
汽车库	车道、机械补风	6	排风兼排烟
水泵房	6	6	
储油间	自然补风	6	设防爆风机
高、低压室	机械补风	根据设备发热量计算	—
发电机房	机械补风	6	设防爆风机
变配电室	自然补风	根据设备发热量计算	—
公共卫生间	自然补风	12	设排气扇
设备库房	机械补风	6	—
中水水泵房	机械补风	6	—
实验室	自然补风	3	—

(5) 空调系统的自动控制设计

1) 水源热泵系统控制

① 机、泵、塔群控：检测雨水回收池最低水位是否满足要求，联锁给排水雨水池补水泵→冷却水泵启动（延时）→机组启动。停机程序相反（若两台以上机组合用一个冷却水泵系统时，应为最后一台机组停止运行后，泵、塔才能关机）。机、泵、塔的控制盘设在相应的空气处理机房内。

② 每台水源热泵机机组均设有微电脑智能化控制开关（遥控、线控订机时可选），具有温度控制系统。

2) 集中冷却水系统控制

① 通过回水温度控制冷却塔、冷却水泵开启的台数。

② 室内机与冷却塔、冷却水泵的联锁运行。

平时模式：周一～周五，对水环系统统一管理。

开启顺序：冷却塔风机→冷却水泵→水环机组。停机程序相反。

加班模式：当一台室内机启动时，同时启动一台冷却塔和一台冷冻水泵，水泵最低频率运行，然后，水泵和冷却塔根据回水温度调整运行频率和台数。当所有室内机停止运行时，冷却塔、冷却水泵停止运行。

③ 冷却塔、水环机组的控制：

每台冷却塔进水总管设电动阀，与对应冷却水泵及冷却塔风机联动；每台水环机组回水支管设电动阀，与机组联动，压缩机根据回风温度做启停运行，风系统为定风量运行。

3）热泵驱动溶液除湿新风系统

办公区域每个卡座送风支管设一个可调速小风机（由人工调节），新风由屋顶溶液除湿新风机供给（可变频运行）。卡座小风机启动，新风机启动，BA探测每个小风机转速，进而计算风量，将末端小风机风量总和反馈到屋顶主机，使溶液除湿新风主机按需要风量变频运行。

4）变频多联空调系统控制

① 室内空调器与室外主机通过信号线连接，当一台或多台室内机启动时，与之相连的室外主机随之自动启动运行，室外主机随室内机开启的数变频调速运行。当与室外机相连的室内机全部停止运行时，室外机也停止运行。

② 室内机可以采用遥控或线控方式，一台室内机设一个控制器，并配有三速调节装置。

③ 群控方式：以一个系统为一组，对组内室内机进行统一控制和监测。

④ 空调控制线由空调系统自带。

5）变风量地板送风系统控制　空调机组带有变频器可以变风量调节。

室内温度控制器负责对环境温度进行采样，并根据环境温度和设定温度的偏差对风机进行无级调速，使环境温度始终稳定在设定温度上。同时，温度控制器通过RS485总线将其对风机盒的输出（此输出决定风机的转速）上传给系统控制器，使系统控制器能据此对本单元所需总风量进行调节。系统控制器通过RS485总线对本单元内各温度控制器对风机盒的输出进行采集，并据此计算出本单元所需的总风量。系统控制器还对本单元空调机组的输出风量进行采样，并通过对变频器的调节，使空调机组的实际输出风量稳定在各温度控制器所需风量的总和上。

6）新风柜控制　用新风柜出风管处的送风温度（与设定值比较）控制设在新风柜冷水回水管的电动二通阀（比例）的通水量，以维持新风的设定温度。

7）风柜控制

① 用风柜回风温度（与设定值比较）控制设在风柜冷冻回水管的电动二通阀（比例）的通水量，以维持室内的设定温度。

② 配备风机的电机变频装置，以便根据控制要求改变风机转速，达到改变风量及节能的目的（变频器留有接入回风或送风温度信号的接口）。

8）全热回收集中新风系统控制

平时上班模式：新风系统全面启动。

加班模式：开启加班楼层送风、回风支管电磁阀，其余楼层关闭。加班时根据加班层数，进行热回收新风机组台数控制，使用层数再少时热回收新风机组风机变频运行。

9）新风系统控制：通过在工作区设置二氧化碳浓度传感器，进行二氧化碳浓度控制，根据其浓度控制各类新风机组风机变频运行，在节能的同时保证足够的新风量，使室内二氧化碳浓度＜1000ppm。

七、设计体会

建科大楼空调系统由于采用了较多的新产品、新工艺，总造价较高，约为1100万元，而如果本大楼采用常规空调系统的话总造价约为900万元。投资回收期为10年。虽然投资回收期超出了合理期限，但是考虑到建科大楼的示范和实验作用，同时监测新型空调系统及新产品的实际运行情况，对推广节能的空调系统及产品有着重要的意义，而随着这几年空调产品的发展，成熟度提高，造价也有所降低，更有利于日后节能技术系统产品的推广，使更多的建筑达到节省能耗的目的。

广州塔（原名：广州新电视塔）暖通空调工程①

作者简介：

黄伟，男，高级工程师、国家注册公用设备工程师，2003年毕业于华南理工大学热能动力机械工程专业，硕士研究生，现在广州市设计院工作。主要代表性工程有：广州塔（广州新电视塔）、广东烟草大厦（珠江城）、保利国际广场、琶洲PZB1401综合体、天河体育中心体育馆、中共三大会址纪念馆、美国驻广州总领事馆、白天鹅宾馆、珠海十字门喜来登酒店等。

- 建设地点　广州市
- 设计时间　2005年4月~2009年6月
- 竣工日期　2010年9月
- 设计单位　广州市设计院
  [510620] 广州市天河区
  体育东横街3号设计大厦
- 主要设计人　黄伟　李觐　朱纪军　彭少棠
  江慧妍　李继路　胡晨炯　常先问
- 本文执笔人　黄伟
- 获奖等级　民用建筑类二等奖

一、工程概况

广州塔是广州市新地标性建筑和旅游观光点，位于广州市海珠区珠江文化带（横轴）与新城市中轴线（纵轴）交汇处的珠江南岸，它与亚运会开闭幕式主会场——海心沙市民广场和珠江新城核心区隔江相望。广州塔已于2010年16届亚运会前竣工并部分投入使用。

塔高600m，由一座高约454m的主塔体和一个高146m的天线桅杆构成，广州新电视塔总建筑面积114464m²，其中7.20m以上（含7.20m）建筑面积44686m²，地下建筑面积69778m²。塔楼按垂直方向将塔楼划分为5个功能区间和4段镂空部分，有37个使用功能层，由核心筒串联成为一个整体。A段从－10.00m至32.80m标高，主要为两层登塔大厅、展览厅、餐饮、办公室、会议中心、地下停车库、设备用房等公共服务用房；B段从84.80m至121.20m标高，主要为高科技娱乐厅、4D影院等娱乐场所；C段从147.20m至168.00m标高，主要为观景厅、小食等休闲空间；CD段之间镂空部分从168.00m至334.40m标高核心筒外围设有环绕楼梯的空中漫步区；D段从334.40m至355.40m标高，主要为茶室等休息用途；E段从376.00m至459.20m标高，主要为观光大厅、旋转餐厅、阻尼层等，观景、餐饮、娱乐空间、广播电视微波机房，塔体顶端的世界最高露天观景阶梯广场，沿最顶环梁还设有16个观光球舱（见图1）。

① 编者注：该工程主要设计图纸参见随书光盘。

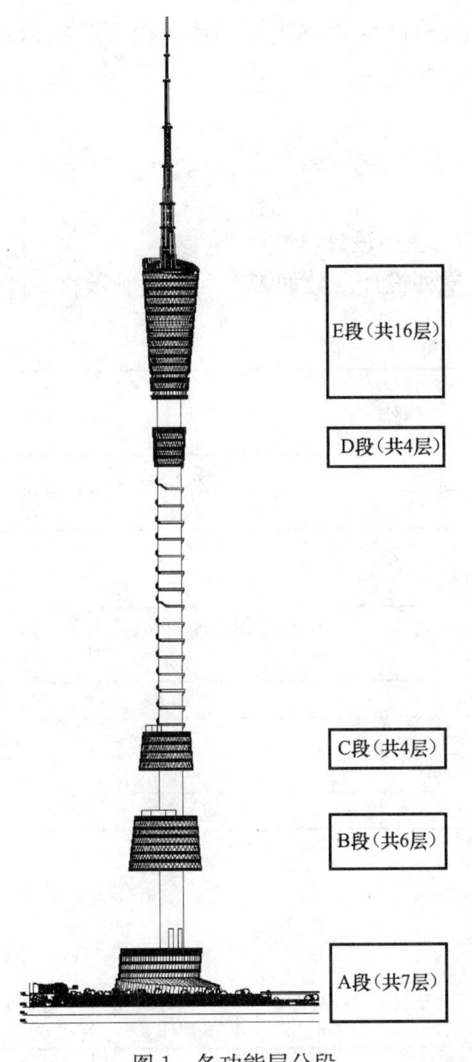

图1 各功能层分段

二、工程设计特点

1. 安全可靠的系统设计原则

广州塔作为广州市的地标性建筑物和广电发射塔，设计安全可靠性是首要考虑的，在设计中，采用了一系列的措施：(1) 应用成熟可靠的传统技术（例如：空调风系统、冷源分区等），并充分考虑设备间的互为备用性（例如：冷热源系统）。(2) 广电恒温恒湿机房的风系统和水系统均采用冗余备份确保系统安全。(3) 消防设计严格遵循“预防为主，防消结合”的原则。该项目所有空调通风管道系统，风管、水管保温材料、消声材料等，均采用不燃材料制作；所有防火阀均纳入消防火灾自动报警系统，系统能随时监控通风、空调、防排烟系统情况；所有电动防火阀均为全自动型，消防火灾自动报警系统能定期检查其动作正确性。(4) 通过消防性能化分析评估，有针对性地对该项目的消防防排烟系统进行优化设计。(5) 极端情况的保护措施，包括：为确保室内空气品质，空调机组和新风机组均设置了静电空气净化器和光触媒净化段等新设备；同时，为确保疾病流行期间室内公共卫生条件，全热回收系统还设置了旁通管路；高空风速较高，在一定风速条件下，空调新、排风系统设置了紧急情况（例如：台风天气）关闭装置。

2. 体现节能环保的设计理念

因应节能环保绿色建筑的时代要求，广州塔在空调冷热源、水系统、空调风系统等方面运用了一系列行之有效的节能新技术。

冷热源系统的节能设计：(1) 低区空调水系统采用4台600RT冷水机组（其中一台变频）的搭配，考虑了空调负荷变化的需要，确保在过渡季节部分负荷工况，冷源系统的高效运行。(2) 采用系统效率最优的控制方式对冷水机组、水泵的运行台数进行控制，最大限度提高制冷系统运行效率。(3) 采用冷冻水、冷却水双侧一次泵变频控制，将大大减少冷冻水、冷却水输送能耗。(4) 冷却塔风机根据室外气象条件和空调负荷需求进行变频运行。(5) 高区冬季采用热泵机组采暖。(6) 高区空调水系统采用一泵到顶无中间换热的超压系统，减少了二次换热带来的水力和热力损失。

空调风系统的节能设计：(1) 在人员密度相对较大且变化较大的塔座的全空气系统，新风量根据回风二氧化碳浓度控制，在春秋季过渡季节还可实现全新风运行。(2) B、C、D、E段区域设置了高效分子筛型转轮热回收装置，以回收排风系统中的能量，设计日计算可节约总冷负荷约600kW，每年可以节省当量电力消耗317810kWh，投资回收年限少于2年。

3. 解决超高层电视塔建筑暖通空调若干技术难点

(1) 突破软件限制，进行热负荷和逐项逐时的冷负荷计算。该项目空调负荷计算复杂，包括建筑形体为复杂的三维结构、高空温度和风速等气象条件随高度变化、外遮阳结构复杂。在设计中采用计算软件结合手工分段方式计算空调负荷。

(2) 电视塔高度高、建筑体型复杂、空间紧张、垂直管线多，与建筑、结构等各专业的配合难度大。由于塔内各平面均为椭圆形，若分层设置机房，机房面积的利用率较低，设计中采用了按功能段集中设置空调设备机房；通过精心设计，仔细排管，集中在非商业空间设置机房，最大限度地增加了建筑的商业价值。

(3) 大型空调设备垂直运输难度大。高区的模块化风冷热泵机组、风机、空气处理机在设计选型过程中，充分考虑了竣工后的维修保养的可能性，通过电梯（井道）可完成设备垂直运输。

(4) 高空风速较高，广电水冷冷凝器机房、高空外百叶设置方式较好地解决了高空风速对进排风的影响。

三、设计参数

1. 室外设计参数

室外设计参数如表 1 和表 2 所示。

A、B、C 段室外设计参数　　表 1

季　节	干球温度（℃）		湿球温度（℃）	相对湿度（%）	室外风速（m/s）	大气压（hPa）
	空　调	通　风				
夏季	33.5	31	27.7	—	1.8	1004.5
冬季	5	13	—	70	2.4	1019.5

注：按广州市标准室外设计参数选取。

D、E 段室外设计参数　　表 2

功能段	季　节	干球温度（℃）		湿球温度（℃）	相对湿度（%）	室外风速（m/s）	大气压（hPa）
		空调	通风				
D 段（334.40～355.40m）	夏季	31.26	28.76	25.64	—	5.82	96.35
	冬季	2.76	10.76	—	—	7.76	97.85
E 段（376.00～459.20m）	夏季	30.62	28.12	25.06	—	6.32	95.17
	冬季	2.12	10.12	—	—	8.43	96.67

注：冬季最冷月平均室外计算湿度：70%。

2. 室内部分空调设计参数（见表 3）

室内设计参数　　表 3

区　域	夏季温度（℃）	夏季相对湿度（%）	冬季温度（℃）	冬季相对湿度（%）	人员密度（m^2/p）	新风量[m^3/(h·p)]	噪声标准[dB（A）]
贵宾餐厅	25	60	—	—	3	30	50
餐厅	25	65	—	—	1.3	20	50
展览厅	25	65	—	—	2	20	45
登塔大厅	26	65	—	—	2	20	50
电影院	25	65	—	—	座位数	20	30
TV/FM 发射机房	≤30	≤85	≤30	≤85	—	注 1	60
TV/FM 控制室	≤25	≤80	≤25	≤80	—	注 1	60
观光大厅	25	60	18	—	2	20	50

注 1：按循环风量的 5%计算。

四、空调冷热源系统划分及水系统

1. 系统划分

根据建筑物竖向高度、各功能分区的使用时间和性质，该工程空调系统划分成三大部分：(1) A、B、C 段（建筑标高－10～168m）的区域采用水冷离心式冷水机组系统。(2) D、E 段（建筑标高 334.4～459.2m）的区域采用风冷冷水机组系统。(3) A 段部分需独立运行市政配套用房或 24h 运行的弱电机房采用 VRV 系统或分体空调机。

2. A、B、C 段

(1) 夏季提供舒适性空调，冬季不供热。(2) 夏季中央空调总冷负荷为 8863kW；单位建筑面积冷负荷指标为 149W/m^2。采用 4 台可变流量运行的 2110kW（600RT）水冷离心式冷水机组（其中一台为变频），总装机冷负荷为 8440kW（2400RT）。空调主机、冷冻水泵、冷却水泵、定压罐均设于地下二层东北角的空调主机房内，冷却塔设在±0.00 东北角下沉空间内。(3) 冷冻水系统竖向分区：在标高 84.8m 层设 2 台水—水板式热交换器，承担 B、C 段空调负荷，隔离高低区，解决设备及管道配件承压问题。(4) A 段冷冻水供/回水温度为7℃/12℃，B、C段高区冷冻水供/回水温度为8℃/13℃，冷却水供/回水温度为32℃/37℃。（5）空调冷冻水、冷却水系统采用一次泵变频系统。（6）空调冷冻水系统为异程系统，至84.8m板换机房为独立环路。整个空调冷冻水系统（包括D、E段）均设置全面动态平衡措施，各新风机、空气处理机、水—水板式热交换器设置压差平衡装置，风机盘管系统分环路设置压差平衡装置。（7）空调冷却水系统同时为水冷式柴油发电机组的冷却水系统，在市政停电时，自动切换其中1台冷却塔和冷却水泵为水冷式柴油发电机组提供冷却水，纳入重要负荷。

3. D、E段

（1）夏季供冷，冬季供热。（2）夏季中央空调总冷负荷为2060kW，冬季中央空调总热负荷为580kW；单位建筑面积冷负荷指标为101W/m²，热负荷指标为28W/m²。针对该工程特点，风冷机组采用模块式，这种机组应用灵活，可采用电梯井道进行垂直运输，便于维修和安装。该工程采用2台500kW(142RT)（供热465kW）模块式风冷热泵机组+2台500kW(142RT)模块式风冷冷水机组，总装机冷负荷为2000kW(568RT)，总装机供热负荷为930kW。风冷热泵机组和风冷冷水机组分别组成独立的供冷（供热）系统。空调主机、冷冻（热）水泵、定压罐均设于355.2m层。（3）其中1台模块式风冷冷水机组及其相应的冷冻水水泵纳入重要负荷，市政停电时，由柴油发电机提供电力，以保证电视塔发射机房及其控制室等区域的空调不间断供应。（4）冷冻水供/回水温度为7℃/12℃，热水供/回水温度为45℃/40℃。（5）空调水系统为采用末端侧变流量系统。（6）空调水系统为VIP包房层为四管制，其余为二管制。（7）空调冷冻水系统为异程（采用风机盘管楼层水平同程）。（8）模块式风冷热泵机组系统夏季提供冷冻水/冬季提供热水（同时作为广电系统备用冷冻水系统），模块式风冷冷水机组系统全年提供冷冻水，根据功能和运行需要在末端或层间进行切换。

五、空调风系统设计

（1）A段员工食堂、美食街、展厅、登塔大厅、多功能空间、会议厅、大办公室、过厅等大空间房间采用定风量全空气式系统，过渡季节可实现全新风运行。A段更衣室、贵宾餐厅等小空间房间采用风机盘管加独立新风系统。

（2）B、C段高科技娱乐、电影院、小食、观景厅采用定风量全空气式系统加转轮热回收新风处理机。空调机房集中设置，按就近原则设转轮热回收新风处理机，回收排风系统中的能量，提供新风给附近空气处理机用。

（3）D、E段茶室、VIP包房、制作间、旋转餐厅、观景大厅等受建筑功能限制采用风机盘管加转轮热回收新风处理机，转轮热回收新风处理机回收排风系统中的能量。

（4）E段微波机房、广电设备间等采用定风量全空气式系统，24h运行。每个系统设置2台空气处理机，每台均负担空调区域75%的冷负荷，平时变频至低速运行，单一台空气处理机发生故障时，关闭故障机，切换另一台机至工频运转。

（5）空气处理机和新风处理机的空气处理过程：粗效过滤、静电除尘净化、降焓除湿（或加热）、光触媒杀菌净化；转轮热回收新风处理机的空气处理过程：粗效过滤、静电除尘净化、新排风全热交换、降焓除湿（或加热）、新风光触媒杀菌净化。

六、平时通风系统设计

（1）车库、库房、卫生间、设备机房等房间设置机械通风系统。

（2）受建筑条件的影响，该工程的厨房油烟排放点均处在较敏感区域。A段－5.0m层厨房，设置油烟净化系统、全面通风兼消防排烟兼事故通风系统、岗位送冷风兼消防补风系统、全面补风系统。各餐饮厨房高温油烟除了经设于灶具上方的运水烟罩处理后，经两级高压静电油烟净化器和活性炭吸附/过滤除味再由排风机在7.2m层东北角和32.8mA段屋面排出。E段412.4m层厨房油烟处理方式类似，油烟处理后在459.2mE段屋面广场排出。

（3）隔油机房、排污机房、垃圾间设置机械排风系统，排出废气经过活性炭过滤器吸附除味后排放。

（4）事故通风。燃气厨房、燃气计量间、气瓶间等机房设置事故通风系统，事故通风量按12次/h换气计算。

（5）广电水冷冷凝器机房预留通风条件。由半均压环下部低阻百叶进风，经水冷冷凝器风机排出热风由半均压环上部排至室外（见图2）。

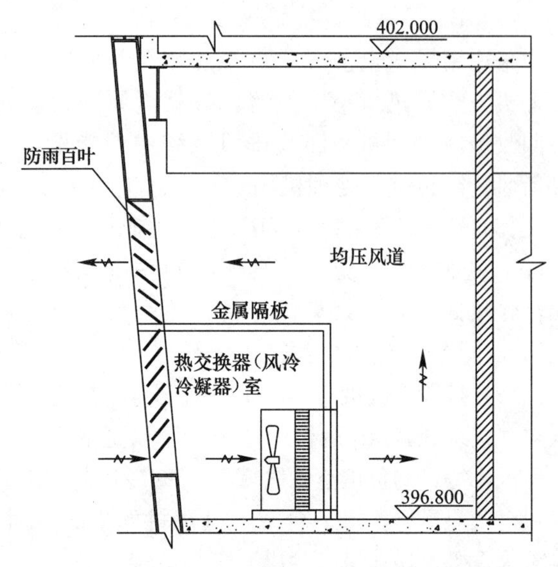

图2　水冷冷凝器机房均压排风示意图

（6）高空外百叶设置。广州新电视塔属超高层建筑，高层区域无任何遮挡，大楼周围的风力和风向随时变化，因而引起进排风口百叶处的风压也随之不断变化，进排风口的设计安装需尽量减少风力和风向的影响，因此，应避免在外墙处设置百叶。高空区域进排风口将尽量在水平楼板上或屋面开口，四周设置百叶（见图3）。

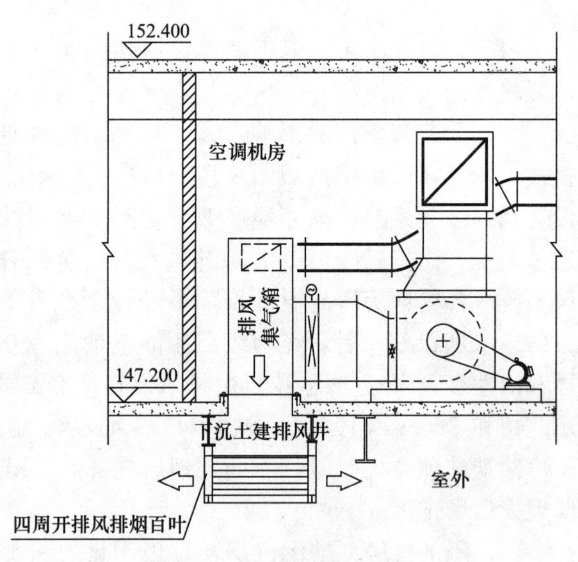

图3　C段底部排风井做法

七、消防排烟系统设计

1. 常规消防正压送风系统

所有防烟楼梯间、楼梯前室和消防电梯合用前室均设置机械加压送风系统，其中塔体部分分7段设置机械加压送风系统（见图4）。＋350m层、＋448.8m层封闭避难层设置机械加压送风系统。

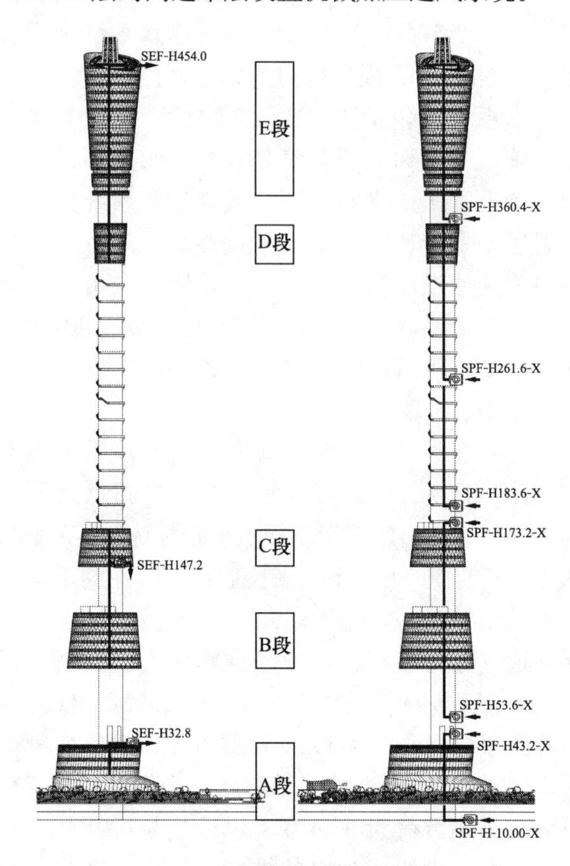

图4　塔体消防防排烟分段示意图

2. 常规消防排烟系统

车库、内走道、功能区域均设置机械排烟系统，其中塔体区域7.20m平台层以上功能段划分的3段机械排烟系统，每段排烟系统高度不超过120m。

3. 消防性能化论证补充消防措施

（1）地下－10.0m和－5.0m核心筒周围的环形安全通道将设置机械加压送风系统，以保持正压，设计风量按两个相邻防火分区门全部打开，门洞风速不小于0.7m/s计算。（2）±0.0m塔体周围安全通道区域设置机械加压送风系统，以保持正压，设计风量按其中1个防火分区门全部打开和通向室外的门全开，门洞风速不小于0.7m/s计算。（3）电梯门直接开在塔内房间的两部观光电梯设上下2个机械加压系统，加压风量按保持梯井静压25Pa计算。（4）塔体内的封闭楼梯间设置机械加压送风系统，按门洞风速不小于0.7m/s计算。（5）7.2m层登塔大厅高位将设置不小于该房间面积2%的自动开启排烟窗，对该区域进行自然排烟。

八、自控与监测

该工程设BAS系统，暖通空调自控系统为BAS的独立子系统。其中冷水机组、水泵、冷却塔、水处理设备、空气处理机、新风处理机、热回收型新风处理机、排风机、各种电动阀门等设备均需接入自控系统。暖通空调系统的自控系统，可在中央空调控制室实现对上述设备和系统：参数检测、参数与动力设备状态显示、故障报警、自动调节与控制、工况自动转换、设备联锁与自动保护以及中央监控和管理等。现场DDC可实现对现场设备的全部控制功能。

1. 水冷离心式冷水机组系统

（1）设群控系统。群控系统根据监测到的空调实际负荷、空调主机运行电流，合理选择冷水机组和冷冻水泵、冷却水泵、冷却塔和电动水阀的运行台数，并实现顺序开启（关闭）及故障自检。（2）冷冻水泵（含高区二次冷冻泵）根据管道压差和流量控制二次冷冻水泵运行台数及实施变频调速。冷却水泵根据冷却水供回水温差和流量控制冷却水泵运行台数及实施变频调速。（3）测量每台冷水机组冷冻水供回水压差，当压差小于冷水机组最小允许压差时，打开冷冻水供回水总管之间的PID旁通阀，实现冷水机组最小水量保护。（4）冷却塔为自带风机变频器的智能型节能冷却塔。（5）高区二次冷冻水根据水—水板式热交换器二次冷冻水出水温度控制板式热交换器一次冷冻水流量，实现对高区二次冷冻水温控制。

2. 风冷冷水机组系统

（1）设群控系统。群控系统根据监测到的空调实际负荷，合理选择冷水机组和冷冻水泵的运行台数，并实现顺序开启（关闭）及故障自检。（2）冬夏季工况的自动切换；确保广电供冷的自动切换。（3）水系统为变流量系统，在冷冻水（热水）供回水总管间设压差旁通装置。

3. 不设新风预处理的空气处理机

（1）回风温度控制。（2）回风二氧化碳浓度控制新风比。

4. 前端设新风预处理的空气处理机和吊顶空调处理器

（1）回风温度控制。（2）需采暖的机组还带冬夏季自动切换。

5. 新风处理机（含热回收新风处理机）

送风温度控制。

6. 大房间的风机盘管

采用网络型温控器，控制浮点式电动二通阀（常闭）实现对房间温度连续控制，并设手动三速调风开关，可通过网络接口接入楼宇自控系统。

7. 小房间的风机盘管

风机盘管采用温控器控制浮点式电动二通阀（常闭）实现对房间温度连续控制，并设手动三速调风开关。

车库送排风机采用CO浓度控制的变频调速控制。

B、C、D、E段的新风处理机、排风机、送风机等与室外百叶相连接风管均设置电动风阀，与上述设备连锁开关，并实现在室外风速超限时紧急关闭电动风阀。

九、空调系统运行情况

广州塔项目于2010年9通过验收，目前，除E段广电机房部分未投入使用外的其余功能已正常工作。经过一年多的运行，通风空调系统整体运行良好，室内环境、通风空调节能等各项参数满足设计要求。

1. 在运行中表现出来的优点

（1）上下区空调主机搭配与实际负荷拟合性好，调配负荷非常容易，特别是下区采用的变频离心机，在过渡季节部分负荷运行时，效率高、喘振点低。（2）高区的风机盘管系统较好地适应了椭圆形玻璃幕墙建筑一天内日照引起的各个朝向冷负荷变化，客人反映良好。（3）空调冷冻水系统全面动态平衡措施运行有效，空调用冷高峰月冷冻水平均供回水温差接近5℃。（4）高空风速未对通风空调系统造成影响。（5）厨房油烟处理效果良好，厨房室内工作环境适宜，油烟排放的油烟浓度远低于2mg/m^{3}的国家标准，气味轻微。

2. 在运行中表现出来的不足

（1）受制于广州塔特殊性，冷冻水管保温采用了不燃的铝箔玻璃棉管套保温，而广州塔各施工专业多，管线布置复杂，施工前后周期较长，造成了成品保护的困难，少部分玻璃棉管套铝箔防潮层破损后未能及时发现和修补，运行后冷凝水随即进入，造成部分管段保温失效。（2）空调自控和节能控制系统未能稳定投入使用。目前，条块分割的工程招投标方式，将设计、设备招投标、施工和调试各环节独立招标，造成了信息传递不完整、责任主体不清、协调解决困难等问题，值得工程界思考。

作者简介：

郭勇，男，1978年10月生，高级工程师，所长，2002年毕业于重庆大学供热通风与空调专业，硕士，现在广东省建筑设计研究院机电三所工作。主要设计代表作品：广州壬丰大厦、茂名图书馆新馆、东莞帝京国际酒店（五星级）、江门电视中心、广州中医药大学药科楼及教室楼、美林湖度假酒店（五星级）、中国散列中子源项目、北京芍药居综合楼、广州亚运城综合体育馆等。

广州亚运城综合体育馆通风空调设计①

- 建设地点　广州市
- 设计时间　2008年7月～2009年7月
- 竣工日期　2010年8月
- 设计单位　广东省建筑设计研究院
  [510010] 广州市流花路97号机电三所
- 主要设计人　郭勇　卞策　王顺林　许杰
  廖坚卫　陈小辉　邓伟雄　彭亮
- 本文执笔人　郭勇
- 获奖等级　民用建筑类二等奖

一、工程概况

广州亚运城综合体育馆位于广州市南部、番禺片区中东部。该工程总建筑面积51494m²，建筑高度34m，综合体育馆主要由体操馆、亚运历史博物馆、综合馆三部分组成；其中体操馆建筑面积约为30891m²，设有观众座位8000个（含活动座位2000个）的体操比赛场馆、观众厅、训练馆、包厢、运动员休息室、比赛管理附属用房、设备机房等；亚运历史博物馆建筑面积约为4977m²，用于陈列、展览等；综合馆建筑总面积约为15626m²，设有台球、壁球等比赛场馆、观众厅、运动员休息室、比赛管理附属用房、设备机房等。

综合体育馆在广州2010年亚运会比赛期间承担5个亚运项目：体操、艺术体操、蹦床、台球、壁球；2个亚残运项目：乒乓球、举重等共7个比赛项目。赛后将成为广州市集体育、商业、公共服务等多功能于一体的建筑综合体。

综合体育馆倡导绿色亚运及可持续利用的设计的理念，参照国家“绿色三星”标准进行设计，综合采用了多项节能新技术，广州亚运馆节能率达60%，节能环保水平居于国内大型体育场馆建筑前列。

二、工程技术经济指标

工程总投资68080.0347万元，空调耗电指标56.5W/m²，空调计算总冷负荷指标182W/m²。

空调造价经济指标：空调通风工程总造价4799.52万元，建筑面积50194m²，计算总冷量9104kW；折算经济指标956元/m²，5.250元/W。

三、主要设计特点

该工程空调系统运用了多项绿色节能新技术，同时针对大空间建筑利用CFD模拟技术进行合理气流组织设计，达到既满足健康、热舒适性的空调效果，又能实现节能减排、低碳环保的设计要

① 编者注：该工程主要设计图纸参见随书光盘。

求，其主要设计特点可概括如下：

（1）通过采用亚运城水源热泵技术提高空调系统整体能效比。

亚运城综合体育馆的空调纳入整个亚运城太阳能和水源热泵供冷供热系统中，由亚运城3号能源站提供部分冷量。当系统供生活热水时，则生活热水为机组冷凝器冷源，冷热同时供；当系统不供生活热水时，则利用亚运城周边砺江涌江水为水源热泵冷源代替冷却塔，砺江河水夏季取水温度为26±2℃，比传统冷却塔冷却水设计温度（32℃）低4～8℃，降低了冷凝器冷却温度，大大提高制冷机组能效比；同时若冷热联供时，整体能效比更高。约可降低制冷机能耗10%～15%。

冷源系统设计综合考虑节能、可靠性及经济性，且考虑赛时、赛后及不同季节的经济运行和维护需要。冷源选择最终方案为：比赛场馆周边附属用房等赛后用冷时间长的区域均采用亚运城水源热泵集中供冷能源站制生活热水时回收的冷量，以达到冷热联供，提高空调系统整体能效比；而赛后用冷时间很短的比赛场馆内和观众休息大厅等大空间区域分别自设冷水机组；24h设备机房独立设置多联空调或分体空调。这样既能充分利用能源站冷量，同时将场馆与周边附属用房分开系统也更有利与今后的运营管理。

体操馆制冷系统原理如图1所示。

（2）自设冷源采用达到国家2级能效以上的高效水冷机组，且冷冻水系统采用8℃大温差设计。

空调系统的自设冷源机组能效比优于《〈公共建筑节能设计标准〉广东省实施细则》DBJ 15-51-2007的要求。体操馆内冷源水冷离心机组制冷性能系数(COP)达到5.6（设计工况：冷冻水6℃/14℃，冷却水37℃/32℃），水冷螺杆机组制冷性能系数(COP)达到5.0（设计工况：冷冻水6℃/14℃，冷却水37℃/32℃）；综合馆内冷源采用新型风冷蒸发式冷凝螺杆冷水机组能效比(EER)达到4.10（设计工况：冷却水6℃/14℃，且含冷凝侧冷却系统耗电量）。冷冻水系统采用8℃大温差设计，空调冷冻水输送能效比仅为0.0123。

（3）附属用房区域采用排风能量回收型中央新风系统，可回收排风70%的冷量。

附属用房区域空调系统设计采用中央新风系统中的能量回收型中央新风加末端风机盘管系统，每台风机盘管回风口均设置采用光触媒氧化技术的空气净化消毒装置。该系统一方面通过将室外把大自然新鲜空气经过精细过滤后强制送到室内，室内污浊空气强制排到室外，持续进行空气的置换，同时进行热交换回收其能量（在夏天回收的是“冷量”），在潮湿的季节还具有独立的除湿功能。系统保证了室内24h都有清新的空气，同时可回收高达70%的能量，每年可节省约5万度电。另一方面，空气净化消毒装置可以及时消除装修后残留在室内含有甲醛、苯、氨、氡等的有毒气体，大大降低室内TVOC浓度。中央新风系统的运作，促使气流层运动霉菌无法滋生，延长了器材及建筑物的使用寿命；同时在室内保证工作人员可以享受来自大自然的新鲜空气的沐浴，让健康活力与亚运的主题共存。

（4）场馆内采用变风量全空气系统，且均采用焓差控制的方式，过渡季可利用100%全新风自然冷却，减少制冷主机的开启时间，而且变风量可降低风机输送能耗。根据广州地区的气候条件，全年约有12%～20%的时间（且大多在下半年）适宜采用通风措施满足室内温湿度要求。因此，全空气集中空调系统采用焓差控制的方式，具备全新风运行能力以充分利用自然条件降温，最大限度地实现运行节能。且全空气风系统每台风柜采用静电杀菌除尘空气净化技术，保证高品质的室内空气环境。

（5）人员密集的比赛场馆内设置CO_2浓度监控系统，并采用新风需求控制技术。

人员密集的比赛场馆内设置CO_2浓度监控系统，并采用新风需求控制技术。由于不同比赛，场内人数（包括观众上座率）是变化的，而新风负荷约占比赛场馆负荷的30%～40%。通过监测场馆内CO_2浓度，实时反馈场馆内实际人数，动态调节系统新风量（即新风按需求控制），新风能耗总体可降低30%。

（6）高大空间采用节能的分层空调设计技术。

使空调系统作用于工作区域，在建筑屋顶设置排风机，及时排出上部热空气，降低室内冷负荷。为了便于日常使用减少运行能耗，体操馆固定看台观众区气流组织采用座椅送风，用二次回风调节送风温度，送风温度保持在≥19.5℃，且不设再热。采用该送风方案可以减少空调负荷。

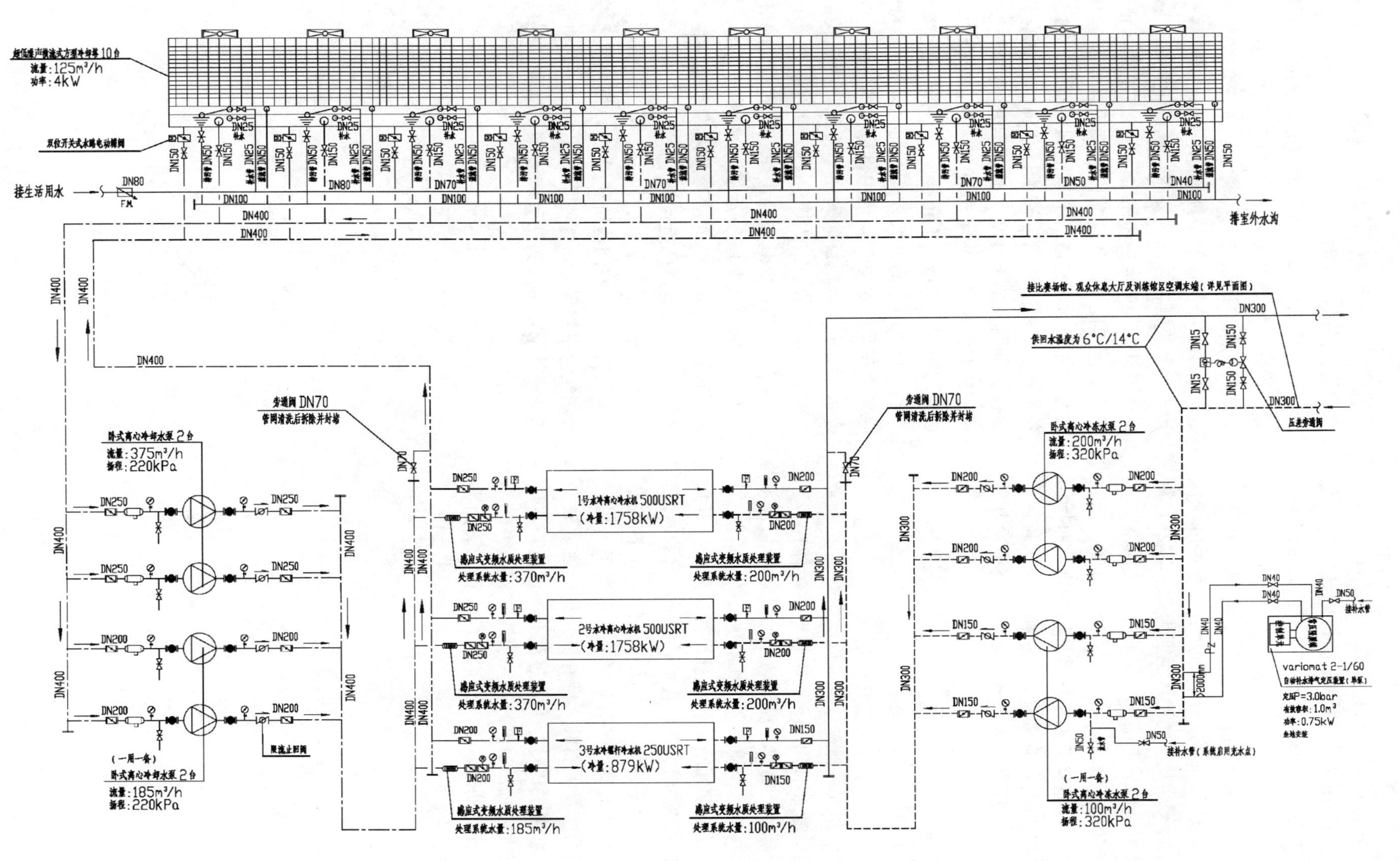

图1 体操馆制冷系统原理图

（7）为了保证场馆内温度的均匀性，通过CFD计算机模拟，合理设置场馆的送回风口位置，既满足大空间的热舒适性要求，又达到节能效果。

由模拟结果发现，看台温度均匀，温度为25℃左右，只有最下排一小部分活动看台区域温度为27～29℃。比赛场地区温度为24℃左右，因为送风是由座椅后向前送，因此冷空气向下流并形成“空气湖”现象。从PMV分布可知，观众区及比赛区大部分处于比较舒适的范围。而场馆的上半部分非人员活动的区域，则温度较高，形成分层空调的梯度，大大减少了需要空调冷却的实际空间。

四、设计体会

（1）广州亚运城综合体育馆是2010年广州亚运会新建重要体育馆之一，承担亚运会体操、艺术体操、蹦床、台球、壁球等5个比赛项目及亚残运会乒乓球、举重等2个比赛项目。

（2）亚运期间空调各系统运行良好，很好地满足了赛时的需求。亚运会赛后由于经营的原因，场馆总体使用率不高，一年大概举行了10次左右的赛事及集会活动，平时只开综合馆用于市民健身运动场所。夏天召开大型赛事及集会活动时会全部开启空调主机，冬天及过渡季场馆内基本用全新风模式运行，最多只开一台小主机。平时不举行比赛及活动时，不用开启制冷主机，周边办公用房区域的空调使用亚运城水源热泵集中供冷供热能源站的冷冻水。

（3）该项目的空调设计，在舒适度、空调节能、体育工艺等方面都要求较高，既要确保亚运会赛时期间空调系统的体育工艺要求，又要满足赛后利用的经济性和节能要求。设计团队精心设计，统筹兼顾各方面的要求，圆满地完成了该项目的设计，经亚运会和亚残运会比赛的运行证明，各系统运行良好，各场馆内的室内环境参数都能达到设计指标，并做到赛事期间零事故，确保了各项赛事的顺利进行。该项目空调设计在空调舒适性、空调系统节能等方面达到国内领先地位，得到各方面的好评，为2010年广州亚运会和亚残运会的顺利举办增添了光彩。

（4）使用中的主要存在问题：该工程部分冷源采用亚运城水源热泵集中供冷供热能源站的冷冻水，由于亚运城目前入住率很低，冷热联供时高能效比的优势尚未体现出来。

（5）空调系统既充分考虑满足赛时体育比赛的工艺要求，又兼顾赛后场馆的综合利用，如：各不同使用时间区域的冷源及末端系统可独立分区控制，方便赛后的运行管理。

（6）空调系统设计运用了多项绿色节能新技术，同时针对大空间建筑利用CFD模拟技术进行合理气流组织设计，达到既满足健康、热舒适性的空调效果，又能实现节能减排、低碳环保的设计要求。

中国建筑西南设计研究院有限公司第二办公区办公楼暖通设计①

作者简介：

戎向阳，男，1964年12月生，教授级高级工程师，1984年7月毕业于重庆建筑工程学院（现重庆大学），大学本科，现在中国建筑西南设计研究院有限公司工作。主要设计代表作品：成都市南部副中心科技创业中心、西藏军区采暖工程、重庆CBD总部经济区集中供冷供热项目、成都双流国际机场T2航站楼等。

- 建设地点　成都市
- 设计时间　2006年9月～2009年8月
- 竣工日期　2010年10月
- 设计单位　中国建筑西南设计研究院有限公司［610042］四川省成都市天府大道北段866号
- 主要设计人　戎向阳　侯余波　路越　程潇潇
- 本文执笔人　侯余波
- 获奖等级　民用建筑类二等奖

一、工程概况

该建筑位于成都市南部副中心总部办公区，东侧毗邻天府干道旁，南靠成都市行政办公中心和城市公园，北邻街区组团绿化与网通西南分公司枢纽楼相望。规划净用地面积17413m²，总建筑面积86545m²，地下3层，地下三层与地下二层均为汽车停车库，地下一层功能较复杂，含会议中心、档案室、晒图室、空调冷热源站房、餐厅及配套厨房等。地上主体建筑17层，一～四层为会议室、财务室、网络机房、图书室等，五层以上均为各个设计所办公用房。裙房5层，主要是子公司办公用房。总建筑高度69.3m，属一类高层建筑。

二、工程设计特点

暖通设计中充分考虑到设计院的实际工作特点：工作时间长，夜间负荷大，且属于人员密集场所，新风需求量大。因此，在进行空调冷源及水系统的比选时，对冰蓄冷、地源热泵、冷却塔＋冷水机组的常规电制冷系统进行了比较，多方对比后选择冷却塔＋冷水机组的冷源方案，但在水系统设计中，考虑到空调系统长期在部分负荷下运行，采用了变流量一次泵（VPF）系统，冷水机组也选用可变流量机组，大大降低了水系统的输送能耗。

其次，该建筑标准层均为办公用房，人员密集，新风量与排风量均较大，空调区域的排风会带走大量能量。因此，设计中对这部分排风进行全热回收，采用热回收效率大于70%的转轮式全热回收机组进行热回收，回收部分的能量用于新风预处理，以降低新风处理能耗，进一步节能减排。

三、设计参数及空调冷热负荷

1. 室外气象参数（成都市）

冬季大气压力：963.2hPa；

夏季大气压力：947.7hPa；

夏季室外空调计算干球温度：31.6℃；

夏季室外通风计算干球温度：29℃；

夏季空调室外日平均温度：28℃；

夏季空调室外湿球温度：26.7℃；

冬季室外空调计算干球温度：1℃；

冬季空调室外相对湿度：80%；

风速：冬季0.9m/s，夏季1.1m/s；

年主导风向：NNE。

2. 主要室内设计参数

办公室：夏季24～26℃，相对湿度60%；

① 编者注：该工程主要设计图纸参见随书光盘。

冬季 18～20℃，自然湿度。

会议中心：夏季 25～27℃，相对湿度 65%；

冬季 18～20℃，自然湿度。

餐厅：夏季 24～26℃，相对湿度 65%；

冬季 18～20℃，自然湿度。

门厅：夏季 26～28℃，相对湿度 55%；

冬季 16～18℃，自然湿度。

3. 空调冷热负荷

根据计算，该建筑夏季冷负荷综合最大值为 5042kW，单位建筑面积冷负荷为 58W/m²，空调面积冷负荷为 121W/m²；冬季热负荷为 2661kW，单位建筑面积指标为 31W/m²，空调面积指标为 65W/m²。

四、空调冷热源及设备选择

结合该工程的冷热负荷情况及成都市能源情况，冷源采用水冷式电制冷机组，热源采用燃气热水机组。根据设计日负荷情况及整个供冷季负荷分析，并预留部分发展余量，设计共选用 3 台冷水机组，其中 2 台为可变流量离心式冷水机组，单台制冷量为 1934kW，COP 为 5.41；1 台为可变流量螺杆式冷水机组，制冷量为 1231kW，COP 为 5.40。热源采用常压燃气热水机组 2 台，单台制热量为 1450kW。

五、空调系统形式

采用集中空调系统，一层南、北楼门厅、二层展示厅及负一层餐厅、会议中心采用低速全空气系统。其中地下一层会议中心人员密集，且为内区房间，因此采用一次回风双风机系统，门厅、餐厅则采用一次回风单风机系统。

主楼二～十七层办公室、会议室，一～五层出租办公以及负一层休息厅、贵宾室、图纸整理室等均采用风机盘管加新风的空调方式。为了给办公区域创造一个清新、舒适的环境，主楼二～十七层设置与新风系统相匹配的排风系统，并对排风进行全热回收，降低新风处理能耗。

六、通风、防排烟及空调自控设计

该工程的暖通系统采用集散式控制，并作为楼宇控制的一个子系统纳入 BA 系统中。

1. 空调末端设备的控制及调节

风机盘管设就地控制面板，面板内置风速三档开关及房间温控器，由房间温控器控制其水管上电动二通阀的开关。

新风机组采用远程集中启停，机房设就地检修开关。根据送风温度控制表冷器回水管路上电动二通阀的开度来维持送风温度的稳定。

空调机组采用远程集中启停，机房设就地检修开关。根据回风温度控制表冷器回水管路上电动二通阀的开度来维持室内温度的稳定。

2. 冷热源侧的控制及调节

水系统采用变流量一次泵系统，主机的加减机控制策略采用电流法，水泵由系统最不利环路的压差控制变频，并设定水泵的最低输入功率，并以此为依据控制水泵的运行台数。

主机设最小流量限制。

3. 其他

通风系统主要用于地下车库、设备用房以及卫生间等辅助房间。风机均采用远程集中启停，机房设就地检修开关。其中地下车库与卫生间排风根据工作时间编程实现自动控制，设备用房通风为人工远程控制。

七、设计体会

(1) 对于变流量一次泵系统，水泵的选配是关键。因此在设计中不仅要详细了解设计日的逐时负荷，还需要对整个供冷期的负荷情况进行预判。

(2) 环路最不利点的设置较为困难，在可行的情况下尽可能地多设几个压差点。

(3) 暖通设计人员应该全程参与空调控制系统的设计、施工及运行调试，才能保证空调系统能真正实现自动控制。

(4) 该工程的设计配合了室内精装修，一次设计中结合座位情况布置风口。但是，由于入住后院内部门的变化、各设计所的发展等种种情况，室内改造比较频繁，因此出现原盘管配置不合适、风口布置不合理的情况。所以在今后面对这种频繁改造的办公建筑时，如何提高末端系统的适应性也是设计人员需要多关注的问题。

天津市海河医院改扩建工程门诊住院楼能源站①

作者简介：
赵斌，男，1967年11月生，高级工程师，1991年毕业于天津市城市建设学院暖通专业，大学本科，现在天津市建筑设计院工作。主要设计代表作品：天津金融城津湾广场一期工程、天津公馆原生污水源热泵工程、广州大学城区域供冷站第三冷冻站、天津滨海国际汽车城、天津易买得．秀谷商业楼等。

• 建设地点　天津市
• 设计时间　2006年8～10月
• 竣工日期　2009年12月
• 设计单位　天津市建筑设计院
　[300074] 天津市河西区
　气象台路95号
• 主要设计人　赵斌　伍小亭　王蕾　尚韶维　芦岩
　王砚　王异　郭睿　王蓬　蒋玉冰
• 本文执笔人　赵斌
• 获奖等级　民用建筑类二等奖

一、工程概况

该工程坐落于咸水沽区津沽高速公路旁，总建筑面积30217m²，由于需要负担一期及为三期预留，能源站所负担总建筑面积约47000m²。地上7层，地下1层，总建筑高度34m，功能为综合门急诊住院楼。冷、热源采用带冷、热调峰的地源热泵系统。末端采用全空气及风机盘管加新风系统。

二、工程设计特点

（1）采用复合式土壤源热泵系统，同时配有调峰冷源。冷源中设有一台水冷冷水机组，机组冷量占总装机容量30%，作为夏季的调峰冷源，用以保证土壤侧的全年热平衡，并可适当减小土壤源热泵机组的装机容量。空调冷水供/回水温度7℃/12℃，空调热水供/回水温度45℃/40℃。

（2）采用全热回收型土壤源热泵机组，同时配有热源调峰。医疗建筑生活热水需求量大、能耗高，利用机组供冷时地源侧的高温，设置30m³储热水箱一个，为生活热水进行预热，最高预热温度为48℃，原有燃气锅炉作为调峰热源，在需要的情况下可使生活热水升温至60℃，这种设置可实现投资和运行费用的最佳组合，并可进一步降低向土壤侧的排热量。

（3）冷、热源的设置充分考虑医疗建筑的特点。医疗建筑的特点之一是内区及洁净区域面积大，有过渡季、冬季的供冷需求。利用空调供热时地源侧的低温，在进入土壤换热器前并联一组板式换热器，为内区及洁净区域提供冷源，换热器一次侧供/回水温度为5℃/9℃，二次侧供/回水温度为7℃/12℃。

（4）控制：通过对全热回收型土壤源热泵机组、水冷冷水机组、常规土壤源热泵机组使用顺序及使用时间的控制，来达到节约运行费用及实现土壤热平衡的目的；通过储热水箱的温度传感器，调节机组排向水箱及冷却塔的热量；通过换热器二次侧的供水温度控制换热器及土壤侧的进水量。

三、计算与分析②

1. 设计依据及参数

（1）冬季采暖计算面积47232m²，夏季制冷

① 编者注：该工程主要设计图纸参见随书光盘。
② 本部分是该工程前期向甲方提供的冷热源方案分析。

计算面积 37382m²。

（2）设计负荷：

1）夏季空调冷指标 100W/m²，空调冷负荷 3738kW（其中甲楼原有冷水机组的制冷量为 1519kW，在实际使用中约有 600kW 的余量，在本方案中考虑 600kW 的冷量从该机组获得，因此本方案新选机组按 3138kW 配置即可）。

2）冬季采暖热指标 80W/m²，采暖热负荷 3779kW。

3）冬季内区制冷负荷 500kW。

4）生活热水：日最大用水量 124.5m³/d，小时最大用水量 11.61m³/h，最大加热负荷 756kW。

（3）空调使用时间：夏季：120d；冬季：120d。

2. 方案综述

在综合分析项目具体情况的基础上，这里提出如下方案供参考："带调峰的地源热泵方案"，即：冬季热泵机组提供基础负荷，在最冷期供热不足时由蒸汽型燃气锅炉提供调峰负荷，冬季生活热水由燃气锅炉提供；夏季由热泵机组＋常规冷水机组共同为建筑提供制冷，夏季和春秋过渡季节的生活热水由全热回收型热泵机组与燃气锅炉共同提供。室外地埋换热孔的数量按照能够满足热泵机组夏季制冷散热需求进行设计，冬季必能满足热泵机组制热吸热需求。

3. 初投资及运行费用（见表 1）

初投资及运行费用 表 1

项目	钻孔数（眼）	初投资/(机房部分)（万元）	冬季运行费用（万元）	夏季运行费用（万元）	全年运行费用（万元）	机房配电（kW）
数额	542	1714.2（1090）	94.02	44.62	138.64	1368

4. 地源热泵系统技术方案

（1）系统方案综述

在本方案中，采用垂直埋管式的"地源热泵系统＋冷水机组＋燃气锅炉调峰"的方式为建筑提供冬季供暖、夏季制冷和全年生活热水。

在综合分析负荷的基础上，选择 1 台蒸发量为 3t/h 的燃气型蒸汽锅炉，选择 2 台热泵机组（单台制冷量 1170kW，制热量 1256kW），1 台全热回收热泵机组（单台制冷量 917kW，制热量 987kW）。蒸汽锅炉在提供建筑采暖调峰和生活热水加热负荷的基础上，还可以为医院提供蒸汽。

（2）冷、热源系统设计

1）冬季热源配置方案

冬季采暖负荷为 3779kW，整个冬季采暖负荷分布图如图 1 所示。3 台热泵机组冬季总制热量为 3499kW，当冬季采暖负荷高于 3499kW 时，由燃气锅炉进行调峰，最大调峰量为 280kW。配置 1 台蒸发量为 3t/h 的燃气蒸汽型锅炉，冬季总的制热量为 1890kW（考虑 90%的效率）。冬季生活热水最大加热负荷为 756kW，生活热水＋采暖调峰负荷为 1036kW。因此，燃气锅炉在提供生活热水和调峰负荷的基础上，可以提供约 854kW 的蒸汽负荷。冬季内区的制冷通过与地埋管内循环液换热的方式提供。

在冬季最大采暖负荷期，燃气锅炉的调峰负荷占总采暖负荷的 7.4%，如图 1 所示。

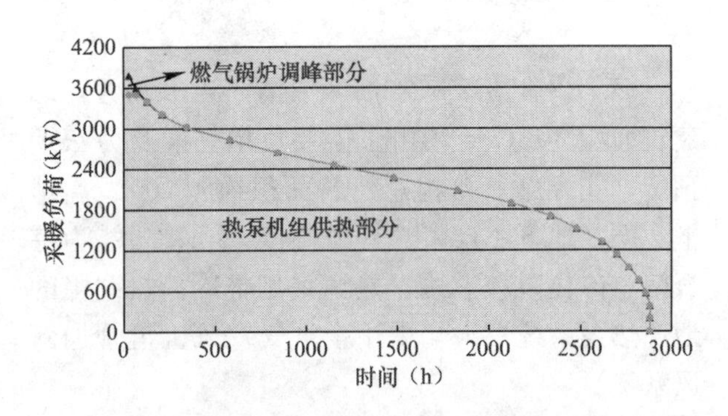

图 1 地源热泵＋燃气锅炉调峰负荷分布图

2）夏季制冷配置方案

夏季制冷负荷为 3738kW，3 台热泵机组总的制冷量为 3257kW，原有冷水机组富余量为 600kW，因此总共可以提供的制冷量为 3857kW，因此可以满足夏季制冷负荷需求。

1 台全热回收机组，夏季优先运行，在制冷的同时制取约 45℃生活热水，再由燃气锅炉加热到 60℃。

3）春秋过渡季生活热水及内区供冷

在春秋过渡季节，1 台全热回收机组，为内区提供制冷负荷，并以热回收方式制取 45℃的生活热水，再由燃气锅炉加热到 60℃。

（3）室外地埋换热孔及冷却塔设计

1）室外地埋换热孔设计

根据冷、热负荷，结合与该项目相近的所在

区域地下400m以浅的地层分布、水文地质条件，该项目单位钻孔延长米的换热量冬季取50W/m，夏季取60W/m。换热孔拟布设在项目红线内的绿地和停车场下，换热孔在施工完成后，孔口位于地面1.5m深左右，钻孔完成后不会影响绿地和停车场的功能使用。

根据浅层地质资料，设计地埋换热孔单孔深度为120m，孔径大于ϕ200mm。按照满足3台热泵机组制热和制冷需求，需要钻542个120m深的换热孔，换热孔内安装双U形HDPE管。换热孔间距为5m×5m，单孔占地面积平均以25m^{2}计，则该项目需要布设换热孔的面积约为13550m^2。

2）冷却塔设计

在本方案中仍然采用原有的冷却塔为原有的冷水机组提供散热，该冷却塔的循环流量约为350m^3/h。

5. 主要设备列表及配电容量

热泵机房的总配电容量约为1368kW(其中其他暂时估算值为150kW，并内含甲楼原有制冷设备约320kW的配电量)。

6. 经济技术分析

（1）初投资估算

1）本方案的初投资估算如表2所示，初投资为1714.2万元，不含末端为1090万元。

2）初投资估算说明

本初投资估算为室外地埋管换热系统、热力站房内设备的购置和安装、室内空调末端系统、生活热水的制取等，不含其他土建、电力引入费用、天然气引入费用等。同时，本初投资估算中不含在本系统中所利用的原有设备，主要包括：1台冷水机组、2台汽水换热器、1台冷却塔及冷却水循环泵等。

初投资估算 **表2**

序号	项目	估算费用（万元）			备注
		设备购置	安装	合计	
一、	机房设备及安装	—	—	504.8	—
1	地源热泵机组	175.0	—	175.0	2台，普通型
2	地源热泵机组	77.8	—	77.8	1台，普通全热回收型
3	蒸汽型燃气锅炉3t/h	54.0	—	54.0	1台冷凝式燃气蒸汽锅炉
4	空调侧循环水泵	9.6	—	9.6	4台
5	地源侧循环水泵	9.1	—	9.1	4台
6	其他循环泵组	14.4	—	14.4	—
7	生活热水板式换热器	8.5	—	8.5	1台850kW
8	内区制冷板式换热器	7.4	—	7.4	1台600kW
9	软化水装置及补水系统	7.0	—	7.0	—
10	生活热水制取	15.0	—	15.0	—
11	机房附属设备、管线及阀门安装	60.0	25.0	85.0	—
12	机房配电、控制柜和控制系统	29.0	13.0	42.0	—
二、	室外地埋管系统	—	—	585.4	—
1	换热孔钻凿	260.2	—	260.2	钻凿换热孔共计542个，120m深
2	换热管及铺设	195.1	—	195.1	—
3	外线连接、管件及施工费	130.1	—	130.1	—
三、	室内末端系统	—	—	624.1	—
1	风机盘管+新风系统及二次管线	—	—	529.1	31122m^2
2	生活热水输送及冷却塔移位安装	—	—	95.0	—
四、	总计	—	—	1714.2	(一+二+三)

（2）运行费用测算

1）运行费用测算说明

运行费用测算为冬季采暖和夏季制冷热泵机组运行电费、燃气锅炉调峰燃气费、冷水机组运行电费。不包括生活热水的运行费用、循环泵的运行费用、管理费用等。测算参数取值如下：电费：0.6 元/kWh，燃气 2 元/Nm^3。

2）冬季供暖费用测算

如表 3 所示，本方案冬季供暖热泵运行电费为 94.02 万元。

3）夏季制冷费用测算

夏季制冷运行费用的测算分别如表 4（设计日的制冷运行电费）和表 5（整个制冷季的运行电费）所示。本方案夏季制冷热泵机组的运行电费为 44.62 万元（不含甲楼的运行电费）。

4）全年运行费用测算

本方案热泵机组全年（包括供暖和制冷）运行电费为 138.64（94.02+44.62）万元。

第二套方案冬季采暖运行费用测算表　（单位：kWh）　**表 3**

负荷百分数	运行负荷	采暖时数	采暖总负荷	热泵提供热量	燃气锅炉供热量	电费（万元）	天然气调峰费用（万元）	合计（万元）
1	3779	30	113370	104970	8400	1.57	0.19	1.77
0.95	3590	40	143602	139960	3642	2.10	0.08	2.18
0.9	3401	60	204066	204066	—	3.06	0.00	3.06
0.85	3212	83	266608	266608	—	4.00	0.00	4.00
0.8	3023	130	393016	393016	—	5.90	0.00	5.90
0.75	2834	238	674552	674552	—	10.12	0.00	10.12
0.7	2645	265	701005	701005	—	10.52	0.00	10.52
0.65	2456	308	756556	756556	—	11.35	0.00	11.35
0.6	2267	328	743707	743707	—	11.16	0.00	11.16
0.55	2078	349	725379	725379	—	10.88	0.00	10.88
0.5	1890	293	553624	553624	—	8.30	0.00	8.30
0.45	1701	214	363918	363918	—	5.46	0.00	5.46
0.4	1512	141	213136	213136	—	3.20	0.00	3.20
0.35	1323	138	182526	182526	—	2.74	0.00	2.74
0.3	1134	83	94097	94097	—	1.41	0.00	1.41
0.25	945	65	61409	61409	—	0.92	0.00	0.92
0.2	756	55	41569	41569	—	0.62	0.00	0.62
0.15	567	38	21540	21540	—	0.32	0.00	0.32
0.1	378	22	8314	8314	—	0.12	0.00	0.12
0.05	189	0	0	0	—	0.00	0.00	0.00
—	—	2880	6261992	6249950	12042	93.75	0.27	94.02

注：地源热泵电费按 0.6 元/kWh 计算，天然气按 2 元/Nm^3 计算，热值按 8400kcal/Nm^3 考虑，天然气锅炉效率按 90%考虑。

夏季制冷热泵机组日运行费用测算表　**表 4**

时间	医院分时负荷系数	总负荷（kWh）	地源热泵机组耗电量（kWh）	电费（元）
0：00～1：00	0.3	1121	224	134.57
1：00～2：00	0.3	1121	224	134.57
2：00～3：00	0.3	1121	224	134.57
3：00～4：00	0.3	1121	224	134.57
4：00～5：00	0.3	1121	224	134.57
5：00～6：00	0.3	1121	224	134.57
6：00～7：00	0.3	1121	224	134.57
7：00～8：00	0.3	1121	224	134.57
8：00～9：00	0.3	1121	224	134.57

续表

时间	医院分时负荷系数	总负荷（kWh）	地源热泵机组耗电量（kWh）	电费（元）
9：00～10：00	0.78	2916	583	349.88
10：00～11：00	0.83	3103	621	372.30
11：00～12：00	0.89	3327	665	399.22
12：00～13：00	0.9	3364	673	403.70
13：00～14：00	0.94	3514	703	421.65
14：00～15：00	1	3738	748	448.56
15：00～16：00	1	3738	748	448.56
16：00～17：00	0.94	3514	703	421.65
17：00～18：00	0.78	2916	583	349.88
18：00～19：00	0.3	1121	224	134.57
19：00～20：00	0.3	1121	224	134.57
20：00～21：00	0.3	1121	224	134.57
21：00～22：00	0.3	1121	224	134.57
22：00～23：00	0.3	1121	224	134.57
23：00～0：00	0.3	1121	224	134.57
合计		46949	9390	5633.91

注：电费按 0.6 元/kWh 计算。

夏季制冷热泵机组运行费用测算表 **表 5**

	运行天数（d）	运行总负荷（kWh）	电费（万元）
100%负荷	12	563391	6.76
80%负荷	36	1352139	16.23
60%负荷	48	1352139	16.23
40%负荷	24	450713	5.41
合计	120	3718383	44.62

重庆市荣昌县人民医院住院大楼地源热泵项目①

- 建设地点　重庆市
- 设计时间　2004年4～6月
- 竣工日期　2006年7月
- 设计单位　重庆大学建筑设计研究院
  ［400045］重庆市沙坪坝区
  沙北街83号
- 主要设计人　王勇　张慧玲　黄光德　罗敏
- 本文执笔人　王勇　罗敏
- 获奖等级　民用建筑类二等奖

作者简介：

王勇，男，1971年8月生，教授级高工，2006年毕业于重庆大学供热、供燃气通风及空调专业，工学博士，现重庆大学建筑设计研究院工作。主要设计代表作品有：重庆喜来登大酒店空调、川浙交流中心地源热泵项目、重庆商业大厦空调、重庆天龙广场、泸州大剧院、华地酒店地表水源热泵工程、遂宁市中医院、重庆富侨酒店、重庆市大中专招生中心等。

一、工程概况

重庆市荣昌人民医院住院大楼位于夏热冬冷地区，建筑面积18389.31m²，空调面积14700m²。建筑层数为地下1层，地上11层，其中地下一层为设备房和库房，一～十层为病房和医生办公室，十一层为办公室和手术室。

该项目采用了地源热泵可再生能源新技术，选择了地源热泵系统加辅助冷却塔的系统形式，根据病房和手术室的使用特点，将水系统分为非手术部和手术部两个系统。同时，利用消防水池减压和蓄热，其容积为540m³。系统示意图如图1所示。

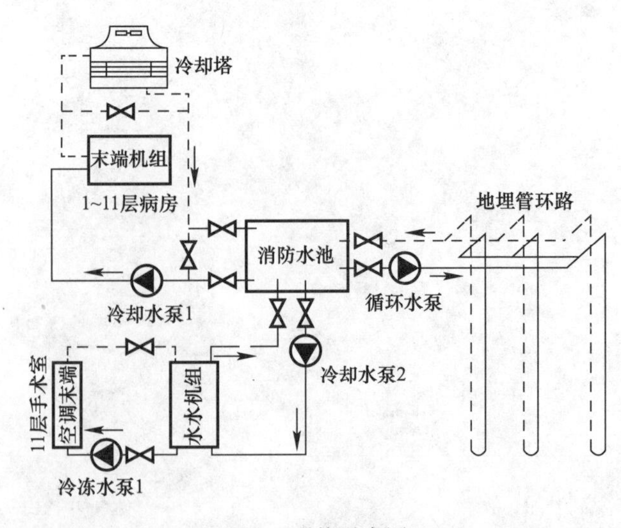

图1　系统示意图

从2006年运行至今，整个系统运行正常，能达到预期的节能率。经过测试，地温保持恒定，

① 编者注：该工程主要设计图纸参见随书光盘。

没有出现效率衰减情况和冷热量的堆积。

二、工程设计特点

（1）冬季整个大楼采用了地埋管地源热泵系统，以大地作为热源，能够完全满足系统热负荷要求。项目于 2006 年冬季开始运行，2008 年建立了较为完整的系统运行数据资料，包括系统水泵的启停状态和水环热泵机组低位热源侧供水温度。根据原始记录数据整理，从 2008 年到 2011 年冬季供暖期间，水环热泵机组低位热源侧供水温度能够保持在 16～20℃。并通过地埋管管壁温度的测试，运行 6 年后，管壁周围土壤温度仍然能恢复到初始温度，没有冷量的堆积，系统能保持多年高效运行。

（2）系统中加入了消防水池，起减压和蓄热作用。消防水池的加入是由于：最初设计时既有竖直埋管又有水平埋管，地埋管埋深为 60m。但由于后面取消了水平埋管，竖直埋管长度加大，则将地埋管深度改为了 80m。地上环路系统最高点和地下环路最低点的高差形成的静压，以及考虑循环水泵的压力以及大气压力，使得地埋管系统最低点压力接近管道材料最大承压能力。因此从安全角度出发，利用消防水池，将原先闭式竖埋管系统改为开式系统，减少地埋管承压，保证其安全可靠运行。在冬季，根据实际运行情况，当水环热泵机组低位热源侧供水温度高于 20℃时，消防水池中的水也高于 20℃，停止运行地埋管侧循环水泵。此时消防水池中的水能基本保持系统运行 10h 左右。在地埋管侧循环水泵停止运行期间，也为地埋管周围土壤温度的恢复提供了时间。

（3）分区运行是保证地埋换热器能够间歇运行的主要手段。特别是 24h 连续运行的情况下，若不能保证地埋管换热器间歇运行，系统有可能造成损害。利用分区运行机制，保证地埋管换热器系统能够有一个“修整期”，地埋管换热系统才能够稳定运行。在该项目中，地下换热系统设计为 5 个独立的环路，可以进行独立调节。从而，可以从控制策略上保护地下换热系统。在夏季的夜晚，负荷率降低，将 5 个环路进行间歇运行，实际测试效果明显，有效保证地埋管换热器周围土壤温度的恢复期。

三、设计参数及空调冷热负荷

1. 室外设计参数

夏季：干球温度 36.5℃，湿球温度 27.3℃，日平均温度 32.5℃，大气压力 973.2hPa；冬季：干球温度 2℃，大气压力 991.2hPa，相对湿度 82%。

2. 室内设计参数

病房：夏季室内温度 26～27℃，相对湿度 45%～50%；冬季室内温度 22～23℃，相对湿度 40%～45%；新风≥30m^3/(h·p)。

办公室：夏季室内温度 24～26℃，相对湿度≤65%；冬季室内温度 18～20℃，相对湿度≥35%；新风≥30m^3/(h·p)。

I 级手术室：室内温度 22～26℃，相对湿度 40%～60%；新风 60m^3/(h·p)。

建筑冷负荷 1650kW，热负荷 759kW，其中手术室冷负荷 208kW，热负荷 138kW。

四、空调冷热源及设备选择

冬季病房和手术室部分均采用地源热泵系统供热：垂直地埋管系统共打井 240 孔，每孔埋深 80m，单 U 形管采用了 DN32 铝塑复合管，共分 5 个区，各支路同程连接，支路之间采用并联连接，孔间距 3m，设计时每孔流量 128L/s，流速 0.66m/s。

夏季十一层手术室部分采用地源热泵系统供冷，一～十一层病房和办公室采用冷却塔供冷。主要设备选型如下：

（1）手术室用水—水式地源热泵机组：MWH080AC 型热泵机组 1 台，名义制冷量 274kW，名义制热量 302kW，功率 74.8kW。

（2）病房和办公室：根据房间冷负荷选择型号为 MAR-L009H～MAR-L030H 的整体式热泵机组。

（3）冷却塔型号为：XGCM-SS-400，流量：400m^3/h，电机功率：14.7kW。

五、空调系统形式

一～十一层病房采用了整体式水环地源热泵机组，十一层手术室采用了水水式地源热泵模块机组。系统多年运行情况：夏季一～十一层病房和办公室采用冷却塔供冷，极少数时间采用地埋管地源热泵系统供冷，而十一层手术室采用地埋管地源热泵系统供冷；冬季整个大楼全部采用地埋管地源热泵系统供热。对于地埋管侧，冬季根据实际记录情况，地埋管侧循环水泵间歇开启：由于操作管理人员手动开启或停止运行循环水泵，一般情况下，当水环热泵机组低位热源侧供水温度高于 20℃时，停止运行地埋管侧循环水泵；当水环热泵机组低位热源侧供水温度低于 18℃时，开启地埋管侧循环水泵。

六、运行效果

1. 冬季多年系统运行情况

项目于 2008 年建立了较为完整的系统运行数据资料，包括系统的启停状态和末端用户供水温度。根据原始记录数据整理，从 2008 年到 2011 年冬季供暖期间（12 月、1 月、2 月），冷却水泵一直连续运行，而地埋管循环水泵则间断开启。冬季 1 月份热负荷最大，选取 1 月份典型日循环水泵启停情况以及末端用户机组供水温度为代表进行分析，见图 2。

从图 2 可以看出：从 2009 年到 2012 年系统冬季低位热源供水温度能够保证在 16～20℃。

同时测试了一个供热季地埋管周围土壤温度的变化，见图 3 和图 4。2012 年 3 月系统运行 3 个月后，土壤温度仍然能够恢复到初始温度，没有冷量的堆积。经过以上分析，在这 6 年的使用时间内，地埋管系统在冬季均能长期为水环热泵机组低位热源侧提供较高的进水温度，机组可保持高效运行。

2. 消防水池蓄热情况

根据使用情况，当末端用户供水温度达到 20℃后，停止运行地埋管侧循环水泵，消防水池水体的初温设为 20℃，容积为 540m^3，其蓄热能力为：

$$
\begin{aligned}
Q_{蓄热} &= c \cdot m \cdot \Delta t \\
&= 4.179 \times 540 \times 1000 \times (20 - 16) \\
&= 9026640\text{kJ} \\
&= 2507.4\text{kWh}
\end{aligned}
$$

根据记录，一般为夜间停止运行循环水泵，而夜间负荷比白天小，手术室根据需求开启，则设地埋管侧循环水泵停止运行时，建筑热负荷约

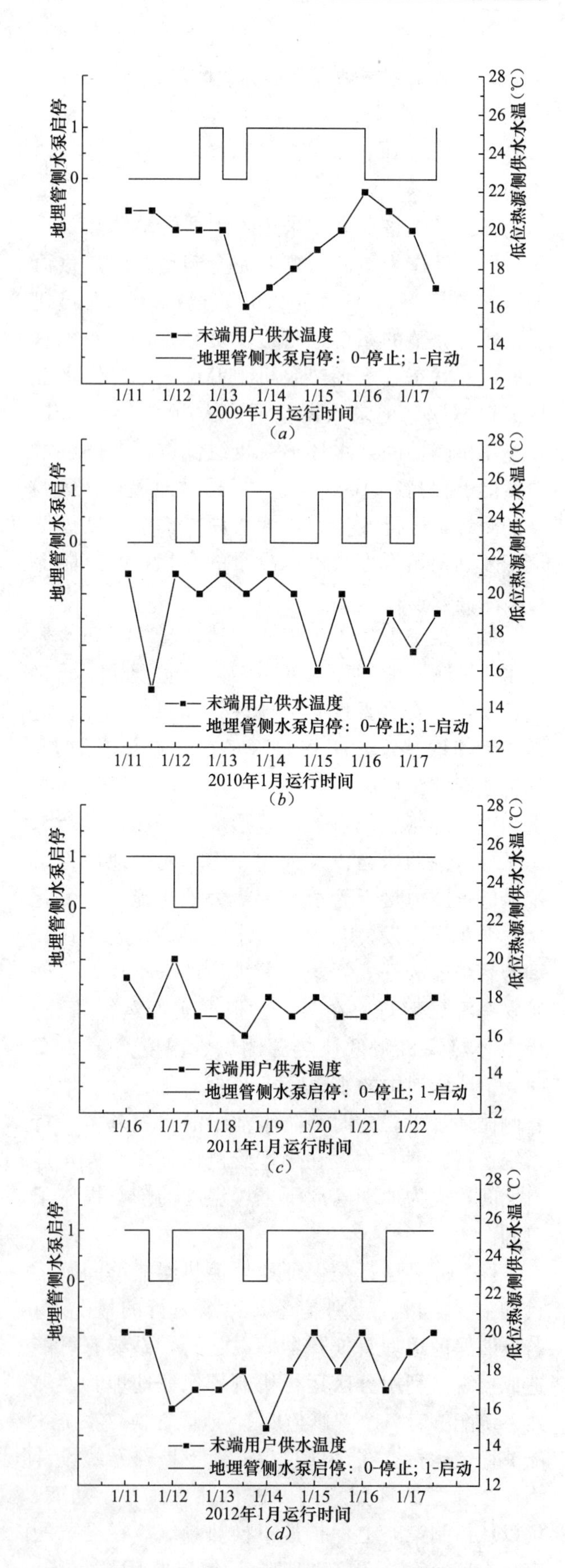

图 2 2009～2012 年地源热泵系统运行情况
(a) 2009 年 1 月；(b) 2010 年 1 月；
(c) 2011 年 1 月；(d) 2012 年 1 月

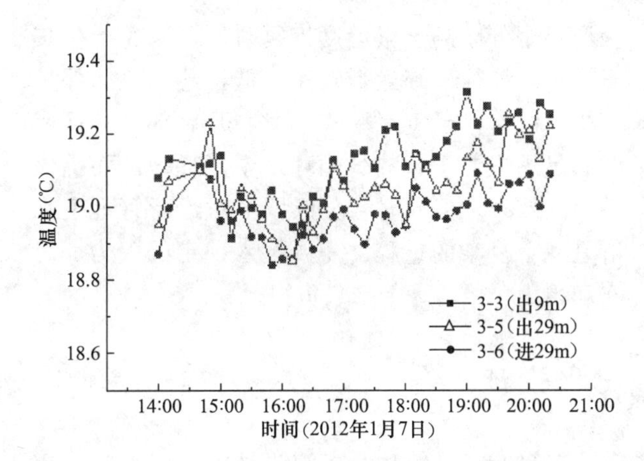

图 3 系统运行一个月后管壁温度

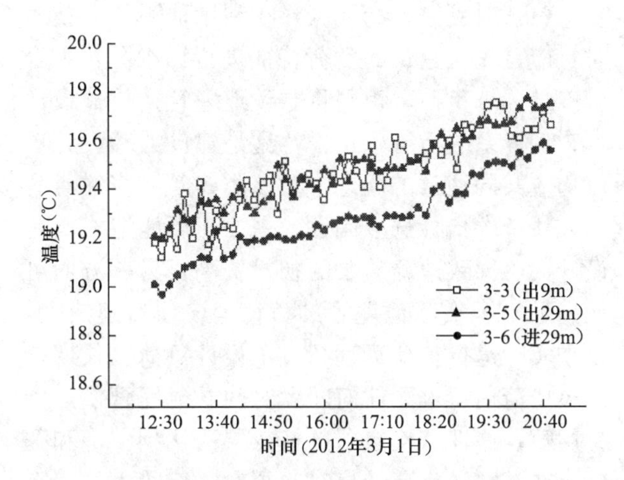

图 4 系统运行 3 个月后管壁温度恢复

为设计负荷的 1/3。水池的蓄热量能保证系统正常运行的时间为：

$$t = \frac{Q_{蓄冷}}{253} = 9.9\text{h}$$

3. 系统能效计算

能效比（*EER*）按下式计算：

$$EER = \frac{\Sigma CL_1 + \Sigma CL_2}{\Sigma N}$$

式中 *EER*——系统能效比；

ΣCL_1——整体式热泵机组热负荷，kW；

ΣCL_2——水水式热泵机组热负荷，kW；

ΣN——总耗功率，kW。

$$\Sigma N = N_1 + N_2 + N_3 + N_4 + N_5$$

式中 N_1——整体式热泵机组电功率之和，kW；

N_2——水水式热泵机组电功率之和，kW；

N_3——冷却侧耗功率，即冷却水泵，kW；

N_4——冷冻水泵耗功率，kW；

N_5——冷却塔耗功率，kW。

对于机组性能系数的修正，利用厂家样本数据拟合得到冬季和夏季机组的性能系数与进水温度和流量的修正关系式，从而对实际运行情况下机组的运行情况进行修正。

（1）夏季供冷工况

制冷工况下，根据该项目实际运行数据资料，以冷冻水泵出口水温变化来表示冷却塔出水温度变化，图 5 为 2010 年供冷期冷却塔出水温度随时间的变化情况。

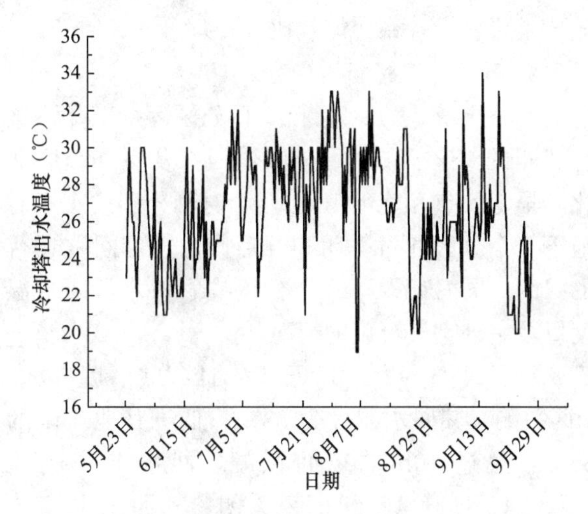

图 5 2010 年冷却塔出水温度变化情况

从图中可以看出，在供冷季 6 月到 9 月，多数时间能保证在 30℃以下，则以机组设计供水温度 30℃为计算值，并且由于系统运行时，两台冷却水泵交替运行，则系统流量只有设计流量的一半，即 $L=0.5$。

利用厂家样本数据拟合得到的机组性能系数与机组进水温度和流量的关系式，经过修正后，夏季机组能效比 COP_c 为 3.327，系统设计能效比 EER_{sc} 为 2.640，系统能达到的能效比 EER_c 为 2.326。

（2）冬季供热工况

冬季运行期间，末端用户供水温度均在 16℃以上、22℃以下，大部分时间保持在 16～20℃。地埋管侧循环水泵间歇运行，随着循环水泵的开启，供水温度上升，且可保持在一个较高的温度范围，但在不同时间段内，其提供的最高温度有所不同，这主要受系统形式以及室外空气温度的影响。在计算时，其平均供水温度约为 18℃，进风温度为 20℃。由于系统运行时，两台冷却水泵交替运行，则系统流量只有设计流量的一半，即 $L=0.5$。

经过修正后，冬季机组能效比 COP_r 为 4.083，系统能达到的能效比 EER_r 为 3.365，系统设计能效比 EER_{sr} 为 0.923。

对于机组能效比 COP_r 为 4.083，基本与机组额定工况下能效比相等。但机组按照夏季选型，则在冬季机组能额定供热量远大于实际需求的热量，从而使得冬季系统设计能效比较低。但在实际运行条件下，整体式地源热泵机组的控制方式是温度启停控制，则其实际运行情况下的系统能效比是要比设计系统能效比大。

4. 系统分区运行

2007 年 7 月 11 日到 25 日分区运行工况下进行了测试，记录了地下分区供回水及室外温度变化。早上 8 点和晚上 10 点两个时刻分别按次序对地下 5 个分区通过关闭和开启阀门达到间歇运行的目的，同时记录下 5 个分区支管供水、回水温度以及室外空气温度的情况。

7 月 11 日～7 月 15 日工作日：11 日晚 10 点 1 区关闭，其回水温度为 33℃，低于其他 4 区的 36℃，通过 10h 的夜间恢复，回水下降到了 28℃。12 日晚 10 点 2 区关闭，其回水温度为 30℃，低于其他 4 区，经过 10h 的恢复，温度在 13 日早上 8 点下降了 1℃。13 日早上 8 点开启 2 区，同时关闭 3 区；2 区由于经过 14h 的连续运行，回水温度逐渐又回升到跟其他 3 区的温度相近，而 3 区由于处于恢复状态，温度下降。14 日早 8 点开启 3 区，同时关闭 4 区，这种运行状态保持到 15 日晚上 10 点；3 区的回水温度回升上来，而 4 区回水温度逐渐下降。

7 月 16 日～7 月 19 日：16 日早上 8 点 2 区关闭，持续到 17 日早上 8 点，持续 24h 处于恢复期，供回水温差由 2℃变为 2.5℃，再变为 5℃，呈逐渐增大之势。18 日晚 10 点 4 区关闭，持续到 19 日早上 8 点，由于当时室外温度为 27℃左右，负荷较小，因此 4 区供回水温差由 2.5℃减小到 0.5℃。

7 月 21 日～7 月 25 日：21 日早上 8 点至 22 日晚 10 点 2 区关闭，供回水温度相等；23 日至 24 日 5 个分区全部开启，供回水温差基本稳定在 1℃；同时由于室外温度在 28～30℃之间，冷却水泵也仅仅开启一台，能满足病房需求。经过以上分析，对于系统连续 24h 运行的情况下，若每个分区独立运行，可以采取分区运行控制方式，保证每个分区的土壤温度恢复时间，避免产生热量堆积，使得系统运行效率降低，甚至机组保护停机。同时，当负荷率较小时，开启部分分区就能满足用户要求，减少循环水泵能耗，从而提供系统的效率。但同时，分区调节对运行管理上来讲是一个复杂的过程，需要投入一定的人力、时间和精力，给管理上带来负担。

七、设计体会

通过此次地源热泵项目设计，有以下几点深刻的心得体会：

（1）对夏热冬冷地区，在利用地源热泵技术时，应首先对建筑的负荷特征进行详细分析，合理确定计算负荷，否则将导致地埋管换热器设计不合理，系统运行不正常，这是建设方和设计单位均应共同注意的问题。对该类建筑，应注意病房入住率的指标选取问题。一方面可能造成负荷设计大，导致地源热泵的初投资高；另一方面可能满足不了实际地埋管的负荷。该项目建成后，夏季实际运行负荷远远超过了设计负荷且长期持续超负荷运行，无任何间歇时间，地埋管换热器“过载”，地埋管换热器的换热层已达到“饱和”。建议在医院类负荷计算时必须对医院的入住率重点核实，对于小体量的医院建筑，要尽量考虑一定的余量，且对医院的发展要有预见性。

（2）对于采用水—空气热泵机组必须注意埋管埋深引起的地下环路竖埋管管材的超压问题。对于竖埋管地源热泵系统，末端采用自带冷热源的水—空气热泵机组，地上环路系统最高点和地下环路最低点的高差形成的静压将作用在地下环路的管材上，同时还应考虑循环水泵的动压以及大气压力。而管道材料的承压能力只有 1.6MPa，换热器不能长期在接近管材设计值的状态下运行，安全性无法得到保证，只能考虑其他办法解决地埋管换热器的承压问题。为此，设计院从安全角度出发，将闭式竖埋管系统改为开式系统，利用消防水池进行隔压。因此，由于地埋管换热器的承压要求，高层建筑末端尽量不要设计为水—空气热泵机组。

（3）对医院类建筑，其负荷特征为 24h 需连续供热供冷，则必须考虑地源热泵系统的间歇运行，保证土壤温度的恢复时间。分区运行时保证地埋管换热器能够间歇运行的主要手段。同时，对于该项目，在冬季，采用消防水池进行隔压和蓄热，为地埋管换热器周围土壤温度恢复提供时间，是一个一举两得的技术措施。但系统变为了开式系统，水泵能耗加大。

（4）施工过程中，应尽量满足设计要求，特别是地下换热系统。若有更改，设计单位必须进行全面分析，监理单位要按照设计单位的要求对施工单位进行质量监督。

（5）在运行管理中，建设单位必须注意系统的节能管理。空调区域应尽量人为节能，这对于地埋管换热器的间歇运行有利，同时才能保证地源热泵系统的长期稳定运行。这是建设方使用地源热泵系统必须注意的问题。

旅顺文体中心地源热泵空调系统设计①

• 建设地点　大连市
• 设计时间　2009 年 10～2010 年 11 月
• 竣工日期　2012 年 5 月
• 设计单位　大连市建筑设计研究院有限公司
　　　　　　[116021] 大连市西岗区胜利路 102 号
• 主要设计人　张志刚　叶金华　刘洋　熊刚　王宇航
　　　　　　方熙　王小桥　王晶
• 本文执笔人　张志刚　刘洋　王宇航
• 获奖等级　民用建筑类二等奖

作者简介：

张志刚，男，1964 年 2 月生，教授级高级工程师，院副总，1989 年毕业于哈尔滨建筑工程学院暖通空调专业，获硕士学位，现在大连市建筑设计研究院有限公司工作。主要设计代表作品有：大连万达中心、大连机场扩建工程・航站楼、沈阳铁西万达广场、大连国贸中心大厦、大连天兴罗斯福、大连希尔顿酒店、哈西万达酒店项目机电设计（机电顾问）、旅顺文体中心等。

一、工程概况

旅顺文体中心位于大连市旅顺口区，建筑用地面积为 60301.9m^2，建筑占地面积 4837m^2，总建筑面积为 11156m^2。为地上 3 层，地下 1 层，建筑高度 17.45m，为多层中型建筑。建筑耐火等级一级，建筑为体育健身性质公共建筑。地下一层为设备用房（含水源热泵机房、配电室、水泵房等）、员工宿舍、员工餐厅、厨房、办公、会议等；一层为门厅、泳池、洗浴、更衣、篮球馆、超市、餐厅、办公等；二层为大厅和健身；三层为多功能厅和健身。

二、工程设计特点

（1）夏季和过渡季，生活热水用高温地源热泵在蒸发侧提供冷冻水进行空调制冷，在冷凝器一侧提供生活热水，一机两用，实现热回收，综合 COP 值达 6.1，节能效果显著。

（2）室外地埋管的水平干管采用聚氨酯保温直埋管，冬季减少了室外管路的散热，经实测，冬季地埋管路的水温可达到 9℃，保证了取热安全。

（3）常规的水源热泵机组，在地源侧的温差一般为 5℃，这样，经过水源热泵，降为 4℃，水源热泵的报警温度为 3.5℃，4℃接近报警温度，不安全，解决的办法是：适当加大地源侧循环水泵的流量，减少温差到 3℃，使地源侧的运行水温为 9～6℃，提供了系统运行的安全性。

（4）地埋管支环路采用同程布置。干管采用异程布置，适当放大干管径，减小比摩阻。在干管和支管间加调节阀，系统平衡性好。

（5）生活热水的负荷并不是稳定的，小时变化系数大，而水源热泵机组运行要求冷凝器侧要有稳定的热负荷，解决的办法是：在生活热水侧设置了较大的储热水箱，可以在生活热水负荷较小时储存一部分的热水，供用热较大时的使用，起到稳定水源热泵机组运行的目的。

（6）地源热泵空调系统冷却水温度可以做到

① 编者注：该工程主要设计图纸参见随书光盘。

20～25℃，冷却塔冷却的电制冷系统的冷却水温度受室外空气湿球温度限制，只能做到32～37℃，夏季制冷地源热泵更节能，COP值达到5.9。

三、设计参数及空调冷热负荷

1. 室外计算参数

室外计算参数如表1所示。`

室外计算参数　表1

室外计算参数（大连地区）	夏季	冬季
大气压力	997.8hPa	1013.9hPa
空调计算干球温度	29.0℃	－13.0℃
空调计算湿球温度	24.9℃	—
空调计算日平均温度	26.5℃	—
相对湿度	—	56%
最多风向	SSW	NNE
平均风速	4.1m/s	5.2m/s

2. 室内设计参数

空调室内设计参数如表2所示。

空调室内设计参数　表2

房间名称	室内温湿度参数				新风量 [m^3/(h·p)]	换气次数（次/h）
	夏季		冬季			
	温度（℃）	相对湿度（%）	温度（℃）	相对湿度（%）		
门厅	26	60	18	40	10	—
员工餐厅	25	60	20	40	20	—
厨房	≤29	—	18	—	—	40
办公室	25	60	20	40	30	—
会议室	26	60	18	40	30	—
游泳池	28	≤75	28	≤75	—	按除湿量计算
洗浴	26	≤75	25	≤75	—	10
篮球馆	26	60	18	40	20	—
健身房	26	60	18	40	20	—
超市	26	60	18	40	20	—
多功能厅	26	60	18	40	30	—

通风换气次数：水源热泵机房、泵房5次/h，变电所8次/h，配电室4次/h，卫生间10次/h。

3. 空调冷热负荷和生活热水负荷

旅顺文体中心建筑面积11156m²，采用浩辰动态负荷计算软件计算，夏季空调计算冷负荷为1216kW，冬季空调计算热负荷为914kW。给排水专业提供生活热水最大小时热负荷为148kW，游泳池维持水温所需最大小时热负荷为122kW。经计算，全年生活热水最大小时热负荷为270kW。

四、空调冷热源及设备选择

1. 空调冷热源及设备选择

按冬季空调采暖负荷选择2台水源热泵机组，选择2台高温螺杆水源热泵机组，机组参数如表3所示。

冬季空调采暖夏季空调制冷用水源热泵机组　表3

名称	规格及型号	单位	数量	备注
高温螺杆水源热泵机组	冬季制热量 Q=462kW 输入功率 N=130.4kW	台	2	地源侧9～6℃/用户侧55～50℃
	夏季制冷量 Q=506.9kW 输入功率 N=84.4kW		2	地源侧25～30℃/用户侧7～12℃

冬季空调采暖采用2台高温螺杆水源热泵机组，2台机组制热量大于冬季空调计算热负荷，机组满足冬季要求。

按全年生活热水最大小时热负荷选择一台高温螺杆水源热泵机组，机组参数如表4所示。

全年生活热水用水源热泵机组　　表 4

名　称	规格及型号	单　位	数　量	备　注
高温螺杆水源热泵机组（夏季和过渡季空调制冷同时制备生活热水参数）	制热量 Q=352.3kW 制冷量 Q=253kW 输入功率 N=99.3kW	台	1	用户侧（制冷）12～7℃/用户侧（生活热水）55～50℃
高温螺杆水源热泵机组（夏季空调制冷参数，当不需生活热水时）	制冷量 Q=384.3kW 输入功率 N=65.5kW		1	地源侧 25～30℃/用户侧 7～12℃
高温螺杆水源热泵机组（冬季制备生活热水参数）	制热量 Q=352.3kW 输入功率 N=99.3kW		1	地源侧 9～6℃/用户侧（生活热水）55～50℃

全年生活热水用水源热泵机组夏季和过渡季制备生活热水的同时，还可空调制冷，一机两用，实现热回收，综合 COP 值可达到 6.1，节约能源。

夏季 3 台高温螺杆水源热泵机组同时运行，制冷量达到 1266.8kW，生活热水制热量 352.3kW，同时满足夏季空调制冷和制备生活热水的要求。

2. 岩土热响应试验

根据《地源热泵系统工程技术规范》GB 50366—2005 中的规定，当应用建筑面积大于或等于 5000m^2 时，应进行岩土热响应试验。为准确掌握该工程地点的地质情况和地下热物性参数，在项目现场完成 2 个地埋管试验孔的安装，并采用专业的岩土热物性测试仪完成岩土热物性参数的测试。

地埋管换热器系统的设计是整个地源热泵系统成败的关键，施工复杂且造价高，为减小设计误差，获取地下岩土的构造、热物性、岩土含水情况、初始温度等较准确的数据，建设单位在设计前期组织施工单位对该工程所在地做土壤的热响应测试实验。实验系统由四部分组成：地下埋管换热系统，加热系统，数据采集装置系统，数据输出、数据分析软件系统。主要工作原理如下：数据采集装置与地下换热器相连接形成封闭的热循环系统，通过内部温度传感器、电加热器及循环水系统等组成；数据输出是通过专用程序软件，将采集到的数据以特殊的格式存储在控制柜中的电脑里，通过软件对采集到的数据进行分析，得到实验数据，具体如下：

(1) 当地浅层夏季土壤平均温度在 13℃左右时，冬季在 12℃左右。

(2) 双管、砂回填测试孔（0.98m^3/h）的换热量约为 57W/m。

(3) 当地地层大部分为花岗岩（灰绿岩系），导热系数平均约为 2.67W/(m·℃)。

3. 地埋管系统设计

该工程室外系统设计为双 U 形管垂直地埋管式换热系统。冬季需地埋管最大换热量为 916.2kW，考虑到热网和换热效率及备用因素，设计打孔数量为 200 个，孔深 100m，间距 5m。200 口地源井共分五组，每组 40 口井，分 5 行，每行 8 口井，每组设一套分/集水器，再分为 5 个小支路，每个支路按行进行分配，各支路及进出水管均加装截止阀，按同程式设计。地源井总干管采用异程式设计，接各组分配器的供水管设截止阀，回水管设截止阀和静态平衡阀。室外埋管换热系统占地约 5500m^2，地埋管埋管水平干管敷设深度在室外地面 3.0m 以下，施工后地面可做停车场和绿化，不影响使用。

五、空调系统形式

1. 空调风系统

篮球馆、多功能厅、乒乓球室、器械训练室采用一次回风全空气空调系统，游泳池、洗浴、厨房采用直流式空调系统，办公、会议、洗浴更衣、咖啡厅、休息室、VIP 健身房间、营养吧、有氧操、瑜伽等采用风机盘管加新风系统。

2. 空调水系统

空调水系统采用二管制水系统。水系统采用闭式系统，采用变频水泵补水定压。该工程一层大堂、游泳池、洗浴、更衣采用地面辐射供暖系统，其他均利用空调系统供暖。

六、通风、防排烟及空调自控设计

1. 通风系统

通风部位为：所用空调房间和水源热泵机房、泵房、变电所、配电室、库房、卫生间、电梯机房等。厨房排油烟管道通过竖井进行高空排放，竖井内衬镀锌铁皮风管。

2. 防排烟系统

地下室、地上篮球馆采用机械排烟、机械补风，中庭采用自然排烟。

3. 空调自控

水源热泵机组设开、停机顺序和开启台数控制；空调机组根据回风参数控制；新风机组根据送风参数控制；风机盘管配电动二通阀及带温度控制器的三速开关；新风机组进口新风管上设电动风阀和新风机组连锁。

七、设计体会

（1）生活热水高温水源热泵和空调供热系统的高温水源热泵分开是必要的，原因如下：

1）管理方便。

2）为了巴氏灭菌，生活热水的出水要保持在55℃左右，生活热水高温水源热泵始终需高温运行。

空调供热负荷整个冬天是变化的。冬天，当室外温度较高时，空调供热高温水源热泵可以将热水温度由55～45℃调节为45～40℃，机组COP值提高，节约能源。

（2）夏季和过渡季，生活热水用高温地源热泵一机两用，一边制冷，一边产生生活热水，可充分回收建筑物的余热产生生活热水，实现热回收，节约能源。

（3）下面的两项措施，防止地源热泵系统结冻，破坏，保证系统的安全性很有必要：

1）室外地埋管的水平干管采用聚氨酯保温直埋管，而不是有些项目采用的不保温防腐钢管。

2）加大地源侧循环水泵的流量，将地源侧的循环水温的温差由传统的5℃调整为3℃。

（4）地埋管支环路采用同程布置。干管采用异程布置，适当放大干管径，减小比摩阻。在干管和支管间加调节阀，保证系统的平衡，很有必要。

（5）在生活热水侧设置了较大的储热水箱，对水源热泵机组的稳定运行很有必要。

（6）地源热泵空调系统冷却水温度可以做到20～25℃，比传统的冷却塔冷却的电制冷系统节能。

（7）该工程运行一年多，运行情况良好。夏天空调制冷、冬季空调和地面辐射供暖、全年产生生活热水，均达到设计要求，用户满意。

（8）设计中注重节约能源、保护环境，取得了显著节能效果和社会、经济效益。提供健康、舒适、安全的居住、工作和活动场所，体现“以人为本”的绿色建筑宗旨。希望该工程的设计经验及体会对其他工程的设计有一定参考价值，推动地源热泵空调系统在建筑中的应用。

成都电力生产调度基地A楼暖通设计①

- 建设地点 成都市
- 设计时间 2008年1～12月
- 竣工日期 2011年8月
- 设计单位 中国建筑西南设计研究院有限公司 [610041] 成都市天府大道北段866号
- 主要设计人 戎向阳 路越 蔡静 张军杰 杨富生 杨玲 徐明
- 本文执笔人 路越
- 获奖等级 民用建筑类二等奖

作者简介：

戎向阳，男，1964年12月生，教授级高级工程师，1984年7月毕业于重庆建筑工程学院（现重庆大学），大学本科，现在中国建筑西南设计研究院有限公司工作，主要设计代表作品：成都市南部副中心科技创业中心、西藏军区采暖工程、重庆CBD总部经济区集中供冷供热项目、成都双流国际机场T2航站楼等。

一、工程概况

成都电力生产调度基地工程位于成都市南部副中心核心总部办公区域内。建设基地北靠府城大道，西临益州大道路两条城市主干道。建设基地总净用地面积18025.04m²，总建筑面积为97344.86m²，建筑物地下两层。地下一层为员工餐厅、厨房、汽车库、自行车库及设备用房，餐厅外部设置一个下沉庭院；地下二层主要功能为汽车库及设备用房。主楼地上20层，建筑高度为86.950m，为一类高层建筑，附楼5层，建筑高度为22.8m，为多层建筑。主楼一层为门厅、办公及交易厅，其中门厅为一个跨越7层的高大中庭；二～十九层作为成都电力公司自用办公、会议使用；二十层为报告厅。附楼一层主要功能为档案库房；二～三层主要为电力公司自动化机房；四～五层主要为跨越2层的调度大厅及附属房间。

该项目附楼二、三层为自动化机房，均采用独立的水冷式机房精密空调系统，由专业公司进行设计。附楼部分值守区域采用多联式空调系统。附楼其余部分与主楼均采用集中空调系统，集中空调建筑面积为72463m²。

二、工程设计特点

采用了“蓄能”空调，节约运行费用，充分利用了低谷电力，提高了发电效率。用户侧水系统采用大温差供水的变流量系统，有效降低了水系统输送能耗。风系统采用了结合低温送风的变风量系统，大大节约了风系统的输送能耗，节约了空间及管材，也提高了室内舒适度及空气品质。新风采用了独立新风系统，大大降低了建筑的新风总量，节约了运行能耗。且对排风进行全热回收，预处理新风，进一步降低新风能耗，达到节能减排的目标。

① 编者注：该工程主要设计图纸参见随书光盘。

三、设计参数及空调冷热负荷

1. 室外设计参数（成都市）如表1所示。

室外设计参数　　表1

设计用室外气象参数	单位	数值
冬季通风室外计算温度	℃	3
夏季通风室外计算温度	℃	28.6
夏季通风室外计算相对湿度	%	70
冬季空气调节室外计算温度	℃	1.2
冬季空气调节室外计算相对湿度	%	84
夏季空气调节室外计算干球温度	℃	31.9
夏季空气调节室外计算湿球温度	℃	26.4
夏季空气调节室外计算日平均温度	℃	27.9
冬季室外平均风速	m/s	1.0
冬季室外最多风向的平均风速	m/s	1.9
夏季室外平均风速	m/s	1.4
冬季最多风向	—	NNE
冬季最多风向的频率	%	19
夏季最多风向	—	NNW
夏季最多风向的频率	%	10
年最多风向	—	NNE
年最多风向的频率	%	10
冬季室外大气压力	hPa	965.1
夏季室外大气压力	hPa	947.7
冬季日照百分率	%	14

2. 室内设计参数如表2所示。

室内设计参数　　表2

房间名称	夏季		冬季		新风量(CMH/P)
	温度(℃)	相对湿度(%)	温度(℃)	相对湿度(%)	
办公室	25	40	20	自然湿度	30
调度大厅	23	50	20	自然湿度	30
会议室	25	50	20	自然湿度	25
门厅	26	60	18	自然湿度	10
自动化机房、调度大厅设备区	23±2	55	20±2	50	30

经计算，该项目夏季最大冷负荷为6568kW，单位空调建筑面积冷指标为91W/m^2，设计日总冷负荷为80202kWh；冬季最大热负荷3027kW，单位空调建筑面积热指标为42W/m^2，设计日总热负荷为35503kWh。

四、空调冷热源及设备选择

该项目建设单位为电力部门，为示范移峰填谷，提高发电效率，实现广义节能，经与业主多次讨论，并结合投资、运行费用等因素，确定该项目空调能源形式均采用“电力”这一清洁能源，冷热源形式均采用“蓄能”的模式，以避开白天用电高峰期。冷源由“负荷均衡”的分量蓄冰系统提供，热源由全量蓄热电加热锅炉提供。即制冷、制热均充分利用低谷电力进行冷、热储存，减少电力输配系统的供电压力，降低运行费用，提高发电效率。同时也保证了空调小负荷工况的运行。制冷主机采用2台双工况螺杆式制冷机组。蓄冰装置采用8台带保温槽体的成品冰盘管，融冰方式采用内融冰，蓄冰温度为－5.6℃。项目总蓄冷量为6120RTh（21520kWh），占设计日总冷负荷的26.9%。制冷主机与蓄冰装置采用主机上游的串联形式。项目总蓄热量为35550kWh，总蓄热容积为360m^3。采用3台承压电蓄热锅炉，设计蓄热温度为145℃，放热末期温度为50℃。

五、空调系统形式

为减少空调能耗及节约管道尺寸，结合冰蓄冷系统，大楼均采用低温送风空调系统。空调末端主要采用全空气系统。其中，餐厅、大厅、展厅、报告厅及调度大厅等采用低温送风定风量系统；主楼办公区域均采用低温送风变风量系统，送风温度为9℃。为降低结露的风险，变风量末端（VAV-BOX）均采用风机串联动力型，配常规风口。定风量系统均配以低温防结露风口。全空气系统均采用上送上回的气流组织形式。

为提高室内空气品质及考虑节能，办公区域另设置集中排风系统，排风在二十层与新风进行能量回收后，排出室外。

办公区域采用独立新风系统，在保证卫生需求的前提下，有效减少了新风总量。新风由设于二十层的全热回收新风机组经与排风进行能量回收及温湿度处理后直接送至各空调房间。

主楼中庭上部设置可控电动窗，除可以满足消防排烟需求外，也利于过渡季节中庭及周边房间的通风及利用室外免费冷源。

六、通风、防排烟及空调自控设计

为提高室内空气品质及考虑节能，办公区域另设置集中排风系统，排风在二十层与新风进行能量回收后，排出室外。

主楼中庭上部设置可控电动窗，除可以满足消防排烟需求外，也利于过渡季节中庭及周边房间的通风及利用室外免费冷源。

其余通风及防排烟系统均严格按照规范及通过审批的《消防安全评估报告》进行设计。

该工程采用直接数字式控制系统（DDC系统），由中心电脑及终端设备加上若干个DDC控制器组成。控制中心设于冷冻机房侧的控制室内。控制中心能记录、显示各空调、通风、制冷系统的设备运行状态及主要运行参数，并能对全楼的空调、新风系统进行集中远控和程序控制。

冷热源部分控制策略：蓄冰系统采用优化控制技术，即根据测定的室外气象参数及负荷侧的回水温度、流量，通过计算预测全天的逐时负荷，并据此制定当天的主机与蓄冰系统的运行策略，控制主机输出，最大限度地发挥蓄冰装置的融冰供冷量，以达到节约费用的目的。电加热蓄热锅炉为全量蓄热，采用机电一体化设备，自带控制系统、高温板换及一次泵。一次泵在蓄热时，工频运行；放热时，由供水温度控制变频。根据负荷侧的热量需求控制一次泵的开启台数。

变风量系统控制策略：变风量系统采用“定静压控制法”控制，根据管道内定静压点静压值的变化，调整总风机频率，实现风量按需分配，节约运行能耗。各房间的温度控制由房间温度控制风机串联动力型VAV-BOX的一次风阀开启度来实现。空调机组回风总管上的回风温度控制表冷器回水管上的PID阀的开度。

定风量空调系统控制：定风量系统由空调机组回风总管上的回风温度控制表冷器回水管上的PID阀的开度，来保证空调房间的温湿度，同时减少空调能耗。新风系统由新风机组送风总管上的送风温度控制表冷器回水管上的PID阀的开度。

七、设计体会

（1）低温送风系统由于供水温度低，表冷器除湿能力增强，空调室内状态点的相对湿度较常规系统低，通常为40%左右，因此在绘制空气处理过程的h-d图时，需特别注意室内状态点的选取，不能按常规系统设置。

（2）低温送风系统由于送风温度低，极易在室内风口表面形成结露，设计时必须考虑适当的措施解决。

（3）蓄热锅炉罐体的体积巨大、运行荷载大，设计时需要各专业密切配合，以保证设备的顺利就位及安全运行。

（4）在变风量系统中，如何在由外扰引起的负荷变化时，保持室内人员卫生要求所需的新风量，一直是个较难解决的问题。该项目采用的独立新风系统可以很好地解决该问题，且该系统没有“系统新风比”的概念，新风量不随负荷变化，只与室内人员的卫生需求相关，大大节约了总新风量。因此，在室内走管条件具备的变风量系统中可以考虑。

成都极地海洋世界暖通空调设计①

- 建设地点　成都市
- 设计时间　2006年10月～2009年8月
- 竣工日期　2010年7月
- 设计单位　四川省建筑设计院
  [610017] 成都市大安中路65号
- 主要设计人　邹秋生　周伟军　朱强　王洪中
- 本文执笔人　邹秋生
- 获奖等级　民用建筑类二等奖

作者简介：

邹秋生，男，1973年8月生，高级工程师，四川省建筑设计院副总工程师，1995年7月毕业于同济大学，本科学历。主要完成的设计工作有：拉萨市城市采暖工程、新华之星办公楼、成都珠江国际新城、凯德商用天府中心、成都极地海洋公园等。

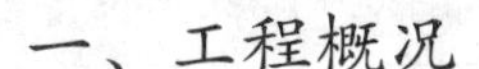

一、工程概况

成都极地海洋世界项目位于成都市双流华阳镇境内，工程西邻人民南路南延线。该工程拟建设成为一个以极地、热带动物参观、表演等为主题的趣味知识公园。公园规划建筑有：1区热带海洋动物展示区、2区极地海洋动物展示区、3区表演主场馆、4区水公园、5区板道大街、6区城市商业街、7区办公楼建筑等。该工程总建筑面积约95000m^2，其中地下建筑面积约13000m^2（主要为设备用房）。除主表演馆为高度超过24m的单层建筑外，其余建筑都在24m以下。

暖通专业设置两个机房提供各场馆空调及水体所需冷热负荷。1号机房设置有2台离心式冷水机组，单台制冷量1934kW，负责向主表演馆、海豚馆、海龟馆、鲨鱼和珊瑚馆提供空调及维生系统水体冷负荷。1号机房内热水机组除提供以上场馆空调热负荷外，同时提供主表演馆、海豚馆的维生系统水体热负荷，机房内配置两台燃气热水机组，单台制热量1400kW。2号机房内两台燃气型热水机组向热带馆（鲨鱼、珊瑚馆等）提供水体所需热负荷，热水机组单台制热量1100kW。

二、工程设计特点

主题公园内单体建筑较多，而且分散布置在公园各处。暖通专业根据场地特点，对于相对集中的主表演馆及其周边海豚馆、鲨鱼珊瑚馆、海龟馆等设置中央空调系统，其余区域则采用变制冷剂流量（VRV）空调系统。

该工程制冷、制热负荷除舒适性空调负荷外，还包括维生系统（为维持极地及热带水生动物水体环境，包括水体含盐量、含氧量、水温等要求，对水体所做的系列循环处理过程）所需冷、热量。企鹅馆内企鹅展示区空气温度要求为－3℃，设置专用的低温空调系统。

场馆内空气和水体负荷需要单独统计空调或水体冷、热负荷，以提供设备选型依据。但空气和水体直接接触，相互有热、质（水蒸气蒸发）交换，

① 编者注：该工程主要设计图纸参见随书光盘。

空调或水体传热模型复杂，统计负荷有一定难度，比如：热带馆水体温度高于空气温度，水蒸气蒸发量较大，水体向空气散热造成热带馆夏季空调冷负荷及水体热负荷同时增加。

参观者通过亚克力玻璃观看低温区域的白鲸（水池内）及企鹅（低温空气内），但玻璃表面若出现结露起雾现象，将严重影响使用效果，因此对玻璃表面防结露计算和设计尤为重要。

三、设计参数及空调冷热负荷

1. 设计参数

（1）室外设计参数（见表1）

室外设计参数　　表1

	空调室外计算干球温度	空调室外计算湿球温度	空调室外计算相对湿度	室外平均风速	通风室外设计温度
夏季	31.6℃	26.7℃	85%	1.1m/s	29℃
冬季	1℃	—	80%	0.9m/s	6℃

（2）室内舒适性空调区域设计参数（见表2）

室内舒适性空调区域设计参数　　表2

房间名称	温度（℃）		相对湿度（%）		新风量
	夏季	冬季	夏季	冬季	m³/(h·p)
表演馆观众区	26	18	≤65	≥30	15
表演馆门厅\展厅	26	16	≤65	自然湿度	10
办公	25	20	≤60	自然湿度	30
各场馆参观区域	26	18	≤65	自然湿度	15
饲养员工作区及治疗区	26	18	≤60	自然湿度	30

（3）动物区域水体及空气温度设计参数（见表3）

动物区域水体及空气温度设计参数　　表3

序号	名称		水量（m³）	最适合温度（℃）	极限温度（℃）	获取方式	补水量（m³/d）
1	北极熊馆	北极熊（海水）	620	常温	≤30	无需措施	—
		北极熊（淡水）	140	常温	≤30	无需措施	—
2	海兽混养	海兽混养	1200	常温	≤25	无需措施	—
3	企鹅馆	低温企鹅	120	3～5	≤10	制冷	30
		常温企鹅	150	常温	≤30	无需措施	20
4	海象馆	海象	280	常温	≤30	无需措施	30
5	主表演馆	海豚	450	18～26	≥10	制冷/加热	10
6		白鲸	900	15～18	≤20	制冷	10
7		伪虎鲸	450	18～26	≥10	制冷/加热	10
8		主表演池	2600	18～26	≥10	制冷/加热	30
9	海龟	海龟	室外350	20～26	≥15	加热	60
			室内120			制冷/加热	
10		淡水鱼	150	20～26	≥15	制冷/加热	30
11	鲨鱼珊瑚馆	鲨鱼池	775	24～28	≥15	制冷/加热	50
		暂养池	40	24～28	≥22	制冷/加热	10
12		珊瑚缸	180	24～28	≥22	制冷/加热	10
13		热带雨林1	115	22～30	≥20	加热	10
14		热带雨林2	90	22～30	≥20	加热	10
15		淡水隧道	600	22～30	≥20	加热	10
16	海豚馆	人豚互动	575	18～26	≥15	制冷/加热	30

2. 空调负荷

除特殊场合外（如低温企鹅馆），该工程常规空调冷负荷由参观区域空调负荷及水体制冷、制热负荷组成。

（1）中央空调区域负荷统计（见表4）（注：此表格冷、热负荷全部归入1号机房）

中央空调区域负荷　　表4

	主表演馆		海豚馆		海龟馆		鲨鱼馆		珊瑚馆		汇总
	Ⅰ类	Ⅱ类	Ⅰ类	Ⅱ类	Ⅰ类	Ⅱ类	Ⅰ类	Ⅱ类	Ⅰ类	Ⅱ类	
空调冷负荷（kW）	1274	/	208	/	111	/	274	139	100	195	2301
空调热负荷（kW）	503	64	113	21	59	16	26	/	23	/	825

注：1. Ⅰ类负荷为包括围护结构、设备、灯光、人员、新风等在内的负荷；
2. Ⅱ类负荷为本工程特有的与水体间换热，包括蒸发和水表面传导换热；
3. 主表演馆的Ⅱ类负荷，其水体温度低于空气温度，但夏季不考虑由此引起的可冷负荷减少，仅考虑冬季水体向空气吸热引起的热负荷增加；
4. 热带馆的Ⅱ类负荷（水体温度高于空气温度）夏季空调负荷需要考虑水体向空气的传热，冬季因水体向空气传热量已经大于空调A类热负荷，冬季热带馆空调仅考虑新风负荷。

（2）水体负荷统计（见表5和表6）（此表格冷负荷归入1号机房，热负荷计入2号机房）

水池初次注水所需冷热负荷 表5

	主表演馆	海豚馆	海龟馆	鲨鱼馆	珊瑚馆	冷负荷汇总
冷负荷（kW）	488	111	27	63	0	689
热负荷（kW）	1138	447	573	995	785	—
热负荷汇总（kW）	2158（制热站1号）			1780（制热站2号）		—

注：1. 水体初次注水按照最不利条件统计负荷：水温度参考自来水温度，冬季取10℃（以此计算热负荷），夏季取22℃（以此冷负荷）。
2. 按照上表，主表演馆初次注水需要时间为72h，其余场馆初次注水时间小于36h。

水池日常所需冷热负荷 表6

	主表演馆	海豚馆	海龟馆	鲨鱼馆	珊瑚馆	冷负荷汇总
冷负荷（kW）	758	242	173	206	/	1379
热负荷（kW）	855	430	539	824	1008	—
热负荷汇总（kW）	1824（制热站1号）			1832（制热站2号）		—

注：1. 场馆内水体冷、热负荷参照游泳池设计方法统计，主要包括水面传导热量、水面蒸发热量、池壁传热负荷及补水负荷等。
2. 日常补水量较少，负荷计算式时，补水温度参考自来水温度，冬季取10℃（以此计算补水热负荷），夏季取22℃（以此计算补水冷负荷）。
3. 上表中水池冷热负荷是按照间歇供冷、供热计算的，实际运行时，即使在最不利情况下，一天内连续制冷、制热时间也不超过12h。设计按照该原则确定换热设备参数。

（3）VRV空调区域负荷统计（见表7）

VRV空调区域负荷 表7

	售票馆	北极熊馆	企鹅馆	海象馆
空调冷负荷（kW）	489	146	84	26
空调热负荷（kW）	219	87	42	15

注：表格中售票厅为普通舒适性空调，北极熊馆、企鹅馆、海象馆的空调负荷为该馆办公区域负荷，北极熊笼舍、企鹅展示区域等低温空调负荷不在此表中。

四、空调冷热源及设备选择

该工程设置根据场地和功能情况，设置两个机房，其中1号机房布置在主表演馆旁边，机房内冷水机组负责向主表演馆、海豚馆、海龟馆、鲨鱼和珊瑚馆提供空调及维生系统水体冷负荷。1号机房内热水机组除提供以上场馆空调热负荷外，同时提供主表演馆、海豚馆的维生系统水体热负荷。热带馆（鲨鱼、珊瑚馆等）水体热负荷较大，由2号机房内两台热水机组提供相应负荷。机房设备配置如表8所示。

机房设备配置表 表8

		单台制冷制热量	数量	负责范围
1号机房	离心机组	1934kW	2台	主表演馆、海豚馆、海龟馆、鲨鱼和珊瑚馆空调负荷
				主表演馆、海豚馆、海龟馆、鲨鱼和珊瑚馆维生系统水体冷负荷
	热水机组	1400kW	2台	主表演馆、海豚馆、海龟馆、鲨鱼和珊瑚馆热空调
				主表演馆、海豚馆维生系统水体热负荷
2号机房	热水机组	1100kW	2台	热带馆（鲨鱼、珊瑚馆等）水体热负荷

该工程其他区域配置多联机组。

五、空调系统形式

1. 空调水系统

1号制冷、制热站负责主表演馆、海豚馆、海龟馆、鲨鱼和珊瑚馆空调负荷。空调水系统采用二级泵变流量系统：一次侧冷、热水泵分开设置，并与冷、热水机组分别一一对应，定流量运行。二次侧根据各场馆需求冷、热水量及各回路管网阻力分别配置，变流量运行。空调末端管路采用二管制异程式水系统，采用自力式压差平衡阀调节各回路阻力，室外管道直埋接至各场馆。组合式空调器及吊顶式空调器设置比例积分调节阀，通过回风温度控制冷、热水供水量。风机盘管采用电动二通阀配合温控器控制。

2. 维生系统水体温度控制

该工程维生系统由专业公司设计，但水体温度控制所需冷、热量由本专业提供。专业公司在水体循环处理设计时，在循环管上设置旁通回路，该回路上设置钛合金板式换热器。在水体需要制冷或制热时，开启旁通回路，通过板换一次侧冷、热水管提供制冷、加热所需负荷。本专业负责提供板换一次侧所需冷热负荷。

主表演馆、海豚馆、海龟馆水体冷、热负荷均由1号机房提供，由于同一个场馆内不同水体可能有不同的温度控制要求，故采用四管制水系统。水系统二次侧（制冷站水系统为一次侧，详空调水系统设计介绍）根据各场馆水体冷、热负荷及各回路管网阻力分别配置冷、热水泵。冷、热水管分别接至板换一次侧入口，冷、热水通过板换入口侧电动阀切换。具体控制要求为：水体需要加热（制冷）时，维生系统旁通管路打开，板式换热器入口热水（冷水）管上电动阀开启，冷水（热水）管上电动阀保持关闭；机房水系统二次侧热水（冷水）泵启动，向水体供热（冷）。水体温度达到要求后，二次侧热水泵（冷水泵）停止运行，板换二次侧热（冷）水管上电动阀关闭，同时关闭维生系统管网上的旁通阀。

鲨鱼和珊瑚馆水体仅需要制热，其热量由2号机房提供。2号机房热水管网系统采用一次泵变流量系统，维生系统与热水管网设置及控制方式同上。

3. 气流组织

（1）中央空调区域

主表演馆采用一次回风全空气空调系统。入口大厅及参观区域空调总送风量为50000m³/h，设为两个空调系统，每个空调系统均采用风量为25000m³/h的组合式空调器。入口大厅为高大空间，采用球形喷口侧送风；参观区域吊顶上采用散流器风口下送风；空调机房侧墙上设置单层百叶风口集中回风。该系统通过设置于屋面的专用新风管道获取新风。

在入口处的参观区域，参观者可以通过亚克力玻璃分别观看水池中的白鲸、海豚及伪虎鲸的姿态。由于维生系统需要，白鲸养池等参观区域水池内水温较空气侧温度低（水温常年维持在18℃温度），设计必须考虑亚克力外侧是否需要防结露措施。经计算，夏季亚克力外表面温度实际不低于24℃。根据室内空调设计参数，参观区域空气状态点（温度为26℃，相对湿度60%）对应的露点温度为18.5℃。因此，夏季亚克力外表面实际没有结露的风险。本设计未对参观区域亚克力玻璃采取特殊的防结露措施。

主表演馆门厅通过台阶往上到达走廊区域，参观人群在此处可进入表演大厅。走廊区域设置一套全空气系统，该系统空调送风量为20000m³/h。采用散流器风口顶棚送风，回风口为单层百叶风口。

表演大厅为高大空间，屋面网架下沿最高处距离表演池水面约25m。大厅内除表演池对面布置有主观众席位外，表演池驯兽师区域两侧也布置有观众席位；设计采用分层空调，仅对人留区域送风。表演大厅主观众席区域设置4台组合式空调器，单台送风量为25000m³/h；该区域采用球形喷口送风，送风距离约20m（到达最前排观众位置）；回风口设于观众席位下方，空调机房设于看台下方。表演池驯兽师区域及其两侧观众区域设置两台组合式空调器，单台送风量25000m³/h。空调器设于观众区域后方专用空调机房内，采用球形喷口送风，空调机房侧墙设单层百叶风口回风。表演大厅屋顶设置排风机。

海豚馆、海龟馆、鲨鱼和珊瑚馆等采用风机盘管加新风系统。

（2）特殊低温空调区域

企鹅馆内分为参观区域和企鹅展示区域，其间采用55mm厚亚克力玻璃分隔。参观区域按照舒适性空调的要求设置VRV分体空调，单独设置新风系统。企鹅馆另设一套低温直接蒸发是冷水机组，企鹅区域设置冷风机直接蒸发供冷（该内容由专业公司设计）。

企鹅区域水体温度为3℃，空气温度为－3℃。根据计算，亚克力玻璃表面（与空气接触侧）温度不低于21℃，略高于室内空气露点温度（温度为26℃，相对湿度60%，对应露点温度18.5℃）。鉴于亚克力玻璃表面有结露起雾的风险，在玻璃外侧设空气幕。

该工程设计的北极熊馆为笼舍加室外活动区域形式，对于笼舍区域，根据甲方要求采用了分体空调控制温度。

（3）VRV空调区域

该工程场地内相对分散的场馆，如：售票馆、海兽馆等均采用变制冷剂流量（VRV）分体空调系统，室外机结合建筑外立面设置，室内采用四面出风型卡式盘管，单独设置新风系统，新风管上设置空气净化消毒装置。

六、通风、防排烟设计

1. 通风系统

该工程各场馆地下室为设备用房（包括维生

系统设备用房），该工程对设备用房（包括配电房、柴油发电机房、制冷制热站等）均按照不同换气次数设置机械通风系统。

主表演大厅屋面网架上设置4台屋顶风机，结合表演馆空调系统新风需求运行开启多台排风机，平时排风量略小于新风量，过渡季节全新风运行时，屋面排风机全部打开。

2. 排烟系统

除主表演馆外，其余场馆均为3层以下多层建筑，所有楼梯均为封闭楼梯。主表演馆靠外墙的楼梯均为开敞楼梯，场馆内设有两部防烟楼梯，该防烟楼梯设置正压送风系统，加压风机吊装于楼梯间顶板下，加压风量为33000m³/h。

主表演馆参观区域设置机械排烟系统，总排烟量为32000m³/h。

表演大厅四周设有可开启窗，但设计考虑该区域为高大空间，发生火灾后烟气聚集在网架下方，四周的外窗并不利于排烟，故设置机械排烟系统。排烟量按照4次/h换气次数确定（屋顶4台排风机兼排烟功能），总排烟量为108000m³/h；排烟时通过外窗补风。

七、设计体会

（1）该工程于2010年7月验收并投入运行，至今空调系统已运行一年，室内空气温度、水体温度均达到设计要求，系统运行平稳。

（2）空调负荷计算时，夏季热带馆需要考虑水体向空气传热所增加的冷负荷，冬季企鹅馆、主表演馆等有低温水池的区域需要考虑空气向水体传热以及水蒸气蒸发引起的热负荷增加。

（3）维生系统水体冷、热负荷参照恒温游泳池负荷计算方法统计，冷、热水机组配置时，应根据系统初运行时水体加热（或冷却）时间限制核算容量。该工程设计除主表演馆（初次制冷或加热水体时间为7h）外，其余场馆对水体降温或加热的时间均不大于36h。

（4）亚克力玻璃传热系数较小［0.18W/(m·k)］。通过计算，主表演馆参观区域亚克力玻璃侧无需设置防结露起雾措施。企鹅馆亚克力玻璃空气侧有结露起雾风险，采用置空气幕吹风干扰，实际也是可行的。使用证明，只有在下雨天空气湿度较大时才需要启动空气幕，平时玻璃表面无起雾现象。

（5）各场馆内水体面积较大，水面蒸发造成湿负荷突出，在考虑对场馆内空气除湿、降温的同时，若将该余热进行回收，并用于热带馆水体加热，将有良好的节能潜力。由于业主投资等限制，该系统没有考虑对该余热的回收措施，有些遗憾。

湖北出入境检验检疫局综合实验楼①

- 建设地点　武汉市
- 设计时间　2006年3～6月
- 竣工日期　2009年9月
- 设计单位　中南建筑设计院股份有限公司
  [430071] 武汉中南二路十号
- 主要设计人　张银安　张昕　徐鸿　李斌　王俊杰
- 本文执笔人　张银安
- 获奖等级　民用建筑类二等奖

作者简介：

张银安，男，教授级高级工程师，1985年毕业于重庆大学（原重庆建筑工程学院）暖通空调专业，现在中南建筑设计院股份有限公司工作。主要代表性工程有：湖北省科学技术馆新馆、中国银行湖北省分行大楼、宁波鄞州区国税局办公大楼、宁波会展中心区进出口展览展示大楼等。

一、工程概况

湖北出入境检验检疫局综合实验楼位于汉阳区琴台路及罗七路交叉处，是一座集办公、实验、对外接待的节能型办公大楼。总建筑面积27242m²，其中，实验室8862m²，单身公寓1080m²，办公17300m²（含地下室）。地下一层为车库及设备用房，一～四层为实验室用房及单身公寓、餐厅；五～十九层为办公用房，其中九层为计算机用房。

湖北出入境检验检疫局综合实验楼是“十一五”国家科技支撑计划项目“可再生能源与建筑集成示范工程”课题，是由住房和城乡建设部组织管理的25个重大（重点）项目之一。

二、工程设计特点

该工程设计具有鲜明的特点，可概括为：(1) 采用了热回收型＋辅助冷却源（冷却塔）竖直双U形地埋管地源热泵空调；(2) 采用地埋管现场换热测试系统对地埋管换热性能进行测试；(3) 根据地埋管区域地质构造特点，对施工工艺及技术进行研究；(4) 地埋管区域设置一套土壤温度数据采集系统，对土壤全年温度变化进行研究；(5) 设置一套能耗计量系统对热回收型地埋管地源热泵空调系统的节能性进行研究及科学评价；(6) 实验室有害气体处理技术：无机实验室有害气体采用酸雾净化塔碱液中和吸收，有机实验室采用活性炭吸附装置处理。

三、设计参数及空调冷热负荷

室外计算参数参见武汉地区气象参数。

① 编者注：该工程主要设计图纸参见随书光盘。

室内设计参数如表1所示。

室内设计参数　　　表1

房间名称	夏季		冬季		新风 [m³/(h·p)]	噪声 [dB (A)]
	温度(℃)	相对湿度(%)	温度(℃)	相对湿度(%)		
办公	25	<65	20	>35	30	<45
会议	25	<65	20	>35	25	<45
餐厅	26	<65	20	>35	30	<50
大厅	26	<65	20	>35	20	<50
实验室	26	<65	20	>35	25	<50

空调冷热负荷：采用DEST-C软件模拟计算。夏季空调逐时冷负荷：主楼空调逐时冷负荷综合最大值：1830kW，指标83W/m²。冬季空调热负荷：1300kW，指标59W/m²。

四、空调冷热源设计及主要设备选择

该工程主楼采用地埋管地源热泵空调系统，夏季制冷，冬季供暖；单身公寓及实验室采用变频多联机空调系统夏季制冷，冬季供暖。

该工程采用热回收型混合式地埋管地源热泵空调系统。选用2台制冷量为940kW，制热量为970kW，卫生热水76kW；制冷工况：7℃/12℃，30℃/35℃；制热工况：40℃/45℃，10℃/5℃；带部分热回收地源热泵机组作为建筑物的冷热源及提供单身公寓、实验室夏季卫生热水；过渡季节及冬季选用一台制热量为200kW，卫生热水工况：55℃/60℃，10℃/5℃，全热回收地源热泵机组提供单身公寓、实验室卫生热水。

五、空调系统形式

1. 空调系统末端设计

办公室、会议室等采用“风机盘管＋新风系统”，大空间采用“风柜＋低速风道系统”。

2. 空调水系统设计

空调水系统采用一次泵变流量系统，管路采用竖直同程、水平同程附设方式。

3. 地源热泵空调系统形式

该工程按地埋管冬季取热量进行埋管，采用热回收型＋辅助冷却源（冷却塔）竖直双U形地埋管混合式地源热泵空调，系统作为建筑物的冷热源及提供单身公寓卫生热水，同时夏季采用一台冷却塔及热回收型地源热泵机组全年提供单身公寓卫生热水作为辅助冷却源措施，使全年土壤达到热平衡；采用一台水—水换热器，当地源热泵机组出水温度超过35℃时，通过冷却塔对其回水进行冷却，使地埋管进水温度保持在35℃内。根据计算，主楼全年空调系统动态冷负荷总值：630000kWh（6月1日～9月30日），主楼全年空调系统热负荷总值：240000kWh（12月15日～3月15日）。地埋管全年从土壤总吸热量为180000kWh，夏季热回收型地源热泵机组总冷凝负荷为787000kWh，全年约有607000kWh的冷凝热负荷除部分提供单身公寓卫生热水外，其余大部分通过冷却塔排入大气。

4. 卫生热水系统设计

卫生热水使用温度为60℃，最高日热水用量为11.6m³/d，最大小时热水用量为2.4m³/d，最大小时热水负荷700kW。热水系统采用上行下给式机械循环系统，实验室卫生热水箱20m³，单身公寓卫生热水箱10m³，分别设置于屋面。夏季卫生热水由部分热回收机组免费提供，冬季、过渡季节由全热回收机组提供。

六、竖直U形地埋管换热器设计要点及主要数据

根据地埋管换热测试系统测试及地质勘察结果，该工程竖直U形地埋管换热器设计要点如下：

1. 地埋管方式

采用竖直埋管的方式，竖直埋管群井均布置在室外绿化地带，其形式为双U形管，管径为*DN*20（管内水流速0.7m/s），管材及附件采用高密度聚乙烯PE管（承压1.6MPa）。

2. 地埋管钻孔井径、回填材料

地埋管钻孔井径为150mm，其回填材料在灰岩层采用原土混合一定比例的砂水泥回填，在黏土层采用含10%膨润土，90%SiO_2砂子的混合物回填。

3. 地埋管管内循环介质

地埋管管内循环介质采用水。

4. 室外地埋管水平干管敷设方式

室外地埋管水平干管采用直埋方式敷设，其埋深在室外地面2.2m以下，均避开其他室外管线。

5. 室外地埋管换热器水系统

室外地埋管水系统为一次泵定流量系统，在室外布置有13个一级分、集水器，分13个同程环路分别接至地下室冷冻机房二级集水器、分水器。

6. 土壤热平衡措施

全年利用热回收地源热泵机组提供卫生热水、夏季采用一台冷却塔作为辅助冷却源措施。在地埋管水系统供回水总管上设有温度、流量传感器，对全年地埋管换热器夏季释热总量、冬季取热总量进行计量。

7. 土壤温度数据采集系统

该工程设有一套土壤温度数据采集系统。在室外地埋管区域选择9个采集点，每个点垂直方向每隔10m设置一个土壤温度传感器，共81个，对地埋管区域的土壤温度数据进行全年的数据采集分析，以对空调系统实际运行方案及土壤热平衡措施、卫生热水的使用进行科学的指导。

8. 地埋管换热器主要设计数据

(1) 分13个区域埋管，每个区域为一个环路，总井数为327口。

(2) 井距为5×5m，井径150mm，井深96m，有效埋深95m。

(3) 总埋管长度124260m（未含水平干管），PE100，*DN*20，

(4) 占地面积7440m^2。

七、该项目的创新技术

1. 热回收技术——卫生热水系统

地源热泵机组在夏季运行时，机组蒸发器制冷对建筑提供冷量，同时冷凝器向系统外释热，利用蓄热水箱或其他蓄热装置回收该部分冷凝热，并制造热水，夏季可为用户24h免费提供45℃的卫生热水；过渡季节及冬季用全热回收地源热泵机组提供50℃/55℃卫生热水；强化了冷凝器的换热效果，提高了机组运行的COP值。

2. 全年土壤热平衡冷却塔运行策略

(1) 采用开式冷却塔加板换系统串联方式连接，稳定机组进出水温度，提高机组的运行COP值，同时分担土壤负荷，采用湿球温差控制方式开启冷却塔。当热泵进水温度与当时湿球温度的差值大于3℃时，开启冷却塔，小于0℃时，冷却塔自动关闭。

(2) 单独对土壤降温。当空调系统第二个夏季运行前一个月，土壤温度传感器检测的平均温度高于空调系统第一个夏季运行前的检测的平均温度0.3℃时，开启冷却塔、冷却水泵、地源侧冷水泵对土壤进行降温，直至使土壤达到常年正常温度为止。

3. 施工技术

该工程所在地的地质结构较为复杂，不同深度地质变化较大，增加了钻孔难度。采用复合型钻孔技术：黏土层、卵石层、泥岩均可利用普通旋流钻机技术，灰岩层结合潜孔锤技术，保证了钻孔深度，同时加快了钻孔速度。

4. 空调系统检测及计量

对地埋管区域土壤全年温度变化进行测量，对空调系统水温、流量及系统耗功进行计量，对空调系统能效比进行分析，对热回收型地源热泵空调系统的节能性进行分析。

八、通风、防排烟及空调自控设计

1. 通风系统设计

地下室汽车库按6次/h换气计算机械排风（兼排烟系统），冷冻机房按12次/h计算风量，高低压配电室按热平衡计算通风量。水泵房按4次/h计通风量，卫生间按10次/h计算排风量。

2. 防排烟系统设计

楼梯间、前室正压送风系统风量表如表2所示。

楼梯间、前室正压送风系统风量表　　表2

系统编号	系统名称	系统风量（m^3/h）	备注
JY-1	楼梯间正压送风	37000	前室不送风
JY-2	消防电梯前室正压送风	25000	—
JY-3	楼梯间正压送风	37000	前室不送风
JY-4	楼梯间正压送风	37000	前室不送风
JY-5	消防电梯前室正压送风	25000	—
JY-6	楼梯间正压送风	37000	前室不送风

3. 机械排烟系统设计

(1) 地下室车库按6次/h换气计算机械排风（兼排烟系统）量。地下室车库排烟风机入口处设一280℃排烟防火阀（常开）。地下室送排风（兼

排烟）系统风量如表 3 所示。

地下室送排风（兼排烟）系统风量　表 3

防火分区编号	系统名称	系统编号	系统风量（m^3/h）	备注
防火分区（一）	排风兼排烟	P（Y）-d1-1 P（Y）-d1-2	30000	—
	送风	S-d1-1	30000	
防火分区（二）	排风兼排烟	P（Y）-d1-3	36000	自然进风
防火分区（三）	排风兼排烟	P（Y）-d1-4	30000	自然进风
防火分区（四）	排风兼排烟	P（Y）-d1-5	36000	自然进风

（2）地下二层高低压配电室设有一机械排烟（兼排风）系统，按 12 次/h 计算排风量，按 $60m^3/(m^2 \cdot h)$ 计算排烟量，取二者大值选风机，风机入口处设一常开 280℃排烟防火阀。

（3）地下二层走道按高层民用建筑设计防火规范的要求设置机械排烟系统。

（4）地下室防火分区除能采用自然进风作为补风外，其他系统采用机械补风，按排烟量的 50%计算。

4. 空调系统自控设计

空调系统采用集散型控制系统，由中央管理计算机、通信网络、带网络接口的温（湿）度控制器、各种传感器、电动执行机构组成。由中央管理计算机实现对各机房内温（湿）度控制器的监测及控制指令设定，温（湿）度控制器完成现场的温（湿）度控制。

九、设计体会

地埋管地源空调系统设计需要设计、地质勘察及施工等多专业密切配合，设计师需要在施工、调试过程中全线跟踪。该工程地源热泵系统原理如图 1 所示。

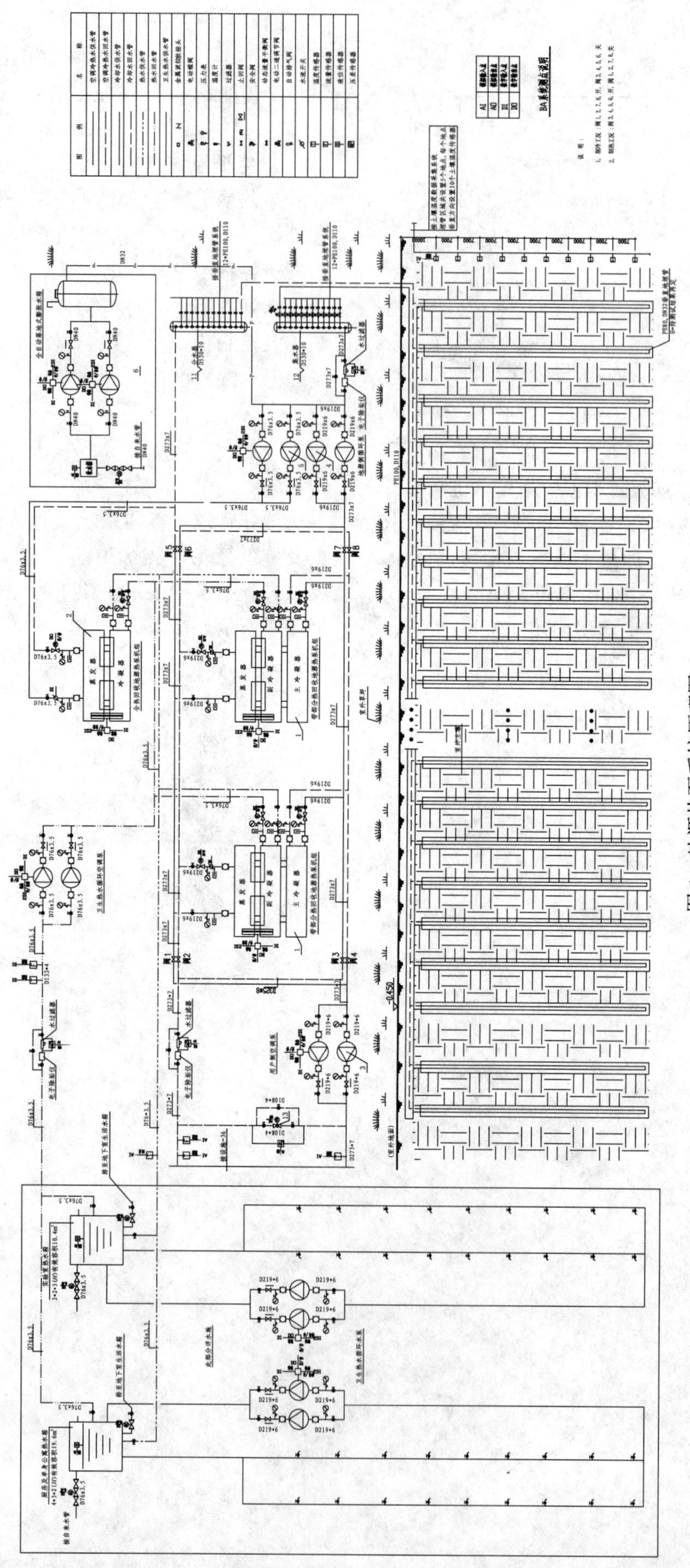

图1 地源热泵系统原理图

全国组织干部学院①

作者简介：

董大纲，男，1977年11月生，工程师，2006年4月毕业于天津大学热能工程专业，硕士，现在北京市建筑设计研究院有限公司工作。主要设计代表作品：深圳湾体育中心（第26届世界大学生夏季运动会的主会场）、全国组织干部学院、中新生态城世茂展示中心（新加坡建设局（BCA）绿色标识金奖项目）等。

- 建设地点　北京市
- 设计时间　2009年5月～2010年8月
- 竣工日期　2011年4月
- 设计单位　北京市建筑设计研究院
　[100045] 西城区南礼士路62号
- 主要设计人　张杰　祁峰　董大纲　马晓钧
　刘弘　李志远　王嘉　丁传明
- 本文执笔人　董大纲
- 获奖等级　民用建筑类二等奖

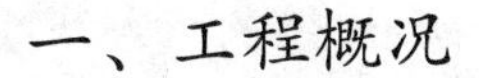

一、工程概况

该项目获得了2011年度第四批绿色建筑评价标识，标识类型为设计标识，标识星级为三星。工程位于北京市朝阳区，总用地163440m²，本期建筑面积40600m²，主要功能为教学、办公、宿舍及相关配套。建筑类别：多层民用公共建筑。地上4～7层，局部地下1层。教学及办公区建筑高度24m，其中顶部穹顶区域为半室外空间。宿舍层高3.30m，办公区首层层高5.10m，二～四层层高4.50m。中心区门厅高度13.05m，报告厅层高13.2m，多功能厅层高10.5m，穹顶高度18m。

二、工程设计特点

（1）采用太阳能＋地源热泵热水系统承担生活热水热负荷。

（2）独特的设计优化方案：

1）把穹顶区域打造成半室外花园，充分利用建筑空间形成了自然生态区域；穹顶区域成为半室外空间，围护结构可用普通白色玻璃取代造价高昂的Low-E双层玻璃，降低了工程投资，节约了建筑材料，贯彻了绿色建筑节材的原则；改善了多功能厅声场环境，消除了穹顶对多功能厅声场环境的不利影响；

2）大幅减少了多功能区域的能耗。利用DEST软件对多功能厅优化前后的能耗进行了模拟计算，优化后多功能厅的冷、热负荷比优化前分别减少了约1/3。

（3）高性能的减振措施，为重要功能房间的舒适提供保障。

（4）通过一系列方法，实现良好的噪声控制：

1）采用静音型风机盘管；

2）充分利用复合玻纤风管的消声性能；

3）进行声学评价，完善消声、隔声措施。

三、设计参数及空调冷热负荷

经能耗模拟计算（采用DEST软件），全年空调冷负荷1800418kWh，峰值负荷2008kW；空调热

---

① 编者注：该工程主要设计图纸参见随书光盘。

负荷1605580kWh，峰值负荷1554kW，空调负荷统计见图1。厨房通风热负荷=205596.28kWh，峰值负荷551kW；厨房通风冷负荷=39400.52kWh，峰值负荷333kW。生活热水设计日总热负荷7300kWh，全年总热负荷1533000kWh。室内设计参数如表1所示。

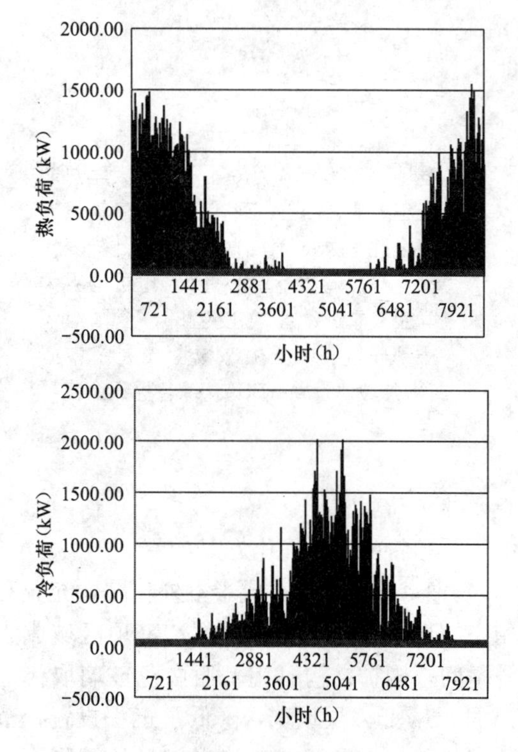

图1 空调负荷统计

室内设计参数 表1

房间名称	夏季		冬季		新风量 (m^3/h·p)	噪声 [dB (A)]
	温度 (℃)	相对湿度 (%)	温度 (℃)	相对湿度 (%)		
宿舍	25	60	20	40	50	35
大堂	26	60	20	40	15	45
餐厅	25	60	20	40	20	45
走道	26	65	18	30	20	45
办公室	25	60	20	40	40	45
会议室 多功能厅	25	60	20	40	30	45
教室	25	60	20	40	30	45

四、空调冷热源及设备选择

采用三台地源热泵机组承担空调用冷、热源，单台额定制冷量830kW，制热量690kW。

采用两台额定制热量465kW的地源热泵机组承担生活热水热源，提供生活热水热源的地源热泵机组与太阳能热水系统实现联控，市政供水经太阳能热水系统加热后汇入生活热水箱，地源热泵机组与电锅炉补充加热生活热水箱中的生活热水。夏季空调供冷时蒸发器侧接至空调冷冻水系统，非空调供冷季节接至地源侧管路。

空调冷冻水温度7～12℃，空调热水温度45～40℃，生活热水供水温度60℃。地源热泵机组位于B1层地源热泵机房内。

室外采用四管制（双U）垂直式换热系统，共钻孔456个，孔深120m，孔径150mm，孔间距4m。设室外检查井6个。设120m深温度监测井2个，温度传感器装在双U形换热管道内，每10m设一个温度传感器，共24个。

太阳能集热面积741.6m²，每平方米年集热量639kWh，太阳能系统的年总集热量为473800kWh。

冷热源系统原理图如图2所示。

五、空调系统形式

1. 主要房间空调供暖通风方案（见表2）

主要房间空调供暖通风方案 表2

建筑物类型	方案
办公、会议室	风机盘管+新风、排风热回收系统+空气净化
宿舍	风机盘管+新风系统+空气净化
门厅、多功能厅等	定风量全空气空调系统（排风机采用变频调速装置与新风电动阀联合控制，过渡季或公共卫生应急方案启动时系统可全新风运行）+空气净化； 地板辐射采暖作为值班采暖
网络中心	风冷热泵型机房专用空调系统+新风空调系统
保安、楼宇控制、值班消防控制室等	热泵型可变制冷剂流量的多联空调系统加新风空调系统

2. 空气净化措施

新风及回风过滤器采用二级抗菌消毒过滤器，人员区空调机组内设置静电净化装置。

3. 加湿方式

该工程的加湿系统采用高压微雾加湿。

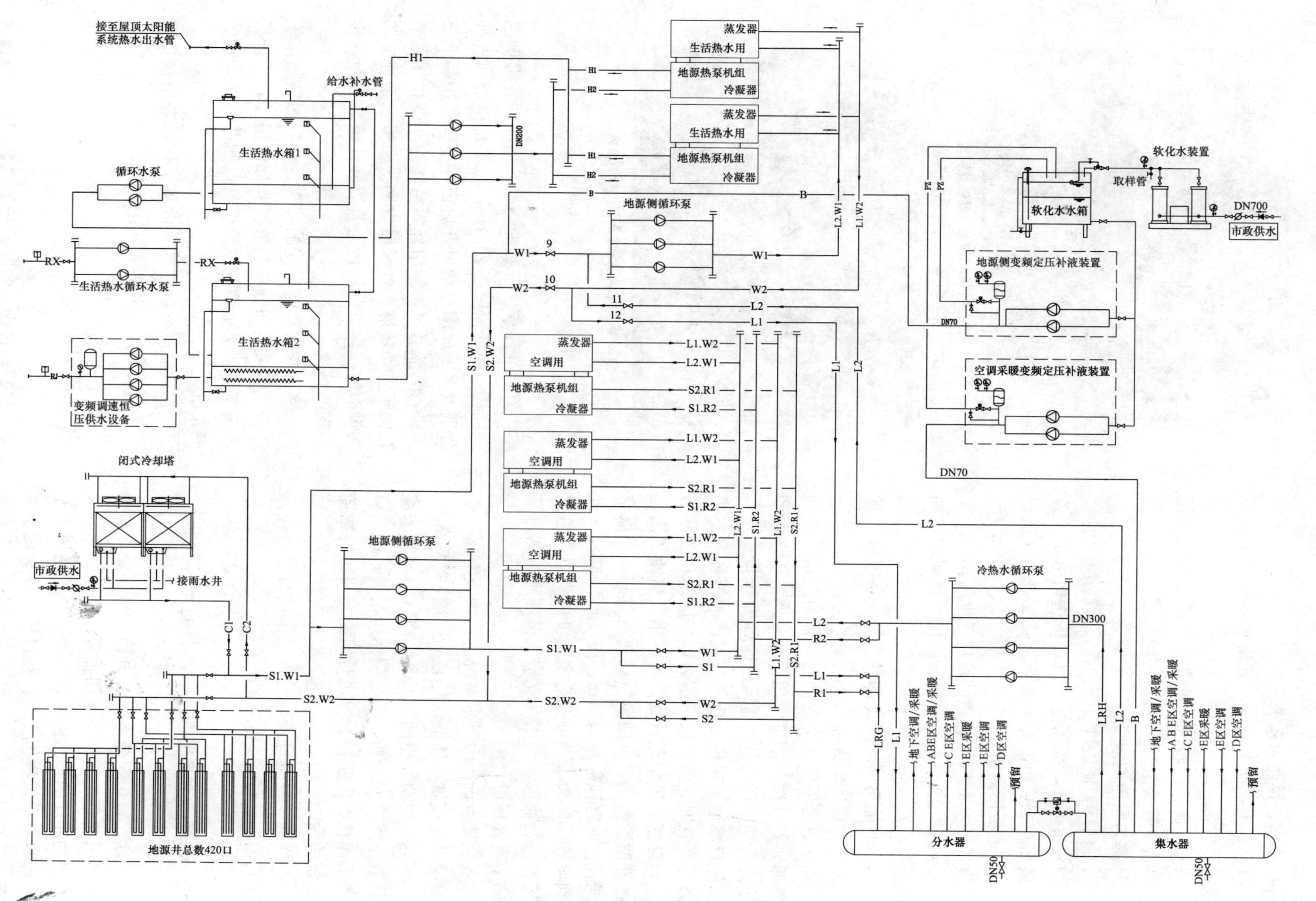
接至屋顶太阳能系统热水出水管
给水补水管
生活热水箱1
生活热水箱2
循环水泵
生活热水循环水泵
变频调速恒压供水设备
闭式冷却塔
市政供水
接雨水井
地源井总数420口
地源侧循环泵
蒸发器
生活热水用
地源热泵机组
冷凝器
空调用
DN200
软化水装置
取样管
软化水水箱
DN700
地源侧变频定压补液装置
空调采暖变频定压补液装置
DN70
冷热水循环泵
DN300
地下空调/采暖
ABE区空调/采暖
C E区空调
E区采暖
E区空调
D区空调
预留
分水器
集水器
DN50

图2 冷热源系统原理图

4. 空调、供暖水系统

（1）采用一次泵系统，分集水器间设压差旁通阀，二管制。

（2）空调、供暖水系统立管按照地板辐射供暖、风机盘管及组合式空调器分别设置。

5. 室内气流组织

（1）门厅：旋流风口下送风，顶部集中回风。

（2）报告厅：采用旋流风口下送风方式，总送风量25000m³/h，人均送风量45m³/h，送风温差8℃；地板回风风口227个，单个风量84m³/h，控制直径尺寸150mm。顶部设灯光排风。

（3）多功能厅：采用旋流风口下送风，吊顶回风。

（4）其他房间采用顶部散流器、条缝或上部侧送方式，顶部设置排风口。

门厅、穹顶区域均设置电动开启外窗，作为自然通风兼自然排烟口使用。对穹顶半室外花园及下方多功能厅的自然通风进行CFD模拟。

经自然通风模拟分析，在过渡季节和夏季室外条件适宜时，教学区、宿舍区房间窗户全开情况下，自然通风状况良好。可利用自然通风满足室内舒适度要求，可减少空调使用时间，降低空调能耗。在穹顶标高23.7m、36.7m和38.4m处分别设置一周圈电动可开启窗，可以利用高差热压进行自然通风，利用外界空气循环维持休息平台的半室外环境。

各区域空调、供暖水系统支路均设有冷、热量分项计量装置，计量数据纳入楼宇控制系统。

室内主要功能空间的CO_2、空气污染物浓度进行数据采集和分析，浓度超标时报警，进排风设备工作状态由楼控系统进行监测并与污染物监测系统关联。

车库通风系统进排风设备工作状态由楼控系统进行监测并与CO监测系统关联。

六、通风、防排烟及空调自控设计

门厅、穹顶区域均设置电动开启外窗，作为自然通风兼自然排烟口使用。穹顶半室外花园及下方多功能厅的自然通风CFD模拟结果见图3。

经自然通风模拟分析，在过渡季节和夏季室外条件适宜时，教学区、宿舍区房间窗户全开情况下，自然通风状况良好。可利用自然通风满足室内舒适度要求，可减少空调使用时间，降低空调能耗。在穹顶标高23.7m、36.7m和38.4m处分别设置一周圈电动可开启窗，可以利用高差热压进行自然通风，利用外界空气循环维持休息平台的半室外环境。各区域空调、采暖水系统支路均设有冷、热量分项计量装置，计量数据纳入楼宇控制系统。

室内主要功能空间的CO_2、空气污染物浓度进行数据采集和分析，浓度超标时报警，进排风设备工作状态由楼控系统进行监测并与污染物监测系统关联。

车库通风系统进排风设备工作状态由楼控系统进行监测并与CO监测系统关联。

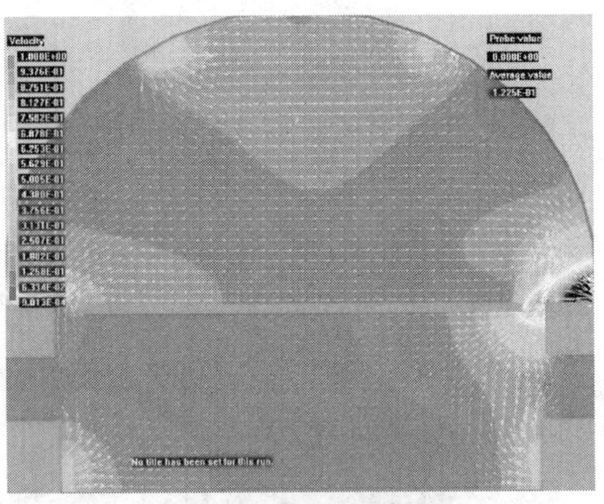

（*a*）利用门窗的自然通风模式

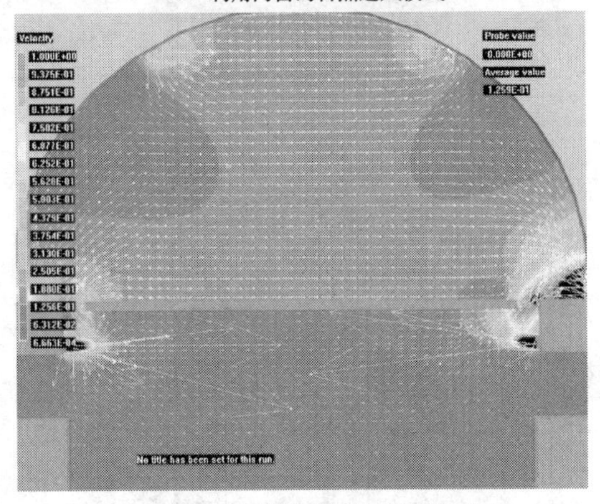

（*b*）利用空调系统全新风运行的通风模式

图3　自然通风CFD模拟结果

七、设计体会

（1）建筑物的实际运行能耗数据是绿色建筑运营评价的核心。自动控制系统对实现运行节能有重要的作用，暖通工程师应重视与自控专业的配合，实现空调系统的高效运行。

（2）行为节能对绿色建筑运行应引起足够的重视。运行维护管理人员迅速的掌握恰当的运行管理方式，对发挥绿色建筑的节能潜力非常重要。

暖通设计师应加强对物业管理人员的指导与沟通，使节能技术在运行阶段得到落实。

（3）绿色建筑要求在建筑的全寿命周期内，最大限度地节约资源，保护环境和减少污染。使用常规、成熟的暖通空调技术，完全可以。

（4）满足绿色建筑对节地与室外环境、节能与能源利用、节水与水资源利用、节材与材料资源利用、室内环境质量和运营管理的要求。不经技术和经济分析，盲目堆砌节能新技术，造成投资增加的做法与绿色建筑的要求和理念是相违背的。

（5）绿色建筑设计要求暖通设计师更多地参与建筑方案的创作过程。从本案例多功能厅的设计优化过程中可以发现，建筑构造的合理对节能效果有重要的影响。暖通设计师在建筑方案设计阶段对建筑师提供充足的支持，对于绿色建筑的设计显得更加重要，建筑师也应该在方案设计阶段加强与暖通设计师的交流与沟通，共同创作出优秀的绿色建筑。

（6）绿色建筑对噪声有严格的要求，暖通设计师应加强与声学设计师的交流，为建筑物的声场环境提供良好保障。由于环保性能的要求，建筑师在绿色建筑的装修材料选择方面会受到一定限制。当大量采用硬质装修表面时，会加大声波的反射程度，降低建筑材料的吸声效果，在设计阶段，暖通设计师应加强与建筑师、建筑声学工程师的沟通，重视机械系统的降噪、消声、隔声措施。

（7）可再生能源的利用在绿色建筑评价体系中为强制项，提高可再生能源供暖（供冷）满足建筑热（冷）负荷的百分比有利于绿色建筑的评定。地源热泵、太阳能热水、冷凝热回收等技术的综合使用，对绿色建筑的评定有积极的意义。

上海虹桥国际机场扩建工程能源中心工程　冷冻机房供冷设计及锅炉房供热设计①

作者简介：

吕宁，女，1962年9月生，高级工程师，所主任工程师，1984年7月毕业于同济大学建筑工程分校供热通风专业，本科毕业，现在华东建筑设计研究院有限公司工作。主要设计代表作品：上海世博中心、上海虹桥机场能源中心、浦东国际机场二期能源中心、大连期货大厦、重庆大剧院、天津津塔、上海世茂国际广场、江苏电网调度大楼等。

- 建设地点　上海市
- 设计时间　2007年3～10月
- 竣工日期　2009年12月
- 设计单位　华东建筑设计研究院有限公司　[200002] 上海市黄浦区江西中路246号10楼
- 主要设计人　吕宁　魏炜　常谦翔　杨国荣　杨裕敏　柯宗文
- 本文执笔人　吕宁

- 获奖等级　工业建筑类二等奖

一、工程概况

该能源中心位于上海虹桥机场西航站楼北侧，为虹桥机场西航站楼、航站楼北侧预留指廊和南北两个酒店集中供冷和供热，能源中心还包括供电站等其他辅助设备用房。

服务对象的建筑面积共47.3万m^2，其中本期服务范围的总建筑面积为38.8万m^2，规划预留的服务范围的总建筑面积为8.5万m^2。能源中心总建筑面积10214m^2（包括35kV中心变电所），最高生产类别为丙或丁类，建筑耐火等级二级，主体为多层框架结构体系，基础设计安全等级为二级，结构设计基准期为50年。

能源中心主体建筑包括冷冻机房、锅炉房、35kV中心变电所以及为冷冻机房和锅炉房配套的蓄冷水罐、地下储油罐、地下管线共同沟等配套构筑物。地下储油罐为丙类储罐，容量为100m^3×2个，由专业制造商设计制造。锅炉房通过门、窗及天窗泄爆，泄爆面积为锅炉间面积的10%。

二、工程设计特点

（1）采用的水蓄冷系统，蓄冷率达34%，22000m^3的特大型蓄冷水罐是目前国内单罐蓄冷量最大的水蓄冷工程，为上海市电网移峰填谷、平衡电网负荷、提高电网利用率作出相当大的贡献。

（2）合理设计冷水供水温度，冷水机组出口水温采用5℃而不是4℃，每制取1RT冷量，冷水机组耗电可减少0.02kW。非设计日，还可以进一步提高冷水供水温度。冷水供、回水温差高达8℃，既减少水泵输送能耗，又减小设备、管

① 编者注：该工程主要设计图纸参见随书光盘。

道、配件的规格，降低初投资。

(3) 充分利用蓄冷水罐的水面高度，高度不超过24m的用户可直接供冷，无需再设隔断用的换热设备；超过24m的用户则需设隔断用的换热设备。换热设备的数量和规格都大大减少（小），既降低初投资，又充分利用冷源制备的低温水，减少换热损失。

(4) 冷水机组性能系数达到5.10，系统输送能效比为0.0242，符合节能设计标准的相关规定。

(5) 冷水二次泵采用末端压差变频控制，压差传感器设于距能源中心最远的西航站楼两个热交换站内，以最节能的方式控制水泵运行台数和频率。当系统流量过低时，旁通管上的电动阀门打开，旁通部分流量。蓄冷水罐循环泵则根据盈亏管上流量传感器信号控制频率运行，尽量使盈亏管中水量接近于0。

(6) 选用能耗小的通风、空调设备。接风管的变冷媒容量新风系统的能效比最低2.31，不接风管的变冷媒容量空调系统的能效比最低2.63，风机的单位风量耗功率最大不超过0.25，均符合节能设计标准的相关规定。

(7) 锅炉房采用110℃/70℃高温热水锅炉集中供热，设备一次投资费用低，年运行费用低，热能利用及系统热效率高，供热半径大，输送距离远。采用110℃/70℃高温热水供热，热水循环水量较常规95℃/70℃系统减少37.5%

(8) 锅炉尾部加装节能器，回收烟气余热用于加热锅炉进水，降低排烟温度，提高锅炉热效率约4%。锅炉另配回水升温装置防止回水温度过低引起锅炉本体低温腐蚀。

(9) 热水循环水泵采用末端压差变频控制，压差传感器设于距能源中心最远的西航站楼两个热交换站内，以最节能的方式控制水泵运行台数及频率。锅炉房配置4台大流量、2台小流量供热循环水泵，以满足近、远期及夜间低负荷时的流量。

(10) 按室外温度及用户热量需求量分阶段对供热系统供水温度进行质调节，在不同阶段由循环水泵群控进行流量调节。

(11) 为确保供热可靠，锅炉房采用双燃料供应系统，锅炉燃料为油、气两用，以中压天然气为主，0号轻柴油作备用。为防止埋地储油罐渗油污染土壤环境，采用带泄漏报警装置的钢制双层储油罐。

三、能源站供冷供热负荷

(1) 设计日西航站楼计算最大空调冷负荷61255kW，热负荷27690kW。

(2) 设计日预留北侧指廊计算最大冷负荷10360kW，热负荷3675kW。

(3) 设计日南侧机场酒店计算最大冷负荷4482kW，空调热负荷2322kW，生活热水热负荷2200kW。

(4) 设计日预留北侧机场酒店计算最大冷负荷4518kW，空调热负荷3555kW，生活热水热负荷2200kW。

(5) 设计日近期最大总冷负荷65376kW，远期增加冷负荷14518kW，合计最大总冷负荷79894kW。设计日总冷负荷1106213kWh (314541RTh)。

(6) 设计日近期最大总热负荷32212kW，远期增加热负荷9430kW，合计最大总热负荷41642kW。

四、能源站供冷供热设备选择

(1) 两只蓄冷水罐，直径33m，水面高度26.2m（总高31.016m），容积22000m^3，蓄冷量53355RTh，总蓄冷量106710RTh，蓄冷率34%。充、放冷流量3000m^3/h，斜温层控制厚度≤1m。

(2) 八台1900RT离心式冷水机组，预留远期2台。

(3) 三台11200kW高温燃气（油）热水锅炉，预留远期一台11200kW位置。

五、供冷供热系统形式

1. 供冷系统

(1) 冷水系统供/回水温度5℃/13℃，温差达8℃。

(2) 供冷管网供/回水总管*DN*1100。

(3) 该水蓄冷系统可实现如下5种运行模式：1) 主机单独供冷；2) 蓄冷水罐单独供冷；3) 主机+蓄冷水罐联合供冷；4) 主机供冷+蓄冷水罐蓄冷；5) 蓄冷水罐蓄冷。

（4）冷水机组、蓄冷水罐、用户三个环路的阻力由冷水一次泵、蓄冷水罐循环泵、冷水二次泵分别负担，水泵扬程分别为20mAq、18mAq和45mAq。冷水二次泵供冷水至航站楼最远一个热交换站的入口处。

（5）高度不超过24m的用户可直接供冷，无需再设隔断用的换热设备；超过24m的用户则需设隔断用的换热设备。

（6）蓄冷水罐兼作冷水系统膨胀水箱。

2. 供热系统

（1）热水系统供/回水温度110℃/70℃，温差达40℃。

（2）供热管网供/回水总管*DN*450。

（3）锅炉与用户环路的阻力由一次变频供热水泵负担，供热水泵供热水至航站楼最远一个热交换站的入口处。

（4）用户处设隔断用的换热设备。

（5）锅炉房设一体化囊式落地膨胀水箱作热水系统补水定压装置。

六、能源中心自动控制系统设计

（1）电能管理系统：对10kV开关柜、干式变压器、低压配电柜等电力设备进行监视、测量，并与中央电能管理系统双向通信、联网，形成完整的智能化监控网络系统。

（2）供冷系统的自动控制系统：对制冷、蓄冷设备进行监视、控制、测量。

（3）供热系统的自动控制系统，采用DCS控制系统，对锅炉及各子系统进行监控。

（4）中央监控系统：采用分布式以及集散型控制的网络中央监控系统。

（5）监控对象：一期及二期能源中心电能管理系统、供冷、供热设备控制系统、其他变配电所电能系统、监控分系统。

七、设计体会

（1）该能源中心集中供热系统有别于北方的集中市政供热，其机场航站楼的用热负荷随航班的变化而变化，且昼夜热负荷变化很大，今后设计此类供热用户的能源中心，应该考虑再设置一台小容量锅炉或设置一套热水蓄热设备，以缓冲热水管网中的各种冲击和突变，且能有效地减少低负荷情况下锅炉的启停机次数。

（2）热水系统中的调节阀作用巨大，如果选型不当或者质量不达标很有可能因为小小的阀门使系统无法正常运行。因此，在调节阀选型和采购时需要严格的把关，必须选择合适且质量可靠的阀门。

（3）单只蓄冷水罐容积达到22000m^3，是国内屈指可数的特大型蓄冷水罐，开创了国内先河。与冰蓄冷系统相比，复杂性略低，投资较少。但为了保证足够的蓄冷量，占地面积较大，非常适合像机场一类设在郊区、土地成本低、场地开阔的项目。

（4）该项目经过2～3年运行，取得了显著的社会效益和经济效益，说明供冷供热系统达到预期目标。

天威薄膜太阳能电池工程暖通空调洁净设计①

作者简介：

王威，男，1978 年 2 月 28 日生，2001 年毕业于北京工业大学供热通风与空调工程专业，学士，现在世源科技工程有限公司（中国电子工程设计院）工作。主要作品：北京 ABB 高压亦庄生产基地项目、北京爱普益生物科技有限公司基因芯片制备与医学检验中心项目、北京东港嘉华安全信息技术有限公司数码印刷生产基地项目、京东方科技集团股份有限公司 TFT-LCD 工艺技术国家工程实验室项目等。

- 建设地点　　保定市
- 设计时间　　2008 年 4～8 月
- 竣工日期　　2009 年 10 月
- 设计单位　　世源科技工程有限公司
  [100855] 北京市海淀区复兴路 40 号中国铁建大厦 7 层
- 主要设计人　　王威　张颖　王江标　刘云龙　阎冬　吴晓明　白桂华
- 本文执笔人　　王威
- 获奖等级　　工业建筑类二等奖

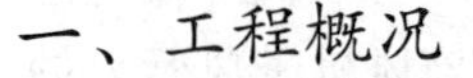

一、工程概况

能源是现代社会存在和发展的基石，是 21 世纪人类社会可持续发展所面临的重大挑战。随着全球经济社会的不断发展，能源消费也相应地持续增长。目前，全球总能耗的 74% 来自煤、石油、天然气等化石能源。但是，化石能源是不可再生资源，且储量有限，其产量的萎缩不可避免。

从世界能源的分布耗量及展望可以看出，太阳能作为一种取之不尽、用之不竭的绿色无污染清洁能源，无疑是人类社会可持续发展的首选能源。由于太阳能发电具有充分的清洁性、绝对的安全性、资源的相对广泛性和充足性、长寿命以及免维护性等其他常规能源所不具备的优点，光伏能源被认为是 21 世纪最重要的新能源。

薄膜太阳能电池（Thin Film Solar Cell, TFS）作为一种新型太阳能电池，由于其原材料来源广泛、生产成本低，便于大规模生产，因而具有广阔的市场前景。

近年来，以玻璃为基板材料的非晶硅薄膜太阳能电池凭借其成本低廉、工艺成熟、应用范围广等优势，逐渐从各种类型的薄膜太阳能电池中脱颖而出。随着大尺寸的玻璃基板薄膜太阳能电池投入市场，必将极大地加速光伏建筑一体化(BIPV)、屋顶并网发电系统等的推广和普及。

基于上述因素，天威薄膜光伏有限公司拟从欧瑞康有限公司引进全球领先水平的非晶硅薄膜太阳能电池全套自动化生产线，生产太阳能电池板，主要应用于低成本高性能太阳能电池组件应用市场，如太阳能屋顶电池发电、太阳能光伏发电站及建筑物外墙光伏电池安装等。

承接非晶硅薄膜太阳能电池生产线的设计既是机遇，也是挑战。我们的目标是在国内尚无已建成的采用欧瑞康有限公司技术及设备的非晶硅薄膜工艺生产线的情况下，通过高可靠性、高灵活性的设计，建成国内首条采用欧瑞康有限公司技术及设备的非晶硅薄膜工艺生产线，同时项目

① 编者注：该工程主要设计图纸参见随书光盘。

的建设为后期非晶硅薄膜生产线的建设提供示范作用。

该项目选址于保定国家高新技术产业开发区天威兵装产业园内，总用地面积约 245090m²，总建筑面积 198108.09m²，其中：本期建筑占地面积 20389.53m²，本期建筑面积 27777.09m²。建筑单体有生产厂房、综合办公楼、门卫等。

其中，生产厂房的占地面积 16003.80m²，建筑面积 17426.80m²，其中洁净室的面积 10678.40m²。建筑总长 157.5m（轴线尺寸），建筑总宽 99m（轴线尺寸）。层高：生产区均为单层 8.0m，辅助办公区和动力区为 2 层：一层 6.5m；二层：5.5m。车间有生产线一条，形成年产非晶硅薄膜太阳能电池组件 46MW/a 的生产能力。产品尺寸为 1.1m×1.3m。

二、工程设计特点

(1) 设计周期短，从设计、施工到第一台 PEVCD 设备进厂安装仅仅花费 10 个月。

(2) 在工艺技术多变，资料不确定的情况下，超前预判，大胆决断，缩短施工图设计，为工程进程赢得宝贵的时间。

(3) 空间管理成功解决动力边跨、参观走廊、物流通道之间的管道穿行问题，节省了空间，降低了运行费用。

(4) 设计复杂：生产厂房、仓库和动力站房合为一体，站房布局紧凑，缩短了管线和建厂费用，生产厂房内设有低湿洁净房间库、大跨度吊车、特气管道、超大生产空间等一系列复杂问题。

(5) 节能：根据工艺生产的实际情况，利用各种节能措施，达到节约能源的目的。

1）冬季供冷采用自由冷却方式，即在冬季或过渡季，由于厂房面积大其内区发热量较大，净化空调区需要供冷，冷源采用冷却水，通过板式换热向空调机组供应“免费”冷冻水。

2）空调系统采用集中分散相结合自动控制系统，能根据实际情况对冷、热量进行自动调节。

3）排风系统采用变频风机，当某台排风设备出现故障，其他设备通过变频措施保证总排风量，有助于稳定洁净室的正压控制。

4）净化空调系统的新风处理机组风机变频，有室内正压传感器信号对其控制。为了安全生产，新风机组两用一备。

5）循环空调机组采用变频风机，随着运行，系统阻力发生变化。通过变频措施，保证净化空调系统总的送风量。

6）对于温度要求为 16～20℃，相对湿度<30%，洁净度等级为 8 级的洁净室，采用转轮去湿，温度湿度分别控制有利于节能。

三、空调系统、冷热源设备

1. 通风

(1) 工艺废气量及废气种类

在生产过程中，会产生各种废气，生产厂房的工艺设备废气排放量约 58083m³/h，其中，一般排气：42916m³/h，酸及有毒废气：15167 m³/h。

(2) 工艺废气系统划分及废气处理

一般热排气系统：此类排气可不经过处理直接排入大气中。选用变频离心风机，根据排风总管静压值调节风机转速，平时 3 台风机均低速运行，当 1 台设备发生故障时，该风机进风管上的电动密闭阀关闭，其他风机高速投入运行。

酸及有毒排风系统：对工艺生产中产生的含氢氟酸等气体均设计了局部排风系统，废气经酸处理设备（干式）处理达到国家标准后再排入大气。该系统按防腐系统设计。酸和有毒排风合用一套酸处理装置处理，因生产过程中使用氢气配两台防腐防爆离心风机，互为备用，采用变频风机，根据排风总管静压值调节风机转速，平时两台风机均低速运行，当一台设备发生故障时，该风机进风管上的电动密闭阀关闭，其他台风机高速投入运行。由于排风温度较高，风管材质采用内衬特氟龙不锈钢材质。

2. 空气调节与净化

(1) 冷热源

新风空调加湿采用气化加湿方式，用量为 710kg/h，加湿采用纯水。

空调系统加热热媒采用 60～50℃的热水，由动力专业换热后供给。供热热负荷 1700kW。

新风、空调系统冷媒采用 7～12℃的冷冻水，由综合动力站供给。供冷冷负荷为 3800kW。

(2) 生产及支持厂房洁净室及净化空调

洁净区的空调形式为集中新风处理机组

（MAU）＋循环机组（RCU）的空调形式。

新风集中处理：新风空调由粗效过滤、一次加热、表冷、加湿、二次加热、风机、中效等功能段组成。新风处理后送入循环机组。新风机组采用变频风机，通过室内正压值控制风机的变频器，调节新风风量，保证室内压力要求。新风机组设置在空调机房内。选用3台新风空调，2用1备。

生产区域的洁净房间，其采用的气流形式为顶送风，房间侧下回风。循环机组其气流流程为：新回风混合→表冷器→加热段→送风机→均流段→中效过滤器→高效过滤器→送风管→风口送风→洁净区→房间侧下回风口→回风管。循环机组采用变频风机，通过机组内高效过滤器两侧的压差值控制风机的变频器，保证送风量。

由于PVB间对湿度的特殊要求（温度：16～20℃，湿度＜30％，见表1），在其机组内设置了转轮除湿段，其气流流程为：新回风混合→粗效过滤器→一次表冷器→一次回风→转轮除湿机→二次回风→二次表冷段→送风机→均流段→中效过滤器→高效过滤器→送风管→风口送风→洁净区→回风口→回风管。空调机组采用变频风机，通过机组内高效过滤器两端的压差值控制风机变频器。

房间设计参数表　　表1

房间编号	房间名称	空气洁净度等级	温度（℃）	相对湿度（％）
101	辅助区	8级	18～28	40～60
102	检测室	8级	18～28	40～60
102A	支持室	8级	18～28	40～60
103	LPCVD区	8级	18～28	40～60
104	设备前区	7级	18～28	40～60
105	光刻区	8级	18～28	40～60
106	清洗区	8级	18～28	40～60
107	PECVD区	8级	18～28	40～60
108	测试组装区	8级	18～28	40～60
109	设备搬入区	8级	18～28	40～60
110	打标室	8级	18～28	40～60
111	边缘封装室	8级	18～28	40～60
112	PVB间	8级	16～20	＜30
113	清洗间	8级	18～28	40～60
114	预处理间	8级	18～28	40～60
114A	来料缓冲区	—	18～28	—
114B	出货周转区	—	18～28	—
115	设备搬入通道	—	18～28	—
116	维修间	—	18～28	—

四、设计心得

该项工艺生产线是我国目前最先进的太阳能生产线，工艺生产对建筑跨度、层高、荷载和净化空调的温度、湿度、洁净度有较高的要求。空调专业的设计方案必须满足工艺的生产环境要求，必须适应于建筑大开间要求以及必须落实节能减排的要求，必须打破常规设计，实现设计技术创新。

（1）该项目洁净室面积大（约10800m²），洁净度等级为7级，8级，大部分洁净室温湿度要求为18～25℃、40％～60％。为了满足室内的洁净度、温湿度要求，采用了MAU（组合新风机组）＋RCU（净化循环机组）的净化空调方式。

（2）采用新风集中处理（MAU）有以下几点优势：

1）新风集中处理可以避免出现传统组合空调机组经常出现的冷热抵消的现象，节约了能源。

2）净化循环机组仅负责房间负荷，不负责新风的处理，组段简单，所以在相同风量下，MAU＋RCU的方式设备投资要低于传统的组合机组形式，占用机房的面积也要小于传统的组合机组形式，为业主节省了投资。

3）采用集中新风处理的方式，可以方便控制房间的正压。

（3）新风加湿采用纯水制备过程的一级纯水加湿，使加湿后的空气不带有杂质，又可以延长加湿器的寿命。

（4）由于工艺生产为24h连续运行，并且生产环境为洁净室，对空调设备和工艺排风设备的可靠性要求很高。所以，新风机组和工艺排风机均考虑了备用，在设备出现故障和设备维护时，均不会影响洁净室环境和工艺生产。

（5）考虑到设备运行时的节能，MAU，RCU，以及工艺排风设备采用变频设备，使所有设备均在节能的状态下运行。

（6）PVB间是有低湿要求的洁净室，洁净度等级为8级，房间温湿度要求为16～20℃、＜30％。为了达到低湿度要求，采用了带除湿转轮的净化空调机组。

龙岩卷烟厂技术改造联合工房①

- 建设地点　福建省龙岩市
- 设计时间　2007 年 12 月～2008 年 6 月
- 竣工日期　2009 年 12 月
- 设计单位　五洲工程设计研究院
  ［100053］北京市西城区西便门内大街 85 号
- 主要设计人　王成宇　鲍妍
- 本文执笔人　王成宇
- 获奖等级　工业建筑类二等奖

作者简介：

王成宇，男，1978 年 11 月生，工程师，2001 年 7 月毕业于西安建筑科技大学，本科，现在五洲工程设计研究院工作。主要代表作品有：五院 101 号住宅楼、北京市第一看守所、缅甸 DASIY 项目、375 厂高能含铝混合炸药技改项目、昆明卷烟厂技改项目、龙岩卷烟厂技改项目、合肥卷烟厂技改项目等。

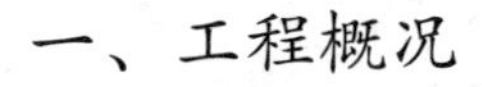

一、工程概况

龙岩烟草工业有限责任公司位于龙岩市新罗区乘风路 1299 号，南临 319 国道，北临浮东路（在建），东临莲庄西路（在建），西为规划的城市道路，企业厂区现有红线内占地面积 36.4 公顷（546 亩）。本次“十一五”精品“七匹狼”卷烟专用生产线技术改造项联合工房呈“U”形布置，占地面积 59460m²，总建筑面积 80772m²。为多生产工序的联合工房，由制丝车间、卷接包车间、原料高架库、烟丝高架库、成品辅料高架库、生产辅房、生活辅房七部分组成。空调面积为 50450m²。制丝车间和卷接包车间为单层网架结构，网架下弦标高 12m，辅房、空调机房、除尘房等为框架二层，层高分别为 9.5m 和 9m。

二、工程设计特点

该地区气候分区属夏热冬暖地区，建筑设计上充分考虑了厂房特点，如：外墙采用 240 厚多孔非黏土烧结砖墙，60 厚聚苯保温板保温层，并采用大面积落地 Low-E 中空玻璃幕墙，以达到良好的采光、通风要求以及保温节能效果。外门窗采用断桥铝合金 Low-E 中空玻璃窗或幕墙。网架结构和门式钢架结构部分的屋面材料为保温复合镀铝锌压型彩钢板。其余屋面为现浇钢筋混凝土屋面，屋面做法为 100 厚挤塑板保温层加 SBS 改性沥青防水卷材。

利用原厂动力中心预留位置，新增制冷机组（高压）、空压机、真空泵等公用动力设备，并与原管网实现并网运行；联合工房设通风、除尘、空调、制冷、防火和防排烟等系统，并预留除异味系统。

实测数据显示，该烟厂单位面积单箱的空调能耗 11kWh/(m²·箱)，低于其他同等产量烟厂的空调能耗。空调能耗占厂区总能耗的比例为 28.9%，节能效果理想。

① 编者注：该工程主要设计图纸参见随书光盘。

三、设计参数及空调冷热负荷

1. 室内设计参数（见表1）

室内设计参数 表1

房间名称	温度（℃）	湿度（%）
制丝车间、人工选叶区、试验车间等	岗位送风 夏季≤28℃	
卷接包车间、异型烟车间、滤棒成型车间、风力喂丝间、辅料平衡高架库	冬季：22±2 夏季：26±2	65±5
卷接包检验间、成型检验间、辅料检验间、监控设备室、制丝检测间	22±2	65±5
其余辅助用房及控制室	夏季≤28℃ 冬季≥18℃	
贮叶房、试验线预配区、试验线贮叶	（26～40）±2℃	（60～80）±5
掺配加香间、烟丝贮存区、掺兑装箱区、卷接包试验区、叶丝预混间	20～30℃	60～75

2. 室外设计参数

冬季采暖室外计算温度 6℃；
冬季通风计算干球温度 11℃；
夏季通风计算干球温度 32℃；
夏季通风计算相对湿度 57%；
冬季空调室外计算温度 4℃；
冬季空调室外计算相对湿度 71%；
夏季空调计算干球温度 34.3℃；
夏季空调计算湿球温度 25.9℃；
夏季空调计算日平均温度 29℃；
冬季计算风速 1.7m/s；
夏季计算风速 1.5m/s；
冬季最多风向及频率 NNE14%；
夏季最多风向及频率 S12%；
大气压力：冬季 981.3hPa；
夏季 967.9hPa。

3. 冷热负荷指标

设计制冷量：9050kW，供冷指标：180W/m²。
设计加热量：3200kW，供热指标：63.5W/m²。

4. 实测耗能指标

2011年6月，清华大学建筑技术科学系对龙岩卷烟厂的运行情况进行了实测，数据显示该厂单位面积单箱的空调能耗为11kWh/(m²·箱)，在行业内达到了先进水平。

四、空调冷热源及设备选择

（1）本次技改利用原有动力中心进行扩容，新增2台1300冷吨的高压（10kV）离心制冷机组，与原厂冷水系统（低压离心式制冷机700RT，3台）实现并网运行。冷冻水供/回水温度7℃/12℃；冷却水供/回水温度32℃/37℃。冷水机组COP值高于绿色工房节能要求的5.6。

（2）热源为P=0.35MPa的饱和蒸汽。饱和蒸汽来自原动力中心的锅炉房，在工房内减压后，供各用汽设备使用，凝结水返回锅炉房。

（3）组合式空调器加湿段采用干蒸汽加湿。

（4）空调水系统由位于动力中心屋面的高位膨胀水箱进行定压。

（5）采用一次泵变流量系统。

五、空调系统形式

（1）卷接包车间、滤棒成型车间和异型烟车间发热量较大，采用双风机系统，过渡季全新风运行，减少开启制冷机，减少锅炉蒸汽出力，节约能源。人工选叶区的工作人员较多，为保证舒适的工作环境，采用双风机系统，过渡季全新风运行，节约能源的同时，大大提高了室内空气品质。

夏季：新风、回风→新回风混合→过滤→表冷→送风
回风→排风

冬季：新风、回风→新回风混合→过滤→加热→加湿→送风
回风→排风

（2）制丝和试验车间散热、散湿设备较多，且热量大都集中在车间上部。因此，除必要的工艺设备排风外，为改善车间的空气品质及工作环境，设置与岗位送风相结合的全面送新风系统，

新风由新风空调机组集中处理后送入制丝和试验车间。改善劳动环境的同时，降低了其他烟厂因设计全室换气所带来的能源浪费；同时防止了异味回流等问题。

夏季：新风→过滤→表冷→送风

(3) 叶丝预混间、烟丝贮存区、掺兑区空间较大，室内散热设备少，空调设计上采用了旁通表冷器，特别在夏季，很大程度上解决了空气处理中二次加热的浪费问题。

夏季：新风、回风→新回风混合→过滤→表冷→送风

冬季：新风、回风→新回风混合→过滤→加热→加湿→送风

(4) 联合工房及办公辅房的办公室、会议室等处设计集中空调，空调系统形式采用风机盘管加新风系统，新风量按每人30～50m^3/h计算，气流组织上送上回。

(5) 气流组织：卷接包车间、滤棒成型车间、风力喂丝间、异型烟车间、成品出、入库区、人工选叶区和烟叶预配区间等采用上送上回方式，送风口采用旋流风口，回风口采用单层百叶风口。贮叶间等处烟叶贮柜占用空间较大，冬夏季房间均要求加热处理，设计上采用了球形喷口＋置换风口侧下方送风，顶部回风。热风加热效果理想，完全达到设计要求。

六、通风、防排烟及空调自控设计

1. 通风、除尘设计

(1) 制丝车间设机械排风，通风换气次数5次/h，采用消防排烟风机，平时排风火灾时排烟。

(2) 除尘室设机械排风，通风换气次数8次/h，采用防爆屋顶风机进行通风换气。

(3) 会议室、餐厅、男女更衣室等处设计新风换气机系统，提供人员新风，同时还可以回收排风能量。

(4) 联合工房的酒精间、香料厨房、叉车充电间、润滑油间、柴油高位槽间分别设机械排风，考虑平时与事故通风合用，通风换气次数12次/h，采用防爆型风机进行换气。

(5) 制丝车间的信息机房设有气体灭火系统，设计一套灭火后排风系统，通风换气次数为5次/h。

(6) 制丝车间和试验车间的光谱除杂机、烘叶丝机、气流烘丝机、烟丝风选等分别设除尘系统，共5套。另设环境除尘2套，采用扁袋除尘器，除尘效率达99.9％。

(7) 卷接包车间卷接包联合机组设除尘系统。滤棒成型机组、喂丝机、拆坏烟机等设备分别设计除尘系统，共计4套。

2. 防、排烟设计

(1) 制丝车间、试验车间、烟叶预配区、外运烟丝暂存区、开包间、辅料入库整理区、拆坏烟间、辅料一级高架库及成品高架库分别设排烟系统，与平时排风系统合用，排烟量按每平方米60m^3/h计算。

(2) 人工选叶区、贮叶房(1)、贮叶房(2)、掺配加香间、烟丝贮存区、掺兑装箱区、卷接包车间、滤棒成型车间、异型烟车间及风力喂丝间分别设排烟系统，排烟口、风管与空调回风口、风管共用，排烟量按每平方米60m^3/h计算。

(3) 制丝和卷包工房的消防电梯间前室设加压送风，卷接包车间和制丝车间各1套。

(4) 制丝车间消防通道设加压送风，共2套。

(5) 长度大于40m的走道均设机械排烟系统。排烟量按每平方米60m^3/h计算。

(6) 空调、通风系统按照防火分区设置，空调及通风风管穿越防火分区、楼板时，装设70℃防火阀；在出入空调机房的风管上设70℃防火阀。排烟风管穿越防火墙及机房的隔墙和楼板处设排烟防火阀(280℃)。排烟风机前设排烟防火阀(280℃)，当该排烟防火阀关闭时，连锁关闭与之相对应的排烟风机。排烟风机采用消防排烟轴流风机或离心风机。

3. 自控及节能设计

(1) 空调为可变风量调节和主副表冷器独立控制相结合的节能控制措施。

(2) 采用变冷冻水供水温度的控制策略，对烟厂空调与制冷系统联机运行进行节能控制。1～3月份冷冻水温度设定值为12℃，4～6月份为10℃，7～9月份为9℃，10～12月份为11℃。不仅节能效果明显，而且也解决了因表冷阀开度过

小引起不良后果。

(3) 采用统一的PID发生器产生统一的控制量，使表冷、加热、加湿结合在一起，达到杜绝三阀同开的现象。

(4) 设计采用全年多工况恒温恒湿节能控制。其中，1月、2月、12月处于低温低湿区，需对空气进行加热（或调节新回风比）、加湿处理；3～5月、10月、11月处于过渡季节，需要进行新回风比节能控制和空气加湿处理；6～9月，处于高温高湿区，需要对空气进行降温除湿处理。

(5) 采用一次泵变流量系统，既可稳定运行工况又可节能。

七、设计体会

无论从当前的能源形式还是国家政策，都要求全社会向节能型生产、节约型社会迈进。烟厂属于典型的工业企业，耗能偏大。本次技改项目利用原有动力中心进行扩容，新旧设备并网运行。原有冷机、冷冻水循环水泵、冷却水循环水泵、冷却塔等设备已使用超过7年，效率等各方面均有不同程度的衰减。新增冷源与原有系统并网设计中，充分考虑了系统的平衡设计，将原有循环泵均安装变频控制设备，并清洗冷机等措施，使系统更加高效、节能运行。

上海地面交通工具风洞实验中心①

- 建设地点　上海市
- 设计时间　2006年2月～2007年7月
- 竣工日期　2008年12月
- 设计单位　同济大学建筑设计研究院（集团）有限公司
　[200092] 上海市四平路1230号
- 主要设计人　周鹏　徐桓　王健
- 本文执笔人　周鹏
- 获奖等级　工业建筑类二等奖

作者简介：
周鹏，男，高级工程师，1998年毕业于同济大学供热、供燃气、通风及空调工程专业，现在同济大学建筑设计研究院工作。主要代表性工程有：常熟市体育中心游泳馆、安徽大学新校区体育馆、复旦大学正大体育馆、中央音乐学院教学综合楼、同济洁净能源汽车工程中心实验车间、铁岭市市民服务中心、上海浦东医院、上海迪斯尼度假区餐饮零售娱乐区等。

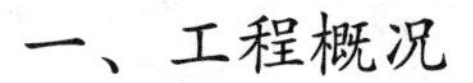

一、工程概况

上海地面交通工具风洞中心项目位于上海市嘉定区上海国际汽车城内，由实验中心和研究大楼两个单体建筑组成。该项目于2005年底开始建设，其中实验中心是中国第一座汽车整车风洞，作为上海市“科教兴市”首批重大产业科技攻关项目之一，填补了我国在这一领域的空白，成为面向上海和全国汽车整车和零部件企业以及轨道交通产业的公共服务平台，也是支撑相关企业自主开发的重要基础设施，对于提升上海乃至全国汽车等地面交通工具产业的自主开发能力具有重要意义。

上海地面交通工具风洞实验中心建筑外景

该项目总占地面积约213亩，其中上海地面交通工具风洞实验中心建筑总面积20599m^2，包括一个整车气动声学风洞，一个整车热环境风洞以及为风洞实验服务的汽车选型、加工和设备维护中心。其平面总体布局见图1。

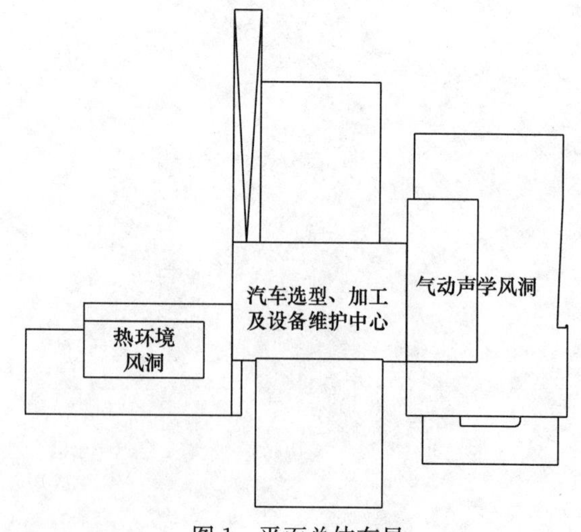

图1　平面总体布局

二、工程设计特点

该工程汽车造型、加工和设备维护中心

① 编者注：该工程主要设计图纸参见随书光盘。

(OSS) 为舒适性空调目的，气动声学风洞(AAWT) 和热环境风洞 (CWT) 为工艺空调、冷却加热目的。

其中气动声学风洞工艺空调主要目的为消除实验过程中风道内各种设备所散发的余热，并为整个风道空间提供一定量的置换新风，该系统设计要点为消声隔振。

热环境风洞空调系统需为实验工艺创造合适的气候模拟条件，或者可看作是在整车风洞实验动态工况下的气候模拟实验室，本风洞的气候模拟实验的具体参数参见表1，其中所列的工艺条件对空调系统机组配置、空调形式、控制系统等均提出了极高的要求。另外由于热环境风洞试验中汽车发动机开启，需为实验仓提供助燃空气，同时需为实验仓下部用于模拟路载的四轮转轱测功机室提供相对恒定的运行环境。

另根据工艺要求，需为气动声学风洞及热环境风洞的风道风机设置冷却系统。

该工程为一公共实验平台，在不同的气候条件及实验工况下，系统负荷变化大，且温度调节范围宽，精度要求高，因此在暖通空调系统的设计中充分考虑变荷载、变频及自然冷源的设计。

三、设计参数及空调冷热负荷

室外计算参数参见上海地区气象参数。

室内设计参数 (见表1)。

室内设计参数 表1

区域	设计参数
气动声学风洞	试验风速在200km/h以下，温度25±0.5℃ 试验风速在200km/h以上，温度35±0.5℃
热环境风洞	温度调节范围－20℃～＋55℃ 湿度调节范围20℃、5%～47℃、95% 冷却速率0.5℃/min @ 40km/h 加热速率1.0℃/min @ 40km/h 温度控制精度±0.5℃

根据工艺设计提资，并经相关计算，该工程各区域及系统的空调冷热负荷如下：

汽车造型、加工和设备维护中心区域舒适性空调系统的空调冷负荷为1253kW；

气动声学风洞区域工艺用冷冻水系统冷负荷为4268kW；

热环境风洞区域工艺用制冷系统冷负荷为2196kW；

各区域冬季空调及工艺用热水系统热负荷为2540kW。

四、空调冷热源设计及主要设备选择

系统冷源方面汽车造型、加工和设备维护中心 (OSS) 区域采用两台水冷螺杆式冷水机组，单台制冷量961kW，该系统为OSS区域舒适性空调系统，AAWT、CWT区域控制室舒适性空调及公共设备用房 (变配电房) 供冷空调系统的合用冷源。

气动声学风洞 (AAWT) 区域为便于调控和节能，采用大小机型搭配，选用一台水冷螺杆式冷水机组加两台水冷离心式冷水机组，单台制冷量分别为500kW和1884kW。本风洞有两个设计工况，低温工况下，冷冻水供/回水温度设定为6℃/12℃，高温工况下，冷冻水供/回水温度提高至15℃/21℃。冷冻水循环采用二级泵系统，其中一级泵定频，二级制冷末端泵变频，一、二级冷冻水泵间设置冷媒缓冲罐。

热环境风洞 (CWT) 区域因需满足人工模拟气候环境的低温工艺要求，采用两台水冷螺杆式乙二醇双工况低温制冷机组，双工况的设计冷冻水出水温度分别为9℃和－26℃，冷冻水侧采用水/乙二醇混合冷冻剂冷媒；该系统冷负荷变化较大，需要灵活的冷媒供应调节，其负荷由两台制冷机组共同承担，每台制冷机组至少有两个制冷回路，每个回路有一个输出调节控制器，最低可以调节到10%的额定输出量，每个回路有一个热气旁通控制器，最低可以调节到10%的额定输出量，若制冷机组临时故障，冷媒缓冲储罐内的冷媒水进行应急供应；由于热环境仓的温度设计范围较大，在某些常温工况下，无需开启冷水机组，因而该系统另并联有一台冷却水自然冷却板式换热器及其循环水泵系统。该系统冷冻水循环同样采用二级泵系统，其中一、二级泵均设置为变频水泵，一、二级泵间则设置有冷媒缓冲储罐。系统原理图详见图2。

CWT区域另设置有一台常冷工况的水冷螺杆式冷水机组，以满足该区域工艺空调的常冷冷冻

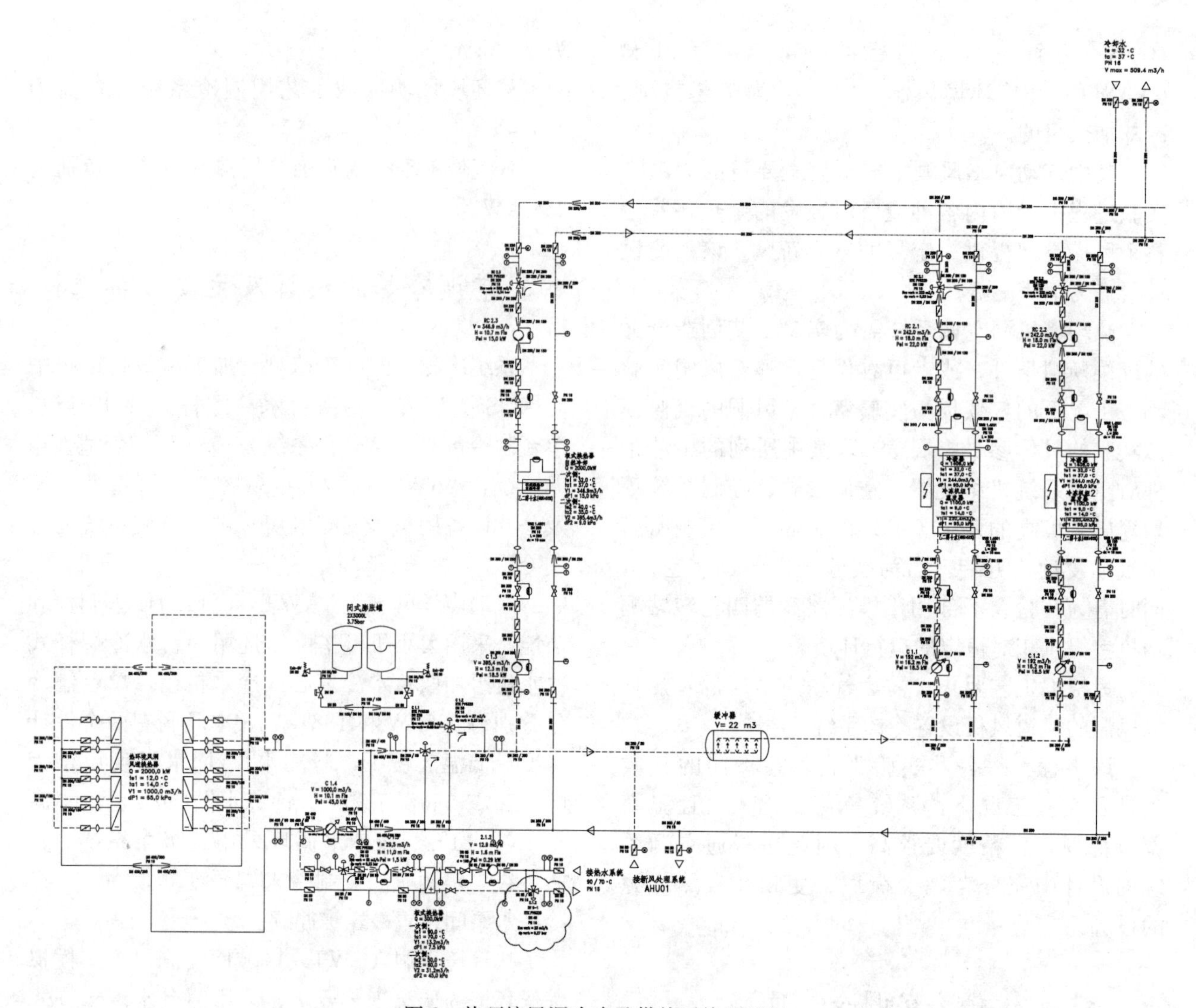

图 2 热环境风洞冷冻及供热系统原理图

水供水需求和工艺设备用房制冷空调的冷冻水需求；该系统同样并联有低负荷冷却水自然冷却板式换热器。

根据 CWT 区域工艺加湿的需求，设计一台额定蒸发量为 1.0t/h 的蒸汽锅炉，该蒸汽源也作为系统除湿转轮再生侧的加热热源。

热源方面，以上三个区域共用一套由两台承压燃气热水锅炉组成的热水系统作为热源，单台制热量 1400kW。其供/回水温度设定为 90℃/70℃，其中工艺空调、供热末端由高温一次热水直接供应，舒适性空调系统则另设置换热机组制备 60℃/50℃二次热水使用。

OSS、AAWT、CWT 区域的水冷制冷系统，CWT、AAWT 的风道风机冷却系统以及该项目的空气压缩机组的冷却系统共用一套冷却水系统，该系统考虑除屋顶冷却塔外，另设置两个埋地蓄水池，分别为回水池和供水池，在系统低负荷运行时，依靠埋设的蓄水池进行自然冷却，无须启动冷却塔。冷却水系统采用三级泵系统，其中冷却塔与回水池和供水池间的一级循环泵定频，从供水池集中供水的二级供水泵变频，可根据整个系统负荷要求调节供水量，各末端冷却系统的末端三级供水泵定频。

五、空调系统形式

OSS 区域除二层中央运转区为高大空间采用组合式空调机组的全空气系统外，其余实验准备区、工作间及办公区域均采用新风系统加室内末端的半集中式空调形式，其中大空间的各实验准备区和工作间采用薄型吊挂柜式空气处理机组，余压较大，而各小空间的办公室则采用风机盘管空调机组。

AAWT 区域工艺空调、冷却系统分别为风道换热器冷水供应系统、风道空气置换系统、控制室及设备用房空调系统。

其中AAWT的风道换热器系统仅为制冷工况，为消除实验过程中风道风机及实验设备散热，调节实验仓温度的主体。而风道空气置换系统则可进一步微调节风道温度，并为整个风道提供经过处理的新风，在特定的试验环境下以5次/h的换气量对风道空间进行空气置换；该机组功能段包括过滤、预热、冷却、除湿、再热和风机段等。由于该风洞的声学工艺要求，该机组的减振及其送、回、新、排风管道的消声均有精确设计。控制室空调系统为对控制室进行空气调节，设备用房空调系统为设备用房进行降温处理并提供一定量的新风。以上所有空调机组均采用变频双风机机组形式。

CWT区域工艺空调、冷却加热系统分别为风道换热器冷热水供应系统、新风处理系统、转毂室空调系统、控制室及设备用房空调系统。

其中CWT的风道换热器为整个实验仓气候模拟温度调节的主体，根据不同的实验工况要求，供应不同温度的循环水；由于试验温度范围非常宽（−20～55℃），且工况温湿度的设置可能为跳跃性的，对该换热器的设计要求相当高，在换热过程中不允许出现结露、结冰现象，整个换热器断面需换热均匀，需要换热器具有较大的表面积，但同时需实现较小的阻力。而新风处理系统不仅为风道提供新风，且需通过变风量的经过冷、热、除湿、加湿处理的循环风，进一步高精度地调节风道温、湿度，其功能段基本可分为常温冷却、除湿段，高温加湿段和低温段，其中第一段的除湿部分又分为常温冷却除湿段和水汽吸附型的转轮干燥除湿段，供应蒸汽作为除湿转轮再生空气的加热源，而后两段则为并联设置，其中蒸汽加湿和低温制冷均为多级设置，该系统设置送风风机、回风风机和转轮再生排风风机，均采用变频风机。转毂室空调系统的目的则主要是在风道实验仓温湿度大范围调节的工况下，为实验仓下的转毂测功机室提供相对稳定和合适的工作环境，避免转毂设备的环境干扰和损坏，系统功能段包括过滤、加热、冷冻除湿、水汽吸附型的转轮除湿、冷冻水盘管冷却以及相应的除湿转轮的再生段、送风机和排风机段，该系统同样均采用变频风机，且由转毂室内的空气压力感应装置反馈调节排风机转速，保证没有空气经过转毂和地面的缝隙在实验仓和转毂测功机室间发生窜风。

六、通风、防排烟及空调自控设计

1. 通风系统

该工程中有实验汽车发动的CWT实验仓和有发动机发动的各独立准备区均设置有各自独立的汽车尾气排放系统，采用尾气专用高温防爆风机，并将尾气引至屋面高空排放，从排风主管至实验汽车尾气排放管的支管采用汽车尾气排放专用软管，以便于连接。

OSS区域的车库、中央运转区、试验准备及操作间等均设置有机械通风系统，各自独立设置排风机，及时排除室内污浊空气。AAWT和CWT实验区域的通风换气系统则结合各自的空调系统一并考虑。

2. 防排烟系统

该工程各区域楼梯间均设置有满足规范要求的可开启外窗以实现自然防烟。

OSS区域内走道、内区独立准备间、中庭，AAWT、CWT控制室设置机械排烟系统，AAWT、CWT的风道实验仓内不考虑设置排烟系统，而其余有外窗且需设置排烟系统的空间均考虑自然排烟方式。

3. 空调自控设计

该工程室内温湿度工况调节范围大，工况调节速率与精度控制要求高，相对应的空调控制系统的精度和其反馈系统的精度要求也高。

所有工艺相关的空调及冷却加热系统均由BAS系统实现自动控制。中央控制系统可根据各区域的工况设定值、冷却水温度及其负荷变化自动调配冷却水自然冷却系统、各冷热主机及相关水泵的启闭，单台机组运行也可根据负荷变化自动卸载，调节供冷（热）量。所有风道换热器及空调机组的加热盘管、冷却盘管、加湿段、除湿段等均可以由温度探测器或湿度探测器反馈控制相应的电动阀或气动阀以调节冷、热媒供应量和蒸汽供应量。根据室内工况设定值及负荷的变化，先自动调节相关水管阀门，当水管阀门达到一定的开启度时，则利用变频风机调节通风量，而通过室内压力探测器反馈控制该空间所有相关风机的变频运行和风系统旁通电动阀门的开启度。冷水机组冷凝器和进水管的过滤器设有压差报警，水泵则设有低压报警；空调机组的空气过滤器设有压差报警。

该工程所有末端冷热回水管上均设置有和末端供水泵相配套的三通控制阀，其中小管径采用电动三通阀，而大管径则采用气动三通阀。

七、设计体会

1. 设计计算

对于像该工程这样工艺温湿度设计要求较高的项目，暖通空调系统的冷热负荷、设备选型、管道及管件设计均需进行详细而精确的计算。整个设计过程中，计算、调整、复核的工作量比重相当大。

2. 设备及管件选购

由于各种原因，工程最终选购的设备与设计选型设备间难免会有一定的差异，这需要暖通系统调试和控制系统调试的大量工作以进行修正。冷热水系统的控制阀门，特别是该工程大量使用的三通控制阀的质量及控制精度要求高，选购时需特别注意，如达不到设计要求，必须更换。

长春卷烟厂“十一五”易地技术改造项目暖通设计①

作者简介：
赵炬，女，1966年2月生，教授级高工，本科学历，1985毕业于湖南大学，现在机械工业第六设计研究院工作。主要设计有：宁夏共享数字化铸造工厂、昆明机床数控重型精密机床制造基地、三全食品厂成都及苏州基地、郑州国际会展中心、河南省农科院实验楼、郑州第七人民医院拆建、易初莲花正大世纪广场、郑州市档案馆、杭州烟厂九五技改主厂房等。

- 建设地点　长春市
- 设计时间　2008年1～12月
- 竣工日期　2010年9月
- 设计单位　机械工业第六设计研究院有限公司［450007］郑州市中原路191号
- 主要设计人　赵炬　刘广野　于大恒　夏中亮　王文才　樊娜娜　史国华　田长军
- 本文执笔人　赵炬
- 获奖等级　工业建筑类二等奖

一、工程概况

长春卷烟厂“十一五”易地技术改造项目位于长春市经济技术开发区，厂区占地186127m^2。项目总建筑面积159673.60m^2，总投资8.3亿元。生产能力年产150亿支。

主要建筑构筑物是联合工房、综合楼、动力中心、香精香料库、原料库等。联合工房主要由制丝车间、贮丝房、卷接包车间、装封箱间、滤棒成型车间、辅材高架库等车间组成；综合楼主要由办公、宿舍、厨房、餐厅组成；动力中心内有燃气锅炉间、高低压配电室、能源控制中心、消防水泵房等。项目从2007年开始设计，2010年8月正式投产。

二、工程设计特点

设计方案阶段工厂和设计院目标一致，按绿色节能设计标准进行设计，项目工程设计中设置了多项节能措施并进行了多级能源计量。暖通专业主要有以下节能技术措施：

（1）对工艺排风热量进行热回收，多方案比较后采用的是间接乙二醇溶液热回收系统。冬季回收排风热量用于新风加热。

（2）使用大温差冷水系统提高冷源系统综合能效。

（3）利用工艺废热和土壤能量设计了一套土壤源热泵系统，供应生活辅房热源。

（4）由于制丝工艺生产车间有大量余热余湿，过渡季节采用冷却塔作为空调冷源。

（5）车间除空调系统外设置了值班采暖系统。

（6）全空气系统设置有变频风机，可电动调节冷水量、蒸汽加热量、压缩空气加湿量、新回风比例等。

（7）高24m的材料库恒温恒湿设计。

（8）锅炉烟气排风热回收系统。

（9）对空调各系统的温度流量压力等进行了实时监测，对水、电、燃气、蒸汽、压缩空气消

① 编者注：该工程主要设计图纸参见随书光盘。

耗量进行了年月日时的计量，为工厂能源管理和设计优化分析提供支持。

三、设计参数及空调冷热负荷

1. 室外空气计算参数

北纬：43°54′，东经：125°13′，海拔：236.8m。
大气压力：冬季：99.4kPa；夏季：99.7kPa；
冬季采暖室外计算干球温度：−23℃；
冬季通风室外计算干球温度：−16℃；
冬季空调室外计算干球温度：−26℃；
夏季通风室外计算干球温度：27℃；
夏季空调室外计算干球温度：30.5℃；
夏季空调室外计算湿球温度：24.2℃；
冬季平均室外风速：4.2m/s；
夏季平均室外风速：3.5m/s；
年主导风向及频率：SW，17%；
最大冻土深度：　169cm；
日平均温度≤+5℃的天数：174 天；
极端最高温度：38℃；
极端最低温度：−36.5℃。

2. 主要室内空气计算参数（见表 1 和表 2）

联合工房各车间室内空气温湿度参数　表 1

序号	房间名称	温度（℃）		相对湿度（%）
		冬季	夏季	
1	进料开箱间	>17	<35	50～77
2	真空回潮间	>17	<35	50～77
3	AGV 车运输	22	27	40
4	滤棒储存	22±2	27±2	62±5
5	制丝车间	>17	<35	50～77
6	试验线	>17	<35	50～77
7	贮叶间	35～40	35～40	72±5
8	预留颗粒梗	>17	<35	50～77
9	叶丝预配间	22±2	27±3	65±5
10	备件库	20～22	25～27	40～60
11	外运烟丝掺兑	22±2	27±3	60±5
12	掺兑加香间	22±2	27±3	60±5
13	残烟处理	20～22	25～27	40～60
14	贮丝房	22±2	28±2	65±5
15	卷接包车间	22±2	27±2	60±5
16	变电所	20～22	25～27	>30
17	滤棒成型间	22±2	27±2	62±5
18	辅料高架库	22±2	27±2	60±5

生产辅房室内空气温湿度参数　表 2

房间名称	温度（℃）		相对湿度（%）	
	冬季	夏季	冬季	夏季
大厅	25～27	18～20	50～65	>30
更衣室	25～27	18～20	50～65	>30
办公室	25～27	20～22	50～65	>30
检测室	24±2	24±2	60±10	50±5
分析室 液相室	24±2	24±2	50±10	60±5
中控室	25～27	18～20	50～65	>30

3. 主要车间冷热负荷（见表 3）

主要车间冷热负荷表　表 3

序号	房间名称	冷负荷（kW）	热负荷（kW）	加湿量（kg/h）
1	进料开箱间	232	102	60
2	真空回潮间	352	266	180
3	AGV 车运输	130	70	50
4	滤棒储存	220	100	60
5	制丝车间	1760	1844	1500
6	试验线	491	602	280
7	贮叶间	587	180	105
8	预留颗粒梗	242	60	50
9	叶丝预配间	205	60	50
10	备件库	192	80	50
11	外运烟丝掺兑	335	112	50
12	掺兑加香间	511	243	80
13	残烟处理	142	80	50
14	贮丝房	1178	212	280
15	卷接包车间	2200	764	600
16	变电所	166	80	50
17	滤棒成型间	400	200	100
18	辅料高架库	199	180	75

四、空调冷热源及设备选择

1. 冷源

(1) 3台900RT离心式冷水机组，总制冷能9495kW，供/回水温度为8℃/14℃，供应联合工房空调使用。

(2) 冷却塔和2台冷却塔供冷专用泵，供应春秋季和冬季联合工房空调使用。

(3) 土壤源热泵站房配置2台1153kW土壤源热泵机组，总制冷能力2306kW供应辅房、综合楼及动力中心空调使用。

(4) 变频多联热泵机供应中控室及部分值班室。

2. 热源

(1) 动力中心共设3台20t蒸汽锅炉供应工艺用蒸汽和空调加热加湿用蒸汽。

(2) 土壤源热泵站房配置2台1153kW土壤源热泵机组，总制热能力2306kW供应辅房、综合楼及动力中心采暖系统。

(3) 对工艺排风热量进行热回收，采用间接乙二醇溶液热回收系统对冬季新风进行加热。

3. 加湿

(1) 以压缩空气为动力的水加湿。

(2) 蒸汽加湿。

五、主要空调系统形式及空调自控设计

1. 主要空调系统形式

联合工房采用全空气系统。联合工房制丝车间、卷接包车间等为双风机，进料开箱间、辅材高架库等为单风机系统。组合式空调器由回风粗效过滤段、回风机段、排风段、新风段、高效过滤段、表冷挡水段、中间段、蒸汽加热段、蒸汽加湿段、喷雾加湿段、送风机段组成。

辅房及办公区为风机盘管＋新风＋热回收＋排风系统。

2. 主要气流组织方式

采用的主要气流组织形式、24m高辅料高架库为上部均流孔板送风、下部百叶风口送风、中部回风；制丝车间为旋流风口送风，百叶风口回风；卷包车间为温控散流风口送风，百叶风口回风；贮丝房为下部百叶风口侧送风，百叶风口上回风。

3. 主要空调系统控制

(1) 联合厂房自动控制要求

1) 车间温度、湿度控制：夏季控制表冷器电动二通阀的开度调节表冷器的冷水流量使室内温度恒定，控制喷雾加湿器启停保持湿度恒定；冬季控制蒸汽加热电动二通阀的开度调节加热器的蒸汽流量，使室温保持恒定。当阀全关而室温仍高于给定值时，增大新风阀的开度。控制干蒸汽加湿器电动二通阀的蒸汽流量使室内相对湿度恒定；春、秋季对制丝车间和卷接包车间，春秋季联动控制新风阀、回风阀和排风阀的开度使室内相对湿度恒定，当新风阀全开，室内温度仍偏离给定值时，对送（回）风机实行转速控制。

2) 冷水机组控制：根据冷冻水供、回水温度和供水流量测量值，调节制冷机冷量；根据供、回水差压和旁通阀的开度，自动或手动调整制冷机组的运行台数。

3) 遥测：室内外温度、湿度；供回水总管流量、温度；组合式空调器新风、回风、送风温度、湿度；表冷器、加热器、加湿器后温度、湿度。

4) 工况指示：空调机组、新风机组、冷水机组、循环水泵、自动补水装置设监控与运行工况指示。

5) 检测与监测：检测冷水供回水温度、压差、流量；检测冷却水供回水温度；定压罐补水压力；检测蒸汽总管压力和温度；检测蒸汽总管流量。监测送回风机、冷水机组、冷冻水泵、冷却水泵、补水泵和冷却塔风机的运行状态、故障状态和手自动状态，监测送、回风机及粗、中效过滤器两侧压差、检测新、回风阀、表冷阀、加热阀和加湿阀的开度。

6) 连锁、控制与保护：空调系统新风电动风阀与空调器连锁；空调系统送、回风管上防火调节阀与空调器连锁；排风电动密闭式多叶对开调节阀与回风机连锁，回风机停，阀关闭，回风机开，阀开启；联合工房辅房办公室设电动温控阀和风机盘管三速开关控制室内温度。

7) 通信：空调控制系统的主机与制冷机的智能控制器通信，以便监视读取每台机组内部的运行参数及状态。读取水泵内部电流、电压、频率、运行故障、累计运行时间等参数。

8）报警：过滤器堵塞报警，空气过滤器两端压差过大时报警，提示清扫；各车间内温湿度超限报警、冷水温度超限报警和表冷器（加热器）的防冻保护。

（2）综合楼自动控制要求

新风机组：根据送风温度控制电动二通阀（等百分比曲线，常闭）的开度，电动二通阀与新风机组连锁；新风阀、排风阀与新风换气机连锁。风机盘管三速开关手动控制，室内温度控制风机盘管电动二通阀启闭。新风系统设置防冻报警，过滤器设置超压报警。厨房补热风系统按组合式空调器进行控制检测与监测。

六、通风除尘系统设计概况

卷接包车间除尘总排风量 65185m³/h，共设有除尘系统 8 个。制丝车间及实验辅助车间工艺设备除尘总量 122800m³/h，共设有 14 套除尘系统。除尘系统的除尘设备采用模块箱式扁袋除尘器和配套离心风机，除尘器设计要求尾气排放浓度低于 20mg/m³。烟尘粉末经物料收集系统收集压块后外运，避免二次污染。

制丝车间及实验线工艺排潮排风系统排风量 63512m³/h，共设有 15 套工艺排潮系统。

除尘系统风机设有变频控制。

除尘及排潮系统设三个井道集中排放，进行热量回收。

七、运行效果

1. 间接乙二醇溶液热回收系统设计运行情况

（1）排风空气的焓值

除尘及排潮共设有 3 处集中排风井，分别是卷包车间除尘风井、制丝除尘风井、制丝排潮风井。根据车间排风温湿度和风机功率及其他类似工厂现场的测试情况，排风焓值估算如下：

卷包除尘排风量 80000m³/h，温度 35℃，湿度 34%，焓值 66kJ/kg；2012 年 1 月 12 实测温度 43℃，湿度 14.9%，焓值 64.04kJ/kg。

制丝除尘排风量 101480m³/h，温度 45℃，湿度 40%，焓值 116.8kJ/kg；实测温度 41℃，体感湿度＞70%，焓值＞132.35kJ/kg。

制丝排潮排风量 35000m³/h，温度 55℃，湿度 60%，焓值 224kJ/kg;；实测温度 48℃，体感湿度＞90%，焓值＞233kJ/kg。

（2）室外新风计算焓值

长春地区空调室外计算温度－24.3℃，相对湿度 77%，计算焓值－24.3kJ/kg。

（3）热回收系统设计

换热计算采用了热回收图集、供暖通风设计手册、空气调节设计手册分别进行了计算，相互验证，最终采用的空调设计手册的计算公式及图表。

热回收室内侧，在过渡季节需要停用加热段，设计做了电动旁通段，夏季及过渡季节新风走电动旁通通道。新风加热段也设有除冬季外的旁通通道。为防止冬季工厂放假时，室外换热器长期不用会有冻结危险，在溶液中添加乙二醇防冻液的同时，设计了电动放液到贮存液箱和补液系统。系统控制原理图见图 1。

（4）热回收系统运行情况

系统一卷包除尘热回收室内 K18 机组 2011 年 11 月的新风加热运行记录：24 日新风温度－4.6℃加热后 27.9℃；系统二制丝除尘热回收 K10 系统 2011 年 12 月新风加热运行记录：8 日新风温度－6.2℃加热后 15.1℃；系统三制丝排潮热回收 K7 系统 2011 年 1 月新风加热运行记录：1 月 3 号新风温度－12℃加热后 15.8℃。

卷包及制丝除尘热回收系统运行两年状况良好，换热器表面洁净度很好。排潮热回收系统使用情况是，由于 K7 是全新风系统，没有经常使用。

（5）运行结果及结论

3 个热回收系统新风均由 0℃以下加热到 15℃以上。污染排风空气热量远距离回收利用间接溶液热回收可行。在东北地区使用该系统还可避免蒸汽加热新风系统换热器容易冻结的问题。

2. 联合工房大温差冷源系统实际运行能效

联合工房制冷机按 8℃温差设计购置的制冷机。设计时考虑第一次尝试，冷水循环泵及管路系统按 6℃温差配置，水泵冷却塔均可变频调节运行。制冷站的综合能效考虑制冷机和配套的冷水泵冷却水泵冷却塔后能效计算过程如下：

（1）制冷机的实际运行能效（见表 4）

冷机小时运行能效＝冷水量×供回水温差/小时用电量

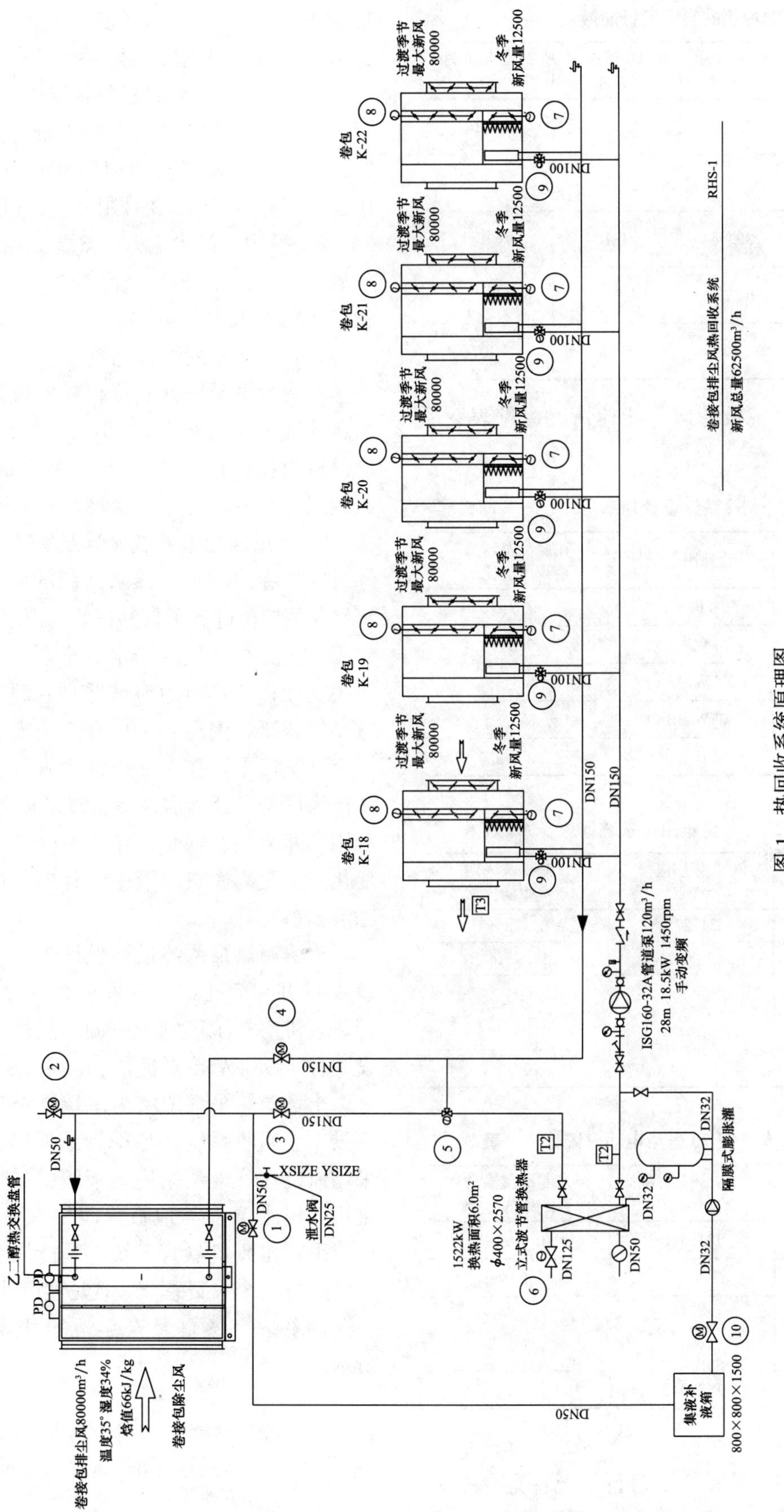
乙二醇热交换盘管
卷接包排尘风80000m³/h
温度35° 湿度34%
焓值66kJ/kg
卷接包除尘风
XSIZE YSIZE
泄水阀
DN25
1522kW
换热面积6.0m²
φ400×2570
立式波节管换热器
ISG160-32A管道泵120m³/h
28m 18.5kW 1450rpm
手动变频
隔膜式膨胀罐
集液补液箱
800×800×1500
卷包
K-18
卷包
K-19
卷包
K-20
卷包
K-21
卷包
K-22
过渡季节
最大新风
80000
冬季
新风量12500
卷接包排尘风热回收系统
新风总量62500m³/h
RHS-1

图1 热回收系统原理图

制冷机的实际运行能效 表4

日期	2012年6月14日	2012年6月15日	2012年6月16日
冷冻水日平均进水温度（℃）	12.28	12.13	12.24
冷冻水日平均出水温度（℃）	6.38	6.72	6.25
冷冻水小时平均流量（t/h）	393	431	413
机组小时平均电量（kWh）	395.79	409.3	415.3
机组COP=(kWh)	6.90	6.63	7.07

（2）制冷系统设计运行能耗情况（见表5～表7）

制冷系统设计功率 表5

用电设备	设计用电量	在制冷及输送系统中的比例
制冷机	568.6kW×3	77.7%
冷水泵	75kW×3台	10.3%
冷却水泵	55kW×3台	7.5%
冷却塔	33kW×3台	4.5%
总计	2194.8	100%

2011年全年用电量统计 表6

用电设备	2011年用电量（kWh）	在制冷及输送系统中的比例
制冷机	747275	84.29%
冷水泵	96895	10.93%
冷却水泵及冷却塔	42380	4.78%
总计	886550	100%

2011年7月20号用电功率统计 表7

用电设备	20日一天用电量（kWh）	在制冷及输送系统中的比例
制冷机	16194.5	88.16%
冷水泵	1272.8	6.93%
冷却水泵冷却塔	902.9	4.92%
总计	18370.2	100%

（3）制冷机运行情况

2011年6～9月制冷机运行情况：记录中大部分时间冷供水水温度在7.7～8.7℃，供回水温差5.9℃，冷却塔供回水在30～34℃，温差7℃左右。2011年全年用电量数据显示1号制冷机6月16号开机，9月27号关机，2号、3号制冷机6月13号开机，9月17号关机。

2011年7月20日运行情况：1号制冷机开机时间8：00～20：00，开机时平均供回水温差6.2℃；2号制冷机开机时间0：00～14：00，平均供回水温差6.6℃；3号制冷机开机时间14：00～24：00，平均供回水温差6.3℃。蒸发器日平均供水温度8℃回水14℃，冷凝器日平均进水温度38℃，出水43℃。

（4）制冷站的综合能效

年运行电量统计制冷机耗电量占整个制冷及输送系统中的比例为84.21%，分析2011年全年制冷机数据，机组平均出力为5.26kW/kW，按此数据计制冷站年综合能效为4.42kW/kW。

3. 土壤源热泵系统设计及季节平均能效

在长春烟厂水源热泵系统的设计过程中，工厂请相关单位进行了打井试验，出水量约30m³/h，水温7℃出水量远低于水源丰富区域，查阅地质相关文献，长春市地质情况是水源普遍偏少。双方经过调研和沟通，工厂有工艺废热可以利用均补充到土壤中，在东北地区尝试了土壤源热泵系统作为厂房办公辅房及综合楼采暖空调的冷热源，利用车间废热及锅炉凝结水废热，平衡土壤温度变化。土壤侧换热溶液中设计中添加有乙二醇防冻液。

土壤源热泵系统最终设计为工厂厂前区广场设双U井495孔，供应采暖面积为21000m²，地源热泵机房在工厂制丝车间一层热力站房内，内设2台1153kW热泵机，水泵可变频运行。

土壤源热泵系统室内末端夏季为风机盘管＋新风＋热回收系统，冬季为地板辐射采暖。夏季采用风机盘管＋冬季用地板辐射采暖的原因是热泵机的出水温度与地板采暖要求的温度很匹配，地板采暖比风机盘管系统冬季能源利用率高。冬季已运行3个采暖季节，现场实际使用状况良好。

热泵站房冬夏及全年运行用电情况如表8所示。

热泵站房冬夏及全年运行用电情况 表8

	水泵电量及在水系统中比例（kWh）	热泵机组电量在系统中比例（kWh）	总计（kWh）
2011年电量	245484.9	942247.5	1187732
分项比例	20.67%	79.33%	100.00%

续表

	水泵电量及在水系统中比例（kWh）	热泵机组电量在系统中比例（kWh）	总计（kWh）
2011年8月15～16日用电量	800.9	3242.6	4043.2
分项比例	19.81%	80.19%	100.00%
2012年1月10～11日用电量	2156.3	15498	17645.7
分项比例	12.22%	87.78%	100.00%

冬季蒸发器进/出水温度4.5℃/8.4℃，冷凝器进/出水温度39.3℃/45.9℃，在该状况下，机器出力为4.29kW/kW，冬季土壤源热泵站房综合COP为4.29×0.8778=3.76kW/kW。

夏季在蒸发器进/出水温度为7℃/12℃、冷凝器进/出水温度为18℃/26℃的情况下，机器出力为6.5kW/kW，夏季地源热泵及输配系统的综合COP为6.5×0.8019=5.2kW/kW。

冬季地源热泵及输配系统的综合能效3.76kW/kW，夏季地源热泵及输配系统的综合能效5.2kW/kW，结果令人满意。

4. 冷却塔供冷运行情况

冷却塔专用泵在制冷站房内，设计流量是系统最大流量的2/3，共设有2台专用泵，互为备用，可联合使用，也可变频使用。冬季夜间工厂将冷却塔中的存水回收到水箱内放置冻结，白天打回到系统中使用。冷却塔供冷全年能耗是联合工房制冷及输送系统总能耗的9.6%

冷却塔供冷水泵2011年开机情况：1月1日～6月12日；9月28日～12月31日共266天。平均每小时耗电22kW。

5. 分项耗能比例

工厂设有三级能源计量，根据2011年年运行数据，暖通分项耗能比例如表9所示。

暖通分项耗能比例　　表9

	折标煤后用能比例（%）			
	5月	7月	12月	全年
采暖用蒸汽	0	0	22.76	19.99
空调用蒸汽	38.20	26.62	47.91	33.05
除尘系统	15.74	9.76	5.50	11.78
电制冷站房	2.75	26.44	0.69	5.25
土壤源热泵站房	1.81	5.31	9.15	6.35
全空气系统风机	34.82	25.45	10.23	18.50
其他	6.67	7.96	3.74	4.99
合计	100	100	100	100

6. 其他系统运行情况

（1）除尘系统实测尾气排放浓度4.54mg/m^3。

（2）锅炉房进风口原设计有蒸汽加热系统避免锅炉进风温度过低，现场实地调查没有使用。实际使用情况是新风经排烟风道间锅炉房到引风机自然加热到进风温度。

（3）锅炉设有排烟热回收系统。现场观测锅炉正常运行时经过热回收器后排烟管道表面温度37℃，环境温度20℃。冬季锅炉排烟通过预热补水、预热补充新风进行了充分的利用。

（4）锅炉年蒸汽量32631t，天然气年耗量3733661Nm^3，锅炉不同季节效率在74%～91%之间。

（5）工程综合能耗在空调空间增加5倍的情况下，2011年较老厂时降低了9%。

中科院天津生物技术研发基地暖通空调设计①

• 建设地点 天津市
• 设计时间 2007年2月
• 竣工日期 2010年7月
• 设计单位 中国建筑科学研究院建筑环境与节能研究院
[100013] 北京市北三环东路30号
• 主要设计人 牛维乐 王荣 刘华
• 本文执笔人 牛维乐
• 获奖等级 民用建筑类三等奖

作者简介：

牛维乐，男，1973年8月生，高级工程师，2002年毕业于中国建筑科学研究院供热、供燃气、通风与空调工程专业，硕士研究生，现在中国建筑科学研究院建筑环境与节能研究院工作。主要设计代表作品：中国疾病预防控制中心一期工程、北京市疾病预防控制中心、国家蛋白质中心、军事医学科学院军事兽医研究所ABSL-3实验室及动物房、黑龙江省医院洁净手术部等。

一、工程概况

该工程位于天津市空港物流加工区，为新建工程，总建筑面积为43452m^2，建筑高度24m，地上5层，局部4层。项目选址用地位于天津滨海国际机场东北部的空港物流加工区科技研发基地内，东临加工区主要干道——中心大道，北临西七道。北面隔西七道为高尔夫球场。建设单位为天津空港物流加工区管委会，使用单位为中科院微生物研究所。该建筑的功能为普通理化实验室、发酵实验室、GMP实验室，其中发酵实验室和GMP实验室均有7级或8级净化实验室，实验室内既有温室又有冷库。该项目的房间功能如下：从建筑平面上分为1、2、3三个区，1区一～五层均为实验室、实验辅助用房和办公用房；2区一层为整个大楼的动力机房，包括：变电室、制冷换热站、空压机房和水泵房等，二层和三层为发酵试验区，四层为发酵区实验室及仓库，2区中间部分一、二层通高为多功能厅，三、四层为阶梯教室，五层为图书馆；3区一～三层为实验室、实验辅助用房和办公用房，四层为GMP实验区，五层为办公、健身房及GMP实验室的空调机房。

二、工程设计特点

（1）实验组团办公区的新风设置了转轮式热回收设备（见图1），大大节省了冷却或加热新风的能量。转轮式换热器是一种蓄热能量回收设备，分为显热回收和全热回收两种。显热回收转轮的材质一般为铝箔，全热回收转轮材质为具有吸湿表面的铝箔材料或其他蓄热吸湿材料。转轮作为蓄热芯体，新风通过转轮的一个半圆，排风同时通过转轮的另一半圆，新风和排风以相反的方向交替流过转轮。新风和排风间存在着温度差和湿度差，转轮不断地在高温高湿侧吸收热量和水分，并在低温低湿侧释放，来完成全热交换。转轮在电动机的驱动下以10r/min的速度旋转，排风从热交换器的上侧通过转轮排到室外。在这个过程中，排风中大多数全热保存在转轮中，而脏空气却被排出。室外的空气从转轮的下半部分进入，通过转轮，室外的空气吸收转轮保存的能量，然后供应给室内。当转轮以低于4r/min的速度旋转时，效率明显下降。转轮换热器的特点是设备结构紧凑、占地面积小，节省空间、热回收效率高、单个转轮的迎风面积大，阻力小。

① 编者注：该工程主要设计图纸参见随书光盘。

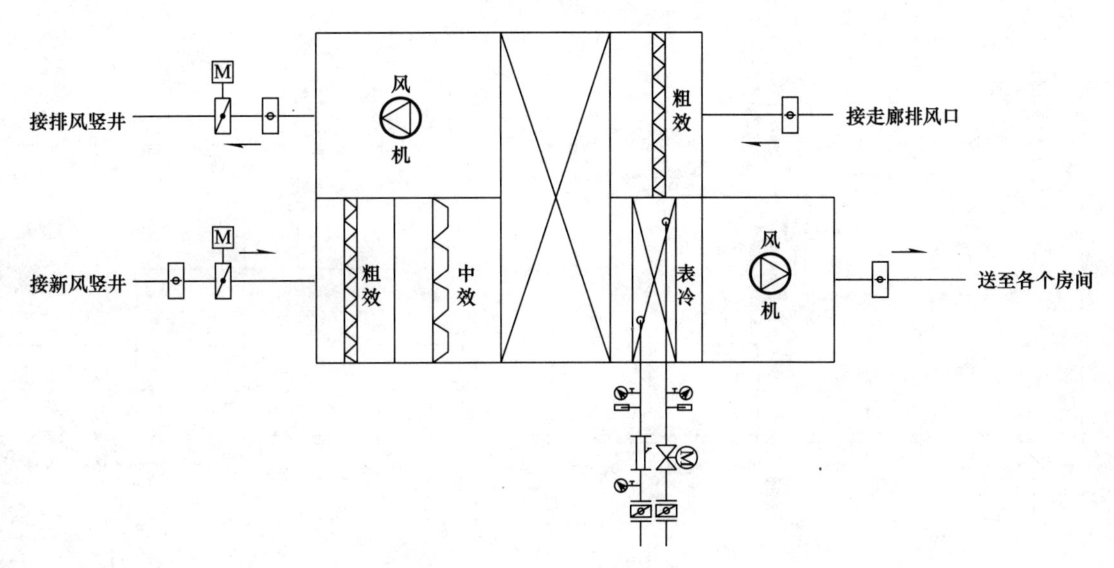

图 1 转轮式热回收示意图

(2) 普通实验区的新风根据通风橱和万向排风罩的开启数量自动调节，既保证了通风设备补充新风的需要，又保证了最小新风量的卫生要求，同时也有利于节省冷却或加热新风的能量。

(3) 发酵实验室采用了大空间分层空调技术（见图 2)，既保证了实验室的工作环境的舒适性又能把生产中产生的废气及时排除。

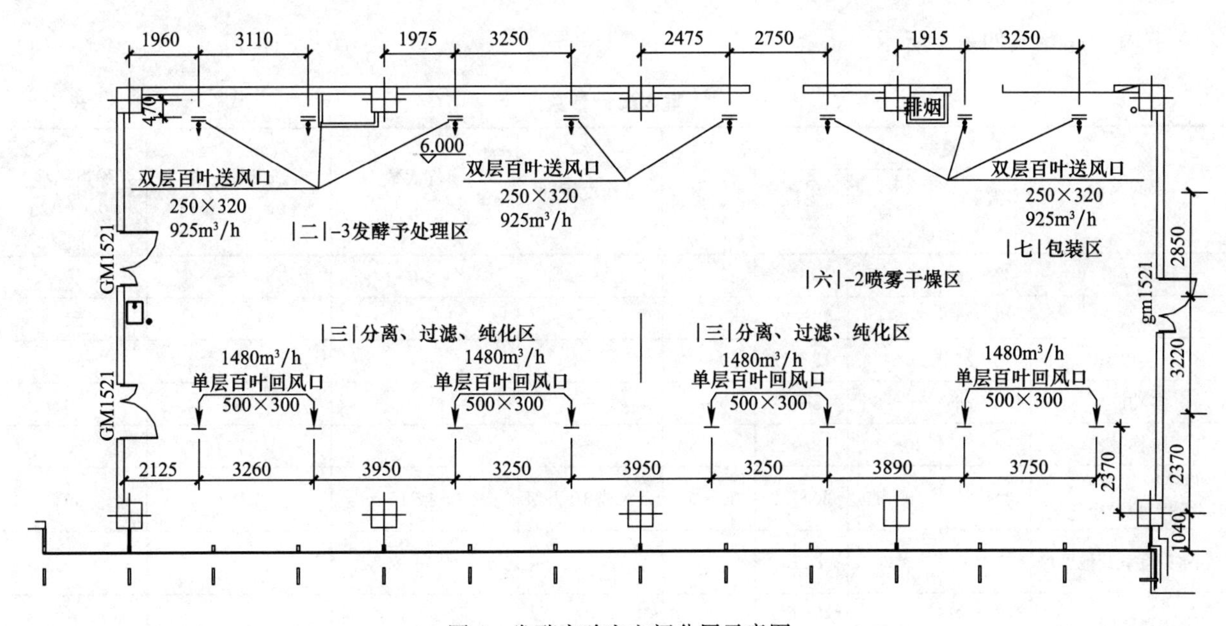

图 2 发酵实验室空间分层示意图

(4) 发酵实验室的排风采用了活性炭除味装置，能保证排风品质，防止实验室产生的气味对周围环境造成影响。

(5) 发酵实验室的接种和 GMP 实验室采用三级过滤系统保证实验室的洁净度达到十万级、万级和局部百级，局部百级的设置采用了先进的层流罩装置（见图 3)。

(6) GMP 实验室的空调系统根据不同种类的操作对象、不同的压力要求、不同的洁净度要求进行分区，既保证了工作环境的舒适性又保证了实验过程中不会造成交叉污染，既保护了实验室的内环境又保证了实验室的外环境不受污染。

(7) GMP 实验室负压区的排风采用了高效过滤器，有效地阻止了实验室的污染物对室外环境造成影响。

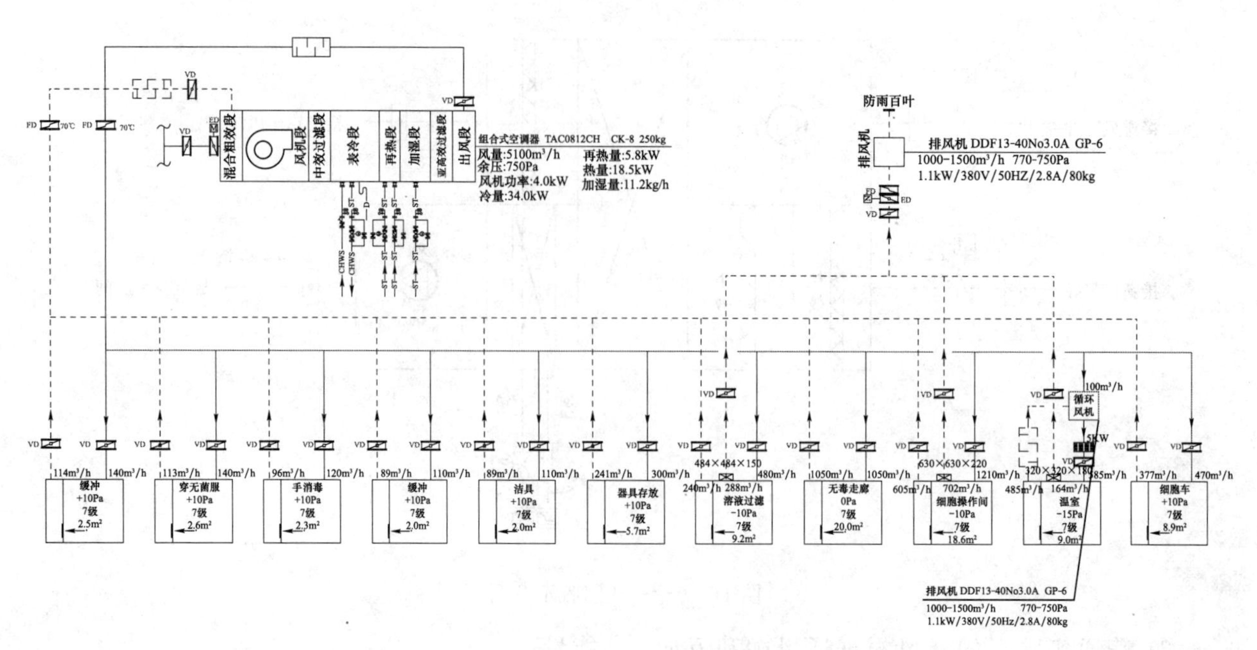

图 3 GK-8 空调系统原理图

三、设计参数及空调冷热负荷

室内设计参数如表 1 所示。

室内设计参数 表 1

房间名称	夏季		冬季		洁净度级别	换气次数（次/h）	新风量标准[m³/(h·p)]	噪声标准[dB（A）]
	温度（℃）	相对湿度（%）	温度（℃）	相对湿度（%）				
普通实验区	22～26	30～60	18～22	30～60	—	20	—	60
办公室	22～26	30～60	18～22	30～60	—	—	30	50
会议室	22～26	30～60	18～22	30～60	—	—	30	50
多功能厅	22～26	30～60	18～22	30～60	—	—	20	50
阶梯教室	22～26	30～60	18～22	30～60	—	—	30	50
GMP 实验室、发酵实验室净化区	24～26	50～70	20～22	30～50	万级或 10 万级	25 或 15	40	65
发酵实验室其他区域	≯30	≯70	≮15	—	—	—	—	—
摇床间	20～35 任意可调	—	20～35 任意可调	—	—	—	—	—
恒温室	25～50 任意可调	—	25～50 任意可调	—	—	—	—	—
图书馆	22～26	30～60	18～22	30～60	—	—	30	50
淋浴	25	—	25	—	—	—	—	55
卫生间	26	—	16	—	—	0	—	50
库房	—	—	12	—	—	—	—	—
空调机房等设备用房	—	—	12	—	—	—	—	—

整个建筑夏季空调冷负荷 4800kW（其中 GMP 和发酵区 570kW），冬季采暖热负荷 2175kW，冬季空调热负荷 2360kW（其中 GMP 和发酵区 480kW）。

四、空调冷热源及设备选择

夏季制冷采用两台电制冷离心机组，单台制冷量为 2110kW；设置一台电制冷螺杆机组，制冷量为 580kW。冷冻水泵对应设置三大两小五台，分别为两用一备和一用一备。冷媒水温度为 7～12℃。冷却塔采用两大一小，冷却水量分别为 $510m^3/h$ 和 $150m^3/h$。冷却水泵对应设置三大两小五台，分别为两用一备和一用一备。冷却水温度为 32～37℃。

换热站部分设置三套换热机组，分别为采暖系统水—水换热机组、空调系统水—水换热机组和空调系统蒸汽—水换热机组。采暖水—水换热机组一次水来自市政管网 130～70℃的热水，二次水温为 90～70℃，总换热量为 2400kW，换热器采用一台，循环水泵一用一备。机组内自带一套定压装置。空调水—水换热机组用于大楼新风加热及中庭部分冬季供热，一次水来自市政管网 130～70℃的热水，二次水温为 60～50℃，总换热量为 1880kW，换热器采用一台，循环水泵一用一备。空调蒸汽—水换热机组用于发酵区和 GMP 区域冬季供热，一次热源来自市政管网 1.0kg 的蒸汽，二次水温为 60～50℃，总换热量为 480kW，换热器采用一台，循环水泵一用一备。

定压系统采用空调系统定压和采暖系统定压两套定压罐装置，采暖系统定压装置设于采暖换热机组内。系统补水采用全自动软水器，出水接至软化水箱，通过补水泵进入系统。

蒸汽系统：外线提供的蒸汽压力为 1.0MPa，入户处减压至 0.7MPa 引入一层制冷机房内的分汽缸。蒸汽用量 4690kg/h。

五、空调系统形式

该建筑的功能为普通实验室、发酵实验室、GMP 实验室，其中发酵实验室和 GMP 实验室均有 7 级或 8 级净化实验室，实验室内既有温室又有冷库。空调系统针对不同的功能区域设计了不同的空调系统，普通实验室的空调系统为风机盘管加新风的空调方式，普通实验室由于设计了通风橱，并且通风橱的排风量大，因此新风机设置了变频装置，根据通风橱的开启数量调整新风的供给；发酵实验室和 GMP 实验室设计了全空气空调系统，根据实验的不同功能（有毒还是无毒区、正压还是负压区）设置全新风空调系统、一次回风空调系统、二次回风空调系统等不同的空调系统。所有风机盘管和空调机组的回水管均设置电动二通阀，根据试验单元的供冷需求调整供冷量。办公区的新风机组和冷冻站的通风机组均采用了转轮式热回收机组，有效回收排风的热量或冷量。发酵实验室的排风机均设置了活性炭吸收装置，用以吸收发酵罐排出的气体的异味，保证不会影响到其他建筑。

六、通风、防排烟及空调自控设计

超过 40m 的疏散走廊及净化区内的疏散走廊同时设置机械补风系统，补风量为排烟量的 50%，均设置机械排烟系统，排烟量按照最大走廊面积乘以 120 计算，净化区属于封闭无外窗房间；2 区中间部分多功能厅、阶梯教室和图书馆，每个房间面积超过 $300m^2$ 且无外窗，设置机械排烟系统和机械补风系统，由于三个房间共用一个排烟系统，所以排烟量为最大房间面积乘以 120；中庭采用机械排烟系统，自然补风，体积为 $26000m^3$，大于 $20000m^3$，排烟量按照换气次数为 4 次/h 计算；防烟楼梯间采用自然排烟方式，可开启扇面积每五层不小于 $2.0m^2$；设置机械排烟系统的走廊或房间设置常闭排烟口，起火时开启相应区域的排烟口，同时联锁排烟风机开启进行排烟，如果设置补风系统，同时联锁补风口和补风机开启。当排烟温度超过 280℃时，设在排烟风机前的排烟防火阀自动关闭，联锁排烟风机关闭。

所有风机盘管和空调机组回水管均设置电动二通阀，加湿器进水管或进汽管设置电动二通阀，根据房间负荷控制冷冻水流量，以节约冷热量。大实验室新风机组和通风柜排风机均采用变频器，在排风总管上设置风速传感器，根据通风柜开启台数调节新风量和排风量，节约新风负荷。冷冻水泵和冷却水泵均采用变频器，根据末端供回水压差实现流量调节，节约水泵的功耗。

七、设计体会

要充分认识到实验楼设计的复杂性。实验楼的房间功能种类多，设计要求又都不一样，通常还会由净化实验室，需要根据不同的使用要求设计不同的空调系统，保证不同的功能单元达到各自的室内环境要求。

要充分认识理化实验室的通风负荷，理化实验室的通风橱排风量很大，并且数量多，在进行理化实验室设计师时，首先要确定通风橱的型号和排风量，其次要和使用方确认好通风橱的同时使用率，通风橱同时运行数量关系到实验楼的负荷计算、设备选型。

要充分认识到实验楼的管道设计的复杂性，实验楼的管道种类多，要做好管道的综合布置避免造成各类管道的交叉。

北京石景山疾病预防控制中心和卫生监督所业务用房暖通空调设计①

作者简介：

杨佳，男，高级工程师，1985年毕业于湖南大学暖通空调专业，现在中国建筑科学研究院工作。主要代表性工程有：北京中华世纪坛、中信国安天下第一城正阳门酒店、大连世界博览广场、中央美院美术馆、北京嘉润园国际社区A地块、酒店综合体、清华大学艺术博物馆、北京太阳宫C区商业及办公楼、成都创世纪广场、北京融科资讯中心B座等。

- 建设地点　北京市
- 设计时间　2005年12月～2006年6月
- 竣工日期　2008年6月
- 设计单位　中国建筑科学研究院
  ［100013］北京市北三环东路30号
- 主要设计人　杨佳　冯帅　曹源　盛晓康
- 本文执笔人　杨佳
- 获奖等级　民用建筑类三等奖

一、工程概况

石景山疾病预防控制中心和卫生监督所业务用房项目位于北京市石景山区五环路以西，长安街延长线以南，是2008年北京奥运会保障项目。该项目由疾病预防控制中心和卫生监督所业务用房两部分组成，总用地面积16350m²，总建设用地面积13500m²。其中，地下1层，建筑面积2372m²，地上4层，建筑面积11128m²。

建筑外观图

疾病预防控制中以实验室为核心，分成东部的实验办公部分和西侧的实验室部分。东侧首层为体检大厅，对外主入口位于东端，内部人员入口位于两区中间，设两部电梯解决竖向交通。东侧二～四层为疾控中心办公区；西侧首层、二层为理化实验室，三层、四层为微生物实验室，其中BSl-2实验室位于四层；地下主要为集中二次洗消间、实验库房及整个园区的主要机房。该项目平面成双走道布置，主实验室位于两边，中间设公共辅助用房，有利于资源共享。实验室入口的洗手与更衣区，低危险度实验区及高危险度实验小间（小间内主要设备有生物安全柜、离心机、灭菌锅等），并对高危险度实验小间保持负压；分散设置管井，节省层高，使将来维护费用得以减少，生物安全一级实验室同样预留管井便于将来改造成生物安全二级实验室。

该项目在流线设计上使人、洁物、污物尽量分开：人员走东侧楼梯及中部客梯，样品及洁物走中间货梯，污物走西侧楼梯；实验人员经门厅可通过穿过式更衣室，更衣后进入实验区，离开时经由原路返回。实验样品经门厅，进入接样及样品整理间通过传递窗进入实验区，样品前处理室处理后临时储存，统一通过中间货梯进入各实验科室。在实验区与非实验区之间设置控制门及门禁系统以限制非实验人员进入实验区。

① 编者注：该工程主要设计图纸参见随书光盘。

二、工程设计特点

该工程既要满足民用办公空调的舒适性需求，还需满足多种不同实验室的特殊要求，包括二级生物安全实验室通风系统、恒温恒湿空调系统、洁净空调通风系统、实验室不同功能通风柜、生物安全柜的空调通风及其多种使用空调的转换。

1. 实验室区域设计参数（见表1）

房间设计参数　　**表1**

楼层	房间名称	生物安全等级	洁净度要求	冬季温度（℃）	夏季温度（℃）	冬季湿度（%）	夏季湿度（%）	正负压要求	人员新风标准	备注
一层	黄曲霉实验室	—	—	20～22	24～26	＞30	＜60	—	6次/h	通风柜风量2000CMH
	双道荧光室	—	—	20～22	24～26	＞30	＜60	—	50次/h	通风柜风量1500CMH
	食品实验室	—	—	20～22	24～26	＞30	＜60	—	6次/h	通风柜风量1500CMH
	消化实验室	—	—	20～22	24～26	＞30	＜60	—	6次/h	通风柜风量1500CMH
二层	样品处理间	—	—	20～22	24～26	＞30	＜60	—	15次/h	通风柜风量1500CMH
	水质实验室	—	—	20～22	24～26	＞30	＜60	—	6次/h	通风柜风量1500CMH
	劳卫实验室	—	—	20～22	24～26	＞30	＜60	—	6次/h	通风柜风量1500CMH
三层	千级洁净实验室	—	六级	20～22	24～26	＞30	＜60	10Pa	60次/h	通风柜风量2000CMH
	消毒细菌实验室	—	—	20～22	24～26	＞30	＜60	—	15次/h	通风柜风量1500CMH
	环卫细菌实验室	—	—	20～22	24～26	＞30	＜60	—	15次/h	通风柜风量1500CMH
	食品致病菌实验室	—	—	20～22	24～26	＞30	＜60	—	15次/h	通风柜风量1500CMH
	食品真菌实验室	—	—	20～22	24～26	＞30	＜60	—	15次/h	通风柜风量1500CMH
	食品细菌实验室	—	—	20～22	24～26	＞30	＜60	—	15次/h	通风柜风量1500CMH
	备用实验室	—	—	20～22	24～26	＞30	＜60	—	15次/h	通风柜风量1500CMH
	水质检测实验室	—	—	20～22	24～26	＞30	＜60	—	15次/h	通风柜风量1500CMH
四层	PCR实验室	BSL-1	—	20～22	24～26	＞30	＜60	—	15次/h	通风柜风量1500CMH
	核酸扩增实验室	BSL-1	—	20～22	24～26	＞30	＜60	－5Pa	15次/h	通风柜风量1500CMH
	细菌实验室	BSL-2	—	20～22	24～26	＞30	＜60	－5Pa	15次/h	通风柜风量1500CMH
	艾滋病实验室	BSL-2	—	20～22	24～26	＞30	＜60	－5Pa	15次/h	通风柜风量1500CMH
	实验室	BSL-2＋	—	20～22	24～26	＞30	＜60	－5Pa	15次/h	通风柜风量2000CMH

续表

楼层	房间名称	生物安全等级	洁净度要求	冬季温度(℃)	夏季温度(℃)	冬季湿度(%)	夏季湿度(%)	正负压要求	人员新风标准	备注
四层	组织培养实验室	BSL-2	—	20～22	24～26	>30	<60	－5Pa	15次/h	通风柜风量1500CMH
	病毒实验室	BSL-2	—	20～22	24～26	>30	<60	－5Pa	15次/h	通风柜风量1500CMH
	血清学实验室	BSL-2	—	20～22	24～26	>30	<60	－5Pa	15次/h	通风柜风量1500CMH

2. 洁净空调系统设计

(1) 室外空调计算温度33.2℃，相对湿度78%，室外状态点焓值h_w=99.87kJ/kg。

室内温度25℃，相对湿度40%，室内状态点焓值h_n=45.72kJ/kg。

送风温度17℃，相对湿度40%，送风状态点焓值h_s=29.55kJ/kg。

(2) 室内冷负荷估算按实验室内250W/m^2，共有250×20=5kW；准备间150W/m^2，共有150×15=2.25kW，按室内3人工作，新风量=3×50=150m^3/h

室内维持－15Pa负压，生物安全柜风量2050m^3/h。

(3) 空气密度按常值计算ρ=1.2kg/m^3，送风量按冷负荷计算：

实验室冷负荷5kW，送风量$SA=Q/\rho(h_n-h_s)\times3600$=930m^3/h，取1000CMH。

准备间冷负荷2.25kW，送风量$SA=Q/\rho(h_n\text{-}h_s)\times3600$=420m^3/h，取500CMH。

新风负荷$Q_n=pG(h_w-h_n)/3600=1.2\times150\times(99.87-45.72)/3600=2.71$kW。

(4) 室内维持－10Pa负压，需要排风量EA_1：

$$EA_1=\alpha\cdot\Sigma(q\cdot l)$$

α_1——安全系数，取1.2；

q——单位长度非密闭门缝隙漏风量，m^3/(h·m)，查《空气洁净技术原理》，－10Pa，对应值24m^3/(h·m)；

l——非密闭门缝隙长度，m，单扇门GMM1021取6.2m；双扇门GM1221取8.7m。

单扇门$EA_1=1.2\times24\times6.2\approx200$m^3/h；

双扇门$EA_1=1.2\times24\times8.7\approx250$m^3/h。

1) 生物安全柜未使用状态（流程图见图1），关闭电动风量调节阀1，开启阀2。

总的送风量为500＋250＋1000＝1750CMH。

生物安全柜未使用状态共须耗能

$Q_n=\rho G(h_w-h_n)/3600=1.2\times1750\times(99.87-45.72)/3600=31.6$kW。

2) 生物安全柜使用状态，关闭电动风量调节阀2，开启阀1。

总的送风量为500＋250＋1850＝2600CMH。

生物安全柜未使用状态共须耗能

$Q_n=\rho G(h_w-h_n)/3600=1.2\times2600\times(99.87-45.72)/3600=47$kW。

综上，新风机组可以采用双速风机1750/2600CMH，排风机1200/2050CMH。

3. 实验室空调通风系统

根据《实验室生物安全通用要求》，普通的生物安全实验室甚至二级生物安全实验室并没有洁净度、最小换气次数和最小负压差的要求。该项目以安全、舒适、灵活、高效为设计原则，同时考虑到项目在建筑层高、造价等方面的限制，空调通风系统末端按照以下方式进行设计（见图1）：

(1) 北楼地上普通实验室空调方式采用风机盘管加新风系统，室内设置二管制风机盘管，夏季供冷，冬季供热。

(2) 每层设置新风机组，新风夏季冷却到室内空气状态点、冬季加热并加湿后送到室内，供应整层包括实验区的新风。新风送风口布置在普通实验室或实验区的走廊。此外，在四层实验区设置集中排风系统，排风口主要设置在生物安全柜所在的实验操作区，以便获得由走廊到实验区准备区再到实验操作区的气流流向，保持实验操作区的负压及一定的换气次数。排风风机设在屋顶设备层，不设置备用风机。

(3) 在普通实验区的每个标准实验单元内设

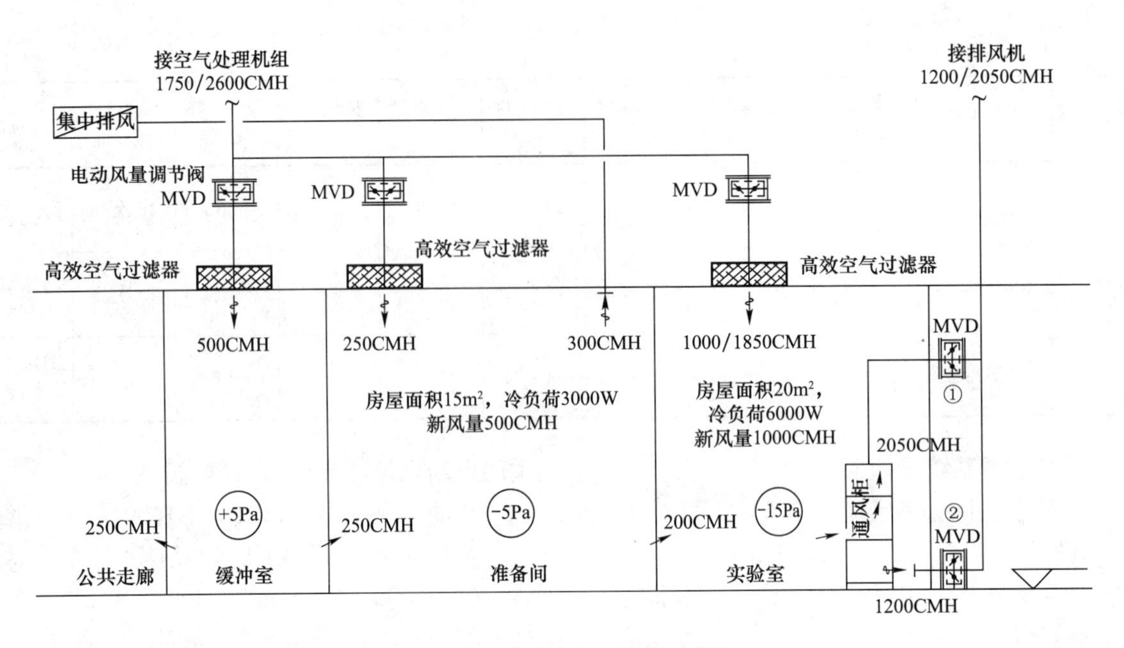

图1　典型实验室通风系统示意图

置二管制风机盘管。当实验室为P2级别时，在实验单元内用彩钢板隔出P2实验操作区，使空调箱等空调设备及管道位于该操作区以外。操作区内不另设空调系统。

（4）在P2实验区的每个标准实验单元的管井内，预留一对排风管和补风管。根据需要，排风管接生物安全柜或通风柜，补风管接操作区内的补风风口。排风风机和用于补风的新风机组均设在屋顶设备层，补风在夏季冷却到室内温度、冬季加热并加湿后送到室内。排风风机不设备用。

（5）对于部分设置全内循环型室内安全柜的实验室，在屋面设置单独全回风型的新风机组负担室内负荷，同时在实验室内设置单独排风口，和其他实验室排风一起排至屋面。

（6）在每个标准实验单元预留循环风机电量。当实验操作间有洁净度要求时，结合操作间隔断，在实验操作间内设空气循环系统，底部回风，顶部经高效过滤器风口送风，换气次数约为30次/h。

（7）地下一层实验辅助区设置两套通风系统，一套为排风罩独立排风系统，排至屋面，同时设置相应的补风系统，补风由专门的新风机组负担；另外一套为平时的排风系统，和周围洗消等房间一起排至屋面，同样单独设置一台新风机组，作为平时排风补风用。

三、空调冷热负荷及冷热源

1. 空调冷热负荷

采用DEST及Medpha软件模拟计算。

总建筑面积13500m²，空调面积11500m²。夏季冷负荷指标153W/m²；冬季热负荷指标126W/m²。技术经济指标：空调耗电指标为36kWh/(m²·a)（建筑面积）。空调造价经济指标为800元/m²（建筑面积）。

2. 空调冷热源

综合当地的能源现状、工程用地的实际情况以及建设方的资金要求，该项目采用电制冷冷水机组及区域热力站提供热源的冷热源方案。夏季选用两台879kW（250RT）的螺杆式冷水机组，提供7℃/12℃的冷冻水。冬季热源由区域热力站提供。空调系统冬季热负荷为1402kW；区域热力站一次热水经热交换站内的热交换器，换出60℃/50℃的热水，供空调系统及南楼前厅低温地板辐射采暖系统。

3. 空调冷、热水系统

由于该项目水力平衡通过管路的管径调整以及主干管上设置水力平衡阀较易实现，因此空调冷热水系统采用二管制一次泵变流量异程式系统。冷冻水系统中冷水机组、冷冻泵、冷却泵、冷却塔一一对应，空调热水系统中热交换器、空调热水循环泵一一对应。

四、空调系统形式

（1）南楼前室及报告厅采用全空气双风机低速送风系统；没有生物安全要求、没有净化和恒温恒湿要求的非实验区及理化实验室，采用风机盘管机组加独立新风空调系统。

（2）对于生物安全实验室和有洁净要求的实验室，根据实验工艺的要求设置全空气空调系统，不同类实验室应采用独立的空调系统，以免造成交叉污染；温湿度、洁净度、压力梯度不同的同类实验室采用独立空调系统。

（3）对于有洁净度要求的实验室，保证房间的换气次数，空调机组送风系统设粗、中、高效或亚高效过滤器。

五、通风、防排烟及空调自控设计

1. 通风系统

（1）公共卫生间设机械排风系统，避免卫生间气味外溢。污水处理机房、洗漱间、库房、毒种库、变配电室及地下停车库均设机械排风系统。

（2）实验室排风系统按照理化及生化实验室工艺要求设置，排风由专用竖井从实验室屋顶高空排出，部分实验室按照工艺要求设置事故通风。

2. 防排烟系统

（1）地上各层长度超过 20m 的内走廊设机械排烟系统。每层内走廊设一个排烟阀，与设置在屋顶的排烟风机连锁。

（2）风管穿过防火分区、机房、楼板和火灾危险性大的房间隔墙处，以及垂直风管与每层水平风管交接处的水平管段上设防火阀。

3. 自控系统

该工程自动控制系统采用直接数字控制系统（DDC 系统），由中央电脑及其终端设备加上若干现场控制分站和传感器、执行器等组成，在空调控制中心能显示并自动记录，打印空调、制冷、供暖、通风各系统的设备及附件运行状态，各主要运行参数，并进行集中监控。

纳入 DDC 系统：空调系统、热交换系统。这些系统均能在控制中心通过中央电脑进行远距离启停，并且所有的设备均能就地启停。

六、设计优缺点

（1）该项目暖通空调系统既满足了民用公共建筑的舒适性需求，又满足了多种不同实验室的特殊要求，包括二级生物安全实验室通风系统、恒温恒湿空调系统、洁净空调通风系统、实验室不同功能通风柜、生物安全柜的空调通风及其多种使用空调的转换。既严格控制了在各种不同通风设备使用下的房间压差，同时又根据各种通风工况下的负荷的变化，通过压差控制、温度控制、焓值控制、洁净度控制等多种不同手段满足房间温度、湿度和洁净度的要求。

（2）该项目理化及生物安全一、二级实验室送风口及各局部排风口，房间全面排风口均设置变风量调节阀，且送风阀与排风阀联动以保证实验室房间负压（设计送风量为排风量的 85%～90%），每个实验室区在走廊侧均设有压差显示器。实验时局部排风柜的排风量根据实验时柜门开启的程度瞬间及时自动调节排风阀的开度，同时联动房间送风阀开度使房间压力处于设计值内并实现节能效果（变风量控制阀为压力无关型）。生物安全三级实验室通过对每个房间的送风量和排风量进行详细准确的计算，并且为各个房间设置风量控制装置，确保房间的送风量和排风量达到动态的平衡，确保每个房间的压力状况，保持各房间之间的压力梯度。

（3）由于各种不同实验室使用条件和工艺的要求不同，该项目空调通风系统几乎涵盖了所有空调系统的形式、技术、设备和控制方式。同时，由于实验室空调能耗巨大，在保证上述功能要求的同时，还要兼顾设备运行的高效和节能。通过变风量阀、定风量阀、风机变频变风量、制冷机和水泵变频等技术，适用由于实验室的不同使用带来的负荷巨大变化，做到运行节能。

（4）空调运行效果：该项目自 2008 年 6 月验收并投入使用后，空调通风系统运行效果良好，温度、湿度、噪声、室内空气质量等室内环境参数经测试达到设计指标，圆满的完成了奥运保障任务。到目前为止，空调通风系统经过多个供冷、供热季节的检验，运行良好，运行费用较为经济。

（5）该项目后期由于资金等问题，集中冷源只考虑疾控中心实验楼和卫生监督所业务用房报告厅及入口大厅，业主在实际实施时，仅设置了一台螺杆式冷水机组，无法实现冷源的台数控制及备用要求，在实际使用中，疾控中心办公区和卫生监督所夏季采用可变冷媒分体空调，冬季增设热水采暖系统。

海军总医院医疗大楼①

- 建设地点 北京市
- 设计时间 2006 年 7 月
- 竣工日期 2009 年 12 月
- 设计单位 北京市建筑设计研究院
  [100045] 西城区南礼士路 62 号
- 主要设计人 颜晓霞 赵丽 孙敏生 褚秦 宋学蔚 龚京蓓
- 本文执笔人 赵丽
- 获奖等级 民用建筑类三等奖

作者简介：

赵丽，女，1974 年 10 月生，国家注册公用设备工程师（暖通空调），高级工程师，副主任工程师，1996 年 7 月毕业于天津大学供热通风与空调工程专业，大学本科，现在北京市建筑设计研究院有限公司工作。主要设计代表作品有：宿迁文体馆、南京师范大学研究生公寓楼、鲁台经贸中心-会展中心、金泰丽湾项目、中轻太阳能电池生产基地、北京市教育系统综合服务中心等。

一、工程概况

海军总医院医疗大楼建于海军总医院用地的东北角。西临门诊大楼，北临阜成路，东临规划道路白石桥南路，南侧现为住院部，将来为拟建三期病房楼。占地面积 7391m²，建筑面积 70240m²，地下 3 层，地上 12 层，建筑高度 49.500m。

地下一层设影像中心、厨房和后勤用房。地下二、三层为汽车库和设备机房，其中地下三层车库战时为六级医疗救护工程。首层设有门诊大厅和急诊。二层设 ICU、数字信息化中心、检验科和血库。三层设手术部，布置Ⅰ级手术室 4 个、Ⅱ级手术室 2 个、Ⅲ级手术室 10 个（包括 1 个负压手术室、1 个激光手术室）。四层作设备层，布置各种手术室、ICU、检验科空调净化机组。五至十二层为各专科病房、空潜病房、干部病房。

二、空调冷热源及设备选择

空调冷热源由电制冷冷水机、热交换器、屋顶风冷热泵式机组联合工作。特殊用房采用独立冷、热源的风冷空调机组。夏季空调冷负荷 5962kW；冬季手术室及空调内区冷负荷 830kW。冬季热负荷 5860kW；过渡季手术室、ICU 病房空调热负荷 342kW。

1. 空调热源

冬季：由医院锅炉房供给 95℃/70℃ 的一次水，工作压力 0.8MPa，由锅炉房内气压罐定压。一次水经板式换热器间接交换成 60℃/50℃ 的空调热水，空调热负荷 5710kW（含病房新风热量回收 369kW，地板辐射采暖 49kW）。

过渡季：手术室、ICU 病房由屋顶风冷热泵

① 编者注：该工程主要设计图纸参见随书光盘。

式冷水机组供给50℃/45℃的空调热水，空调热负荷342kW。

2. 空调冷源

夏季：两台制冷量为2600kW和一台制冷量为1042kW的电制冷机供给7℃/12℃的空调冷水，空调冷负荷6250kW（含病房新风冷量回收144kW），其中夜间冷负荷3250kW，空调内区冷负荷1042kW。

冬季：手术室、空调内区由屋顶风冷热泵式冷水机组供给7℃/12℃的冷冻水。其中：手术室冷负荷645kW，空调总冷负荷830kW。

三、空调系统形式

1. 空调系统

空调及新风系统按建筑使用功能划分，并以空调内、外区，以各科室、各病房区自成系统，以避免交叉感染。

(1) 病房空调按楼层、按病区划分系统。采用风机盘管+新风热回收方式。新风由室外经粗效过滤与排风进行显热换热（由乙二醇热回收机组完成间接换热过程），再经过夏季冷却去湿（或冬季加热、加湿）和中效过滤后送至室内。排风由各卫浴间排风扇排至新风热回收装置处换热，经排风机压入排风竖井集中后排至屋顶。

(2) 手术部采用净化空调机组。Ⅰ级、Ⅱ级、Ⅲ级负压手术室与空调机组采用一对一组合方式，Ⅲ级手术室采用一对三组合方式。立体定向Ⅳ级手术室采用一对二组合方式。手术室空调系统采用一次回风式，新风集中预处理，排风机集中设置。各手术室新风、排风均设电动定风量阀。立体定向手术室新风自取，独立排风。手术室气流组织形式：Ⅰ级为局部层流式，Ⅱ、Ⅲ、Ⅳ级为乱流式（上送侧回）。

(3) ICU重症病房采用净化空调机组，空调系统采用一次回风式，由机组自取新风、独立排风。室内采用上送下回气流组织形式。检验室采用净化空调机组，空调系统采用一次回风式，由机组自取新风、独立排风。室内采用上送下回气流组织形式。

(4) 各门诊房间、办公用房空调采用风机盘管+新风系统。门诊大厅采用全空气空调系统，冬、夏季为一次回风式，过渡季全新风运行。利用屋顶风机进行排风。

2. 空调冷、热水系统

(1) 空调冷水冷源侧（一次泵）定流量运行，负荷侧（二次泵）变流量运行。空调热水均为变流量运行。

(2) 地下一层至地上二层门诊区按空调内、外区采用分区二管制。

外区：夏季送冷，冬季送热，设冷热水共用管道，冷、热水均由热力制冷机房集中供给。

内区：全年送冷，设单冷水管，集中式冷水机组停机后，由屋顶风冷热泵机组供给冷水。

(3) 五～十二层病房区采用二管制。夏季送冷，冬季送热，设冷热水共用管道，冷、热水均由热力、制冷机房集中供给。

(4) 手术室、ICU重症病房、检验科等净化区采用四管制，设单冷、单热双路水管。

(5) 空调水按建筑使用功能划分系统，各病房区实行冷、热量计量。计量表采用远传式。

(6) 空调冷、热水系统分别由气压罐定压，冷水系统工作压力1.0MPa，热水系统工作压力1.2MPa。

3. 采暖设计

该工程在病房卫浴间、设备层及厨房设有采暖系统。首层门诊大厅设地板辐射采暖系统。

(1) 采暖热源：采暖系统热水由医院锅炉房直接供给，温度95℃/70℃，工作压力0.8MPa，热负荷149kW，阻力损失150kPa。地板辐射采暖系统热水由空调热水经混水泵及三通阀混合后供给，温度50℃/40℃，工作压力1.2MPa，热负荷50kW。

(2) 采暖系统：病房卫浴间采用上供下回单管跨越式逆流系统。设备机房、厨房等采用上行下给式双管逆流系统。采暖按病房区和机房、厨房区分别实行热量计量。

4. 通风设计

通风系统在满足本房间使用功能和相邻房间卫生要求的前提下确定换气次数和正压（或负压）值，利用通风技术平衡送、排风量，控制气流方向，排除有害气体。

(1) 地下车库采用诱导式机械通风，根据车库内CO气体的浓度自动控制送、排风机启停。

(2) 热力制冷机房、变配电室、消防给水泵房等设备机房设置独立的机械通风，用于夏季排除余热余湿，当冬季室外空气温度>5℃时，方可开启通风设备。

（3）污水泵房、污物间、负压吸引机房设置机械排风。

（4）公共厨房设置油烟净化装置及机械排风，厨房排风机除手动启闭外，须与厨房内燃气浓度报警器联动。煤气表间设防爆风机排风。

（5）公共卫生间设吊顶排风扇，且竖向设集中式屋顶排风机。病房卫浴间设吊顶排风扇，且按各层病房区设横向集中式排风机。

（6）医用气体、二氧化碳气瓶间及洁净气体灭火气瓶间设事故排风，排风量为12次/h换气量。气体物流机房设机械送风。

（7）建筑外门处设置电热空气幕，防止室外冷空气渗透。

5. 空调自动控制

（1）风机盘管的风机三档运行，就地手动控制；水路二通阀根据室内温控器设定的温度自动启闭，温控器设季节性冷热转换开关，盘管的风机与二通阀连锁。

（2）空调（新风）机组新风入口处的电动保温阀与风机连锁，加热盘管温度低于5℃时自动关闭。空气过滤器设压差显示器报警。表冷（加热）盘管的供水管设电动调节阀，空调机组根据室内温度、新风机组根据送风温度的变化改变该阀开度。

（3）冷却塔出水管设温控器，可根据冷却水温度变化控制冷却塔变频风机及电动旁通阀的启闭。

（4）风冷热泵的制冷制热工况进行转换时，同时自动连锁转换相应水路电动阀。

（5）空调冷热水补水泵由气压罐压力信号控制启闭。

（6）空调冷水的二次水循环泵、空调热水循环泵由压差传感器自动控制水泵变速，改变开启台数及单台水泵流量。

（7）各手术室净化空调机组，通过电动定风量阀从新风预处理机组吸取新风，确保手术室内正压稳定；手术室的排风通过电动风量阀向集中式排风机排风，该阀与自动门的开关联动，最大限度地减少自动门开关时对房间正压的影响。

（8）手术室净化空调机组的自控采用多功能控制器、温湿度传感器、压差开关、电动调节阀等进行自动控制，控制系统对机组运行情况及各级过滤网的堵塞情况进行监控，发现有机组故障及过滤网堵塞现象能及时进行声光报警提示。洁净循环空气处理机组采用变频器对风机进行控制，以达到精确控制风量、恒定风量及节省能耗的目的，整个控制系统可以实现在机房和手术室内两地控制。

四、技术特点

1. 冷热源设置及转换

该工程因手术室、ICU有全年用热用冷需求，且需要保障率高，故为手术室、ICU设置2套冷、热源，冷源分别由冷水机组和屋顶风冷热泵机组供给。热源由板式热交换器和屋顶风冷热泵机组供给。集中冷、热源与屋顶风冷热泵机组转换状况如下：

夏季：空调冷水由冷水机组供应，风冷热泵机组作为手术室、ICU空调冷源的备用机组。

过渡季：锅炉房未供暖时，热泵机组供热工况运行，供手术室、ICU等净化用房空调机组的加热盘管；手术室等净化用房空调机组的冷水和内区风机盘管的冷水由冷水机组供应。

冬季：锅炉房供热时，手术室、ICU由板式热交换器空调热水系统供热。风冷热泵机组制冷工况运行，为空调内区风机盘管及手术室冷盘管供应冷水。

冷热源由电制冷机、热交换器、风冷热泵机组联合工作，可保证重要用房的冷热源备用。

2. 手术室采用新风预处理的空调处理方式

该工程新风集中处理至低于送风状态含湿量的机器露点，送入各手术室的空气处理机组，与室内循环风混合后经等湿冷却至设计送风状态，即由新风机组承担全部湿负荷的一次回风空调处理方案，该方案把温湿度的控制分开进行，既解决了由于再热引起的冷热抵消，又便于实际运行中的控制，同时各手术室机组表冷器处理状态为干工况，可以避免滋生细菌。

3. 采用溶液热回收

病房的新风系统按照北京市的节能设计标准需要设置热回收，但因为医院环境的特殊性，采用普通的热回收方式容易产生交叉感染，该工程病房区的热回收采用乙二醇热回收机组，且各病区自成系统，防止新风、排风在热交换工程中相互污染，既回收了能量，又避免了交叉感染。

4. 夏季利用冷却水余热对生活热水进行预热

该工程夏季仍有生活热水的需求，生活热水的热源为医院自建锅炉房提供的高压蒸汽，该工程夏季利用冷却水余热对生活热水进行预热。预热器为板式换热器。冷水进口水温与冷却水出口水温<3℃时，冷却水循环泵停止工作，>5℃时，冷却水循环泵开启运行。该系统既降低了夏季冷却水的供回水温度，从而提高了冷机的效率，同时还减少了夏季锅炉房的用热量，为甲方节约了夏季燃煤费用。

北丰 B1 楼（丰融国际中心）①

作者简介：

蒙小晶，女，1968 年 1 月生，高级工程师，1991 年毕业于北京工业大学供热通风与空调工程专业，学士学位，现在北京市建筑设计研究院有限公司工作。主要设计代表作品有新康住宅小区、颐源居Ⅰ期、Ⅲ期住宅小区、美林花园公寓、天恒大厦、丰融国际中心、武夷花园—月季园、枣园尚城小区、北京金隅喜来登酒店、明斯克北京饭店、中共黄石党校、合成璟园等。

- 建设地点　北京市
- 设计时间　2005 年 2 月～2006 年 12 月
- 竣工日期　2008 年 2 月
- 设计单位　北京市建筑设计研究院有限公司
  ［100045］北京市西城区南礼士路 62 号
- 主要设计人　蒙小晶　薛建章
- 本文执笔人　蒙小晶
- 获奖等级　民用建筑类三等奖

一、工程概况

丰融国际中心建设于北京市西城区太平桥大街东侧，位于北丰 BCD 项目用地西南角，占地面积 7496m²。项目沿太平桥大街东西向布置，建筑面积 78693m²，地下 5 层、地上 15 层，建筑高度 65m，定位为金融街顶级写字楼。项目地段交通便利，环境优越，建筑整体简洁流畅，尽显西洋古典韵味。

二、工程设计特点

工程设计力求细致，全面保证每一房间功能使用，并紧密结合运营维护需求。

空调水系统采用按朝向分区的四管制异程式系统，竖向不分区。根据平面使用功能按机组及盘管分设各空调水环路，并考虑各环路平衡措施。

在三层及以下各层设低区下行上给式双管异程式散热器热水采暖系统用于厨炉间、卫生间、地下制冷机房、生活泵房等供热及值班采暖。

该工程内部设置了租户冷却水系统、备用柴油发电系统、冬季冷却塔“免费”供冷系统等，最大限度地满足各种使用需求及节能要求。

协调土建进行核心筒各设备管井规划，使得各层出管井管线均避开剪力墙面而在两侧墙上接出，减少大量剪力墙洞，并提高土建强度。

对于规整的外围护轮廓，精心规划及掩藏各出室外立面、屋顶风口、管口，保证建筑立面装饰整体效果。

三、设计参数及空调冷热负荷

（1）室内设计参数如表 1 所示。

室内设计参数　表 1

区域	夏季		冬季		每人新风量［m³/(h·p)］	人员密度(m²/p)	噪声标准NC
	室温(℃)	相对湿度(%)	室温(℃)	相对湿度(%)			
办公	25	≤60	20	≥40	30	7	40
大堂	25	≤65	20	≥30	25	7	40

① 编者注：该工程主要设计图纸参见随书光盘。

续表

区域	夏季		冬季		每人新风量 [m³/(h·p)]	人员密度 (m²/p)	噪声标准 NC
	室温 (℃)	相对湿度 (%)	室温 (℃)	相对湿度 (%)			
会议	25	≤65	20	≥30	30	1.5	40
商业	25	≤65	20	≥30	30	3	40
餐厅	25	≤65	20	≥30	25	1.5	40
物业	25	≤65	20	≥30	30	10	40

（2）通风系统设计参数如表2所示。

通风系统设计参数　　　表2

区域	夏季室温 (℃)	冬季室温 (℃)	换气次数
厨房	32	16	换气40次/h及一半面积设空调
地库	—	—	换气：6/5次/h
卫生间	—	18	换气：10～15次/h
一般机房	—	—	换气：4～6次/h
制冷机房	≤35	≥10	事故及机械通风（6次/h）较大值
电气机房	≤40	—	按设备发热量
柴发机房	≤35	—	由热平衡计算定进风量，排风为进风减燃烧空气量；燃烧空气量按柴油机额定功率7m³/kWh算

（3）夏季空调总冷负荷为7033kW；冬季总热负荷为8650kW，其中：散热器采暖负荷1050kW，供/回水温度85℃/60℃；空调热负荷7600kW，供/回水温度60℃/50℃；首层入口大堂地板辐射采暖负荷107kW，供/回水温度60℃/50℃。

四、空调冷热源及设备选择

（1）冷源：采用3台电制冷冷水机组提供冷源，冬季利用冷却塔“免费”供冷。

（2）热源：由丰汇B2号楼地下热交换站提供热源。包括空调、散热器采暖及首层入口大堂地暖热源。

五、采暖、空调、通风系统设计

（1）各区域采暖、空调、通风设置如表3所示。

各区域采暖、空调、通风系统形式　表3

服务区域	设置的系统形式简述
入口大堂	全空气定风量空调系统，机组设于二层，结合装修采用首层大堂两侧条缝型风口侧送风方式，集中回风，冬季设低温热水地板辐射采暖系统，入口处设有水热风幕
办公	四管制风机盘管加新风系统，按朝向分空调水环路及按内外区布置风机盘管
物业用房	风机盘管加新风系统
会议室、商业	二管制风机盘管加新风空调系统冬季设外围护散热器采暖系统
地下职工餐厅	全空气定风量空调系统
公共卫生间	直流排风，冬季设散热器采暖
电梯机房、安保/消防控制中心	分体式空调机
地下汽车库	直流送排风加诱导式通风系统
厨房	直流通风系统，岗位设新风机组，冬季设散热器采暖
库房	直流通风系统，冬季设采暖
电气机房（变配电室）	直流通风系统
发电机机房	直流通风系统，并考虑设备散热排风和排烟
给水、消防泵房	直流通风系统，冬季设散热器采暖
制冷机房	直流通风系统，取通风及事故通风二者最大值，冬季设采暖
弱电机房等气体灭火房间	灾后排风，换气次数按5次/h

（2）典型区域暖通空调设计特点说明：

1）办公区空调设计

① 四层及以上办公区分南北两段，楼内南北分两个核心筒，各层分设新风机房，屋顶设全热回收机组，排风统一收集，与新风做全热交换后排至室外。

② 风机盘管按内外分区、朝向及房间分割布置。

③ 新风口单独送入室内。

2）大堂空调设计

① 大堂区域分为3个共享空间，局部为一层，局部为2层或3层通高，结合平面功能及装修特点，机组设于二层，对通高共享空间，送风口布置在首层上方大堂两侧数字显示屏下面，为格栅型送风口，回风口集中在首层咖啡茶座吊顶侧面。咖啡区上方吊顶内设风机盘管机组，整体大堂各共享空间气流组织均匀流畅，风口与装修融为一体，尽显大堂大气典雅风范。

② 冬季入口地面设低温地板辐射采暖。

③ 应用CFD模拟软件计算冬夏工况大堂空调温度及气流分布状况，指导及检验风口布置的合理性，保证大堂冬夏季空调设计使用效果良好。

3）租户冷却水系统设计

考虑金融街办公建筑特点，设闭式租户冷却水系统，冷却水循环水量为 150m³/h，供/回水温度为 39℃/34℃。采用两台板换机组，屋顶设两台租户冷却塔，并根据使用要求考虑一定的设备备用量。

4）冬季冷却塔"免费"供冷设计

考虑办公建筑内区存在常年冷负荷，在室外湿球温度低于 4℃时，可利用冷却塔直接制冷，其余时间采用冷水机组制冷，以利节能。

5）备用柴电机房通风设计

柴电机房设于地下一层，采用风冷的方式。根据柴油发电机冷却风量、燃烧用风量及机房全面通风量确定机房总的排风量、送风量、自然进风竖井面积并与土建密切配合完成设计。

六、防排烟及空调自控设计

（1）对不具备自然排烟条件的防烟楼梯间及其与消防电梯间的合用前室分别设置机械加压送风系统。特别说明，对于该工程，建筑高度超过 50m，即使楼梯间及前室有外窗也必须设置机械加压送风系统。

（2）对地下室及地上超过 20m 的内走道等设置机械排烟系统，地下室排烟时同时设置送风量不小于排烟量 50％的排烟补风系统。此外，地下有喷洒区域防火分区加倍，但机械排烟系统水平按防火分区设置。

（3）空调自控设计

1）新风、空气处理机组：新风阀与风机联锁开闭，当风机停止后，新风阀及水路电动阀门、加湿设备等也全部关闭（其中冬季热水阀先于风机和风阀开启，后于风机和风阀关闭）；根据送或回风状态，控制空调水路上电动调节阀的开度和电加湿器的加湿量；在冬季时，供热回水电动阀需保持最小 10％开度以防冻。

2）冬季空调/新风机组的防冻控制：当加热盘管出口气温低于 5℃时风机停止运行，新风阀关闭，采暖水路调节阀全部打开；加热盘管出口空气温度回升后，机组恢复正常工作。

3）风机盘管：由三速（风机）开关和室温控制器根据室内温度的要求控制及调节空调水路上的电动二通阀的启闭，以适应空调负荷的变化；当风机盘管停机后，电动二通阀处于关闭位置；安装在走廊等部位的风机盘管不设速度控制，根据回风温度控制及调节空调水路上的电动二通阀的启闭，以维持设计的室内温度。

4）风机盘管回水管安装双位控制的电动二通调节阀，空调/新风机组回水管安装等百分比特性的动态压差平衡型电动调节阀（即一体阀）。

七、设计体会

（1）考虑该建筑为东西朝向的特点，采用了空调水系统按朝向分环路的设计，再结合四管制及风机盘管的内外分区布置，最大限度地满足不同朝向、不同人群、不同功能房间的使用和调节要求。

（2）对于一些特殊功用的房间如厨房、设备机房、卫生间、锅炉间等加设散热器值班采暖系统对冬季防冻及设备的正常运行和使用还是很舒适和有必要的。

（3）屋顶设置新风与排风的热回收机组，同时设置旁通支路，以满足过渡季节直接采用全新风的运营方式。

（4）暖通专业设备管井、机房及各室外排风、排烟及新风采风口的合理规划及与土建专业的密切配合，非常重要，能最大限度地保证建筑的平面合理布局，立面的美观要求及减少结构的剪力墙洞。

北京市西三旗国际体育会议中心暖通空调设计[①]

作者简介：

张敏行，男，1973年4月生，高级工程师，1993年毕业于天津商学院制冷与空调技术专业，本科学历，现担任北京市住宅建筑设计研究院有限公司第三工作室设备专业主任工程师。主要设计代表作品：亦庄职教园汽车工程学校、北京小学（长阳分校）、顺义区自来水公司办公楼、鲁都光缆接头十万级净化生产厂房、湖州众鑫商业广场、怡馨家园1，2号商住楼、北京摄影器材城等。

- 建设地点　北京市
- 设计时间　2008年11月～2009年6月
- 竣工日期　2010年8月
- 设计单位　北京市住宅建筑设计研究院有限公司
［100005］北京市东总布胡同5号
- 主要设计人　张敏行　欧阳曜　赵培　蔡晓晶
胡颐蘅　崔学海
- 本文执笔人　张敏行
- 获奖等级　民用建筑类三等奖

一、工程概况

北京市西三旗国际体育会议中心位于海淀区西三旗居住区内，总建筑面积38246m²，地下2层，地上4层，檐口高度为15.80m。该中心按照四星级酒店的标准进行设计，是集体育健身、会议报告、休闲娱乐、餐饮住宿等多项功能于一体的综合性公共建筑。会议中心依其不同的使用功能划分如下：地下二层层高4.8m，设有制冷站、生活给水及热水泵房、各主要功能区集中空调机房、变配电室、地下一层游泳池夹层。地下一层层高4.8m，中央设有从地下一层地面直至屋顶的共享中庭，中庭

四周设有游泳馆、男女宾桑拿洗浴场所、西餐厅、KTV区域、厨房、员工休息、就餐区。首层（一～四层层高均为3.7m，且各层的建筑均围绕中庭设置)，设有办公、客房、网球馆、大堂、350人宴会厅、商务中心、风味餐厅。二层设有客房、餐厅大小包间、瑜伽房、健身房。三层设有客房、350人多功能厅、中小会议室、体测室、四层设有客房、专家会所、台球室、乒乓球室、管理办公室。

该工程暖通空调设计包括冬夏季集中空调采暖、制冷系统、制冷站、机械通风系统、消防防排烟系统的设计。

二、工程设计特点

（1）选定环保节能的地源热泵系统，作为该建筑的冷热源。

（2）空调水系统分为内外区。无外围护结构的KTV，一～四层中与中庭相邻的客房为内区，内区全年制冷。

（3）该会议中心建筑功能复杂，各功能分区众多，且很多区域均为开敞式连通。为了防止各区域间的气味互串，各区域压力梯度的设计就显得至关重要，在项目设计中主要通过控制各区送、排风量的比例来维持其空气压力的稳定，防止串

① 编者注：该工程主要设计图纸参见随书光盘。

味，取得了良好的效果。

（4）在会议中心的中央，从地下一层地面直至屋顶设有一共享中庭，长 55m，宽 22m，高 20.6m，屋顶是玻璃采光顶，四周均为开敞式，与餐厅、洗浴、KTV、客房、各层回廊等区域相通。共享中庭的空调设计采用了“分层空调设计”，使这一区域的空调冷负荷能耗缩小了 50%，节省了初投资和运行能耗。

（5）甲方提出机房不要占用太多能创造经济效益的空间，且按照常规做法在各个大空间建筑附近布置各自空调机房，风管会影响吊顶标高（地上各层层高均为 3.70m）。为解决这些问题，在地下二层设置集中空调机房，将各个大空间建筑的空调机组集中设置，新风从土建竖井引入，空调送、回风管通过各自空调竖风管送至相应区域。最后工程的调试和运行情况表明这种集中设置空调机房的方案是正确可行的。

三、设计参数及空调冷热负荷

（1）室外计算参数参见北京地区气象数据。

1）夏季

空调计算干球温度 33.2℃，空调计算湿球温度 26.4℃，空调计算日均温度 28.6℃，通风计算干球温度 30℃，平均风速 1.9m/s 风向 N，大气压力 99.86kPa。

2）冬季

空调计算干球温度－12℃，空调计算相对湿度 45%，通风计算干球温度－5℃，采暖计算干球温度－9℃，平均风速 2.8m/s，风向 NNW，大气压力：102.04kPa。

（2）室内计算参数（见表 1）

室内计算参数　　表 1

房间名称	室内温度（℃）		相对湿度（%）		最小新风量［m³/(h·p)］	排风量（m³/h）
	夏季	冬季	夏季	冬季		
多功能厅、宴会厅	25	20	60	40	25	—
共享中庭	26	18	60	30	20	—
网球馆	26	18	60	30	25	—
地下西餐厅	25	20	60	40	25	—
游泳馆	28	29	≤75	≤75	25	经计算确定
员工休息区	26	20	60	40	30	—
KTV 区	25	20	60	40	30	—
男女宾洗浴区	28	26	≤75	≤75	20	10
客房	25	20	60	40	40	—
地上餐饮区域	25	20	60	40	25	—
员工食堂	26	20	60	40	20	—
厨房	<29	16	—	—	20	经计算确定
男女宾洗浴后休息区	26	22	60	40	30	—
大堂	26	18	60	30	20	—
办公、健身、专家会所	25	20	60	40	40	—

建筑物空调总冷负荷 3699kW，总热负荷 3995kW。

四、空调冷热源及设备选择

该工程采用地源热泵机组作为冷热源。考虑到各功能区使用功能和使用时间不同的特性，冷热源综合同时使用系数取 0.85，据此冷热源设备选择容量分别为总冷负荷 3144kW（98W/m²），总热负荷 3396kW（106W/m²），在建筑物周围设 410 个地埋孔，孔径 150mm，孔深 120m，在制冷站内设置三大一小（小机组为今后可能加建的五层预留）共 4 台地源热泵机组，采用半封闭双螺杆压缩机。主要参数如下：大机组单台制冷量 1060kW，制热量 1142kW；冷媒水 7℃/12℃，热媒水 50℃/45℃，小机组单台制冷量 453kW，制热量 482kW；冷媒水 7℃/12℃，热媒水 50℃/45℃，

五、空调系统形式

1. 空调水系统

空调水系统为单级泵，二管制变流量系统，冷媒水温度为 7℃/12℃，热媒水温度为 50℃/45℃。空调水系统分为内外区。无外围护结构的 KTV，一～四层中与中庭相邻的客房为内区，内区全年制冷，在制冷站内设一组冬季板式换热器及末端循环泵供冬季内区制冷使用，供/回水设计温度为 15℃/20℃。

甲方提出日后将各功能区分别出租和经营，因此为了管理和计费的方便，空调水系统按照不

同的功能区域分别设计支路，在各支路供水管上均设置冷热计量装置，回水管上均设置动态平衡阀。

2. 空调风系统

该工程在西餐厅、共享中庭、网球馆、宴会厅、报告厅分别设全空气一次回风空调系统，共计5个。在游泳馆、男女宾洗浴区、两个厨房分别设全空气直流系统，共计4个。除上述系统外，在KTV、客房、体育健身、办公会议、地上餐厅包间等区域设置风机盘管加新风系统共22个，其中KTV、客房、体育健身为热回收式新风系统，共计10个，均选用转轮式全热热回收新风机组，满足节能设计规范要求。上述空调、新风系统除游泳馆、洗浴区、浴后休息区和厨房所用之外，均配置可以调节加湿量的高压水喷雾加湿器。

3. 地板辐射采暖系统

因共享中庭、大堂层高较高，弥补空调热风在冬季送不下来的不足，另一方面为了提高人员在游泳馆、洗浴区和更衣区内的舒适度，所以在上述区域设置了地板辐射采暖系统来辅助采暖，该系统利用地源热泵机组做为热源，热媒温度为50℃/45℃。

六、通风、防排烟及空调自控设计

该工程自控采用DDC系统，可在中心控制室对大部分空调设备进行集中远距离及程序控制。空调系统采用变流量系统，在供/回水总干管上设差压调节器，以控制供/回水干管上旁通阀的开启程度，恒定通过地源热泵机组的空调水流量，保证冷负荷侧压差在一定范围内。所有空调设备回水管上均设置电动二通阀，利用温度传感器测得室温的变化，通过调节流过表冷器的水量来实现空调房间温度的自动控制。设加湿器的空调设备，利用湿度传感器测得室内湿度的变化，通过电动水阀调节进入高压喷雾加湿器的水量来实现空调房间湿度的自动控制。所有空调（新风）机组均设冬季防冻保护控制及过滤器前后压差过大的报警信号。

七、设计体会

（1）冷热源的选择对甲方的初投资及建筑的方案及定位有很大影响，必须进行各冷热源方案的比较。在市政热力无法接入建筑物的情况下，地源热泵系统虽然初投资略高，但是无需审批手续，此外施工及今后的维护均较容易，省掉了冷却塔与锅炉带来及他们带来的噪声和空气污染，符合节能环保的设计理念。

（2）该工程建筑复杂、层高低、施工工期紧，设计人员将水、暖、电的各种管线综合布置并优化排列，为此绘制了38个管道综合布置剖面图，涵盖到了所有公共区域，大大超出了以往常规工程的工作量，保证了各个空间净高，得到了甲方、精装单位、施工单位的肯定。在复杂的工程中绘制多部位管道综合剖面图的做法有必要坚持和推广，绘制剖面的区域越多，越能有效利用空间。

（3）暖通专业在配合精装修专业进行设计时，不能仅关注于调整管路平面，还需根据管路新的布置平面重新校核风机压头是否能满足要求。

苏北人民医院改造工程门急诊、医技楼①

作者简介：

孙苗，女，1980年6月生，高级工程师，2002年毕业于北京工业大学暖通空调专业，大学本科，现在中国中元国际工程公司工作。代表作品：北京协和医院、解放军总医院9051工程、北京电力医院、苏北人民医院、唐山市妇幼保健院、兴化市人民医院、河南宏力医院等。

- 建设地点　江苏扬州市
- 设计时间　2004年～2005年
- 竣工日期　2010年6月
- 设计单位　中国中元国际工程公司
［100089］北京市西三环北路5号
- 主要设计人　袁白妹　孙苗　黄中
- 本文执笔人　孙苗
- 获奖等级　民用建筑类三等奖

一、工程概况

苏北人民医院位于江苏扬州，为苏北地区的医疗核心三级甲等医院。担负着全市医疗救治、科研教学、医学技术指导、健康教育和信息管理等几大社会职能。建院多年来，该院以良好的医德医风、精湛的诊疗技术、一流的服务质量，为广大患者提供全方位、多层次的保健医疗服务，受到了广大患者的认同和赞誉。

该项目为院区改扩建工程。按功能划分为门诊楼、医技楼、病房楼三部分，新建规模为1074床。工程分两期建设，一期为门诊、医技楼；二期为病房楼。

医技楼北侧与病房楼相连，南侧与门诊楼相连。医技楼总建筑面积为19900m²，建筑高度23.95m，地下1层，地上6层。医技楼为以各功能检查为主的综合性医疗建筑，由X光、B超室、病理科、中心供应、手术部等功能组成。地下一层为设备用房。一层主要为X光检查室，二层是核医学和功能检查室，三层是检验科和血库，四层是病理科和中心供应，五层是手术部。在五层上有一设备夹层。

门诊楼北侧与医技楼相连，总建筑面积为24021m²，建筑高度23.95m，地上6层。首层为门诊大厅，二层是门诊手术，CT和急诊输液。三层主要为急诊观察和功能科室，四层是眼科，五官科和妇产科，五层为中医理疗，六层为会诊中心。

病房楼南侧与医技楼相连，总建筑面积为21206m²，建筑高度35.99m，地下1层，地上10层。地下一层为厨房和餐厅，一层为出入院大厅，二～十层均为标准病房。

二、工程设计特点

1. 手术部采用电厂余热作为手术室夏季除湿再热的热源

手术部共设22间手术室，其中Ⅰ级和Ⅱ级手术室再热量很大。该工程手术室净化空调采用电厂余热作为手术室夏季除湿再热的热源，节约能源。夏季大约节省827400kWh电量，节约电费约

① 编者注：该工程主要设计图纸参见随书光盘。

78 万元（电价按每度 0.937 元计算）。

手术室净化空调设计采用手术室一对一的分区空调系统设计，不但方便管理，还可以分区开启，当使用部分手术室时节省运行费用。

2. 冷源采用 10kV 高压冷水机组

率先在医疗建筑中采用 10kV 高压冷水机组，运行稳定，节约了变压器和输配电的损耗，节能效果明显。冷水机组总装机容量为 1928kW，10kV 高压冷水机组的装机容量为 1558kW，电耗量占到总电量的 80%。夏季节约电量 32718kWh，每年夏季空调运行费减少 3 万元（电价按每度 0.937 元计算）。

3. 新风系统分区设计

新风系统按照内外区设计。过渡季节内区需要供冷时可充分利用室外的自然冷源作为内区降温的手段，减少冷冻机开机的时间，节约能源降低运行成本。每个夏季节省冷量 512kW，相当于有 40%全楼总冷负荷采用的室外自然冷源。

4. 风机盘管按内外区设计

科室采用分区设置风机盘管系统，不但方便管理，还可以分区开启。在过渡季节时节省运行费用，大大降低了空调能耗。

三、设计参数及空调冷热负荷

医疗综合楼夏季设置集中空调，夏季供冷，冬季供热。

室内设计参数详见表 1。

室内设计参数　　表 1

房间名称	夏季		冬季		新风量	噪声[dB (A)]
	干球温度(℃)	相对湿度(%)	干球温度(℃)	相对湿度(%)		
病房	26～27	50～60	22～23	40～45	50m³/(h·p)	≤40
诊室	26～27	50～60	21～22	40～45	3 次/h	≤55
候诊室	26～27	50～60	20～21	40～45	3 次/h	≤55
ICU	23～26	55～60	22～25	50～55	3 次/h	≤40
手术室	22～25	40～60	22～25	40～60	按规范	≤50
洁净走廊	26～27	≤65	21～23	≤65	3 次/h	≤45
恢复室	24～26	50～60	21～23	40～45	4 次/h	≤50
各种试验室	26～27	45～60	21～22	45～50	4 次/h	≤50
药房	26～27	45～50	21～22	40～45	3 次/h	≤50
药品储藏室	22	60 以下	16	60 以下	2 次/h	≤50
放射线室	26～27	50～60	23～24	40～45	2～6 次/h	≤55
中心供应	26～27	—	21～22	—	2～6 次/h	≤55
管理室	26～27	50～60	21～22	40～45	3 次/h	≤50

四、空调冷热源及设备选择

1. 冷源

医疗综合楼的人工冷源按满足最大负荷和净化空调提前开机的要求以及门诊、医技病房分期建设的要求，设 4 台冷水机组。两台 4219kW 的离心式冷水机组和一台 1519kW 的离心式冷水机组及一台 499kW 的螺杆式冷水机组。其中两台 4219kW 的离心式冷水机组为 10kV 高压冷水机组。冷冻水泵设置 6 台，其中 2 台为备用泵。4 台冷冻机夏季提供 7℃/12℃的冷冻水。

2. 热源

空调热源由本楼热交换站提供。热交换站内设汽水热交换器，将城市热网提供的蒸汽交换成 60/50℃热水。系统补水定压均由热交换站提供。

3. 设备配置（见表 2）

设备配置表　　表 2

设备名称	单位	台数	主要参数	备注
离心式冷水机组	台	2	制冷量 4219kW	10kV
离心式冷水机组	台	1	制冷量 1519kW	—
螺杆式冷水机组	台	1	制冷量 499kW	
冷冻泵	台	2	水量 850m³/h　扬程 35m	—
冷冻泵	台	2	水量 280m³/h　扬程 35m	一用一备
冷冻泵	台	2	水量 120m³/h　扬程 35m	一用一备
补水泵	台	2	水量 50mm³/h　扬程 25m	一用一备

五、空调系统形式

1. 水系统设计

(1) 空调冷、热水系统：

1) 夏季空调冷冻水供/回水温度为 7℃/12℃。冬季空调热媒为 60℃/50℃热水。冷冻水为一次泵二管制水系统；冬季送热水、夏季送冷水，水系统切换在冷冻机房内实现。

2）空调冷冻水及热水采用膨胀定压罐的定压方式，由热交换站根据定压罐内的水位高度控制补给软化水。

(2) 冷却水系统由医技病房楼的地下一层冷冻机房经竖井引至其屋顶冷却塔。

2. 空气处理末端设计

(1) 手术室、监护病房、门诊楼大堂为全空气空调系统；高精度医疗设备用房CT机房和MRI机房等有设备发热量的房间为独立的恒温恒湿空调系统；设置集中空调的其他房间为风机盘管加新风系统。新风系统按照内外区设计，充分利用室外的自然冷源作为内区降温的手段，减少冷冻机开机的时间，节约能源降低运行成本。

(2) 净化设计。手术室和ICU净化空调设计采用手术室一对一的分区空调系统设计，并且，采用电厂余热作为手术室夏季除湿再热的热源，节约能源。

1）重症监护病房洁净等级为Ⅲ级，设一个净化空调系统，其新风经过过滤后与回风混合，再经粗、中效处理后用高效过滤风口送入房间。

2）手术部共计18个洁净手术室，其中，洁净等级为Ⅰ级的手术室2个；洁净等级为Ⅱ级的手术室4个；16个为Ⅲ级。其新风经过予过滤后与回风混合后经粗、中效处理后用手术室专用送风单元送入手术室。

3）生殖实验室洁净等级为Ⅲ级，操作区为Ⅰ级超净工作台。

4）各手术室采用单独的排风系统经亚高效过滤器处理后排放。

5）核医学部的通风柜采用机械排风，排风口的风速为1m/s，排风经亚高效过滤器处理后排放。对含有放射粉尘的气体机械排风排至屋顶后，高空排放。

3. 气流组织及手术室空调系统

(1) 风机盘管加新风部分为吊顶式风机盘管加上送新风。

(2) 手术部：上（顶）部送风，下部回风。

(3) 洁净室送风量：

Ⅰ级洁净手术室气流流过房间截面积风速为$v=0.25m/s$，新风量≥1000m^3/h。

Ⅱ级洁净手术室，换气次数为36次/h。新风量≥800m^3/h。

Ⅲ级洁净手术室，换气次数为22次/h。新风量≥800m^3/h。

六、通风、防排烟及空调自控设计

1. 通风及防排烟系统

(1) 地下一层冷冻机房设机械送排风系统。排风量按冷水机组制冷量计算。

(2) 地下一层水泵房设机械排风自然进风系统，水泵房排风量按6次/h计算。热交换站设机械排风自然进风系统，排风量按5次/h计算。

(3) 地下一层变配电室设机械排风自然进风系统。排风量按变压器无功损耗计算确定。

(4) 地下一层库房设机械送排风系统，排风量按2次/h计算。地下一层汽车库设机械送排风系统，排风量按6次/h计算。

(5) 首层至五层医技及门诊设机械排风系统。排风量最大按2.5次/h计算。当空调运行季节风量降低。

(6) 病理科、检验科通风柜、生物安全柜设置独立的排风系统，排风设活性炭吸附后高空排放。实验室等有强烈异味的房间设计机械排风系统，排风量按6次/h计算。

(7) 首层至十五层所有公共卫生间、病房卫生间均设集中排风系统，排风量按每间8次/h计算，污染空气直接排至室外。病房卫生间每间均设卫生间通风器。

(8) 中心供应的灭菌设机械排风系统；污物间设机械排风系统；排风量均按5次/h计算。

(9) 所有电梯机房均分设排风系统。为机械排风自然进风，排风量为10次/h。

(10) 所有排风与排烟共用的系统在选择设备时均既能满足排风要求，又能满足排烟要求，排烟系统按防火分区设置。

(11) 医技的MRI等设CO_2气体灭火房间，设排风系统。排风系统平时关闭，当灭火完毕后打开排风，排风设在房间下部。

(12) 消防电梯前室合用前室防烟楼梯间均单独设置加压送风系统。前室每层设一个常闭送风口在前室的下部。当火灾发生时，着火层及着火层的上下两层的前室的共3个风口开启；楼梯间每隔一层设置一个常开送风口。正压送风机由消防中心控制。任何一层着火正压风机开启。

(13) 超过20m长的内走廊超过50m^2的地下

室及总和超过 $200m^2$ 的地下室及超过 $100m^2$ 的地上无开启外窗或固定窗的房间及高度超过 12m 的中庭均设置机械排烟系统，地下室设置与排烟系统匹配的补风系统。

2. 通风、空调及冷冻机房及泵房的自动控制

冷水机组通过自控元件保证冷冻水的供水温度，根据负荷自动调整冷水机组、冷冻泵、冷却泵、冷却塔的开启台数，并自动显示冷水机组的各种参数及自动报警。

空调系统的自控：空气处理机在其回水管上设置电动二通阀，根据回水温度调节水量。新风机组在其回水管上设置电动二通阀，根据送风温度调节水量。风机盘管配有带温控器的三速开关，根据室温自动调节在回水管上的两通电磁阀。

七、设计体会

据统计，建筑物在其建造、使用过程中消耗了全球能源的 50%。能源的消耗量急剧增加，也导致了空气污染、地球变暖等环境问题日益加剧。改善可调整能源结构，提高能源利用率，开发利用新能源和无污染的可再生能源已成为能源、经济、环境和社会可持续发展的必由之路。我国工业余热资源丰富，利用潜力很大，分布也很广，不少余热温度较高且载热体流量稳定，具有较好的利用条件。如果这部分余热排放到大气中，势必会对环境造成污染。该工程手术部采用电厂余热作为手术室夏季除湿再热的热源，实现了余热回收并提高能源利用率。其实，不论是能源回收利用，还是过渡季节内区利用室外的自然冷源作为内区降温的手段都是为了建造节能、低碳、生态的绿色建筑。如何处理好人、建筑和自然三者之间的关系将成为左右可持续发展的关键因素之一。

华侨城体育中心扩建工程①

- 建设地点　深圳市
- 设计时间　2006 年 10 月～2007 年 8 月
- 竣工日期　2008 年 7 月
- 设计单位　清华大学建筑学院
  北京中外建建筑设计有限公司深圳分公司
  [100084] 北京市海淀区清华园
- 主要设计人　林波荣　王若愚　朱安冉　刘加根　王祁衡　刘晓华
- 本文执笔人　林波荣
- 获奖等级　民用建筑类三等奖

作者简介：
林波荣，男，1976 年 9 月生，工学博士，清华大学教授，博士生导师。研究方向为建筑模拟与建筑节能优化设计，绿色建筑技术及评估体系等。主要科研项目有"奥运绿色建筑评估体系研究"、"城镇居住区景观绿化与热岛效应改善关键技术研究"。在暖通设计领域也有多年尝试，代表作品：山东济南交专图书馆、华侨城体育中心扩建工程等。

一、工程概况

华侨城体育中心位于深圳市南山区华侨城，东临杜鹃山，西面为欢乐谷内的高地，南面为华侨城生态广场，是深圳华侨城房地产有限公司建设的社区配套体育设施。该项目总用地面积 20190.39m²，总建筑面积 5130.28m²，包括新建 4341.48m² 和原有体育用品商店和游泳更衣室 (788.8m²) 的改造。新体育馆地上 2 层，地下 1 层，建筑总高度 15m，主体为钢筋混凝土框架结构，屋盖为网架结构。主要功能有综合运动球场、图书阅览室、办公室、咖啡厅、乒乓球室、健身室、瑜伽舞蹈室等。

该项目各层的空间布局如下：地下一层为室内羽毛球场、乒乓球室、体能检测室、控制室和设备机房；一层为体育用品商店、前台、VIP 接待室、咖啡厅；二层为办公室和图书室（包括少儿阅览室）；屋顶大面积放置 16 个采光通风天窗、太阳能集热板、空气源热泵、排风机。建筑距地面高度为 9.5m，各层层高为地下一层 4.0m，一层及二层 3.9m。

该项目的目标是建设成为在深圳市乃至全国有领先和示范意义的绿色建筑，于 2008 获得了全国首批绿色建筑三星标识，于 2010 年获得了绿色建筑创新奖一等奖。

二、工程设计特点

建筑整体设计方面，该项目从围护结构、能源系统、自然通风和采光等方面进行模拟优化与技术经济分析后，应用了诸如温湿度独立控制、雨水收集、中水回用措施、清水混凝土技术、屋顶绿化及垂直绿化、围护结构根据朝向制定外遮阳策略、与旧有建筑建材改造和再利用、楼宇自控等大量的节能、节水、节材等人性化技术，从而达到了项目设计能耗达到《公共建筑节能设计标准》规定能耗的 72%；太阳能热水系统提供 50%以上的生活热水；非传统水源的利用率达到 36%；40%以上的室外地面为透水地面的高要求指标。

① 编者注：该工程主要设计图纸参见随书光盘。

由于该项目在建筑设计上体现了被动技术优先，主动技术优化，适宜低成本技术推荐的设计思路，项目的增量成本得到有效控制，为380元/m^2，占总投资的4%。通过实际一年（2009年4月～2010年3月）的测试证明，全年总耗电为21.86万kWh，折合单位新建建筑面积耗电50.3kWh/(m^2·a)，其中，暖通空调能耗仅占25%，为12.4kWh/(m^2·a)，空调系统最高的月平均COP可达到5.2，暖通节能效果明显。占建筑能耗比例最大的为照明插座设备能耗，为46%，合21.2kWh/(m^2·a)。

三、设计参数及空调冷热负荷

该项目在暖通设计中的特点为在常用空调区域采用了温湿度独立控制空调系统，该空调方案的选定是根据当地气候条件，经过各空调方案的技术经济比较而最终得到的。

深圳市室外气象设计计算参数

（1）夏季：空调干球温度33℃，空调湿球温度27.9℃，空调日平均干球温度29.6℃，通风干球温度31℃，大气压力：100.3kPa，平均风速2.1m/s，最多风向ESE。

（2）冬季：空调干球温度6℃，大气压力101.8kPa，空调相对湿度72%，平均风速1m/s，最多风向NNE。

设计根据不同功能（乒乓球室、健身房、咖啡厅、图书馆、办公室、VIP接待室）设定不同的热湿环境设计标准，具体如表1所示。

室内环境设计计算参数　　表1

房间名称	温度（℃）	相对湿度（%）	室内人数（个）	新风量[m^3/(h·p)]
乒乓球室	26	55	32	20
健身室	26	55	32	20
咖啡厅	25	55	51	20
图书室	25	55	35	6
办公室	25	55	17	10
VIP接待室	25	55	4	30

根据全年逐时负荷模拟计算结果，得出常用空调供冷区域的全年冷负荷分布以及冷负荷指标：最大冷负荷218.5kW；单位空调面积最大冷负荷115.5W/m^2（见图1）。项目不考虑冬季供热负荷。

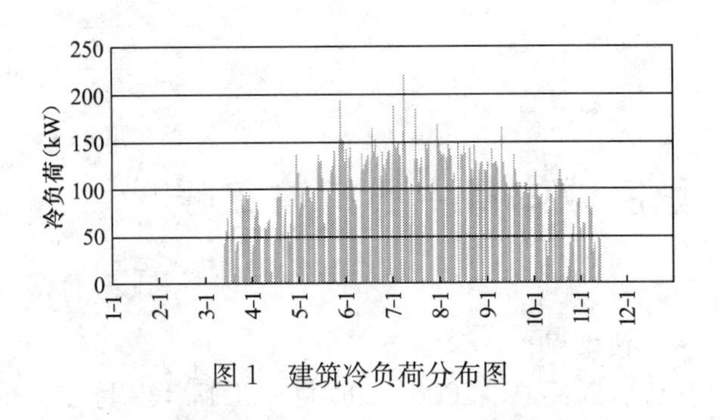

图1　建筑冷负荷分布图

四、空调冷热源及设备选择

在暖通空调系统方面，针对不同的暖通空调系统形式对建筑能耗的影响进行分析，项目以常规的螺杆式电制冷机（额定COP=5.0）制冷的全空气系统为参考方案，通过对盐溶液除湿温湿度独立控制方案、热泵式溶液空气处理机组方案以及多联机方案与参考方案进行比较，结合项目自身空间的使用情况，划分了常用空调供冷区域和大空间空调供冷区域，最后选择在常用空调供冷区域中选择温湿度独立控制的供冷方式满足建筑物夏季供冷负荷的需求，大空间采用预留的常规空调方案的系统方案保证重要运动会和文艺演出需要。温、湿度独立调节的空调系统避免了常规空调系统中热湿联合处理所带来的损失。所采用的溶液式新风系统的COP比常规系统提高30%以上。

通过模拟分析计算结果，确定选用温湿度独立控制空调系统，机房设于地下一层，温度采用高温冷水螺杆机组，冷冻水供/回水温度为17℃/20℃，冷却水供/回水温度为32℃/37℃，冷却塔放置于地面警卫室旁。新风机选用热泵式溶液调湿新风机组承担全部新风负荷。显热负荷由房间内干式风机盘管承担。气流组织采用散流器顶送和新风的下送上回方式。温、湿度独立调节的空调系统避免了常规空调系统中热湿联合处理所带来的损失，减少了新风机组再热所需能耗。主要设备如表2所示。

主要设备列表　　表2

序号	名称	型号	技术参数	单位	数量
1	冷水机组	CSRH 0501	制冷量155.2kW 输入功率25.5kW	台	1
2	热泵式溶液调湿新风机组	HVF-05	制冷量98kW 风量5000 功率16kW	台	1

续表

序号	名称	型号	技术参数	单位	数量
3	电动自动排污过滤器	QPG-100(B)	功率 76W	台	1
4	全程水处理器	KWQ-4	处理流量 45-70t/h 功率 200W	台	1
5	冷冻水循环泵	GD80-21	$Q=38m^3/h$ $H=24mH_2O$ $N=4kW$	台	1
6	冷却水循环泵	GD80-22	$Q=42m^3/h$ $H=15mH_2O$ $N=4kW$	台	1

五、空调系统形式

（1）综合运动场考虑到其空调使用的频率和使用时间的特殊性，采用独立的空调系统，采用水冷式空调柜机，预留柜机置于地下一层机房内（暂时不安装），冷却塔预留位置于圆楼附近。

（2）乒乓球室、健身室、咖啡厅、VIP 接待室、图书馆、办公室等房间设置温湿度独立控制空调系统，机房设置于地下一层。设计采用高温冷水螺杆机组，冷冻水供/回水温度为 17℃/20℃，冷却水供/回水温度为 32℃/37℃，冷却塔放置于地面警卫室旁。空调设计以竖向分层设置空调系统为原则。根据建筑的功能采用盘管加新风系统。新风机选用热泵式溶液调湿新风机组承担全部新风负荷。显热负荷由房间内干盘管承担。气流组织采用散流器顶送和新风的下送上回方式。空调水系统为一次泵定水量系统，二管制，闭式循环。水系统均为同程式系统。定水量系统简单，不需要变水量定压控制。同程式各管段阻力损失接近相等，管网阻力不需要调节即可平衡。

（3）圆楼空调设计预留分体柜式空调室内机、室外机机位、穿墙穿梁洞、冷凝水排水口及相应电源。

六、通风、防排烟及空调自控设计

1. 通风设计

水泵房建筑专业设有百叶窗，自然通风。综合运动馆、乒乓球室、健身室，以自然通风为主并辅以机械通风，由建筑专业设可开启的外窗和带通风百叶的天窗，当自然通风不能满足要求时开启屋顶排风机。舞蹈瑜伽室设置采光通风井采用自然通风。综合运动馆的地下更衣室、卫生间设机械排风，换气次数约 10～15 次/h。地下配电房设排风系统，换气次数约 15 次/h。冷水机房设排风系统，换气次数为 15 次/h。

2. 防排烟设计

地下一层综合运动馆、乒乓球室、健身室自然排烟。一层的接待门厅、体育用品商店、咖啡厅，二层的办公室、图书室自然排烟。舞蹈瑜伽室设采光通风井并自然排烟冷水机房设置机械排烟系统，排烟量按每平方米不小于 $60m^3/h$ 计算。

3. 空调自控设计

冷水系统采用远距离键盘和现场手动控制方式。根据冷却水出水温度，决定冷却塔供/回水管间两通阀的开度，根据调试要求设定冷冻水系统供/回水压差，并根据压差传感器的测量值决定旁通阀的开度。

空调新风系统采用变风量系统，根据每个房间设置空气湿度传感器，控制相应房间 VAVBOX 送风量的大小，预留端口接入楼宇自动化系统。在新风系统送风静压箱中设置压力传感器，控制空调箱中的变频风机风量大小。

同时，在建筑空调启动时，关闭建筑所有可以电动启闭的外窗。

七、设计体会

该项目设计的一大特点在于节能咨询单位与设计单位的密切配合，前期对系统方案进行了充分论证，采用了节能并且在当时设计条件下对设计人员非常新的温湿度独立控制技术，对设计是一个挑战。

同时，作为一个绿色建筑的设计，暖通设计是其中的一大重点，虽然项目规模较小，但是在这个小而精的项目中，先锋性地试验了一些设计理念和系统形式，如格外重视如何因地制宜地实现被动技术优先、主动技术优化的技术策略，并通过现场实测和后评估，检验了运行两年后的实际性能效果。结果表明，建筑年运行能耗为 50.35kWh/(m^2·a)［其中空调能耗为 12.4kWh/(m^2·a)，照明＋插座能耗为 kWh/(m^2·a)］，均显著低于同类建筑；80%以上的受访者表示对总体环境比较满意，总体上取得了良好的社会、环境和经济效益。

沈阳地铁 1 号线一期工程通风空调系统设计①

作者简介：

王奕然，男，1973 年 5 月生，教授级高级工程师，副总工程师，1995 年毕业于哈尔滨建筑大学暖通空调专业，大学本科，北京城建设计研究总院。主要设计代表作品有：伊朗德黑兰地铁 1、2 号线、上海地铁 2 号线、北京地铁 13 号线、北京地铁 5 号线、深圳地铁 4 号线、沈阳地铁 1、2 号线、上海地铁 13 号线、北京地铁 10 号线（二期）等。

• 建设地点　沈阳市
• 设计时间　2005～2008 年
• 竣工日期　2010 年 9 月
• 设计单位　北京城建设计研究总院
[100037] 北京市西城区
阜成门北大街 5 号
• 主要设计人　王奕然　李国庆　陈克松　祝岚
史柯峰　张良焊　王林娜　张东影
郭光玲　刘垚　郭爱东　褚敬止
• 本文执笔人　王奕然
• 获奖等级　民用建筑类三等奖

一、工程概况

沈阳地铁 1 号线一期工程（含延伸线）是一条贯通沈阳东西的地铁大动脉，是沈阳线网规划中东西向的轨道交通骨干线。沈阳地铁 1 号线贯穿城市中心，连接张士、铁西广场、沈阳站、南市、中街、黎明文化宫等地区。该工程线路全长约 28km，设 22 座地下车站，工程总投资 117 亿元，其中通风空调系统投资 1.38 亿元。该工程于 2005 年 11 月 18 日正式开工建设，2010 年 9 月 27 日载客试运营，成为我国东北严寒地区第一条开通运行的地铁线路。

二、工程设计特点

气候条件是影响地铁通风空调系统设计的重要因素，作为我国东北地区开通的第一条地铁线路，沈阳地铁 1 号线设计之初可以借鉴的经验非常少。为此，北京城建设计研究总院开展了“严寒地区地铁工程通风系统设计方案调研、测试”的科研项目，对沈阳周边地区与地铁类似的地下人防工程进行全年环境测试，获得了地下隧道洞壁的温湿度及其变化规律。

结合科研成果，设计单位进行了通风系统的专题研究，重点解决以下两个突出问题：一是如何有效利用沈阳地区冬季寒冷且漫长这一特点，尽可能采用室外天然冷源对车站及隧道降温，节省运行能耗，同时又不对乘客候车舒适度产生影响。二是对于北方地区仅采用通风模式降温的地铁如何利用自身特点，减少系统建设投资。通过研究，提出了新型开式通风系统（实用新型专利 ZL200420087755.1）。在设计阶段，对这一系统方案又进行了进一步的优化，与最初的系统方案相比，系统实施方案能更好地解决上述问题，而且系统简洁，建设和运行成本低。

设计主要创新点有以下五个方面：

（1）结合气候与地铁热源特征，不同季节采用不同的活塞通风模式，提高舒适度、节约能耗。

优化方案在车站每端只设置一条活塞风道，对应上、下行隧道设置两个活塞风阀，根据需要开启进站端或出站端的活塞风阀，能够实现自然通风。夏季及过渡季节，列车进站时，活塞风会携带隧道内部的热空气。此时开启进站端活塞风道，让热风直接排至室外，可以减少对站台的冲击。列车出站时，新风从出入口、进站端活塞风

① 编者注：该工程主要设计图纸参见随书光盘。

道首先进入车站，再进入隧道，有利于车站降温。冬季，室外气温很低，此时开启出站端活塞风道和出入口空气幕。列车进站时，活塞风会携带隧道内部的热空气，让热空气首先经过车站，然后经过出站端活塞风道排出室外；列车出站时，室外冷风直接从活塞风道进入隧道，不会让车站乘客有吹冷风的感觉。

（2）优化设备配置，适应夏季大风量与冬季小风量的不同需求，系统功能更加完备。

优化方案将车站通风机从1台$60m^3/s$风量的大风机调整为2台$33m^3/s$风量的小风机。这样可以避免冬季变频风机长时间在低频、小风量工况下运行而导致风机及变频器的不良运转。优化方案中的区间隧道事故风机平时不需运行，因此可不设变频措施。这样可以减少设备数量，降低设备投资。

（3）活塞风道及风井数量由车站每端2条优化为1条，降低工程投资。

设置活塞风道需要占用较多地下空间，同时还需要在地面设置风亭，增加地面规划及建筑拆迁的难度，在市中心区经常由于风亭位置确定不下来，而导致车站建筑方案频繁调整。原设计方案车站每端设置2条活塞风道，优化方案车站每端只设置1条活塞风道。全站活塞风道数量由4条减少为2条，活塞风亭也相应减少，使得工程实施成本及难度大大降低。从使用功能分析，当车站活塞风道由4条减少为2条时，活塞风道通风量降低，但出入口的活塞风量会有所增加，车站总活塞风量的减少并不显著。通过风阀的转换，每站2条活塞风道的方案更有利于根据当地不同季节的气候特点，采取合理的运行模式。

（4）气流组织由同时机械送排风优化为夏季排风、冬季送风，进一步降低工程投资，同时降低通风能耗。

原设计方案车站每端设置1台排风机和1台送风机，需通风时，机械送风、机械排风。优化方案车站每端设置2台车站通风机和1台区间事故风机，其中车站通风机既可以对车站排风，也可以反转对车站送风，车站内部只设一套通风管路（送风或排风），区间事故风机则利用活塞风井与室外连通，这样就取消了一座车站通风竖井及对应的车站内部通风管道。在夏季、过渡季车站排风，出入口、活塞风道自然进风，没有风机温升，排风机电能消耗也小于送、排风机之和，有利于通风系统的节能运行。在冬季的客流高峰小时，将排风机反转作为送风机，轨行区排风道作为送风道，将室外新风直接送到发热量最大的车辆位置，加热后再流经站台人员候车区、活塞风道或站厅、出入口排出室外。这样的方式，还避免了出入口、活塞风道处温度过低，站内温度不均匀的情况发生。

（5）首次提出并应用了下部设通风孔板的全高安全门，优化站台气流组织、简化通风系统方案。

为优化站台气流组织，提高乘客候车时的舒适度，设计过程中首次提出下部设通风孔板的全高安全门方案，并与相关专业配合，研发产品并进行了应用。该方案即可满足通风要求，减少了站台通风管路，且安全门外观简洁，又便于清洁维护。

三、主要设计参数及设计负荷

1. 主要设计参数

夏季公共区：干球温度≤29.5℃；

冬季公共区：干球温度12～16℃；

夏季列车内空调：干球温度≤27℃；相对湿度45%～65%；

夏季区间隧道内正常运行温度：≤35℃；

区间隧道阻塞时最不利点温度：≤45℃；

冬季隧道温度：5～12℃；

设备及管理用房通风空调温度：执行《地铁设计规范》有关规定。

2. 设计负荷

夏季车站及隧道通风负荷：840～1100kW/站；

夏季车站设备及管理用房空调负荷：90～200kW/站。

四、通风空调及防排烟系统形式

通风空调系统由车站公共区通风系统、区间隧道通风系统以及设备和管理用房通风空调系统组成。其中，车站公共区通风系统、区间隧道通风系统集成设置，通过运行模式的转化，可以实现车站与区间的开式运行、闭式运行、区间阻塞通风、区间火灾排烟和夜间通风。

车站公共区采用机械通风结合活塞风道和出入口自然通风，根据沈阳市全年气温变化较大的气候特点，以及地铁车站公共区全年得热基本恒定的特点，在车站的每端均设置通风道，通风道内并联设置两台相同参数的车站通风机 SVF（这两台通风机为可逆风机，同时兼作车站公共区排烟风机和区间隧道事故风机）。风机设变频调速装置，这样，可以方便地调节不同季节、不同列车运行对数条件下的通风量。根据车站得热量计算，并采用计算机模拟分析的手段，确定这两台通风机的风量采用 $120000m^3/h$（$33m^3/s$）。

区间隧道通风系统是由活塞风道、迂回风道、车站通风机、区间事故风机和车站出入口等组成的纵向通风系统。车站的每端均设置一条活塞风道，并设置电动组合风阀与两条区间相连，在不同的季节开启对应不同区间的电动风阀，实现夏季活塞风道进风、冬季活塞风道排风的通风模式。活塞风道的断面一般不小于 $16m^2$。车站每端与活塞风道并联设置一台事故风机 TVF，为可逆转轴流风机，并设置电动风阀和消声器，该风机平时不投入运行。根据模拟计算要求，事故风机风量为 $210000m^3/h$（$60m^3/s$）。车站通风机也是区间隧道通风系统的一部分，每站两端的两台车站通风机兼做区间事故风机，当区间发生阻塞或火灾事故时，与事故风机同时对事故区间送风或排风。

设备和管理用房通风空调系统包括变电所通风系统、设备和管理用房通风空调系统、厕所排风系统等。设备和管理用房空调系统冷源采用风冷式冷水机组，结合车站室外风亭设置风冷冷水机组，冷冻水供/回水温度为7℃/12℃，冷冻水泵与风冷冷水机组一一对应设置。

五、系统自控设计

通风空调系统的控制由中央控制、车站控制和就地控制三级组成。

中央控制设置在控制中心，是以中央监控网络和车站设备监控网络为基础的网络系统，对全线的通风及空调系统进行监视，向车站下达各种运行模式指令或执行预定运行模式。

车站控制设置在车站控制室，对车站和所管辖区的各种通风及空调设备进行监控，向中央控制系统传送信息，并执行中央控制室下达的各项命令。火灾发生和在控制中心授权的条件下，车站控制室作为车站指挥中心，根据实际情况将有关通风空调系统转入事故模式运行。

就地控制设置在各车站通风空调电控室，具有单台设备就地控制和模式控制功能，便于各设备及子系统调试、检查和维修。就地控制具有优先权。

六、设计体会

沈阳地铁 1 号线一期工程的设计阶段，通过与科研项目相结合，大胆开拓思路，进行多次方案优化。既满足了沈阳特殊严寒环境条件下的通风系统功能要求，又实现了通风系统的低建设成本与运行成本。

优化方案的车站风亭数量每座车站减少了 4 座，可以极大地减少地面风亭规划的协调难度和拆迁费用。另外，系统简化使设备投资也有所降低。经计算，优化方案比原设计方案每站可节省综合投资近 252 万元，全线共计 5544 万元。优化的通风方案和运营模式也使得运行能耗有较大的降低，经计算，远期每站每年可节约 9.3 万元的运行费用，全线共计 204 万元。

目前沈阳地铁 1 号线已投入运营近 3 年，通过运行模式的调整，通风系统的各项功能达到了设计预期的水平。2011 年冬季，运营单位对全线多点进行了实地温度测量，即使在最不利（最冷）的时段，采取相应的措施后，站厅、站台层温度以及区间隧道温度都能够基本满足规范要求。该工程的设计方案已成为目前东北地区其他城市在建工程的成功范例，并为国家规范相关内容的编制提供了技术参考。

重庆地铁一号线（朝天门—沙坪坝段）工程通风空调系统设计①

作者简介：

郭爱东，女，1966年7月生，高级工程师，1989年毕业于北京建筑工程学院供热通风与空调工程专业，大学本科学历，现在北京城建设计研究总院有限责任公司工作。主要设计代表作品：重庆地铁一号线朝天门—沙坪坝段工程机电设备系统设计、重庆地铁三号一期线机电系统设计、北京地铁奥运支线工程森林公园站通风空调设计、北京地铁五号线东单站通风空调设计等。

- 建设地点　重庆市
- 设计时间　2007～2009年
- 竣工日期　2011年10月
- 设计单位　北京城建设计研究总院有限责任公司 [100037] 北京市西城区阜成门北大街5号
- 主要设计人　郭爱东　吴益　祝岚　龚平　刘磊　王怀良　王奕然　褚敬止
- 本文执笔人　郭爱东
- 获奖等级　民用建筑类三等奖

一、工程概况

重庆地铁一号线工程为重庆市轨道交通线网中呈东西走向的一条骨干线路，是目前我国建成的第一条山城地铁工程。朝天门—沙坪坝段是本线一期工程的第一段工程，线路全长约16.5km，设13座地下站、1座半地面半高架站、马家岩停车场一座、高庙村主变电所一座、两路口控制中心一座，以及供电、通风、通信、信号、AFC等机电设备系统。

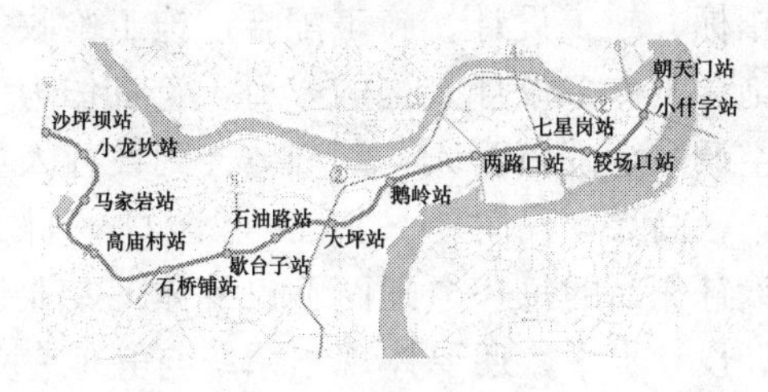

重庆地铁一号线（朝天门—沙坪坝段）线路示意图

该工程通风空调系统设计内容由以下四部分组成：车站站厅和站台公共区通风空调兼防排烟系统、区间隧道正常通风和事故通风兼排烟系统、车站设备管理用房通风空调兼防排烟系统、空调水系统。

重庆市轨道交通一号线工程（朝天门—沙坪坝段）总投资约81亿元，其中通风空调系统投资约为1.8亿元。

二、工程设计特点

重庆市轨道交通一号线工程（朝天门—沙坪坝段）通风空调系统设计，在节约土建初投资、降低系统运行能耗及满足运营切实需求等方面具有明显的特点和创新。

（1）采用单活塞风道，在满足使用功能的前提下，简化系统，与采用双活塞风道相比，全线采用单活塞风道方案可节约土建投资约1.5亿元（估算）。

（2）该工程首次采用再生制动＋电阻与逆变混合吸收系统，取消轨底风道，同时降低排热风机容量，既节约土建投资又降低运行能耗。

（3）车站公共区通风空调设备以及排热风机采用变频风量调节，提高了系统适应部分负荷工况的性能，降低了运行能耗。

（4）设备与管理用房合设空调系统，管理用房末端就地设置风量调节，可以适应管理用房不同季节（空调季节与非空调季节）、不同负荷时的调节需求，体现了人性化设计理念。

（5）充分利用地铁系统的自身特点，在超长出入口通道内设置无新风的风机盘管系统，采用集中控制方式，既简化系统布置又节约了新风系统运行能耗。

① 编者注：该工程主要设计图纸参见随书光盘。

（6）站台火灾工况下，不打开屏蔽门而实现楼扶梯口的1.5m/s向下风速，避免了站台火灾时开启屏蔽门有可能导致乘客误入轨行区而引发二次伤害的风险。

（7）采用阵列式土建消声器，一方面在阻力相对减少的同时，获取较好的消声效果，使之达到环保要求；另一方面灵活适应土建风道，方便现场施工安装。

三、设计参数及空调冷热负荷

（1）室外空气计算参数：分公共区和附属区两部分。

公共区：夏季空调室外计算干球温度33.8℃；夏季空调室外计算湿球温度31.5℃；

冬季通风室外空气计算干球温度7℃；冬季采暖室外空气计算干球温度4℃；

附属区：夏季空调室外计算干球温度36.5℃；夏季空调室外计算湿球温度27.3℃

夏季通风室外空气计算干球温度33℃；冬季通风室外空气计算干球温度7℃。

（2）室内设计参数：分公共区和附属区两部分。

公共区：夏季空调站台计算干球温度29.0℃；夏季空调站厅计算干球温度30.0℃；夏季空调站厅、站台计算相对湿度45%～65%；隧道内正常运行时，日最高平均温度≤40℃；区间阻塞时，列车顶部最不利点温度≤45℃。

附属区：管理用房同办公室；设备用房满足工艺要求。

（3）空调冷负荷值：全线车站公共区空调冷负荷为每站650～1170kW；设备及管理用房空调冷负荷每站300～500kW。

车站不设置采暖系统。

四、空调冷热源及设备选择

该工程车站冷负荷集中的一端设有冷冻机房及控制室，公共区和设备及管理用房区域合用空调冷源，采用无级调节双螺杆式水冷机组，每个车站设置两台，每台制冷量为580～935kW，能效等级为2级以上。地面设置低噪声冷却塔，并设有变频控制，以减少噪声。空调冷冻水及冷却水系统设有水处理设备。

冬季不设置采暖系统。

五、空调系统形式

该工程公共区及附属区分别设置空调系统，采用一次回风双风机全空气集中空调系统形式，车站两端均设有通风空调机房，机房内设置组合式空调机组、空气处理机、回排风机等设备，风口采用散流器、百叶等形式；出入口通道采用风机盘管降温的空调形式。公共区通风空调系统采用紫外线杀菌的空气净化方式。

六、通风、防排烟及空调自控设计

该工程设有综合监控及火灾自动报警系统，对车站及区间的通风、防排烟及空调系统采用三级控制。在全线的控制中心设有中央控制系统，监控区间的设备和监视车站的部分设备；每个车站的车控室设置车站级控制系统，监控车站公共区及附属区的设备；每个车站的通风空调电控室设有就地控制系统，对每个设备就地控制。全线通风、防排烟及空调系统按照每个车站的运行工况表，执行相应的运行模式，可以手动控制也可以自动控制。

七、设计体会

该工程从勘察到竣工通车试运营，历时5年，经历了可研、总体设计、初步设计、设备招标、施工招标、施工设计、施工配合、施工验收等阶段，饱含了许多设计人员的心血，笔者作为一个通风空调系统的负责人，深刻体会到设计人员的艰辛，很高兴，我们是一个团结和谐的设计团体。

设计作品的每一个画面不仅要体现专业设计规范、设计水平，还要体现本系统与其他专业和系统的接口关系，更重要的是要体现相互协作、为业主服务的意识。一个成功的通风空调系统设计应该是：在满足环境要求的同时，有超前的设计理念，且系统和设备便于操作、便于维护、便于管理，缺一不可。

目前通风空调系统运行良好，基本达到了设计效果，我们一直关注工程的运行情况，并收集各种测试数据，从中分析并总结经验教训，希望对以后的轨道交通设计提供借鉴。

苏宁电器总部暖通设计①

- 建设地点 江苏省南京市
- 设计时间 2009年7～10月
- 竣工日期 2011年3月
- 设计单位 南京长江都市建筑设计股份有限公司 [210001] 南京市洪武路328号
- 主要设计人 蔡宗良 韩亮 陈巍巍 储国成 江丽 周姜象
- 本文执笔人 韩亮
- 获奖等级 民用建筑类三等奖

作者简介：

韩亮，男，1977年2月生，高级工程师，1999年毕业于南京建筑工程学院供热通风与空调工程专业，本科，现在南京长江都市建筑设计股份有限公司工作。主要代表作品：苏宁总部工程、苏宁睿城项目、南京银行总部等。

一、工程概况

该项目为苏宁电器集团总部办公基地，包括集团总部及房地产、酒店、百货各产业总部办公，是一个集办公、研发、展示、信息、接待、培训为一体的企业总部结合建筑群。

二、工程设计特点

（1）采用水蓄冷中央空调方案采用低谷电价蓄冷，高谷电价释冷的系统方式。

（2）空调水系统采用一次泵二次泵变流量系统。

（3）一号楼采用VAV变风量空调系统。

三、设计参数及空调冷热负荷

（1）夏季空调室外设计计算干球温度：35℃；夏季空调室外设计计算湿球温度：28.3℃。

（2）办公夏季室内设计温度24℃，相对湿度60%，会议夏季室内设计温度26℃，相对湿度60%。

（3）A地块夏季冷负荷：4049USRt，B地块夏季冷负荷：1800USRt。

四、空调冷热源及设备选择

该工程冷源采用水蓄冷空调系统，A地块冷源为5384m³蓄冷水池和3台900RT离心冷水机组。B地块冷源为5384m³蓄冷水池和三台650RT离心冷水机组。

（1）空调水系统采用一次泵变流量、二次泵变流量两管同程系统。

（2）一号楼空调风系统内区采用VAV空调系统，外区窗边采用风机盘管空调送风系统。

（3）二号楼礼堂采用座位送风空调系统。

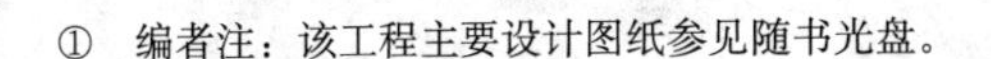

① 编者注：该工程主要设计图纸参见随书光盘。

五、通风、防排烟及空调自控设计

（1）该工程新排风设置竖向热回收系统。

（2）二次变频泵根据末端负荷的需求调节流量，次泵变频依据一次泵系统最不利环路上的压差传感器控制一次泵变频。

六、设计体会

（1）水蓄冷空调系统在实际运行中起到了良好的经济效益，而且系统运行稳定。

（2）二次泵变流量系统在设计中需要有准确的自控策略和水蓄冷空调系统相适应。

香港新世界花园1号房①

- 建设地点　上海市
- 设计时间　2009年1～12月
- 竣工日期　2010年8月
- 设计单位　上海中房建筑设计有限公司
  [200021] 上海市中华路1600号19楼
- 主要设计人　王翔　焦满勇　姚健　刘志繁
- 本文执笔人　王翔
- 获奖等级　民用建筑类三等奖

作者简介：

王翔，男，高级工程师，1989年毕业于同济大学供热通风及空调工程专业，现在上海中房建筑设计有限公司工作。主要设计代表性工程有：上证所卫星地球站、上海世博会挪威馆、香港新世界花园、金光WESTIN酒店北楼改造等。

一、工程概况

香港新世界花园地处上海卢浦大桥浦西侧，1号房超高层商业办公楼位于该工程地块的西南角；该号房总建筑面积约8万m^2，其中地上部分约6.35万m^2，地下部分约1.65万m^2。

1号房底层为大堂，层高6m；二～四层为商业，层高4.5m；五层及以上为办公楼层（其中15层、26层为避难层），层高均为4m，标准办公楼层面积1704m^2；地下一～地下三层主要功能为设备、辅助用房和机动车库，层高均为4.5m。

标准层办公楼层平面呈南北向长的椭圆形。建筑立面设计以横向带窗和横向线条组合为主题，结合弧形挺拔的建筑形体和铝板幕墙的质感展现出现代办公建筑的特征。

1号房注重节能保温设计，外幕墙采用了岩棉复合板和断热低辐射中空玻璃窗，其中30%的窗可在过渡季节开启通风。

二、工程设计特点

（1）四管制风机盘管＋设备层集中送空调新风。

（2）过渡季、冬季利用冷却塔＋板式换热器提供空调冷水。

（3）塔楼消防加压送风系统设置动态余压控制。

三、设计参数及空调冷热负荷

主要功能区室内设计参数如表1所示。

室内设计参数　　表1

房间名称	夏季		冬季		新风量(CMH/P)	允许噪声[dB (A)]
	温度(℃)	相对湿度(%)	温度(℃)	相对湿度(%)		
大堂	27	≤65	18	≥40	20	50

① 编者注：该工程主要设计图纸参见随书光盘。

续表

房间名称	夏季		冬季		新风量(CMH/P)	允许噪声[dB (A)]
	温度(℃)	相对湿度(%)	温度(℃)	相对湿度(%)		
办公	25	≤55	20	≥40	30	45
商业	25	≤60	20	≥40	20	50
电梯厅及走廊	26	≤60	20	≥40	20	50

空调总冷负荷 7695kW，空调总热负荷 3629kW，空调冷负荷指标 96W/m²，空调热负荷指标 45W/m²。

四、空调冷热源及设备选择

（1）空调冷源由设在地下三层制冷机房内三台制冷量为 650RT 的离心式冷水机组和一台 300RT 的螺杆式冷水机组制备；冷水机组对应冷却塔设置于塔楼屋顶；空调冷水供/回水温度为 7℃/12℃，冷却水供/回水温度为 32℃/37℃。空调热源由锅炉产生的高温热水经换热器换热而得，空调热水供/回水温度为 60℃/50℃，空调热水换热器设在地下一层锅炉房内，设三台板式水—水换热器，每台换热量为 1400kW。由于建筑在过渡季节和冬季仍有供冷的需求，在室外湿球温度 5℃以下时，可关闭制冷机，利用冷却塔＋板式换热器提供空调冷水，冷却水供/回水设计温度为 9℃/11.7℃，空调冷水供/回水温度为10℃/15℃。

（2）为满足将来租户电脑机房等特殊冷却的需求，设 24h 冷却水系统（按办公面积的 5%为电脑机房、机房冷量 350W/m² 计算容量），冷却塔设在塔楼屋顶。24h 冷却水系统设供水温度低限（18℃）控制。

五、空调系统形式及空调自控设计

1. 空调水系统设计

（1）空调水系统采用四管制形式，以 15 层为界分为低区（B3 层～十五层）和中高区（十六～三十五层）。十六层以上中高区的办公空调供冷由 2 台板式换热器供给，总供冷量为 4300kW，供/回水温度为 8℃/13℃。中高区的办公空调供热由 2 台板式换热器供给，总供热量为 2060kW，供/回水温度为 55℃/45℃。

（2）冷水机组侧、锅炉/空调板换侧空调水循环泵按一机一泵对应定流量运行，集、分水器压差旁通控制；在冷却塔供冷工况时冷却水、空调冷水循环泵均转换为变频控制；中高区的空调冷热水循环泵均按立管末端压差变频控制；24h 冷却水系统循环泵可变频调节流量以满足客户的流量需求。

（3）楼层压差平衡控制：在各楼层风机盘管水系统干管设电动开关阀及动态压差平衡阀，楼层压差控制范围均为 0.015～0.15MPa。

2. 空调风系统

（1）办公、商业区的空调系统为风机盘管＋新风的方式，标准层内外分区，内区采用单冷盘管、外区采用冷热双盘管。

（2）标准层新风经新风空调处理机组（在十五层、二十六层集中设置，可变频调节风量）处理至室内等含湿量点后由新风立管（按静压复得法确定管径）接至各标准层再分 4 台 CAV 送至各空调房间。

（3）一层大堂采用一次回风全空气空调系统（组合式空调机组设在地下一层）。

六、通风、防排烟设计

（1）防烟楼梯间、合用前室均设置独立的正压送风系统。塔楼加压系统竖向按一～十五层和十六～三十五层分别划分系统，设置动态余压控制。

（2）标准层设 6 个办公房间（面积均小于 300m²），采用内走道机械排烟、办公室设房间面积 2%的可开启外窗自然排烟方式；对于将来可能出现的大于 500m² 办公区须机械排烟及补风的情况，考虑预留排烟量达 36000m³/h 的排烟管尺寸，并可将办公区排风立管切换至补风管（在避难层风机房预留补风机电源及位置）。

（3）一层东侧大堂（独立防烟分区）上部设自动排烟窗自然排烟，各层长度大于 20m 的封闭内走道、大堂、裙房商业等面积不小于 100m² 且经常有人的封闭房间均设有机械排烟系统。

（4）办公区、商业区、卫生间均设机械排风，其他无可开启外窗房间、设备用房均设机械通风。

（5）锅炉房、制冷机房均按设备不同运行工况设置对应的通风状态。

七、设计体会

1. 过渡季及冬季办公内区空调冷却塔供冷问题分析（详细分析比较可见笔者发表在《暖通空调》2009年第7期的文章：《冷却塔供冷系统设计方法》）

（1）开式冷却塔（采用冷水机组已配的冷却塔）＋板式热交换器的经济性：室外在空气湿球温度≤5℃时实现冷却塔供冷，对于办公、商场的空调系统（日运行时间为10h）估计可以在2～3年左右收回所增加的投资。

（2）冷却塔热工特性曲线和冷却水温差选取：根据ASHRAE手册中横流塔67%流量时的热工特性曲线，为了延长免费供冷时间，应适当减少冷却水温差，该项目取温差2.7℃、冷却水供水温度9℃、设计切换点为室外空气湿球温度5℃。

（3）内区盘管的冷却能力校核：对一般的办公、商场而言，考虑新风供冷能力后，内区冷却盘管供冷量只需为其夏季工况的69%左右就可满足要求。通过表冷器干球温度效率公式分析：在内区盘管选用有1.13倍余量时，提供10℃的空调冷水可以基本满足内区供冷要求。

2. 消防加压送风系统余压动态控制方法应用（详细介绍可见笔者发表在《建筑热能通风空调》2011年第5期的文章：《楼梯间及前室加压送风系统余压动态控制方法》）

该项目由某BA控制公司按设计要求设置了加压送风系统压差传感器控制，特点是在每层前室安装有压差探测开关，当前室压力（与内走道的相对压差）超过设定的压力值（如25Pa）时，发出触点信号至旁通阀控制器，开大风机出口处旁通风阀（开关型电动阀执行器）泄压，若前室压力小于设定的压力值（如25Pa）时，关小旁通风阀以增大送风压力，控制前室内压力在消防要求范围内。

上海市轨道交通七号线一期工程静安寺站①

- 建设地点 上海市
- 设计时间 2003年11月～2008年6月
- 竣工日期 2009年11月
- 设计单位 同济大学建筑设计研究院（集团）有限公司 ［200092］上海市四平路1230号
- 主要设计人 蔡珊瑜 高文佳
- 本文执笔人 高文佳
- 获奖等级 民用建筑类三等奖

作者简介：

高文佳，女，工程师，2007年毕业于同济大学暖通空调专业，现在同济大学建筑设计研究院集团（有限）公司工作。主要代表性工程有：新建铁路福厦线引入福州枢纽福州南站、哈大客专大连北站站房工程、宁波站改建工程宁波火车南站、兰州西客站站房工程、上海市轨道交通七，十，十二号线、苏州市轨道交通1，2，4号线等。

一、工程概况

上海轨道交通七号线静安寺站位于静安寺常德路上，其北端近南京西路，南端近延安西路，南北向布置。车站为地下三层结构，二层岛式车站，与轨道交通2号线静安寺站可换乘。车站标准段宽度18.6m，有效站台长度140m，站厅公共区面积2930m^2，站台公共区面积1690m^2。

二、工程设计特点

（1）本车站的空调系统是以站台安装屏蔽门，且屏幕门与土建同步安装完毕为前提进行负荷计算的。

（2）考虑到人员在地铁内部停留时间短，从列车到站台再到站厅，然后出到室外停留大约3min，故在确定室内设计参数时，站台到站厅设有1℃的温差，以便形成从室外—站厅—站台的合理温度梯度，让乘客体感舒适，且起到节能的作用。

（3）车站空调系统按照远期高峰客流设计，组合式空调器及回排风机均变频运行，可以很好的适应客流的变化，从而可以较大的降低系统运行能耗。

（4）合理划分系统，按照运行时段，及室内设计温度将系统分为公共区空调系统，设备用房空调系统，管理用房空调系统。

三、设计参数及空调冷负荷

夏季站内设计参数如表1所示，车站计算冷负荷1882kW（其中公共区计算冷量1300kW，管理用房区计算冷量382kW，2号线换乘通道220kW）。

站内设计参数 表1

<table>
<tr><th rowspan="2">房间名称</th><th colspan="2">夏季</th><th colspan="2">新风量</th><th rowspan="2">噪声</th></tr>
<tr><th>干球温度</th><th>相对湿度</th><th>空调季</th><th>非空调季</th></tr>
<tr><td>站厅公共区</td><td>28～29℃</td><td>45%～65%</td><td rowspan="2">≥12.6 m^3/(h·p) ≥10%</td><td rowspan="2">≥30m^3/h ≥5次/h</td><td>≤70dB（A）</td></tr>
<tr><td>站台公共区</td><td>27～28℃</td><td>45%～65%</td><td>≤70dB（A）</td></tr>
<tr><td>设备管理用房</td><td>27℃</td><td>40%～65%</td><td colspan="2">≥30m^3/(h·p)</td><td>≤60dB（A）</td></tr>
<tr><td>变电所</td><td>≤36℃</td><td>40%～65%</td><td colspan="2">—</td><td>≤60dB（A）</td></tr>
</table>

① 编者注：该工程主要设计图纸参见随书光盘。

四、空调冷源及设备选择

本站采用集中冷源中央空调系统，大小系统合用冷源，选用 2 台冷水螺杆式冷水机组供冷，机组额定冷量 1132kW/台，调节范围 15%～100%。水系统采用一次泵定流量系统，设置分水器，集水器，根据使用时间和系统分区，空调冷冻水分为四个环路，分别为Ⅰ端公共区空调设备供水，Ⅰ端区空调设备供/回水，Ⅱ端公共区空调设备供水，Ⅱ端设备区空调设备供水。如图 1 所示。

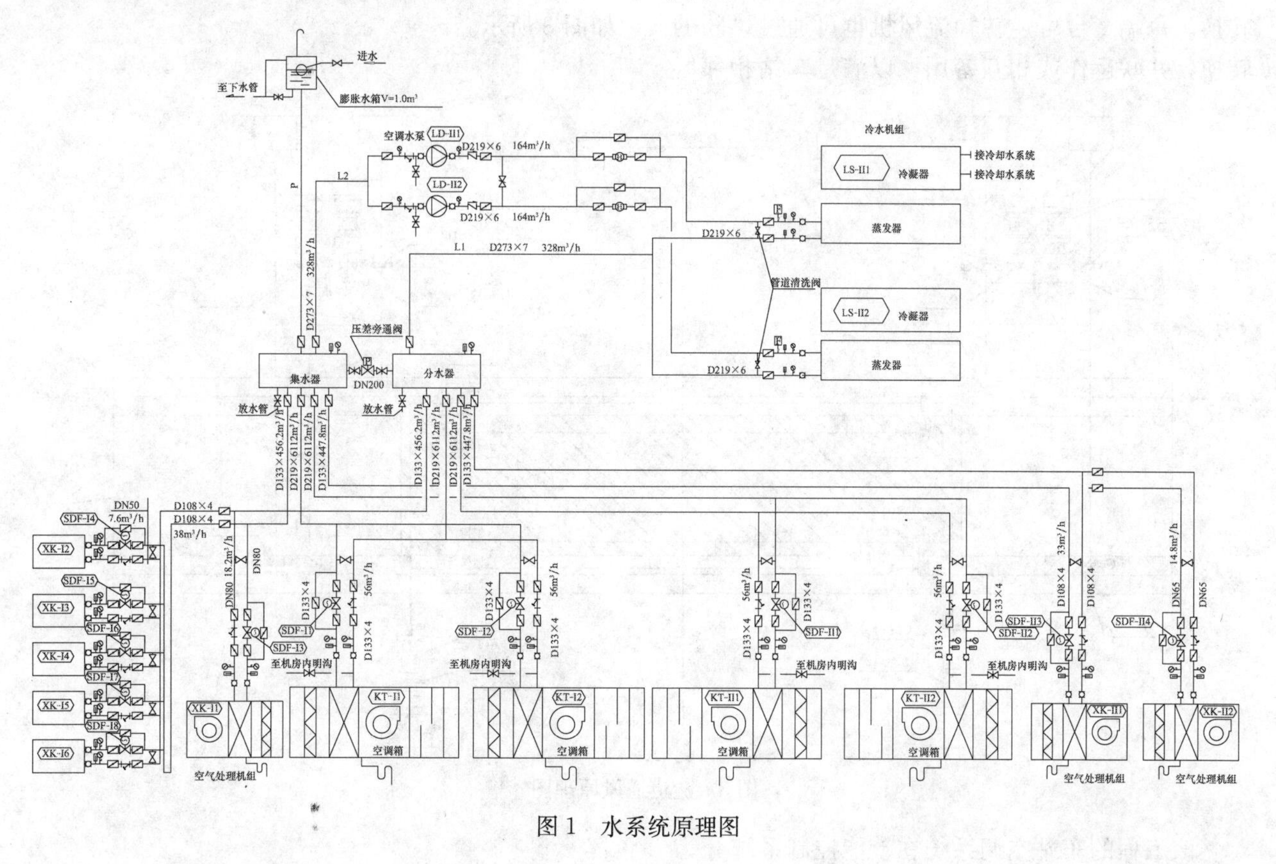

图 1　水系统原理图

五、空调系统形式

车站公共区采用一次回风全空气系统，站厅层（地下二层）两端环控机房内各设置 2 台组合式空调机组（风量 60000m³/h/台），2 台回排风机及 2 台新风机负责站厅站台公共区空调送风，气流形式均为二送二排，保证气流的均匀性。站厅站台选择不同的室内设计温度，其空气处理过程如图 2 所示。

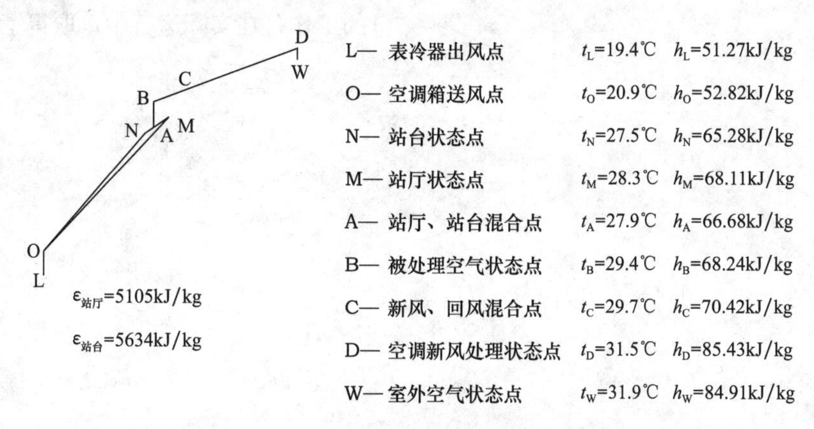

图 2　车站公共区空气处理过程

六、通风、防排烟及空调自控系统

车站两端区间通风机房分别设置 2 台可逆转耐高温轴流风机和相应活塞/机械风阀。通过相关风阀的启闭，系统可进行活塞通风或机械通风的转换。每端 2 台可逆转轴流风机也可通过风阀的转换，并联运作或相互备用，以满足车站相邻区间隧道正常工况，阻塞工况通风降温或火灾工况时的排烟要求。车站车行区间通风由两个系统（UPE/OTE-Ⅰ，UPE/OTE-Ⅱ）组成，每个系统负担一半车站的区间通风。系统由排热风机，车轨上部排热风道和站台下部排热风道组成。系统将列车停站时散发热量通过排风道直接排至地面。如图 3 所示。

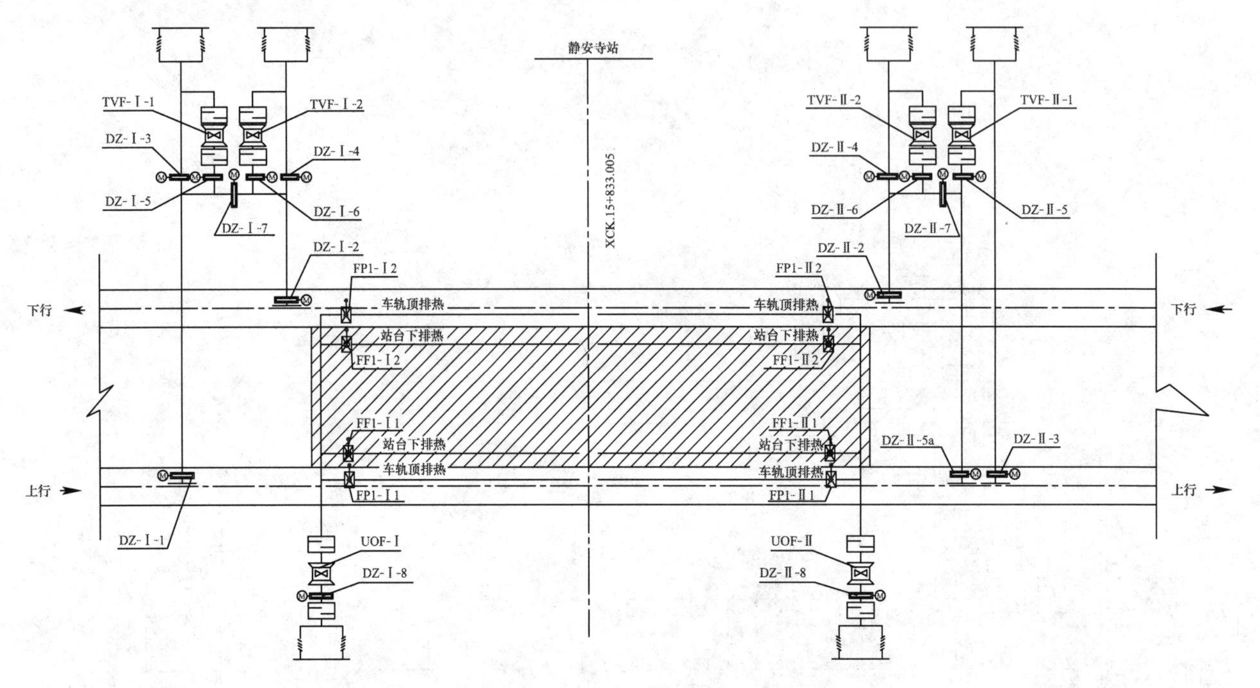

图 3 隧道通风原理图

该工程的车站空调系统在节能控制系统分为中央控制、车站控制、就地控制三级自动控制，就地控制优先。车站空调通风系统根据不同季节室外空气温湿度的变化，实行三种运行工况：最小新风空调工况、全新风空调工况、通风工况，控制系统根据检测到的室内外空气状态参数，控制相关设备及风阀实现不同运行工况的转换。

七、设计体会

在总结国内外轨道交通建设经验基础上，上海轨道交通七号线静安寺站的通风空调系统设计在满足系统功能的条件下，对降低系统运行能耗，设备、土建初投资以及方便系统运行管理方面做了大量的工作，在实际运行中也取得了一定的成果。

同济科技园A楼①

- 建设地点　上海市
- 设计时间　2009年4～12月
- 竣工日期　2011年5月
- 设计单位　同济大学建筑设计研究院（集团）有限公司
　[200092] 上海市四平路1230号
- 主要设计人　刘毅　张华　周谨
- 本文执笔人　刘毅
- 获奖等级　民用建筑类三等奖

作者简介：

刘毅，男，1964年10月生，教授级高工，副总工程师，建筑设计一院副院长，1986年毕业于同济大学暖通专业，现在同济大学建筑设计研究院（集团）有限公司工作。主要作品有：上海世博会主题馆、未来馆和新能源中心、温州大剧院、中国银联上海信息处理中心、上海中心大厦、东莞市科技馆等。

一、工程概况

该项目为上海市四平路原巴士一汽立体停车场改造项目，原建筑曾为上海单层面积最大的立体停车场，单层面积约15000m^2（150m×100m），具有体量大、层高高的特点。计划改造为同济大学建筑设计院（集团）有限公司总部办公楼，为典型的大空间办公性质。

工程总建筑面积65420m^2，层数为5层，建筑高度为23.95m，其中一～三层为原有建筑，四层、五层为加建钢结构楼面。

二、工程设计特点

结合原有建筑的大空间形式以及办公楼使用性质，在满足使用灵活、方便的前提下，考虑建筑的特点对空调系统的要求，通过采用合适的空调形式及系统实现节能、环保的理念。主要体现在以下几个方面：

（1）采用与不同的使用性质相对应的空调系统，以满足灵活多变的使用要求。

（2）空调系统设计与自控系统设计紧密结合，提高系统的智能化水平，减少由于人为因素所造成的能源浪费。

（3）空调设备采用热回收形式，回收排风中的能量，减少大楼空调系统能耗。

三、设计参数及空调冷热负荷

1. 室外计算设计参数

夏季：空调计算干球温度34.0℃、湿球温度28.2℃；

冬季：空调计算干球温度－4.0℃、相对湿度75%。

2. 室内设计参数

展厅：夏季26℃、60%，冬季18℃、30%；

餐厅：夏季26℃、65%，冬季18℃、30%；

报告厅：夏季26℃、65%，冬季20℃、40%；

办公：夏季26℃、65%，冬季20℃、40%；

计算机主机房：夏季23±2℃、45%～65%；冬季20±2℃、45%～65%。

3. 空调冷、热负荷

冷负荷：7743kW；

热负荷：3842kW。

4. 负荷指标

冷耗指标：0.118kW/m^2；

热耗指标：0.06kW/m^2。

四、空调冷热源及设备选择

空调系统的冷、热源根据建筑物规模、用途、

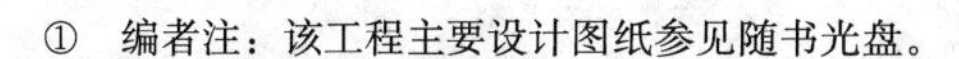

① 编者注：该工程主要设计图纸参见随书光盘。

建设地点的能源条件以及国家节能减排和环保政策的相关规定综合考虑确定。

该工程采用两种冷热源形式：

一层公共区域采用两台制冷量为696kW的风冷直接蒸发式热泵机组作为系统的冷热源。

二～五层大空间办公区域采用直接蒸发式变冷媒热泵机组作为系统的冷、热源。室外机共设置84组。

四层计算机主机房根据其设备工艺要求，采用机房专用精密空调。

五、空调系统形式

1. 空调水系统

一层公共区域主要是报告厅、会议室、职工餐厅、行政办公，采用机械循环异程式闭式两管制系统，低位定压装置定压。

2. 空调风系统

门厅、展览厅、报告厅采用全空气低速风管系统，根据建筑布局及使用特点，采用不同送风形式：门厅采用喷口侧送风形式，展览厅采用顶送风形式，报告厅采用座椅送风形式。一层其他小会议室、行政办公等区域采用风机盘管＋新风系统，同时设置了相应的排风系统以维持空间压力平衡。

二～五层大空间采用了直接蒸发式变冷媒热泵机组＋新风系统，结合其单层面积大，进深深的特点，系统分内、外区分别设计。根据建筑围护结构特点，外区进深采用5～6m。分区的设计形式可满足内、外区温度控制灵活的使用要求；并且在过渡季节可仅开启外区空调系统进行制冷、制热，由于围护结构负荷在外区已被处理，故内区空调系统不运行，可实现节能目的；在冬季，内、外区还可采用不同的运行模式（内区制冷，外区制热），由于不存在变风量系统的冷风再热现象，故大大减小了“冷热抵消”现象，有利于空调系统的节能。

大空间办公区域的新风系统采用冷凝排风热回收系统，该系统通过房间排风改善冷凝器（冬季为蒸发器）的工况以提高机组COP，同时，排风系统的设计可达到房间风量平衡的目的，在维护结构气密性较好的情况下，有利于新风的输送。

六、空调自控设计

该工程设置了一套楼宇设备控制管理系统(BAS)，系统由中央工作站、网络服务器、直接数字控制器、各类传感器及电动阀等组成。

1. 热泵机组群控

热泵机组的控制可依据通信协议进行控制，即通过网络随时可了解热泵机组的各项参数。通过对机组参数的分析，根据不同时节的具体工况，可以控制热泵机组的运行。

2. 直接蒸发式变冷媒热泵机组的控制

直接蒸发式变冷媒热泵机组、冷凝热回收新风机组独立组网、自成系统。除支持现场控制面板手动调节外，在公共区域亦可由中央工作站按季节、作息时间进行集中设定。

对于大空间办公区域采用的直接蒸发式变冷媒热泵机组系统设置末端计费系统，以统计能量消耗；设置群控系统，定时开、关机：晚间十点第一次全部关机，十二点第二次全部关机，对于加班区域由人员单独手动开启区域空调系统，以实现灵活、节能的目的；群控系统与灯具照明联控，当确认空间最后一人离开时，系统自动关闭该空间所有内、外机。

七、设计体会

（1）空调系统形式的合理性是由于其所服务区域的实际使用性质及要求所决定的，并不应简单地认为集中式空调形式在节能、运行管理方面定然优于系统规模较小的相对独立的空调系统。

（2）空调系统应与自控系统紧密结合，在实际使用过程中做到“人在即开，人走即停”的节能运行模式，避免由于人为因素而造成不必要的能源浪费。

陆家嘴金融贸易区 B3-5 地块发展大厦（现名：时代金融中心）[①]

作者简介：

张伟程，男，1969 年 12 月生，高级工程师，东华大学本科毕业，注册公用设备工程师（暖通空调），现任机电一所暖通专业总工程师。主要代表作品：第二医科大学教学科研综合楼、上海市政协文化俱乐部改扩建工程、瑞金医院科技教学大楼、上海市公共卫生中心、上海国际汽车城大厦、上海光源工程、上海虹桥科技产业楼 1、2 号楼、陆家嘴金融贸易区 B3-5 地块发展大厦（现名：时代金融中心）等。

- 建设地点　上海市
- 设计时间　2006 年 5～12 月
- 竣工日期　2008 年 4 月
- 设计单位　上海建筑设计研究院有限公司
  ［200040］上海市石门二路 258 号 12 楼
- 主要设计人　张伟程
- 本文执笔人　张伟程
- 获奖等级　民用建筑类三等奖

一、工程概况

该项目位于上海市浦东陆家嘴金融贸易区 B3-5 地块，在银城中路和银城东路交叉口北侧，是一栋超高层办公建筑。该项目占地面积 $9629m^2$，主体建筑规划限高 239m，楼高地下 3 层、地上 46 层。总建筑面积 $101096m^2$，其中地上建筑面积 $84905m^2$，地下建筑面积 $16191m^2$。

建筑外观

二、工程设计特点

（1）该工程为 250m 的超高层建筑，空调水系统高、低分区，为四管制变流量闭式机械循环系统。

（2）冷源均采用电动离心式冷水机组，三大一小的配置形式。

（3）热源采用常压型电热水锅炉生产的蓄热水系统，分设 4 个独立的系统，机房布置于各设备层。

（4）蓄热水系统在夏季可作为蓄冷用，可部分满足新风系统的预冷负荷。

（5）另外设置了 24h 专用冷却水系统，采用闭式冷却塔，该系统同样高、低分区。

（6）基本以全空气变风量（VAV）空调系统为主，内外区分设空调箱；大厅采用定风量分层空调与顶部机械通风相结合的形式。

（7）利用天然冷源，设置冷却塔冬季免费供冷系统，冷却塔风机采用变频调速控制。

（8）空调冷冻水、冷却水和热水循环系统均采用大温差供/回水系统。

（9）VAV 空调系统的新风量采用室内 CO_2 浓度控制。

（10）地下车库采用集中风机加诱导风机的通风方式，并采用 CO 浓度控制。

① 编者注：该工程主要设计图纸参见随书光盘。

(11) 标准层的大空间办公采用机械排烟系统，并设置了带自动执行机构的自然补风口。

三、设计参数及空调冷热负荷

1. 室外空气计算参数

夏季：空调计算干球温度37.0℃；

空调计算湿球温度29.0℃；

通风计算干球温度32.0℃；

冬季：空调计算干球温度−4.0℃；

空调计算相对湿度75%。

2. 室内空气设计参数（见表1）

室内空气设计参数　　　表1

房间名称	夏季		冬季		人均使用面积 (m^2/p)	新风量 [$m^3/(h\cdot p)$]	噪声 [标准 dB (A)]
	温度 (℃)	相对湿度 (%)	温度 (℃)	相对湿度 (%)			
大堂	25	≤50	20	—	5	20	≤55
餐厅	24	≤60	20	≥40	3	25	≤45
办公	24	≤50	20	≥40	10	36	≤45
会议	24	≤50	20	≥40	10	36	≤45

注：舒适性空调要求的房间的温湿度允许在一定的范围内波动。

该工程夏季空调计算冷负荷13109kW (3728RT)，冬季空调计算总热负荷5332kW。单位建筑面积冷、热负荷指标分别为130W/m^{2}和53W/m^2。

四、空调冷热源及设备选择

(1) 采用电动水冷式冷水机组作空调冷源，设计采用额定制冷量为3868kW (1100RT) 的离心式机组3台和1406kW (400RT) 的离心式机组1台，总装机制冷量为13010kW。空调冷水采用双级泵系统，管路高低区设置，低区的供/回水温度为5℃/12℃，高区的供/回水温度为6.5℃/13.5℃。

(2) 采用常压型电热水锅炉生产的蓄热水系统作为空调热源，电锅炉在晚间电价谷时段 (22:00至次日6:00) 运行，将热水由45℃加热至90℃，并储存热量于蓄热水箱内。蓄热水系统在夏季可作为蓄冷用，满足新风系统一定的预冷负荷。空调热水采用一级泵系统，分别由4个独立的子系统组成，其供/回水温度为50℃/40℃。各子系统的常压型电热水锅炉、蓄热水箱及其热水循环泵均位于各自系统的最高点而向下供水。

(3) 系统同时还设置2台板式热交换器，过渡季及冬季，冷水机组停止运行，该板式热交换器投入运行，利用冷却塔的冷却能力，产生较低温的冷冻水。

五、空调系统形式

(1) 首层大堂采用单风管定风量一次回风式全空气低速空调系统，由喷流型风口和普通条形风口共同承担送风，以使气流分布均匀。沿大堂外墙设置地台下嵌式电热型暖风机用于冬季运行，以平衡围护结构的失热。

(2) 一、二层办公、商务等用房采用四管制风机盘管。其中一层内部办公、二层商务等用房分别设置独立新风系统。

(3) 二、三层餐厅采用单风管定风量一次回风式全空气低速空调系统，气流组织为上送上回。

(4) 裙房的四～六层和标准层的办公区均采用变风量 (VAV) 全空气低速空调系统，空调箱设置在各楼层机房内。气流组织为上送上回。VAV服务的房间分为两个区域，靠外围护结构4m的范围为外区，其余为内区。内外区均由各自专用的空调箱提供。对于专用于内区的空调箱，其运行时常年供冷；对于专用于外区的空调箱，其运行时则夏季供冷冬季供热。所有内外区的空调系统均采用关断式无动力型VAV末端送风。

(5) 地上建筑的所有新风（一层办公和二、三层餐厅的新风除外）由集中设置的新风空调机组提供。新风空调机组采用自动变频调速控制，以维持送风管内压力恒定。所有新风在进入VAV空调箱的分支风管上均设有定风量装置，可根据实际需要自动调节。所有新风空调机组设有预冷盘管，提供部分蓄热水箱在夏季运行作蓄冷用时的负荷。

六、通风、防排烟及空调自控设计

(1) 地下车库、设备机房均设有通风措施，以排除设备放出的热量。

(2) 厨房设有灶台排风，油烟气经净化后排至室外高空。

(3) 所有厕所、茶水间设有机械排风系统。

（4）柴油发电机房设有独立的通风措施，维持机房燃烧、排除余热，并保证卫生要求。

（5）日用油箱间、煤表房设有独立的通风措施，通风装置采用防爆型风机。

（6）裙房内大堂的上部共享空间设有机械送、排风系统。

（7）空调服务区域设有机械排风措施，以保证新风的送入。

（8）地下汽车库，利用平时机械排风系统作火灾时机械排烟系统。其中无通室外车道的部分采用机械补风，补风量不小于排烟量的 50%；有通室外车道的部分采用自然补风。

（9）裙房内大堂的上部共享空间设有机械排烟系统，自然补风。

（10）所有地上建筑内面积大于 $100m^2$ 的无外窗房间均设有机械排烟设施，自然补风（补风机构消防时自动开启）。所有地上建筑内的走道均设有机械排烟设施。

（11）所有楼梯间、合用前室均设置机械加压送风系统。

（12）所有封闭避难间设置机械加压送风系统。

（13）个别配置气体灭火系统的特殊重要设备用房，设置机房启动灭火后的自动通风装置。

（14）日用油箱间、煤表房设有独立的机械通风系统，通风装置采用防爆型风机。

（15）该项目中设有楼宇自动控制系统（BAS），通风设备、空调机组、冷热源设备等的运行状况、故障报警及启停控制均可在该系统中显示和操作。

（16）冷热源机房自控：根据冷热负荷的需要进行冷热源机组的运行台数控制，优化启停控制，启停联锁控制，以及所有空调通风设备的运行状态和非正常状态的故障报警等。

（17）定风量空调房间和变风量空调各区域均设置温度自动控制，除大堂外冬季时另设湿度控制。

（18）空调机组过滤器设有压差信号报警，当压差超过设定值时，自动报警或显示。

（19）变风量空调和通风风机的变频调速控制。

（20）空调冷冻水二、三次循环泵和热水一次循环泵的变频调速和台数控制。

（21）水—水热交换器的一次侧回水管上设有电动调节阀，根据二次侧出水温度来调节一次侧的水流量。

（22）冷却水塔的出水温度控制，其中包括进出水塔的水流分配控制和水塔风机的调速控制。

（23）为防止冷水机组的冷却水进水温度过低，在冷却水进出总管处设置一个电动温控旁通调节阀，根据进水温度调节其旁通流量。

（24）地下车库的机械通风系统采用室内空气污染浓度控制启停。

（25）VAV 空调系统的新风补风量采用室内 CO_2 浓度控制。

七、设计体会

（1）热源采用常压型电热水锅炉生产的蓄热水系统，夜间全量蓄热，白天不开锅炉。充分利用夜间低谷电，削峰填谷。同时蓄热水箱在夏季也可作为蓄冷用，可部分满足新风系统的预冷负荷。

（2）办公基本以全空气变风量（VAV）空调系统为主，内外区分别处理，以适应不同负荷需要。

（3）空调冷水采用 7℃大温差供/回水系统，节约运行能耗，同时节约初投资。

（4）标准层的大空间办公机械排烟系统，采用环管形式，一是方便装修任意分隔，只要在环管上按需开口即可；二可减少竖向井道，节约面积。

武汉中鄂联房地产股份有限公司塔子湖全民健身综合楼①

作者简介：

陈焰华，男，1963年11月生，院副总工程师，教授级高工，1983年毕业于湖南大学，现任机电设计院院长、中信建筑科学研究院院长。主要设计代表作品：武汉销品茂、武汉东湖宾馆梅岭一、二、三号楼、神农架党委政府接待中心、武汉群光广场、武汉瑞通广场、武汉香格里拉大饭店、武汉三角湖外国专家服务中心等。

- 建设地点　武汉市
- 设计时间　2006年2～7月
- 竣工日期　2008年4月
- 设计单位　中信建筑设计研究总院有限公司（原武汉市建筑设计院）[430014] 武汉市江岸区四唯路8号
- 主要设计人　陈焰华　贾鲁庄　张兵　武笃福
- 本文执笔人　陈焰华
- 获奖等级　民用建筑类三等奖

一、工程概况

武汉塔子湖体育中心位于江岸区后湖乡金桥大道旁，为第六届全国城市运动会的重点建设项目。一期工程占地面积745亩，总建筑面积5.7万m^2左右，项目总投资6.3亿元。规划建设了第六届城市运动会所需的垒球、曲棍球、飞碟、射箭4个项目比赛场和3个热身训练场及总建筑面积1万m^2的比赛场附属设施，总建筑面积43959.3m^2的全民健身大楼。六城会后，改建成为华中地区最大的体育主题公园，成为武汉全民健身活动中心。

武汉塔子湖全民健身中心外景

健身综合楼为塔子湖体育中心的主体建筑，外姿雄健靓丽，建筑面积43959.3m^2，建筑高度23.50m，局部地下1层，地上框架4层。大楼外形为矩形与弧的组合体，整体上形成优美流畅、凸凹彰显的视觉冲击效果。主要设置有多功能厅、羽毛球馆、体育时尚店、健身馆、桑拿房、电子竞技、体育书市、休闲吧、网球场、乒乓球馆、游泳池等。

二、工程设计特点

空调冷、热源采用水源热泵系统和水蓄冷（热）系统。

空调水系统采用二管制，设计为一次泵变水量双管制机械循环系统。

在大楼地下一层的冷热源机房内设2台高温型水源热泵机组（单台制冷量1350kW、制热量1360kW，热水出水温度65℃）和1台中温型水源热泵机组（单台制冷量1350kW、制热量1490kW，热水出水温度45℃），并利用消防水池和蓄冷（热）水池进行蓄冷蓄热。

根据工程场地水文地质勘察资料和抽水回灌试验报告设计采用抽水井4口、回灌井7口（后根据实际运行及回灌情况增补两口回灌井），抽取的地下水经板式换热器置换冷量或热量后全部密闭回灌到同一含水层。

① 编者注：该工程主要设计图纸参见随书光盘。

夏季利用消防水池、蓄冷水池进行蓄冷，在夜间电力低谷时段利用两台机组串联蓄冷供白天电力高峰时段使用，实现移峰填谷，得到优惠的电价政策，实现节省运行电费的目的。蓄冷运行温度为4℃/12℃，蓄冷量为15490kWh，负荷侧供/回水温度为8℃/13℃。蓄热运行温度为65℃/50℃，蓄热量为17445kWh，负荷侧供/回水温度为56℃/46℃。

三、设计参数及空调冷热负荷

室外设计参数按武汉地区气象参数选取。

室内设计参数如表1所示。

室内设计参数　　表1

房间	夏季		冬季		新风量 [m³/(h·p)]	噪声 [dB (A)]
	t (℃)	φ (%)	t (℃)	φ (%)		
餐厅	25	65	18	40	20	50
健身馆、羽毛球、台球馆	26	60	18	40	20	45
多功能厅	25	60	20	40	20	30
大厅	26	60	20	35	20	50
游泳厅	28	75	27	75	20	55
休闲吧、管理、更衣	26	60	20	40	20	40

空气调节系统的夏季逐项逐时冷负荷综合最大值为5400kW，单位冷负荷指标128W/m²；空调热负荷3100kW，单位热负荷指标：73W/m²。

四、空调冷热源及设备选择

在大楼地下一层的制冷机房内设2台高温型水源热泵机组（单台制冷量1350kW）和1台中温型水源热泵机组（单台制冷量1350kW），并利用消防水池和蓄冷（热）水池进行蓄冷蓄热。

水源热泵机组利用地下水作为热源，抽取的地下水经板式换热器置换冷量或热量后全部密闭回灌到同一含水层，并不得对地下水资源造成浪费及污染。在抽水、回灌管路上均装设计量仪表和取水管口，以对抽水量、回灌量和水质进行定期监测。

夏季利用消防水池、蓄冷水池进行蓄冷，在夜间电力低谷时段利用两台机组串联蓄冷供白天电力高峰时段使用，实现移峰填谷，得到优惠的电价政策，实现节省运行电费的目的。蓄冷运行温度为4℃/12℃，蓄冷量为15490kWh，负荷侧供/回水温度为8℃/13℃。蓄热运行温度为65℃/50℃，蓄热量为17445kWh，负荷侧供/回水温度为56℃/46℃。空调冷水系统输送能效比为0.0175。空调冷、热水系统由高位膨胀水箱进行定压补水，补水经全自动软水器软化处理。冷却水采用激光综合水处理器杀菌、灭藻、防锈。

在大楼地下一层的锅炉房内，设置2台2.1MW常压燃气热水锅炉供应生活热水，供/回水温度为95℃/70℃。锅炉和热交换器循环系统设膨胀水箱定压，通过软水器为膨胀水箱补充软化水。

五、空调系统形式

空调水系统为一次泵变流量双管制机械循环系统，连接空调机组的水平管路采用异程式系统，每层水平管路供水管上设Y形过滤器，回水管上设流量平衡阀，供回水管上均设温度计和压力表。水源热泵机房供回水管上设压差旁通控制器，放冷水泵及两台空调末端循环水泵采用智能化节电控制装置，可以根据空调末端负荷变化对循环水泵进行智能化变频调节，既满足冬夏季水路系统的不同管路输送特性要求，又可以根据空调末端负荷变化充分地降低水泵的运行能耗；同时对设备负载变化高效地实施监控和调节，使水泵电机始终运行在输出力矩最佳、耗能最经济的状态下。

风机盘管由室温控制器加风机三速开关及动态平衡电动调节阀组成，空调机组、新风机组回水管上设置动态平衡电动调节阀，通过空调机组送风温度传感器的信号来实现机组供水量的调节。空调水系统采用高位膨胀水箱定压，膨胀水箱设在屋面上，地下水循环系统膨胀水箱吊设在地下室顶板上。

大厅、餐厅、多功能厅等大空间房间采用吊顶式或柜式空调机组低速送风系统，休闲吧、更衣室等小房间部分采用风机盘管加新风系统。一层连接大厅、二层连廊采用电动球型喷口侧送风，喷口冬夏季可以根据需要调节不同的送风角度，以保证此区域冬夏季分层空调的效果。三层VIP厅、空间高大的运动场地和体育书市采用电动球型喷口顶送风，其余采用方形直片式散流器下送风。

游泳馆采用防结露保温透光屋顶及隔墙增加保温、加大热阻的措施，冬季采用外窗贴附送热风的方式，同时加大排风量，以解决屋顶、墙体、外窗结露的问题。

六、热源井勘察及设计

该场地位于长江一级冲积阶地末端，地势平坦，地面标高20.5m，根据场地岩土工程勘察报告和水文地质勘察报告，场地内地下水类型包括上层滞水和孔隙承压水，上层滞水无利用价值，孔隙承压水与区域承压水体联系密切，水量丰富，开发利用条件极好，具备使用地下水源热泵空调系统的条件。

1. 场地水文地质条件

场地地层为第四系全新统冲积层，为二元结构，试验孔自上而下地层分布为：杂填土、黏土、淤泥质黏土、粉细砂、含砾中粗砂、卵砾石、强风化泥岩。场地含水层总厚度为19m，其中主要含水层厚度为12m，分布在中下部。

2006年4月测得地下静水位埋深为2.87m，抽水试验系单井抽水试验，抽水量为1416m^3/d时，水位降深值9.88m，水位稳定时间24h。经过计算，水文地质参数为：渗透系数K值为11.83m/d，影响半径R值为309.31m。抽水、回灌试验结果表明，自然回灌时单井回灌量可达50m^3/h。

地下水为无色、无味、无肉眼可见物，实测水温为18.5℃，经水质分析，地下水水化学类型属重碳酸钙型水，pH值为7.2，总矿化度980.75mg/L，总硬度535.12mg/L，属中等矿化极硬水。总铁（Fe）含量为16mg/L，其中Fe^{2+}含量为15.8mg/L，Mn含量为0.44mg/L，CL^-含量为84.72mg/L。不经过专门处理，不适宜饮用和生活洗涤用。

2. 热源井设计

抽水井、回灌井的布置及设计必须根据场地环境条件进行，在保证水源热泵空调系统地下水长期稳定使用的前提下，又不致造成地下水过量开采。经过计算和水源热泵机组的选型，地下水开采量必须达到满足高峰空调负荷的350m^3/h。根据此用水量和抽水、回灌试验数据，抽水井设计为4口，间距60～80m；回灌井7口，抽水、回灌井最小井间距均大于50m。当4口抽水井与7口回灌井同时工作时，即抽取的地下水经水源热泵机组利用后全部回灌入7口回灌井时，经计算机模拟，场地的地面沉降均小于0.5cm，不会产生不良地质现象或影响建筑物的正常使用。

七、通风、防排烟及空调自控设计

所有设置空调区域均设置相应的排风系统。卫生间和淋浴间设排风系统。

不满足自然排烟条件的房间及内走道均设置机械排烟系统。

地下室设置机械通风、排烟系统。

蓄冷、蓄热自控策略：

1. 蓄冷运行策略

先根据健身大楼的实际运行情况得到空调逐时冷负荷分布图（见图1），再根据武汉市水蓄冷空调分时电价政策制定出设计日的水蓄冷空调的运行策略（见图2）。

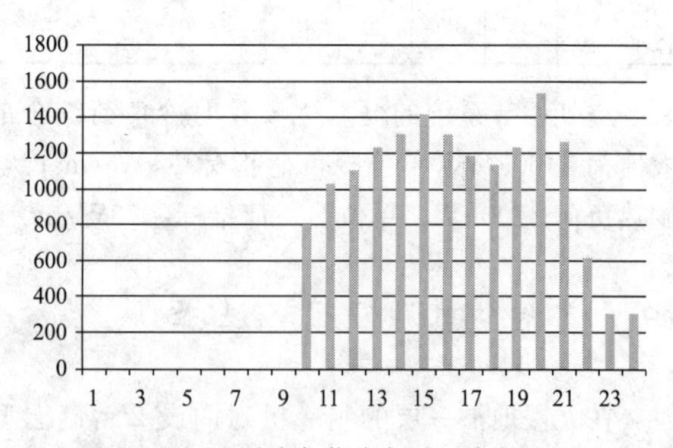

图1 空调逐时冷负荷分布图（单位：RT）

供冷负荷100%设计日，采用两台主机夜间串联蓄冷约5h（蓄满），在优先保证供冷要求的前提下，可以消除部分电力高峰时段负荷，冷量不足部分开启一台冷水机组补充。

其他设计日可以根据实际情况设计运行策略，可以消除全部或部分的白天冷负荷。水蓄冷系统，每年可以减少38.34万kWh的高峰用电，减少12.51万kWh平段用电量，增加51.07万kWh低谷用电量。全民健身大楼水源热泵机房部分预

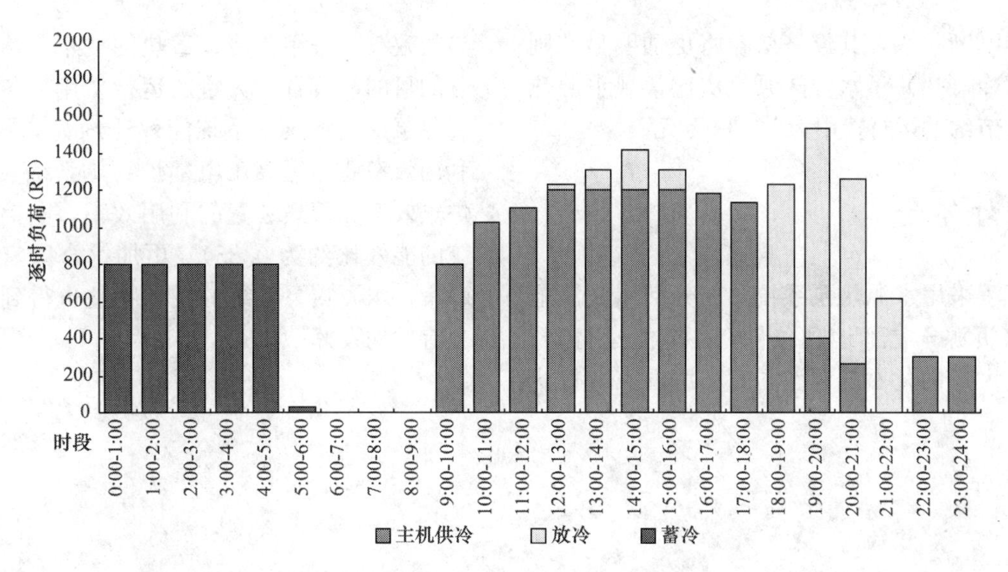

图2　供冷负荷100%设计日运行策略

计每年夏季供冷耗电量约129.86万kWh，水蓄冷空调比常规空调每年夏季供冷可节省运行费用约30.77万元。随着峰谷电价差的不断拉大，其经济效益将更加明显。

2. 蓄热运行策略

先根据健身大楼的实际运行情况得到空调逐时热负荷分布图（见图3），再根据武汉市采暖蓄热分时电价政策制定出设计日的蓄热空调的运行策略（见图4）。供热负荷100%设计日，采用两

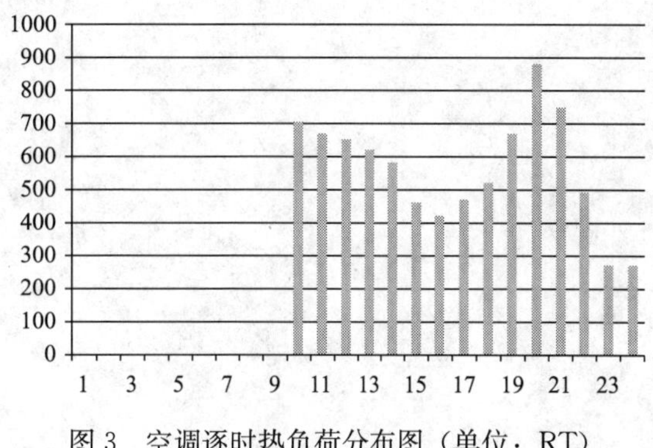
图3　空调逐时热负荷分布图（单位：RT）

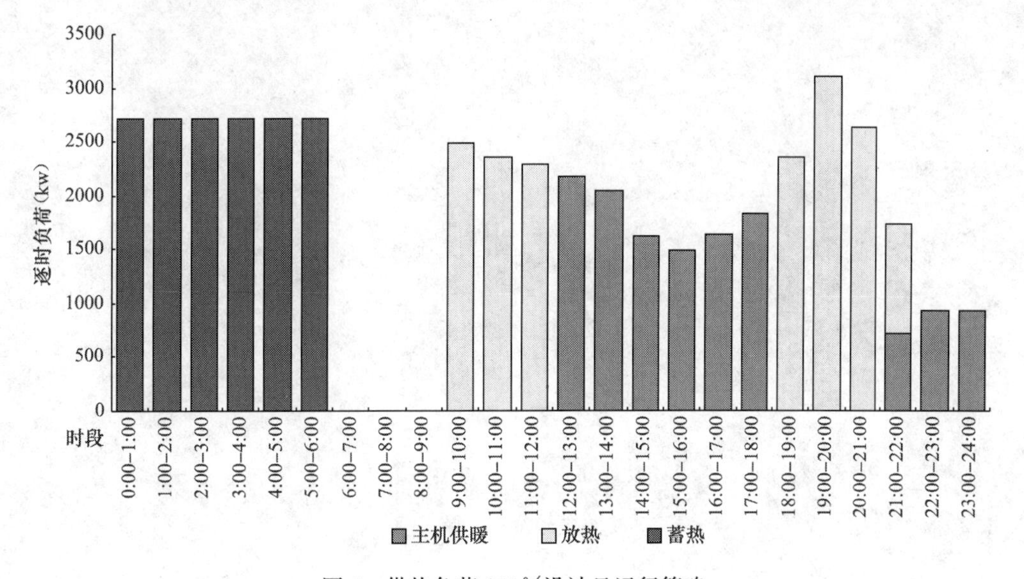

图4　供热负荷100%设计日运行策略

台制热量为1360kW的高温型机组夜间串联蓄热约6h（蓄满），可以消除全部电力高峰时段及部分电力平峰时段负荷。其他设计日均可实现削除高峰，并根据采暖负荷情况可以削除全部或部分平峰时段负荷。采暖蓄热系统，每年可以减少26.82万kWh的高峰用电，减少21.49万kWh平段用电量，增加49.65万kWh低谷用电量。健身大楼水源热泵机房部分预计每年冬季供热耗电量约70.91万kWh，蓄热系统比常规空调每年冬季供热可节省运行费用约25.86万元。随着峰谷

电价差的不断拉大，其经济效益将更加明显。则全年水蓄冷（热）型水源热泵机房比常规水源热泵机房可节约的运行费用为56.63万元。

八、设计体会

该工程采用水源热泵系统，充分利用武汉地区地下水资源丰富的地理条件，在节能运行时，又节省了大量的化石能源。同时利用国家电价优惠的政策，采用蓄冷、蓄热的技术，达到移峰填谷的目的，节省了大量的运行费用。冬季利用水源热泵系统蓄热（系统能效比约为3.0）其能源利用效率要远远高于电锅炉蓄热系统（考虑电锅炉热效率和蓄热装置的利用效率，电锅炉蓄热系统的能效比约为0.85），更加符合国家能源利用政策，水源热泵系统的技术特性也得到了更加充分有效的发挥。

作者简介：

王钰，男，1970年11月生，高级工程师，国家注册公用设备工程师，1992年7月毕业于同济大学暖通专业，学士学位，现在同济大学建筑设计研究院（集团）有限公司四院工作。主要设计代表作品：安徽大学图书馆、安徽省政务中心、沈阳工业大学、启东行政中心、芜湖金融中心、中电32所、上海中心大厦等。

江阴市苏龙苑地块①

- 建设地点　江苏省江阴市
- 设计时间　2008年9月～2009年4月
- 竣工日期　2011年3月
- 设计单位　同济大学建筑设计研究院（集团）有限公司
  [200092] 上海杨浦区四平路1230号
- 主要设计人　王钰
- 本文执笔人　王钰
- 获奖等级　民用建筑类三等奖

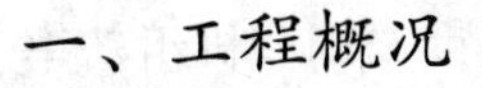

一、工程概况

该项目位于江阴市滨江中路北侧，西临疏港路，北以江峰路为界。总用地面积约7.83公顷。包括高层住宅（1～6号楼），别墅（7～38号楼）以及沿街商业和管理用房（会所）。

地上总建筑面积125110m²，其中住宅建筑面积112505m²，管理用房建筑面积5260m²，沿街商业建筑面积7345m²。地下总建筑面积47081m²，人防面积3600m²，为平战结合核六常六二等人员掩蔽所，容积率为1.598。

二、工程设计特点

（1）夏季空调采用蒸汽溴化锂冷水机组，利用电厂废热制冷向会所提供冷水。

（2）小区设集中地暖，冬季利用废热提供35℃/45℃的热水。

（3）游泳池地面冬季地面辐射采暖，热源由小区换热站提供。

三、设计参数及空调冷热负荷

1. 室内外设计计算参数

（1）室外气象参数如表1所示。

室外气象参数　表1

	大气压力(hPa)	空调计算干球温度(℃)	空调计算湿球温度(℃)	相对湿度	通风计算干球温度(℃)	风速(m/s)
夏季	1003.4	33.8	28.3	—	31	3.2
冬季	1024.6	−8	—	73%	0	3.6

（2）室内设计参数如表2所示。

室内设计参数　表2

房间名称	夏季		冬季		最小新风量[m³/(h·p)]
	温度(℃)	相对湿度(%)	温度(℃)	相对湿度(%)	
大厅、休息厅	26～28	≤65	16～18	≥30	20
办公室	25～27	≤65	18～20	≥30	30

① 编者注：该工程主要设计图纸参见随书光盘。

续表

房间名称	夏季		冬季		最小新风量[m³/(h·p)]
	温度(℃)	相对湿度(%)	温度(℃)	相对湿度(%)	
会议室	25～27	≤65	18～20	≥30	30
游泳池	26～28	≤75	26～28	≤75	排风2次/h
餐厅	24～27	≤65	18～20	≥40	20

（3）住宅冬季采暖室内设计参数如表3所示。

住宅冬季采暖室内设计参数　　表3

房间名称	室内设计温度（℃）
卧室、厅	18～20
卫生间	25～28

2. 冷热负荷

（1）采暖计算热负荷（建筑面积110000m²，高层住宅）

1）采暖热指标：36W/m²；

2）低区采暖热负荷：3000kW；

3）高区采暖热负荷：1300kW。

（2）会所（建筑面积：6400m²）

1）空调系统夏季冷负荷960kW；

2）空调系统冬季热负荷860kW；

3）采暖系统冬季热负荷20kW。

四、空调冷热源及设备选择

由于电厂有废热蒸汽（8kg/cm²过热）可以使用，会所夏季空调采用蒸汽溴化锂冷水机组、冬季蒸汽—热水换热机组形式。在管理用房地下室设置集中制冷机房，通过管线向各层提供中央空调冷热水。

其他高层住宅、别墅采用分体空调形式。在小区地下室设集中换热站，冬季小区全部采用集中地暖形式，竖向共设高、低两个水系统分区。

五、空调系统形式

会所采用集中空调形式，空调系统冷源选用2台50万大卡蒸汽双效溴化锂冷水机组，各机组一对一配置冷冻水循环泵及冷却水泵；冷却水塔选用2台流量为250m³/(h·台)的低噪方形组合塔，屋顶设置。另设有闭式膨胀水箱、电子水处理仪等和BA自控系统。

空调系统热源由1台1000kW的蒸汽—热水板式换热机组提供，为空调系统提供50～60℃的热水。

换热站位于小区地下车库一层，内设1台3000kW和1台1400kW的蒸汽—热水板式换热机组，分别提供两路低区和一路高区采暖热水，每台机组自带两台板交、三台热水循环泵、蒸汽减温减压装置等。

六、通风、防排烟及空调自控设计

（1）组合式空调箱根据回风温度，调节机组回水管上的比例式电动二通平衡阀，以维持室温不变。新、回风口设电动阀，风量可根据CO_2浓度自动调节。

（2）新风机组根据出风温度，调节机组功率输出，以维持出风温度不变。

（3）风机盘管均配室内恒温器及风速调节器，以控制风机盘管回水管上的开关式电动二通平衡阀及风量大小，维持室内温度恒定。

（4）系统末端变水量引起的压差波动通过供、回水总管上的压差旁通装置调节。

（5）对冷水机组采用自动监测流量、温度等参数计算出冷量，自动发出信号，人工手动操作主机的起停的控制方式。

（6）地暖房间墙壁设温控器调节房间温度。

（7）所有控制系统均接入BAS。

七、设计体会

该小区是电厂职工小区，虽然地处江南，本不需要冬季集中供暖，但当地有丰富的废热资源可以利用，因此无论是夏季空调，还是冬季采暖均充分利用这一点，既为废热找到了出路，又提高了居民生活质量。

合肥大剧院①

- 建设地点 合肥市
- 设计时间 2005 年 7 月～2006 年 4 月
- 竣工日期 2009 年 10 月
- 设计单位 同济大学建筑设计研究院（集团）有限公司
  [200092] 上海市四平路 1230 号
- 主要设计人 钱必华 张智力 谭立民 潘涛 王健
- 本文执笔人 钱必华
- 获奖等级 民用建筑类三等奖

作者简介：

钱必华，女，1968 年 11 月生，高级工程师，毕业于同济大学暖通专业，本科，现在同济大学建筑设计研究院（集团）有限公司工作，任设计二院暖通副总工程师。主要设计代表作品：上海世博会临时展馆及配套设施、长风跨国采购中心、西安中国银行客服中心、上海自然博物馆等。

一、工程概况

合肥大剧院位于合肥市政务文化新区的城市轴线西侧，主要包括一个 1569 座歌剧厅、一个 944 座音乐厅、一个 520 座多功能厅及排演厅、公共服务空间、交通辅助用房等部分。总建筑面积 60034m²，建筑局部地下 2 层，地上 6 层，设计总高度 41.1m。

建筑外观

二、工程设计特点

（1）合肥大剧院以公众前厅与各演出厅相连，建筑立面造型结合天鹅湖特定的区域特点，以层层交叠的流线型屋面形成优美的天际线。圆弧形的屋面构造根据不同的水平分割线以不同的弧度层层交叠。

（2）该建筑被列为住房和城乡建设部大型公共建筑节能示范工程，采用了大量的节能技术措施如双层节能屋面，金属外遮阳，双层双中空 Low-E 玻璃外墙，低窗墙比，太阳能集电板，冰蓄冷，水源热泵等。

三、设计参数及空调冷热负荷

1. 室外气象参数（见表 1）

室外气象参数 表 1

	大气压力（hPa）	空调计算干球温度（℃）	空调计算湿球温度（℃）
夏季	1000.9	35	28.2
冬季	1022.3	−7	—

2. 室内设计参数（见表 2）

室内设计参数 表 2

房间名称	夏季		冬季		新风量 [m³/(h·p)]
	温度（℃）	相对湿度（%）	温度（℃）	相对湿度（%）	
歌剧院	24～26	<65	18～20	≥30	15
舞台	25～27	<65	16～20	≥35	20

空调总冷/热负荷：5500/4800kW；

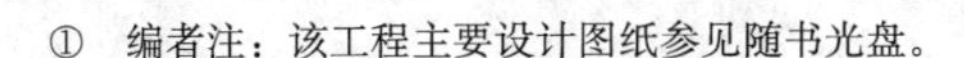

① 编者注：该工程主要设计图纸参见随书光盘。

建筑面积空调冷/热指标：0.13/0.11kW/m²。

四、空调冷热源及设备选择

该工程因有天然湖水，故空调冷热源采用水源热泵机组，夏季用湖水作为冷却水，冬季从湖水中提取热源供空调系统使用，利用当地电力优惠政策，水源热泵主机为三工况运行，夜间制冰蓄冰，供白天剧院使用；空调主机选用 4 台制冷量为 1164kW 的三工况的螺杆式热泵机组；另选一台双工况主机提供生活热水。

五、空调系统形式

(1) 大空间采用全空气低速管道系统，且空调系统分层设置，仅送人员活动的区域，且全空气系统均可实现全新风运行；小开间采用风机盘管加新风系统。

(2) 观众厅的送风方式均为座位下送方式，每个座位的送风量为 $45m^3/h$，送风柱内气流流速为 1m/s，送风孔风速为≤0.25m/s，减少冬季空气温度垂直梯度的影响，同时可以达到节能效果。

六、通风、防排烟及空调自控设计

(1) 空调末端采用电动阀，压差旁通及能量检测系统等自控系统对空调系统进行能量调节，使空调系统能随建筑物的负荷变化选择最经济的运行方式。

(2) 所有公共空间及设备用房均设有通风设施。

(3) 所有楼梯间及前室均设有防排烟措施。

七、设计体会

由于剧院本身的建筑空间丰富，功能复杂，在设计过程中要切实与各专业紧密配合，尤其建筑声学的设计深化，暖通设计要预留施工条件，消声隔振是设计重点。

作者简介：

孙文彤，女，研究员，1990年毕业于上海城建学院暖通空调专业，现在中船第九设计研究院工程有限公司工作。主要设计代表作品：复旦光华楼、安徽合肥新都会环球广场、中国船舶馆、上海新发展亚太万豪酒店等。

上海虹桥综合交通枢纽交通中心能源中心工程①

• 建设地点　上海市
• 设计时间　2007年5月～2008年4月
• 竣工日期　2009年12月
• 设计单位　中船第九设计研究院工程有限公司
[200063] 上海市武宁路303号
• 主要设计人　朱乃钧　孙文彤　邵浔峰　邓辉
朱伟民　王天龙　李怀宁　李明宝
• 本文执笔人　孙文彤
• 获奖等级　民用建筑类三等奖

一、工程概况

上海虹桥综合交通枢纽是现代化大上海的门户。交通枢纽毗邻虹桥机场航站楼，集磁悬浮、高速铁路、地铁、轨道交通、公交巴士于一身。上海虹桥综合交通枢纽交通中心能源中心作为上海虹桥综合交通枢纽的配套工程，主要为交通枢纽提供集中冷源和热源，主要服务对象为东交中心、磁浮和地铁，总建筑面积约47万m^2。

上海虹桥交通枢纽交通中心能源中心工程

工程用地位于机场区域的北侧，东临机场高架，西依规划磁悬浮，南望整个机场交通枢纽，其总规划用地面积为19188m^2。主体建筑包括冷冻机房及配套办公、锅炉房及配套、110kV主变电站以及水蓄冷储罐，地下储油罐及管线共同沟等配套构筑物。根据冷冻机房、锅炉房冷热源不同的工艺流程、不同使用要求，各个部分既相对独立，又形成了有机统一的整体。

能源中心为磁浮工程、交通中心工程服务。其总的空调冷负荷62000kW，空调热负荷28000kW。

二、工程设计特点

能源中心供冷、供热能力巨大，机电设备运行耗能大。作为交通枢纽中能耗大户，从工程方案初始，设计人员就积极探索各种节能技术应用的可能性，有针对性和可实施性地达到节约能源、降低能耗、节省运行成本、保护环境、推动可持续发展的目标。能源中心从蓄冷空调技术、二次冷冻水变频泵应用、冷冻水三次泵直供、热水供热系统节能、能源中心设备监控等分别进行了节能研究，其成果直接应用于能源中心建设。

供冷系统：经过经济技术方案比较，采用初投资、运行费用都具有明显的优势的水蓄冷系统。选用了7台电制冷离心式冷水机组（单台制冷量1900RT）及蓄冷量47500RTH的水蓄冷罐2台。其主要特点有：(1) 选用高效离心式冷水机组在标准工况下，COP=5.40。(2) 采用水蓄冷系统，

① 编者注：该工程主要设计图纸参见随书光盘。

移峰填谷。与专业厂商合作，蓄冷水罐采用高效的三层均匀布水的自然分层技术，实测斜温层仅1.5m；交通枢纽能源中心蓄冷罐单罐实际容积18000m³。同时，通过分析，末端用户磁悬浮车站、东交通中心高度均在28～29m，如蓄冷罐的水位高度＞30m，则水蓄冷罐可以直接作为定压罐。因此，交通枢纽能源中心蓄冷罐在满足蓄冷要求，考虑均匀布水合理性，确定了单罐直径28m，高度34.5m。并大胆采用能源中心与交通枢纽三次泵直供，节约了输送能耗。（3）蓄冷罐的保冷。由于蓄冷罐安置在室外，水温与室外空气温差大，一旦保温层被破坏，会使蓄冷罐外表面结露，并使水温上升，经过比较，采用了聚氨酯100厚喷涂保温，外用0.6厚彩钢板包裹。现场实测昼夜温升仅0.1℃。（4）冷水机组冷却水、冷冻水的大温差运行。冷却水供/回水温度32℃/38℃，冷冻水供/回水温度5℃/13℃。（5）供冷系统采用全自动控制，优化制冷（蓄冷）系统的运行方案，可显著降低运行能耗。提高运行效率，节约能源。

制热系统：上海虹桥综合交通枢纽交通中心工程能源中心锅炉房（以下简称锅炉房）是为虹桥交通枢纽中心冬季采暖用锅炉房。该锅炉房服务对象为：磁浮站＋办公、东交通广场＋商业服务。服务方式为冬季供热，季节运行。磁浮站和东交通广场地下－9.3m处均建有换热站，共3座，其中磁浮站1座，东交通广场2座。磁浮站换热站距本锅炉房最远，约1200m。供热方式：锅炉房生产110℃热水经地下共同沟ϕ426×9管道，送至3座换热站，换热后70℃热水回至锅炉房。

根据计算，交通枢纽最大热负荷28000kW。锅炉房安装3台容量为11200kW的燃油、燃气两用热水锅炉，预留一台位置，其供/回水温度为110℃/70℃。锅炉房安装3台变频调速循环水泵。每台泵额定流量350m³/h，扬程50.3mH_2O，二用一备。

为满足锅炉房正常运行，除循环水系统之外，还配置了软化水系统、真空脱气系统、加药除氧系统、定压补水系统、燃油燃气系统和控制检测等系统。

三、设计难点及解决方案

水蓄冷系统蓄冷率的确定：

冷水机组的配置应考虑冷冻机组与蓄冷罐的最佳组合，使机组达到高效运行，最大限度地利用蓄冷空调。通过对不同蓄冷率的机房主要设备配置及空调系统运行策略（100%、75%、50%、25%）分析，确定最佳的蓄冷率（见表1和表2）。

蓄冷率29.7%、34.9%、40.1%水蓄冷的机房耗电量（kWh）及电费（万元） **表1**

		水蓄冷（蓄冷率29.7%）			水蓄冷（蓄冷率34.9%）			水蓄冷（蓄冷率40.1%）		
负荷分布	天数	高峰电量	平段电量	谷段电量	高峰电量	平段电量	谷段电量	高峰电量	平段电量	谷段电量
100%	24	1803496	1882007	1865203	1538294	1871247	2079378	1086986	2070505	2351637
75%	60	1849586	4152687	4469012	1093076	4224558	5043858	435424	4270833	5706894
50%	60	227457	2530172	4258441	225918	1806399	4872697	227433	1218860	5534696
25%	36	68237	54556	2028852	67775	54187	1991564	68230	54551	1995244
合计	180	3948777	8619422	12621509	2925063	7956391	13987497	1818074	7614750	15588470
电量总计		25189708			24868951			25021293		
电价		1.037	0.706	0.234	1.037	0.706	0.234	1.037	0.706	0.234
运行电费		409	609	295	303	562	327	189	538	365
总运行电费		1313			1192			1091		

经济分析比较（价格单位：人民币万元） **表2**

	水蓄冷（29.7%）	水蓄冷（34.9%）	水蓄冷（40.1%）	备注
制冷机组容量（RT）	12950	12950	14800	—
机房设备用电功率（kW）	12784	12784	14404	—
机房设备配电容量（kVA）	14852	15040	16946	功率因素0.85

续表

		水蓄冷（29.7%）	水蓄冷（34.9%）	水蓄冷（40.1%）	备注
初投资（万元）	机房设备	8720	9120	10152	—
	机房配电设施费	1805	1805	2034	配电设施费：1200元/kVA
	合计	10525	10925	12186	—
年使用费（万元）	基本电费	271	267	305	—
	机房运行电费	1313	1192	1091	—
	机房维护费用	约80	约80	约80	—
	合计	1664	1539	1476	—

蓄冷率为34.9%的水蓄冷方案的初投资比蓄冷率为29.7%的水蓄冷方案增加了400万元，但每年可以多节约使用费约125万元，多出来的投资大约可在4年以内收回；蓄冷率为40.1%的水蓄冷方案的初投资比蓄冷率为34.9%的水蓄冷方案投资增加1260万元，但每年仅多节约63万，多出部分的投资回收周期太长；由此看出蓄冷率为34.9%的水蓄冷方案为最佳方案。

四、设计体会

通过采用加大蓄冷温差、离心式冷水机组变水温运行、末端直供、末端变压差控制；采用110℃/70℃高温热水系统、锅炉加装节能器、采用预测式变频供热调节技术等在能源中心项目中全方位的节能。超大型水蓄冷空调的成功运用，达到节约能源、降低能耗、节省运行成本、保护环境、推动可持续发展的目标。

复旦大学附属华山医院传染科门急诊病房楼改扩建工程①

作者简介：
郑若，女，1984 年 10 月生，工程师，2007 年本科毕业于同济大学建筑环境与设备工程专业，现在华东建筑设计研究院有限公司工作。主要设计代表作品：华山医院传染科门急诊病房楼改扩建工程、金山医院整体迁建工程门诊楼、青浦区朱家角人民医院迁建工程、上海市胸科医院肺部肿瘤临床医学中心病房楼、黄浦区医疗中心感染楼、重庆市妇幼保健院迁建工程等。

• 建设地点　上海市
• 设计时间　2007 年 8 月～2008 年 5 月
• 竣工日期　2010 年 7 月
• 设计单位　华东建筑设计研究院
　　[200002] 上海市汉口路 151 号
• 主要设计人　郑若
• 本文执笔人　郑若
• 获奖等级　民用建筑类三等奖

一、工程概况

复旦大学附属华山医院位于华山医院东南角，邻乌鲁木齐中路、长乐路。地块形状大致为梯形，面积 2152m²。建筑高度：19.95m，总建筑面积 8940m²。地下一层、地下二层为库房和设备机房、车库（机动车停车位：49 辆）；一层为肠道门急诊、肝炎门急诊；二层为肠道科病房；三、四层为肝科病房；五层为实验用房。

二、设计优缺点及技术经济指标

1. 空调冷热源设计

空调冷源采用 1 台 492kW 螺杆式冷水机组，冷冻水供/回水温度为 7℃/12℃。空调热源采用一台组合式汽—水热交换机组，换热量为 260kW，蒸汽来源于医院现有锅炉房，机组处供汽压力 0.4MPa。热水供/回水温度为 60℃/50℃。

二～四层每层设置一套直接蒸发式变频多联空调系统，在大楼空调系统出现故障时供病房使用，且可作为过渡季节内区房间供冷使用。

2. 空调、通风设计

病房、办公、值班、治疗、药房等小房间均采用风机盘管加新风系统。

新风机组变频，过渡季和冬季加大新风量，可利用室外新风免费制冷。

送、排风设计在不同房间之间形成相对压差，保证压力梯度，使空气流向从相对清洁区域流向相对污染区域。

实验室设置排风柜，在工作面上形成较高速度的气流，将挥发性的或气雾状的污染物从工作人员的呼吸区带走。

净化区域上送风，下排风。使干净空气先经过人员工作区。

3. 环保及卫生防疫

排风机均设置粗中效过滤段，高空排放。

风机盘管回风口均设置中央空调配套光氢离

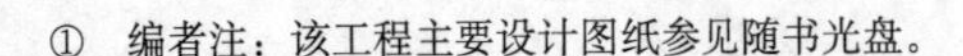

① 编者注：该工程主要设计图纸参见随书光盘。

子空气净化装置。

真空吸引机房设机械排风系统，其排风口设置中央空调配套光氢离子空气净化装置处理后排放。

4. 节能技术措施

螺杆式冷水机组能效比（COP）为4.95，接近一级能效；

冷冻水泵输送能效比0.0215＜最大输送能效比0.0241；

热水泵输送能效比0.00526＜最大输送能效比0.0072。

空调热水系统采用变频运行。由变频控制器按适当效率程序控制水泵在最高的电—水总效率下安全节能运行。

空调冷水系统采用一次泵系统，冷水机组定流量运行，末端设备变流量运行，供回水总管之间设压差旁通装置。

对冷水机组、循环水泵和空调箱等能耗大的设备，其配置既满足设计负荷的需求，又能在部分负荷时节能运行。

空调通风系统中的各类设备均选用效率高、能耗小的产品。

5. 消防设计

病房楼高度＜24m，地下2层。地上封闭楼梯间利用外窗自然防烟，地下部分楼梯间设置正压送风系统，采用常开双层百叶风口，火灾时由消控中心开启正压风机，加压区域压力超过设定值时开启泄压阀门泄压。

病房楼地下室走道设置机械排烟系统，补风量按照不小于排烟量的50%设置。排烟支管和平时排风支管通过电动防火阀在15s内实现排风和排烟工况切换。

根据当地消防部门意见，地下汽车库设置机械排烟系统，与平时通风系统结合设置。

地上部分不满足自然排烟的走道均设置机械排烟系统。

三、设计心得

（1）为了给病人、家属、医生、护工、管理人员等提供优良的室内外环境，体现华山医院以人为本的理念，根据业主要求，病房内空调系统要全年24h不间断运行。因此，病房所在区域的二～四层，每层设置一套直接蒸发式变频多联空调系统，在大楼空调系统出现故障时供病房使用，且可作为过渡季节内区房间供冷使用。

空调季节采用中央空调，过渡季节可以采用变频多联机组，机器利用效率高，运行经济。

（2）为了严防交叉感染，采取了多种措施。

稀释性通风，排除污染物，降低空气中污染物浓度。

各房间设置压力梯度，控制气流流向。

风机盘管回风口均设置中央空调配套光氢离子空气净化装置。

排风机均设置粗中效过滤段，高空排放。

湖北省宜昌市第一人民医院门诊病房大楼①

作者简介：

韩磊峰，男，1978年3月生，高级工程师、注册公用设备工程师，1999年本科毕业于中国纺织大学采暖通风与空气调节设备工程专业，现在华东建筑设计研究院有限公司工作。主要设计代表作品：江西省南昌市红谷滩医院、江西省南昌市第九人民医院、上海中医药大学附属岳阳中西医结合医院病房楼改建工程、上海市崇明县堡镇医院、上海市黄浦区医疗中心等。

- 建设地点　湖北省宜昌市
- 设计时间　2006年5～10月
- 竣工日期　2009年12月
- 设计单位　华东建筑设计研究院有限公司
[200002] 上海市汉口路151号
- 主要设计人　韩磊峰
- 本文执笔人　韩磊峰
- 获奖等级　民用建筑类三等奖

一、工程概况

湖北省宜昌市第一人民医院门诊病房大楼位于湖北省宜昌市解放路和湖堤街，为医院现有用地。地下1层，地上主体病房楼26层，建筑高度99.01m，总建筑面积34395m²。其中：地下部分1425m²；地上部分32970m²。地下一层为库房和设备机房；一层为入院大厅和药房；二层为血透和内镜中心；三层为病理科和核医学科；四层为手术室；五层以上为病房。

二、设计特点、技术经济指标、优缺点

1. 空调冷热源设计

空调冷源采用3台基载工况螺杆式冷水机组和2台双工况螺杆式冷水机组，基载机组标准工况制冷量为1263kW；双工况机组空调工况制冷量为1180kW，制冰工况时制冷量为867kW。空调制冷时供/回水温度为6℃/12℃。空调热源采用医院锅炉房提供的蒸汽经汽水热交换器后提供的空调用热水，汽水换热机组设置1套，制热量5100kW，内设2台换热器，每台换热器的换热量为总换热量的70%。空调供热时供/回水温度为60℃/50℃。

冰蓄冷采用主机上游的设置方式，蓄冰装置采用冰球和蓄冰罐，由于设置空间有限，仅设置3套蓄冰罐，每套的蓄冰罐尺寸为Φ3（m）×11.8（m），冰球80m³，采用埋地设置。

2. 空调（通风）系统

病房、办公、值班、治疗、药房等小房间均采用风机盘管加新风系统。

大楼网络机房及消防控制中心设分体冷暖空调器，室外机设置于技术层。各电梯机房分别设分体单冷空调器。

3. 环保设计

医疗用房屋顶排风机均设置粗中效过滤段，高空排放。

风机盘管回风口均设置中央空调配套光氢离子空气净化装置。

污洗、打包、处置等产生余热、余湿、异味、刺激性气味或有害气体的医技用房设机械排风系统。真空吸引机房设机械排风系统，其排风口设置中央空调配套光氢离子空气净化装置处理后

① 编者注：该工程主要设计图纸参见随书光盘。

排放。

4. 消防设计

病房楼高度>50m，防烟楼梯间及前室、合用前室设置机械正压送风系统。其中防烟楼梯间地上部分与地下部分合用一套系统，风口均采用常闭电动风口，消防时根据信号切换开启。正压风机均设置在屋顶。

病房楼四～二十四层内走道设机械排烟系统，排烟竖井共设置两处，每层设置常闭式排烟风口，风量根据走道面积计算。排烟风机设置于屋顶，每台排烟量为16000CMH。

病房楼地下室内走道设置机械排烟系统，同时设置补风系统。排烟与补风风机均与平时通风风机合用。排烟支管和平时送排风支管通过电动防火阀切换实现排风和排烟工况。

病房楼洁净手术部内走道设置机械排烟系统，排烟风机排烟量为45800CMH，设置于技术层内。

设置自然排烟的场所自然排烟开窗方式和面积均满足国家现行规范要求。

5. 节能技术措施

空调热水系统采用变频运行。

空调冷水系统采用二次泵系统，冷水机组定流量运行，末端设备变流量运行，二次泵采用变频控制。

采用冰蓄冷系统，削峰填谷，平衡电网的负荷。螺杆式冷水机组能效比（COP）为4.93；冷冻水泵输送能效比为0.00215；热水泵输送能效比为0.00526。

空调通风系统中的各类设备均选用效率高、能耗小的产品。

对冷水机组、循环水泵和空调箱等能耗大的设备，其配置既满足设计负荷的需求，又能在部分负荷时节能运行。

6. 新材料、新技术的应用

风机盘管回风口均设置中央空调配套光氢离子空气净化装置。

真空吸引机房设机械排风系统，其排风口设置中央空调配套光氢离子空气净化装置处理后排放。

采用冰蓄冷系统。

7. 技术难点

根据业主的要求和当地供电的电价政策，该工程空调冷源采用冰蓄冷系统。由于场地有限，冷冻机房狭小，设置的蓄冰量仅为6800kW。

8. 技术经济分析

冰蓄冷系统采用冷机上游的方式运行，可以降低冷冻水的供水温度，提供水系统的输送效率；蓄冰量约为总用冷量的15%，可以满足峰值用冷量的冷机不足，并可以为过渡季节提供全部的冷量。

三、设计体会

该工程为医院新建的病房大楼项目，主要功能为设备用房、进出院管理、住院药房、部分医疗检查科室、血透、洁净手术部和病房。该工程的空调系统分为舒适性空调系统和净化空调系统，其中净化空调系统仅进行了概念设计，深化设计由医院对洁净手术部招投标完成后，由中标单位进行设计，并由主设计方审核。

该工程舒适性空调冷源采用机载机+冰蓄冷的方式，热源采用基地供给的蒸汽经汽水换热器后产生热水的方式提供。冷源采用3台基载工况螺杆式冷水机组和2台双工况螺杆式冷水机组，基载机组标准工况制冷量为1263kW；双工况机组空调工况制冷量为1180kW，制冰工况时制冷量为867kW。空调制冷时供/回水温度为6℃/12℃。蓄冰装置采用冰球和蓄冰罐，设置3套蓄冰罐，每套的蓄冰罐尺寸为Φ3（m）×11.8（m），冰球80m^3，采用埋地设置，总蓄冰冷量为6800kW。换热用汽水换热机组设置1套，制热量为5100kW，内设2台换热器，每台换热器的换热量为总换热量的70%。空调供热时供/回水温度为60℃/50℃。

该工程空调水采用二次泵系统，一次侧定流量运行，二次侧变流量运行；水系统采用分区二管制和局部四管制系统，外区采用冬夏切换二管制水系统，内区采用全年供冷水系统，洁净区采用四管制空调水系统。

ICU、NICU、产房等区域，采用净化风机盘管加新风系统，净化风机盘管采用高静压风机盘管加低阻高效过滤器组成的净化风机盘管单元，过滤器初始阻力为27Pa，终阻力为52Pa，满足使用区域的净化要求。

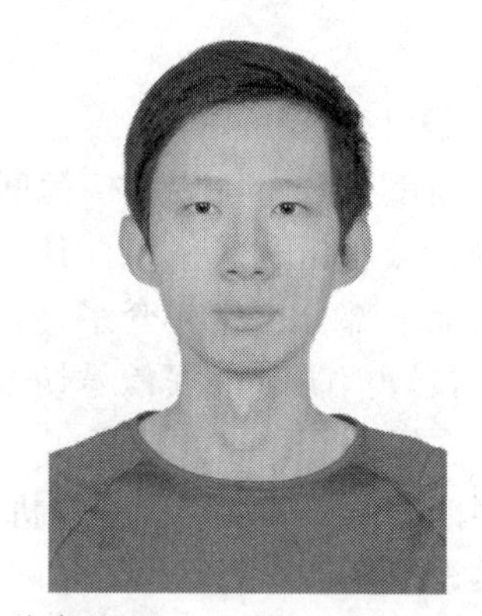

作者简介：

沈列丞，男，1980年9月生，工程师，毕业于同济大学供热供燃气通风与空调工程专业，工学硕士，现在华东建筑设计研究院有限公司工作。主要作品：公共服务中心大楼、南京禄口国际机场二期工程、苏中江都民用机场航站楼、温州永强机场新建航站楼工程等。

公共服务中心大楼①

- 建设地点　上海市
- 设计时间　2009年5月～2010年10月
- 竣工日期　2011年1月
- 设计单位　华东建筑设计研究院有限公司 [200002] 上海市汉口路151号
- 主要设计人　沈列丞　孙静　夏琳
- 本文执笔人　沈列丞
- 获奖等级　民用建筑类三等奖

一、工程概况

该项目位于上海市闵行区，总建筑面积为28386.1m^2，建筑高度42.550m，地下共2层，地上共8层。各层建筑功能：地下二层主要为车库兼人防及设备用房；地下一层主要为食堂大厅、厨房、设备用房以及车库；一层主要为公共事务大厅、入口大厅以及展示厅；二层主要为信息设备机房、交警总控机房、公共调度及道路交通设备机房、多功能厅、休息前厅以及会议室；三层主要为运行管理大厅、应急指挥中心、行政机房呼叫中心、信息设备机房、信息后台工作室以及培训室；四～七层主要为开敞式办公；八层主要为办公、休息、会议室。

该项目以达到《绿色建筑评价标准》GB/T 50378—2006中“绿色三星建筑”要求进行设计建设，并建成其所在区域内的第一栋低碳示范建筑，因此在暖通设计中更多地融入“节能”、“绿色”、“环保”等各方面的理念。

二、工程设计特点

（1）基于建筑使用功能特点，设置了不同类型的空调冷热源系统。其中分布式热电冷联供系统与风冷热泵相结合的方式，对于在小型办公建筑中的合理应用做出了积极的探索。

（2）该建筑依照《绿色建筑评价标准》GB/T 50378—2006中“绿色三星建筑”的要求进行设计，因此在设计中充分结合项目的特点，在保证系统适用性、可靠性、经济性、节能性的前提下，有选择性地融入了各项技术措施与手段（如，变风量空调系统、冬季与过渡季内区新风供冷、基于CO_2浓度监测的可变新风比措施、新排风全热回收等）。

（3）基于全年能耗分析软件，对该项目的全年能耗进行了分析与计算。

三、设计参数及空调冷热负荷

1. 室外空调设计参数

夏季：夏季空调干球温度34.6℃，湿球温度28.2℃，夏季通风温度30.8℃，风速3.4m/s，风向：南。

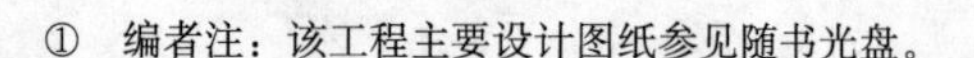

① 编者注：该工程主要设计图纸参见随书光盘。

冬季：冬季空调温度－1.2℃，相对湿度74%，冬季通风温度3.5℃，冬季采暖温度1.2℃，风速3.0m/s，风向：北。

2. 室内空调计算参数（见表1）

室内空调计算参数 表1

主要房间	夏季		冬季	
	温度（℃）	相对湿度（%）	温度（℃）	相对湿度（%）
食堂大厅	25	60	20	45
公共事务大厅	26	50	20	45
入口大厅	26	50	20	45
展示厅	26	50	20	45
多功能厅	25	50	20	45
休息前厅	25	50	20	45
运行管理大厅	25	50	20	45
贵宾参观厅	25	50	21	45
会议室	25	50	20	45
开敞办公	25	50	20	45
主任办公室	25	50	20	45

3. 空调冷热负荷

冷负荷4048kW；热负荷2263kW。

四、空调冷热源及设备选择

该项目空调冷热源主要由三部分组成：分布式热电冷联供系统、风冷热泵机组以及直接蒸发式变制冷剂流量空调系统。直接蒸发式变制冷剂流量空调系统主要服务于具有24h空调使用需求的区域及全年具有供冷需求的区域。位于地下二层的分布式热电冷联供系统与屋面的风冷热泵机组均接至大楼空调水系统，作为该项目的主要冷热源，设备具体配置如下：

（1）螺杆式风冷热泵：单台制冷量735kW（制热量650kW），共4台；

（2）分布式热电冷联供系统燃气内燃机：单台发电量227kW，共2台；

热水型溴化锂制冷机：单台制冷量259kW，共2台；

热水—热水板式换热器：单台换热量341kW，共2台。

五、空调系统形式

1. 空调水系统设计

空调水系统采用一次泵定流量二管制系统；空调冷（热）水泵采用离心泵，置于屋面空调水泵房。来自三联供机房的空调冷（热）供至屋面与风冷热泵系统的供水汇合于集水器，送至各层末端；来自各层末端的回水经分水器分二路回至三联供机房与风冷热泵系统；限于建筑高度控制，水系统的定压采用闭式定压装置形式，闭式定压罐设于空调水泵房内，水系统工作压力为1.0MPa；空调水系统采用在线自动加药的方式对循环水系统进行处理；空调水系统为异程布置，各空调箱回水管上设置动态平衡比例调节阀，风机盘管回水管上设置动态平衡电动二通阀解决系统动态水力失调的问题。

2. 空调风系统设计

（1）针对负荷变化相对较大的大空间（如敞开办公、多功能厅等）采用全空气变风量空调系统，过渡季可实现全新风运行，系统所对应的排风风机采取了变频措施。对于进深较大、存在明显内区的敞开办公，周边设置风机盘管改善窗际热环境，内区可通过调节全空气系统的新风比解决冬季供冷问题。

（2）针对负荷变化相对较小的大空间（如公共事务大厅、入口大厅、餐厅等）采用全空气定风量空调系统。

（3）针对小空间（如办公、会议等）采用风机盘管（或变制冷剂流量空调末端）加独立新风系统的方式，对于处理风量较大的独立新风系统采用了全热回收的措施。

六、通风、防排烟及空调自控设计

1. 通风系统

（1）地下车库设置机械排风系统，风量按6次/h的换气次数计算，并采取机械补风的措施，补风量大于等于排风量的50%。

（2）设备机房设置机械送、排风系统。

（3）厨房设置灶台和全室2套排风系统，总排风量按60次/h的换气次数计算，并设相应的机械补风系统。

（4）卫生间设置机械排风系统。

（5）对于采取变新风比的全空气系统，对应设置独立的变频排风系统，以保证将其服务区域控制为微正压。

（6）对于人员密度较高的密闭区域（如，会议室）设置排风系统，以保证将其服务区域新风进入。

2. 防排烟系统

（1）根据相关规范，对无条件实现自然排烟的防烟楼梯间、封闭楼梯间、合用前室以及消防电梯前室设有机械加压送风系统。

（2）地下停车库设置排风兼排烟系统。

（3）入口大厅（中庭）设置机械排烟的措施，排烟量按照火情设定法确定。

（4）无外窗或外窗面积不满足自然排烟要求的人员较多或重要的大空间设机械排烟系统，大空间排烟量利用火情设定法或规范相关要求确定。

（5）内走道长度超过规范要求的设机械排烟系统，排烟量按照 13000m^3/h 设计。

3. 空调自控

（1）BA 系统实现对风冷热泵和空调水泵设备群控功能，负荷调节过程中优先启动三联供系统；空调供回水总管之间设置压差旁通。

（2）对于全空气单风道变风量系统，末端采用压力无关型变风量末端，其根据室内控制温度调节其风阀开度，空调箱风机根据风管 2/3 处的静压控制值进行变频调节（每个系统设置 1～2 个压力传感器）；并以空调箱送风温度为控制目标，调节空调箱回水管上设置的动态平衡比例调节阀。

（3）对于实现变新风比的全空气系统，在室外及主回风管内设置焓值传感器，空调工况下，根据 CO_2 浓度传感器，调节电子新风定风量阀的设定值，实现最小新风量控制；过渡季或冬季供冷工况下，系统以室内温度为控制信号调节系统新风比，以实现免费供冷的目的。

七、设计体会

（1）多种冷热源系统的综合应用。

（2）“绿色三星建筑”的要求，对于暖通专业设计的挑战与机遇。

山东省立医院东院区一期修建性详细规划和单体建筑设计①

作者简介：

陆琼文，男，1977 年 10 月生，高级工程师，2003 年毕业于同济大学供热通风与燃气工程，硕士，现在华东建筑设计研究院有限公司工作。主要设计代表作品：上海长海医院、山东省省立医院、湖北省人民医院、中央电视台新台址、外滩国际金融服务中心等。

- 建设地点　山东省济南市
- 设计时间　2007 年 6～12 月
- 竣工日期　2010 年 10 月
- 设计单位　华东建筑设计研究院有限公司 [200002] 上海市汉口路 151 号
- 主要设计人　陆琼文　杨光　郑乐晓
- 本文执笔人　陆琼文
- 获奖等级　民用建筑类三等奖

一、工程概况

该项目基地位于济南市东部发展区，济南市历下区姚家镇，经十路以北、贤文路东侧、马山坡西南侧。总建筑面积约为 138219m²，地上 120987m²，地下 17232m²。地上部分包括门诊楼、急诊楼、外科病房楼、内科病房楼等 8 幢独立建筑，建筑之间以连廊相接。

二、工程设计特点

（1）空调冷、热水系统设计为一次泵变流量系统。

（2）空调冷冻水系统供/回水温度为 6℃/12℃，较常规设计增大系统温差。

（3）根据建筑物体型及房间使用功能，该工程地下室及裙房部分空调水系统采用异程四管制，主楼病房区域为异程二管制。空调水系统采取动态平衡措施，保证系统的各个末端能够达到需要的流量，避免了由水力不平衡造成的"大流量、小温差"的问题，提高了系统的控制质量，改善了空调区域的舒适度。

（4）新风空调机组送风温度为 11.5℃/90%，新风承担室内湿负荷，保证各病房风机盘管处于准干工况运行，减少细菌滋长的可能。

三、设计参数及空调冷热负荷

1. 室外设计参数（见表 1）

室外设计参数　表 1

夏季空调计算干球温度	34.8℃	冬季空调计算干球温度	−10.0℃
夏季空调计算湿球温度	26.7℃	冬季空调计算相对湿度	54%
夏季通风计算干球温度	31.0℃	冬季通风计算干球温度	−2.0℃

2. 室内设计参数（见表 2）

室内设计参数　表 2

	夏季		冬季		新风量 [m³/(h·p)]	噪声 [dB (A)]
	干球温度 (℃)	相对湿度 (%)	干球温度 (℃)	相对湿度 (%)		
门厅	26	65	18	35	10	≤55
食堂	26	60	20	40	20	≤55

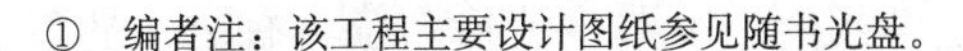

① 编者注：该工程主要设计图纸参见随书光盘。

续表

	夏季		冬季		新风量 [m³/(h·p)]	噪声 [dB (A)]
	干球温度 (℃)	相对湿度 (%)	干球温度 (℃)	相对湿度 (%)		
诊室	25	60	20	40	40	≤45
治疗室	25	60	22	40	40	≤45
办公室	25	60	20	40	30	≤45
会议室	25	60	20	40	30	≤45
药房	25	60	20	40	30	≤45

工程冷负荷设计为16250kW，热负荷为14400kW，蒸汽加湿量为3850kg/h。

四、空调冷热源及设备选择

该工程采用集中式空调系统。冷源为4台1200RT离心式冷水机组。空调冷冻水系统供/回水温度为6℃/12℃。洁净手术部设置2台200kW风冷式冷水机组，考虑过渡季使用及主系统故障时备用。供暖期热源采用市政热水（120℃/60℃），经2台7350kW水—水换热器换热得到空调热水，空调热水系统供/回水温度为60℃/50℃。过渡季采用医院锅炉房蒸汽，设置1台2300kW汽—水换热器。冬季空调加湿所需蒸汽采用洁净蒸汽，洁净净化空调系统采用二次发生蒸汽。

五、空调系统形式

该工程采用集中式空调系统，根据各功能分区的不同特点采用不同的空调形式。诊室、办公等场所采用风机盘管加新风系统，根据功能区设置集中新风空调机组。系统排风结合卫生间排风及消防排烟系统进行设置，或设置独立的机械排风系统。病房楼部分设置集中新、排风系统，设备置于屋面。门诊大厅、公共区等采用定风量全空气系统，系统考虑过渡季全新风运行。

该工程设有各级洁净手术室。Ⅰ级手术室单独设置空调系统，Ⅲ级手术室2～3间合用一个系统。Ⅲ级洁净辅助用房合设净化空调系统，Ⅳ级洁净辅助用房合设净化空调系统或采用带亚高效过滤器的净化风机盘管加新风的空调形式，风机盘管设置电加热装置。洁净手术部新风系统集中设置。每间手术室均单独设一台排风机，Ⅲ级洁净辅助用房合设排风系统，Ⅳ级洁净辅助用房合设排风系统。排风量与新风量相平衡，采用双位定风量新风阀和定风量排风阀，确保室内始终保持正压要求。手术部设置单独送风风机，非运行期维持正压。洁净医用空调机组置于手术部上方的专用机房内。

六、通风、防排烟及空调自控设计

地下室汽车库按每个防火分区设置机械通风（兼消防排烟）系统，系统排风量按6次/h计算，补风量按5次/h计算。地下各设备用房均设置独立的排风系统，各设备用房的通风量根据以下原则确定：

（1）高低压变配电间按设备发热量配置机房空调，冬季无冷冻水时段以通风系统排除室内热量，通风量按设备发热量计算。

（2）锅炉房按设备发热量、燃烧空气消耗量进行风量计算。

（3）柴油发电机房按设备发热量、燃烧空气消耗量进行风量计算。

（4）水泵房6次/h，热交换机房8次/h。

（5）冷冻机房按6次/h换气。

（6）各卫生间设置机械通风系统，换气次数按15次/h计算。

防烟楼梯间及合用前室设机械加压送风系统。楼梯间保持正压50Pa，前室保持25Pa。楼梯间每2～3层设一个常开风口；前室每层设一个常闭风口。为防止前室压力过大，送风系统上将设电动旁通风阀。超过规范允许条件的房间及内走道，设机械排烟系统。地下车库机械排风系统兼作消防排烟系统，机械送风系统兼消防补风系统，排烟量按6次/h换气计算。

该工程设置数字化的空调自动控制系统来统一协调空调、通风系统及设备的运行，以实现高效、节能、便捷的运行效果。空调自动控制系统可以纳入BA系统，实现在BA系统平台上的综合运行管理。

七、设计体会

（1）空调冷、热水系统设计为一次泵变流量系统。随着冷冻机技术的进步和自控技术的提高，冷冻水变流量技术已得到成熟的应用。一次泵变流量系统较之常规的二次泵变流量系统具有更大的节能能力，并可以有效减少水泵数量和机房面积。

（2）空调冷冻水系统供/回水温度为6℃/12℃，较常规设计增大系统温差。经分析，在该设计温度下冷水机组运行效能、风机盘管供冷能力变化不大，而系统水流量较之5℃温差系统减少20%，节省了水泵的输送能耗和系统的运行费用。

（3）新风空调机组送风温度为11.5℃/90%，新风承担室内湿负荷，保证各病房风机盘管处于准干工况运行，减少细菌滋长的可能。

（4）该工程采用集中式空调系统，根据各功能分区的不同特点采用不同的空调形式。就诊大厅为典型的高大空间建筑，针对其空间特点分层设置空调系统。屋面集中设置排风风机。所有空调系统均能实现全新风运行，在过渡季节能够充分利用室外新风，在保证人员活动区域热舒适的同时，实现系统节能运行。在某些特定时期，系统能够实现直流式送风，满足卫生防疫等特殊需求。

特立尼达和多巴哥国西班牙港国家艺术中心①

• 建设地点　特立尼达与多巴哥首都西班牙港市中心
• 设计时间　2006年6月～2009年6月
• 竣工日期　2010年9月
• 设计单位　华东建筑设计研究院有限公司
　[200002] 上海市汉口路151号
• 主要设计人　左鑫　黄建倩　杨光
• 本文执笔人　左鑫
• 获奖等级　民用建筑类三等奖

作者简介：
左鑫，男，1969年11月30日生，主任工程师，高级工程师，1992年毕业于同济大学暖通专业，大学本科，现在华东建设设计研究院总院工作。主要设计代表作品有：浦东机场一期航站楼、中科院上海药物研究所、重庆广电大厦等。

一、工程概况

项目基地位于加勒比海沿岸特立尼达与多巴哥首都西班牙港市中心。总建筑面积约为20000m²，地上18000m²，地下2000m²。地上部分包括艺术教学楼、高星级酒店、演艺剧场等功能独立但建筑造型相连的建筑群体，落成后作为该国最重要的国家庆典及会议场所，落成的当年即首先作为当年英联邦国家峰会的主会场。

二、工程设计特点

（1）由于使用的负荷计算软件不包含该工程所在地的气象数据，因此以上数据采用了另外一个气候条件相似的城市Maracaibo，该城市属于邻国Venezuela，与本案地点port of Spain具有相同的纬度、相近的海拔高度以及相似的周边地貌。须用英联邦国家接受的英文负荷计算软件进行计算，采用了由开利公司提供的负荷计算及分析软件，包括逐时负荷、全天累计负荷、设备选型等。

（2）根据建筑物体型复杂，造型独特，主体造型是特多国家的象征——钢鼓之花。为保证建筑设计异常独特的造型以及富有异国强烈民族色彩的室内设计，暖通设计必须完全贴合建筑造型及室内设计的需要来进行，同时必须保证自身系统的合理可靠及宜于运行管理。

（3）该工程剧场采用的全空气置换式送风系统，经过严格的声学评价，符合剧场严格的声学使用要求。其中座椅送风口的设计，经过清华大学专业声学测试及气流测试并形成专业报告，合格后方投入安装。

三、设计参数

设计参数如表1和表2所示。

室外空调计算参数　表1

	空　调
夏季	干球温度36.1℃
	湿球温度28.9℃
冬季	干球温度22.2℃
	湿球温度15.6℃

室内空气计算参数与有关指标　表2

主要房间名称	夏　季		人员密度(人/m²)	照明设备(W/m²)	新风量[m³/(p·h)]	噪声级[dB(A)]
	温度(℃)	相对湿度(%)				
办公室	25	55	0.15	50	35	45
餐厅	24	60	0.5	30	25	55
门厅	26	60	0.1	40	20	50
剧场观众区	25	55	1.25	10	20	NR30

① 编者注：该工程主要设计图纸参见随书光盘。

续表

主要房间名称	夏季		人员密度（人/m²）	照明设备（W/m²）	新风量［m³/（p·h）］	噪声级［dB（A）］
	温度（℃）	相对湿度（%）				
剧场舞台区	25	60	0.2	由工艺定	50	45
客房	24	50	2人/间	20	50	40
多功能厅	25	60	0.2	50	20	50
会议室	25	60	0.5	50	30	45

四、空调冷热源及设备选择

1. 冷源配置及主要配套设备技术性能表（见表3）

主要设备技术性能表　　表3

名　称	规格与参数	台数
螺杆压缩式冷水机组	冷量1400kW；进/出水温7℃/12℃	2
离心式冷水循环泵	Q=265m³/h，　H=32mH₂O	3

2. 空调水系统

空调水系统采用二管制，异程式，主要支管均采用自力式自动压差控制阀+手动平衡阀；系统采用开式膨胀水箱，兼系统自动补水装置，置于室内系统最高点。

空调水系统变流量设计，空调末端AHU设电动二通比例调节阀，FCU设电动二通双位控制阀；系统供回水总管设电动压差比例调节阀。

空调水系统设电子除垢仪、真空自动脱气机。

五、空调系统形式

主要房间空调方式如表4所示。

主要房间空调方式一览表　　表4

主要房间名称	空调方式	气流组织形式
办公室	风机盘管加新风	上送上回
餐厅	低速全空气系统	上送下回或上回
门厅	低速全空气系统	上送下回或上回
剧场观众区	低速全空气系统	置换送风方式
剧场舞台区	低速全空气系统	上送上回
客房	风机盘管加新风	上侧送上回
排练厅	低速全空气系统	上送上回
会议室	风机盘管加新风	上送上回

六、通风、防排烟及空调自控设计

1. 通风设计

（1）车库主要通过大面积的侧壁敞开空间形成自然通风，局部气流死角处采用机械通、排风补充。

（2）各设备用房的通风量根据以下原则确定：

1）柴油发电机为风冷式，自带机械排风扇直接将散热排至室外，自然进风。

2）变配电间内设空调冷却设备，用以控制环境温度；另设一套机械排风系统，提供基本换气次数为1次/h。

3）水泵房，5次/h。

4）制冷机房，按制冷工质泄漏时满足事故通风计算风量，该风量高于一般通风需求，送风机组配置冷水盘管，用于室外高温时控制送风温度。

（3）厨房炉罩上方设带过滤器的不锈钢排风罩，风量按烧煮罩面风速0.5～0.7m/s计算。为使油烟气达到环保排放标准，配置油烟净化器与排风机一体的厨房专用排风机组。厨房还设补风系统，补风将经过冷却降温及去湿处理，补风量为排风量的85%，使厨房保持适当负压。

（4）各客房卫生间配排风扇，排至各层合用的垂直风道，再通过若干个总排风机集中排至室外。

（5）为改善室内空气品质，各公共场所餐厅、剧场等均设机械排风系统。排风量根据新风量确定，并使室内保持一定正压。

2. 消防防排烟系统

（1）该工程将以《建筑设计防火规范》GBJ 16—872001为基本依据，考虑必要的防排烟系统设计。

（2）该工程所包含的剧场部分，还将按照《剧场建筑设计规范》JGJ 57—2000的相关要求，考虑以下消防设计措施：

1）剧场舞台顶部设机械排烟系统，排烟量参照《民用建筑防排烟技术规程》DGJ 08—88—2000的方法按火灾模型来计算，需要设置2台45000m³/h的消防专用风机。

2）观众席顶部也将设机械排烟系统，排烟量按照13次/h换气或90m³/(m²·h）确定。

3）与封闭楼梯间相关的内走道采用可开启外窗进行自然排烟。

（3）车库采用自然通风的排烟形式。

（4）设备、配件、材料的选用应符合相应的消防设计要求。

3. 控制内容描述

原则：空调通风系统主要设备采取就地控制的方法，通过随设备配套的控制箱、控制开关面板或DDC现场控制器来完成。主要内容如下：

（1）冷水机组的运行控制

通过机组自带的控制柜，实现机组高效运行及通过瞬时能量运算进行运行台数控制。

通过机组自带的控制柜，实现对冷冻循环水泵、冷却循环水泵、冷却水塔的联动控制，包括系统启动及关闭时的合理顺序控制。

（2）空调循环冷冻水系统

系统自动压差控制：压差信号取自制冷主机房供回水主管道间的旁通管两端，在旁通管上设电动比例压差控制阀。

水泵运行台数控制：与冷水机组的运行台数一一对应。

备用水泵的运转：1）当任一水泵故障时，备用水泵随即投入运转。2）系统任意一台水泵均可以作为备用泵，以平均各台水泵的实际工作时间。

（3）空调循环冷却水系统

水泵运行台数控制：与冷水机组的运行台数、冷却水塔一一对应。

备用水泵的运转：1）当任一水泵故障时，备用水泵随即投入运转。2）系统任意一台水泵均可以作为备用泵，以平均各台水泵的实际工作时间。

（4）空气处理机组

过滤网压差报警。

对带回风的空气处理机组，根据回风温度或对应现场温度，水阀比例积分调节。

对带全新风的空气处理机组，根据送风温度或对应现场温度，水阀比例积分调节。

送/回风温度显示。

机组停止运行时，新风风阀自动关闭。

风机故障报警。

风机变频控制（仅个别机组）。

（5）风机盘管控制

带温度探测及显示的风量三速开关。

电动水阀，根据室温进行ON/OFF双位控制，风机盘管风机停止运转时连锁关闭水路。

七、设计心得

由于该项目所在地为英联邦国家，为援建项目，合同是按照中国国家规范设计。但实际建造中，当地审批部门认为中国国家规范不能任意适用，施工图须经过当地设计顾问的严格审批，并须将中国规范做法向当地解释或认可后才可以实施，为此设计做了大量的说明工作，包括负荷计算、防排烟计算等，还须将全套图纸及说明翻译成英文版。

卓越·皇岗世纪中心暖通空调设计①

- 建设地点 深圳市
- 设计时间 2007年5～12月
- 竣工日期 2010年9月
- 设计单位 悉地国际设计顾问（深圳）有限公司 [518057] 深圳南山区科技中二路19号劲嘉科技大厦
- 主要设计人 丁瑞星 刘红 杨德志 杨德位 范围 李春燕 温小生 吕胜华 李亚姿 高玉梅
- 本文执笔人 丁瑞星
- 获奖等级 民用建筑类三等奖

作者简介：

丁瑞星，男，1967年9月生，高级工程师，1990年毕业于湖南大学供热通风与空调专业，大学本科，现在悉地国际设计顾问（深圳）设计有限公司工作。主要代表作品有：平安国际金融中心、南宁华润万象城、合肥华润万象城、卓越皇岗世纪中心、深圳华润君悦酒店、中山文化艺术中心、惠州体育场、深圳龙岗体育公园等。

一、工程概况

卓越世纪中心，位于深圳市福田区海田路西侧、福华三路南侧、福华四路北侧、金田路东侧，毗邻深圳会展中心。由4栋公共建筑组成：1号楼为63层超高层办公楼（总高度249.8m）；2号楼为54层超高层办公、酒店、公寓综合楼（230m）；3号楼为34层的公寓（146.8m）；4号楼为37层办公楼（183.5m）。

建筑外观

裙房共4层，将4座塔楼连成一体。地下室共3层，为停车库和设备用房，共停车1550辆，各部分建筑面积明细见表1。

各功能分区建筑面积　　表1

功能区域	建筑面积（m^2）	功能区域	建筑面积（m^2）
地下室	89476	3号塔楼	51485
1号塔楼	108936	4号塔楼	81463
2号塔楼	103000	总计	434360

二、系统设计特点

1. 中央制冷站

基地平面尺寸为193m×157m：一方面平面尺寸较大，另一方面2号塔楼为返建（要求机电系统独立），因此项目设置了相对分散的冷源方式，共设置三个制冷站，各制冷站的详细配置见表2。

制冷站配置明细　　表2

	装机配置（冷量×台数）	装机容量（kW）	蓄冰量（kWh）	服务区域
1号冷站	4015kW×2（双工况离心制冷机） 1396kW×2（基载螺杆制冷机）	10822	49969	1号塔楼和与其对应的裙房

① 编者注：该工程主要设计图纸参见随书光盘。

注：原“中建国际（深圳）设计顾问有限公司”现更名为：“悉地国际设计顾问（深圳）有限公司”。

续表

	装机配置（冷量×台数）	装机容量（kW）	蓄冰量（kWh）	服务区域
2号冷站	3607kW×1（双工况离心制冷机）	11202	35160	2号塔楼和与其对应的裙房
	2039kW×1（基载螺杆制冷机）			
	3797kW×1（基载螺杆制冷机）			
	1758kW×1（基载热回收离心制冷机）			
3号冷站	4015kW×2（双工况离心制冷机）	14409	49969	3、4号塔楼和与其对应的裙房
	4409kW×1（基载离心制冷机）			
	1969kW×（基载热回收离心制冷机）			
合计		36433	135099	

（1）2号塔楼内设有酒店、3号塔楼为公寓，均有稳定的热水需求，因此设置了冷凝热回收，选取了带热回收的离心式冷水机组，提供卫生热水的预热，回收热量942kW。

（2）选用塑料盘管方形蓄冰槽，槽体规格为6040mm×2620mm×3170mm（h），蓄冰量为3094kWh/个，项目共计设置蓄冰槽46个。

（3）冷冻水采用二次泵系统：一次泵定流量运行，二次泵变流量运行。按功能分区设置二次泵组，以便于运行和检修，在每组二次泵系统最不利环路的2/3处的供回水管道上设置压力传感器，其压差值作为二次泵变频控制的信号。

2. 空调水系统的压力分区

对于超高层建筑，水系统压力分区的合理确定非常关键，不仅对系统的初投资有较大影响，还关系到系统的运行安全和费用，下面以1号楼为例，介绍整个项目水系统压力分区的思路和原则。

1号楼的水系统压力分区示意详见图1。

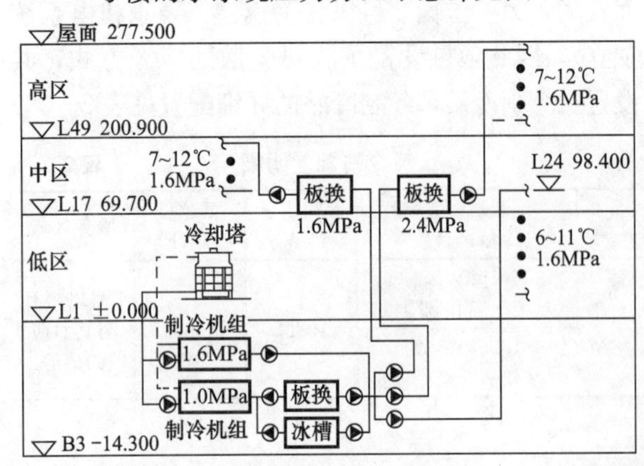

图1　压力分区示意图

（1）压力分区以控制设备承压不超过1.6MPa为原则（高区的部分设备、管道除外）：通过让极少部分设备承受高压，减少一次板换压力分区，提高了换热效率和输送效率。

（2）在不超过1.6MPa的前提下，尽量扩大低区的供冷范围：低区冷冻水系统负责到二十四层，而不是按建筑避难层分割的十七层，一定程度上提高了供冷效率。

3. 办公标准层的空调

办公楼标准层采用变静压控制的VAV系统，典型的标准层空调系统平面如图2所示。

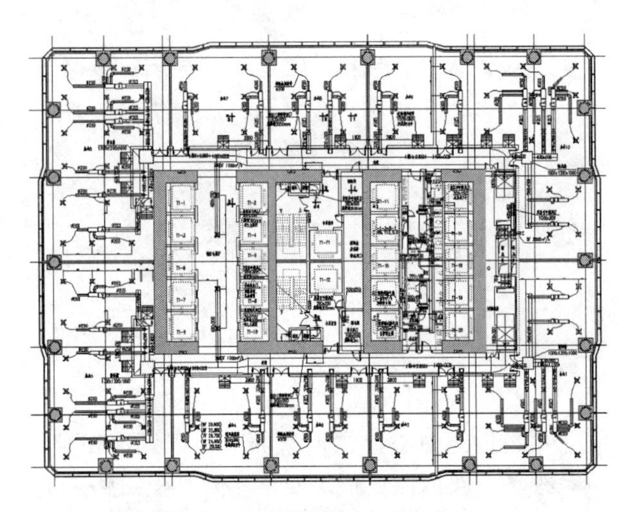

图2　办公楼标准层空调平面

（1）办公标准层建筑面积为2000m²，每个标准层设置两个空调机房，每个空调机房的面积约25m²。

（2）空调送风管道布置在走廊内，在空调机房的墙壁上设置集中回风，每个梁空内布置单风道无动力型BOX和空调送风口，这样在办公空间内梁下基本没有机电管线，保证了租户空间的最大净高。

（3）每个BOX箱的服务面积约40m²，每个标准层布置36个BOX箱，可有效控制项目空调系统的投资：

采用变静压控制，比定静压控制最高节能可达23.4%，全年平均节能8.6%。实际运行时，组合式空调机组的频率可以调节至25Hz，系统风量降至额定风量（22500m³/h）的20%，仅为4500m³/h，但应注意满足空调规范规定的不宜小于5次换气的规定，具体的控制逻辑如下：

1）当标准层开启的BOX末端为本层总数量的80%～100%时：如果所有BOX末端的风量总

和大于等于设计风量的50%，组合式空调机组以设计送风温度、变频调节风量的模式运行。反之，以设计风量的50%定风量运行，调节送风温度的模式运行。

2）当标准层开启的BOX末端为本层总数量的60%～80%时：如果所有BOX末端的风量总和大于等于设计风量的40%，组合式空调机组以设计送风温度、变频调节风量的模式运行。反之，以设计风量的40%定风量运行，调节送风温度的模式运行。

3）当标准层开启的BOX末端为本层总数量的40%～60%时：如果所有BOX末端的风量总和大于等于设计风量的30%，组合式空调机组以设计送风温度、变频调节风量的模式运行。反之，以设计风量的30%定风量运行，调节送风温度的模式运行。

4）当标准层开启的BOX末端为本层总数量的0%～40%时：组合式空调机组以设计风量的20%定风量运行，调节送风温度的模式运行。

4. 转轮全热回收技术在高层办公楼中的应用

对于大多数超高层建筑，新风和排风都是经过竖向风道在设备层取风和排风，由于新风和排风已经经过了集中处理，为设置热回收系统提供了非常便利的条件。项目中空调排风热回收示意图见图3。

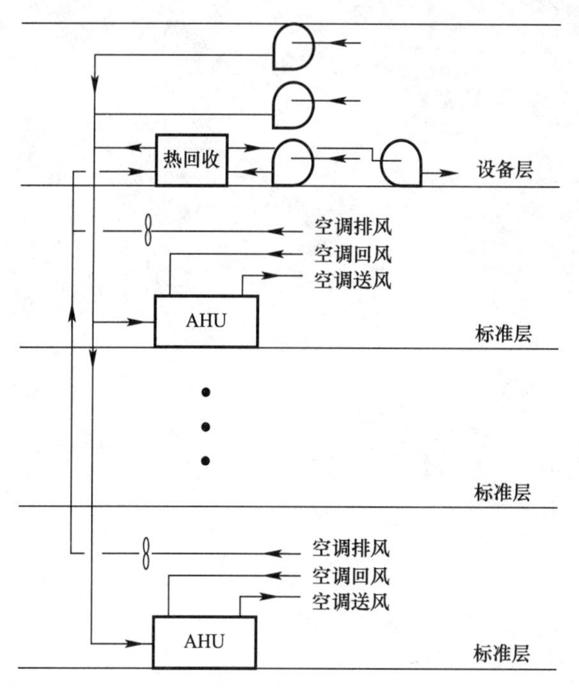

图3 空调热回收示意图

（1）每个标准层的新风量为6000m³/h，洗手间、茶水间等的排风量约为2200m³/h，维持正压所需风量为2300³/h，这样可用于进行热回收的风量为1500³/h。

（2）在每个设备层设置转轮全热回收装置。由于新风量与排风量相差较大，为减少全热回收设备的初投资，按排风量选择全热回收转轮，其余的室外新风直接送入各层空调机的取风竖井。

（3）虽然对办公楼单楼层可以回收的排风量只有1500³/h，回收的冷量只有约9.36kW，但对于超高层办公楼，综合起来还是非常可观的。以1号楼为例，办公楼层共计60层，全热回收转轮的全热效率按60%时，空调峰值负荷下可回收冷量561kW。

5. 空调冷凝水的回收利用

很多项目，空调的冷凝水都是简单地排向洗手间的地漏，一方面会造成冷凝水排水处长期潮湿、滋生细菌；另一方面也严重影响美观。因此，建议所有的空调冷凝水都应该设置集中的排水立管，加以回收用于绿化灌溉或作为冷却塔的补水使用。

（1）该项目中，经过计算，峰值负荷下会有24m³/h的空调冷凝水可以回收利用，冷凝水量还是非常可观的。

（2）回收的冷凝水用来作为冷却塔的补水，由于冷凝水的温度较低，一般低于20℃，这样不仅节省了补水量，还回收了冷量，一举两得，值得推广。

（3）在进行冷凝水回收时，对于高于冷却塔部分的冷凝水可以直接接入冷却塔的积水盘，使得冷凝水回收几乎没有成本和运行费用；低于冷却塔部分的冷凝水，可以设置一个回收水箱，由水泵输送进冷却塔的积水盘。

6. 冷却塔放置位置的合理性

冷却塔是电制冷空调必须的设备，但由于它体积庞大并且必须具备良好的通风条件等问题，冷却塔的放置位置经常会和建筑立面产生较大的矛盾。在该项目中，通过和建筑专业的密切配合，笔者尝试了采用多层放置并且和建筑扶梯融为一体的方法，见图4。

冷却塔分三层布置，由于接水盘高度不一样，冷却水管道和对应冷却水泵、制冷主机都需单独和各层的冷却塔对应，会造成冷却水管井较大、冷却水备用泵增多等不利因素。

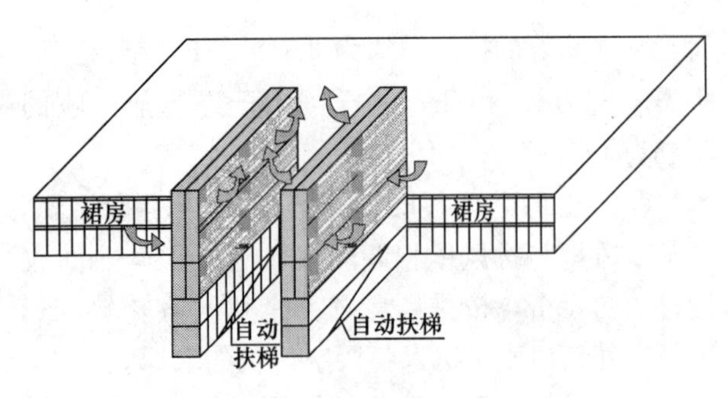

图 4　冷却塔布置示意图

(1) 冷却塔位于项目广场中间，并且为人员主要交通处，对冷却水的噪声、飘水需进行慎重处理。

构筑物高度达 32m，检修、更换填料时操作空间小，必要时还需外部搭建脚手架。

(2) 项目中冷却塔放置位置不尽合理，但在某些特定条件下，可以作为一种布置形式作为参考。

(3) 项目运行一年以来，冷却塔的冷却效果、噪声、飘水都达到了设计效果。

三、设计体会

该项目建筑面积较大，设计周期、施工周期都比较紧张，项目在 2011 年全面竣工并投入运行，空调各方面运行正常，达到了设计目标，也得到了业主的肯定，在项目设计、施工到后期配合的过程中，有一些感触，与大家一起分享：

(1) 在寸土寸金的商务中心区，每平方米的建筑面积都有着很高的商业价值，但一定要为机电设备的安装和维护留有一定的空间，不宜一味挤压站房和机电管井的面积。项目裙房后期由于招商业态发生变化，造成增加管井和加大空调机房带来的土建加固、变压器增容等问题，应引起重视。

(2) 由于项目较大，又采用双工况制冷机组，造成能满足项目需要的设备供应商较少，并且设备型号互不兼容，按一个供应商的技术参数设计，会造成另一个供应商就不参与项目投标的情况，这就需要在设计时按最不利设备供应商的情况布置制冷站房。该项目中采用规定总装机容量和限制制冷站尺寸的带方案招标的设备采购形式，即使这样，具备竞争条件的供应商也只有两家。

(3) 变风量空调系统无论是从理论上，还是从单项设备上来讲，都是很成熟的，但往往调试成功的案例比较少，所以一定要重视变风量空调系统集成商的作用。很大程度上讲，只要有一个合格的 VAV 集成商，设计 VAV 空调系统的目标都能顺利实现。该项目中，与 VAV 空调系统相关的 AHU、BOX、执行器、变频器、相关的控制器及连线、安装调试等均由一家承包商负责采购、安装和调试，保证了项目 VAV 空调系统的安全、节能运行。

星河发展中心①

作者简介：

徐峥，女，1967年5月生，高级工程师，1989年毕业于天津大学供热通风与空调专业，工学士学位，现在艾奕康建筑设计（深圳）有限公司工作。主要设计代表作品：星河世纪、深圳市京基大梅沙酒店、星河发展中心、成都花样年喜年广场、中海大山地一期等。

- 建设地点　深圳市
- 设计时间　2005年4月～2008年3月
- 竣工日期　2009年3月15日
- 设计单位　艾奕康建筑设计（深圳）有限公司
[518059] 广东省深圳市南山区海岸城东座B区14楼
- 主要设计人　徐峥　苗建增　王伟华
- 本文执笔人　徐峥
- 获奖等级　民用建筑类三等奖

一、工程概况

星河发展中心位于深圳福田区的深圳中心区内，南隔福华路与深圳市会展中心遥遥相对，属于深圳的商业心脏用地。总建筑面积122357.94m²，建筑高度100m。两座塔楼分据南北两端，南端为酒店塔楼，北端为作办公塔楼，4层裙房作为酒店的公共服务设施及酒店配套之商场。建筑地下

4层，汽车库、机电设备用房、卸货区、酒店内部员工办公及服务区、食品粗加工及储存间、洗衣房等均设在地下室内。

该项目内的酒店为深圳星河丽兹·卡尔顿酒店，由国际顶级酒店集团“丽嘉酒店”（Ritz-Carlton）负责管理。其中酒店及配套部分建筑面积为50006.81m²，酒店客房楼层离地32.5m，酒店客房层共19层。酒店客房总共244间（套）。酒店配套设于酒店塔楼底下的裙房部分。包括餐饮设施、休闲设施及会议设施三大类。餐饮设施设有中餐馆和贵宾间、特色餐厅（意大利餐厅）、全天候餐饮厅、露天餐饮区、咖啡厅及酒吧等。休闲设施设有室外游泳池、水疗（温泉）及健身中心等。会议设施设有大型宴会厅、若干多功能厅、会议室及董事会会议室等。酒店塔楼五～六层间设有设备转换层。

二、工程设计特点

该项目采用了高效离心及螺杆冷水机组且两种机组大小搭配方案、螺杆冷水机组为热回收型、空调制冷设备采用环保冷媒、空调水系统采用二次泵变频、全空气系统过渡季节可采用全新风运行、采用CO_2浓度控制新风量、新风热回收、风柜变频等措施提高系统效率，减少能耗需求。酒店部分设计中除了满足中国国内设计规范的要求，

① 编者注：该工程主要设计图纸参见随书光盘。

还严格遵循了酒店管理集团（丽兹·卡尔顿酒店）的设计标准要求，成功地解决了各种复杂的功能和技术要求，创造出了国际一流的酒店建筑。

三、设计参数及空调冷热负荷

设计参数如表1和表2所示。

室外设计参数 表1

季节＼参数	室外计算干球温度	室外计算湿球温度	室外计算相对湿度	通风室外计算干球温度
夏季	33.7℃	27.5℃	—	31.2℃
冬季	6℃	—	72%	14.9℃

室内设计参数 表2

区域	干球温度及相对湿度		新风量
	夏季	冬季	
客房	25℃ 55%	20℃ 40%	120m³/(h·房)
客房走道	25℃ 55%	20℃	—
酒吧	25℃ 55%	20℃	50m³/(h·p)
中餐厅	25℃ 55%	20℃	20m³/(h·p)
贵宾厅	25℃ 55%	20℃	30m³/(h·p)
会议室	25℃ 55%	20℃	30m³/(h·p)
办公室	25℃ 55%	20℃	30m³/(h·p)
宴会厅	25℃ 55%	20℃	30m³/(h·p)
意大利餐厅	25℃ 55%	20℃	20m³/(h·p)
咖啡厅	25℃ 55%	20℃	20m³/(h·p)
精品店	25℃ 55%	20℃	20m³/(h·p)
健身房	25℃ 55%	21℃	30m³/(h·p)

酒店集中空调面积35182.5m²，夏季空调计算冷负荷为5820kW；空调供热面积33485m²，计算热负荷为1781kW。

技术经济指标：

单位建筑面积耗热量指标39W/m²（建筑面积），耗冷量指标165W/m²；单位建筑面积耗电量指标124W/m²。

四、空调冷热源及设备选择

1. 空调冷热源选择

冷源选用3台离心式冷水机组及一台螺杆水冷式热回收机组，总装机容量为6395.3kW，其中离心式冷水机组单台制冷量为1758kW，螺杆式冷水机组制冷量为1121.3kW。机组冷水进/出水设计温度为12℃/7℃，冷却水进/出水温度为32℃/37℃，制冷剂为R134a。

2. 热源系统

由4台燃气常压热水锅炉提供供/回水温度为90℃/70℃的热水满足生活热水、空调供热的要求，热水锅炉提供的90℃/70℃热水通过两台板式热交换器制备空调用热水，设计供/回水温度为60℃/50℃。

五、空调系统形式

酒店空调水系统按四管制系统设计。空调冷冻水系统采用二次泵变频系统，冷冻水系统管路按建筑功能的不同，竖向分为两个分区：高区客房层及低区裙楼、地下室。裙楼水管环路采用异程布置，组合式空调机组、新风处理机组及接驳风机盘管的分支管路上设置平衡阀；塔楼客房层水管竖向采用同程式布置，各支干管上设置平衡阀，各层环路采用异程布置。在酒店屋顶设膨胀水箱，对系统进行定压、补水。

客房等采用风机盘管并配以中央处理新风系统提供处理新风。客房新风与排风设热管热回收装置。客房层的新风机组及排风机须设变频器。

宴会厅各分隔区域及宴会前厅均分设独立的空调机组，且配置变频器。

酒店大堂、酒吧、餐厅等区域均分设独立的空调机组，设计为全空气系统，可实现过渡季节全新风运行，新风量的控制与工况的转换采用焓值控制方法。同时设置相应的排风装置。

六、通风、防排烟及空调自控设计

1. 通风设计

该工程所有的设备房、配电房、地下车库、

储藏室、卫生间、厨房均设有机械通风系统。垃圾房按干湿区考虑，湿垃圾区设置分体空调，干垃圾区设置排风，排风需经活性炭处理后方可排出室外。

2. 排烟系统

地下汽车库设有机械排烟系统及相应的补风系统。发电机房和变配电房各设独立的机械排风系统及补风系统，酒店裙楼部分：按照防火分区的划分，为地下一层、半地下二层、半地下一层、一层无直接自然通风，且长度超过20m的内走道及有直接自然通风但长度超过60m的走道设排烟系统，合用排烟风机，风机风量按所负担最大防烟分区面积$120m^3/(h \cdot m^2)$计算；为地下室房间、走道及地上内区房间等设机械排烟的区域设置相应的补风系统，补风量不小于排烟量的50%。

酒店宴会厅各隔断设置独立的排烟系统，其排烟风机风量按最大防烟分区面积$60m^3/(h \cdot m^2)$计算，并设置消防补风系统，补风量不小于排烟量的50%。排烟风口距防烟分区内最远点水平距离不超过30m。

3. 加压送风系统

防烟楼梯间、合用前室以及避难层等区域分别设置独立的机械加压送风系统。当有火灾发生时，向上述区域加压送风，使其处于正压状态（设计参数：防烟楼梯50Pa，合用前室、避难空间25Pa）。

上述加压送风系统中，消防电梯前室、合用前室在每层均设有电控常闭加压送风口。

4. 空调自动控制设计

酒店所有通风空调设备均采用直接数字式控制系统，即DDC系统控制。设备均纳入建筑设备自动控制与管理系统（BAS）。

冷水机组进出口总管上设置温度、流量传感器，并将信号送至电脑，换算成系统的瞬时负荷，电脑据此控制冷水机组的投入或停止运行。冷水机组自带微电脑控制盘，能根据单台机组的出水温度对机组自身进行容量调节，并对机组进行安全保护。冷水机组及一次泵一一对应配置，投入及停止运行由管理电脑根据负荷大小来控制。

空调处理机组的供水管上设比例积分阀，由送风温度控制该调节阀的开度，由回风温度控制送风量，由房间二氧化碳浓度控制新回风比。过渡季节，当室外温度低于18℃时，低速全空气系统可全新风运行。机组同时配有变频控制器，可变风量运行。

七、设计体会

在设计过程中，结合工程的实际情况和酒店集团的标准，通过详细计算和经济比较，采用合理的方案，选用高效节能的设备。酒店开业两年来，系统运行良好，室内温湿度均达到设计指标，空调通风系统满足高标准酒店管理的要求。但部分区域为满足装修的要求，不顾室内气流组织的需要，随意提升吊顶高度，挪动风口位置，导致个别空调区域内的温度场不均匀。客房INCOME系统默认设定房间室内温度22℃，而未区分是否有人入住，造成运行能耗过高。

长春国际会展中心大综合馆暖通空调设计①

- 建设地点　　长春市
- 设计时间　　2007年5~7月
- 竣工日期　　2008年8月
- 设计单位　　吉林省建筑设计院
　　[130011] 长春市正阳街4326号
　　(汽车文化园内)
- 主要设计人　褚毅　王琦琳　李思航
- 本文执笔人　褚毅　王琦琳
- 获奖等级　　民用建筑类三等奖

作者简介：

褚毅，男，教授级高工，院副总工程师、吉林省设计大师。1985年毕业于吉林建筑大学暖通空调专业，硕士，现在吉林省建筑设计院工作。主要代表性工程有：大连医学院附属一院住院楼，吉林大学第二医院医技楼，吉林省电力调度中心，吉林德大有限出口深加工车间。

一、工程概况

为迎接第四届东北亚博览会在长春召开，长春市政府决定规划建设会展中心二期、三期工程。本次拟建设的长春国际会展中心二期工程紧邻一期工程建设，位于长春世纪大街以西，北海路以南区域，规划设计范围为34.45hm²。拟规划建设展馆建筑面积10万m²，建设大综合馆建筑面积2万m²。

长春国际会展中心综合馆，引进了日本最新的国际会议中心设计理念，再结合中国国情，在设计上做了很多尝试。大综合馆建筑主要由会议中心和接待中心两大功能区和共享大厅组成。

(1) 会议中心可容纳1160人，可举行大型国际会议、各种演出、音乐会等。会议中心最大的特点：如果打开与多功能厅间的活动墙，主会堂可与多功能厅融为一体，可举行3200人以上的大规模集会。由于多功能厅也可以分割成各种大小的空间，结合主会堂可以变换多种多样的形式，可依据客户的要求灵活使用。

(2) 国际会议厅：面积550m²的高规格的会议室，配备有大型映像设备、同声传译室等高科技设备，可举行各种国际会议。它也可根据用途分成：口字形60座、电影院型220座、学校型150座、宴会型100座等布置方式。

二、工程设计特点

(1) 会展中心进厅会议中心大厅层高均在14m以上，在这种情形下，热空气向上运动的特性形成了热空气自下而上递升的温度梯度。选用喷口下送风或侧送风时，其送风只需要保证人员活动2m以下区域内的空调效果就可以了。在上部空间里，与屋顶的对流换热、与照明设备的对

① 编者注：该工程主要设计图纸参见随书光盘。

流换热以及与上部外围护结构的对流换热，其中一部分得热量，将从送风口上方释放出来。其中与屋顶的对流换热大概占屋顶总冷负荷的25%（其余为辐射热），照明负荷中的对流换热约占20%（白炽灯），外墙总冷负荷中的40%为对流换热。总计这部分得热量中仍有20%被诱导至空调送风中去，另外80%将随上部空间被排出的空气带走，因此在计算大空间逐时冷负荷时应考虑减去此部分得热量。

（2）由于展厅内大多数情况下人员密集，其新风量一般都很大，为了保证其室内正压不超过50Pa设置了机械排风系统（兼火灾排烟），设计中经过计算按所排出风量乘上10～15℃的温升大致约为所减少的热量。因此，高大空间的展厅建筑采用分层送风，下部回风，并配合顶部排风的气流组织方式是一种比较节能与合理的措施。

（3）冬季由于进厅及会议大厅人员进出较频繁，冬季冷风侵人负荷较大，采用低温地板辐射采暖系统不仅效果好、节能显著而且感觉舒适。

（4）对于人员密度大的多功能会议厅及大中型会议室，室内潜热负荷较大，新风湿负荷大，为了营造相对舒适的环境，同时尽量减少除湿再热量以利于节能，设计时适当放宽某些人员短暂停留的空间（如进厅等）的室内湿度要求，并经过在焓湿图上进行空气处理分析，确定除湿再热量，合理设置空调机组及其设备冷量。

（5）厅、多功能厅，将两侧空调机房下卧至地下一层，并采用地下回风管道。此种设计证明：既不影响地上部分使用空间，又避免了噪声污染，又保证了良好的气流组织，是很好的设计方案。

三、设计参数及空调冷热负荷

室内设计参数见表1。

室内设计参数 **表1**

房间名称	夏季		冬季		新风[m³/(h·p)]	噪声[dB(A)]
	温度(℃)	相对湿度(%)	温度(℃)	相对湿度(%)		
过厅	25～28	<65	18～20	>35	15	<50
办公室、洽谈室	25～27	<60	20～22	>35	30	<45
会议中心	25～27	<65	20～22	>35	25	<45
贵宾室	25～27	<60	20～22	>35	40	<40
餐厅	25～27	<65	20～22	>35	30	<50
多功能厅	25～27	<65	20～22	>35	25	<45

夏季空调逐时冷负荷：空调逐时综合最大值为3800kW，指标为188W/m²；冬季采暖热负荷为2690kW，指标为133W/m²。

四、空调冷热源设计及主要设备选择

冷源：制冷主机选用500RT的离心式冷水机组2台。制冷机组制冷量可在20%～100%的范围能进行无级调节，满足不同的部分负荷要求。生产7～12℃冷冻水，供空调系统使用。配套2台横流式方形冷却塔设在舞台屋面。

热源：该工程热源由经济开发区提供0.4MPa的蒸汽，经换热机组换热后，（1）制备热媒参数为60℃/50℃的低温水，供空调和地热系统使用；（2）制备热媒参数为60℃的热水，供生活热水使用；（3）0.4MPa的蒸汽供新风系统、热风幕使用。

五、空调系统形式

1. 空调水系统

（1）空调冷、热水系统采用二管制变流量系统，展厅根据今后展览的需求划分几个区域，每个区域均独立可控制及运行。该工程末端设备是以空调风柜为主，空调风柜则采用等百分比的电动调节阀进行调节，因而该设计采用水系统环路按距离的远近划分几个供水环路，在集水器上各环路设平衡阀来调节其各水力平衡，分支立管设平衡阀来调节各立管的水力平衡的方式平衡整个水力系统。

（2）水系统采用一次泵系统。同二次泵系统相比，大大简化了空调系统和控制系统，对资金不足的该工程来说，有着比较现实的意义。同时，该工程采用一次泵系统比二次泵系统操作简单、方便、灵活。并采用楼宇自控系统对机房及末端进行监控，达到节能目的。

（3）分、集水器进出水管上所设阀门均为压差控制器，采暖，空调干管分支处所设阀门均为静态流量平衡阀，解决了系统的水力平衡问题。

2. 空调风系统

（1）舞台高大空间采用全空气空调系统，竖向分层空调，以降低空调制冷负荷，减少送风量，缩小风道截面尺寸，降低工程造价。舞台两侧采用 AJA 筒形喷口，喷筒可上下 30°范围内调整角度，达到远距离任意角度送冷风和热风的效果。

(2) 国际会议厅、多功能厅、宴会厅多为高大空间，传统的散流器风口无法达到送风效果，采用妥思 VDL 旋流风口，可调式导流叶片可送出横向，斜向或垂直方向的旋转气流，无论在供冷还是供热时均能通过调节送风角度达到最佳送风效果。

(3) 空调系统新风处理采用新回风混合后加热方式，较好地解决了严寒地区空调系统防冻问题，同时降低了能耗。

(4) 空调风系统设置消声措施，设备均采用减振装置，降低了噪声污染。

(5) 风管穿机房，防火分区处等设 70℃常开型防火阀，着火时自动关闭，有效地控制火灾的蔓延。

六、通风、防排烟及空调自控设计

(1) 展厅等大空间采用排烟排风合用系统，平时排风，过渡季充分利用通风换气或消除空调季新风量过大引起的室内超压；着火时排烟，利于疏散人员。平时及消防合用，系统简单，节省层高及造价。

(2) 空调自控范围：冷水机组、冷冻水泵、冷却水泵、冷却塔、新风机组、空调机组以及各种阀门的控制，各种通风机和防排烟系统控制。空调通风系统的自动控制纳入一期建筑的 BAS 管理系统。

(3) 空调自控方式：采用直接数字式控制 (DDC) 系统，由中央电脑及终端设备和各子站组成，在空调控制中心能显示并自动记录，打印出制冷、空调、通风各系统设备及附件运行状态，各主要运行参数数值，并进行集中控制。所有设备皆能自动或手动操作及就地控制。

(4) 监控内容包括：冷水系统监控、新风和空调机组监控，风机盘管监控，通风系统监控，防排烟系统监控。

七、设计体会

该工程自正式投入使用以来，承接了多项国内外重要的大、小型展览会，空调及采暖系统经过了 5 年运行，空调及采暖的效果基本上令人满意，其经验及不足总结为以下，供大家参考。

(1) 对于政府的重要工程，其部分功能也随着需求的变化而改变，冷源系统的设置充分考虑了各负荷段的变化及调整，从而有效降低设备的装机容量，节省工程的初投资。

(2) 在部分负荷运行时，冷冻循环水泵、冷却循环水泵及采暖循环水泵变频运行，根据现场的运行经验，在 38～50Hz 频率范围内运行，其节能效果比较明显。

(3) 高大空间采用地板低温辐射采暖系统，避免了传统的散热器采暖对建筑玻璃幕墙外观效果的影响，节省空间，降低了冬季采暖空调系统负荷，节约成本，降低能耗；根据需要调节温控阀的开度，达到节能的效果。

(4) 5 年来运行的结果证明，采用一次泵变流量系统，操控简单、方便、灵活。该工程一次泵变流量系统及采用同程供水系统的环路划分布置是合理的。在空调水系统调试过程中，经过初始简单的机房内阀门调节及主、支干管的阀门调节，系统各环路基本达到了水力平衡，各区域的温湿度达到设计要求。

(5) 展厅空调风系统的划分及布置，风口的选型，气流组织设计合理，室内各区域的温度、湿度及风速基本达到了设计要求，空调效果令人满意。

八、获奖情况

该项目 2009 年获吉林省优秀民用建筑设计一等奖；2009 年荣获全国民用建筑“华彩奖”银奖。

连云港职业技术学院河水水源热泵空调系统设计①

- 建设地点　连云港市
- 设计时间　2007～2008年
- 竣工日期　2010年
- 设计单位　中信建筑设计研究总院有限公司
  ［430014］武汉市汉口四唯路8号
- 主要设计人　雷建平　昌爱文　王凡
  查万里　陈焰华
- 本文执笔人　雷建平
- 获奖等级　民用建筑类三等奖

作者简介：
雷建平，男，1971年2月生，工学学士，正高职高级工程师，注册公用设备工程师，高级程序员。1994年毕业于同济大学，现在中信建筑设计研究总院工作。主要设计代表作品：湖北省图书馆新馆、武汉市民之家、辛亥革命博物馆、武汉国际证券大厦、天津滨海火车站、长江传媒大厦、武汉国际博览中心区域能源站等。

一、工程概况

连云港职业技术学院的前身是1983年3月由教育部批准成立的连云港职业大学，1999年3月与建于1990年的连云港职业技术教育中心合并组建。随着社会对职业技术人才需求的不断扩大，原校区已不能满足学院办学发展的需求。为改善办学条件，提高办学质量，大力发展高等职业技术教育，更好地为地方经济和社会发展服务，经有关部门批准，连云港职业技术学院决定在连云港市花果山科教园区兴建新校区。

新校园鸟瞰图

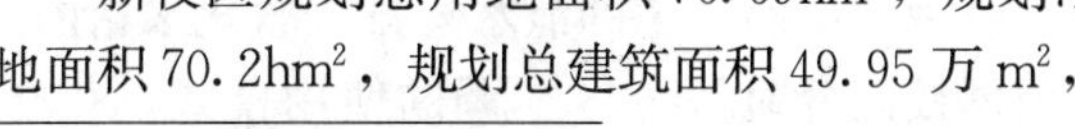

新校区规划总用地面积76.69hm²，规划净用地面积70.2hm²，规划总建筑面积49.95万m²，其中一期总建筑面积32.31万m²，建筑密度16.67%，容积率0.71，绿地率40.18%；近期在校生规模为12000人，远期为15000人。

该项目被列入国家第三批可再生能源建筑示范项目。

二、工程设计特点

该项目地处北半球的中纬度地区，属于暖温带与北亚热带的过渡地带。

东盐河是市区防洪工程的一条重要排水河道，根据相关水质报告，河水水质指标中除悬浮物外，其他指标均能满足热泵机组产品规格书的要求。因此，采用河水源热泵集中空调系统。

该工程的河水源热泵系统采用直接式系统。取水头部采用箱式取水口，采用钢筋混凝土预制；河水经热泵机组换热后排入景观水体，再经过明渠在取水口下游150m处排回东盐河。

水处理系统设三类过滤、清洗系统：旋流除砂器、自动再生机械压滤器及胶球式自动清洗器，均为物理处理方法。空调水系统采用一次泵变流量两管制异程式系统。

在河水取水总管上设热电阻共用无纸记录仪，实时记录取用河水的温度，同时设超声波流量计。

① 编者注：该工程主要设计图纸参见随书光盘。

该项目已经建设为连云港地区可再生能源规模化应用的科技示范项目，示范的主要内容包括实现建筑节能50%以上的目标、季节性供热系数达到2.5以上、季节性供冷系数达到3.5以上。

三、设计参数及空调冷热负荷

新校区一期分为教学行政区、宿舍生活区、教学实验区及图书馆四大功能区，各功能区空调冷、热负荷如表1所示。

功能区空调冷、热负荷　　表1

功能区	单体名称	建筑面积 (m^2)	冷负荷 (kW)	热负荷 (kW)
教学行政区	教学主楼东楼	27378	3970	2053
	教学主楼西楼	28712	4225	2145
	行政楼	10370	1203	850
	综合楼	8418	995	715
	会堂及学生活动楼	7185	1200	970
	教工食堂	3137	540	280
	教工单身公寓	4761	450	440
	分区小计	89961	12583	7453
宿舍生活区	学生宿舍1～3号楼	25693	2312	1670
	学生宿舍4～6号楼	25693	2312	1670
	学生宿舍7，8号楼	16667	1500	1083
	学生宿舍9，10号楼	14927	1343	970
	学生宿舍11，12号楼	14927	1343	970
	东学生食堂	7672	1350	706
	西学生食堂	7672	1350	706
	分区小计	113251	11510	7775
教学实验区	普通实验室	21531	2300	1800
	科技楼南楼	27459	1850	1480
	科技楼北楼	27459	1850	1480
	科技楼厂房	4738	117	62
	体育馆	7099	1285	1028
	分区小计	88286	7402	5850
图书馆		24711	3450	2640
校区		316209	34945	23718

校区各幢建筑集中空调系统的冷热源由设于图书馆地下室内的中心冷热源站提供，根据校区各功能分区交替使用的情况，同时考虑学校在最冷及最热月份为寒暑假时期，并结合二期建设预留发展的需要，空调冷热源系统设计总制冷量为12000kW，总制热量为11200kW。

四、空调冷热源及设备选择

冷热源站房设在位于校区中央位置的图书馆的地下室内，系统原理简图如图1所示。采用4台螺杆式水源热泵机组，单台制冷量为3006kW（冷凝器进/出水温度为29℃/33.5℃，蒸发器进/出水温度为12℃/7℃，COP＝5.96），制热量2852kW（蒸发器进/出水温度为6.4℃/3℃、冷凝器进/出水温度为40℃/45℃，COP＝4.25）。空调循环水泵共4台，单台流量为620m^3/h，扬程为60mH_2O，配用电动机功率为160kW；河水取水泵共5台（其中1台备用），单台流量为760m^3/h，扬程为32mH_2O，配用电动机功率为110kW；所有水泵均配变频控制器。

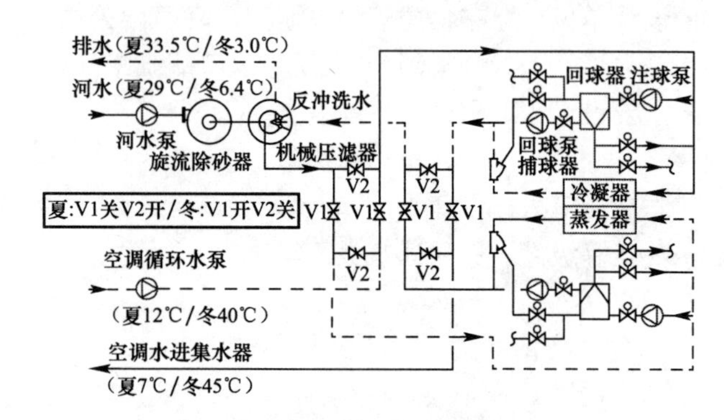

图1　河水源热泵系统原理图

五、空调系统形式

水系统采用一次泵变流量系统，依据校区使用时段上的差异，分为4个水循环环路，教学行政区、宿舍生活区、教学实验区、图书馆各为一个环路，采用二管制异程式设计，在每栋楼各引入管的供水干管上设静态流量平衡阀、Y形过滤器，回水干管上设动态压差控制阀。

室外空调供回水干管采用整体式直埋保温管，保温层为聚氨酯，保护层为聚乙烯管壳，离制冷机房最远的教工单身公寓的室外空调供回水干管总长约为2040m，空调水管设计比摩阻不超过120Pa/m。

室外空调供回水管最大规格为DN500，最小规格为DN100，室外管线总长约为9920m，总水容积为870m^3。校区内包含外网在内的所有水系统的总水容积约为1180m^3，在制冷机房内设落地式定压罐作为空调水系统的定压装置，定压罐的有效调节容积为3m^3；空调系统的补水采用软化水，系统因超压而产生的泄水均排入软化水箱内。

根据校区分时段分区空调的使用模式，在空调供回水管之间设自力式压差控制阀，避免系统在夏季分区切换时非空调区系统膨胀发生事故。另外，当分区使用空调时，切断非空调区域的空调供水管，使空调系统内的水在一个大管网内自由膨胀，减少系统的补水和泄水，达到节水、节电的目的。

六、取、排水系统以及水处理系统设计

1. 取、排水系统设计

该工程取用河水总量为 2700m³/h，夏季设计取水温度为 29℃，排水温度为 33.5℃；冬季设计取水温度为 6.4℃，排水温度为 3℃。

取水头部采用箱式取水口，设在距东盐河南岸 15m 处，采用钢筋混凝土预制，其净长为 5.3m，净宽为 2m，净深为 4.2m，在面向河心的一侧设长 5m、高 0.5m、间隙为 50mm 的粗格栅，取水管道采用 DN1000 的钢筋混凝土管，采用顶管法施工，管道坡度为 0.002，如图 2 所示。在取水管道沿线设有 2 口工作井和 2 口接收井，1 号工作井净尺寸为 5.0m×3.5m×8.05m（深），内设 1.5m×2.0m、间隙为 20mm 的平板格栅，同时设有 2 个 1.25m×2m 的平板滤网，滤网网眼尺寸为 5mm×5mm，井的进水管上设 DN1000 的双向闸门；2 号接收井内径为 3m，深 8.19m；3 号工作井内径为 5.5m，深 8.38m；4 号接收井净尺寸为 6m×7m×8.78m（深），作为机房河水取水井使用；所有井底均设 1m 深的沉淀层，取水管线总长 503m。

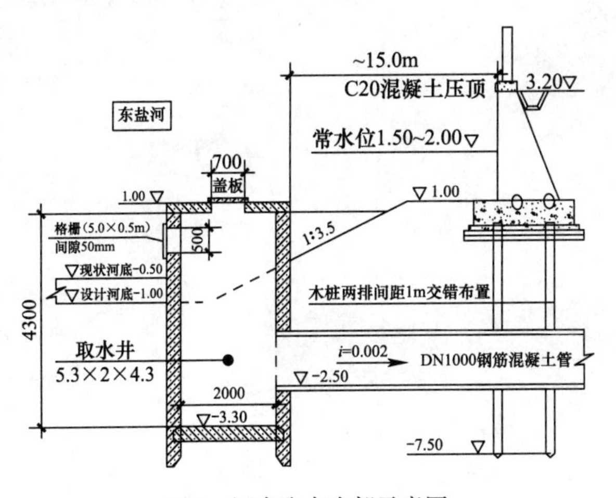

图 2 河水取水头部示意图

校园中心设有总汇水面积约为 32700m² 的景观水体，河水经热泵机组换热后排入景观水体，再经 480m 长的明渠在取水口下游 150m 处排回东盐河。

2. 水处理系统设计

要保证水源热泵机组长期高效运行，同时又不对河水水质产生不利影响，传统的化学和电子水处理方法都难以满足系统设计要求，该工程水处理系统设三类过滤、清洗系统：旋流除砂器、自动再生机械压滤器及胶球式自动清洗器，均为物理处理方法。旋流除砂器作为一级过滤器。

自动再生机械压滤器是一种新型的专利产品，其工作原理如图 3 所示。水源水进入自动再生压滤器的过滤腔体原水区①，水体中的短纤维等杂物被滤网拦截，过滤后的清洁水从过滤区②送出；经换热器换热后的河水从反冲洗区③对过滤器的滤网进行在线自动反冲洗，反冲洗后的水经排水区④，通过管道排出。其特点是无需人工清洗过滤器，可以连续过滤、自清洗，能有效地除去水中的毛发、短纤维等悬浮物，对于粒径大于 100μm 悬浮物的去除率可达 95%。该工程采用 4 台压滤器并联运行，单台处理水量为 800m³/h，水压降为 4m，每台配置 1 台 3kW 的电动机作为驱动滤网旋转的动力。

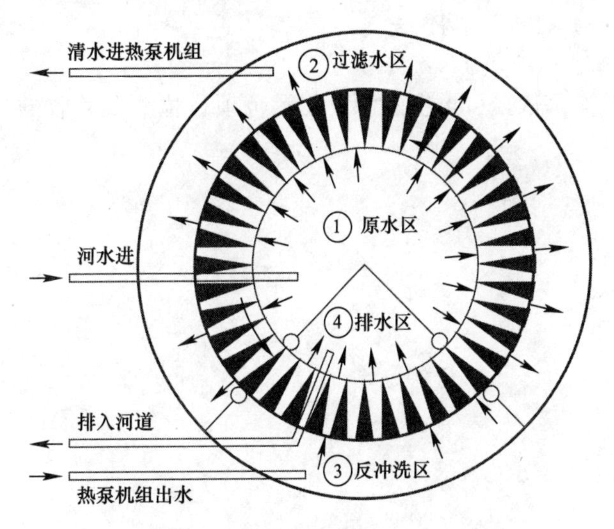

图 3 自动再生机械压滤器原理图

为防止藻类及微生物生长影响热泵机组的换热能力，为热泵机组的蒸发器和冷凝器系统配置了自动清洗器。

目前常用的换热器自动清洗器有胶球式和管刷式两种。

胶球式自动清洗器一般应用于采用光管换热的蒸发器和冷凝器，胶球由控制器控制，以空气压缩机或水泵为动力注入系统，随机穿过换热器的铜管并对其内壁进行清洗，在换热器的出水端

由捕球器收集后返回集球器内，如此反复循环，胶球的直径应依据相应换热器所采用的铜管规格来确定。另外，胶球的选用还应考虑循环水的密度、含砂量、杂质等因素。

管刷式自动清洗器能同时应用于采用光管和高效换热管的蒸发器和冷凝器，系统由管刷、管笼、四通换向阀及控制器构成，其安装相对较复杂，并占用较大的空间。安装时首先要打开换热器的两个端盖，在每一根铜管的两个端头各安装一个管笼，并在某一端的各管笼内安装管刷，然后在换热器的进出水管之间安装四通换向阀，系统运行时由控制器依据设定的频率改变四通换向阀内的水流方向，让换热器内的水流产生瞬间的逆流，从而让管刷在铜管的两端来回移动一次，达到清洗铜管内壁的目的。

该工程的 4 台热泵机组共配置了 4 套胶球式自动清洗器，每 2 台机组的蒸发器或冷凝器共用一套清洗器（详见图 1），胶球的注入采用水泵为动力，捕球器采用 T 形，同时作为水系统的一个三通使用，每套清洗器均设 PLC 控制器。

七、设计体会

依据可再生能源应用示范项目检测及验收的要求，在空调水系统上设能量表，流量计采用超声波流量计，流量范围为 1500～4000m^3/h。在河水取水总管上设热电阻共用无纸记录仪，实时记录取用河水的温度，同时设超声波流量计。水源热泵机组、空调循环水泵及河水取水泵均设独立的用电计量装置。

该项目河水取水量较大，河水经换热后先排入校园中心区的景观水体后再排回河内，很好地解决了人工水景的水源问题，对水体的自然热扩散也相当有利。大学校园空调使用时间的特殊性有利于充分发挥水源热泵空调系统的性能，大量排入的与自然环境水温不一致的河水到校园人工湖内也没有引起不良反应。

由于校园各单体较之能源站先行建设及考虑不足，空调循环水系统未能采用更节能分栋设置的二级泵系统，仅依靠一级泵变频调节，其水系统输送能耗稍大。

该项目正式投入运行的数据表明，冬季在河水温度低至 5℃时，热泵机组能正常提供 45℃的空调热水。

武广客专长沙南站暖通空调设计①

- 建设地点 长沙市
- 设计时间 2006年7月
- 竣工日期 2009年9月
- 设计单位 中南建筑设计院股份有限公司 [430071] 武汉中南二路十号
- 主要设计人 徐鸿 马友才 张昕 吕铁成
- 本文执笔人 徐鸿
- 获奖等级 民用建筑类三等奖

作者简介：

徐鸿，男，正高职高级工程师，1991年毕业于上海交通大学制冷设备与低温技术专业，现在中南建筑设计院股份有限公司工作。主要代表性工程有：湖北省人民银行金融大厦，武汉中级人民法院审判业务综合楼，湖北新长江国际大厦，湖南出入境检验检疫局综合实验楼等。

一、工程概况

长沙南站是武广客运专线上的一个大型枢纽站，设有8个站台，14条到发线、2条正线。站房最高聚集人数3000人，总建筑面积19.9万m^2，其中站房建筑面积14.9万m^2，站台雨棚5万m^2。长沙南站站房由出站层、站台层、高架候车层3个平面层组成。

建筑外观图

二、工程设计特点

中央空调系统冷热源为土壤源热泵机组与水冷冷水机组相结合的方式，以满足冬季热负荷要求配置两台土壤源热泵机组，夏季不足部分另设两台水冷离心机组补充。土壤源换热器采用垂直双U管形式。冬季提供47℃/40℃的热水，夏季为空调系统提供6℃/13℃的冷水。空调水系统采用一次泵变流量二管制系统，做到按需供水。

地埋管换热器采用并联双管U形管（管径$dn25$）、竖直钻孔埋管方式，钻孔直径为150mm。根据《岩土热物性测试报告》：双管U形管换热器每米井深冬季取热量为42W/m、夏季放热量为58W/m。回填材料的导热系数应不低于钻孔外岩土体的导热系数。

地埋管系统采用一次泵定流量系统，系统定压由设在冷冻站内的定压装置完成。

地埋管系统共划分6大回路，各回路供水管上均设平衡阀，每回路带8～9个环路，各环路同程布置。

地埋管换热器每个回路的埋管区域内设一个土壤温度测点，每个测点在垂直方向，在不同的土壤层，设若干个温度传感器，根据各测点的平均温度，调整各回路运行时间，使各回路吸（放）热量均衡。

地埋管系统室外水平干管（集合管）采用直埋敷设，其埋深在室外地面2.0m以下，避开其他管线，干管坡度不小于0.002。

热泵机组地埋管系统，地埋管集、分水器以后埋地敷设的集合管采用承压不小于1.25MPa、井内的双U管换热器采用承压不小于1.6MPa的高密度聚乙烯PE管，其中架空集合管（无缝钢管）及埋

① 编者注：该工程主要设计图纸参见随书光盘。

注：原名为“沪昆客专杭长段长沙南站（一期）暖通空调设计”变更为“武广客专长沙南站暖通空调设计”。

地集合管的回水管（进热泵机组）用 32mm 厚难燃（B1 级）型闭泡橡塑绝热材料保温。

夏季热泵机组运行以调峰为主，并控制地埋管系统对土壤放热与吸热基本保持平衡。

三、设计参数及空调冷热负荷

室外计算参数参见长沙地区气象参数。

室内设计参数见表 1。

室内设计参数　　表 1

房间名称	夏季		冬季		新风 [m³/(h·p)]
	温度（℃）	相对湿度（%）	温度（℃）	相对湿度（%）	
进站广厅	29	<60	—	—	20
候车厅	27	<65	16	—	20
办公	26	<65	18	—	30

夏季空调冷负荷：13627kW，指标 91.5W/m²。冬季空调热负荷：5330kW，指标 35.7W/m²。

四、空调冷热源设计

该工程空调冷源采用两台电力驱动的水冷离心式冷水机组，单台制冷量 4750kW，额定工况和规定条件下其性能系数（COP）不低于 5.5。选用两台电力驱动的水冷螺杆式地源热泵机组，夏季单台制冷量 1650kW，冬季单台制热量 1850kW，额定工况和规定条件下其性能系数（COP）不低于 5.1；夏季共计制冷量 12800kW，冬季共计制热量 3700kW；夏季空调供/回水温度 6℃/13℃，冬季空调供/回水温度 47℃/40℃；冷却水进/出水温度 32℃/37℃；土壤源侧循环水夏季进/出水温度 29.5℃/34℃，冬季进/出水温度 10.5℃/7℃。中央空调供热系统不足部分由二期补充。

水冷离心式冷水机组相应配套设置冷水泵、冷却水泵、冷却塔，水冷冷水机组、冷水泵、冷却水泵、冷却塔一一对应配置，设置一台备用冷水泵。

水冷螺杆式地源热泵机组相应配套设置空调侧循环水泵、土壤源侧循环水泵、垂直埋管式土壤换热器，热泵机组、空调侧循环水泵、土壤源侧循环水泵一一对应配置，空调侧循环水泵、土壤源侧循环水泵各设置一台备用泵，空调侧、土壤源侧循环水泵除备用泵外均采用变频泵。

五、空调系统设计

根据使用功能站房空调系统划分为两大区域：工艺机房、贵宾候车室、办公用房等采用运行灵活、低负荷时效率较高的风冷变制冷剂流量多联分体式冷（暖）空调系统；候车厅、售票厅、进站广厅设置中央空调，其中候车厅、售票厅为冷、暖空调，进站广厅仅设夏季空调。

室内空调风系统利用大风量空调机组＋低速风道系统，根据建筑造型及装修要求，采用不同的气流组织方式，如在候车厅、进站广厅等高大空间处采用节能的分层空调方式，喷口及风塔侧送风，下侧集中回风；在售票厅等较高空间采用条形风口下送风，集中回风。

六、通风、防排烟及空调自控设计

该工程的设备用房及卫生间均设有机械排风系统。换气次数如下：水泵房 5～6 次/h、变配电房 8～15 次/h、制冷机房 6～8 次/h、公共卫生间 10 次/h。

依据《建筑设计防火规范》GB 50016—2006、《铁路工程设计防火规范》TB 10063—2007J774—2008、消防性消防能化设计评估报告、复审报告及专家意见，进行防排烟设计。

空调、通风系统采用集散型控制系统，由中央管理计算机实现对各机房内控制器的监测及控制指令设定，实现空调、通风系统安全经济运行，创造舒适的室内环境。

七、设计体会

根据可靠、经济、先进、优先利用可再生能源的原则，冷热源采用地源（土壤源）热泵机组与水冷冷水机组相结合的方式。

高大空间空调系统应进行气流组织 CFD 模拟计算，确保空调系统达到设计要求。大开间候车厅送风方式采用送风单元，区域分层空调，节省系统能耗。

空调系统经过后期耐心调试，地源热泵系统运行稳定，站房空调效果完全达到设计要求。

甘肃会展中心建筑群项目大剧院兼会议中心暖通空调①

作者简介：

王克勤，男，1964年5月生，高级工程师，主任工程师，1986年毕业于西安冶金建筑学院（现西安建筑科技大学），本科，现在甘肃省建筑设计研究院工作。主要设计作品：兰州西太华商厦、津巴布韦体育场、甘肃会展中心建筑群甘肃大剧院等。

- 建设地点　兰州市
- 设计时间　2008年8～9月
- 竣工日期　2011年4月
- 设计单位　甘肃省建筑设计研究院
  ［730030］兰州市静宁路81号
- 主要设计人　王克勤　周志刚　毛明强　魏胜利　祁跃利　郑安申　赵立新
- 本文执笔人　王克勤
- 获奖等级　民用建筑类三等奖

一、工程概况

甘肃会展中心建筑群项目位于兰州市中心滩中段，东邻甘肃省人大常委会办公楼，西邻联合国工发组织国际太阳能技术促进转让中心。该项目为省、市政府确定建设的重大公益性项目，包括展览中心、大剧院兼会议中心和五星级酒店。

甘肃会展中心建筑群项目——大剧院兼会议中心，是以演出、会议为主要功能的公共建筑，含1489座乙等剧场、300座小型剧场、数目不等的各类中小型会议室及设备后勤用房组成。地下3层均为设备用房，地上4层为观众演艺厅及会议，辅助性用房，占地面积10023m²，建筑面积33108m²，建筑主体高度28m（不含舞台上空部分）。

二、工程设计特点

暖通专业设计的主要难点为剧场的观众厅、舞台、会议厅等高大空间的空调具有特殊性，气流存在明显的分层现象，垂直方向温度梯度很大。要实现室内良好的热环境，关键在于合理的气流组织。同时，由于剧场建筑对空调运行噪声要求高，剧场的观众厅、舞台、控制室等功能房间要求具备舒适的空调环境。但空调系统又势必产生通过风管传来的气流噪声、设备噪声等空气噪声和由于振动而引起的固体传声，破坏隔声墙，影响建筑声学，所以，怎样处理好空调系统的噪声问题显得极其重要，是工程的难点和关键所在。

三、设计参数及空调冷热负荷

建筑物夏季空调计算冷负荷为1722kW，冷负荷指标为84W/m²；冬季空调计算热负荷为1599kW，热负荷指标为78W/m²（冷热负荷均按空调面积计算）。夏季冷媒温度为6～12℃，冬季热媒温度为70～58℃。

四、空调冷热源及设备选择

建筑物空调由室外独立新建的能源中心内的离心式冷水机组提供6～12℃的冷水作为空调系统的冷源和高效燃气热水锅炉提供70～58℃的热水作为空调系统的热源。

五、空调系统形式

大、小剧场观众厅采用座椅柱下送风，座椅下设大空间的送风静压箱，采用不燃材料进行保温，以免冷热量的散失，同时为避免夏季再热、

① 编者注：该工程主要设计图纸参见随书光盘。

送风温度过低，采用了二次回风，使送风温度更接近室温、减少观众的不舒适感，具有显著的节能效果。二次回风双风机采用热回收式空气处理系统，减少热损失。大、小剧场舞台空调采用全空气低速单风机系统，舞台送风管敷设于天桥下，送风口采用双层格栅送风口与球形喷口相结合，保证会议期间主席台的空调效果。同时，在剧院演出期间，与舞美紧密配合，在不吹动幕布、背景的前提下，按不同的送风方式向表演区送风。

二~四层南北侧休息厅、部分公共空间、地下木工间、绘景间、主舞台基坑等采用全空气低速单风机系统，气流组织为上送、上回，送风采用散流器上送风，回风采用单层格栅风口上回风。(地下房间设计有排风系统、地上新风量少)。

100人圆形会议室采用全空气低速双风机系统，气流组织为上送下回，送风采用旋流风口上送风，回风采用单层格栅风口下回风。入口大厅采用全空气低速单风机系统，气流组织为侧送、集中下回风，送风采用喷口侧送风与旋流风口上送风相结合，回风采用单层格栅风口集中下回风。

多个50人会议室、70人会议室及新闻发布厅空调采用风机盘管加新风系统，新风机组采用带热回收的空气处理机组，气流组织为上送、上排。

组合式空调机组、新风机组、排风机采用变频风机，水系统变水量，无论在过渡季还是空调季节，均能做到节能运行和风压平衡。

为达到噪声设计要求，严格进行消声设计计算，控制管道与风口的风速（主管小于5m/s、支管小于3m/s），送风、回风、新风、排风管道均设置多种消声器（ZP100、ZP150、ZP200）及消声静压箱，空调机组隔振基础，吊装的空调末端设备设弹性吊钩等措施有效控制噪声，达到了很好的使用效果。

六、通风、防排烟及空调自控设计

（1）不满足自然排烟的内走道、小剧场观众厅、100人圆形会议室、楼座休息厅、二~四层70人会议室、新闻发布厅及200人会议室、地下二层硬景库、木工间、绘景间、主舞台基坑等均设机械排烟系统，排烟量负担多个防烟分区的按最大防烟分区 $120m^3/(m^2 \cdot h)$ 计算，负担一个防烟分区的按防烟分区 $60m^3/(m^2 \cdot h)$ 计算，火灾时排烟口及排烟防火阀开启，同时排烟风机联锁启动。

（2）观众厅、舞台上空设机械排烟系统，排烟量按4次/h换气次数计算，平时排烟风机、排烟防火阀及排烟口关闭，火灾时打开排烟口，排烟防火阀联锁开启，同时排烟风机启动。

（3）所有的楼梯间均设机械加压送风系统，其前室不送风。楼梯间每隔2层设一个自垂式百叶式风口。当发生火灾时，相应防火分区内的防烟楼梯间的加压送风机启动，楼梯间内的自垂式百叶式风口全部开启。

（4）空调自制设计：全空气系统由设于回风管上温湿度传感器所测温湿度与设定值比较，以控制回水管上的电动二通阀开度，以达到控制室内温湿度的目的。同时，设盘管防冻控制，由盘管出口处设置的防冻开关控制电动二通阀在温度低于设定值时开大并报警。新风系统由设于送风管上温、湿度传感器所测温、湿度与设定值比较，控制回水管上的电动二通调节阀的开度，以达到控制室内温湿度的目的。同时，设盘管防冻控制，控制原理同全空气系统。所有新风管上的电动对开多叶调节阀与送风机启动联锁。所有的空气处理机组均设压差检测装置，当压差超过设定值时报警，以防止过滤器堵塞。

七、设计体会

通过剧场的观众厅、舞台、会议厅等高大空间的空调设计，体会到除正确的冷热负荷计算及设备选型外，合理的气流组织必不可少。采用二次回风双风机及热回收空气处理系统，可回收排风中的热量，减少热损失，同时过渡季节最大限度利用新风。剧场建筑对室内环境要求高，空调、机械通风系统的必须采取可靠的减振及消声措施。

甘肃嘉峪关机场航站区扩建项目新建航站楼工程暖通专业设计①

作者简介：

郑安申，男，1971年9月生，高级工程师，国家注册公用设备工程师（暖通），院主任工程师，1992年毕业于西北纺织工学院供热通风与空调专业，专科，现在于甘肃省建筑设计研究院工作。主要代表作品：甘肃省委1号办公楼、嘉峪关机场新建航站楼、红星美凯龙家居贸、兰州森宇住宅小区、海鸿·居然之家、中海安宁住宅小区、张掖市城区热电联产集中供热管网工程等。

- 建设地点　嘉峪关市
- 设计时间　2009年2~3月
- 竣工日期　2010年9月
- 设计单位　甘肃省建筑设计研究院
  [730030] 兰州市静宁路81号
- 主要设计人　郑安申　毛明强　王克勤　周志刚　赵立新
- 本文执笔人　郑安申
- 获奖等级　民用建筑类三等奖

一、工程概况

嘉峪关市位于甘肃西部，河西走廊中段，地理坐标东经97°40′~98°30′，北纬39°36′~39°59′，海拔1500~2400m。嘉峪关市属温带大陆性气候，蒸发量大，降水量小，温差大。春季多风沙，风向为西北风，平均风速2.5m/s。

嘉峪关机场位于市区东北9km处的新城乡横沟村西侧戈壁滩上，机场海拔1555m左右，周围地势平坦开阔，净空条件良好。航站楼面积约7000m²，建筑总高度为16.5m，为一层半式流程，设计年吞吐量为40万人次，高峰小时旅客吞吐量为402人次。其中一层建筑为4860m²，主要设有出发大厅、达到大厅、办票大厅、办票区、行李分拣厅、行李提取厅、贵宾室、远机位隔离区、餐厅以及配套工艺用房等。二层建筑面积约2240m²，主要设有近机位旅客隔离区和进出港通廊，设有一部近机位登机桥。各功能分区合理，使用方便，流程顺畅。

现代航站楼要求大空间、大跨度的结构形式，屋顶则成为展现建筑艺术特色的焦点。航站楼弧形屋面曲线，一气呵成，使建筑极富动感，整体建筑有很强的现代感和宏大的气魄。同时也投射出交通建筑本身的内涵，使航站楼成为机场醒目的标志性建筑。建筑个性从地面到天空，即从陆侧到空侧的戏剧性转化，也是航站楼设计的创意之一。乘客从陆侧到达航站楼时，首先看到的一排巨大的钢结构拱券跨越在车行道前，浑厚的造型，突显大地的厚重、坚实与稳固。而在航站楼内随着向空侧行进，建筑空间也变得越来越开放，越来越通透，航站楼空侧边犹如机舱的造型，与站坪上的飞机遥相呼应。反之，从天空到陆地，旅客将体会从虚空回到坚实可靠的地面的建筑个性转化，给人以难忘的建筑体验。

二、工程设计特点

暖通专业设计内容包括航站楼空调系统、采暖系统、通风系统设计。

暖通专业设计的主要难点为大空间部分空调系统气流组织与建筑物空间的结合。另外，受总建筑面积控制，组合式空气处理机组的布置位置也是本专业设计的难点。

由于相关审批部门对该项目的建筑面积的严格控制，无空调机房设置用房，所有组合式空气

① 编者注：该工程主要设计图纸参见随书光盘。

处理机组设于大厅两侧屋面上，同时采取相应的隔声、消声措施。

考虑嘉峪关地区春季沙尘天气较多，为保证室内空气洁净度，组合式空调机组的过滤段设置两段板式电子亚高效空气净化器，可保证≥0.5μm颗粒物一次净化效率（D.O.P）>95%。

该项目已于2010年9月投入使用，经过近两年的运行使用，各系统运行正常，建筑物空调、采暖系统可完全满足室内温湿度及舒适度控制要求，人员活动区域噪声实测值也完全满足设计要求。

三、设计参数及空调冷热负荷

室外计算参数（嘉峪关）：夏季空调室外计算干球温度30.0℃、夏季空调室外计算湿球温度19.1℃，冬季空调室外计算干球温度－19℃，冬季空调室外计算相对湿度52%，采暖室外计算干球温度－16℃。夏季大气压力84.70kPa，冬季大气压力85.60kPa。夏季室外风速2.3m/s，冬季室外风速2.1m/s。

室内设计参数如表1所示。

室内设计参数　　表1

序号	房间名称	干球温度（℃）		相对湿度（%）		室内风速（m/s）		新风量[m^3/(h·p)]	噪声标准[dB(A)]
		夏季	冬季	夏季	冬季	夏季	冬季		
1	送客、迎客、办票大厅	26	20	55	45	0.2	0.2	20	55
2	候机厅、行李提取厅	26	20	55	45	0.2	0.2	20	55
3	贵宾厅	26	20	55	45	0.15	0.15	50	40
4	餐厅、包厢	26	20	60	50	0.2	0.2	30	50
5	办公	26	20	55	45	0.2	0.2	30	45
6	贵宾大厅及走道	27	18	55	40	0.3	0.2	20	50

建筑物夏季空调计算冷负荷为779kW，冷负荷指标为111W/m²；冬季空调计算热负荷为802kW，热负荷指标为115W/m²；冬季值班采暖热负荷为127kW，热负荷指标为36W/m²。

四、空调冷热源及设备选择

建筑物空调冷源为设于本建筑物室外的4台风冷涡旋热泵模块机组，其单台制冷量为195kW，夏季空调冷媒为7℃/12℃的冷水；冬季空调、采暖热源为本建筑区原有燃煤锅炉房，热媒为95℃/70℃的热水。

五、空调系统形式

建筑物共有两个高大空间的大厅：一层陆侧进出口大厅（送客、迎客、办票大厅）和二层近机位候机大厅。根据空间关系，陆侧进出口大厅采用单侧线形风口侧送、吊顶上部蛋格式风口回风，为保证送风距离和气流组织效果，送风口采用带自立式温度传感器的自动温控线型风口，根据送风温度冬夏季可自动调节风口的叶片角度；近机位候机大厅采用双侧喷口送风、下部侧回风，送风口采用带自立式温度传感器的自动温控圆形喷流风口，根据送风温度冬夏季可自动调节风口的射流角度。考虑大厅空间较高，室内空气的竖向温度梯度也较大，为尽量减少竖向的温度失调，送客、迎客大厅和远机位候机大厅设低温热水地板辐射采暖系统，采暖系统白天作为空调系统的辅助供热系统，夜间无航班时作为值班采暖系统运行。

一层陆侧进出口大厅（送客、迎客、办票大厅）和二层近机位候机大厅空调系统采用射流送风，其射流风口送风距离和风口风量均经设备厂家校核计算，可满足空间气流组织要求。

六、通风、防排烟及空调自控设计

建筑物各房间和大厅均采用自然排烟方式（大厅顶部设可电动开启的天窗）。一层变配电室设机械送排风系统，气流组织为上送上排，送风经组合式空调机组处理，通风量为4000m³/h。换热站设机械排风系统，上排风、自然排风，通风量按换气次数5次/h计算。所有卫生间和吸烟室设吊顶式通风器，通过水平风管排至室外，通风器均设止回阀。厨房设机械排油烟系统和送排风系统。厨房总排风量按换气次数40次/h计算，其中排风量和排油烟量分别占35%和65%；厨房送风量为1000m³/h，送风经空调机组处理，不足部分由餐厅和室外空气补充；厨房油烟由排油烟罩收集后，经油烟净化器净化后排至室外。

（1）组合式空调机组采用就地 DDC 控制系统。该系统应具有的功能：控制冷热水管路上的电动二通调节阀使送风温度达到设定值；控制湿膜加湿器水路电动调节阀的开度，使室内空气湿度保持在一定范围内；自动监测中过滤器的阻力变化；自动控制回水温度，防止盘管冻结；监测送风温、湿度和风机运行状态。

（2）新风机组采用就地 DDC 控制系统。该系统应具有的功能：控制冷热水管路上的电动二通调节阀使送风温度达到设定值；控制湿膜加湿器水路电动调节阀的开度，使室内空气湿度保持在一定范围内；自动控制回水温度，防止盘管冻结；监测送风温、湿度和风机运行状态，并联锁控制风机和电动风阀的开启。

（3）风机盘管采用房间温控器加水路电动二通阀的控制方式。

（4）温控器功能：设三档风速开关，可手动调节风机盘管的风量；设冬夏季手动转换开关；可根据室内温度自动控制电动二通阀的开关。

七、设计体会

通过该项目设计和实际运行过程中对存在问题的解决，较深入地理解了机场等类似大空间设计的难点和技术要点，对类似空间的设计主要应考虑空调系统气流组织和系统划分原则，高大空间部分应优先采用空调区域温度分层设计，并应注意系统阻力平衡设计。

中国现代五项赛事中心暖通设计①

- 建设地点　成都市
- 设计设计　2009 年 7～9 月
- 竣工日期　2010 年 8 月
- 设计单位　中国建筑西南设计研究院有限公司
  [610042] 四川省成都市天府大道北段 866 号
- 主要设计人　革非　方宇　都剑　莫斌　何伟峰　范园园　聂贤　徐明
- 本文执笔人　都剑
- 获奖等级　民用建筑类三等奖

作者简介：

革非，女，1964 年 10 月生，教授级高级工程师，院副总工程师。1985 年毕业于重庆建筑工程学院供热通风与空气调节专业，现就职于中国建筑西南设计研究院有限公司。代表作品有：成都高新科技商务广场、成都万达商业广场、四川广播电视中心等。

一、工程概况

该项目位于成都市，为 2010 年及之后现代五项世锦赛的比赛场馆，由游泳击剑馆、体育场、新闻赛事中心、马厩等组成。体育场、新闻赛事中心和马厩的设计内容相对较少，本专业设计重点在游泳击剑馆，以下主要介绍游泳击剑馆暖通设计。

游泳击剑馆总建筑面积 24402m²，观众席 2944 座，建筑高度小于 24m，游泳馆屋面采用铝合金薄壳屋面。

二、工程设计特点

现代五项世锦赛赛事委员会要求，击剑区夏季空调设计温度 22℃，游泳池区 28℃。为了减少观众在比赛过程中频繁更换场馆，加强比赛的连贯性和观赏性，游泳和击剑创新性的采用了两馆合一的模式。击剑区和比赛池区在一个场馆内，之间不能设置影响观看比赛的物理隔断。因此，在同一空间内必须维持 6℃的温差，如果游泳池区的热湿空气侵入击剑区，会造成严重的结露，对带电的击剑装备来说是绝对不允许的，这给暖通设计带来了难度和挑战。

经多方案比较和评估，最终采取了在击剑区和游泳池区之间设置 2.5m 高的中空玻璃隔墙的措施。玻璃隔断空腔内划分为多个风道，面向击剑区的下部设回风，顶面设置线型风口向上垂直送风形成空气帘，同时排风相对集中设于游泳池区上部，使比赛池区相对击剑区为微负压，避免游泳池的热湿空气侵入击剑区，同时维持击剑区为一个不影响视觉效果的“冷池”。

比赛池区、击剑区沿幕墙周边窗台设置线形风口，冬季向上垂直送风，可加热玻璃幕墙，减少幕墙结露发生。同时，在窗台临幕墙边建筑设置排水小沟，幕墙冬季结露凝结水收集集中排放。

游泳池不使用的时候采用池面覆盖措施，减少池水蒸发从而降低结露的可能性，同时节约用水和减少热量损失。

① 编者注：该工程主要设计图纸参见随书光盘。

三、设计标准及空调冷热负荷

1. 室内设计参数（见表1）

室内设计参数　　**表1**

房　间	夏　季		冬　季		新风量
	温度（℃）	相对湿度	温度（℃）	相对湿度	$[m^3/(h \cdot p)]$
池区	28	70%	28	70%	—
击剑区	22	60%	28	70%	30
观众区	26	65%	22	50%	15
检录厅	26	65%	18	40%	30

注：比赛池区新风量按 $18m^3/h \cdot m^2$（水面面积）

2. 空调冷热负荷

游泳击剑馆空调总冷量2844kW，空调总热量2894kW，折合空调面积冷热量指标分别为224W/m²和227W/m²。

四、空调冷热源及设备选择

夏季空调冷源为2台水冷螺杆式冷水机组，制冷量1259kW/台，夏季空调冷水供/回水温度7℃/12℃，冷水机组设于－5.800标高层制冷机房；冬季空调及地板低温辐射采暖系统热源选用2台常压燃气热水机组，内置换热器制，制热量1740kW/台，冬季空调热水供/回水温度50℃/60℃，热水机组设于室外总平面的热源中心内。

五、空调系统形式

击剑区、游泳池区和观众区上、下看台分别设置空调系统。击剑区、游泳池区采用双风机全空气系统，观众区采用二次回风的全空气系统。风机变频控制，以适应空调热湿负荷变化时不同风量要求，并以不同的送风温度向相应的区域送风。

游泳、击剑馆为高大空间，设计采用仅对人员活动区空调的节能设计理念。击剑区、比赛池区在看台下的侧墙上部设送风口，下部设回风口；幕墙周边气流分布为下送侧回。送风口均可调节角度和风量。观众区采用旋流风口座位送风，后部侧墙集中回风，从而减小供冷时观众区冷空气下沉对比赛区温度场的影响。

为提高池边人员活动舒适度，池边设置地板低温辐射采暖系统。

±0.000标高层检录厅、更衣室、裁判等用房分区域设置风机盘管加新风系统；9.600标高层贵宾包间、18.600标高层评论员室、声控、灯控室设置风机盘管加新风系统；声控、灯控室同时预留分体空调器。

5.700标高层休息厅采用全空气空调系统，采用旋流风口上送风和双层百叶风口侧送风；14.100标高层休息厅设置全空气空调系统，采用散流器上送和双层百叶侧送，均采用单层百叶集中回风。

六、通风

比赛池不停地散发湿热空气，为了减小对击剑区和观众区的影响和避免铝合金屋面结露，比赛大厅上部屋盖下设置机械排风系统：一部分排风沿着池区上部马道布置排风管，排风管紧贴马道下部安装，风机采用变频控制；另一部分排风沿一侧幕墙顶部结构大梁下部布置。比赛大厅设置空气压力传感器，所有排风机采用变频控制运行，维持比赛大厅负压5Pa左右。

七、结论

现代五项赛事中心自建成以来，已成功举办了三届世锦赛和一届亚锦赛。游泳击剑馆空调通风系统运行良好，室内空气环境很好地满足了比赛要求。

中海大山地花园北区B区①

作者简介：

王春霞，女，1979年10月生，工程师，2005年毕业于哈尔滨工业大学供热、供燃气、通风与空调工程，硕士，现在艾奕康建筑设计（深圳）有限公司工作。主要设计代表作品：中海大山地花园、科技大厦二期、柳州地王国际财富中心项目、唐山凤凰新城项目、千岛湖天鹅山房地产项目、安阳华强大厦、北京雁栖湖国际会都（核心岛）等。

- 建设地点　深圳市
- 设计时间　2007年10～12月
- 竣工日期　2008年1月
- 设计单位　艾奕康建筑设计（深圳）有限公司
  [518059] 广东省深圳市南山区海德三道海岸大厦东座B区14楼
- 主要设计人　徐峥　王春霞　王伟华
- 本文执笔人　王春霞
- 获奖等级　民用建筑类三等奖

一、工程概况

中海大山地花园北区工程由中海地产集团有限公司投资开发，位于深圳市龙岗区横岗，本次施工图设计为北区中的B区，40、41栋2栋单元式高层住宅与44、47、50、51、52、53栋共6栋四层联排住宅，共8个栋号建筑，高层住宅及多层住宅下面设有1～2层地下室，用作地下车库、设备用房以及平战结合的人防地下室。按民用建筑分类，所有栋号建筑均属于居住建筑，除2栋为高层住宅外其余均为多层住宅。建筑耐火等级均为二级，高层住宅及地下室耐火等级为一级，设计使用年限为三类50年，建筑物抗震烈度按7度设防，结构选型为钢筋混凝土框架结构。

B区工程建设用地面积28427.93m²，总建筑面积132922.354m²。

二、工程设计特点

该项目外围护结构的节能措施：

（1）外墙砌体材料采用混凝土砌块。

（2）屋面保温隔热采用现浇EPS发泡混凝土或挤塑聚苯板。

（3）东、南、西面窗户采用Low-E玻璃铝合金窗。

该别墅空调采用小型中央空调，室外机采用冷暖机，设于屋面，室内机采用天花内藏风管式或根据现场实际确定其他形式。新风系统采取有效的负压通风方式：通过在厨房、浴室或卫生间安装主机和排气口，向室外抽气，产生负压，室内其他区域的污浊空气通过有限的管道和吸风口，有组织地进入厨房、浴室或卫生间，排出建筑物。同时，窗子上的可过滤的进风口将室外的新鲜空气引入室内，排除室内污浊空气的同时引入新风，达到室内的新鲜空气流通，营造室内健康环境，并最大限度地节约能源。

因空调设计与建筑设计同期进行，故设计时充分考虑室内装修要求，既提供舒适的空调环境又能简化装修带来的空调二次设计。

三、设计参数及空调冷热负荷

室外设计参数见表1。

室外设计参数　　表1

	夏　季	冬　季
大气压力（hPa）	1003.4	1017.6
空调计算干球温度（℃）	33.0	6.0
空调计算湿球温度（℃）	27.9	—
相对湿度	—	70%
风向	ESE	NW
风速（m/s）	2.1	3.3

① 编者注：该工程主要设计图纸参见随书光盘。

室内设计参数：

夏季室内温度：26℃；

冬季室内温度：20℃。

空调冷负荷：

C1 户型空调总冷负荷为 56kW；

C2 户型空调总冷负荷为 45kW；

C3 户型空调总冷负荷为 47.1kW；

C4 户型空调总冷负荷均为 58kW。

四、空调冷热源及设备选择

该工程热源由多联机系统提供。

空调冷热源：

C1 选用一台制冷/热量为 53.2kW/58.5kW 的空调室外机；

C2、C3、C6 各选用一台制冷/热量为 45.0kW/50.0kW 的空调室外机；

C4 选用一台制冷/热量为 56.0kW/63.0kW 的空调室外机；

C5、C13 选用一台制冷/热量为 40.0kW/45.0kW 的空调室外机。

所选空调能效比 3.2 以上。

五、空调系统形式

该别墅采用带新风系统的小型中央空调。空调采用冷暖型直流变频多联空调系统，新风采取有效的负压通风方式。

六、通风、防排烟及空调自控设计

该项目为多层住宅，各房间通过开窗满足防排烟要求。设计要求原厨房和（或）卫生间照明开关需按每台风机增加一位的数量增加位数（由电专业负责），以供控制排风主机启停之用。空调各台室内机设置独立的控制器，以供用户自由开启空调系统。

七、设计体会

相对于传统的分散式家用空调形式而言，家用小型中央空调具有节能、舒适、容量调节方便、噪声低、振动小等突出的优点。而传统的住宅空调均为内循环或者透过门窗缝隙渗透的新旧空气混合，无法达到健康住宅要求。而通过设计并实施有组织的空气流动，既可以带走室内污染的空气，还可以补充人们呼吸的新鲜空气，让室内空气随时都保持畅通而满足人员舒适度。

设计住宅时，应充分考虑空调安装方案，设计中需与其他专业密切配合，以满足日后业主自我个性化装修的可能。随着人们生活水平的提高，空调房间不仅要满足降温功能，同时也需要在相对封闭的空间内有足够的新鲜空气供人们舒适地生活。

天津金融城津湾广场一期工程——能源站[①]

- 建设地点　天津市
- 设计时间　2008年11～12月
- 竣工日期　2009年9月
- 设计单位　天津市建筑设计院
  [300074] 天津市河西区气象台路95号
- 主要设计人　赵斌　伍小亭　王蕾　尚韶维　乔锐
  贺振国　殷国艳　刘娜　王蓬　王晓磊
- 本文执笔人　赵斌

- 获奖等级　民用建筑类三等奖

作者简介：

赵斌，男，1967年11月生，高级工程师，1991年毕业于天津市城市建设学院暖通专业，大学本科，现在天津市建筑设计院工作。主要设计代表作品：天津市海河医院、天津公馆原生污水源热泵工程、广州大学城区域供冷站第三冷冻站、天津滨海国际汽车城、天津易买得．秀谷商业楼等。

一、工程概况

该工程为津湾广场工程，总建筑面积为160000m²。主要功能为商业、餐饮、办公、影剧院、汽车库等。

依据对项目所在地能源与资源状况、政策、价格、资费的了解，确定采用的空调冷、热源形式为：冰蓄冷系统＋城市热网＋电热锅炉蓄热系统，即城市热网冬季提供热源；电热锅炉蓄热作为过渡季节热源；冰蓄冷系统夏季提供冷源。

二、工程设计特点

(1) 可实现电网的“削峰填谷”，减少社会电力设施投资，提高电网年负荷率与发电效率，实现社会节能。该工程昼夜的空调负荷相差很大，且电力的峰谷电价差也较大，是蓄能系统的最佳适用场所。

(2) 在设计的初始阶段，曾经给甲方提供过分析报告，其中就常规电制冷、水地源热泵、燃气直燃机等多方案，在经济性、适用性、实用性等多方面分析后最终确定为目前使用的蓄能系统。

(3) 通过空调日负荷分析，该工程适合采用蓄冰空调，且与常规系统相比机组选型可减小20％，所需峰值电负荷及变配电设施也相应减少。

(4) 此方案运行费用低，与常规系统相比低37％，3.7年可回收初投资的增加部分；而且通过一年以后的实测数据，比预计的还要低40％。

(5) 该工程蓄冷设备装机容量41454kWh，在2009年建成投入使用，是目前天津市投入使用一年以上的最大规模的蓄冷系统。

(6) 由于该工程有过渡季节供热的需求，通过对多方案的比较，最终确定为电热锅炉全量蓄热的方式，选用3台1.4MW真空电热热水锅炉，是目前天津市已投入使用的最大规模的蓄热系统。

(7) 空调冷、热机房采用机组群控方式，对制冰、基载机供冷、单独供冷、联合供冷等工况实现了全程自动化管理，使系统始终在最优状态下运行，为甲方对机房的管理奠定了扎实的技术基础。

(8) 安全可靠。相对于普通冷、热源系统，蓄能系统相当于增加了一个备用冷、热源，比常规系统增加了可靠性。

(9) 在综合考虑设备投资及流体输送能耗后，最终流体参数确定为：空调工况换热器一次侧供/回液温度4℃/12℃，二次侧供/回水温度6℃/13℃。制冰工况供/回液温度－5.6℃/－1.7℃。

(10) 该工程采用主机上游的分量蓄冰系统，蓄冰装置为内融冰不完全冻结塑料盘管。此形式主机效率高，融冰出口温度低而稳定，可大大减轻地面荷载，冰盘管冻结风险小，容忍性好。

① 编者注：该工程主要设计图纸参见随书光盘。

(11) 蓄能系统是符合国家产业发展政策的环保节能技术，是国家鼓励支持的空调形式，是建筑高科技的亮点之一，体现绿色建筑的标志之一。

三、计算与分析

1. 基础数据

(1) 电价（见表1）

电价 **表1**

高峰电价（8：00～11：00，18：00～23：00）	平峰电价（7：00～8：00，11：00～18：00）	低谷电价（23：00～7：00）
1.1488元/kWh	0.7503元/kWh	0.3718元/kWh

(2) 供冷时间：每年按150天计算。

(3) 主机价格：制冷主机0.7元/kcal。

(4) 板换价格：0.16元/kcal。

(5) 蓄冰设备价格：蓄冰盘管350元/RTH。

(6) 水泵价格：参照国产名牌水平。

(7) 自控系统：包括电动阀门、各种传感器、水泵动力柜、自控系统柜、编程、调试、培训等。

2. 经济比较

(1) 蓄冰空调方案

1) 蓄冰制冷机房设备配置及投资

根据本工程的实际情况，制冷机房设备的配置及投资见表2。

制冷机房设备配置及投资 **表2**

名称	容量	单位	流量（m³/h）	扬程（m）	数量	单位	电功率（kW）	总功率（kW）	单价（万元）	总价（万元）
基载主机	300	RT		—	1	—	205.0	205.0	65.00	65.00
冷却塔1	200	—	168	—	1	—	7.5	7.5	8.00	8.00
冷却水泵1	—	—	168	28	2	台	18.5	18.5	0.79	1.59
冷冻水泵1	—	—	136	39	2	台	22.0	22.0	0.95	1.89
双工况冷冻机	750	RT	—	—	3	台	458.0	1374.0	135.00	405.00
冷却塔2	600	—	590		3	台	22.0	66.0	24.00	72.00
冷却水泵2	—	—	586	28	4	台	75.0	225.0	5.28	21.12
冷冻水泵2	—	—	504	39	4	台	90.0	270.0	2.75	11.02
乙二醇泵	—	—	539	28	4	台	75.0	225.0	6.93	27.72
储冰装置	—	—	—	—	11700	RTH	—	—	0.035	409.50
乙二醇	—	—	—	—	32.76	t	—	—	1.20	39.31
板式换热器	3908	kW	—	—	3	组	—	—	54.00	162.00
自控系统	—	—	—	—	1	套	—	—	100.00	100.00
总计	—	—	—	—	—	—	—	2413.0	—	1324.14

2) 蓄冰空调全年运行费用

设计日负荷费用：32465×150×0.7×0.7＝238.6万元。注：0.7为负荷系数，0.7为冰蓄冷优化系数。设计日负荷费用计算过程略。

(2) 常规空调方案

1) 制冷机房设备配置及投资

根据该工程的实际情况，空调机房设备的配置及投资见表3。

空调机房设备配置及投资 **表3**

名称	容量	单位	流量（m³/h）	扬程（m）	数量	单位	电功率（kW）	总功率（kW）	单价（万元）	总价（万元）
冷冻机1	300	RT	—	—	1	台	205	205	65.00	65.00
冷却塔1	200	—	236	—	1	台	7.5	7.5	8.00	8.00
冷却水泵1	—	—	236	28	2	台	30	30	0.79	1.58
冷冻水泵1	—	—	191	39	2	台	37	37	0.95	1.90
冷冻机2	950	RT	—	—	3	台	564	1692	170.00	510.00
冷却塔2	750	—	747	—	3	台	30	90.0	30.00	90.00
冷却水泵2	—	—	747	28	4	台	110	330	6.66	26.64
冷冻水泵2	—	—	614	39	4	台	90	270	3.15	12.59
自控系统	—	—	—	—	1	套	—	—	50.00	50.00
总计	—	—	—	—	—	—	—	2662	—	765.71

2）空调全年运行费用

设计日负荷费用 36319.5×150×0.7＝381.3 万元。注：0.7 为负荷系数。设计日负荷费用计算过程略。

（3）经济性比较（见表 4）

经济性比较 **表 4**

内　容	冰蓄冷	常　规	增减百分比（%）
系统尖峰负荷（kW）	11249	11249	0.0
冷机容量 RT	2550	3150	－19.0
机房设备用电功率（kW）	2413	2662	－9.3
机房设备配电功率（kVA）	3016	3327	－9.3
机房设备概算（万元）	1324	766	72.9
配电设施费	362	399	—
一次投资合计（万元）	1686	1165	44.7
全年运行费用（万元）	238.6	381	－37.4
每年节约运行费用（万元）	—	—	142.7
回收年限	—	—	3.7

以上计算结果不包括天津市规定：实施电蓄热和电蓄冰的用户降低低谷时段用电价格，于每年 7、8、9 三个月份的每日 23：00～7：00，在现行低谷时段电价基础上下浮 15%。按此项规定执行，回收年限会进一步缩短。

四、运行监测

2010 年制冷机房实际运行费用（空调面积 66000m^2）如表 5 所示。

2010 年制冷机房实际运行费用 **表 5**

	占总用电量百分比（%）	各段全年总用电量（kWh）	电价（元/kWh）	电费（万元）
高峰电	12.7	208295	1.1488	24
平峰电	24.3	398549	0.7503	30
低谷电	63	1033276	0.3718	38.4
总计	—	—	—	92.4

国电大渡河流域梯级电站调度中心暖通设计①

作者简介：

刘明非，女，1963年1月生，教授级高级工程师，中国建筑西南设计研究院机电三院总工程师，1984年毕业于重庆建筑工程学院。主要设计代表作品：四川宾馆皇冠假日酒店、四川省博物馆、四川省图书馆、巴基斯坦人马座、阿尔及利亚外交部大楼、成都南部新区办公楼、天府.VILLAGE等。

- 建设地点　成都市
- 设计时间　2004年4~9月
- 竣工日期　2007年12月
- 设计单位　中国建筑西南设计研究院有限公司［610081］四川省成都市高新区天府大道北段866号
- 主要设计人　刘明非　倪先茂　革非　徐明
- 本文执笔人　倪先茂
- 获奖等级　民用建筑类三等奖

一、工程概况

大渡河流域梯级电站调度中心是一座集办公、集控中心、会议、客房、餐饮、会所为一体的综合性建筑，位于四川省成都市高新区天府大道旁。建筑地面以上高度为82.9m，地上20层，地下2层，建筑总面积为74267m²，防火类别为一类高层。该大楼功能复杂，南楼为国电大渡河公司办公区，北楼为国电四川公司办公区，西楼则是培训中心客房区，南北两楼嵌合成空间立方体造型，在屋顶处用大跨度钢结构连接起来，形成一个浮在空中的环形“玻璃四合院”。地下二层为汽车库、水泵房，兼作平战结合六级人防地下室；地下一层为厨房、娱乐室、游泳池及设备机房等；一层为中央大厅、商务中心、餐厅等；二层为各类会议室、报告厅、多功能厅；三层为展厅、会议室；四层为档案库；南楼五～十七层、北楼五～十六层均为办公室；西楼七～十三层为客房；南楼十八～二十层为大渡河电力调度控制中心；北楼、西楼十九、二十层为会所。该大楼于2008年3月竣工投入使用。

二、空调系统设计

1. 空调室内设计参数（见表1）

2. 冷、热负荷

该大楼舒适性集中空调计算冷热负荷为：夏季冷负荷7558kW，冷指标130W/m²；冬季热负荷5600kW，热指标90W/m²（该设计负荷应建设方要求考虑了部分房间将来可能的功能变化）。

3. 空调冷热源

该大楼的夜间负荷为西楼客房负荷与南楼十八、十九层值班负荷之和，该部分负荷较小，为保证部分负荷时冷水机组正常工作，并兼顾大楼办公室、会议室、商务中心、娱乐室、多功能厅

① 编者注：该工程主要设计图纸参见随书光盘。

空调室内设计参数 表1

	室内温湿度				新风量 [m³/(h·p)]
	夏季		冬季		
	温度(℃)	相对湿度(%)	温度(℃)	相对湿度(%)	
办公室	25	60	20	自然湿度	35
大会议室	25	65	20	自然湿度	25
小会议室	25	65	20	自然湿度	35
客房	25	60	20	自然湿度	40
餐厅	24	65	20	自然湿度	30
档案库	24	60	18	45%	30
乒乓球室、健身房	25	60	20	自然湿度	30
中央大厅、休息厅、门厅	26	60	18	自然湿度	25
游泳池	26	65	26	自然湿度	25

等房间的空调使用情况，经负荷分析后，确定空调冷源采用三大一小的配置，选用3台大制冷量的水冷离心式冷水机组，每台制冷量为2285kW；1台小制冷量的水冷螺杆式冷水机组，制冷量为703kW，螺杆机可以满足夜间客房、会所、餐厅等房间的部分负荷需求。冷水供/回水温度为7℃/12℃。冬季热源采用2台燃气型间接式真空热水机组（单台产热量为2800kW，燃料为天然气，耗气量为291m³/h），热水供/回水温度为60℃/50℃。集中空调的冷水机房和热水机房均设于地下一层。

南楼十八～二十层大渡河电力调度控制中心是大渡河流域全线控制的枢纽中心，按甲方的特殊要求，需要24h不间断值守，保障度要求很高，因此单独设置冷热源，采用2台空气源热泵机组，设于屋面，避免其他因素干扰控制中心的空调系统。

4. 空调形式

一、二层公共区域、餐厅，其余层展厅、档案室、多功能厅、报告厅等均采用低速风道全空气空调系统，空调机房就近设置，采用组合式空调机组或立柜式空调器，气流组织形式与建筑装修密切配合，或为上送上回，或为侧送上回。各层办公室、小会议室等房间采用风机盘管加新风空调系统，新风机组按区域设置。为保证办公室噪声要求，所有风机盘管加新风系统的风管均采用超级玻纤风管，所有全空气系统的风管均采用表面复合铝箔的酚醛泡沫板。

5. 空调水系统

集中空调水系统为一级泵负荷侧变流量两管制闭式循环系统，冷水泵、热水泵分别设置，均配变频动态节能仪。空调水系统采用高位膨胀水箱定压。共分为5个环路，空调水系统尽可能采用同程式系统，在必需采用异程式系统时，其水力失调问题通过在各支管上设置平衡阀来解决。分集水器之间设压差旁通阀。

南楼十八～二十层大渡河电力调度控制中心空气源热泵空调水系统为一级泵主机侧定流量、负荷侧变流量两管制闭式循环系统，平时运行时，热泵机组根据回水温度自动加载或卸载以适应系统负荷变化。

6. 分散式空调系统

地下一层台球室、乒乓球室、棋牌室、健身房等为全内区房间，过渡季仍需制冷，且使用时段较为复杂，部分负荷情况较多，因此考虑增设多联机空调（热泵）系统用于过渡季。

南楼十八层集控中心的主机室要求全年、全天不间断使用，且室内设备发热量大、负荷复杂，经与工艺密切配合详细计算后，设置若干台风冷式恒温恒湿空调机，保证设备检修时不会影响主机室的恒温恒湿要求。

一层消防控制室及屋顶电梯机房设置独立的分体壁挂式空调器，其中消防控制室在集中空调运行时则由集中空调系统来服务。

三、通风及防排烟设计

1. 通风

地下二层及地下一层汽车库按防火分区及防烟分区分别设置机械通风系统，有车道直接对外的防火分区采用自然进风、机械排风的通风方式，其他防火分区采用机械送风、机械排风的通风方式。地下一层变配电房、冷水机房、水泵房、热水机房、柴油发电机房等设备用房按规范要求设置机械通风系统，热水机房的排风系统兼作事故排风。地下一层棋牌室、乒乓球室、台球室、健身房、游泳池等均设置机械排风系统。地下一层厨房油烟由油烟排气罩收集、过滤后排至主楼屋面，送风为百叶自然进风。其余粗加工等房间采用机械排风、机械送风的方式。

各层的公共卫生间及清洁间均设排气扇进行机械排风，废气通过竖井排至屋面，为使废气顺利排放，每个排风竖井在屋面上设置风机，以克服排风竖井的阻力。由于夏季中庭上部集中大量热量，故在上部设置机械排风系统，其排风量按维持中庭正压 5Pa 计算。

2. 防烟

根据《高层民用建筑设计防火规范》，大楼防烟楼梯间及防烟楼梯间与消防电梯合用前室分别设置加压送风系统。防烟楼梯间风口采用百叶风口；合用前室风口则采用由电信号控制的加压送风口，火灾时开启着火层及相邻 2 层的前室风口。为了调节防烟楼梯间地下室部分与地上部分的风量，设置于防烟楼梯间的百叶风口加装调节阀。

3. 排烟

地下二层及地下一层汽车库，地下一层厨房、游泳池、健身房、内走道、台球室、乒乓球室、棋牌室等区域按规范要求设置机械排烟系统及补风系统。一～六层中庭设置机械排烟系统，火灾时关闭中庭平时排风系统，开启排烟风机及排烟口。南楼二层走道及北楼、西楼三～六层走道均按横向防火分区设置机械排烟系统。南楼三～十八层内走道，西楼、北楼七～十六层内走道、十八～二十层外走道均利用可开启外窗自然排烟。

所有空调、新风及送排风系统水平方向均按防火分区独立设置。通风、空调系统的风管穿越机房隔断及防火分区或防火隔断处、各层排风支管与排风竖井（立管）连接处均设防火阀。档案库按《档案馆建筑设计规范》JGJ 25—2000 的要求在穿越档案库隔墙处设置 70℃熔断的防火阀，排烟风机的入口处设 280℃熔断的防火阀，排烟风管或排烟、排风合用管道穿越防火分区及防火隔断处设 280℃熔断的防火阀。

热水机房及厨房内设固定式可燃气体浓度检漏报警装置，一旦天然气泄漏，可自动报警及关闭天然气总管阀门并启动排风机。热水机房设有泄压口，泄压口以外的其他墙面及顶棚设置防爆减压板，泄压口面积不小于机房地面面积的 10%，泄压口避开人员密集场所和主要安全出口。

通风、空调系统的风管均采用不燃材料制作，空调水管的保温采用难燃材料。安装在吊顶内的排烟管道均采用不燃材料隔热。

四、自动控制

为方便运行管理、节省能源，对空调系统实施集中监控，集中监控系统为楼宇自动化控制系统（BAS）的一部分。具体控制要求如下。

1. 负荷侧

（1）由室内温控器控制盘管回水管上电动二通阀的开关。

（2）新风机组冬夏季的送风温度由设于送风总管上的温度传感器调节位于表冷器回水支管上的电动两通阀的开启度来控制，新风机组设置过滤器压差报警。

（3）空调机组冬夏季的温度由设于回风总管上的温度传感器调节位于表冷器回水支管上的电动二通阀的开启度来控制，冬季有湿度要求的系统由设于回风总管上的湿度传感器调节位于加湿器供水支管上的电动二通阀的开启度来控制。空调机组设置过滤器压差报警。

2. 冷热源侧

设置机房能源自动管理系统，该系统采用了模糊控制技术，通过对空调供回水总管的流量和温差进行监测，对总的空调负荷进行预算，根据主机和水泵的运行效率，确定主机和水泵的运行状态，使整个水系统的综合效率达到最优，供水温度的控制由冷水机组自带的自控系统完成。根据分集水器之间的压差变化控制水泵的变频运行，当系统水流量小于单台制冷机组的安全流量时，开启位于供回水总管间的压差旁通阀，并根据压差变化控制旁通阀的开启度。

3. 机组

空调机组、新风机组及通风机集中启停。

4. 水泵

为使部分负荷运行时空调循环泵能正常工作，水泵电动机不过载，空调循环泵均采用变频控制。

五、设计重点

（1）优化冷热源方案，降低空调运行能耗。对各类区域、房间特性及负荷特征进行详细分析，选择包括水冷集中空调系统、风冷集中空调系统、多联机空调（热泵）系统等多种冷热源形式来满足不同需求。对大系统，详细分析其冷负荷构成，确保冷水机组在最大能效比状态下运行，以满足各季节、各时段负荷需求，按此原则配备冷水机组。该大楼配备了1台螺杆机，其中1台离心机采用了变频机组，冷水机房设置了机房能源自动管理系统，从实际运行情况看，该举措大大降低了空调能耗。

（2）中央大厅高度达22.5m，采用了分层空调方式，形式为喷口侧送风、集中回风。为防止冬季空调热风下送困难，严格计算了喷口射程、角度，喷口采用角度可调型，夏季向上20°喷射，冬季向下15°喷射，此措施运行效果良好，冬季大厅温度达到了设计要求。

（3）为最大限度地减小中央大厅空调负荷，其屋面采用蓄水、绿化屋面；上部设置机械排风系统，夏季空调时开启1台排风机，使顶部热湿空气及时排出，过渡季开启2台排风机，下部有组织地引入室外新风，使邻中央大厅两侧的房间在过渡季尽量缩短开启空调的时间，充分节能。

（4）与建筑专业立面充分协调，在不影响外立面的前提下，使所有全空气系统实现过渡季全新风运行，最大限度地利用室外新风，以节约能源。

（5）大渡河电力调度控制中心的主机室全年、全天不间断使用，由于主机室内设备发热量大、负荷复杂，应与工艺设计充分配合，准确计算设计负荷，该项目设置了若干台风冷式恒温恒湿空调机，任意一台设备的检修均不会影响主机室的恒温恒湿控制要求。

六、结语

大渡河流域梯级电站调度中心于2008年3月建成投入使用以来，办公室、餐厅、报告厅等房间温度舒适，满足使用要求；中央大厅冬夏温度适宜；集控中心独立设置的空调系统，有恒温恒湿要求的机房全年运行正常，达到使用要求；采用的冷热源方案和冷水机房能源管理系统大大降低了空调能耗。整个空调系统已运行4年多，很好地满足了国电集团和大渡河公司的工作需求。

新疆昌吉州人民医院门诊内科综合病房楼暖通空调系统设计①

作者简介：

刘鸣，男，1962 年 11 月生，1985 年 7 月毕业于西北建筑工程学院，现在新疆建筑设计研究院工作，任院副总工、提高待遇高级工程师。代表作品有：乌鲁木齐市人民政府家属院既有建筑热计量节能改造、大成国际综合商业楼、冠农股份前后 3 期住宅小区地下水水源热泵项目、吐鲁番市新城示范区地下水水源热热泵、中节能神华城污水源热泵供热供冷系统设计等。

- 建设地点　新疆昌吉市
- 设计时间　2007 年 4 月～9 月
- 竣工日期　2008 年 12 月
- 设计单位　新疆建筑设计研究院
  ［830002］乌鲁木齐市光明路 125 号
- 主要设计人　刘鸣　王亮　王绍瑞　张振东
- 本文执笔人　刘鸣
- 获奖等级　民用建筑类三等奖

一、工程概况

昌吉市海拔 611m，属于冬季严寒 B 区，夏季干热的气候区。建设用地面积 22800m^2，建筑大楼 25900m^2；地上 17 层、地下 1 层、裙房 3 层，主楼高 68m；属一类防火医疗公共建筑，有约 500 个床位。建筑设计节能标准高于当时国家的建筑节能标准。

二、工程设计特点

工程设计充分结合当地夏季空气干燥、湿球温度低的特点，抛弃传统的机械式冷源，全部采用适用于风系统、水系统的间接蒸发冷却设备——天然冷源，实现了大楼室内的新风、除湿、降温的要求。人均新风量 40～50m^3/(h・p)，在不增加新风负荷的前提下，室内空气卫生标准得以提高。

（1）利用高效间接蒸发冷却机组（$E \geqslant 80\%$）处理新风，可获得较低的送风温度（17℃），新风承担起部分室内显热冷负荷和室内全部潜热冷负荷——温湿度独立控制设计。

（2）依据低温供冷、供热的特性，将系统补水定压点设在循环泵的出口，整个大楼供热、空调只设一个区，降低了水系统投资并可降低系统的运行压力，提高了系统安全性。

（3）首次在全国医疗建筑中仅设一套地面辐射热水盘管，按夏季、冬季工况分别切换阀门实现冬天供热、夏天供冷，使得空调系统既节省投资又经济、可靠。

（4）工程的地面供冷辐射温度、送风风口温度均高于室内空气的露点温度，干工况末端运行不给病菌在潮湿环境中的生存机会。

（5）空调系统的高能效：风系统综合能效比：

$$E = Q/\Sigma P = 12.2$$

式中　E——冷水机组冷却效率，%，

Q——机组提供的新风、新风显热、潜热冷量；

P——送风机直接、二次风机功耗、内置循环泵。

水系统能效比：

$$E_0 = Q/\Sigma P = 8.0$$

① 编者注：该工程主要设计图纸参见随书光盘。

式中　E_0——水系统能效比；

Q——冷水机组提供的显热冷量，kW；

ΣP——冷水机组直接功耗，（风机、二次泵）＋水系统循环泵功耗，kW。

以上数值是常规机械制冷空调系统能效无法比拟，节能效果显著。

三、设计参数及空调冷热负荷

1. 室外空气设计计算状态（见图 1）

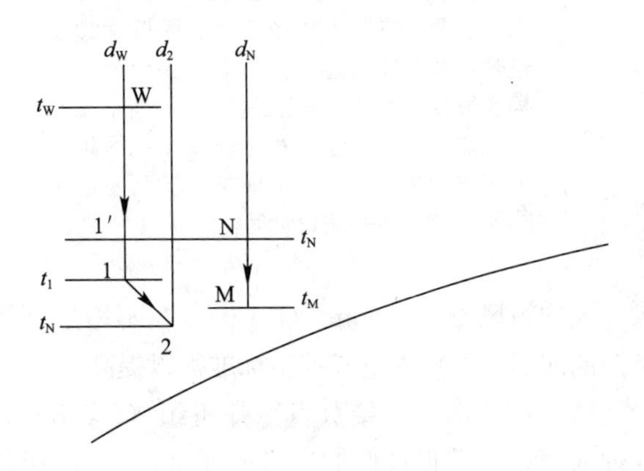

图 1　空气处理焓湿图

夏季：室外计算干球温度 35.0℃，室外计算湿球温度 18.8℃，空气含湿量 8.5g/kg，露点温度 10.5℃。

冬季：室外计算干球温度－29.0℃，相对湿度 85%，室外采暖计算温度－25℃。

2. 室内空气设计计算状态

夏季：室内干球温度 25℃，相对湿度 50%，湿球温度 18.0℃，露点温度 15.2℃，含湿量 11.85g/kg，焓值 55kJ/kg。

冬季：室内干球温度 20～22℃，相对湿度 50%。

3. 冷、热负荷值（见表 1）

冷、热负荷　　　　表 1

夏　季					
地面辐射供冷系统		新风系统			
总负荷	单位指标	总负荷	显热负荷	潜热负荷	单位指标
770kW	42.0W/m²	845.5kW	1044.3kW	335.6kW	74.5W/m²
冬　季					
地面辐射供热系统		新风系统	采暖系统	新风与采暖系统	
总负荷	单位指标	热负荷	热负荷	总热负荷	单位指标
1125kW	60.8W/m²	900.0kW	200kW	1100kW	42.6W/m²

注：地面辐射供冷供热系统的面积按实铺面积，其他按建筑面积统计计算。

四、空调冷热源及设备选择

该工程属病房医疗建筑，应采用高温冷源，而高温冷源中最高能效的当属间接蒸发冷却设备。两种冷源分别是：

（1）水系统冷源—干空气能—间接蒸发冷源：屋顶设有一台蒸发冷水机组 840kW，循环水流量 140m³/h；内置循环水泵与风机，总功率 45kW，提供 16～21℃的冷水，承担室内显热冷量。

（2）空气系统冷源—干空气能—间接＋直接多级蒸发冷源：新风机组分别设在一、二、三、四、十五、十七层，新风经过滤、间接蒸发冷却、直接蒸发冷却，机组出风空气状态：干球温度 16.5℃，含湿量 10.7g/kg，相对湿度 85%，露点温度 14.0℃；不仅承担室内全部潜热冷负荷，还承担部分显热负荷。

冬季地下一层设备机房设计有供热热交换站，由城市集中供热提供一次热媒，经两套板式换热器分别制得 1125kW、30～40℃的低温热水，供同一地面辐射盘管供热，1125kW、65～55℃的热水供冬季空调新风加热和散热器供热。

五、空调、通风、防排烟系统形式与自控设计

首次在新疆采用这样的空调方式，为了说服建设方，设计上做了三个对比方案进行论证，最终按照设计人的推荐方案实施。

（1）空调水系统：冬、夏季分别向地面辐射盘管内通入冷热水，供冷供热。

（2）空调风系统：新风与地面辐射联合供冷，新风空调机组冬、夏季新风量不同，冬季仍为最小新风量；对应的排风为室内无风道排风系统，四～十五层两端库房内各设一吊顶排风机箱，每一个机箱的排风量为 8000m³/h，与新风机联锁。流程：室内正压空气→室内排风口→内隔墙洞口→走道吊顶→排风机→室外。

（3）卫生间设有通风器，排风量为 100m³/h，在顶层汇合后集中排至室外。

（4）机械排烟系统：一～十五层走道设机械排烟系统 2 套，可保证走道 30m 间距内的烟气及时通过排烟口（280℃可自行关闭）排至室外，排

烟机设在室外屋顶上；地下室也设一排烟系统。

(5) 加压送风系统：楼梯间均设有加压送风系统，每间隔2层设一送风口，共2套；对楼梯间和消防前室分别加压的送风量。加压送风机设在屋顶。

(6) 为实现有效节能，在空调水系统中采用了平衡阀、气候补偿器（监控地板温度、室内外温度）、循环水泵变频自动控制、冷水、热水出水温度自动控制、耗热、耗电计量。

(7) 地面辐射供冷供热集水器前设有电动阀由室温控制器，控制流量。

(8) 每一送风口上设有一变风量自动调节装置控制室内新风量的大小；新风系统送风机依照压力变化，实现自动变频。

六、设计体会

工程投入运行后，发现地面辐射供冷供热这一热惰性很强的系统非常适用于连续使用的医疗类建筑。但是，设计的水系统、风系统末端自动控制效果并不明显，这也许是低温地面辐射供热供冷的独特特性。原有的暖通DDC设计并未完全实现，设计使用中存在的以下问题：

(1) 水系统太大，没有划分区域；一个系统设计虽有平衡，但实际难以调节，致使不同房间的地面温度不均匀。

(2) 间接蒸发冷却新风机组的最大新风量为30000m^3/h，机组太大，致使机房非常紧张，没有检修空间；各房间的送风也不均匀；二次排风的风道、风量大，机组启用后噪声对旁边房间造成不良影响，为避免病人投诉，机组时常停机。

(3) 施工期间，分包项目对外墙与风道之间的密封交代不清，冬季来临后，在个别房间冷风从没有封堵好的风道与外墙间隙进入室内将水管冻裂。

(4) 空调、通风、防排烟系统的对外风道上，由于阀门密闭性质量不好，通过风道的漏风量造成大量热损失。

(5) 由于担心交叉污染，排风系统没有设计空气热热回收，为节省能源医院冬季新风系统常常不开，室内空气品质不理想。

崇州市人民医院及崇州市妇幼保健院综合医院建筑群暖通工程设计①

- 建设地点　四川省崇州市
- 设计时间　2008年10月～2009年7月
- 竣工日期　2010年6月30日
- 设计单位　重庆市设计院
  [400015] 重庆市渝中区大溪沟人和街31号
- 主要设计人　李宜　游红　李小丰
- 本文执笔人　李宜
- 获奖等级　民用建筑类三等奖

作者简介：

李宜，女，1975年8月生，高级工程师，副主任工程师，1996年毕业于重庆建筑大学暖通专业，本科，现在重庆市设计院工作。主要代表作品：重庆市政府所属机关片区危旧房改造工程（重庆市政府新办公大楼）、申基·会展国际（申基索非特—五星级酒店）、重庆万达广场二期商业广场及酒店、重庆悦榕庄、四川美术学院图书馆、重庆市群众艺术馆新馆等。

一、工程概况

该工程位于四川省崇州市南河路规划片区中心区，北面与城市主干道（永康东路）相接。总建筑面积57186.12m²。医院主要包括：门诊楼、医技楼、住院楼、保障楼、妇幼保健楼、停车场等。建设标准是二级甲等，床位数为570床。住院楼地上15层，属一类高层建筑，其余建筑均属于多层建筑，防火等级均为一级，建筑合理使用年限为50年。

二、工程设计特点

1. 采用节能减排的可再生能源系统：水源热泵技术

该工程地处川西平原，又临近一条流经崇州市的河流，地下水资源很丰富。其规划场地面积宽阔，有大面积的广场、绿地，足够的空间布置室外水井及相应的管网。历经数月详细的水文地质勘测取得了重要的各项数据（地下水温、水质、水文分布、地层结构等等）后，进行了详细的分析计算和经济技术比较，确定采用水源热泵技术作为集中冷、热源形式。抽取地下水循环使用，为空调系统和卫生热水系统提供散热和吸热的条件。地下水夏季供、回水温度分别为18℃和27℃（$\Delta t=9$℃），冬季供、回水温度分别为18℃和10℃（$\Delta t=8$℃）。地下水经过多级过滤后直接进入水源热泵机组换热后通过管道无污染100%回灌至地下水层。

2. 集中能源站：二次泵循环水系统

该工程共由5栋建筑组成，集中设置1个能源站服务于整个建筑群。整个空调水系统采用一次泵定流量、二次泵变流量机械循环闭式双管异程式水系统，高位膨胀水箱定压。分、集水器间设置盈亏平衡管，每个二次回路设置变频水泵，根据二次管路系统的压差变化调节二次环路水泵变频运行。

三、设计参数及空调冷热负荷

设计参数及通风换气次数如表1和表2所示。

① 编者注：该工程主要设计图纸参见随书光盘。

空调室内计算参数 表1

房间名称	夏季		冬季		新风量	噪声	系统形式
	温度（℃）	相对湿度（%）	温度（℃）	相对湿度（%）	$m^3/(h \cdot p)$（次/h）	dB（A）	
办公室	26～27	45～50	18～20	40～45	30	≤55	风机盘管+独立新风
诊室	25～26	45～50	22～24	45～50	30	≤50	风机盘管+独立新风
候诊室	25～26	45～50	20～21	45～50	30	≤50	风机盘管+独立新风
病房	25～26	45～50	21～24	45～50	50	≤50	风机盘管+独立新风
隔离病房	25～26	45～50	21～24	45～50	(>2)	≤50	风机盘管+独立新风
急诊	25～26	55～60	20～22	50～55	(>3)	≤55	风机盘管+独立新风
ICU、恢复室	23～26	55～60	24～26	50～55	60	≤50	净化全空气系统
手术室	22～25	50～60	22～25	50～60	60	45～50	净化全空气系统
分娩室	24～27	50～60	24～26	50～60	全新风	45～50	净化全空气系统
NICU	26～27	50	25～26	50	60	45～50	净化全空气系统
实验室	25～26	30～60	21～22	30～60	(3)	≤55	全空气系统
放射室	25～26	45～50	21～22	40～45	(2)	≤50	恒温恒湿精密空调
MRI、CT	22±2	50±10	22±2	50±10	(2)	≤50	恒温恒湿精密空调
DSA	22～25	50～60	22～25	50～60	60	45～50	恒温恒湿精密空调
消毒无菌区	26～27	40～50	18～20	30～45	(2)	≤50	净化全空气系统
太平间	25～26	<60	16	<60	(2)	-	风机盘管+独立新风
药房	25～26	45～50	21～22	40～45	(2)	≤50	风机盘管+独立新风
药库	16	<60	16	<60	(2)	-	风机盘管+独立新风
餐厅	25～26	55～65	18～20	55～65	20	≤55	全空气系统
门厅	26～27	50～60	18～20	45～50	10	≤50	全空气系统
走道	26～27	50～60	18～20	45～50	-	≤50	风机盘管+独立新风

手术室的新风量同时应满足《医院洁净手术部建筑技术规范》表4.0.1中的规定。

通风换气数表 表2

房间名称	送风次数（次/h）	排风换气次数（次/h）	房间名称	送风次数（次/h）	排风换气次数（次/h）
隔离区	3	6	太平间	—	10
治疗室	1	2	污物、湿作业间	—	10～15
换药室	1	2	中心供应污染区	—	6
放射科	2	3～4	换热间	4	5
标本室、实验室	1	3	配电房	8	10
HIV	3	6	水泵房	2	3
药房	2	4	制冷、热站	4	5
药库	2	4	锅炉间	自然进风	6（12）
公共卫生间	—	10	储油间	自然进风	10

经计算软件进行逐时冷热负荷计算得出：夏季总制冷量5940kW，冬季总采暖制热量3759kW，卫生热水总制热量1598kW。

四、空调冷热源及设备选择

冷（热）源配置如下：5台机组供空调系统使用（单台制冷量1340kW，单台制热量1542kW），夏季提供7℃冷冻水、冬季提供50℃采暖热水；2台机组供卫生热水使用（单台制热量799kW），全年提供60～65℃卫生热水。总装机制冷量6700kW，总装机采暖热量7710kW，总装机热水热量1598kW。

根据水文地质勘测报告及总平面布置，单口水井出水量宜为$100m^3/h$，共设置6个取水井和11个回水井，地下总取水量为$600m^3/h$，100%

无污染回灌。因地下取水总量不能完全满足5台机组全负荷运行，增设有两台冷却塔（400m³/h/台）作辅助散热。

取水井多布置在地下水流层的上游侧，回水井多布置在地下水流层的下游侧。取水井和回水井交错布置，即供水井→回水井→供水井→回水井。取水井之间的间距≥70m，回水井之间的间距≥70m，取水井与回水井之间的间距在35～45m之间。井孔位置与建筑体的距离15～20m。水井深50m，由口部小室、封闭管段、水过滤管段、沉沙管段等组成。取水井中的取水管管口放置于井内深度约30m处，回水井中的回水口放置于井内深度8.0～15.0m处，自然回灌。严格按照《供水井技术规范》设计施工，水井上部封闭段严禁渗漏，下管成井后，在井管四周均匀填入经过筛选的滤料，填砾速度要慢，严防架桥。

五、空调系统形式

本次设计中充分体现医院建筑中空调及通风系统的特点：洁污分流、气流流向合理、正负压控制、全面有组织机械通风、保证换气次数。

空调及通风系统的设计中贯彻以下设计原则：根据各房间室内空调设计参数要求、医疗设备使用要求、卫生学要求、使用时间、空调负荷、功能分区等要求合理划分空气系统。不同的医疗科室或护理单元独立分区，采用独立的空调及通风系统，并注意各系统分区之间互相封闭和互不跨越。回风口处设低阻力过滤器，新风取风口均设在干净区域，尽可能地布置在上风侧，远离各种污染源、排风口，排风口设置在下风侧。

门急诊大厅、放射科、检验科等采用全空气系统。其余功能区域均采用风机盘管加独立新风系统。每个房间定新风量，定排风量：每个新、排风支管上均设置1个定风量阀，确保进入房间的新、排风量，从而控制房间的正负压值。

其中具有特殊工艺要求的区域设置专用的空调系统：放射科中的MRI、CT室采用恒温恒湿精密空调、洁净空调区域严格按照《医院洁净手术部建筑技术规范》执行、传染门诊采用全新风系统。

六、通风、防排烟及空调自控设计

凡是产生有味气体、水汽和潮湿作业的用房，均设置了机械排风系统。排风机处于负压管段的最末端。有污染源的排风系统出风口处还设置有中、高效过滤器，经过滤后才排出室外。

本专业配合建筑专业在平面布置、开窗方式等方面充分利用自然通风方式，设置有多个中庭，保证其无障碍的自然通风。洁污分流流线十分合理。

设置机房集中群控系统：通过测量温差、压差、流量数据变化，实现冷热源机组运行台数、水泵运行台数和水泵变频运行等控制要求。

防排烟系统严格按照《建筑设计防火规范》GB 50016—2006和《高层民用建筑设计防火规范》GB 50045—95（2005年版）中相关条文设计。

七、设计体会

首先，地质勘测尤为重要，其不仅是项目可行性的先决条件，也是指导水源热泵系统正确设计和施工的重要基础。

其次，良好的施工质量是水源热泵系统长期正常运行的保证。特别是室外深井的施工，其施工工艺需严格监督。

再者，检测100%地下水回灌、定期检测地下水质、监测地温场的变化，是此系统后期运行中应密切关注的内容，为更加科学地使用可再生能源提供实践依据。

总之，该项目投入使用以来，经过调试运行，各个系统运转良好。医院投入使用后，立即改善了当地居民的医疗保健条件。整个医院建设采用了多项节能环保技术，使用中减少了燃烧废气的排放，减少了水资源的浪费，减少了噪声源。拥有宁静整洁的环境、现代化的先进设施的崇州市医院得到了医务人员和社会各界人士的认可和好评，取得了很好的经济效益和社会效益。实际运行2年多后，各项效益具体体现如下：

（1）地下水资源无污染100%回灌，长期使用以来对当地的地下水文地质无任何不良影响。

（2）全年节约用水73217m³。

（3）全年节约用电549000kWh，减少CO_2排放472140kg（依据建设单位提供的用电量数据测算）。

昆明金鹰天地暖通设计①

- 建设地点 昆明市
- 设计时间 2008 年 12 月～2009 年 7 月
- 竣工日期 2010 年 12 月
- 设计单位 云南省设计院
  [650032] 云南省昆明市新闻路 259 号
- 主要设计人 肖云峰 汪爱平
- 本文执笔人 肖云峰
- 获奖等级 民用建筑类三等奖

作者简介：

肖云峰，男，1972 年 11 月 28 日生，院暖通副总工程师，暖通高级工程师，国家注册设备工程师（暖通空调），1995 年 7 月毕业于清华大学热能工程系供热通风与空气调节专业（本科），现在云南省设计院工作。代表作品：云南省政府办公大楼工程设计、曲靖市第一人民医院住院楼工程设计、云南省红会医院医技楼及预留发展用房室外工程设计、丽江市祥和行政区行政办公大楼等。

一、工程概况

昆明金鹰天地购物广场是由南京金鹰集团投资建设的超大型综合商业体，项目位于昆明市中心西南商场商业片区，总建筑面积约 12 万 m^2，包括了地下车库（含战时人防）、商场、餐饮、电影院及 250 间客房的五星级酒店。在建设成为西南商场片区商业中心的同时，也为片区创造出新的商业价值，拓展出新的商业空间。总用地面积 1.3hm^2，总建筑面积 11.4 万 m^2，其中地上 14 层，共 82888m^2；地下 3 层，共 30952m^2；总高 65.1m，客房总数 250 间，建筑密度 63.9%，容积率 6.5，绿旷率 30.7%。

二、工程设计特点

商场和餐饮部分设一套中央空调系统，空调系统仅夏季供冷，冬季不供热，空调系统冷源采用两台 850USRT 的大温差离心式冷水机组，该冷水机组空调冷冻水供/回水温度为 5℃/13℃，空调冷却水供/回水温度为 32℃/40℃，冷冻水和冷却水均为 8℃温差。采用大温差冷水机组后，冷冻水和冷却水的流量均减少为常规温差（5℃）的 63%，可降低空调冷冻水和冷却水的循环水泵耗电量，约比常规温差减少 40%的耗电量，还可减少空调冷冻水管和冷却水管管径，降低空调水管对吊顶高度的影响和空调水管的钢材用量。

三、设计参数及空调冷热源

大楼除部分辅助用房和地下车库外，其余部分均设中央空调系统；地下车库和设备房设机械

① 编者注：该工程主要设计图纸参见随书光盘。

通风兼排烟系统；空调室内设计参数，夏季温度24～28℃，夏季相对湿度40%～60%，冬季温度18～22℃；地下人防通风排烟系统。

四、空调冷热源及设备选择

商场和餐饮部分系统设一套中央空调系统，空调系统仅夏季供冷，冬季不供热，空调系统冷源采用两台850USRT的大温差离心式冷水机组，空调风系统采用柜式空调全空气单风道系统；酒店部分设一套中央空调系统，空调系统冷热源采用三台693kW的风冷热泵机组，夏季供冷，冬季供热，客房等小房间采用风机盘管加新风系统，大堂等大房间采用柜式空调全空气单风道系统；裙楼七层和八层电影院部分设一套中央空调系统，空调系统冷热源采用两台210kW的风冷热泵机组，夏季供冷，冬季供热，空调风系统采用柜式空调全空气单风道系统。

五、空调系统形式

该项目空调系统分三部分设置，商场和餐饮部分设中央空调系统，仅夏季供冷，冬季不供热，空调总冷负荷为6000kW（单位面积指标106W/m^2）；商务酒店一套中央空调系统，空调总冷负荷为2050kW（单位面积指标95W/m^2），空调总热负荷为1260kW（单位面积指标57W/m^2）；裙楼七层和八层电影院部分设一套中央空调系统，空调总冷负荷为360kW（单位面积指标120W/m^2），空调总热负荷为270kW（单位面积指标90W/m^2）。地下车库排风量6次/h，送风量5次/h；地下设备房通风量6次/h，公共卫生间排风量10次/h。

六、设计体会

该项目体量较大、体型复杂、规模庞大，功能多样，对整个空调系统的要求较高。为了达到使用方便，运行节能的要求，在空调系统的选择上根据各部分的不同需求，采用了三套空调系统。

那林格（甘森）330kV变电站生活附房主动式太阳能供热采暖设计①

- 建设地点　青海省格尔木市甘森
- 设计时间　2008年10月～2009年04月
- 竣工日期　2009年12月
- 设计单位　中国电建·青海省电力设计院
  ［810008］青海省西宁市五四西路6号
- 主要设计人　王伯军　马明宇　王彩华　袁俊
- 本文执笔人　王伯军
- 获奖等级　民用建筑类三等奖

作者简介：

王伯军，男，高级工程师，主任工程师，1981年毕业于西安电力学校热能动力专业，大专学历，现在青海省电力设计院工作。主要设计项目：热力发电厂、集中供热项目、建筑暖通、给排水设计。近几年从事太阳能光热利用及光伏并网发电项目设计，"主动式太阳能采暖系统自动控制方法"获国家发明专利。

一、工程概况

1. 站区地理位置及太阳能利用条件

那林格（甘森）330kV变电站地处青海省格尔木市，站址位于格尔木西部，沿格—茫公路距格尔木市260公里处，交通便利，四周为戈壁沙漠，人烟稀少。

变电站站址所在地（格尔木地区），属我国太阳能资源丰富地区。该地区水平面年总辐射量6991.854MJ/(m^2·a)，当地纬度倾角平面年总辐射量8028.216MJ/(m^2·a)，年总日照小时数2960h，年太阳能保证率推荐值范围50%～60%。

2. 工程项目概况

"那林格（甘森）330kV变电站"于2008年完成施工图设计并开工建设，2009年12月建成投运。站区建筑物有主控通信室及330kV配电装置室、110kV配电装置及35kV电容器、生活附房、污水处理站、综合泵房，工程建筑总面积为3882.0m^2，其中生活附房建筑面积531.65m^2。

3. 变电站生活附房建筑节能设计

生活附房建筑节能设计：外墙厚370mm，外墙外保温系统采用50厚挤塑聚苯板有网现浇，外墙窗采用铝合金节能保温窗（单框双玻、中空玻璃），外墙门根据要求分别采用成品防火门、"三防门"及不锈钢夹芯板平开门。

二、工程设计特点

（1）设计理念：采用太阳能热水系统加电辅助加热的主动式供热系统，来供给建筑物冬季采暖和全年生活热水，要求在满足建筑冬季所需采暖耗热负荷、全年生活热水耗热负荷的条件下，最大限度利用太阳能，即提高太阳能的节能率（保证率）。

（2）房间采暖系统采用地板辐射采暖系统，热媒介质为35～50℃的低温水，利用温差控制的方法来保证热交换器将太阳能贮热水箱中的热量及时传递到恒温水箱（采暖水箱、生活热水箱）中，使太阳能蓄热水箱中的水温始终处于35～65℃的温度段，从而使太阳集热器始终处于较高的瞬时效率段，来达到最大限度地利用太阳能的目的。

① 编者注：该工程主要设计图纸参见随书光盘。

（3）电辅助加热器的工作模式是影响能否达到最大限度利用太阳能目的又一关键因素。为此，将电辅助加热器的工作模式判别为三种控制模式进行运行：白天晴天运行控制模式；白天阴、雪天运行控制模式；夜晚运行控制模式。

（4）对主动式太阳能供热采暖系统进行为期一年的调试及测试，将测试数据进行处理，并与初始设计设定值进行研究对比，形成更科学、合理的设计计算方法和系统运行控制模式。

（5）在夏季建筑物需热负荷小，将太阳能集热器管旋转90°，即将带有翅片的热管真空管旋转90°，侧向太阳照射，大大减少太阳能集热器的集热量，防止系统过热。

三、设计参数及采暖热负荷

设计参数及采暖负荷详见生活附房采暖热负荷设计计算如表1所示。

生活附房采暖热负荷设计计算一览表 表1

房间名称	计算热负荷（W）	管间距（mm）	供水温度45℃单位面积散热量（W/m^2）	PE-RT管敷设长度（m）	PE-RT管敷设面积（m^2）	实际配置热负荷（W）
厨房操作间	3299.56	250	100.9	194	27.56	2780.80
餐厅活动室	4320.3	250	100.9	398	64.5	8308.05
		靠墙150	125		14.4	
会议室	3639.05	150	125	254	30	3750.00
图书阅览室	501.67	250	100.9	124	22	2219.80
管理室	306.58	250	100.9	78	12.5	1261.25
女厕	832.7	200	121	18	2.5	302.50
男厕	536.74	200	121	18	2.1	254.10
走道	2308.96	250	100.9	234	40	4036.00
宿舍1	2329.28	150	125	144	16.1	2012.50
宿舍2～5	5855.84	200	112.5	360	58.8	6615.00
警卫值班室	2217.68	150	125	146	17.4	2175.00
卫生间1～5	635.9	200	112.5	55	5.5	618.75
门斗1	1443.28	250	100.9	19	3.4	343.06
门斗2	1360.45	250	100.9	40	7	706.30
总计	29587.99	—	—	2082	323.76	35383.114

注：总建筑面积为531.65m^2，冬季采暖室外设计计算温度－19℃。

四、主动式太阳能供热系统设备选择

（1）太阳集热器的总采光面积计算设计为189.28m^2，按屋面全布置考虑，太阳集热器选用Φ70×1900×20热管真空管太阳集热器，共56组。每组太阳集热器由20支Φ70×1900mm热管式真空集热管组成，总采光面积2.28m^2/组。

（2）太阳能蓄热水箱的有效容积设计计算为8m^3，设计热水温度35～65℃。

（3）采暖恒温水箱设计计算有效容积2.7m^3，恒温水箱内铜制盘管式换热器功率为36kW，换热面积设计为5.6m^2，电辅助加热器功率设计为36kW，设计水温35～50℃。

（4）生活热水蓄水箱设计有效容积设计计算为2.1m^3，蓄水箱内铜质盘管式换热器功率为20kW，换热面积设计为4.2m^2，电辅助加热器功率设计为20kW，设计水温50℃。

五、供热采暖系统形式

（1）生活附房主动式太阳能供热采暖系统设计：

1）甘森地区属青海省茫崖镇辖区，采暖期240天，每年9月1日到次年4月30日。

2）采暖方式采用地板辐射采暖，热媒为35～50℃的热水，比较适应太阳能热水集热系统；厨房及淋浴间全天生活热水供应。

3）主动式太阳能供热系统（辅助电加热），有太阳能热水系统、地板辐射采暖系统、储热及热交换系统、电辅助加热系统、供洗浴热水系统。

（2）生活附房主动式太阳能供热采暖设计分以下几部分：

第一部分：屋面太阳能集热器系统设计。屋面太阳能集热器系统的设计原则：依据建筑物屋面情况和建筑物方位来尽可能多的布置、安装太阳集热器。太阳能集热器屋面6排布置，第一排6组，其他每列10组，每排间距3.23m，太阳集热器布置倾角46°，支架距屋面最低高度1.00m，屋面为上人屋面，支架基础为混凝土支墩。太阳能集热器组热水管道系统采用串并联同程系统，采用循环水泵与太阳能集热水箱机械循环。

第二部分：热交换系统（设备间）设计。设备间布置太阳能集热水箱、生活洗浴热水箱、采暖热水箱、生活热水变频供水泵、采暖循环泵、换热循环泵、水处理装置、控制系统等；辅助能源采用电能，在采暖热水箱及生活洗浴热水箱中内置有铜管换热器及电辅助加热管。

第三部分：室内采暖系统设计。室内采暖系统采用地板辐射采暖系统，管材采用耐热聚乙烯管（PE-RT）。

六、主动式太阳供热采暖系统自动控制设计

自动控制设备设计遵循的基本原则：

（1）可靠有效地实现各个控制功能（即控制运行模式）。

（2）控制运行功能通过设置19个可预设的控制变量来实现，从而达到整个系统全自动化运行的要求。这些控制变量由用户根据不同的季节和不同的运行要求来预设。

（3）控制变量的预设，采用人机对话，既有标准流程预设方式，又有针对每一个变量的快速更改功能。

（4）自动控制设备采用触摸屏，能对系统运行的输入信号参量和正在运行的设备进行实时显示，并具有故障显示和查找功能。

（5）自动控制设备预留信号输出接口，以便用户在后台控制屏中显示监控。

七、设计体会

（1）主动式太阳能供热系统与电热器分散采暖及电热水器供生活热水相比，投资收回年限9.69年；与电锅炉集中供热系统相比，投资回收年限9.89年；若考虑自动控制系统节约的运行成本，则与电锅炉集中供热系统相比，投资回收年限6.96年。工程经济效益十分显著。

（2）采用主动式太阳能供热系统后，与电暖器（电锅炉）供热方式相比，每年的CO_2减排量是87.51（103.997）t，15年使用期内的CO_2总减排量是1312.65（1559.96）t。环境效益十分显著。

南京市市级机关游泳池暖通空调改造项目①

作者简介：

周蕾蕾，女，1978年1月22日生，暖通设计副主任工程师，1999年毕业于南京建筑工程学院（现南京工业大学）供热通风及空调工程专业，学历本科，工作单位：南京城镇建筑设计咨询有限公司。主要设计代表作品：淮安神旺大酒店暖通设计、南京空港油料公司办公楼暖通设计、赣榆县体育馆暖通设计、国家网架中心综合检测楼暖通设计、咸阳高级中学采暖设计等。

- 建设地点　南京市
- 设计时间　2009年10月～2010年5月
- 竣工日期　2010年11月
- 设计单位　南京城镇建筑设计咨询有限公司 [210036] 南京市江东北路289号银城广场18楼
- 主要设计人　周蕾蕾　王琰　刘荣向　孙长建　李嘉乐
- 本文执笔人　周蕾蕾
- 获奖等级　民用建筑类三等奖

一、工程概况

该项目为高档室内泳池，包含一个标准泳池(50m×21m)、贵宾休息室、淋浴、健身等辅助用房。建筑面积约为2600m²，泳池无看台和观众席，泳池部分主体高度为6m。屋顶采用金属网架屋面系统，泳池大厅顶部设有12个自然采光玻璃天窗，泳池大厅南侧为全玻璃幕墙，其余外维护结构均为保温外墙与保温屋面。

二、工程设计特点

1. 设计特点

（1）冷水机组采用部分热回收技术。

（2）冬季采用地板采暖系统负担外围护结构的耗热量，由空调系统负担排风热损失和除湿功能。

（3）夏季和过渡季节，全新风运行。

（4）空调机组设置转轮热回收段，回收排风余热。

（5）空调机组采用变频风机，组合式空调机组采用变风量运行，可根据室外温度自动调节空调机组的运行风量。

（6）屋顶设置太阳能集热板，收集的热水用于淋浴热水的预加热。

（7）夏季采用设于游泳馆上方的远程无风管射流机组进行除湿，有明显的节能效果。

2. 技术经济指标

（1）建筑外围护结构采用保温措施，达到了《公共节能设计标准》GB 50189—2005规定的节能50%水平。

（2）根据设计方案进行测算，全年空调、采暖、泳池恒温的总运行为73.6万元，日均费用约2016元。

（3）项目投入运行后，进行了1年的运行数据监测，统计得出：空调、采暖、通风以及泳池恒温系统实际全年运行费用为50.5万元，日均运行费用1384元。

（4）与同城市规模的两个游泳馆相比，运行费用节省约一半。

3. 设计参数及空调冷热负荷

（1）本设计根据逐时负荷计算，其中池区空调夏季空调总冷负荷为463kW，冷指标为296W/m²（建筑面积），冬季采暖负荷为454.3kW，热指标为291W/m²（建筑面积）；辅助用房区域夏

① 编者注：该工程主要设计图纸参见随书光盘。

季空调总冷负荷为66kW，冷指标为130W/m²，冬季空调总热负荷为89.1kW，热指标为175W/m²（建筑面积）。

（2）地暖区域总采暖面积为630m²，进/出水温度为50℃/40℃，平均水温为45℃。地表平均温度为31.5℃，湿法盘管公称外径为16mm，间距为200mm，单位面积散热量约为90.5W/m²，总散热量为57015W，水量为5.4t/h。

4. 空调冷热源及设备选择

（1）冷源为冷水螺杆机组（带部分热回收），名义工况制冷量为475kW，热水回收量约为机组制冷量的30%；冷水机组设置于地下机房内，冷却塔设置于辅助用房屋顶。热源设置于原有锅炉房内，采用常压热水锅炉两台，单台供热量为660kW，供/回水温度为95℃/70℃。

（2）泳池区采用两台转轮热回收空气处理机组，冬季、夏季两台机组均开启，冬季新风量为13500m³/h，夏季新风量为16000m³/h，同时满足人员卫生要求及场馆内1次/h通风换气要求。过渡季节开启一台转轮热回收空气处理机组，全新风运行，满足除湿热要求。

三、空调系统形式

1. 空调风系统

（1）泳池区域空调风系统采用定风量全空气系统。空气处理机组配以低速风管送风，采用下部送风方式，配合装修作百叶下部送风口，风口高度为距离地面400mm，回风靠负压吸入，回风口设置于上部。

（2）泳池区域新风全部采用转轮热交换器的方式处理，回收回风的能量。在室内换热量不足的情况下，自动根据热交换器进风侧风温来控制转轮热回收机组的供回水量，以达到节能的目的。

（3）空气处理过程：室外新风与室内回风热交换—过滤—表冷—风机—消声—室内。

（4）顶部设置12台吊顶式无风管远程送风空调机组（机组自配射流喷口），以缓解顶部天窗结露现象，喷口可调角度，喷口冬季调至向上30°角。回风口处安装初效过滤网。

（5）更衣区新风由一对新风口吸入，全热交换机组对其进行过滤、降温、除湿，处理至送风参数或某一参数，达到设计要求送出，改善室内空气条件。

2. 水系统

水系统采用两管制机械循环，管路采用同程设计。冬季空调供/回水温度为60℃/50℃；夏季空调供/回水温度采用7℃/12℃。

四、通风、防排烟及空调自控设计

（1）本设计过渡季节转轮热回收机组开启一台，全新风运行，风量为40000m³/h，保证游泳馆内1次/h的换气要求。

（2）室内通风换气次数：卫生间：6～10次/h，淋浴间：3～6次/h，地下室机房：6次/h。

（3）因泳池、淋浴间均属于不容易燃烧场所，故不设置排烟措施；更衣间、门厅等处设置自然排烟措施，可开启外窗面积大于2%。

五、设计心得

根据分析数据以及运行实测结果可以得出以下结论：

（1）游泳馆建筑中设置地板采暖系统来承担围护结构的负荷，由通风空调系统承担排风引起的热损失和湿负荷，有利于节能和降低投资。

（2）转轮热回收技术、冷水机组热回收技术都是有效降低游泳馆能耗的节能方式。

（3）夏季采用设于游泳馆上方的远程无风管射流机组进行除湿，有明显的节能效果。

（4）合理、灵活的运行管理模式才能充分体现节能设计的成果，最大限度地提高节能的力度。

（5）建筑外围护结构的节能设计对游泳馆建筑的结露现象的防止和能耗的降低也有很大影响。

项目优化可能性分析：

（1）太阳能系统的设置偏小；如夏季和过渡季节的淋浴用水完全由太阳能解决，可进一步节能。

（2）经热回收后室内排风温度为10℃，若能将辅楼部分的VRV空调室外机设置于此，可大大提升冬、夏季VRV空调的COP值。

西门子机械传动（天津）有限公司 SMDT 项目 VI 期建设工程加工车间暖通空调设计①

作者简介：

周权，男，1978 年 10 月生，注册公用设备工程师（暖通空调），暖通动力室主任，2007 年毕业于哈尔滨工业大学供热、供燃气、通风及空调工程专业，硕士学历，现在中国中元国际工程公司工作。主要设计代表作品：国家 863 疾病动物模型研发基地二期工程实验楼、金宇保灵生物药品有限公司兽用疫苗国家工程实验室、华锐风电科技有限公司装备制造基地等。

- 建设地点　天津市
- 设计时间　2009 年 3～6 月
- 竣工日期　2010 年 10 月
- 设计单位　中国中元国际工程公司
  ［100089］北京市海淀区西三环北路 5 号
- 主要设计人　周权　刘培源　李侃　卢旗　郑英伦
- 本文执笔人　周权
- 获奖等级　工业建筑类三等奖

一、工程概况

西门子机械传动（天津）有限公司 VI 期建设之加工车间，位于天津市北辰科技产业园区内，建筑高度 10.750m，建筑总面积 24087.76m²，其中车间建筑面积 19014.73m²，包括硬齿加工车间、软齿加工车间和热处理车间。厂房结构形式为单层钢框架结构，属单层工业厂房，二类建筑，其中硬齿加工车间和软齿加工车间生产类别为戊类，热处理车间为丁类。主要承担中型减速机、大型减速机等的装配和试验任务。硬齿加工车间，东西长 104.00m，南北宽 72.00m，为精密机床加工类空调厂房；软齿加工车间东西长 74.00m，南北宽 72.00m，为普通机床加工类厂房；热处理车间东西长 85.00m，南北宽 48.00m，为热加工类生产厂房。工程于 2009 年初设计，2010 年竣工投入使用，采暖通风空调系统已运行 1 年以上。

二、工程设计特点

硬齿加工车间为精密机床加工厂房，为确保产品的精度达到设计要求，故硬齿加工车间设置了特殊的空调系统，并与车间排风系统联合作用，满足夏季生产过程中对温度的要求，冬季采用红外线燃气辐射器采暖承担本厂房的采暖通风负荷。

软齿加工车间为普通机床加工厂房，夏季无需设置空调，厂房内根据工艺设备布置情况设置机械排风系统，排除废热。在冬季同样采用红外线燃气辐射采暖承担厂房的采暖通风负荷。

热加工车间为典型的热处理车间，车间地坑内设置多台燃气加热炉和电加热炉，屋面设置多台屋顶排风机及进口电动排风防雨天窗，由自动控制系统配合生产，冬季为保障室内各类辅助管道不致冻裂，侧墙安装红外线燃气辐射器，保证冬季室内值班温度。

车间采用红外线燃气辐射器采暖形式，解决了高大厂房冬季采暖分布不均、调节困难、不节能的问题；采用红外线燃气辐射器采暖形式，辐射器的安装位置有效地利用屋架下弦至双梁桥式起重机顶部的安全空间，避免出现如热水采暖系统形式中，将散热器放置在窗下，而造成与配电箱、消火栓、配气器抢占有限位置和空间的矛盾。

根据工艺设备特性，采用局部排风吸气罩，有效控制厂房内热污染，降低空调车间冷负荷；针对热处理车间的特殊性，对井式炉地坑采用独

① 编者注：该工程主要设计图纸参见随书光盘。

立的送风系统，有效降低坑内温度，屋面设置的屋顶风机及电动排烟防雨天窗可有效将室内上升的热空气排至室外。

采用吊顶式空气处理机组，及送风管道和旋流风口的空调风系统形式，既省去了空调机房，不占用厂房内有效面积，又采用上送下回的气流组织方式，有效提高大空间厂房内的舒适度，如图 1 所示。

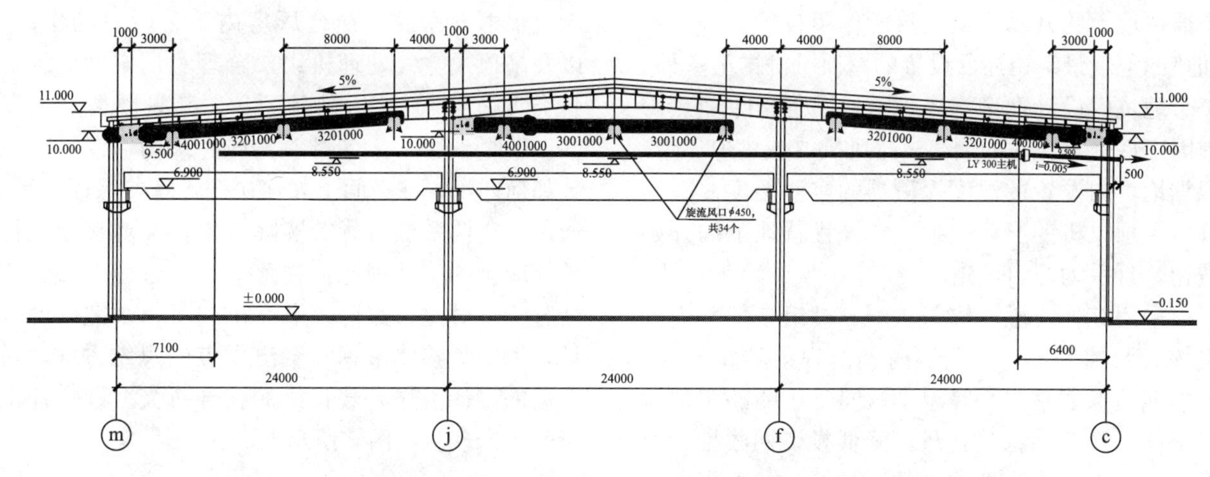

图 1　硬齿加工车间空调系统剖面图

三、设计参数及空调冷热负荷

室内设计参数，详见表 1。

厂房室内设计参数　　表 1

房间名称	夏季		冬季		换气次数（次/h）
	温度（℃）	相对湿度（%）	温度（℃）	相对湿度（%）	
硬齿加工车间	26～28	<65	>18	—	0.5
软齿加工车间	—	—	>18	—	0.5
热处理车间	—	—	>6	—	—
热处理地坑	<40	—	—	—	—

冷热负荷参数详见表 2。

厂房冷热负荷表　　表 2

房间名称	面积（m^2）	采暖通风热负荷（kW）	热负荷指标（W/m^2）	冷负荷（kW）	冷负荷指标（W/m^2）
硬齿加工车间	7488	900	120	850	114
软齿加工车间	5328	660	124	—	—
热处理车间	4080	217	53	—	—

四、空调冷热源及设备选择

加工车间 3 个厂房均采用红外线燃气辐射器采暖形式，天然气引自市政供气干线后的调压站。

硬齿加工车间冷源为设置在厂房旁的冷冻站，站内设置两台制冷量为 506kW 的特灵螺杆式水冷冷水机组，供/回水温度为 7℃/12℃，冷冻水流量为 86.8t/h，输入功率为 103.6kW/380V，冷却水流量为 103.9t/h。

五、空调系统形式

硬齿处理车间设置空调系统，用于夏季供冷，水平式吊顶空气处理机组吊装在屋面梁下，C、M 轴的 12 台为全新风机组，J 轴 5 台为循环风机组，经送风管道及旋流风口送至室内。

硬齿加工车间空调水系统采用定流量双管制异程系统形式，为确保水力平衡，各支路回水管设置水力平衡阀；吊顶式空气处理机组回水管设置带信号接口的电动二通阀，以便自控系统实施控制。

六、通风、防排烟及空调自控设计

硬齿加工车间与软齿加工车间内设置工艺设备排风，主要用于排除机床制冷设备散发的热量。根据工艺设备的布置情况，排风经吸风罩及排风管道至屋面的离心排风机箱后经过滤排至室外，工艺排风机组与工艺设备联锁启停。

热处理车间内热处理炉地坑，因该工艺设备散热量大，且发热设备均布置在工艺地坑内，设计采用机械送风系统，经计算每个地坑送风量为60000m³/h。三台离心送风机布置在与地坑相邻的厂房外，送风直接取自室外，由地下通风道经送风百叶风口送至地坑底部，地坑的排风经若干个通往地上的开敞通道因热压作用自然上升，被加热的空气最终由屋面设置的屋顶风机排至室外，每个地坑内设计两个排风管道，用于排除加热炉内因工件受热产生的烟气，排风机由加热炉自带。根据地坑内设置的温度探测器的实测温度，决定开启屋顶风机的开启数量，并设置就地手动开始按钮，且手动开启优先。

采用红外线燃气辐射供暖，机组自带室内温度探头及控制器，可以实时调节辐射器供热量，不但能够保证室内采暖温度，同时还能够实现运行节能，降低能源消耗量，降低投资回收期；每台燃气辐射器均设置独立的电控箱，在下班之后或车间停产检修期间，可降低室内采暖温度，维持值班温度，实现人为节能。

根据各个厂房的生产情况以及工艺流程的组织形式，将排风系统进行有针对性地划分，避免出现要么全开、要么全关的现象发生；对工艺设备排除的废热，利用排风罩加以有效的控制，经离心排风机箱排至室外，有效地降低了硬齿加工车间的夏季冷负荷，从而降低了制冷机组的装机容量，在设计阶段就全面贯彻节能减排的理念。

七、设计体会

该工程为典型的工业加工厂房，厂房类型多，要求各有不同，在设计上就提出了更高的要求，既能满足需要，又要统筹各系统之间的关系，给设计造成了一定难度。

根据高大厂房的实际特点，采用了非传统的燃气辐射器采暖，结合厂房内工艺设备的排风，以及吊顶式空气处理机组，合理利用空间，了解各类负荷特点“因材施计”。尤其是硬齿加工车间，采暖、通风、空调系统均有采用，在不同季节如何匹配，在空间上如何协调，既要保证采暖、通风、空调系统运行的实际效果，又要贯彻执行节能减排的设计理念，在整个设计过程中经过不断分析、对比、探讨，最终得到了一个完善的设计，锻炼了整体考虑、突出重点的思维方式，对今后的设计工作有着很好的指导意义。硬齿加工车间生产现状如图2所示。

图2 硬齿加工车间现状

万国数据昆山数据中心项目①

- 建设地点 江苏省昆山市
- 设计时间 2009年4～10月
- 竣工日期 2011年4月
- 设计单位 信息产业电子第十一设计研究院科技工程股份有限公司
[200063] 上海曹杨路1040弄中友大厦20层
- 主要设计人 白焰 龚伟力 姚哲卿 李雷 赵佳婷 张志强 王晶晶 吕娜烨 黄雪松 张丹
- 本文执笔人 姚哲卿
- 获奖等级 工业建筑类三等奖

作者简介：
姚哲卿，女，1976年4月23日生，高级工程师，2005年毕业于东南大学制冷与低温工程专业，硕士研究生，现在信息产业电子第十一设计研究院科技工程股份有限公司工作。主要代表作品有：蒂森克虏伯普利斯坦（上海）有限公司新建项目、富美实亚洲创新中心实验室项目、贵州益佰制药股份有限公司制药厂、奥托立夫（中国）汽车方向盘有限公司方向盘车间项目、康宁陶瓷基片生产厂房项目等。

一、工程概况

万国昆山数据中心位于昆山市，是华东地区首个新一代绿色商业化数据中心，总投资规模达16亿元，一期建筑面积达到2.4万m^2，已于2010年10月竣工。目前运行状况良好。可为用户提供16个数据中心模块，承载近3000个机柜的运行空间，该数据中心完全遵循绿色节能的设计理念，符合国际节能建筑LEED的标准。为周边地区的金融、制造、物流、互联网、政府等行业用户提供更为安全、节能、环保、高效的IT外包服务。此外，数据中心依照7级抗震设计，达到8级以上抗震结构标准，能在地震、海啸、洪水等各种自然灾害情形下，为客户数据提供更高等级的保护。

该项目主体建筑为目前国内规模较大的计算机房，地下一层为冷冻水总管接入及分配层，地上4层均为数据机房，每层4个机房模块，每个模块约420m^2，每平方米功率密度为1.2kW，且要求达到《电子信息系统机房设计规范》GB 50174—2008A级机房标准，设计时国内尚无如此规模的成功案例可供参考。该项目中高密度计算机房空调系统的设计按照业主要求，本着高可靠性、高可维护性、高节能性、高灵活性的原则进行了设计。空调设备在综合考虑机架安装、设备功耗、空调制冷量需求和空调安装位置等因素的基础上进行配置，机房空调设计充分考虑当前先进的机房节能技术和节能方案，建设安全可靠、绿色节能高效的计算中心机房。最终的系统配置完全满足业主使用及国家规范的要求，并获得四川省优秀设计项目一等奖。

二、工程设计特点

1. 高可靠性

（1）空调方案配置的安全可靠性

每个机房模块内的精密空调机组按照$N+2$冗余进行配置，每个模块的空调系统相互独立，保证机房内的空调容量和物理的冗余，保证数据

① 编者注：该工程主要设计图纸参见随书光盘。

中心运行的安全与可靠性。

（2）空调控制系统的安全可靠性

机房空调系统采用智能化设计，对空调机组进行智能与群控管理。可以实现对机房内多台机组进行集群控制，根据机房负荷变化，控制机房空调运行，实现空调能效管理。同时，为了平均分配各台空调的运行时间，延长空调的使用寿命，可要求控制系统根据各台空调的实际运行时间，对空调机组进行动态轮循，避免产生备用机长期不开，而在紧急情况时因故障不能开启的情况发生。控制系统的动态轮循功能提高了机房的安全性、可靠性。

（3）空调水系统的安全可靠性

数据机房的空调系统均采用冷冻水型。但接冷冻水的精密空调机组均安装在独立的空调机房内，并做好防水处理措施，保证水不进入机房。空调机房区域安装漏水报警装置检测漏水。

整个数据中心大楼每层的水系统完全独立设置，且每个模块空调机房冷冻水管分别单独通过立管接入空调机房，大大减小了楼层与楼层、模块与模块之间空调水系统故障的相互影响的可能性，提高了整个水系统使用的安全可靠性。

2. 空调系统的高灵活性

出分、集水器后，每一层的空调水系统完全独立，同层不同机房模块间的冷冻水管路相对独立，完全可以实现业主分期实施的功能要求。

3. 可扩展性

各模块之间空调系统相对独立，各个模块之间互不影响，均可独立实施。满足业主的可扩展性要求。冷冻站系统为一次设计，分期实施。

4. 绿色节能

空调：针对不同季节，采用不同水冷方案达到节能效果。

机房设计：采用冷热风通道提高热交换效率。

性能优化：利用网络监控管理软件对流量进行监控、调整。

三、设计参数及空调冷热负荷

1. 室外设计参数（见表1）

室外设计参数　　表1

季节	空调干球温度（℃）	通风干球温度（℃）	空调湿球温度（℃）（相对湿度%）	室外风速（m/s）	大气压力（mbar）	最多风向及其频率
夏季	34	32	28.2℃	3.1	1005.1	SE13%
冬季	4	3	76%	3.3	1025.4	NW12%

2. 室内设计参数（见表2）

室内设计参数　　表2

主要房间类别	夏季		冬季		新风量	压力（Pa）
	温度（℃）	相对湿度（%）	温度（℃）	相对湿度（%）		
IT机房	23±1	—	—	—	1.5ACH	10
UPS机房、电池房	18～28	—	—	—	4ACH	—
办公区、监控室、测试间	22～26	<60	18～22	>40	30m³/（h·p）	—
变电站	<35	—	—	—	—	—
高低压室	<35	—	—	—	—	—
变压器室	<40	—	—	—	—	—

3. 空调冷、热负荷汇总（见表3）

空调冷、热负荷　　表3

服务区域	夏季冷负荷（kW）	冬季热负荷（kW）
IT机房区域一层	2872	0
IT机房区域二层	3092	0
IT机房区域三层	3092	0
IT机房区域四层	3092	0
办公区	650	450

四、空调冷热源及设备选择

机房专用精密空调机组、新风处理机组空调冷源夏季采用7～12℃的冷冻水，冬季采用12℃/17℃冷却塔免费制取冷冻水。

冷冻水系统由离心式冷水机组、冷冻水一次泵、冷冻水二次变频泵、冷冻水落地式定压补水装置、冷冻水自动加药装置，冷却水综合水处理器，管道系统及测量控制系统等组成。

整个机房设计10台500RT水冷离心式冷水机组，8用2备，备用机其中一台变频。闭式冷却塔置于动力站屋顶。冬季冷冻站切换为免费制冷模式，由冷却塔直接供冷冻水至末端。

夏季运行参数：冷冻水供/回水温度7℃/12℃。冷却水供/回水温度32℃/37℃。

冬季运行参数：冷冻水供/回水温度12℃/17℃。

冷却水系统简述：

（1）系统组成：系统由冷却水循环泵、冷却塔、旁滤装置、管道系统等组成。

（2）冷却水系统原理：采用开式系统，冷却塔降温后的 32 °C 冷却水由冷却水循环泵送至冷水机组，从冷水机组出来的 37 °C 回水再经冷却塔降温后作下一次循环使用。

五、空调系统形式

1. 空调风系统

数据机房均采用冷冻水型机房专用精密空调机组加新风加独立湿膜加湿器的空调方式，空调机房设置于每个机房模块的两侧，空调系统均为模块化配置。冷冻水接自动力站冷水机组。

每个机房模块的新风均直接从室外经粗、中效过滤后引入吊顶回风空间内，与回风混合，用于满足工作人员 $40m^3/(h \cdot p)$ 的舒适性要求，并保证机房 10Pa 的正压需求。新风处理机组吊装于各模块对应的空调机房内。

每个机房模块的加湿均采用单独设置湿膜加湿器集中加湿的方式。加湿器设置于空调机房内。

气流组织：机房内各机柜以面对面和背对背成排方式布置，空调系统采用当前先进主流的地板下送风吊顶热回风的气流组织方式，冷热通道分离，冷通道内配以高开孔率孔板地板送风口地板经过架空地板送风，热通道没有送风风口地板；而在热通道内吊顶上配以百叶风口进行回风，冷通道内不设回风口，减少冷热风混合。末端风口数量配置按照主设备负载情况布置。

数据机房采用机房专用精密空调机组，单台显冷量为 78kW，一～四层机房模块 1、3 分别设置 12 台机组，模块 2 设置 11 台机组，模块 4 设置 9 台机组，其中每个模块有 2 台为备用机组，以上每台机组均具有制冷、加热、除湿功能及独立的控制系统，并设有粗效和中效过滤器。每个数据机房单独设置一台 $2000m^3/h$ 的吊挂式新风处理机组，新风机组由粗中效过滤、表冷、亚高效过滤等功能段组成。保证机房内温、湿度及洁净度达到 GB 50174 规定的 A 级机房标准。

2. 空调末端水系统

出分、集水器后，每一层的空调水系统完全独立，同层不同机房模块间的冷冻水管路相对独立。整个数据中心空调冷冻水管在地下夹层内即分支接入各层不同的空调机房内，大大减小了水管支路故障对其他模块机组正常运行造成的影响。

3. 安全防范措施

（1）数据机房空调系统的配电采用双路电源（其中至少一路为应急电源），末端切换。

（2）每个模块内的空调机组考虑 $N+2$ 冗余，其中“N”代表运行机组数，“2”代表备用机组数。

（3）机房专用空调自带监控系统，开关、制冷、加热、加湿、除湿等状态参数及温度、湿度、传感器故障、压缩机压力、加湿器水位、风量等报警参数均纳入监控系统。同时，每个模块内的所有空调机组联网，根据机房内负荷的变化控制启停台数。

（4）应业主要求，为便于将来在机柜侧面增设冷却系统，进入各空调机房的冷冻水管预留支管，主机房内有可能发生水患的部位设置漏水检测和报警装置；进入各机房的水管分别加装电动和手动阀门，以便紧急切断水源。

六、通风、防排烟及空调自控设计

1. 通风

数据机房、空调机房、UPS 机房、电池间七氟丙烷喷放灭火保持浓度 10min 后须进行机械排风，排除废气。换气次数为 5 次/h，每个气体防护区内单独设置排风口，每个防护区排气支管上设置电动密闭阀（常闭）或多叶排风口（常闭），排气时由消防控制中心开启，并联锁开启屋顶排气风机。平时，也可开启此排风机及电动密闭阀对相应区域进行间歇排风。

2. 防排烟及防火

根据《建筑设计防火规范》GB 50016—2006 的要求，机房楼疏散内走道设置机械排烟系统。一、二、三、四层合用一套排烟系统。开敞办公区设置自然排烟窗，其他规范要求需设防排烟系统的区域均设置自然防排烟设施。

风管穿防火分区处、空调机房隔墙和楼板处均需设置 70℃熔断防火阀（弹簧作用式，常开），所有的防火阀、防火调节阀均带阀门关闭信号输出装置。

3. 空调控制系统

（1）每台冷水机组均自带控制柜，具有对本机的控制及对相配的冷却塔、冷却水泵、冷冻水泵、电动蝶阀联锁的功能以及对运行参数的监测功能。

（2）冷水机组启动顺序：冷却塔及电动蝶阀→冷却水泵→冷冻水泵及电动蝶阀→冷水机组。

停机顺序与启动顺序相反。

(3) 冷却水供回水总管之间装设温度旁路调节。当温度低于18℃时，打开冷却水供回水总管间旁路电动阀，温度设定可调。

(4) 冷水机组及配套的冷却塔循环泵集中全部采用群控方式，可根据冷负荷的变化，自动开停机，进行台数控制和负荷分配，优化系统运行。当运行冷水机组或冷却塔故障时，自动启用备用冷水机组及相应的冷却塔、水泵等。运行水泵故障时，自动启动备用泵。

(5) 冷冻站设备的运行状态、主要工作参数及报警信号均引至控制室集中监控。包括但不局限于以下监控点：

1) 所有设备的故障，起停状态监控。

2) 冷冻水，冷却水供回水主管的温度，压力监测。

3) 冷冻水回水主管流量监测，冷冻水泵变频根据供回水主管压差控制。

4) 冷冻水旁通管电动调节阀根据最小流量控制。

5) 冷却水旁通管电动调节阀根据冷却水出水温度控制。

6) 冷冻机冷冻水出水管，冷却塔冷却水进水管电动蝶阀与冷冻机，冷却塔联锁控制。

7) 集中监测电动阀的开启和关闭状态，如果出现无法打开或者关闭等故障，应该有报警显示。

七、设计体会

该项目空调系统从冷源到末端的各个环节，通过采取相应的措施，整个空调系统具备了高可靠性、高灵活性、可扩展性、绿色节能的特点，完全满足业主的使用要求，可为类似商业化中密度数据中心的空调系统的设计提供实际参考。

南市发电厂主厂房和烟囱改建工程——新能源中心①

作者简介：

刘毅，男，教授级高工，副总工程师，建筑设计一院副院长，1986年毕业于同济大学暖通专业。主要作品有：上海世博会主题馆、未来馆和新能源中心、温州大剧院、中国银联上海信息处理中心、上海中心大厦、东莞市科技馆等。

• 建设地点　上海市
• 设计时间　2008年6月～2009年4月
• 竣工日期　2009年9月
• 设计单位　同济大学建筑设计研究院（集团）有限公司
[200092] 上海市四平路1230号
• 主要设计人　刘毅　邵华厦　周谨　张心刚　唐振中
• 本文执笔人　刘毅
• 获奖等级　工业建筑类三等奖

一、工程概况

南市发电厂主厂房和烟囱改建工程——新能源中心位于中国2010年上海世博会城市最佳实践区内，地下2层，总建筑面积为10161m²。

新能源中心给浦西世博园E片区的E08、E06-04和E05三个地块提供空调冷热源。E片区内的建筑，在世博会期间的主要功能是展馆和商业配套设施，总建筑面积15万m²；世博会后进行重新开发利用，主要功能是办公、商业、展馆和配套设施，总建筑面积35万m²。

二、工程设计特点

贯彻世博会“城市让生活更美好”的宗旨，采用江水源热泵技术供冷、供热。体现了世博会“节能、环保、生态”的理念，展示了创新、节能的技术。

选用可再生能源作为空调系统冷、热源，吸收引进新技术、集成创新。主要体现在以下几个方面：

（1）离心式江水源热泵机组采用压缩机串联的方式，解决了单台离心式压缩机无法适应冬夏季不同工况条件下压头变化的弊端。同时，应用大容量的离心机组，减少了能源中心的占地面积。

（2）调整江水源热泵机组冷凝器和蒸发器进、出水温，保证在冬夏季通过冷凝器和蒸发器水流量恒定，减少水泵的配置。

（3）江水取水泵采用变频控制，以适应在江水水位变化条件下通过机组冷凝器或蒸发器的水流量恒定，实现节能运行。

（4）江水直供技术的应用。江水经过水处理后，直接进入江水源机组的冷凝器或蒸发器。不设中间换热器，无换热损失，提高运行效率；减少了一级循环水泵，节能性大大提高。

（5）二级泵变频直供技术。二级水系统按作用半径的大小分区设置变频水泵，由于浦西世博园E片区的建筑高度都不超过50m，不存在因建筑高度引起的水系统压力分区问题。为了减少换热损失，提供效率，空调水系统不设置换热器，采用直接供应的方式。

三、设计参数及空调冷热负荷

1. 室外计算设计参数

夏季：空调计算干球温度34.0℃，湿球温度28.2℃；

① 编者注：该工程主要设计图纸参见随书光盘。

冬季：空调计算干球温度－4.0℃，相对湿度75%。

2. 室内设计参数

展厅：夏季26℃、60%，冬季18℃、30%。

办公：夏季26℃、65%，冬季20℃、30%。

3. 冷热负荷

世博会期间：冷负荷32743kW。

会后开发：冷负荷42741kW，热负荷23185kW。

4. 设计工况冷、热媒参数

夏季空调冷冻水供/回水温：6℃/12℃；

冬季空调热水供/回水温：50℃/43.5℃；

夏季江水进/出机组水温：30℃/35℃；

冬季江水进/出机组水温：7℃/4℃。

四、空调冷热源及设备选择

空调系统的冷、热源根据建筑物规模、用途、建设地点的能源条件、结构、价格以及国家节能减排和环保政策的相关规定等，通过综合论证确定。利用可再生能源，选用江水源热泵系统作为空调系统的冷热源。

共选用1台制冷量为9103kW（制热量为10101kW）的离心式江水源热泵机组、2台制冷量为2096kW（制热量为2272kW）的螺杆式江水源热泵机组以及4台制冷量为7032kW的离心式江水源冷水机组。离心式、螺杆式江水源热泵机组、离心式江水源冷水机组均采用高效型，以提高工作效率。

根据黄浦江水温资料，冬季江水温度有低于7℃的恶劣天气，江水源机组的供热能力将会下降，甚至会威胁机组的安全运行。因此，为了满足服务范围内的建筑供热需求，采用4台额定产热量为2800kW的承压燃气热水锅炉，作为极端气候条件下的补充热源。

五、空调水系统形式

江水的取、排水系统为开式系统，江水经过水处理后，直接进入江水源机组的冷凝器或蒸发器。

江水的水处理主要分粗过滤、中过滤和精过滤三步。粗过滤设置在取水口处，采用格栅网对直径10cm以上的杂物进行清除过滤；中过滤在取水管路格栅井内，采用自动旋转滤网，对直径5mm以上的悬浮物进行过滤；为了进一步净化江水中的杂质，降低江水杂质对机组的管壁磨损，延长江水源机组的使用寿命，在能源中心机房内设置自清洗精过滤装置，对300μm以上的杂质进行过滤。

为了适应在江水水位变化时，通过江水源机组冷凝器或蒸发器的流量恒定，江水取水泵设计为变频控制，以降低能耗。

空调冷热水系统采用机械循环二管制系统，加大供回水温差，缩小输送管路的尺寸和水泵容量，降低输送能耗。冷热水系统采用二级泵变流量系统，二级水系统按作用半径的大小分区设置变频水泵，根据末端最不利环路的压差大小，来调节转速，在满足空调系统供水量需求的前提下，降低了部分负荷下的输送能耗。

六、空调自控设计

该工程设置了一套楼宇设备控制管理系统（BAS），系统由中央工作站、网络服务器、直接数字控制器、各类传感器及电动阀等组成。系统的主要监控对象包括以下内容：

1. 机组群控

冷、热源主机的控制可依据通信协议进行控制，即通过网络随时可了解冷水机组的各项参数。通过对机组参数的分析，根据不同时节的具体工况，可以控制冷、热源主机开启、加载和卸载等。

2. 江水泵控制

根据机组冷凝器（或蒸发器）进、出口的压差值大小，调节江水泵的转速，保证机组冷凝器（或蒸发器）的流量恒定。

3. 二级泵控制

当空调负荷发生变化时，通过改变水泵的频率和水泵开启台数来改变流经末端的冷冻水流量以适应末端对冷量的需求。当末端负荷变小时，可以在二级回路保持最小且有效的水压力来降低系统的噪声、提高水泵的效率，同时保证系统一级泵回路水量的恒定以达到机组运行的要求。

在系统用户侧安装压力传感器，采集压差变化情况。通过自控系统，采集的压差信号传递至机房控制系统。机房控制系统根据用户侧最不利环路的压差变化，调节二级泵转速。

七、设计体会

（1）江水源热泵系统的应用受到多种因素影响，并不是靠近水体就有便捷的地理条件，需要对系统的经济性进行分析，并需要对温排水是否会造成水体污染进行论证。

（2）需要掌握应用的水体的全年水温，如果出现水温偏离江水源机组正常工作要求范围，需要做出相应的措施对系统进行保护。如冬季极端气候条件下的辅助补充热源设置。

（3）设备形式的选择没有绝对性，能源中心的规模，用地面积的局限，都是选型上的考虑因素。

（4）江水的供应方式，需要在对水体水质进行论证后判断，间接供应相对对机组换热器管路的影响较小，但也浪费了能量；水体水质如果与机组运行要求水质偏差不大，进行水处理的成本不高，直供的方式也是可以应用的。

（5）区域能源中心的系统输配能耗要比一般的建筑空调系统大，合理的划分冷热水供应区域，选择合理的二次泵、三次泵系统，有助于降低能源中心的运行能耗。

摩托罗拉（中国）电子有限公司北京新园区项目暖通空调①

作者简介：
温晓军，男，1977年3月28日生，高级工程师，2005年7月毕业于西华大学，学历硕士，现在信息产业电子第十一设计研究院科技工程股份有限公司工作。主要设计代表作品有：北京摩托罗拉新园区项目、北京中芯国际FAB项目、北京卡夫食品项目等。

- 建设地点　北京市朝阳区
- 设计时间　2005年1～12月
- 竣工日期　2008年7月

- 设计单位　信息产业电子第十一设计研究院科技工程股份有限公司 [100041] 北京市石景山区实兴大街海特花园44栋301室
- 主要设计人　江元升　温晓军　罗旭　史志萍　林素菊
- 本文执笔人　温晓军

- 获奖等级　工业建筑类三等奖

一、工程概况

摩托罗拉新园区位于北京市朝阳区来广营中关村电子城，邻近首都国际机场公路、四环路和五环路之间。一期为1号建筑科研办公楼，包括1A号、1B号、1C号、1D号（1A号为16层高层主体，1B号、1C号、1D号为三层裙房），建筑占地面积14649m²，建筑面积91622m²，建筑高度为75.95m。因此该项目的设计不仅要满足各单体建筑的平面功能要求，更重要的是创造出体现这所国际性企业其充满活力和动感，表现其高科技、高效率，反映其精益求精的企业精神，同时又是以人为本的新园区。

整幢建筑外立表均为通透玻璃幕墙，简洁、明快、大气，从而真实反映出总体设计所包含的理念。大面积的弧形玻璃幕墙及金属线条的横向分隔，配合每座科研大楼的顶部充满动感的斜屋顶屋面造型，金属＋玻璃的细腻构造处理，高科研的形象极具现代感，使摩托罗拉新园区成为机场路上的亮丽景观。大楼的功能以研究、开发和实验室为主，采用钢筋混凝土框架结构。

二、工程设计特点

(1) 该项目功能区划分比较复杂，有办公区、地下车库、培训室、多功能厅、10m高的大厅及连廊、餐厅、各种功能的实验室、屏蔽室、数据中心以及站房。从冷热源及空调末端的设计就充分考虑不同功能的需求。该项目定位为亚太区域中心，要求比较高，对噪声、室内空气品质等要求比较高。

(2) 冷热源：总冷热量采用全年动态负荷分析计算，夏季冷负荷为8500kW；冬季计算热负荷为4800kW，生活热水热负荷为600kW，冬季冷负荷为2050kW。该项目站房面积非常小，采用三用直燃机机组应能同时或单独制冷、制热和提供生活热水热媒。另外，根据该项目的特点（地下室面积紧张、限制），从场地限制、节省初投资、安全可靠运行和直燃机运行特点（部分负荷的COP更高）等因素考虑，采用2台直燃机解决新园区的冷热源（包括生活热水）。既能满足满负荷要求，又能保证低负荷的要求。实验室区域采用风冷自由冷却冷水机组作为冷源补充。冬季

① 编者注：该工程主要设计图纸参见随书光盘。

采用冷却塔板换免费制冷。数据中心采用机房专用空调独立冷源。

（3）末端设计特点：办公研发区的特点是部门多，每个部门人数少、流动性大，设计过程吊顶分隔，对噪声要求高、尽量少布置水管，气流组织要求高。

三、设计参数及空调冷热负荷

大气压力（kPa）、冬季 102.04，夏季 99.86；
采暖冬季室外计算干球温度（℃）：−9；
空调冬季室外计算干球温度（℃）：−12；
冬季室外计算相对湿度（%）：45；
夏季室外计算干球温度（℃）：33.2；
夏季室外计算湿球温度（℃）：26.4；
办公区设计温度（℃）：24；
办公区设计湿度（%）：55；
计算机房及 UPS 间设计温度（℃）：22；
计算机房及 UPS 间设计湿度（%）：50。

四、空调冷热源及设备选择

直燃型溴化锂吸收式温水机组 2 台，制冷量 652kW，制热量 3582kW。

冬季采用冷却塔直接供冷提供冷源。

五、空调系统形式

（1）办公区以全空气 VAV 系统为主，过渡季可实现全新风运行，新风量由室内 CO_2 和室内温度进行控制，采用无动力 BOX 末端装置，末端设置热水盘管，每层每个区域设置全空气机组一台，基础冷热源由整体空调系统负责，不确定的、24h 运行的负荷由单独增加的独立空调系统负责。

（2）会议室采用独立的 VAV-BOX 系统，不使用时可以单独关闭。

（3）内外分区，外墙采用带热水盘管的末端装置。

（4）门厅及连廊因空间比较大，采用上送与下送相结合的方式送风，保证夏季气流组织及冬季气流组织。

（5）实验室根据功能负荷比较大，采用吊顶空调机组、机组设置在走道独立的一侧，并设置了应急排水系统，既能满足房间负荷大的需求也减少漏水的隐患。

（6）数据中心采用独立的机房专用空调机组；备用方式为 $N+2$，供电采用双电源供电。

（7）餐厅采用全空气系统＋风机盘管系统，既可以实现过渡季全新风运行，又能满足厨房补风及夏季制冷的要求。

六、通风、防排烟及空调自控设计

办公区过渡季节采用加大新风比例控制办公区的温度。

地下车库采用 CO 浓度控制，考虑空间及管线综合，地下车库排烟与排风合用，平时补风与消防时补风合用，局部设置诱导系统。

各设备站房按照要求设计通风系统。

各消防楼梯间设置正压送风系统。

该工程采用较先进的直接数字控制系统（DDC），由中央电脑及其终端设备上若干现场控制分站和相应的传感器、执行器等组成。

（1）冷冻机组、冷水泵、冷却水泵、冷却塔及电动阀门联锁控制。可实现自动巡检及自动启停、冬夏季切换等功能。

（2）冷却塔采用变流量控制冷却水温度，节能运行。

（3）变频水泵由供回水压差进行控制。

（4）办公室及实验室空调机组及 VAV 采用自动控制房间温度、湿度。

（5）风机盘管由室温调节器及风机三速开关及电动二通阀控制，并可在电脑上监控设定温度及巡检房间温度。

（6）所有设备均能就地启停。所有设备均有手动及 DDC 自动控制转换开关，当此开关处于手动时，DDC 系统自动监视设备运行状态。

七、设计体会

该项目功能需求复杂、站房面积小，又要充分考虑节能需求，同时要整体协调整个建筑立面与装修要求，整个暖通空调的设计有针对性地、根据不同的需求进行，有如下特点：

（1）不同的功能区采用不同的空调系统。办公区、门厅、实验室、机房、餐厅等区域采用了不同的空调形式。

(2) 冷热源需要根据站房的布局来考虑，同时也要考虑运行的节能及全年冷热负荷的需求进行。

(3) 冷热源还要考虑运行的可靠性。

(4) 冬季直接制冷时系统的防冻性设计考虑。

(5) 对于高档综合科研楼，暖通专业配合建筑立面、配合装修时，不同部位需要采用不同的送风形式与风口。该项目采用条缝形风口、散流器、双层百叶风口、旋流风口、喷口等形式。

北京精雕科技有限公司数控基地主轴车间①

- 建设地点　北京市
- 设计时间　2007 年 12 月～2008 年 4 月
- 竣工日期　2010 年 1 月
- 设计单位　中国中元国际工程公司
　[100089] 北京市西三环北路 5 号
- 主要设计人　姜山　赵侠　贾晓伟　黄强
　余茂林　李顺　许拓　唐琼
- 本文执笔人　姜山
- 获奖等级　工业建筑类三等奖

作者简介：

姜山，男，1976 年 12 月生，高级工程师，1999 年毕业于北京工业大学供热通风空调专业，大学本科，现在中国中元国际工程公司工作。主要设计代表作品：朝阳医院、粤北医院、花博会主场馆、B7 生物医药产业园、中国药品生物制品检验鉴定所、成都阜外医院、马鞍山秀山新区医院等。

一、工程概况

该工程为北京精雕科技有限公司主轴车间项目，含多层工厂车间及实验楼，地处门头沟开发区内，建筑面积 27000m²，建筑高度 23.1m，地上 5 层，地下 1 层。属多层厂房的工业建筑。

二、工程设计特点

工程具有以下特点：

(1) 内部设备发热量大。

(2) 空调负荷峰值高。

(3) 为单班工作制，夜间无负荷。蓄冷时，空调冷负荷峰谷差异与电力供应峰谷差异一致；蓄热时，蓄热水温与室内设计温度温差大，水蓄能罐内可蓄热量大。

(4) 本厂经济效益好，扩建速度快。

三、设计参数及空调冷热负荷

空调夏季总尖峰冷负荷为 3094kW。冷负荷指标为 116W/m²。其中非新风冷负荷 2444kW；新风冷负荷 1257kW，回收 607kW。空调冬季总尖峰热负荷为 2558kW。热负荷指标 95W/m²。其中非新风热负荷 1794kW；新风热负荷 5094kW，回收 4330kW。

四、空调冷热源及设备选择

空调冷源为地下一层的两台螺杆式冷水机组，供/回水温度为 7℃/12℃，与其配合使用的冷冻水泵和冷却水泵各两台。空调热源为地下一层的两台电锅炉，热水供/回水温度为 60℃/50℃，

五、空调系统形式

根据项目仅有电能的特点，在要求建筑做好外围护保温结构的同时，采用了水蓄能空调系统，利用夜间低谷电蓄热、蓄冷，并设置新风/排风热交换机。

六、通风、防排烟及空调自控设计

空调自控：合理控制新风比和热交换比，以期达到最佳节能工况运行。

水蓄能系统自控：预期使用第二日冷热负荷，合理设置水蓄冷或蓄热量，以达到散失量最小，

① 编者注：该工程主要设计图纸参见随书光盘。

使用量正合适的结果。

七、运行效果

自 2009 年 9 月 23 日投入使用至今，使用正常、运行平稳、工作良好。节约能源总费用减去耗材及维护增加费用，为项目单位节约实际运行能源开支约 200 万元/a，并保障了一线员工的身体健康。